国家级一流专业建设配套教材
普通高等教育机械类专业基础课系列教材

互换性与技术测量

主　编　王成宾　梁群龙
副主编　景　毅　张丽英　郗艳梅
　　　　白国庆　王晋凤　梁晓雅

北京理工大学出版社
BEIJING INSTITUTE OF TECHNOLOGY PRESS

内 容 简 介

“互换性与技术测量”是与制造业发展紧密联系的一门综合性应用技术课程，它不仅将涉及制造业的基础标准与计量技术结合在一起，而且涉及机械设计、机械制造、质量控制、生产组织管理等许多领域。本课程架起了从基础课与技术基础课到专业课学习的桥梁，其目的是使学生获得互换性与技术测量的基本知识及一定的工作能力。

本书以与《产品几何技术规范》(Geometrical Product Specification and Verification，GPS)相关的最新标准为基础，遵循“内容精选、强化应用、便于教学、便于自学”的原则，系统地阐述了互换性与技术测量的基本内容和实际应用。本书适合作为本科院校相关课程的教材，也可供相关行业的工程技术人员参考。

图书在版编目(CIP)数据

互换性与技术测量 / 王成宾，梁群龙主编. --北京：北京理工大学出版社，2022.1(2022.3 重印)

ISBN 978-7-5763-0909-6

Ⅰ. ①互… Ⅱ. ①王… ②梁… Ⅲ. ①零部件-互换性-高等学校-教材 ②零部件-测量技术-高等学校-教材 Ⅳ. ①TG801

中国版本图书馆 CIP 数据核字(2022)第 015333 号

出版发行 / 北京理工大学出版社有限责任公司
社　　址 / 北京市海淀区中关村南大街 5 号
邮　　编 / 100081
电　　话 / (010)68914775(总编室)
　　　　　(010)82562903(教材售后服务热线)
　　　　　(010)68944723(其他图书服务热线)
网　　址 / http：//www.bitpress.com.cn
经　　销 / 全国各地新华书店
印　　刷 / 三河市天利华印刷装订有限公司
开　　本 / 787 毫米×1092 毫米　1/16
印　　张 / 25
字　　数 / 587 千字
版　　次 / 2022 年 1 月第 1 版　2022 年 3 月第 2 次印刷
定　　价 / 65.00 元

责任编辑 / 李　薇
文案编辑 / 李　硕
责任校对 / 刘亚男
责任印制 / 李志强

图书出现印装质量问题，请拨打售后服务热线，本社负责调换

前言

制造业是国民经济主体，是立国之本、兴国之器、强国之基。高度发达的制造业和先进的制造技术已成为衡量一个国家综合竞争力和科技发展水平的重要标志。当前，我国已进入制造强国战略全面实施阶段。作为强国制造战略第一个十年的行动纲领的《中国制造 2025》的基本方针为创新驱动、质量为先、绿色发展、结构优化、以人为本。

标准是经济活动和社会发展的技术支撑，标准化具有基础性、战略性、服务性的特性，因此，标准化在推进国家治理体系和治理能力现代化中发挥着基础性、引领性作用。

《国家标准化体系建设发展规划(2016—2020 年)》经国务院同意，自 2015 年 12 月 17 日起施行。2021 年 10 月 10 日，中共中央、国务院印发《国家标准化发展纲要》，为未来 15 年我国标准化发展设定了目标和蓝图。在这两个文件的主要任务和目标中，都要求充分发挥“标准化+”效应，把加强标准化人才队伍的培养作为夯实标准化工作的基础。2016 年 4 月 6 日，国务院常务会议审议通过的《装备制造业标准化和质量提升规划》中，也指出坚持标准引领、建设制造强国，有利于改善供给、扩大需求，促进产品产业迈向中高端，即用先进标准倒逼中国制造升级。

“互换性”属标准化范畴，即研究如何通过规定公差与配合合理地解决机械零件的使用要求与制造工艺之间的矛盾；“技术测量”属计量学范畴，即研究如何运用测量技术手段保证国家标准的贯彻实施。互换性原则是现代化生产中一种普遍遵守的重要技术经济原则，在机械产品制造中可以有效保证产品质量、提高劳动生产率和降低制造成本。技术测量是实现互换性的必要条件和手段，是工业生产中进行质量管理、贯彻质量标准必不可少的技术保证。标准化是实现互换性生产的基础或前提，是技术测量的依据。三者相辅相成，构成了本书完整的结构体系。

“互换性与技术测量”是与制造业发展紧密联系的一门综合性应用技术课程，它不仅将涉及制造业的基础标准与计量技术结合在一起，而且涉及机械设计、机械制造、质量控制、生产组织管理等许多领域。本课程架起了从基础课与技术基础课到专业课学习的桥梁，其任务是使学生获得互换性与技术测量的基本知识及一定的工作能力。

本书以与《产品几何技术规范》(Geometrical Product Specification and Verification，GPS)相关的最新标准为基础，遵循“内容精选、强化应用、便于教学、便于自学”的原则，系统地阐述了互换性与技术测量的基本内容和实际应用，力求突出以下重要特色：

1. 内容新颖。随着新一批国家标准的陆续出台，课本中的标准急需更新，本书中编入的标准已经更新到了 2021 年，力求推进新标准的贯彻与执行。在栏目设计中，采用双色编排，格式新颖，突出重点教学内容，旨在提高学习效率，改善教学效果。

2．体系精炼。本书在编排章节内容时，不追求大而全，只要求体系完整，不失精华。删除了在其他课程中肯定会讲的内容，避免重迭投入、反复学习相同或相似的内容。

3．翔实规范。本书在各章节的编写过程中，精益求精，力求每个字符、符号、图例都依据相关国家标准进行规范编排，力求做到详略得当，一丝不苟，反复校对，正确无误。

4．强化应用。本书加入了许多精度设计的实例，使读者在使用时，便于理论联系工程实际，通过多个实例强化了课程的学习内容。

5．便于教学。本书配有相应的教学大纲、教学课件、习题答案、模拟试题等教学素材，为广大采用本教材的教师教学的规范化、标准化提供便利，以节省教师们宝贵的备课时间。

本书内容力求使读者达到以下目标：

1．掌握标准化和互换性的基本概念及有关的基本术语和定义，基本掌握几何量公差国家标准的主要内容、特点和应用原则，能用规范的国家标准对机械领域复杂工程问题提出合理的公差设计方案。

2．掌握机械零件精度设计的基本原理，并能够将其应用于机械工程领域遇到的复杂问题的科学分析，进行合理的精度设计与公差要求表达、标注，在满足功能要求的前提下依据互换性原则指导机械产品的设计与组织生产。

3．了解机械专业相关领域的 GB、ISO、ASME、DIN 等标准体系，密切关注尺寸公差、几何公差方面的国际发展前沿技术和国家的相关产业政策，针对不同国家的机械相关产品，如汽车、飞机、机床等适用的标准系列，关注其对机械工程活动的重大影响。

4．掌握精度设计和技术测量的基础知识，针对在实际工程中的机械零部件，能够根据机械产品的设计要求和使用功能要求，遵守相关标准与规范，考虑经济、环保、安全等非技术因素的约束，正确选用检验器具或测量仪器，设计合理的检测实验方案，选定合理的评定方法，安全开展实验，判断产品的合格性，降低产品的制造成本，合理控制产品的误检率。

本书的编写主要依托国家“双一流”重点建设高校——太原理工大学的国家级一流建设专业——机械设计制造及其自动化专业，编者在“互换性与技术测量”课程教学第一线积累了多年丰富的教学经验，将在书中与读者分享。

本教材由王成宾、梁群龙主编。全书由梁群龙负责统稿，田纪成负责审稿。全书具体分工如下：绪论由田纪成编写，第 1 章由郗艳梅编写，第 2 章由王成宾编写，第 3 章由景毅编写，第 4 章由王晋凤编写，第 5 章由刘永红编写，第 6 章由梁晓雅编写，第 7 章由白国庆编写，第 8 章和第 9 章由梁群龙编写，第 10 章由秦香果编写，第 11 章由张丽英编写。

在本书编写的过程中，受到太原理工大学机械与运载工程学院机制系和机制教研室各位老师的鼎力相助，受到参编老师家属们的倾心支持，在这里表示诚挚的谢意！

在本书的编写过程中，参阅和引用了大量国家标准和兄弟院校的教材，这里一并表示衷心的感谢！

由于编者理论水平与教学经验有限，疏漏、错误在所难免，恳请读者不吝赐教，批评指正！

编　者

2021 年 11 月

目录

绪　论

学习目标

学习互换性与公差、标准与标准化、优先数系等概念，了解互换性的分类及互换性原则在机械产品生产制造中的作用。

学习重点

掌握互换性的定义、分类以及优先数系的构成规律。

学习导航

在机械制造业中，要实现互换性，除了合理地规定公差外，还需要在加工过程中进行正确的测量或检验，判断加工完成的零件是否符合设计要求，只有测量或检验合格的零件才具有互换性。请分析如图0-1所示的普通车床，并想一想该怎样对其零件进行测量？这些测量过程要素有哪些？如果进行零件测量，那么常用的测量方法有哪些？其测量结果又如何表达呢？

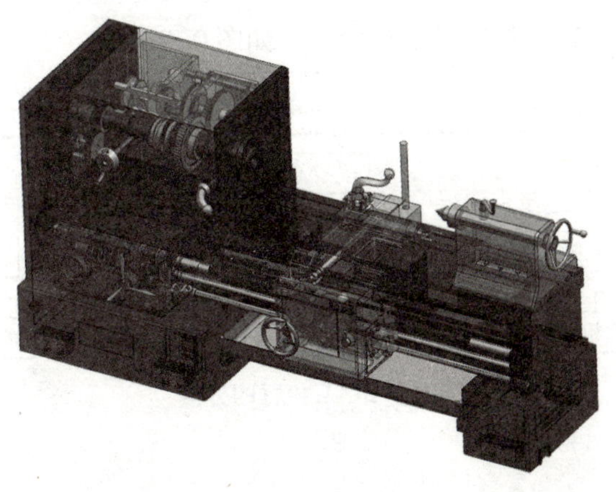

图0-1　普通车床

完工后的零件是否满足公差要求，必须要通过检测加以判断。检测不仅用来评定产品质量，而且用于分析产生不合格品的原因，以便及时调整生产，监督工艺过程，预防废品产生。产品质量的提高，除加工精度的提高外，往往更有赖于检测精度的提高。所以，合理确定公差与正确进行检测，是保证产品质量、实现互换性生产的两个必不可少的条件和手段。

0.1 互换性概述

0.1.1 互换性的含义

根据 GB/T 20000.1—2014《标准化工作指南 第1部分：标准化和相关活动的通用术语》中的定义，互换性是指一种产品、过程或服务能用来代替另一种产品、过程或服务并满足同样要求的能力。此为互换性的广义定义。

在日常生活和生产中，产品或零(部)件相互替换司空见惯，涉及人们的衣食住行。如灯管坏了可以换个新的来用，自行车的零件坏了可以方便地更换一个相同规格的零件来恢复自行车的功能，汽车、机床的零(部)件磨损或损坏了也可以通过换新的来延续其使用寿命等。

在机械制造业或仪器仪表生产中，零(部)件的互换性是指在同一规格的一批零(部)件中，任取其一，在装配与更换时不需任何挑选或附加修配或再调整就能安装到机器(或部件)上，并能满足其技术标准规定的质量标准和使用性能。此为互换性的狭义定义，它在制造业中被广泛运用。例如，一批规格为 M12-6H 的螺母，如果都能与其相配的 M12-6g 螺栓自由旋合，并且满足原定的连接强度要求，则这批螺母就具有互换性；而滚动轴承的互换则是互换性原则在部件上的应用实例。

0.1.2 互换性的分类

广义地讲，零(部)件的互换性应包括几何量(如尺寸、形状、位置)、力学性能(如强度、硬度)和理化性能等方面的内容。但本课程仅讨论几何量方面的互换性，即几何量方面的公差与检测。互换性可按3种方式进行分类，如图0-2所示。

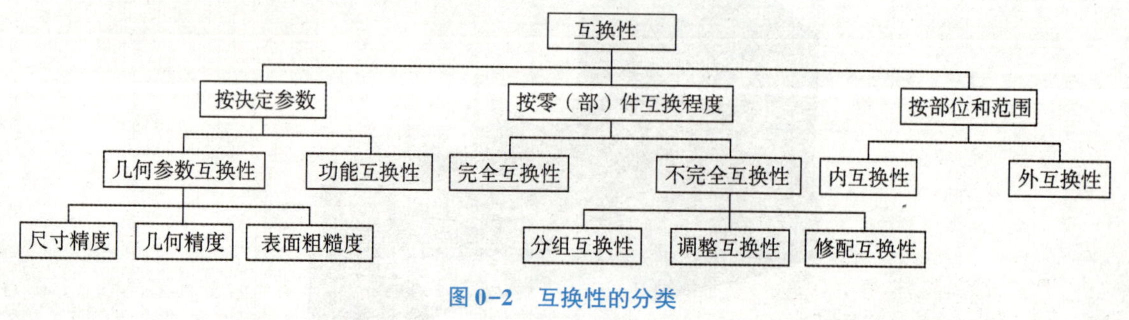

图0-2 互换性的分类

1. 按决定参数

按决定的参数不同，互换性可分为几何参数互换性(或尺寸互换性)和功能互换性。

几何参数互换性是指通过规定几何参数的极限范围(即公差)以保证产品的几何参数值充分近似所达到的互换性。此为狭义互换性，即通常在技术交流中所讲的互换性，有时也局限于反映保证零(部)件尺寸配合或装配要求的互换性。这是本教材涉及的主要内容。

功能互换性是指通过规定功能参数的极限范围所达到的互换性。功能参数除了包括几何参数之外，还包括零件相应材料性能及其力学、化学、光学、电学等参数。这种互换性往往侧重于保证除几何参数互换性或装配互换性以外的其他功能参数的互换性要求。

2. 按零(部)件互换程度

按零(部)件互换程度的不同，互换性可分为完全互换性和不完全互换性。

完全互换性，是指零(部)件在装配或更换时不仅不需要辅助加工与修配，而且不需要选择，安装上即可满足使用要求。例如，孔和轴加工后，只要符合规定的设计要求，就具有完全互换性。

完全互换性的主要优点是：能做到零(部)件的完全互换和通用，为专业化生产和互相协作创造了条件，可以提高经济效益。它的主要缺点是：当组成产品的零件较多、整机精度要求较高时，分配到每一个零件上的尺寸允许变动量(即尺寸公差)必然较小，造成加工困难、成本提高。当装配精度要求很高时(如发动机活塞与气缸的配缸间隙)，会使加工难度和成本成倍增加，甚至无法加工。为此，可采用不完全互换或修配的方法达到装配精度要求。

不完全互换性也称为有限互换性，是指对于同种零件加工好以后，在装配前需要经过挑选、调整或修配才能满足使用要求。具有不完全互换性的零件在装配时允许有附加条件地选择或调整，即在零(部)件加工完毕后，再用测量器具将零(部)件按实际组成要素的尺寸的大小分为若干组，使每组内的尺寸差别比较小，再把相应组的零(部)件进行组内互换装配，然后可以采用分组互换法、调整法和修配法等工艺措施来实现互换。例如，滚动轴承内、外套圈及滚动体在装配之前，通常要分组；内燃机活塞、活塞销和连杆在装配前，往往也要分三四组。分好组以后，再打上组别的标记，装配时，仅同组内的零件可以互换，组与组之间不能互换。

与完全互换性相比较，不完全互换性的主要优点是：在保证装配功能的前提下，能适当放宽尺寸公差，使得加工容易，降低制造成本。它是在现有加工水平下提高装配精度、降低生产成本的有效方法。它的主要缺点是：降低了互换程度，不利于部件、机器的装配和维修。

在单件、小批量的重型机械和精密仪器制造和装配时，可以采用调整法和修配法满足互换性要求。调整互换性就是通过更换调整环零件或改变它的位置进行补偿；而修配互换性是通过去除调整环零件部分材料，改变调整环实际参数值的大小，从而达到对装配精度补偿的目的。显然，进行这样的调整或修配后，若要更换机构或机器中的组成零件，则必须对调整环重新进行相应的调整或修配。

通常，把完全互换性简称为互换性，以零(部)件在装配或更换时是否需要挑选或修配作为判断条件，来区别完全互换和不完全互换。一般而言，完全互换适用于厂际协作的零

(部)件装配，而不完全互换多数仅限于厂内的生产装配。

3. 按部位和范围

按部位和范围的不同，互换性可分为外互换性和内互换性。

外互换性是指部件或机构(作为一个整体)与其他相配件间的互换性。内互换性是指部件或机构内部组成零件之间的互换性。例如，滚动轴承内、外圈滚道直径与滚动体(滚珠或滚柱)直径间的配合，对组成零件的精度要求高，加工难度大，生产批量大，故它们采用内互换。但是，滚动轴承内套圈与支承轴、外套圈与轴承座孔之间采用外互换。

在实际生产中，究竟采用何种形式的互换性，要由产品的精度要求与复杂程度、生产规模、生产设备以及技术水平等一系列因素来综合确定。

0.1.3 互换性的重要作用

互换性是现代工业生产发展的客观需要，是实际标准化的保证，在社会化分工中具有十分重要的作用。

1. 设计方面

由于按互换性原则，应尽量采用具有互换性的零(部)件(如标准件、通用件)或独立机构及总成，可以简化绘图和计算等工作，缩短设计周期，有利于产品更新换代和计算机辅助设计(CAD)技术的应用。这对发展产品的多样化、系列化，促进产品结构性能的不断改进，都有重大作用。

2. 加工制造方面

由于按互换性原则组织生产，同一部机器上的各个零件可以同时分别按规定的参数极限制造。对于一些应用量大的标准件，还可以由专门的车间或专业厂单独生产。这样，由于产品单一、数量多、分工细，可广泛采用高效专用加工设备或工艺，以及计算机辅助制造(CAM)技术，产量、质量以及生产效率必然会得到显著提高，生产成本也会随之显著下降。

3. 装配方面

互换性是提高生产水平和进行文明生产的有力手段。由于零(部)件具有互换性，不需要辅助加工和修配，故能减轻装配工人的劳动强度，缩短装配周期，并且可以按流水作业方式进行装配工作，乃至进行自动装配，从而大大提高装配生产率。

4. 使用和维修方面

使用时，若产品具有互换性，则它们磨损或损坏后，可以方便、及时地用新的备用件取代。在维修时，由于零(部)件具有互换性，因而修理方便，维修时间和费用少，可以保证机器工作的连续性和持久性，从而可显著提高机器的使用价值。

总之，互换性已成为我国现代化生产中广泛遵守的一项原则，它在保证产品质量、提高可靠性、降低生产成本、提高生产率、增加经济效益等方面均具有十分重要的意义。

0.2 公差与技术测量

如果实际参数完全等于理论参数就具有互换性，但这既不可能、也没必要。实际情况是，只要制成零件的实际几何参数变动不大，保证零件充分近似即可，即按允许的极限来制造，就能具有互换性。

0.2.1 加工误差与公差

零件在加工过程中必然产生几何量加工误差，它可分为尺寸误差(线性尺寸和角度)、几何形状误差[宏观几何形状误差、微观几何形状误差(即表面粗糙度)和表面波纹度]、方向误差、相互位置误差等。只要将这些误差控制在一定的范围内，则零(部)件的使用功能和互换性都能得到保证。因此，零件应当按照规定的极限(即公差)来制造。

1. 误差(Error)

误差是指在实际生产中，由于工艺系统(由机床、夹具、刀具和工件组成)相关因素以及加工中的受力变形、热变形、振动和磨损等影响，使机械零(部)件的实际几何参数与理想几何参数产生的差异。在加工和装配中产生的误差分别称为加工误差和装配误差。

2. 公差(Tolerance)

公差是指允许实际零件几何参数的最大变动量，即允许尺寸、几何形状和相互位置误差的最大变动范围，以控制加工误差和装配误差，它包括尺寸公差、形状公差、位置公差和表面粗糙度等。

公差是由设计人员根据产品使用性能要求给定并标注在图纸上，用来控制零件加工中的误差；误差是在加工过程中产生的。公差是误差的最大允许值。

0.2.2 技术测量

完工后的零件是否满足公差要求，要通过检测加以判断其合格性。技术测量作为互换性的重要保证手段，它主要包括测量、检验、测试和检测等。

1. 测量(Measure)

测量是将被测物理量(简称被测量)与已知的标准量进行比较，并获得被测量具体数值的过程，即对被测量定量认识的过程。

2. 检验(Inspection)

检验是判断被测量是否合格，即是否在规定范围内的过程。通常不一定要求测量出具体值，只需要判断零件的几何参数是否在图纸规定的合格范围。

3. 测试(Test)

测试是具有试验性质的测量过程，也可以理解为试验和测量过程。

4. 检测(Detect)

在工艺流程中,检测包括测量、检验和测试等意义比较宽泛的参数测量过程。它不仅用来评定产品质量,而且用于分析产品不合格的原因,通过监督工艺过程、及时调整生产,预防废品产生。

综上所述,合理确定公差与正确进行检测是保证产品质量、实现互换性生产的两个必不可少的条件和手段。

0.3 标准与标准化

现代工业生产的特点是生产社会化程度越来越高,分工越来越细,协作单位多,互换性要求高。为了适应这一特点,实现互换性生产,需要有一种手段使分散的、局部的生产部门和生产环节保持协调及必要的技术统一,成为一个有机的整体。标准与标准化正是解决这种关系的主要手段和途径,是实现互换性生产的基础。

0.3.1 标准与标准化

GB/T 20000.1—2014 把标准定义为:通过标准化活动,按照规定的程序经协商一致制定,为各种活动或其结果提供规则、指南或特性,供共同使用和重复使用的文件。

标准的内在特性包括涉及对象的重复性和认知性、制定标准的协商性和发布标准的权威性以及标准的法规性等。标准所涵盖的范围广泛,既涉及产品、零件等具体形式的重复性事物,也包含了术语、定义、方法、代号、量值等抽象概念。它以科学、技术和实践经验的综合成果为基础,以促进最佳社会效益为目的,经有关部门协商一致,由主管部门批准,以特定的形式发布,作为共同遵守的准则与依据。

标准化是指为了在既定范围内获得最佳社会秩序,对现实问题或潜在问题制定共同使用和重复使用的条款以及编制、发布和应用文件的活动。

标准化包括标准的起草、制定、发布、宣传、解释、贯彻实施以及修订的全部活动过程。标准是标准化的基础,贯彻实施标准是标准化的核心环节,制定和修订标准是标准化的最基本的任务。标准化的主要效益在于为了产品、过程或服务的预期目的改进它们的适用性,促进贸易、交流及技术合作。

标准化所起的作用是多方面的。标准化是组织现代化生产的重要手段,是实现专业化协作生产(即互换性)的必要前提,是科学管理的重要组成部分。标准化同时是联系科研、设计、生产、流通和使用等方面的纽带,是整个社会经济合理化的技术基础。标准化也是发展贸易、提高产品在国际市场上的竞争能力的技术保证。标准化是一把双刃剑,它既是突破贸易壁垒、实现各国技术交流和贸易往来的基础,又是构建贸易技术壁垒、实现技术控制和市场占领的手段。做好标准化工作,对于高速发展国民经济、提高产品和工程质量、提高劳动生产率、加强环境保护和安全卫生、改善人民生活等,都有着重要作用。

0.3.2 标准的分类

标准的分类方法众多，这里只从以下几个角度对其进行区分。

(1)按标准的级别分类：根据《中华人民共和国标准化法》规定，我国标准分为四级，即国家标准、行业标准、地方标准和企业标准。

(2)按标准实施的强制程度分类：标准分为强制标准、推荐标准和暂行标准。

(3)按标准的作用和有效范围分类：标准分为国际标准、区域标准、国家标准、行业标准、地方标准、团体标准和企业标准。

(4)按标准的对象分类：标准可分为技术标准、管理标准和工作标准。

值得注意的是，从技术要求的高低来看，国家标准、国际标准并不是最高标准，最高标准在企业。

0.3.3 标准化发展的重要意义和战略地位

标准化是一个国家现代化水平的重要标志之一。许多发达国家普遍将标准化上升到国家战略，“一流企业做标准，二流企业做品牌，三流企业做产品”的现代经营理念正引导着国家和企业向“技术专利化，专利标准化，标准国际化”迅速发展。

推动实施标准化战略，优化标准体系，深化标准化工作改革，提升标准国际化水平，加强标准化国际合作是我国未来标准化发展的方向。

0.3.4 产品几何技术规范简介

1. 产品几何技术规范概述

随着经济全球化，产品的设计、生产往往在国际间进行。中国是制造业大国，在制定国家标准时需引进相关国际标准，其中互换性相关的标准就参照了产品几何技术规范。

产品几何技术规范(Geometrical Production Specification and Verification，GPS)是针对所有几何产品建立的一个几何技术标准体系，它覆盖了从宏观到微观的产品几何特征，涉及产品开发、设计、制造、验收、使用和维修、报废等产品整个生命周期的全过程。GPS应用领域既包括机械、电子、汽车、家电等传统机电产品，也包括计算机、航空航天等高新技术产品，甚至可以延拓到国民经济的各个部门。

20世纪国内外大部分产品几何技术规范，包括极限与配合、几何公差、表面粗糙度等，基本上是以几何学为基础的传统技术标准，称为第一代产品几何技术规范。传统的GPS基于几何学理论构建，分别形成了尺寸公差、形位公差和表面特征系列标准。除了这些标准之间不完全协调、需要整合外，更主要的问题在于设计、制造、检验标准依据的基础理论的不统一，无法实现相互间几何信息的准确表达和沟通。就设计而言，只描述具有理想形状的工件，对制造和检验过程的控制要求则很少涉及，制造控制和合格评定缺乏统一的准则，造成设计、制造和检验要求不统一。

第一代GPS语言仅适合于手工设计环境，不便于计算机的表达、处理和数据的传递。随着经济社会的发展和科学技术的进步，尤其是先进设计和制造技术以及坐标测量技术的采用，基于几何学理论的第一代 GPS 语言因其标准未能将功能和测量统一，所带来的矛盾日益显现。随着信息技术的发展和应用，产品几何定义方法和环境、制造与检验技术和手段均发生了深刻的变化，传统的几何精度设计和控制方法已经不能适应现代制造业发展的需要，不能跟上制造业信息化生产的发展和 CAD/CAM/CAQ/CAT(合称 CAX)等的实用化进程，因此急需对 GPS 标准进行进一步补充和完善。

1996 年，国际标准化组织(International Organization for Standardization，ISO)全面开展基于计量学的新一代 GPS 的研究和标准制定。新一代 GPS 语言以计量数学为基础，应用物理学中的物像对应原理，使用不确定度(Uncertainty)作为经济杠杆，在规范与认证之间调节资源并实现资源的最高效率分配，促进产品和程序的快速更新换代，从而彻底解决由于测量方法不统一而致测量评估失控所引起的贸易纠纷等。

由几何学转变为运用产品模型的概念、以不同模式的数字化模型为基础，实现设计、制造和检验的协调和统一，实现功能要求、几何规范、检验方法的协调和统一。以几何规范为主线将产品的几何定义和控制的全过程贯穿起来，并利用不确定度理论和相互对应的操作集(对偶性原理)将功能要求、按规范设计、规范实施、规范验证联系起来，形成新一代的 GPS 系统结构模型，如图 0-3 所示。

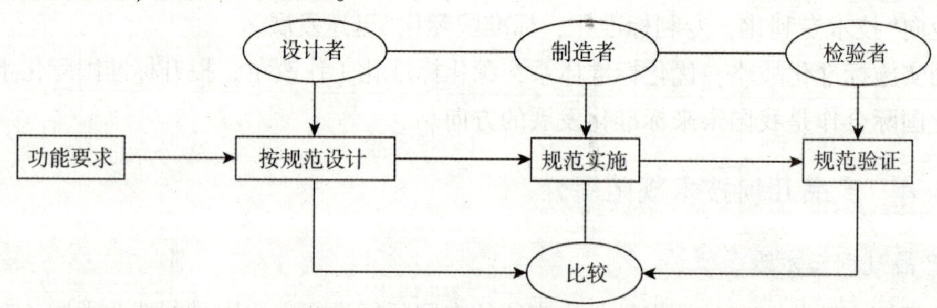

图 0-3　新一代 GPS 系统结构模型

新一代 GPS 标准体系将着重于提供一个适宜于 CAX 集成环境的、更加清晰明确的、系统规范的几何公差定义和数字化设计、计量规范体系，其突出特点是：

(1)系统性、科学性、并行性强；

(2)理论性、规律性、可描述性强；

(3)应用性、可操作性强；

(4)与 CAX 的信息集成性强。

2. 新一代 GPS 标准体系总体规划

新一代 GPS 由涉及产品几何特征及其特征量的诸多技术标准所组成，包括工件尺寸、几何形状和位置以及表面形貌等方面的标准如图 0-4、表 0-1 所示。它主要包括以下概念。

GPS基础标准	GPS综合标准 影响部分或全部的GPS通用标准链环的GPS标准或相关标准
	GPS通用标准矩阵 GPS通用标准链 1.有关尺寸的标准链 2.有关距离的标准链 3.有关半径的标准链 4.有关角度的标准链 5.有关线的形状的标准链（与基准无关） 6.有关线的形状的标准链（与基准相关） 7.有关面的形状的标准链（与基准无关） 8.有关面的形状的标准链（与基准相关） 9.有关方向的标准链 10.有关位置的标准链 11.有关圆跳动的标准链 12.有关全跳动的标准链 13.有关基准的标准链 14.有关轮廓粗糙度的标准链 15.有关轮廓波纹度的标准链 16.有关原始轮廓的标准链 17.有关表面缺陷的标准链 18.有关棱边的标准链
	GPS补充标准矩阵 GPS补充标准链 A 特定工艺公差标准 A1.有关机加工公差的标准链 A2.有关铸造公差的标准链 A3.有关焊接公差的标准链 A4.有关热切削公差的标准链 A5.有关塑料模具公差的标准链 A6.有关金属有机镀层公差的标准链 A7.有关涂覆公差的标准链 B 机械零件几何要素标准 B1.有关螺纹的标准链 B2.有关齿轮的标准链 B3.有关花键的标准链

图 0-4 GPS 总体规划框架（GPS 矩阵模型）

表 0-1　GPS 通用标准矩阵

链环		1	2	3	4	5	6
要素的几何特征		产品文件表示(图样标注代号)	公差定义及其数值	实际要素的特征或参数定义	工件偏差评定	测量器具	测量器具校准
1	尺寸						
2	距离						
3	半径						
4	角度						
5	与基准无关的线的形状						
6	与基准相关的线的形状						
7	与基准无关的面的形状						
8	与基准相关的面的形状						
9	方向						
10	位置						
11	圆跳动						
12	全跳动						
13	基准						
14	轮廓粗糙度						
15	轮廓波纹度						
16	原始轮廓						
17	表面缺陷						
18	棱边						

(1)分为 4 类标准：GPS 基础标准、GPS 综合标准、GPS 通用标准和 GPS 补充标准。

(2)涵盖各种几何特征，如尺寸、距离、角度、形状、位置、方向、表面粗糙度等(见图 0-4 中 GPS 通用标准矩阵的第 1 ~ 18 标准链)。

(3)包括零件的特定工艺公差标准和典型的机械零件几何要素标准(见图 0-4 中 GPS 补充标准矩阵的 A1 ~ A7 和 B1 ~ B3 标准链)。

(4)涉及产品生命周期的多个阶段，如设计、制造、计量、质量检验等。将上述 4 种类型 GPS 标准按其功能建立了 GPS 总体规划框架(即 GPS 矩阵模型)。表 0-1 给出了 GPS 通用标准矩阵(参见 GB/T 20308—2020)。

3. 新一代 GPS 的意义和作用

几乎所有的硬件产品都涉及几何量精度控制问题，制造业所有企业无一例外地均要使用 GPS 标准，在市场流通领域中，在产品的合格评定和验收方面，GPS 标准也不可或缺，可以说 GPS 标准的应用领域已从制造业扩展到国民经济的各个部门。

新一代 GPS 旨在引领产品几何精度设计与计量实现数字化的规范统一，是实现数字化设计、检验与制造技术的基础，是用于新世纪的技术语言。

新一代 GPS 标准体系的建立与应用，对于加速制造业信息化的进程，提升 GPS 及应用领域的技术水平，促进 GPS 领域的自动化、智能化及信息的集成化有重要的意义。

新一代 GPS 标准体系是所有几何产品标准的基础，其技术水平的高低，会影响整个国家工业化的水平，是国家制造业的竞争力。面对精益制造及数字化设计和制造为特征的现代制造业的需求，其意义重大。

(1)为企业的产品开发提供了一套全新的工具，为产品的数字化设计和制造提供了基础支撑。GPS 标准规定的表面模型和一系列有序的规范操作是产品的数字化仿真、设计、制造和优化及自动化检测的基本依据，适应现代制造未来发展的需要。

(2)实现产品的精确几何定义及规范的过程定义，更加合理、经济和有效地利用设计、制造和检测的资源，显著降低产品的开发成本。

(3)GPS 不仅是产品开发的重要依据，而且成为规范相关计量器具研制、软件开发的重要准则，因为测试设备的要求、器具的标定和校准已经纳入新 GPS 标准链中，成为不可缺少的链环。

(4)GPS 为国际通用的技术语言，是国际经济运作大环境中产品质量、国际贸易及安全等法规在世界范围内保持一致的重要支撑工具，是国际公认的重要基础标准。它的应用大大减少了沟通的困难和问题，在经济全球化的环境下，有利于促进产品的协同开发、转包生产，有利于促进国际技术交流和合作，有利于消除贸易中的技术壁垒。

(5)GPS 标准的实施可显著提高产品的质量，提高企业的竞争力。

据国外预计，应用新一代 GPS 将取得巨大的经济社会效益：

(1)可以节约设计中几何规范 10% 的修订成本；

(2)可以减少制造过程中材料 20% 的浪费；

(3)可以节省检验过程中仪器、测量与评估 20% 的成本；

(4)可以缩短产品开发 30% 的周期。

总之，新一代 GPS 一经提出，就吸引了世界标准领域各方面及众多国际大型企业的密切关注和高度重视，并迅速开展了相关研究工作。毋庸置疑，第二代 GPS 将成为 ISO 全新的制造技术标准与计量体系。

0.4 几何量精度设计

0.4.1 几何量精度设计的内容

1. 几何量精度设计

质量是企业的生命。现代机电产品的质量特性指标包括功能、性能、工作精度、耐用性、可靠性、效率等。几何量精度是衡量机电产品性能最重要的指标之一，也是评价机电产品质量的主要技术参数。

机械制造质量包含物理、机械等参数方面的质量和几何参数方面的质量。物理、机械等参数方面的质量是指机械加工表面因塑性变形引起的冷作硬化、因切削热引起的金相组织变化和残余应力等。机械加工表面质量是指表面层物理机械性能参数及表面层微观几何形状误差。几何参数方面的质量即几何量精度，包括构成机械零件几何形体的尺寸精度、几何形状精度、方向精度、相互位置精度和表面粗糙度。

几何量精度(下文称机械精度)是指零件经过加工后几何参数的实际值与设计要求的理论值相符合的程度，而它们之间的偏离程度则称为加工误差。加工精度在数值上通常用加工误差的大小来反映和衡量。

机械设计时，要进行总体设计、运动设计、结构设计、强度和刚度计算及机械精度设计。

制造质量控制是机电产品质量保证的重要环节，其主要任务是将机电产品零(部)件的加工误差控制在允许的范围内，而允许范围的确定则是机械精度设计的任务。

2. 机械精度设计及其任务

机械设计过程可分为系统设计、参数设计(结构设计)和机械精度设计 3 个阶段。机械精度设计是从精度观点研究机械零(部)件及结构的几何参数，其主要任务是根据给定的机器总体精度要求确定机械各零件几何要素的公差。公差的大小又与制造经济性和产品的使用寿命密切相关。机械精度设计又称为公差设计，就是根据机械的功能和性能要求，正确合理地设计零件的尺寸精度、形状精度、方向精度、位置精度及表面精度，并将其正确地标注在零件图和装配图上。

机械精度设计通过适当选择零(部)件的加工精度和装配精度，在保证产品精度要求的前提下，使制造成本最小。机电产品及其零(部)件的精度水平与制造成本有关，精度要求越高则制造成本越高，在精度较低区间提高精度，制造成本增加幅度不大；而在精度较高区间提高精度，其制造成本会成倍地增加，因而产品都存在一种较为经济的精度区间。在确定了产品精度后，还需要在各零(部)件之间和各工序之间进行精度分配。因此，机电产品精度设计就是确定产品精度以及在零(部)件之间和加工工序间进行精度分配。

机械精度设计要解决以下三大矛盾：零件精度与制造之间的矛盾(设计要求、制造成本)，零件(部件)之间的矛盾(装配、配合)，检测精度与检测方法之间的矛盾。

机械精度设计一般分为以下步骤：

(1)产品需求分析；

(2)总体精度设计；

(3)机械结构精度设计计算，包括零件和部件精度设计计算。

机械精度设计一般有 3 种方法：类比法(经验法)、试验法、计算分析法。传统机械精度设计主要是进行静态精度设计，实际上必须进行动态精度设计。现代机械精度设计不单纯是几何量精度问题，还涉及机械量、物理量等多域耦合和多量纲精度问题等复杂问题。

0.4.2 机械精度设计的原则

机械精度设计的基本原则是经济地满足功能需求，即在满足产品使用要求的前提下，给产品规定适当的精度(合理的公差)。互换性及标准化只是机械精度设计的部分任务。

机电产品用途不同，机械精度设计的要求和方法也不同，但都应遵循以下原则。

1. 互换性原则

互换性原则是现代化生产中一种普遍遵守的重要技术经济原则，在机械制造中可以有效保证产品质量，提高劳动生产率和降低制造成本。它是针对重复生产零件的要求，只有重复生产、分散制造、集中装配的零件才要求互换。

2. 标准化原则

机械精度设计提倡大量采用标准化、通用化、系列化的零(部)件、元器件和构件，以提高产品互换程度。

3. 精度匹配原则

在机械总体精度设计分析的基础上进行结构精度设计，需要解决总体精度要求的恰当和合理分配问题。精度匹配就是根据各个组成环节的不同功能和性能要求，分别规定不同的精度要求，分配恰当的精度，并保证其相互衔接。

4. 优化原则

优化原则就是通过确定各组成零(部)件精度之间的最佳协调，达到特定条件下机电产品的整体精度优化。主要体现在：(1)公差优化(即经济地满足功能要求)；(2)优先选用，如基孔制优先；(3)数值优化，如数值采用优先数。

5. 经济性原则

在满足功能和使用要求的前提下，精度设计还必须充分考虑经济性的要求。经济性原则的主要考虑因素包括加工及装配工艺性、精度要求的合理性、原材料选择的合理性、是否设计合理的调整环节以及提高工作寿命等。

高精度(小公差)固然可以满足高功能的要求，但也意味着高投入，即高成本。因此，在对具有重要功能的几何要素进行精度设计时，要特别注意生产经济性，应该在满足功能要求的前提下，选用尽可能低的精度(较大的公差)，从而提高产品的性能价格比。

随着工作时间的增加，运动零件的磨损，将使机械精度逐渐下降直至报废。零件的机械精度越低，其工作寿命也相对越短。因此，在评价精度设计的经济性时，必须考虑产品的无故障工作时间，以减少停机时间和维修费用，提高产品的综合经济效益。

综上所述，互换性原则体现精度设计的目的，标准化原则是精度设计的基础，精度匹配原则和优化原则是精度设计的手段，经济性原则是精度设计的目标。

0.5 几何量检测技术

提高检测精度(检测准确度)和检测效率是检测技术的重要任务。而检测精度的高低取决于所采用的检测方法，检测精度越高则检测成本越高，造成浪费；但是降低检测精度则会影响检测结果的可信性。

检测方法的选择，特别是测量误差的分析对检测结果的影响显著。因测量误差可能导致误判，即将合格品误判为不合格品(误废)，或将不合格品误判为合格品(误收)。误废将增加生产成本，误收则影响产品的功能要求。检测准确度的高低直接影响误判的概率，且与检测成本密切相关，而验收条件与验收极限将影响误收和误废在误判概率中所占的比重。因此，检测准确度的选择和验收条件的确定，对于保证产品质量和降低制造成本十分重要。

总之，互换性是现代化生产的重要生产原则与有效技术措施，标准化是广泛实现互换性生产的前提；检测技术是实现互换性的必要条件和手段，是工业生产中进行质量管理、贯彻质量标准必不可少的技术保证。互换性、标准化、检测技术(技术测量)三者形成一个有机整体，质量管理体系则是提高产品质量的可靠保证和坚实基础。

0.6 优先数系

在生产中，当选定一个数值作为某种产品的参数指标时，这个数值就会按照一定的规律向一切相关制品、材料等有关参数指标传播扩散。

例如，螺纹孔的尺寸一经确定，则与之相应的加工螺纹的丝锥和检验内螺纹的螺纹塞规尺寸、攻螺纹前钻孔所用的钻头的尺寸就相应确定，同时与该内螺纹相连接的外螺纹、垫圈等尺寸也随之确定；动力机械的功率与转速的数值确定后，不仅会传播到有关机器的相应参数上，而且必然会传播到其轴、轴承、键、齿轮、联轴器等一整套零(部)件的尺寸和材料特性参数上，并将传播到加工和检验这些零(部)件的刀具、夹具、量具以及专用机床等相应参数上。

在现代化生产中，为了防止数值传播的杂乱无序，追求最佳的技术经济效益，必须从全局出发对各种技术参数的数值加以协调，实现数值系列的标准化；另一方面，从方便设计、制造(包括协作配套)、管理、使用和维修等角度考虑，对技术参数的数值也应该进行适当的简化和统一。

数值标准化要求各种技术参数系列化和简化，需要将参数值合理地分级，使其有适当间隔，便于管理和应用；另一方面，数值标准化要求使用统一的数系来协调各部门的生产，优先数系(Series of Preferred Numbers)就是这样一种科学的数值制度。

0.6.1 优先数系

优先数系是对各种技术参数的数值进行协调、简化和统一的一种科学的数值制度。它是一种无量纲的数值系统，适用于各种参数量值的分级。它又是十进制几何级数，不仅对于标准化对象的简化和协调起着重要作用，而且是制定其他标准的依据，是国际上统一的重要基础标准。优先数是优先数系中的每一个项值。

GB/T 321—2005 规定：优先数系是公比为 $\sqrt[5]{10}$、$\sqrt[10]{10}$、$\sqrt[20]{10}$、$\sqrt[40]{10}$、$\sqrt[80]{10}$，且项值中含有 10 的整数幂的几何级数的常用圆整值。各数列分别用 R5、R10、R20、R40、R80 表示，称为 R5 系列、R10 系列、R20 系列、R40 系列、R80 系列。其中 R5、R10、R20、R40 为基本系列，R80 为补充系列(仅用于分级很细的特殊场合)。优先数系的公比如表 0-2 所示，基本系列的常用值如表 0-3 所示。

优先数系是十进制等比数列，其中包含 10 的所有正整数幂或负整数幂(…，0.01，0.1，1，10，100，…)。只要知道一个十进制段内的优先数值，其他十进制段内的数值就可由小数点的前后移位得到。优先数系中的数值可方便地向两个方向无限延伸，由表中的数值，使小数点前后移位，便可得到所有小于 1 和大于 10 的任意优先数。

优先数系的系列和理论公比一般分别以 Rr 和 q_r ($q_r = \sqrt[r]{10}$) 表示，其中 r 取 5、10、20、40、80，r 同时也是各系列中 1 ~ 10 各个十进制段内项值的项数(不含 10)。例如 R5 系列在

1 ~ 10 之间的项数为 5。

表 0-2 优先数系的公比(摘自 GB/T 321—2005)

系列代号	R5	R10	R20	R40	R80
r	5	10	20	40	80
$q_r = \sqrt[r]{10}$	1.60	1.25	1.12	1.06	1.03

表 0-3 优先数系基本系列的常用值(摘自 GB/T 321—2005)

R5	R10	R20	R40	R5	R10	R20	R40	R5	R10	R20	R40
1.00	1.00	1.00	1.00	2.50	2.50	2.50	2.50	6.30	6.30	6.30	6.30
			1.06				2.65				6.70
		1.12	1.12			2.80	2.80			7.10	7.10
			1.18				3.00				7.50
	1.25	1.25	1.25		3.15	3.15	3.15		8.00	8.00	8.00
			1.32				3.35				8.50
		1.40	1.40			3.55	3.55			9.00	9.00
			1.50				3.75				9.50
1.60	1.60	1.60	1.60	4.00	4.00	4.00	4.00	10.00	10.00	10.00	10.00
			1.70				4.25				
		1.80	1.80			4.50	4.50				
			1.90				4.75				
	2.00	2.00	2.00		5.00	5.00	5.00				
			2.12				5.30				
		2.24	2.24			5.60	5.60				
			2.36				6.00				

0.6.2 优先数系的分类与优先数的取值类型

1. 优先数系的分类

(1)基本系列：R5、R10、R20、R40 是优先数系中的基本系列。基本系列中的优先数常用值，对计算值的相对误差在-1.01% ~+1.26%范围内。

(2)补充系列：即 R80 系列，仅用于细分的特殊场合，或者基本系列无法满足基本需要时使用。

(3)派生系列：是从基本系列或补充系列 Rr 中每 p 项(即隔(p-1)项取一个数)取值导出的系列，以 Rr/p 表示。例如，R10/3 系列就是在 R10 系列中从某一项开始每向后数 3 项取一项导出的系列。假如从 1 开始，就可得出 1，2，4，8，…这样的数列。

派生系列的公比为：$q_{r/p} = q_r^p = (\sqrt[r]{10})^p = 10^{p/r}$。比值 r/p 相等的派生系列具有相同的公

比，但其项值是多义的。例如，派生系列 R10/3 的公比 $q_{10/3}=q_{10}^{3}=(\sqrt[10]{10})^{3}=10^{3/10}=1.258\,9^{3}\approx 2$，可导出 3 种不同项值的系列：

①1.00，2.00，4.00，8.00；

②1.25，2.50，5.00，10.0；

③1.60，3.15，6.30，12.5。

移位系列：它也是一种派生系列，它的公比与某一基本系列相同，但项值与该基本系列不同。例如，项值从 25.8 开始的 R80/8 系列，是项值从 25.0 开始的 R10 系列的移位系列。

(4)复合系列：是指由若干个等公比系列混合构成的多公比系列。如，10，16，25，35.5，50，71，100，125，160 就是由 R5，R10/3，R10 这 3 个系列构成的复合系列。

2. 系列的代号

1)基本系列与补充系列的代号

(1)系列无限定范围时，用 R5，R10，R20，R40，R80 表示。

(2)系列有限定范围时，应注明限值。例如，R10(1.25…)表示以 1.25 为下限的 R10 系列，R20(…45)表示以 45 为上限的 R20 系列，R40(75…300)表示以 75 为下限 300 为上限的 R40 系列。

2)派生系列的代号

(1)系列无限定范围时，应注明系列中含有的一个项值，如 R10/3(…80…)表示含有项值 80，并向两端无限延伸。

(2)系列有限定范围时，应注明界限值，如 R20/4(112…)表示以 112 为下限的派生系列。

3. 优先数的取值类型

(1)理论值：即理论等比数列的项值 $(\sqrt[r]{10})^{N_r}$，其中 N，r 为任意整数。因理论值一般是无理数，不便于实际应用。

(2)计算值：是对理论值取 5 位有效数字的近似值，其对理论值的相对误差小于 1/20 000，在作参数系列的精确计算时可用来代替理论值。

(3)常用值：即通常所说的优先数，它是为了便于实际应用而对计算值进行适当圆整后统一规定的数值。常用值一般取 3 位有效数字。

(4)化整值：是将基本系列中的常用值作进一步圆整后所得的数值，一般取 2 位有效数字。这类数值只允许在某些特殊情况下使用。

0.6.3 优先数系的特性

1. 包容性

5 个优先数系中，前一数系的项值均包含于后一数系之中，即 R5⊂R10⊂R20⊂R40⊂R80。

2. 十进性

优先数系是十进制等比数列，它的项值可按十进制法两端无限延伸，所有大于 10 和小于 1 的优先数均可用 10 的整数幂乘以现有的优先数求得，这种方法也适用于比值 r/p 等于整数的派生系列。

3. 倍增性

在 R10 以及公比更小的各系列中，包含有常用的倍数系列项值。$q_{10}=\sqrt[10]{10}\approx\sqrt[3]{2}$，$\sqrt[3]{2}$ 表示每进 3 项，项值增大一倍的等比数列，例如：

$q_{10/3}=q_{20/6}=q_{40/12}=q_{80/24}\approx 2$；

$q_{40/8}=q_{20/4}=q_{10/2}=q_5\approx 1.6$。

4. 封闭性

同一系列中任意两项的理论值之积或商、任意一项理论值之整数乘方，仍为此系列中的一个优先数理论值。常用值之间近似地具有此种关系。

5. 相对差的均匀性

同一系列中任意相邻两优先数常用值的相对差近似不变，均为$(q_r-1)\times 100\%$，即 R5 系列约为 60%，R10 系列约为 25%，R20 系列约为 12%，R40 系列约为 6%，R80 系列约为 3%。

6. 绝对差的均匀性

同一系列中，各优先数理论值的常用对数构成一个等差数列。这样便于绘制算图，如对数图等。

0.6.4 优先数系的优点

优先数是各种量值(特别是产品参数)分级时应优先采用的数，其目的是把实际应用的数值(如产品的尺寸、规格)限制在必须的最小范围内，并为在不同场合都能优先选用相同的数创造先决条件，以达到简化统一。优先数系的主要优点有以下 4 点。

1. 经济合理的数值分级制度

经验和统计表明，参数值按等比数列分级，能在较宽的范围内以较少的规格，经济合理地满足社会需要。这就要求用“相对差”反映同样“质”的差别，而不能像等差数列那样只考虑“绝对差”。例如，对轴径分级，在 10 mm 不合需要时，如用 12 mm，则两级之间绝对差为 2 mm，相对差为 20%。但对 100 mm 来说，加大 2 mm 变成 102 mm，相对差只有 2%，显然太小，而对直径为 1 mm 的轴来说，加大 2 mm，相对差为 200%，显然太大。等比数列是一种相对差不变的数列，不会造成分级疏的过疏、密的过密的不合理现象。优先数系正是按等比数列制定的，因此，它提供了一种经济、合理的数值分级制度。

2. 是统一、简化的基础

一种产品(或零件)往往同时在不同场合，由不同的人员分别进行设计和制造，而产品的参数又常常影响到与其有配套关系的一系列产品的有关参数。如果没有一个共同遵守的选用数据的准则，势必造成同一种产品的尺寸参数杂乱无章，品种规格繁多。优先数系是国际上统一的数值制度，可用于各种量值的分级，以便不同的地方都能优先选用同样的数值。这就为技术经济工作上的统一、简化和产品参数的协调提供了依据。

按优先数系确定的参数和系列，在以后的标准化过程中，有可能保持不变，这在技术上和经济上都有很大意义。企业自制自用的工艺装备等设备的参数，也应当选用优先数系。这样，不但可简化、统一品种规格，而且可使尚未标准化的对象，从一开始就为走向标准化奠定基础。

3. 具有广泛的适应性

优先数系中包含有各种不同公比的系列，因此可以满足较密和较疏的分级要求。由于较疏系列的项值包含在较密的系列之中，这样在必要可插入中间值，使较疏的系列变成较密的系列，而原来的项值保持不变，与其他产品的配套协调关系不受影响，这对发展产品品种是很有利的。

在参数范围很宽时，根据情况可分段选用最合适的基本系列，以复合系列的形式来组成最佳系列。

由于优先数的积或商仍为优先数，这就更进一步扩大了优先数的适用范围。例如，当直径采用优先数时，π 可近似用优先数 3.15 代替，则圆周长和圆面积也都为优先数。于是圆周速度、切线速度、圆柱体的面积和体积、球的面积和体积等也都是优先数。

优先数系适用于通用数值表示的各种量值的分级，特别是产品的参数系列(根据一定的技术、经济要求，按照一定的规律，将参数合理分档，形成系列，称为参数系列)。如长度、直径、面积、体积、载荷、应力、速度、转速、时间、功率、电流、电压、流量、浓度、传动比、公差、表面粗糙度、测量范围、试验或检验工作中测点的间隔、无量纲的比例系数以及工资分级、税率等，都应最大限度地选用优先数。在制定产品标准时，特别在产品设计中应当有意识地使主要尺寸、参数符合优先数。

4. 简单、易记，计算方便

优先数系是十进制等比数列，其中包含 10 的所有整数幂。只要记住一个十进制段内的数值，其他十进制段内的数值可由小数点的移位得到。所以，只要记住 R20 的 20 个数值，就可以解决一般问题。

优先数系是等比数列，故任意个优先数的积或商仍为优先数，而优先数的对数(或序号)则是等差数列。利用这些特点可以大大简化设计计算。

一般来说，确定标准化对象的参数系列时，应根据具体情况，从经济和技术方面进行综合分析，找出最佳方案，再从优先数中选取接近最佳值的优先数系和比较理想的数值制度。但是，优先数系不可能解决一切问题，对于有些产品的参数分级就不适用。例如，同人民生活直接相关的衣服、鞋、帽、锅、盆之类的产品的参数分级一般只能按等差数列。有些工业设备实际上也有不遵守优先数系规律的情况，如有的国家生产的压力机系列为：20 t，40 t，55 t，75 t，100 t。

另外，由于优先数的和或差一般不再保持为优先数，因此，对于有些组合尺寸只能采用模数制。

0.6.5 优先数系的选用原则

1. 基本系列的选用

在确定产品的参数或参数系列时，如果没有特殊原因必须选用其他数值的话，通过技术、经济分析，只要能满足技术经济上的要求，就应当力求选用优先数。

选用时，应遵循“先疏后密”的原则，按照 R5、R10、R20、R40 的顺序，优先选用公比比较大的基本系列；当一个产品的所有特性参数不可能都采用优先数时，也应使一个或几个主要参数采用优先数；即使单个参数值，也应按上述顺序选用优先数。这样做既可在产品发展时插入中间值仍保持或逐步发展成为有规律的系列，又便于跟其他相关产品协调配套。

2. 补充系列的选用

补充系列一般不宜作为主参数系列，但可作为系列的变形当成辅助系列来选用。如前所述，补充系列仅用于细分的特殊场合，或者基本系列无法满足基本需要时选用。

3. 派生系列和移位系列的选用

当基本系列的公比不能满足分级要求时，可选用派生系列。选用时应优先选用公比较大且延伸项中含有 1 的派生系列，选用优先顺序与基本系列相同。移位系列只宜用于因变量参数的系列。例如，成品尺寸采用基本系列时，考虑其毛坯尺寸有加工余量，可采用基本系列的移位系列。

4. 复合系列的选用

当参数系列的延伸范围很大，从制造和使用的经济性考虑，在不同的参数区间，需要采用公比不同的系列时，可分段选用最适宜的基本系列或派生系列，以构成复合系列。

5. 化整值和化整值系列的选用

由于化整值系列公比的均匀性差，对计算的最大相对误差比常用值大得多，经乘、除或乘方运算后进一步增大，以致丧失了优先数计算方法的优点，因此，若无特殊原因，一般不用化整值。

6. 计算值的选用

按优先数常用值分级的参数系列，不是一个精确的等比数列，实际公比有所变动，所以各级间的公比是不均匀的，这时，为了获得公比精确相等的等比数列，可采用计算值。例如，图纸幅面长宽比，一般为 $\sqrt{2}$ ；在涡轮叶片截面型线要求精确放大的相似设计中，常采用计算值。另外，一个三角形一个边若采用常用值放大，就不能得到一个精确相似的三角形，若改用计算值，则可以得到一个精确相似的三角形。

0.6.6 优先数系的应用

1. 一般应用

(1)照相机的感光度，如华为 Mate 9 pro 手机采用 R10 系列，分别为 100，125，160，

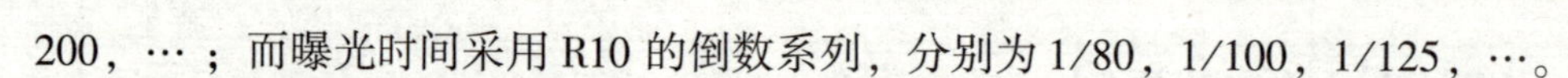

200，…；而曝光时间采用 R10 的倒数系列，分别为 1/80，1/100，1/125，…。

(2)渐开线圆柱齿轮模数第一系列采用 R10 系列：1，1.25，1.5，2，2.5，…。

(3)在公差中尺寸分段(250 mm 以后)采用 R10 系列：250，315，400，…。

(4)常用尺寸标准公差等级系数采用 R5 系列：10，16，25，40，…。

(5)表面粗糙度参数值采用 R10/3 系列：0.4，0.8，1.6，3.2，6.3，12.5，…。

(6)表面粗糙度取样长度采用 R10/5 系列：0.08，0.25，0.8，2.5，8，…。

(7)端铣刀直径采用 R10 系列：63，80，100，125，…。

2. 在相似设计中的应用

物体各部分的尺寸如果按一定比例放大或缩小，构成一个几何相似而大小不同的规格系列，按照相似设计原理，物体的几何相似件常常能导致力学性能的相似性。物体就能用缩小的模型来实验研究物体的力学性能，从而推断此实物所具有的性能。例如机床的大件(如床身、立柱等)常用缩小的模型做刚度实验。

优先数系是等比数列，各部分尺寸若都按同一公比的优先数系形成，必然具有几何相似性。因此，采用优先数系能比较方便地运用相似设计原理，只要知道了几何相似和力学相似之间的函数关系，就容易由物体的线性尺寸推导出相应的力学参数系列。

0.7 本课程的性质、任务、特点及课程目标

1. 课程性质与任务

本课程是高等学校机械类和近机类各专业的重要技术基础课，它是联系机械设计与机械加工工艺的纽带，是从基础课与技术基础课教学过渡到专业课学习的桥梁。本课程主要内容为几何量公差与几何量检测的基本知识，包括互换性概念、尺寸精度设计、几何精度设计、表面结构精度设计、几何量测量、典型零件精度设计等内容，与机械设计、机械制造、质量控制等学科密切相关，是机械工程技术人员和管理人员必备的基本知识与技能。

本课程的研究对象为几何量的互换性，即研究如何通过合理的几何量精度设计来解决机器使用要求与制造工艺之间的矛盾，以及如何运用检测技术保证国家标准的贯彻实施。随着制造业的迅猛发展，对产品的精度要求越来越高，本课程的重要性愈加凸显。

本课程的任务在于使学生获得几何量精度设计与检测方面的基础理论、基本知识和基本技能，并具有结合工程实践应用进行扩展的能力，再通过后续的学习和相关实践工作锻炼，加深理解和逐渐熟练掌握本课程的内容。

2. 课程目标

通过本课程的学习，学生应达到下列要求。

(1)掌握标准化和互换性的基本概念及有关的基本术语和定义，基本掌握几何量公差国家标准的主要内容、特点和应用原则，能用规范的国家标准对机械领域复杂工程问题提出合理的公差设计方案。

(2)掌握几何量公差标准的主要内容、特点和应用原则，并能够将其应用于机械工程领域遇到的复杂问题的科学分析，进行合理的精度设计与公差要求表达、标注，在满足功能要求的前提下用互换性原则指导机械产品的设计与组织生产。

(3)了解机械专业相关领域的GB、ISO、ASME、DIN等标准体系，密切关注尺寸公差、几何公差方面的国际发展前沿技术和国家的相关产业政策，针对不同国家的机械相关产品，如汽车、飞机、机床等适用的标准系列，关注其对机械工程活动的重大影响。

(4)掌握精度设计和技术测量的基础知识，针对在实际工程中的机械零(部)件，能够根据机械产品的设计要求和使用功能要求，遵守相关标准与规范，考虑经济、环保、安全等非技术因素的约束，正确选用检验器具或测量仪器，设计合理的检测实验方案，选定合理的评定方法，安全开展实验，判断产品的合格性，降低产品的制造成本，合理控制产品的误检率。

本章小结

本章的主要内容是介绍互换性的含义、重要性、分类及其与公差、技术测量和标准之间的关系。主要内容包括：

(1)互换性的定义、分类及其在组织生产中的重要作用；

(2)标准与标准化的含义、标准的分类及标准化的战略意义；

(3)新一代产品几何技术规范(GPS)的框架简介；

(4)几何量精度设计的内容及其设计原则；

(5)优先数系的基本概念、特性及其选用原则。

(6)本课程的性质、任务及课程目标。

互换性、技术测量和标准化之间的关系，可以概括为：互换性是现代化生产中一个普遍遵守的原则，为了保证互换性的实现，需要各个生产环节协调和统一；遵守相关标准对几何量规定合理公差来限制加工误差；正确运用检测技术保证标准的贯彻实施从而实现互换性。因此，标准化是实现互换性生产的基础或前提，是技术测量的依据，而技术测量是实现互换性的保证手段。

习 题

1. 简答题

(1)什么是互换性？互换性在机械制造中有何重要意义？

(2)互换性有哪些分类？各自用于什么场合？试举例说明。

(3)什么是标准与标准化？互换性、标准化与技术测量三者是什么关系？

(4)在我国的标准中，按标准级别可分为几类？

(5)优先数系是一种什么数列？它有何特性？

(6)有哪些优先数的基本系列？什么是优先数的派生系列与复合系列？

2. 计算题

(1)试写出R10、R10/2、R20/3、R5/3系列中自1以后共5个优先数的常用值。

(2)国家标准规定，IT6～IT18级的标准公差等级系数按R5优先数系增加，如果某尺寸的IT6、IT7、IT8级的公差等级系数依次为10、16、25，请推导出IT9～IT18级的公差等级系数。

(3)摇臂钻床主参数最大钻孔直径(单位mm)有25，40，63，…，请依照其遵循的优先数系规律推导出100～250 mm之间所有钻头直径。

第1章 孔、轴结合的公差与配合

学习目标

本章的学习目标是：掌握有关尺寸精度的基本概念和术语，如尺寸、偏差、公差及配合等；掌握三种配合的特点；掌握公差与配合国家标准的有关内容；熟练、正确地查询使用标准公差数值；掌握孔和轴基本偏差及相关内容，学会正确查用孔和轴的基本偏差数值表；掌握常用尺寸段孔、轴公差带在国家标准中规定的一般、常用和优先选用原则，以及孔轴配合的一般、常用和优先选用原则；掌握基准制的选择、公差等级的选择、配合选择的基本原则和一般方法，达到会初步选用公差与配合的能力；能进行简单零件的尺寸精度标注与设计。

学习重点

本章的学习重点是尺寸偏差、尺寸公差、配合、公差带图；配合特征量的计算；标准公差数值表的查用；孔和轴的基本偏差数值表的查用；国家标准规定的常用尺寸段孔和轴的一般、常用和优先公差带；公差与配合的选用。

学习导航

在机械产品中经常见到孔与轴的配合，有时要求孔轴配合件之间有相对转动或移动，如轴颈在滑动轴承中正常的高速转动；有时要求孔轴配合件之间不得相对转动或移动，如曲轴与轴承、齿轮孔和轴、键与键槽、蜗轮的轮缘和轮毂等。那么配合有几种类型？如何确定配合类型，如何选择配合尺寸与公差，以满足其配合要求、保证其互换性呢？

公差与配合是机械精度设计的第一步，为实现机械产品零部件的互换性，需要合理设计其尺寸精度，并将配合公差与尺寸公差正确地标注在装配图和零件图上。按照零件图上尺寸精度要求加工完成的零件，需要测量出其实际尺寸，计算出尺寸误差，要求尺寸误差在规定的尺寸公差范围之内，保证零件的尺寸精度的合格性，实现零件加工和装配的互换性。本章主要阐述公差与配合国家标准的构成规律和特征。

本章所引用和参考的相关国家标准有：

(1) GB/T 1800.1—2020《产品几何技术规范(GPS)线性尺公差 ISO 代号体系 第1部分：公差、偏差和配合的基础》；

(2) GB/T 1800.2—2020《产品几何技术规范(GPS)线性尺公差 ISO 代号体系 第2部分：标准公差带代号和孔、轴的极限偏差表》；

(3) GB/T 1803—2003《极限与配合 尺寸至18 mm孔、轴公差带》；

(4) GB/T 1804—2000《一般公差 未注公差的线性和角度尺的公差》；

(5) GB/T 38762.1—2020《产品几何技术规范(GPS)尺寸公差 第1部分：线性尺寸》；

(6) GB/T 38762.2—2020《产品几何技术规范(GPS)尺寸公差 第2部分：除线性、角度尺寸外的尺寸》；

(7) GB/T 38762.3—2020《产品几何技术规范(GPS)尺寸公差 第3部分：角度尺寸》。

1.1 概 述

圆柱体结合是机械制造中应用最广泛的一种结合，由孔和轴构成。圆柱体结合的公差制是机械工程方面重要的基础标准，包括极限制、配合制、检验制及量规制等。这种公差制不仅用于圆柱形内、外表面的结合，也适用于其他结合中由单一尺寸确定的部分，如键结合中的键(槽)宽，花键结合中的外径、内径及键(槽)宽等。

“公差”主要反映机器零件使用要求与制造要求的矛盾，而“配合”则反映组成机器的各零件之间的关系。公差与配合的标准化有利于机器的设计、制造、使用和维修，有利于工艺过程的经济性，有利于刀具、量具的标准化。公差与配合标准几乎涉及国民经济的各个部门，是使机械工业能广泛组织专业化集中生产和协作、实现互换性生产的一个基本条件，国际上公认它是特别重要的基础标准之一。为适应科技飞速发展，满足国际贸易、技术和经济交流以及采用国际标准的需要，经国家技术监督局批准，颁布了公差与配合标准，用 GB/T 1800.1—2020、GB/T 1800.2—2020 代替了旧标准的相应内容。这些新标准是依据国际标准(ISO)制定的，以尽可能地使我国的国家标准与国际标准一致或等同。

1.2 基本术语及定义

为了正确掌握公差与配合标准及其应用，统一设计、工艺、检验等人员对公差与配合标准的理解，合理设计机械产品零部件的尺寸精度，首先应该熟练掌握 GB/T 1800.1—2020《产品几何技术规范(GPS)线性尺寸公差 ISO 代号体系 第1部分：公差、偏差和配合的基础》规定的基本术语及定义。

1.2.1 孔和轴的定义

1. 孔

孔通常指工件的内尺寸要素，包括非圆柱面形的内尺寸要素，即由两个平行平面或者切面形成的包容面。孔的直径用 D 表示。

2. 轴

轴通常指工件的外尺寸要素，包括非圆柱形的外尺寸要素。即由两平行平面或切面形成的被包容面。轴的直径用 d 表示。

GB/T 1800.1—2020 规定的孔和轴的定义要比通常的概念更宽泛。孔和轴并不仅仅局限于圆柱形的内表面和外表面，可扩展至非圆柱形的内、外表面。例如，图 1-1(a)中的孔 D 和图 1-1(b)中的孔 D_1、D_2、D_3 都属于孔；图 1-1(a)中的轴径 d_1、键槽底部尺寸 d_2 和图 1-1(b)中的 d 都属于轴。其中圆柱形的孔和轴的尺寸标注时需要加 ϕ 。

在实际应用中，可从两个方面判断孔和轴：从装配关系来看，孔为包容面，轴为被包容面；从加工过程来看，孔的尺寸由小变大，轴的尺寸由大变小。

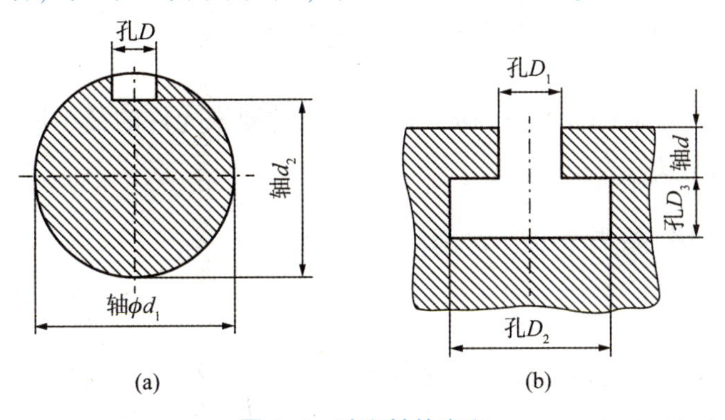

图 1-1 孔和轴的定义

1.2.2 关于“尺寸”方面的术语及定义

1. 尺寸要素(Feature of Size)

尺寸要素是指线性尺寸要素或角度尺寸要素。它可以是一个球体、一个圆、两条直线、两个相对平行平面、一个圆柱体、一个圆环等。

(1)线性尺寸要素是指具有线性尺寸的尺寸要素。例如，一个圆柱孔或轴就是线性尺寸要素，由两个平行平面组成的组合要素也是一个线性尺寸要素，其线性尺寸分别为直径和宽度。

(2)角度尺寸要素是指属于回转类的几何要素，其素线名义上倾斜一个不等于 0°或 90°的角度；或属于棱柱面类，两个方位要素之间的角度由具有相同形状的两个表面组成。例如，一个圆锥和一个楔块都是角度尺寸要素。

2. 尺寸(Size)

尺寸是指以特定单位表示线性尺寸值的数值。如长度、厚度、直径及中心距离等。机械工程中规定，一般以毫米(mm)作为尺寸的特定单位。在机械图样上，以毫米为单位时可以省略单位，仅标注数值即可。

3. 公称尺寸(Nominal Size)

公称尺寸是设计给定的尺寸，过去被称为“基本尺寸”，是指由图样规范定义的理想形状要素的尺寸。

4. 实际尺寸(Actual Size)

实际尺寸是指拟合组成要素的尺寸，通过测量得到。如通过测量获得的某一孔、轴的尺寸，通常孔用 D_a 表示，轴用 d_a 表示。由于加工误差的存在，按同一图样要求所加工的各个零件，其实际尺寸往往各不相同，即使是同一工件的不同位置，不同方向的实际尺寸也往往不同，因此实际尺寸是实际零件上某一位置的测量值。由于测量时还存在测量误差，所以实际尺寸并非尺寸的真实值。

5. 极限尺寸(Limits of Size)

极限尺寸是指尺寸要素的尺寸所允许的极限值。

(1)上极限尺寸(Upper Limit of Size，ULS)：尺寸要素允许的最大尺寸称为上极限尺寸，孔用 D_{max} 表示，轴用 d_{max} 表示；

(2)下极限尺寸(Lower Limit of Size，LLS)：尺寸要素允许的最小尺寸称为下极限尺寸，孔用 D_{min} 表示，轴用 d_{min} 表示。

1.2.3 关于“公差与偏差”方面的术语及定义

1. 尺寸公差(Size Tolerance)

尺寸公差简称公差，是指上极限尺寸与下极限尺寸之差，或上极限偏差与下极限偏差之差，它是允许尺寸的变动量。尺寸公差是一个没有符号的绝对值。如用 T_D、T_d 分别表示孔、轴的公差，则有

$$T_D = |D_{max}-D_{min}| = |ES-EI| \tag{1-1}$$

$$T_d = |d_{max}-d_{min}| = |es-ei| \tag{1-2}$$

可见，公差是用于控制尺寸的变动量，它是绝对值，不能为0。

2. 尺寸偏差(Size Deviation)

尺寸偏差简称偏差，是指某一尺寸减去其参考值所得的代数差。对于尺寸偏差，参考值是公称尺寸，某一尺寸是实际尺寸。实际尺寸减去其公称尺寸所得的代数差就是实际偏差。孔和轴的实际偏差分别用 E_a、e_a 表示

$$孔的实际偏差\ E_a = D_a - D \tag{1-3}$$

$$轴的实际偏差\ e_a = d_a - d \tag{1-4}$$

3. 极限偏差 (Limit Deviation)

极限尺寸减去公称尺寸所得的代数差即为极限偏差，分为上极限偏差和下极限偏差。

(1)上极限偏差(Upper Limit Deviation)：上极限尺寸减其公称尺寸所得的代数差称为上

极限偏差，孔用 ES、轴用 es 表示。

(2)下极限偏差(Lower Limit Deviation)：下极限尺寸减其公称尺寸所得的代数差称为下极限偏差，孔用 EI、轴用 ei 表示。

由于极限尺寸可能大于、等于或小于公称尺寸，所以偏差可能为正值、零值或负值，但上极限偏差和下极限偏差不可能同时为0。

孔、轴的上极限偏差和下极限偏差可表示为

$$\text{孔的上极限偏差} \quad ES=D_{max}-D \tag{1-5}$$

$$\text{孔的下极限偏差} \quad EI=D_{min}-D \tag{1-6}$$

$$\text{轴的上极限偏差} \quad es=d_{max}-d \tag{1-7}$$

$$\text{轴的下极限偏差} \quad ei=d_{min}-d \tag{1-8}$$

【例1-1】已知某孔的公称尺寸为 ϕ 50 mm，上极限尺寸为 ϕ 50.048 mm，下极限尺寸为 ϕ 50.009 mm，求孔的极限偏差。

解：孔的上极限偏差 $ES=D_{max}-D=(50.048-50)\text{mm}=+0.048\text{ mm}$，

孔的下极限偏差 $EI=D_{min}-D=(50.009-50)\text{mm}=+0.009\text{ mm}$，

孔的公差 $T_D=D_{max}-D_{min}=(50.048-50.009)\text{mm}=0.039\text{ mm}$。

公差与偏差是两个不同的概念，应注意从以下3个方面进行区分：

(1)公差是不为0的绝对值，而偏差却可以为正、负、0；

(2)公差值的大小反映零件精度的高低和加工的难易程度，而偏差仅表示偏离公称尺寸的多少；

(3)仅用公差不能判断尺寸是否合格，而极限偏差是尺寸合格的依据。

4. 公差带(Tolerance Interval)

公差带是指公差极限之间(包括公差极限)的尺寸变动值。公差带包含在上极限尺寸和下极限尺寸之间，由公差大小和相对于公称尺寸的位置确定，如图1-2所示。公差带可以用汉字区分，也可以用 T_D、T_d，或者采用孔和轴的公差带来区分。公差带不是必须包括公称尺寸，公差极限可以是单边的(两个值位于公称尺寸的一边)，如图1-2(a)所示；或双边的(两个值位于公称尺寸两边)，如图1-2(b)所示；当一个公差极限位于一边，而另一个公差极限为0时，这种情况则是单边表示的特例，如图1-2(c)所示。公差带的大小由标准公差确定，公差带位置由基本偏差确定。

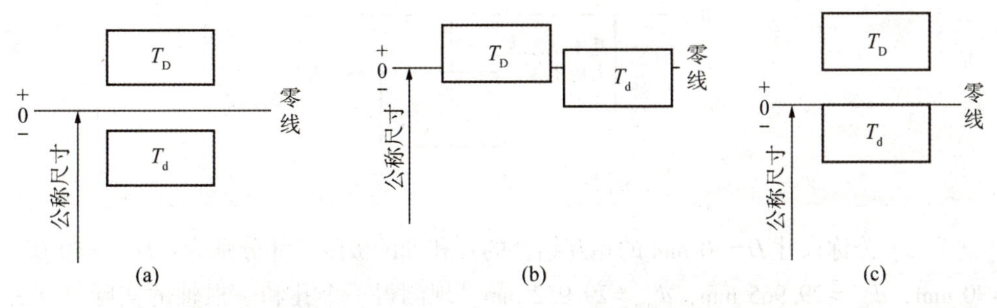

图1-2 孔、轴配合的尺寸公差带

5. 公差带图

直观表示出公称尺寸、极限偏差、公差以及孔与轴配合关系的图解，简称公差带图。如图1-3所示，尺寸公差带图由零线和孔、轴的公差带两部分组成。在公差带图中，用一条基准直线代表公称尺寸，称为零线。用两条平行零线的直线代表上、下极限偏差，正偏差画在零线上方，负偏差画在零线下方，即构成公差带图。画图时注意标出零线的“0”和“±”号及公称尺寸的数值。

在同一个尺寸公差带图中，孔、轴的公差带的位置、大小应采用相同的比例，并注意采用不同方式区分孔、轴的公差带。尺寸公差带图的绘制有两种方法：一种是公称尺寸和极限偏差均采用 mm 为单位，此时单位 mm 省略不写，如图 1-3(a)所示；一种是公称尺寸标注单位 mm，则上、下极限偏差以 μm 为单位，且 μm 省略不写，如图 1-3(b)所示。

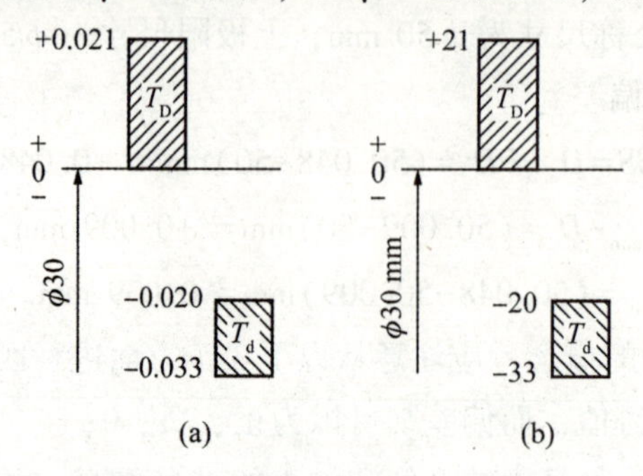

图 1-3　孔和轴的尺寸公差带图

6. 标准公差(Standard Tolerance)

标准公差是线性尺寸公差 ISO 代号体系中的任一公差，见表 1-1，用以确定公差带大小的任一公差，将在本章第 3 节中重点介绍。

7. 基本偏差(Fundamental Deviation)

基本偏差是确定公差带相对公称尺寸(零线)位置的极限偏差。可以是上极限偏差或下极限偏差，是最接近公称尺寸的那个极限偏差，如图 1-4 所示。

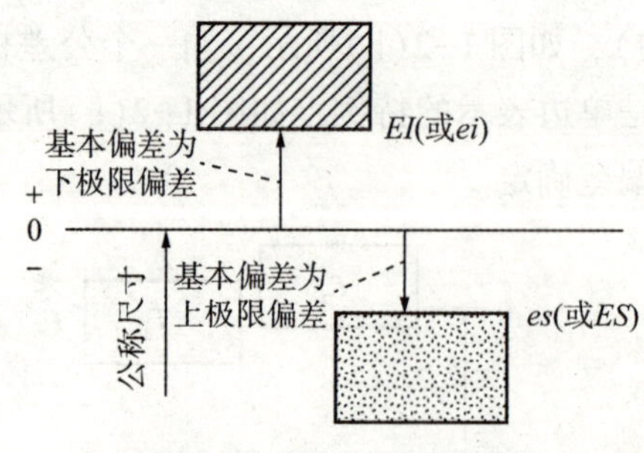

图 1-4　基本偏差示意图

【例 1-2】公称尺寸 $D=30$ mm 的相互结合的孔和轴的极限尺寸分别为：$D_{max}=30.021$ mm，$D_{min}=30$ mm，$d_{max}=29.965$ mm，$d_{min}=29.952$ mm。现测得一个孔和一根轴的实际尺寸分别为 $D_a=30.010$ mm 和 $d_a=29.960$ mm。求孔和轴的极限偏差、实际偏差及公差，并画出该孔、

轴的公差带示意图。

解： 计算孔、轴的上、下极限偏差：

$$ES = D_{max} - D = (30.021 - 30)\text{ mm} = +0.021\text{ mm}$$

$$EI = D_{min} - D = (30 - 30)\text{ mm} = 0\text{ mm}$$

$$es = d_{max} - d = (29.965 - 30)\text{ mm} = -0.035\text{ mm}$$

$$ei = d_{min} - d = (29.952 - 30)\text{ mm} = -0.048\text{ mm}$$

计算孔、轴的实际偏差：

$$E_a = D_a - D = (30.010 - 30)\text{ mm} = +0.010\text{ mm}$$

$$e_a = d_a - d = (29.960 - 30)\text{ mm} = -0.040\text{ mm}$$

计算孔、轴的公差：

$$T_D = |D_{max} - D_{min}| = (30.021 - 30)\text{ mm} = 0.021\text{ mm}$$

或

$$T_D = |ES - EI| = (+0.021 - 0)\text{ mm} = 0.021\text{ mm}$$

$$T_d = |d_{max} - d_{min}| = (29.965 - 29.952)\text{ mm} = 0.013\text{ mm}$$

或

$$T_d = |es - ei| = -0.035\text{ mm} - (-0.048)\text{ mm} = 0.013\text{ mm}$$

孔轴公差带示意图如图 1-5 所示，在图样上标注孔为 $\phi30^{+0.021}_{0}$，轴为 $\phi30^{-0.035}_{-0.048}$。

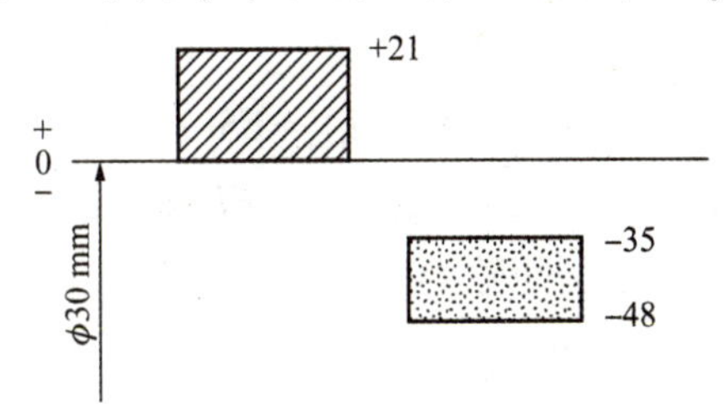

图 1-5　孔轴公差带示意图

1.2.4　关于“配合”方面的术语及定义

1. 配合(Fit)

配合是指类型相同且待装配的外尺寸要素(轴)和内尺寸要素(孔)之间的关系，如图 1-6 所示。

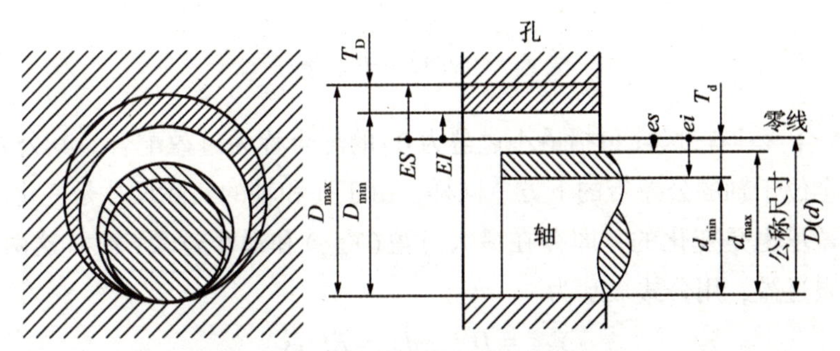

图 1-6　公差与配合示意图

根据配合的定义可以看出，形成配合需要有两个基本条件，第一个是孔和轴的公称尺寸必须相同，即 $D=d$；第二个是具有包容和被包容的关系，即孔和轴的结合。同时配合是指一批孔和轴的装配关系，而不是指单个孔和单个轴的配合，所以用公差带的相互关系来描述配合比较确切。

2. 间隙（Clearance）或过盈（Interference）

在孔、轴配合中，孔的尺寸减去轴的尺寸所得的代数差，其值为正时称为间隙，用 X 表示；其值为负时称为过盈，用 Y 表示。

3. 配合类型

根据孔和轴公差带的相对位置关系，可将配合分为 3 类，即间隙配合、过盈配合和过渡配合。

（1）间隙配合：具有间隙（包括最小间隙为 0）的配合称为间隙配合。其公差带的特点是孔的公差带完全位于轴的公差带的上方。由于孔和轴的实际尺寸是允许在一定范围内变动的，所以孔和轴装配后的间隙也是变化的。

当孔加工到上极限尺寸，轴加工到下极限尺寸时，装配后产生的间隙最大（X_{max}）；当孔加工到下极限尺寸，轴加工到上极限尺寸时，装配后产生的间隙最小（X_{min}）。最大间隙和最小间隙统称为极限间隙，用公式表示为

$$X_{max}=D_{max}-d_{min}=ES-ei \tag{1-9}$$

$$X_{min}=D_{min}-d_{max}=EI-es \tag{1-10}$$

最大、最小间隙的平均值为平均间隙（X_{av}）。其数值为

$$X_{av}=\frac{X_{max}+X_{min}}{2} \tag{1-11}$$

间隙配合的公差带如图 1-7 所示。

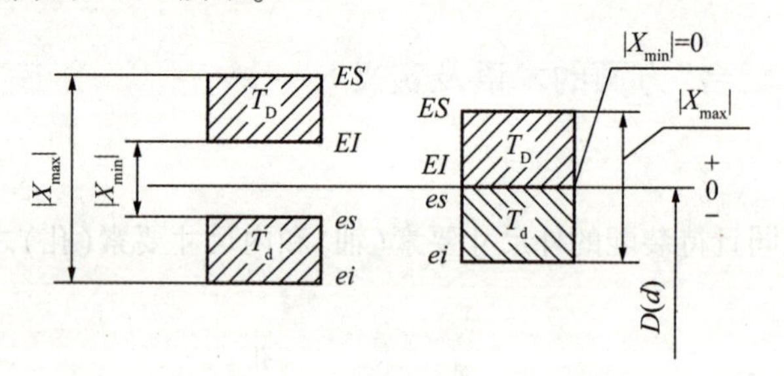

图 1-7　间隙配合的公差带

（2）过盈配合：具有过盈（包括最小过盈为 0）的配合称为过盈配合。其公差带的特点是孔的公差带完全位于轴的公差带的下方。同样，由于孔和轴的实际尺寸是变化的，所以孔和轴装配后的过盈量也是变化的，即存在最大过盈（Y_{max}）和最小过盈（Y_{min}）这两种极限情况。两者统称为极限过盈，用公式表示为

$$Y_{max}=D_{min}-d_{max}=EI-es \tag{1-12}$$

$$Y_{min}=D_{max}-d_{min}=ES-ei \tag{1-13}$$

最大、最小过盈的平均值为平均过盈(Y_{av})。其数值为

$$Y_{av} = \frac{Y_{max} + Y_{min}}{2} \tag{1-14}$$

过盈配合的公差带如图 1-8 所示。

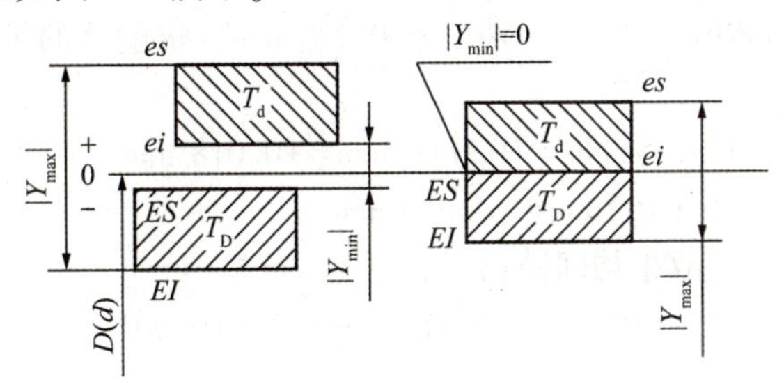

图 1-8　过盈配合的公差带

(3)过渡配合：可能具有间隙，也可能具有过盈的配合称为过渡配合。其公差带的特点是孔的公差带与轴的公差带相互交叠。过渡配合是介于间隙配合与过盈配合之间的一种配合，但其间隙或过盈都不大。

另外，应特别注意，“可能具有间隙，也可能具有过盈”是针对一批孔轴配合而言，具体到一对孔、轴配合时，它不具有间隙就会具有过盈(包括间隙和过盈为 0)，而不会出现“过渡”的情况。

同理，过渡配合的间隙或过盈也是变动的。当孔为上极限尺寸，轴为下极限尺寸时，装配后便产生最大间隙；当孔为下极限尺寸，轴为上极限尺寸时，装配后便产生最大过盈。过渡配合没有最小间隙和最小过盈。

在过渡配合中，有

$$X_{av}(\text{或 } Y_{av}) = \frac{X_{max} + Y_{max}}{2} \tag{1-15}$$

上式计算结果为正时，表示 X_{av}，大多数孔轴配合会出现间隙；上式计算结果为负时，表示 Y_{av}，大多数孔轴配合会出现过盈。

过渡配合的公差带如图 1-9 所示。

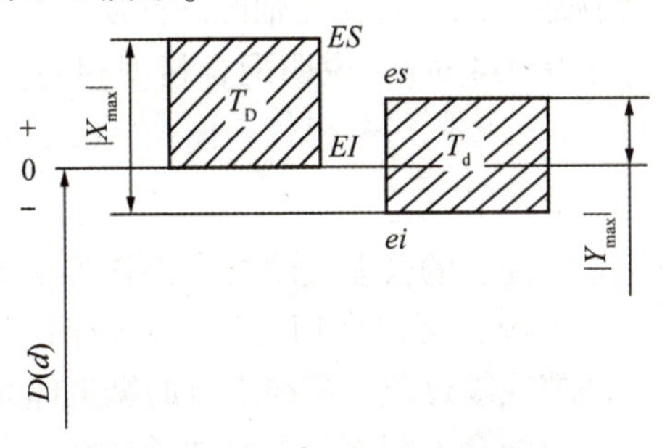

图 1-9　过渡配合的公差带

【例 1-3】已知孔为 $\phi 30^{+0.021}_{0}$ mm，轴为 $\phi 30^{-0.007}_{-0.020}$ mm，求配合的极限间隙与平均间隙。

解：$X_{max} = D_{max} - d_{min} = ES - ei = (+0.021)\text{mm} - (-0.020)\text{mm} = 0.041\text{ mm}$

$X_{min} = D_{min} - d_{max} = EI - es = 0\text{ mm} - (-0.007)\text{mm} = 0.007\text{ mm}$

$X_{av} = (X_{max} + X_{min})/2 = (0.041 + 0.007)\text{mm}/2 = 0.024\text{ mm}$

【例 1-4】已知孔为 $\phi30^{+0.021}_{0}$ mm，轴为 $\phi30^{+0.077}_{+0.022}$ mm，求配合的极限过盈与平均过盈。

解：$Y_{max}=D_{min}-d_{max}=EI-es=0\ \text{mm}-(+0.022)\text{mm}=-0.022\ \text{mm}$

$Y_{min}=D_{max}-d_{min}=ES-ei=(+0.021)\text{mm}-(+0.077)\text{mm}=-0.056\ \text{mm}$

$Y_{av}=(Y_{max}+Y_{min})/2=[(-0.022)+(-0.056)]\text{mm}/2=-0.039\ \text{mm}$

【例 1-5】已知孔为 $\phi30^{+0.021}_{0}$ mm，轴为 $\phi30^{+0.016}_{+0.003}$ mm，求配合的极限间隙(或过盈)与平均间隙(或过盈)。

解：$X_{max}=ES-ei=(+0.021)\text{mm}-(+0.003)\text{mm}=+0.018\ \text{mm}$

$Y_{max}=EI-es=0\ \text{mm}-(+0.016)\text{mm}=-0.016\ \text{mm}$

因为 $|X_{max}|>|Y_{max}|$，故平均间隙为

$X_{av}=(X_{max}+Y_{max})/2=[(+0.018)+(-0.016)]\text{mm}/2=+0.001\ \text{mm}$

4. 配合公差(Span of a Fit)

配合公差是指组成配合的两个尺寸要素的尺寸公差之和。它是允许间隙或过盈的变动量，用 T_f 表示。它表明了配合的精度，即允许松紧的变化程度，是评定配合质量高低的一个重要指标。配合公差是一个没有符号的绝对值，根据定义可知

$$\text{对间隙配合}\quad T_f=|X_{max}-X_{min}| \tag{1-16}$$

$$\text{对过盈配合}\quad T_f=|Y_{min}-Y_{max}| \tag{1-17}$$

$$\text{对过渡配合}\quad T_f=|X_{max}-Y_{max}| \tag{1-18}$$

将上述 3 式中的极限间隙或极限过盈都以极限尺寸(或极限偏差)代入，可得

$$T_f=T_D+T_d \tag{1-19}$$

即配合公差等于相配合的孔、轴公差之和。这个结论很重要，它说明配合精度与相配合的孔和轴的尺寸精度有关。若想提高配合精度，则必须减小相配合的孔和轴的尺寸公差，即需要提高孔和轴的加工精度。

【例 1-6】求例 1-3、例 1-4、例 1-5 中孔和轴的配合公差。

解：在例 1-3 中，$T_f=|X_{max}-X_{min}|=|(+0.041)-(+0.007)|\ \text{mm}=0.034\ \text{mm}$

在例 1-4 中，$T_f=|Y_{min}-Y_{max}|=|(-0.056)-(-0.022)|\ \text{mm}=0.034\ \text{mm}$

在例 1-5 中，$T_f=|X_{max}-Y_{max}|=|(+0.018)-(-0.016)|\ \text{mm}=0.034\ \text{mm}$

由例 1-6 可以看出，上述例题中的 3 对孔和轴配合性质不同，即配合的松紧程度不同，但它们的配合公差相等，都等于 0.034 mm，说明配合精度相同。因此可以说，孔、轴的尺寸精度决定了配合精度，而孔、轴的极限尺寸或极限偏差决定了配合性质。

5. 配合公差带图

配合的种类反映配合的松紧，配合的公差反映配合松紧的变化程度。为了直观表达配合性质，即反映配合松紧及其变动情况，可以使用配合公差带图。图 1-10 为配合公差带图，图中的水平线为零线，代表零间隙或零过盈；零线上方的纵坐标为正值，代表间隙配合；零线下方的纵坐标为负值，代表过盈配合。配合公差带两条横线之间的距离为配合公差值 T_f，它反映配合松紧的变化程度。

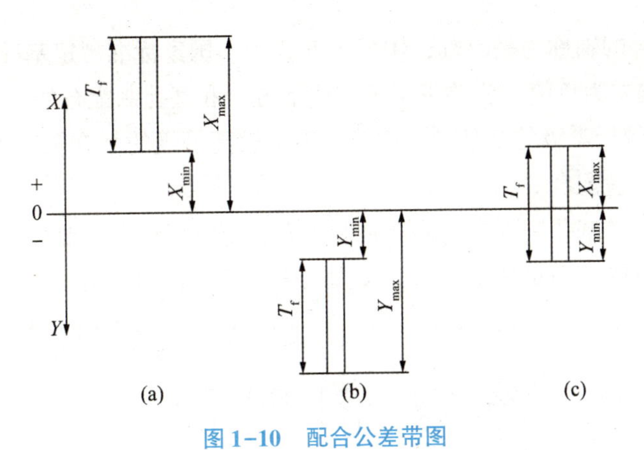

图 1-10　配合公差带图

(a)间隙配合；(b)过盈配合；(c)过渡配合

6. 配合制

GB/T 1800.1—2020 对配合规定了两种配合制，配合制也称为基准制，即基孔制配合和基轴制配合。

(1)基孔制配合：孔的基本偏差为 0 的配合，即其下极限偏差等于 0。这种制度在同一公称尺寸的配合中，是将孔的公差带的位置固定，通过变动轴的公差带位置，得到各种不同的配合。基孔制配合的孔称为基准孔，用代号 H 表示。国家标准规定基准孔的下极限偏差 EI 为 0，则其上极限偏差为正值，公差带位于零线上方。在图 1-11 中，虚线 1 表示较低等级的基准孔，虚线 2 表示较高等级的基准孔。当公差等级较高时，过渡配合可能成为过盈配合。

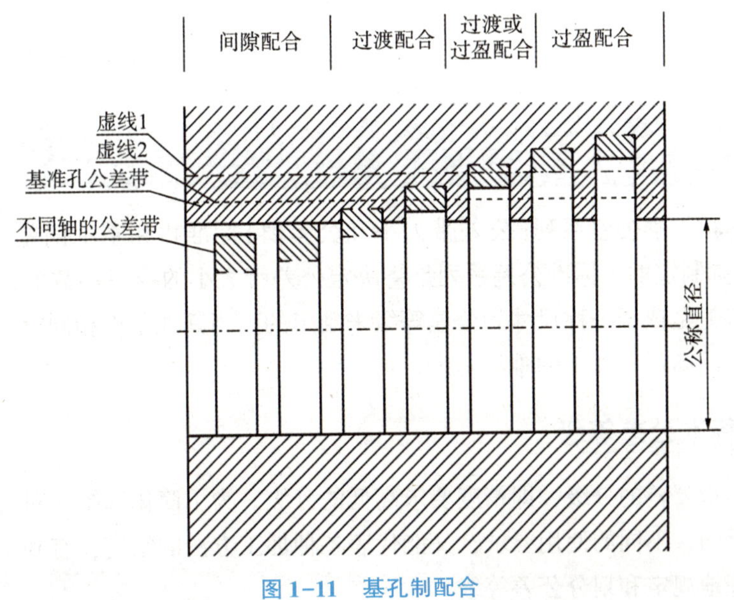

图 1-11　基孔制配合

(2)基轴制配合：轴的基本偏差为 0 的配合，即其上极限偏差等于 0。这种制度在同一公称尺寸的配合中，是将轴的公差带的位置固定，通过变动孔的公差带位置，得到各种不同的配合。基轴制配合的轴称为基准轴，用代号 h 表示。国家标准规定基准轴的上极限偏差 *es* 为 0，则其下极限偏差为负值，公差带位于零线下方。和基孔制配合的公差带类似，在图 1-12 中，虚线 1 表示较低等级的基准轴，虚线 2 表示较高等级的基准轴。当公差等级较高时，过渡配合可能成为过盈配合。

可以看出，无论是基孔制配合还是基轴制配合，都可以根据需要形成间隙、过盈或过渡配合。因此，基准制既能满足使用要求，又大大简化了配合的选用。

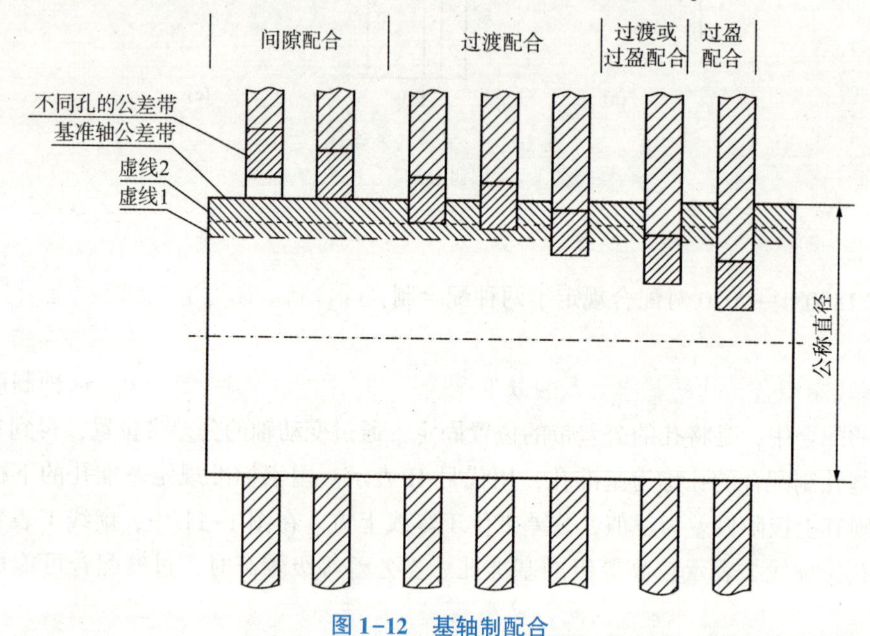

图 1-12　基轴制配合

1.3　标准公差系列

国家标准是按标准公差系列(公差带大小和公差值)标准化和基本偏差系列(公差带位置)标准化的原则制定的。标准公差系列是将决定公差带大小的唯一参数值，即公差值标准化了。标准公差值是依据公称尺寸和公差等级来确定的。当其他条件相同时，公差值的大小决定了零件精度的高低和加工的难易程度。

1.3.1　标准公差等级

公差等级是指公差的分级，即精度要求高低的分级。为了简化和统一对公差的要求，以便既能满足广泛的、不同的使用要求，又能代表各种加工方法的精度，有利于零件设计和制造，有必要合理地规定和划分公差等级。

标准公差等级用字符 IT 和等级数字表示，如 IT7。GB/T 1800.1—2020 在公称尺寸 0 ~ 500 mm 范围内规定了 20 个标准公差等级，即 IT01、IT0、IT1、IT2、…、IT18；在公称尺寸大于 500 ~ 3 150 mm 范围内规定了 18 个标准公差等级，即 IT1、IT2、IT3、…、IT18。按此顺序等级依次降低，相应地公差数值依次增大，加工难度和加工成本依次降低。

根据国家标准中标准公差的计算公式，每一个公称尺寸都应该对应一个公差值。由于公称尺寸的数量很多，这样会形成庞大的数值表，设计制造中使用标准公差值表带来很多不便。为了简化标准公差值表，遵循适用为主的原则，国家标准将工件的公称尺寸分成段落，在同一尺寸分段内规定相同的标准公差值。对应于公称尺寸小于或等于 3 150 mm 的标准公差数值表如表 1-1 所示。如果在机械精度设计中对某个公称尺寸规定的公差值不在 20 个数值中，则该公差不是标准公差，即没有对应的公差等级，属于非标准公差值。

1.3.2　标准公差因子

标准公差因子是计算标准公差数值的基本单位，是制定标准公差系列的基础，标准公差因子与公称尺寸之间具有一定的关系。

当公称尺寸小于或等于 500 mm 时，标准公差因子 i(单位为 μm)的计算公式为

$$i = 0.45\sqrt[3]{D} + 0.001D = f(D) \tag{1-20}$$

式中，D 为公称尺寸的几何平均值(mm)。

当公称尺寸在 500 ~ 3 150 mm 之间时，标准公差因子 I(单位为 μm)的计算公式为

$$I = 0.004D + 2.1 \tag{1-21}$$

当公称尺寸大于 3 150 mm 时，以式(1-21)为基础来计算标准公差，但不能完全反映实际出现的误差规律，目前尚未确定出合理的计算公式，只能暂按直线关系式来计算，更合理的计算公式有待在生产中进一步加以总结。

表 1-1　标准公差数值(摘自 GB/T 1800.1—2020)

公称尺寸/mm		标准公差等级																			
		IT01	IT0	IT1	IT2	IT3	IT4	IT5	IT6	IT7	IT8	IT9	IT10	IT11	IT12	IT13	IT14	IT15	IT16	IT17	IT18
大于	至	μm													mm						
—	3	0.3	0.5	0.8	1.2	2	3	4	6	10	14	25	40	60	0.1	0.14	0.25	0.4	0.6	1	1.4
3	6	0.4	0.6	1	1.5	2.5	4	5	8	12	18	30	48	75	0.12	0.18	0.3	0.48	0.75	1.2	1.8
6	10	0.4	0.6	1	1.5	2.5	4	6	9	15	22	36	58	90	0.15	0.22	0.36	0.58	0.9	1.5	2.2
10	18	0.5	0.8	1.2	2	3	5	8	11	18	27	43	70	110	0.18	0.27	0.43	0.7	1.1	1.8	2.7
18	30	0.6	1	1.5	2.5	4	6	9	13	21	33	52	84	130	0.21	0.33	0.52	0.84	1.3	2.1	3.3
30	50	0.6	1	1.5	2.5	4	7	11	16	25	39	62	100	160	0.25	0.39	0.62	1	1.6	2.5	3.9
50	80	0.8	1.2	2	3	5	8	13	19	30	46	74	120	190	0.3	0.46	0.74	1.2	1.9	3	4.6
80	120	1	1.5	2.5	4	6	10	15	22	35	54	87	140	220	0.35	0.54	0.87	1.4	2.2	3.5	5.4
120	180	1.2	2	3.5	5	8	12	18	25	40	63	100	160	250	0.4	0.63	1	1.6	2.5	4	6.3
180	250	2	3	4.5	7	10	14	20	29	46	72	115	185	290	0.46	0.72	1.15	1.85	2.9	4.6	7.2
250	315	2.5	4	6	8	12	16	23	32	52	81	130	210	320	0.52	0.81	1.3	2.1	3.2	5.2	8.1
315	400	3	5	7	9	13	18	25	36	57	89	140	230	360	0.57	0.89	1.4	2.3	3.6	5.7	8.9

续表

公称尺寸/mm		标准公差等级																			
		IT01	IT0	IT1	IT2	IT3	IT4	IT5	IT6	IT7	IT8	IT9	IT10	IT11	IT12	IT13	IT14	IT15	IT16	IT17	IT18
大于	至	μm													mm						
400	500	4	6	8	10	15	20	27	40	63	97	155	250	400	0.63	0.97	1.55	2.5	4	6.3	9.7
500	630			9	11	16	22	32	44	70	110	175	280	440	0.7	1.1	1.75	2.8	4.4	7	11
630	800			10	13	18	25	36	50	80	125	200	320	500	0.8	1.25	2	3.2	5	8	12.5
800	1000			11	15	21	28	40	56	90	140	230	360	560	0.9	1.4	2.3	3.6	5.6	9	14
1000	1250			13	18	24	33	47	66	105	165	260	420	660	1.05	1.65	2.6	4.2	6.6	10.5	16.5
1250	1600			15	21	29	39	55	78	125	195	310	500	780	1.25	1.95	3.1	5	7.8	12.5	19.5
1600	2500			18	25	35	46	65	92	150	230	370	600	920	1.5	2.3	3.7	6	9.2	15	23
2000	2500			22	30	41	55	78	110	175	280	440	700	1110	1.75	2.8	4.4	7	11	17.5	28
2500	3150			26	36	50	68	96	135	210	330	540	860	1350	2.1	3.3	5.4	8.6	13.5	21	33

注：公称尺寸小于或等于 1 mm 时，无 IT14 ~ IT18；公称尺寸大于 500 mm 的 IT1 ~ IT5 的标准公差数值为试行值。

1.3.3 公差等级系数

国家标准规定的标准公差 IT 是用公差等级系数 a 与标准公差因子 i 的乘积值来确定的，即

$$IT=a \cdot i=a \cdot f(D) \tag{1-22}$$

由此可见，公差值的标准化，就是如何确定标准公差因子 i、公差等级系数 a 和公称尺寸的几何平均值 D。

1.3.4 标准公差计算式

公称尺寸小于 3 150 mm 标准公差系列的各级公差值的计算公式如表 1-2 所示。

从表 1-2 中可见，对于 IT6 ~ IT18 的公差等级系数 a 值按优先数系 R5 的公比 1.6 增加，每隔 5 项增加 10 倍。IT5 的值 a 继承旧公差标准(GB/T 1800.1—2009)，因此仍取 7。

对于高精度 IT01、IT0、IT1，主要考虑测量误差，因而其标准公差与零件尺寸呈线性关系，且 3 个等级的标准公差计算公式之间的常数和系数均采用优先数系的派生系列 R10/2 的公比 1.6 增加。IT2、IT3、IT4 的标准公差，以一定公比的几何级数插入 IT1 与 IT5 之间，该系列公比 $q=(IT5/IT4)^{\frac{1}{4}}$，即得到表 1-2 中的相应计算公式。

由表 1-2 可知，国家标准各级公差之间的分布规律性很强，便于向高、低等级方向延伸，必要时，还可插入中间等级。

表 1-2　标准公差的计算公式　　单位：μm

公差等级	标准公差	公称尺寸	
		$D \leqslant 500$ mm	$D>500 \sim 3\ 150$ mm
01	IT01	$0.3+0.008D$	$1I$
0	IT0	$0.5+0.012D$	$\sqrt{2}I$
1	IT1	$0.8+0.020D$	$2I$
2	IT2	$(\mathrm{IT1})\left(\frac{\mathrm{IT5}}{\mathrm{IT1}}\right)^{\frac{1}{4}}$	
3	IT3	$(\mathrm{IT1})\left(\frac{\mathrm{IT5}}{\mathrm{IT1}}\right)^{\frac{1}{2}}$	
4	IT4	$(\mathrm{IT1})\left(\frac{\mathrm{IT5}}{\mathrm{IT1}}\right)^{\frac{3}{4}}$	
5	IT5	$7i$	$7I$
6	IT6	$10i$	$10I$
7	IT7	$16i$	$16I$
8	IT8	$25i$	$25I$
9	IT9	$40i$	$40I$
10	IT10	$64i$	$64I$
11	IT11	$100i$	$100I$
12	IT12	$160i$	$160I$
13	IT13	$250i$	$250I$
14	IT14	$400i$	$400I$
15	IT15	$640i$	$640I$
16	IT16	$1\ 000i$	$1\ 000I$
17	IT17	$1\ 600i$	$1\ 600I$
18	IT18	$2\ 500i$	$2\ 500I$

1.3.5　公称尺寸分段

根据标准公差计算公式，从理论上讲，每一个公称尺寸都对应一个标准公差值。但在实际生产中公称尺寸很多，因而就会形成一个庞大的公差数值表，给实际生产带来麻烦，同时也不利于公差值的标准化和系列化。为了减少标准公差的数量，统一公差值，简化公差表格，以便于生产实际应用，国家标准对公称尺寸进行了分段，见表 1-1 公称尺寸行。国家标准将公称尺寸小于或等于 500 mm 的分成了 13 个尺寸段，将公称尺寸小于或等于 3 150 mm 的分成了 21 个尺寸段。

在进行标准公差计算时，公称尺寸一律以所属尺寸分段($>D_1 \sim D_2$)内首、尾两项的几何平均值 $D=\sqrt{D_1 \times D_2}$ 进行计算；但对于小于或等于 3 mm 的尺寸段，$D=\sqrt{1 \times 3}$ mm = 1.732 mm。

【例 1-7】已知某公称尺寸 $\phi 30$ mm，求 IT6 和 IT7 等于多少？

解：$\phi 30$ mm 属于>18～30 mm 的尺寸分段，（注意：$\phi 30$ mm 不属于>30～50 mm 的尺寸分段）。

几何平均值：$D=\sqrt{18 \times 30}$ mm = 23.24 mm

标准公差因子：$i=0.45\sqrt[3]{D}+0.001D=0.45 \times \sqrt[3]{23.24}$ μm$+0.001 \times 23.24$ μm$=1.31$ μm

$$\mathrm{IT6}=a \times i=10 \times i=10 \times 1.31\ \mu\mathrm{m}=13.1\ \mu\mathrm{m} \approx 13\ \mu\mathrm{m}$$

$$\mathrm{IT7}=a \times i=10 \times i=16 \times 1.31\ \mu\mathrm{m}=20.96\ \mu\mathrm{m} \approx 21\ \mu\mathrm{m}$$

按几何平均值计算出的公差数值，再经尾数化整，即得出标准公差数值。从表 1-2 中可以看出，公差尺寸相同，孔、轴标准公差相等；不同尺寸分段，只要公差等级相同，即使公差数值不同，仍具有相同的精度和加工难度。

1.4 基本偏差系列

1.4.1 基本偏差代号

如前所述，基本偏差是用来确定公差带相对于零线位置的上极限偏差或下极限偏差，一般指靠近零线的那个偏差。基本偏差系列是国家标准使公差带位置标准化的唯一指标。

为了满足各种不同的使用需要，国家标准分别对孔、轴尺寸规定了28种标准基本偏差，每种基本偏差都用一个(或两个)拉丁字母表示，称为基本偏差代号。在全部的26个英文字母中，除去易与其他含义混淆的I、L、O、Q、W(i、l、o、q、w)5个字母，剩下的21个字母再加上CD、EF、FG、JS、ZA、ZB、ZC(cd、ef、fg、js、za、zb、zc)7个双写字母共28个代号，构成基本偏差系列，如图1-13所示。其中，孔的基本偏差代号用大写字母表示，轴的基本偏差代号用小写字母表示。其中JS和js在各个公差等级中相对零线是完全对称的。JS和js将逐渐代替近似对称的基本偏差J和j。因此，在国家标准中，孔仅保留J6、J7、J8，轴仅保留j5、j6、j7和j8。

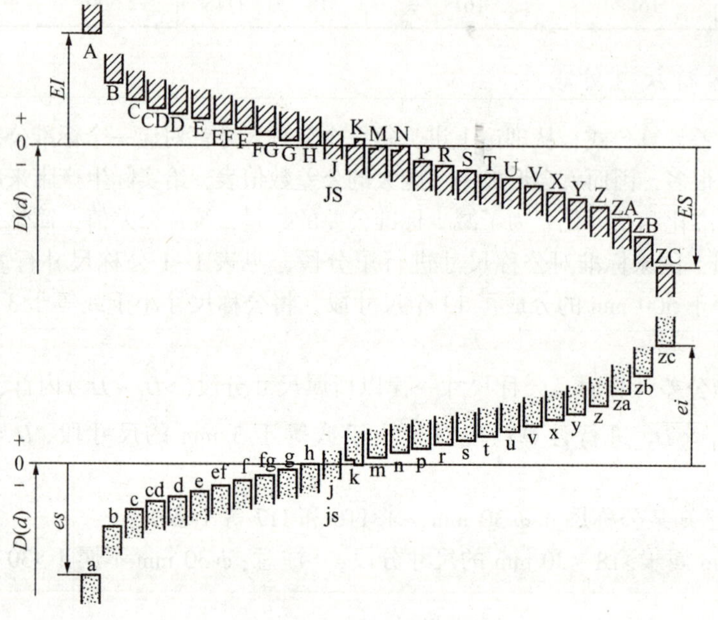

图1-13 孔、轴基本偏差系列

1.4.2 基本偏差代号(符号)分布

在孔的基本偏差中，代号A~H的基本偏差为下极限偏差*EI*，其绝对值依次逐渐减小；J~ZC的基本偏差为上极限偏差*ES*，其绝对值依次逐渐增大；K、M、N的基本偏差根据公差等级不同有两种数值；P~ZC的基本偏差则根据公差等级不同采用Δ值进行修正。孔的基本偏差数值见表1-4。

在轴的基本偏差中，代号a~h的基本偏差为上极限偏差*es*，其绝对值依次逐渐减小；j~zc的基本偏差为下极限偏差*ei*，其绝对值依次逐渐增大；k的基本偏差根据公差等级不同有两种数值。轴的基本偏差数值见表1-5。

另外，在基本偏差系列中，JS(或js)完全关于零线对称分布，其基本偏差值为±IT/2；J(或j)的公差带也是跨零线两侧分布，但其相对于零线不对称。H和h的基本偏差为0。

1.4.3　极限与配合在工程图样上的标注

1. 在零件图上的标注方法

孔、轴的公差代号由基本偏差代号和公差等级代号所组成，例如，H8、F7、K7、P6等表示孔的公差代号，h7、f6、r5、p6等表示轴的公差代号。在工程图样上尺寸公差通常有3种标注形式，如孔类零件可以标注尺寸公差为 ϕ50H7，某轴类零件可以标注尺寸公差为 ϕ50g6，如图1-14所示。当要求同时标注公差代号和相应的极限偏差时，后者应加上圆括号，如图1-14(c)所示。

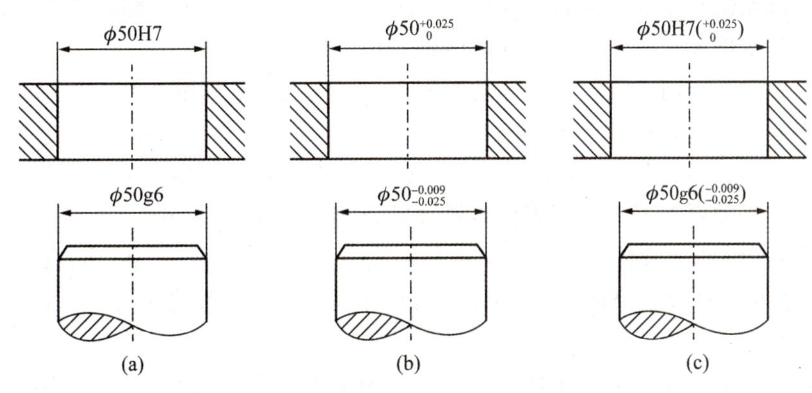

图1-14　尺寸公差在零件图上的标注

当标注极限偏差时，上、下极限偏差的小数点必须对齐，小数点后末端的“0”一般不予注出，如 $\phi 60^{-0.06}_{-0.09}$；如果为了使上、下极限偏差数值得小数点后的位数相同，可以用“0”补齐，如 $\phi 50^{+0.015}_{-0.010}$。

在零件图上标注上、下极限偏差数值时，零极限偏差必须用数字“0”标出，不得省略，并与上极限偏差或下极限偏差的小数点前的个位数对齐，如 $\phi 65^{+0.030}_{0}$。当上下极限偏差绝对值相等而符号相反时，则在极限偏差数值前面标注“±”号，如40±0.008。

在零件图上有几何公差相关要求时，如尺寸公差和形状工程的关系遵守包容要求，应在尺寸公差的右边加注符号“Ⓔ”，如 ϕ52H7Ⓔ或 ϕ52g6Ⓔ。

2. 在装配图上的标注方法

在公称尺寸后面标注配合代号，配合代号是由孔和轴的公差带代号以分数的形式表示，分子为孔的公差带代号，分母为轴的公差带代号，如 $\frac{H7}{f6}$ 或H7/f6。如果特指某一零件尺寸的配合，在配合代号前标注其公称尺寸，如 $\phi 30\ \frac{H8}{f7}$、ϕ30H8/f7、$\phi 30(^{+0.033}_{0}/^{-0.020}_{-0.041})$，如图1-15所示。

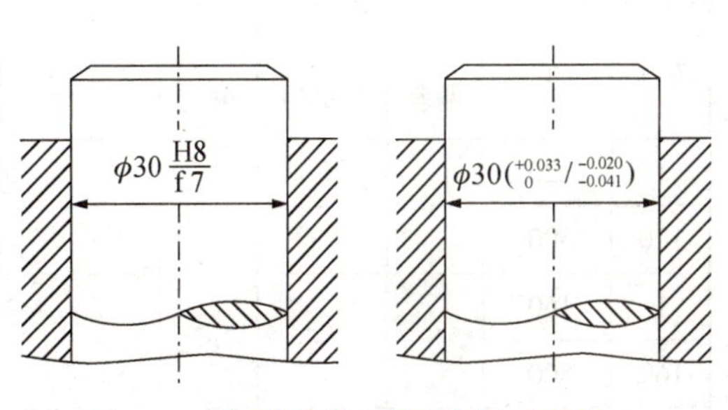

图1-15　配合公差在装配图上的标注

1.4.4 基本偏差数值

轴的各种基本偏差数值应根据轴和基准孔 H 的各种配合要求来制定。由于在工程应用中，对于基孔制配合和基轴制配合是等效的，所以孔的各种基本偏差数值也应根据孔和基准轴 h 组成的各种配合要求来制定。即根据基轴制、基孔制各种配合的要求，经过生产时间和大量实验，对统计分析的结果进行整理得到一系列孔、轴的基本偏差计算公式，表 1-3 摘录了一部分计算公式。

在实际应用和工程设计中，孔、轴的基本偏差数值不必用公式计算，可以直接从 GB/T 1800.1—2020 的孔、轴基本偏差数值表中直接查取。

1. 轴的基本偏差

轴的基本偏差是在基孔制配合的基础上制定的。a ~ h 用于间隙配合，当与基准孔配合时，这些轴的基本偏差正好等于最小间隙的绝对值。

基本偏差 a、b、c 用于大间隙或热动力配合，考虑发热膨胀的影响，采用与直径成正比的关系，其中 c 适用于直径大于 40 mm 时。

基本偏差 d、e、f 主要用于旋转运动，为保证良好的液体摩擦，从理论上讲，最小间隙应按直径的平方根关系，但考虑到表面粗糙度的影响，将间隙适当减小。

g 主要用于滑动或半液体摩擦及要求定心的配合，间隙要小，故直径的指数减小。

cd、ef、fg 的绝对值，分别按 c 与 d、e 与 f、f 与 g 的绝对值的几何平均值确定，适用于尺寸较小的旋转运动件。

Js、j、k、m、n 5 种为过渡配合。其中 js 与 H 形成的配合较松，获得间隙的概率较大，此后，配合依次变紧，n 与 H 形成的配合较紧，获得过盈的概率较大。而标准公差等级很高的 n 与 H 形成的配合则为过盈配合。p ~ zc 按过盈配合来规定，从保证配合的主要特征——最小过盈来考虑，而且大多数按它们与最常用的基准孔 H7 相配合为基础来考虑。

轴的另一个偏差(上极限偏差或下极限偏差)，根据轴的基本偏差和标准公差，按下列公式计算，即

$$ei = es - \mathrm{IT} \tag{1-23}$$

或

$$es = ei + \mathrm{IT} \tag{1-24}$$

表 1-3 轴和孔的基本偏差计算公式

公称尺寸/mm		轴			公式	孔			公称尺寸/mm	
大于	至	基本偏差	符号(-/+)	极限偏差		极限偏差	符号(-/+)	基本偏差	大于	至
1	120	a	-	*es*	$265+1.3D$	*EI*	+	A	1	120
120	500				$3.5D$				120	500
1	160	b	-	*es*	$\approx 140+0.85D$	*EI*	+	B	1	160
160	500				$\approx 1.8D$				160	500
0	40	c	-	-	$52D^{0.2}$	*EI*	+	C	0	40
40	500				$95+0.8D$				40	500

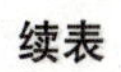

续表

公称尺寸/mm		轴			公 式	孔			公称尺寸/mm	
大于	至	基本偏差	符号(−/+)	极限偏差		极限偏差	符号(−/+)	基本偏差	大于	至
0	10	cd	−	*es*	C、c 和 D、d 值的几何平均值	*EI*	+	CD	0	10
0	3 150	d	−	*es*	$16D^{0.44}$	*EI*	+	D	0	3 150
0	3 150	e	−	*es*	$11D^{0.41}$	*EI*	+	E	0	3 150
0	10	ef	−	*es*	E、e 和 F、f 值的几何平均值	*EI*	+	EF	0	10
0	3 150	f	−	*es*	$5.5D^{0.41}$	*EI*	+	F	0	3 150
0	10	fg	−	*es*	F、f 和 G、g 值的几何平均值	*EI*	+	FG	0	10
0	3 150	*g*	−	*es*	$2.5D^{0.34}$	*EI*	+	G	0	3 150
0	3 150	h	无符号	*es*	偏差=0	*EI*	无符号	H	0	3 150
0	500	j			无公式			J	0	500
0	3 150	js	+ −	*es* *ei*	$0.5IT_n$	*EI* *ES*	+	JS	0	3 150
0	500	k	+	*ei*	$0.6\sqrt[3]{D}$	*ES*	−	K	0	500
500	3 150		无符号		偏差=0		无符号		500	3 150
0	500	m	+	*ei*	IT7−IT6	*ES*	−	M	0	500
500	3 150				0. 024D+12. 6				500	3 150
0	500	n	+	*ei*	$5D^{0.34}$	*ES*	−	N	0	500
500	3 150				0. 04D+21				500	3 150
0	500	p	+	*ei*	IT7+0 至 5	*ES*	−	P	0	500
500	3 150				0 072D+37. 8				500	3 150
0	3 150	r	+	*ei*	P、p 和 S、s 值的几何平均值	*ES*	−	R	0	3 150
0	50	s	+	*ei*	IT8+1 至 4	*ES*	−	S	0	50
50	3 150				IT7+0. 4D				50	3 150
24	3 150	t	+	*ei*	IT7+0. 63D	*ES*	−	T	24	3 150
0	3 150	u	+	*ei*	IT7+D	*ES*	−	U	0	3 150
14	500	v	+	*ei*	IT7+1. 25D	*ES*	−	V	14	500
0	500	x	+	*ei*	IT7+1. 6D	*ES*	−	X	0	500

续表

公称尺寸/mm		轴			公式	孔			公称尺寸/mm	
大于	至	基本偏差	符号(-/+)	极限偏差		极限偏差	符号(-/+)	基本偏差	大于	至
18	500	y	+	*ei*	IT7+2*D*	*ES*	-	Y	18	500
0	500	z	+	*ei*	IT7+2.5*D*	*ES*	-	Z	0	500
0	500	za	+	*ei*	IT8+3.15*D*	*ES*	-	ZA	0	500
0	500	zb	+	*ei*	IT9+4*D*	*ES*	-	ZB	0	500
0	500	zc	+	*ei*	IT10+5*D*	*ES*	-	ZC	0	500

注：1. 公式中D是公称尺寸段的几何平均值，单位为 mm；基本偏差的计算结果以 μm 计。

2. 公称尺寸至500 mm 轴的基本偏差 k 的计算公式仅适用于标准公差等级 IT4 ~ IT7，对所有其他公称尺寸和所有其他 IT 等级的基本偏差 k=0；孔的基本偏差 K 的计算公式仅适用于标准公差等级小于或等于 IT8，对所有其他公称尺寸和所有其他 IT 等级的基本偏差 K=0。

2. 孔的基本偏差

孔的基本偏差是由轴的基本偏差换算得到的。换算要遵循基于国家标准的两条原则：工艺等价和同名配合。标准的基孔制与基轴制配合中，应保证孔和轴的工艺等价即孔和轴的加工难易程度相当。用统一字母表示孔和轴的基本偏差所组成的公差带，按照基孔制形成的配合和按照基轴制形成的配合称为同名配合。

满足工艺等价的同名配合，其配合性质相同，即配合种类相同，且极限间隙或极限过盈相等。例如：H9/d9 与 D9/h9、H7/f6、F7/h6，它们的配合性质均相同。根据上述原则，孔的基本偏差按以下 2 种规则换算。

1)通用规则

用统一字母表示的孔、轴的基本偏差的绝对值相等，符号相反。孔的基本偏差是轴的基本偏差相对于零线的倒影，因此又称为倒影规则。即

$$ES=-ei \tag{1-25}$$

$$EI=-es \tag{1-26}$$

通用规则适用于以下情况：

(1)对于 A ~ H，因其基本偏差 EI 和对应轴的基本偏差 es 的绝对值都等于最小间隙，故不论孔与轴是否采用同级配合，均按通用规则确定，即 $EI=-es$；

(2)对于 K ~ ZC，因标准公差大于 IT8 的 K、M、N 和大于 IT7 的 P ~ ZC，一般采用同级配合，故按通用规则规定，即 $ES=-ei$。

但标准公差大于 IT8、公称尺寸大于 3 mm 的 N 除外，其基本偏差 ES 等于0，即 $ES=0$。

2)特殊规则

用同一字母表示孔、轴的基本偏差时，孔的基本偏差 ES 和轴的基本偏差 ei 符号相反，而绝对值相差一个 Δ 值。因为在较高级的公差等级中，同一公差等级的孔比轴难加工，因而常采用比轴低一级的孔相配合，即异级配合，并要求两种配合制所形成的配合性质相同。

基孔制配合时，$Y_{min}=ES-ei=+\mathrm{IT}_n-ei$；

基轴制配合时，$Y_{min}=ES-ei=ES-(-\mathrm{IT}_{n-1})$。

要求具有相同的配合性质，故有 $IT_n - ei = ES + IT_{n-1}$。

由此，得出孔的基本偏差为

$$ES = - ei + \Delta \tag{1-27}$$

$$\Delta = IT_n - IT_{n-1} \tag{1-28}$$

式中，IT_n 为某一级孔的标准公差；IT_{n-1} 为比某一级孔高一级的轴的标准公差。

孔、轴的基本偏差的换算如图 1-16 所示。

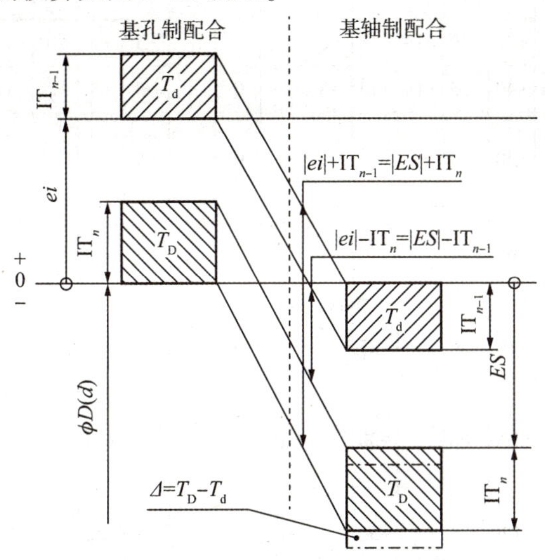

图 1-16　孔、轴的基本偏差的换算

特殊规则适用于以下情况：公称尺寸小于或等于 500 mm，标准公差小于或等于 IT8 的 J、K、M、N 以及标准公差小于或等于 IT7 的 P ~ ZC。

孔的另一个偏差(上极限偏差或下极限偏差)，根据孔的基本偏差和标准公差，按以下关系计算，即 $EI=ES-IT$ 或 $ES=EI+IT$。

按上述轴的基本偏差计算公式和孔的基本偏差换算规则，国家标准列出的孔和轴基本偏差数值如表 1-4 和表 1-5 所示。

【例 1-8】查表确定孔 ϕ 30F8 和轴 ϕ 30f7 的极限偏差，并写出在图样上的标注形式。

解：(1)查表 1-4(孔的基本偏差数值表)，可以得到 F 的基本偏差数值为

$$EI=+20\ \mu m$$

查表 1-5(轴的基本偏差数值表)，可以得到 f 的基本偏差数值为

$$es=-20\ \mu m$$

查表 1-2(标准公差数值表)，得到 IT7=21 μm，IT8=33 μm。

(2)根据极限偏差和公差的关系，计算得到孔的上极限偏差为

$$ES = EI + IT8 = (+20 + 33)\ \mu m = +53\ \mu m$$

轴的下极限偏差为

$$ei = es - IT7 = (-20 - 21)\ \mu m = -41\ \mu m$$

从而得到孔 ϕ 30F8 和轴 ϕ 30f7 在图样上的标注形式分别为 $\phi 30^{+0.053}_{+0.020}$ 和 $\phi 30^{-0.020}_{-0.041}$。

根据同名孔和轴基本偏差的关系，由已知的孔或轴的极限偏差直接得到同名轴或孔的极限偏差。

表 1-4　孔的基本偏差数值

公称尺寸/mm		基本偏差数值																				
		下极限偏差 *EI*/μm												上极限偏差 *ES*/μm								
大于	至	所有公差等级												IT6	IT7	IT8	≤IT8	>IT8	≤IT8	>IT8	≤IT8	>IT8
		A	B	C	CD	D	E	EF	F	FG	G	H	JS	J			K		M		N	
–	3	+270	+140	+60	+34	+20	+14	+10	+6	+4	+2	0	偏差=±IT_n/2，式中IT_n是IT值数	+2	+4	+6	0	0	−2+Δ	−2	−4+Δ	−4
3	6	+270	+140	+70	+46	+30	+20	+14	+10	+6	+4	0		+5	+6	+10	−1+Δ		−4+Δ	−4	−8+Δ	0
6	10	+280	+150	+80	+56	+40	+25	+18	+13	+8	+5	0		+5	+8	+12	−1+Δ		−6+Δ	−6	−10+Δ	0
10	14	290	+150	+95		+50	+32		+16		+6	0		+6	+10	+15	−1+Δ		−7+Δ	−7	−12+Δ	0
14	18																					
18	24	+300	+160	+110		+65	+40		+20		+7	0		+8	+12	+20	−2+Δ		−8+Δ	−8	−15+Δ	0
24	30																					
30	40	+310	+170	+120		+80	+50		+25		+9	0		+10	+14	+24	−2+Δ		−9+Δ	−9	−17+Δ	0
40	50	+320	+180	+130																		
50	65	+340	+190	+140		+100	+60		+30		+10	0		+13	+18	+28	−2+Δ		−11+Δ	−11	−20+Δ	0
60	80	+360	+200	+150																		
80	100	+380	+220	+170		+120	+72		+36		+12	0		+16	+22	+34	−3+Δ		−13+Δ	−13	−23+Δ	0
100	120	+410	+240	+180																		
120	140	+460	+260	+200		+145	+85		+43		+14	0		+18	+26	+41	−3+Δ		−15+Δ	−15	−27+Δ	0
140	160	+520	+280	+210																		
160	180	+580	+310	+230																		
180	200	+660	+340	+240		+170	+100		+50		+15	0		+22	+30	+47	−4+Δ		−17+Δ	−17	−31+Δ	0
200	225	+740	+380	+260																		
225	250	+820	+420	+280																		
250	280	+920	+480	+330		+190	+110		+56		+17	0		+25	+36	+55	−4+Δ		−20+Δ	−20	−34+Δ	0
280	315	+1 050	+540	+330																		
315	355	+1 200	+600	+360		+210	+125		+62		+18	0		+29	+39	+60	−4+Δ		−21+Δ	−21	−37+Δ	0
355	400	+1 350	+680	+400																		
400	450	+1 500	+760	+440		+230	+135		+68		+20	0		+33	+43	+66	−5+Δ		−23+Δ	−23	−40+Δ	0
450	500	+1 650	+840	+480																		

注：1. 公称尺寸小于或等于 1 mm 时，基本偏差 A 和 B 及大于 IT8 的 N 均不采用。

2. 公差带 JS7～JS11，若 IT_n 值数是奇数，则取偏差＝±(IT_n−1)/2。

3. 小于或等于 IT8 的 K、M、N 和小于或等于 IT7 的 P～ZC，所需 Δ 值据孔公差等级从表右侧选取。

4. 特殊情况：250～315 mm 段的 M6，*ES*＝−9 μm(代替−11 μm)。

（摘自 GB/T 1800.2—2020）

基本偏差数值													Δ 值					
上极限偏差 *ES*/μm																		
≤IT7	标准公差等级大于 IT7																	
P-ZC	P	R	S	T	U	V	X	Y	Z	ZA	ZB	ZC	IT3	IT4	IT5	IT6	IT7	IT8
在大于IT7的相应数值上增加一个Δ	-6	-10	-14		18		-20		-26	-32	-40	-50	0	0	0	0	0	0
	-12	-15	-19		-23		-28		-35	-42	-50	-80	1	1.5	1	3	4	6
	-15	-19	-23		-25		-34		-42	-52	-67	-97	1	1.5	2	3	6	7
	-18	-23	-28		-33		-40		-50	-61	-90	-130	1	2	3	3	7	9
						-39	-45		-60	-77	-108	-150						
	-22	-28	-35		-41	-47	-54	-63	-73	-98	-136	-188	1.5	2	3	4	8	12
				-41	-48	-55	-64	-75	-R8	-118	-160	-210						
	-26	-34	-43	-48	-60	-68	-80	-94	-112	-148	-200	-274	1.5	3	4	5	9	14
				-54	-70	-81	-97	-114	-136	-180	-242	-325						
	-32	-41	-53	-66	-87	-102	-122	-144	-172	-226	-300	-405	2	3	5	6	11	16
		-43	-59	-75	-102	-120	-146	-174	-210	-274	-360	-480						
	-37	-51	-74	-91	-124	-146	-178	-214	-258	-335	-445	-585	2	4	5	7	13	19
		-54	-79	-104	-144	-172	-210	-254	-310	-400	-525	-590						
	-43	-63	-92	-122	-170	—202	-248	-300	-365	-470	-620	-800	3	4	6	7	15	23
		-65	-100	-134	-190	-228	-280	-340	-415	-535	-700	-900						
		-68	-108	-146	-210	-252	-310	-380	-465	-600	-780	-1 000						
	-50	-77	-122	-166	-236	-284	-350	-425	-520	-670	-880	-1 150	3	4	5	9	17	26
		-80	-130	-180	-258	-310	-385	-470	-575	-740	-960	-1 250						
		-84	-140	-196	-284	-340	-425	-520	-640	-820	-1 050	-1 350						
	-56	-94	-158	-218	-315	-385	-475	-580	-710	-920	-1 200	-1 550	4	4	7	9	20	29
		-98	-170	-240	-350	-425	-525	-650	-790	-1 000	-1 300	-1 700						
	-62	-108	-190	-268	-390	-475	-590	-730	-900	-1 150	-1 500	-1 900	4	5	7	11	21	32
		-114	-208	-294	-435	-530	-660	-820	-1 000	-1 300	-1 650	-2 100						
	-68	-126	-232	-330	-490	-595	-740	-920	-1 100	-1 450	-1 850	-2 400	5	5	7	13	23	34
		-132	-252	-360	-540	-660	-820	-1 000	-1 250	-1 600	-2 100	-2 600						

表 1-5　轴的基本偏差数值

公称尺寸/mm		基本偏差数值														
		上极限偏差 *es*/μm												下极限偏差 *ei*/μm		
		所有公差等级												IT5 和 IT6	IT7	IT8
大于	至	a	b	c	cd	d	e	ef	f	fg	g	h	js	j		
–	3	-270	-140	-60	-34	-20	-14	-10	-6	-4	-2	0	偏差 = ±IT_n/2，式中 IT_n 是 IT 值数	-2	-4	-6
3	6	-270	-140	-70	-46	-30	-20	-14	-10	-6	-4	0		-2	-4	
6	10	-280	-150	-80	-56	-40	-25	-18	-13	-8	-5	0		-2	-5	
10	14	-290	-150	-95		-50	-32		-16		-6	0		-3	-6	
14	18															
18	24	-300	-160	-110		-60	-40		-20		-7	0		-4	-8	
24	30															
30	40	-310	-170	-120		-80	-50		-25		-9	0		-5	-10	
40	50	-320	-180	-130												
50	65	-340	-190	-140		-100	-60		-30		-10	0		-7	-12	
65	80	-360	-200	-150												
80	100	-380	-220	-170		-120	-72		-36		-12	0		-9	-15	
100	120	-410	-240	-180												
120	140	-460	-260	-200		-145	-85		-43		-14	0		-11	-18	
140	160	-520	-280	-210												
160	180	-580	-310	-230												
180	200	-660	-340	-240		-170	-100		-50		-15	0		-13	-21	
200	225	-740	-380	-260												
225	250	-820	-420	-280												
250	280	-920	-480	-330		-190	-110		-56		-17	0		-16	-26	
280	315	-1 050	-540	-330												
315	355	-1 200	-600	-360		-210	-125		-62		-18	0		-18	-28	
355	400	-1 350	-680	-400												
400	450	-1 500	-760	-440		-230	-135		-68		-20	0		-20	-32	
450	500	-1 650	-840	-480												

注：1. 公称尺寸小于或等于 1 mm 时，基本偏差 a 和 b 均不采用。

2. 公差带 js7 ~ js11，若 IT_n 值数是奇数，则取偏差 = (IT_n−1)/2。

（摘自 GB/T 1800.2—2020）

基本偏差数值															
下极限偏差 *ei*/μm															
IT4～IT7	≤IT3 >IT7	所有公差等级													
k		m	n	p	r	s	t	u	v	x	y	z	za	zb	zc
0	0	+2	+4	+6	+10	+14		18		+20		+26	+32	+40	+50
+1	0	+4	+8	+12	+15	+19		+23		+28		+35	+42	+50	+80
+1	0	+6	+10	+15	+19	+23		+25		+34		+42	+52	+67	+97
+1	0	+7	+12	+18	+23	+28		+33		+40		+50	+61	+90	+130
									+39	+45		+60	+77	+108	+150
+2	0	+8	+15	+22	+28	+35		+41	+47	+54	+63	+73	+98	+136	+188
							+41	+48	+55	+64	+75	+R8	+118	+160	+218
+2	0	+9	+17	+26	+34	+43	+48	+60	+68	+80	+94	+112	+148	+200	+274
							+54	+70	+81	+97	+114	+136	+180	+242	+325
+2	0	+11	+20	+32	+41	+53	+66	+87	+102	+122	+144	+172	+226	+300	+405
					+43	+59	+75	+102	+120	+146	+174	+210	+274	+360	+480
+3	0	+13	+23	+37	+51	+71	+91	+124	+146	+178	+214	+258	+335	+445	+585
					+54	+79	+104	+144	+172	+210	+254	+310	+400	+525	+690
+3	0	+15	+27	+43	+63	+92	+122	+170	+202	+248	+300	+365	+470	+620	+800
					+65	+100	+134	+190	+228	+280	+340	+415	+535	+700	+900
					+68	+108	+146	+210	+252	+310	+380	+465	+600	+780	+1 000
+4	0	+17	+31	+50	+77	+122	+166	+236	+284	+350	+425	+520	+670	+880	+1 150
					+80	+130	+180	+258	+310	+385	+470	+575	+740	+960	+1 250
					+84	+140	+196	+284	+340	+425	+520	+640	+820	+1 050	+1 350
+4	0	+20	+34	+56	+94	+158	+218	+315	+385	+475	+580	+710	+920	+1 200	+1 550
					+98	+170	+240	+350	+425	+525	+650	+790	+1 000	+1 300	+1 700
+4	0	+21	+37	+62	+108	+190	+268	+390	+475	+590	+730	+900	+1 150	+1 500	+1 900
					+114	+208	+294	+435	+530	+660	+820	+1 000	+1 300	+1 650	+2 100
+4	0	+23	+40	+68	+126	+232	+330	+490	+595	+740	+920	+1 100	+1 450	+1 850	+2 400
					+132	+252	+360	+540	+660	+820	+1 000	+1 250	+1 600	+2 100	+2 600

【例 1-9】查表确定 ϕ40H8/m7 和 ϕ40M8/h7 配合中孔和轴的极限偏差，计算极限间隙或过盈，并绘制孔、轴公差带图。

解：由表 1-2 得，公称尺寸为 ϕ40 mm 的孔、轴的标准公差数值 IT8 = 39 μm，IT7 = 25 μm。

(1)基孔制配合 ϕ40H8/m7。

ϕ40H8 基准孔的基本偏差为

$$EI=0\ \mu m$$

$$ES=EI+IT8=(0+39)\ \mu m=+39\ \mu m$$

由表 1-5 查得 ϕ40m7 轴的基本偏差为

$$ei=+9\ \mu m$$

$$es=ei+IT7=(+9+25)\ \mu m=+34\ \mu m$$

因此，该配合的最大间隙和最大过盈为

$$X_{max}=ES-ei=(+39-9)\ \mu m=+30\ \mu m$$

$$Y_{max}=EI-es=0\ \mu m-(+34)\ \mu m=-34\ \mu m$$

(2)基轴制配合 ϕ40M8/h7。

ϕ40h7 基准轴的基本偏差为

$$es=0\ \mu m$$

$$ei=es-IT7=(0-25)\ \mu m=-25\ \mu m$$

由表 1-4 查得 ϕ40M8 孔的基本偏差为

$$ES=-9+\Delta=(-9+14)\ \mu m=+5\ \mu m$$

$$EI=ES-IT8=(+5-39)\ \mu m=-34\ \mu m$$

因此，该配合的最大间隙和最大过盈为

$$X_{max}=ES-ei=+5\ \mu m-(-25)\ \mu m=+30\ \mu m$$

$$Y_{max}=EI-es=(-34-0)\ \mu m=-34\ \mu m$$

所以，ϕ40H8/m7 和 ϕ40M8/h7 配合性质相同，它们互为同名配合。

孔、轴公差带图略。

【例 1-10】已知 $\phi 30H8/f7(^{+0.033}_{0}/^{-0.020}_{-0.041})$，试用不查表法，确定孔 ϕ30F8 的极限偏差。

解：根据 H8 和 f7 的极限偏差，可以得到

$$IT8=ES-EI=0.033\ mm$$

$$IT7=es-ei=0.021\ mm$$

由于 F 和 f 属于同名的孔和轴基本偏差代号，因此得到 ϕ30F8 的下极限偏差为

$$EI=-es=+0.020\ mm$$

根据上极限偏差和下极限偏差的关系，得到 ϕ30F8 的上极限偏差为

$$ES=EI+IT8=+0.053\ mm$$

从而得到 ϕ30F8 的极限偏差形式为 $\phi 30F8(^{+0.053}_{+0.020})$。

【例 1-11】已知 $\phi 25H7/p6(^{+0.021}_{0}/^{+0.035}_{+0.022})$，试用不查表法，确定孔 ϕ25P7 的极限偏差。

解：根据 H7 和 p6 的极限偏差，可以得到

$$IT7 = ES - EI = 0.021 \text{ mm}$$

$$IT6 = es - ei = 0.013 \text{ mm}$$

从配合符号和公差等级可看出，基本偏差代号 P 属于特殊规则换算，即

$$\Delta = IT7 - IT6 = (0.021 - 0.013)\text{ mm} = 0.008 \text{ mm}$$

$$ES = -ei + \Delta = (-0.022 + 0.08)\text{ mm} = -0.014 \text{ mm}$$

根据上极限偏差和下极限偏差的关系，得到 ϕ25P7 的下极限偏差为

$$EI = ES - IT7 = (-0.014 - 0.021)\text{ mm} = -0.035 \text{ mm}$$

从而得到 ϕ25P7 的极限偏差形式为 $\phi 25P7(^{-0.014}_{-0.035})$。

1.5 常用尺寸段的公差带与配合

国际标准所规定的标准公差和基本偏差系列，可将任一基本偏差与任一标准公差组合，从而得到大小与位置不同的大量公差带。在常用尺寸段(公称尺寸小于或等于 500 mm)内，孔公差带有 20×27+3 = 543 种(J 仅保留 6~8 级)，轴公差带有 20×27+4 = 544 种(j 仅保留 5~8 级)，这些公差带又可组成近 30 万种配合。如果不加以限制，任意选用这些公差与配合，将不利于生产。为了减少零件、定值刀具、量具等工艺装备的品种及规格，国家标准对所选用的公差与配合作了必要限制。

1.5.1 国家标准中推荐的公差带与配合

1. 常用和优先公差代号

GB/T 1800.1—2020 仅规定了一般用途下推荐使用的孔的公差带 45 种，轴的公差带 50 种，优先用途孔、轴公差带各 17 种。图 1-17 和图 1-18 中的公差带代号仅应用于不需要对公差带代号进行特定选取的一般性用途。例如，键槽需要特定选取。在特定应用中若有必要，偏差 js 和 JS 可被相应的偏差 j 和 J 替代。

公差带代号应尽可能从图 1-17 和图 1-18 分别给出的孔和轴相应的公差带代号中选取。框中所示的公差带代号应优先选取。

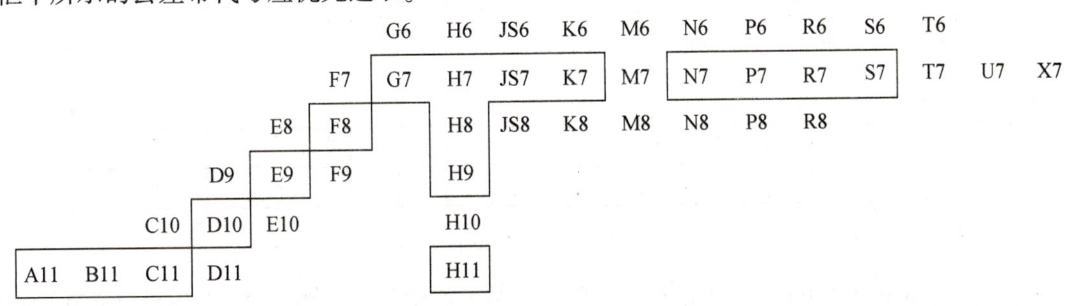

图 1-17 常用和优先选用的孔的公差带

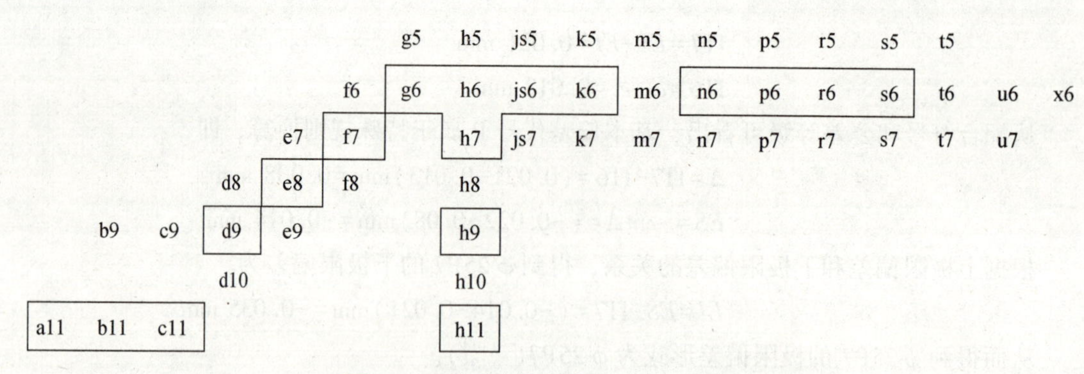

图 1-18　常用和优先选用的轴的公差带

2. 常用和优先配合代号

图 1-19 和图 1-20 中的配合可满足普通工程机构需要。基于经济因素，如有可能，配合应优先选择框中所示的公差带代号。可由图 1-19 获得符合要求的基孔制配合，或在特定应用中由图 1-20 获得基轴制配合。

基准孔	轴公差带代号																	
	间隙配合							过渡配合				过盈配合						
H6						g5	h5	js5	k5	m5		n5	p5					
H7					f6	g6	h6	js6	k6	m6	n6		p6	r6	s6	t6	u6	x6
H8				e7	f7		h7	js7	k7	m7					s7		u7	
			d8	e8	f8		h8											
H9			d8	e8	f8		h8											
H10	b9	c9	d9	e9			h9											
H11	b11	c11	d10				h10											

图 1-19　基孔制配合的优先选择

基准轴	孔公差带代号																	
	间隙配合							过渡配合				过盈配合						
h5						G6	H6	JS6	K6	M6		N6	P6					
h6					F7	G7	H7	JS7	K7	M7	N7		P7	R7	S7	T7	U7	X7
h7				E8	F8		H8											
h8			D9	E9	F9		H9											
h9				E8	F8		H8											
			D9	E9	F9		H9											
	B11	C10	D10				H10											

图 1-20　基轴制配合的优先选择

最新国标 GB/T 1800.2—2020 对孔、轴一般公差规定如下：图 1-21 为公称尺寸 0～500 mm 的孔的公差带代号示图；图 1-22 为公称尺寸大于 500～3 150 mm 的孔的公差带代号示图；图 1-23 为公称尺寸 0～500 mm 的轴的公差带代号示图；图 1-24 为公称尺寸大于 500～3 150 mm 的轴的公差带代号示图。

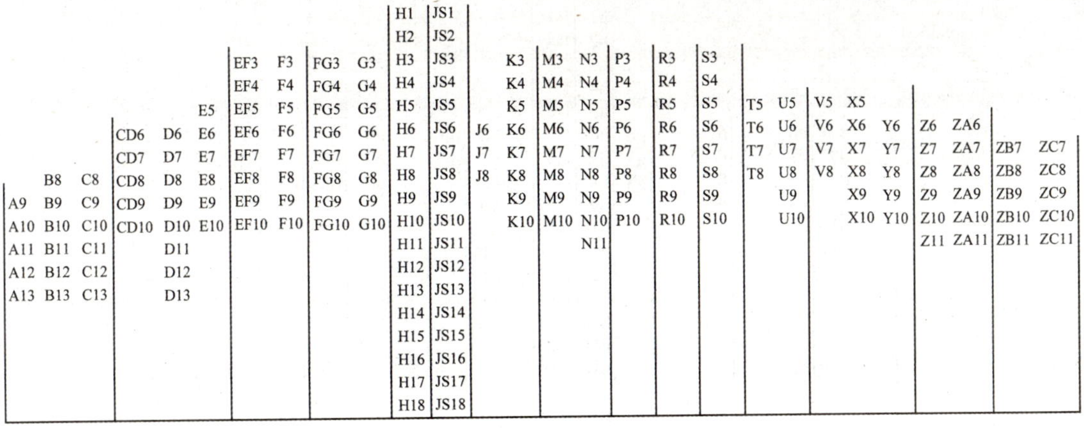

H1 JS1
H2 JS2
EF3 F3 FG3 G3 H3 JS3 K3 M3 N3 P3 R3 S3
EF4 F4 FG4 G4 H4 JS4 K4 M4 N4 P4 R4 S4
E5 EF5 F5 FG5 G5 H5 JS5 K5 M5 N5 P5 R5 S5 T5 U5 V5 X5
CD6 D6 E6 EF6 F6 FG6 G6 H6 JS6 J6 K6 M6 N6 P6 R6 S6 T6 U6 V6 X6 Y6 Z6 ZA6
CD7 D7 E7 EF7 F7 FG7 G7 H7 JS7 J7 K7 M7 N7 P7 R7 S7 T7 U7 V7 X7 Y7 Z7 ZA7 ZB7 ZC7
B8 C8 CD8 D8 E8 EF8 F8 FG8 G8 H8 JS8 J8 K8 M8 N8 P8 R8 S8 T8 U8 V8 X8 Y8 Z8 ZA8 ZB8 ZC8
A9 B9 C9 CD9 D9 E9 EF9 F9 FG9 G9 H9 JS9 K9 M9 N9 P9 R9 S9 U9 X9 Y9 Z9 ZA9 ZB9 ZC9
A10 B10 C10 CD10 D10 E10 EF10 F10 FG10 G10 H10 JS10 K10 M10 N10 P10 R10 S10 U10 X10 Y10 Z10 ZA10 ZB10 ZC10
A11 B11 C11 D11 H11 JS11 N11 Z11 ZA11 ZB11 ZC11
A12 B12 C12 D12 H12 JS12
A13 B13 C13 D13 H13 JS13
H14 JS14
H15 JS15
H16 JS16
H17 JS17
H18 JS18

图 1-21 公称尺寸 0 ~ 500 mm 的孔的公差带代号示图

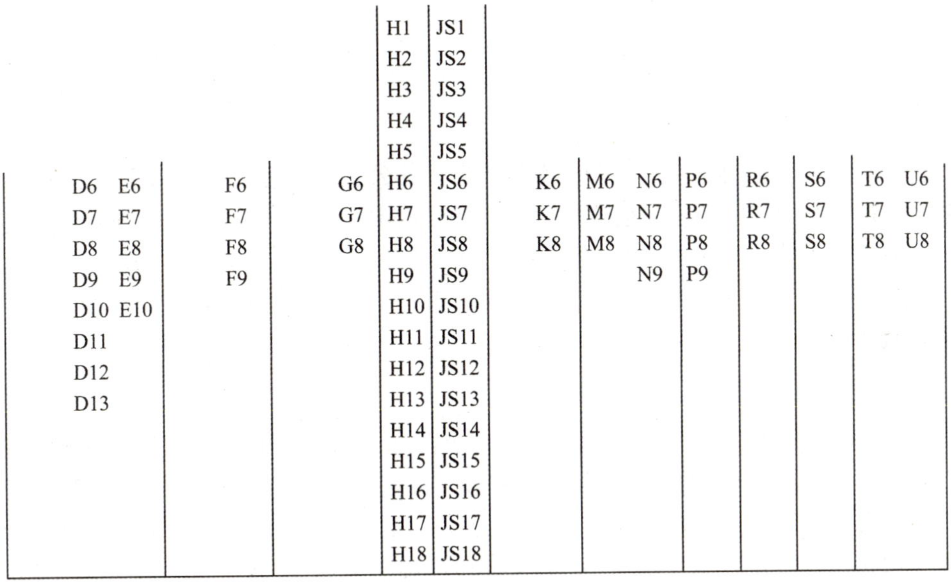

H1 JS1
H2 JS2
H3 JS3
H4 JS4
H5 JS5
D6 E6 F6 G6 H6 JS6 K6 M6 N6 P6 R6 S6 T6 U6
D7 E7 F7 G7 H7 JS7 K7 M7 N7 P7 R7 S7 T7 U7
D8 E8 F8 G8 H8 JS8 K8 M8 N8 P8 R8 S8 T8 U8
D9 E9 F9 H9 JS9 N9 P9
D10 E10 H10 JS10
D11 H11 JS11
D12 H12 JS12
D13 H13 JS13
H14 JS14
H15 JS15
H16 JS16
H17 JS17
H18 JS18

图 1-22 公称尺寸大于 500 ~ 3 150 mm 的孔的公差带代号示图

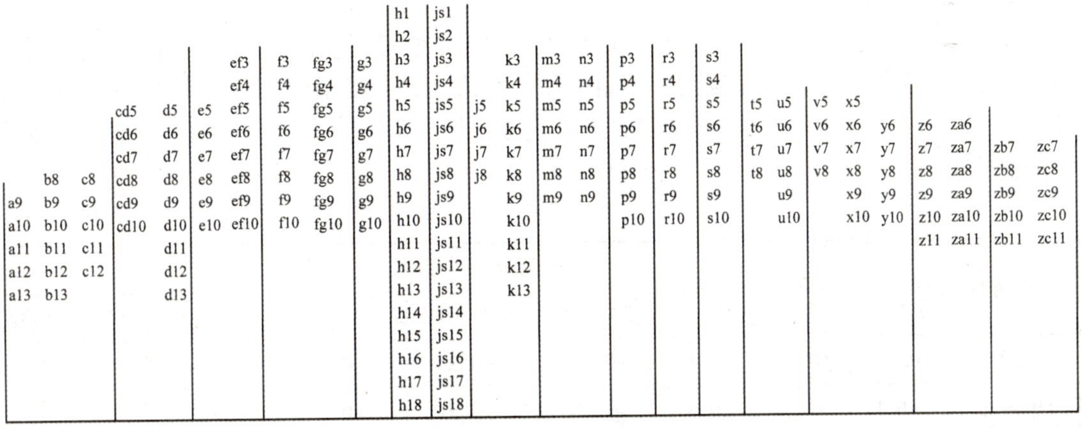

h1 js1
h2 js2
ef3 f3 fg3 g3 h3 js3 k3 m3 n3 p3 r3 s3
ef4 f4 fg4 g4 h4 js4 k4 m4 n4 p4 r4 s4
cd5 d5 e5 ef5 f5 fg5 g5 h5 js5 j5 k5 m5 n5 p5 r5 s5 t5 u5 v5 x5
cd6 d6 e6 ef6 f6 fg6 g6 h6 js6 j6 k6 m6 n6 p6 r6 s6 t6 u6 v6 x6 y6 z6 za6
cd7 d7 e7 ef7 f7 fg7 g7 h7 js7 j7 k7 m7 n7 p7 r7 s7 t7 u7 v7 x7 y7 z7 za7 zb7 zc7
b8 c8 cd8 d8 e8 ef8 f8 fg8 g8 h8 js8 j8 k8 m8 n8 p8 r8 s8 t8 u8 v8 x8 y8 z8 za8 zb8 zc8
a9 b9 c9 cd9 d9 e9 ef9 f9 fg9 g9 h9 js9 k9 m9 n9 p9 r9 s9 u9 x9 y9 z9 za9 zb9 zc9
a10 b10 c10 cd10 d10 e10 ef10 f10 fg10 g10 h10 js10 k10 p10 r10 s10 u10 x10 y10 z10 za10 zb10 zc10
a11 b11 c11 d11 h11 js11 k11 z11 za11 zb11 zc11
a12 b12 c12 d12 h12 js12 k12
a13 b13 d13 h13 js13 k13
h14 js14
h15 js15
h16 js16
h17 js17
h18 js18

图 1-23 公称尺寸 0 ~ 500 mm 的轴的公差带代号示图

				h1	js1							
				h2	js2							
				h3	js3							
				h4	js4							
				h5	js5							
	e6	f6	g6	h6	js6	k6	m6 n6	p6	r6	s6	t6	u6
d7	e7	f7	g7	h7	js7	k7	m7 n7	p7	r7	s7	t7	u7
d8	e8	f8	g8	h8	js8	k8		p8	r8	s8		u8
d9	e9	f9		h9	js9	k9						
d10	e10			h10	js10	k10						
d11				h11	js11	k11						
				h12	js12	k12						
				h13	js13	k13						
				h14	js14							
				h15	js15							
				h16	js16							
				h17	js17							
				h18	js18							

图 1-24 公称尺寸大于 500 ~ 3 150 mm 的轴的公差带代号示图

1.5.2 国家标准中规定的一般公差

1. 一般公差的概念

一般公差是指在车间通常加工条件下可以保证的公差，又称为线性尺寸的未注公差。未注公差尺寸是指在图样上只标注公称尺寸而不标注极限偏差的尺寸。虽然这些尺寸不标注公差，但并不是说对这些尺寸没有任何限制和要求，可以任意加工，只是为了简化图样以及突出有配合要求的尺寸，以便在加工和检验时引起重视。在正常维护和操作情况下，它代表车间通常的加工精度。

2. 有关国标的规定

GB/T 1804—2000《一般公差 未注公差的线性和角度尺寸的公差》为一般公差规定了 f、m、c、和 v 共 4 个公差等级，f 表示精密级、m 表示中等级、c 表示粗糙级、v 表示最粗级。公差等级 f、m、c、v 分别相当于 IT12、IT14、IT16、IT17。标准规定了未注出公差的线性和角度尺寸的一般公差的公差等级和极限偏差数值，如表 1-6 和表 1-7 所示，适用于金属切削加工的尺寸，也适用于一般的冲压加工的尺寸，非金属材料和其他工艺方法加工的尺寸可参照采用。

标准适用的未注公差尺寸包括：(1)线性尺寸(如外尺寸、内尺寸、阶梯尺寸、直径、半径、距离、倒圆半径和倒角高度，倒角半径和倒角高度的极限偏差数值如表 1-8 所示)；(2)角度尺寸，包括通常不注出角度值的角度尺寸，如直角(90°)；(3)机加工组装件的线性和角度尺寸。

表 1-6 线性尺寸一般公差的极限偏差数值(摘自 GB/T 1804—2000) 单位：mm

公差等级	基本尺寸分段							
	0.5 ~ 3	>3 ~ 6	>6 ~ 30	>30 ~ 120	>120 ~ 400	>400 ~ 1 000	>100 ~ 2 000	>2 000 ~ 4 000
精密 f	±0.05	±0.05	±0.1	±0.15	±0.2	±0.3	±0.5	—
中等 m	±0.1	±0.1	±0.2	±0.3	±0.5	±0.8	±1.2	±2
粗糙 c	±0.2	±0.3	±0.5	±0.8	±1.2	±2	±3	±4

续表

公差等级	基本尺寸分段							
	0. 5～3	>3～6	>6～30	>30～120	>120～400	>400～1 000	>100～2 000	>2 000～4 000
最粗 v	-	±0. 5	±1	±1. 5	±2. 5	±4	±6	±8

表 1-7　角度尺寸的极限偏差数值（摘自 GB/T 1804—2000）

公差等级	长度分段/mm				
	～10	>10～50	>50～120	>120～400	>400
精密 f 中等 m	±1°	±30′	±20′	±10′	±5′
粗糙 c	±1°30′	±1°	±30′	±15′	±10′
最粗 v	±3°	±2°	±1°	±30′	±20′

表 1-8　倒角半径和倒角高度的极限偏差数值（摘自 GB/T 1804—2000）　　单位：mm

公差等级	基本尺寸分段			
	0. 5～3	>3～6	>6～30	>30
精密 f 中等 m	±0. 2	±0. 5	±1	±2
粗糙 c 最粗 v	±0. 4	±1	±2	±4

注：倒圆半径和倒角高度的含义参见 GB/T 6403. 4—2008。

3. 一般公差的表示方法

采用一般公差的要素在图样上可不单独注出其公差，而是在图样上、技术要求或技术文件中作出总的说明，通常用国标号和公差等级代号标注即可。

例如：选中等级时，表示为 GB/T 1804—m；选用粗糙级时，表示为 GB/T 1804—c。

一般公差主要用于低精度的非配合尺寸，如可以由工艺保证的尺寸、对机器使用性能影响不大的外形尺寸等。采用一般公差的尺寸在正常车间精度保证的条件下，一般可不检验。

需要指出的是，只有特定车间的通常车间精度可靠地满足等于或小于所采用的一般公差条件时，才能完全体现上述这些好处。因此，车间应测量、评估车间的通常车间精度，并且只接受一般公差等于或大于通常车间精度的图样。

1. 5. 3　配制配合

单件小批量生产零件除采用互换性生产外，根据零件制造的特点，由于大尺寸孔、轴的加工误差较大，可采用配制配合（Matched Fit，MF）。配制配合是一种行业标准，最新标准 JB/ZQ4716—2006 规定：配制配合是以一个零件的实际尺寸为基数，来配制另一个零件的一种工艺措施。

配制配合一般用于公差等级较高、单件小批量生产的配合零件，是否采用配制配合由设计人员根据零件的生产和使用情况决定。当配合公差要求较高时，为了降低加工成本，可放弃互换性要求采用配制加工方法，保证原设计的配合要求，即先加工其中较难加工的并能得到较高测量精度的零件。

1. 对配制配合零件的一般要求

(1)先按互换性生产选取配合。配制的结果应满足此配合公差。

一般选择较难加工，但能得到高测量精度的那个零件(在多数情况下是孔)作为先加工件，给它一个比较容易达到的公差或按“未注公差尺寸的极限偏差”加工。

(2)配制件(多数情况下是轴)的公差可按第一条要求所定的配合公差来选取，所以配制件的公差比采用互换性生产时单个零件的公差要宽。配制件的偏差和极限尺寸以先加工件的实际尺寸为基数来确定。

(3)配制配合是关于尺寸公差方面的技术规定，不涉及其他技术要求，如零件的形状和位置公差、表面粗糙度等，不因采用配制配合而降低。

(4)测量对保证配合的性质有很大关系，要注意温度、形状和位置误差对测量结果的影响。配制配合应采用尺寸相互比较的测量方法；在同样条件下测量，使用同一基准装置或校对量具，由同一组计量人员进行测量等，以提高测量精度。

2. 在图样上的标注

在图样上标注时，用代号 MF 表示配制配合，借用基准孔的代号 H 或基准轴的代号 h，表示先加工件。在装配图和零件图的相应部位均应标出。装配图上还要标明按互换性生产时的配合要求。

标注方法如下：

公称尺寸为ϕ3 000 mm 的孔和轴，要求配合的最大间隙为0.450 mm，最小间隙为0.140 mm，按互换性生产可选用ϕ3000H6/f6 或ϕ3000F6/h6，现确定采用配制配合。

在装配图上标注：ϕ3000H6/f6 MF(先加工件为孔)

ϕ3000F6/h6 MF(先加工件为轴)

若先加工件为孔，在零件图上标注为ϕ3000H6 MF。

若按“未注公称尺寸的极限偏差”加工，则标注为ϕ3000 MF。

【例 1-12】 配制件为轴，最大间隙为0.355 mm，最小间隙为0.145 mm，用准确的测量方法测出先加工件孔的实际尺寸为ϕ3 000.195 mm，计算配制件轴的极限尺寸。

解： 配制件轴的上极限尺寸=(3 000.195−0.145)mm=3 000.050 mm

配制件轴的上极限尺寸=(3 000.195−0.355)mm=2 999.840 mm

1.6 尺寸精度设计的内容与步骤

在公称尺寸确定之后，要对尺寸精度进行设计。尺寸精度设计是机械设计与制作中的一个重要环节，尺寸精度设计是否恰当，将直接影响产品的性能、质量、互换性、性价比及市场竞争力。尺寸精度设计的内容包括3 方面：选择配合制、公差等级和配合种类。实际中3 者有机联系，尺寸精度设计的原则是在满足使用要求的前提下尽可能获得最佳经济效益。

1.6.1 配合制的选择

配合制包括基孔制和基轴制两种，这两种配合制都可以实现所选择基准需要的配合要求。选择配合制时应从产品结构、加工工艺、经济等方面综合考虑。

(1)一般情况下，优先选用基孔制。因为孔比轴难加工一些，孔加工的检测要求使用定制刀具(如钻头、铰刀)和光滑极限量规，且每一种定制刀具和光滑极限量规只能加工和检测某一特定尺寸和公差带的孔；而轴加工只需要使用车刀、砂轮等通用刀具，便于使用计量器具检测。显然，采用基孔制配合可以减少定制刀具和光滑极限量规的数量，比较经济合理。

(2)采用冷拔棒料直接作为轴时，选用基轴制。由于冷拔棒料本身是按基准轴的公差带制造的，其精度(可达 IT8)已能满足设计要求，不需要再进行切削加工即可直接与其他零件相配合，在农业、建筑业、纺织机械等行业中应用较为广泛。

(3)加工尺寸小于 1 mm 的精密轴比同级孔要困难，因此在仪器制造、钟表生产、无线电工程中，常使用经过光轧成形的钢丝直接作轴，这时采用基轴制较经济。

(4)在同一公称尺寸轴的不同部位上装配几个不同配合要求的孔件时，应采用基轴制。如图 1-25(a)所示时活塞连杆机构，根据使用要求，活塞销与活塞孔采用过渡配合，而连杆与活塞销则采用间隙配合。若采用基孔制，则活塞销将加工成台阶状，两边稍大，中间稍小，如图 1-25(b)所示，这样既不便于加工，也很难保证装配质量；而如果采用基轴制，活塞销即可加工成光轴，如图 1-25(c)所示，而孔则做成台阶状，方便加工和装配。

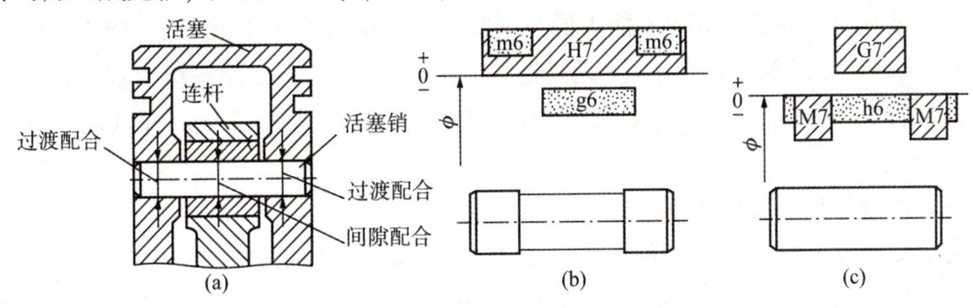

图 1-25 活塞连杆机构及其配合

(5)与标准件配合时，配合制的选取应根据标准件而定。如滚动轴承外圈与箱体上的基座孔配合时，必须采用基轴制；而轴承内圈与轴配合时，必须采用基孔制。如图 1-26 所示，箱体孔按 φ90J7 制造，轴颈按 φ40k6 制造。

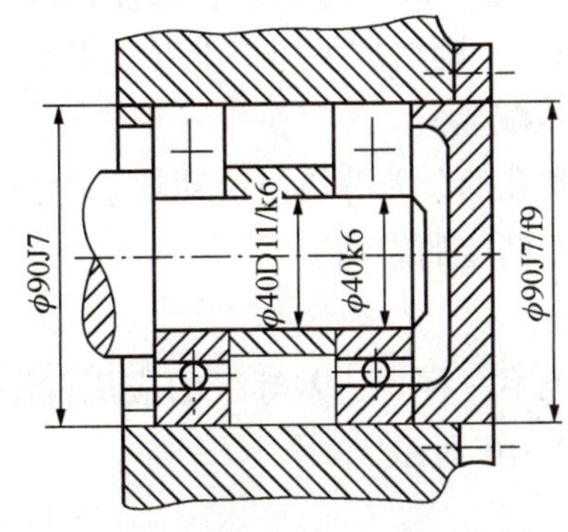

图 1-26 滚动轴承配合的基准制

(6)必要时采用任何适当的孔、轴公差带组成的配合。为满足装配或配合的特殊需要，必要时可采用任何适当的孔和轴公差带组成非标准的配合。如圆柱齿轮减速器中，输出轴轴套处和端盖处的配合。

1.6.2 公差等级的选择

公差等级不仅直接与零件的工作性能有关，而且决定加工难易和制造成本。选择公差等级时应正确处理零部件使用与制造工艺及成本之间的矛盾。

公差等级的选择原则是：在满足使用要求的前提下，尽可能选较低的公差等级或较大的公差值，以取得较好的经济效益。选择方法一般采用类比法，即参照类似的机构、工作条件和使用要求的经验资料，进行比照来确定孔和轴的公差等级。主要考虑以下方面。

1)孔和轴的工艺等价性

孔和轴的工艺等价性是指相配合的孔和轴加工难易程度应相当。对于公称尺寸小于或等于500 mm且有较高公差等级的配合，因孔比同级轴加工难度大，当标准公差小于或等于IT8时，国家标准推荐孔与低一级的轴相配合，以使孔、轴的加工难易程度相同；但对大于IT8级或公称尺寸大于500 mm的配合，因孔的测量精度比轴容易保证，推荐采用孔、轴同级配合。

2)配合性质对公差等级的影响

过盈、过渡配合的公差等级不能太低，一般孔的标准公差小于或等于IT8，轴的标准公差小于或等于IT7。间隙配合则不受此限制。但间隙小的配合，公差等级应较高；而间隙大的配合，公差等级可以低些。例如，选用H6/g5和H11/a11是可以的，而选用H11/g11和H6/a5则不合适。

3)联系配合与加工装配成本

为满足配合公差要求，所选孔、轴应符合 $T_D+T_d \leq T_f$。在此前提下，为了降低成本，应尽可能取较低等级。例如，公称尺寸为 ϕ10 mm的孔轴配合，要求配合间隙为0.013～0.038 mm之间，此时

$$T_f=|X_{max}-X_{min}|=|0.038-0.013|\text{ mm}=0.025\text{ mm}=T_D+T_d$$

查表1-1得，IT5=0.006 mm，IT6=0.009 mm，IT7=0.015 mm，IT8=0.022 mm。

结合工艺等价原则，只能选 T_D=IT7，T_d=IT6，这样，符合 $T_D+T_d=0.024\text{ mm} \leq T_f$。

但如果选择 T_D=IT6，T_d=IT5，则增加了加工难度，很不经济。

4)相配零件或部件精度要匹配

如与滚动轴承相配合的轴和孔的公差等级由滚动轴承的公差等级决定，再如与齿轮相配合的轴的公差等级则直接受齿轮精度的影响。

5)公差等级的应用范围

不同公差等级的应用范围也不一样。公差等级的应用范围如表1-9所示，常用公差等级的应用条件和应用举例如表1-10所示。

表 1-9 公差等级的应用范围

应用	公差等级 IT																			
	01	0	1	2	3	4	5	6	7	8	9	10	11	12	13	14	15	16	17	18
块规	—	—	—																	
量规			—	—	—	—	—	—	—											
配合尺寸							—	—	—	—	—	—	—	—						
特别精密零件的配合				—	—	—	—													
非配合尺寸、未注公差														—	—	—	—	—	—	—
原材料公差										—	—	—	—	—	—	—				

表 1-10 常用公差等级的选择及应用

公差等级	应用条件	应用举例
IT5	用于机床、发动机和仪表中特别重要的配合，在配合公差要求很小，形状公差要求很高的条件下，能使配合性质比较稳定(相当于旧国标中最高精度即 1 级精度轴)，它对加工要求较高，一般机械制造中较少应用	与 6 级滚动轴承孔相配的机床主轴，机床尾架套筒，高精度分度盘轴颈，分度头主轴，精密丝杆基准轴颈，精度镗套的外径等，发动机主轴的外径，活塞销外径与塞的配合，精密仪器的轴与各种传动件轴承的配合，航空、航海工业中仪表中重要的精密孔的配合，精密机械及高速机械的轴径，5 级精度齿轮的基准孔及 5 级、6 级精度齿轮的基准轴
IT6	广泛用于机械制造中的重要配合，配合表面有较高均匀性的要求，能保证相当高的配合性质，使用可靠(相当于旧国标中 2 级精度轴和 1 级精度孔的公差)	机床制造中，装配式齿轮、蜗轮、联轴器、带轮、凸轮的孔径，机床丝杆支轴承轴颈，矩形花键的定心直径，摇臂钻床的主轴柱等，精密仪器、光学仪器、计量仪器的精密轴，无线电工业、自动化仪表、电子仪、邮电机械及手表中特别重要的轴，医疗器械中的 X 线机齿轮箱的精密轴，缝纫机中重要轴类，发动机的汽缸外套外径，曲轴主轴颈，活塞销，连杆衬套，连杆和轴瓦外径等，6 级精度齿轮的基准孔和 7 级、8 级精度齿轮的基准轴径，以及 1 级、2 级精度齿轮顶圆直径
IT7	应用条件与 IT6 相类似，但精度要求可比 IT6 稍低一点，在一般机械制造业中应用相当普遍	机械制造中装配式表铜蜗轮轮缘孔径、联轴器、皮带轮、凸轮等的孔径，机床卡盘座孔、摇臂钻床的摇臂孔、车床丝杆轴承孔、发动机的连杆孔、活塞孔、铰制螺栓定位孔等，纺织机械、印染机械中要求得较高的零件，手表的高合杆压簧等，自动化仪表、缝纫机、邮电机械中重要零件的内孔，7 级、8 级精度齿度的基准孔和 9 级、10 级精度齿轮的基准轴

续表

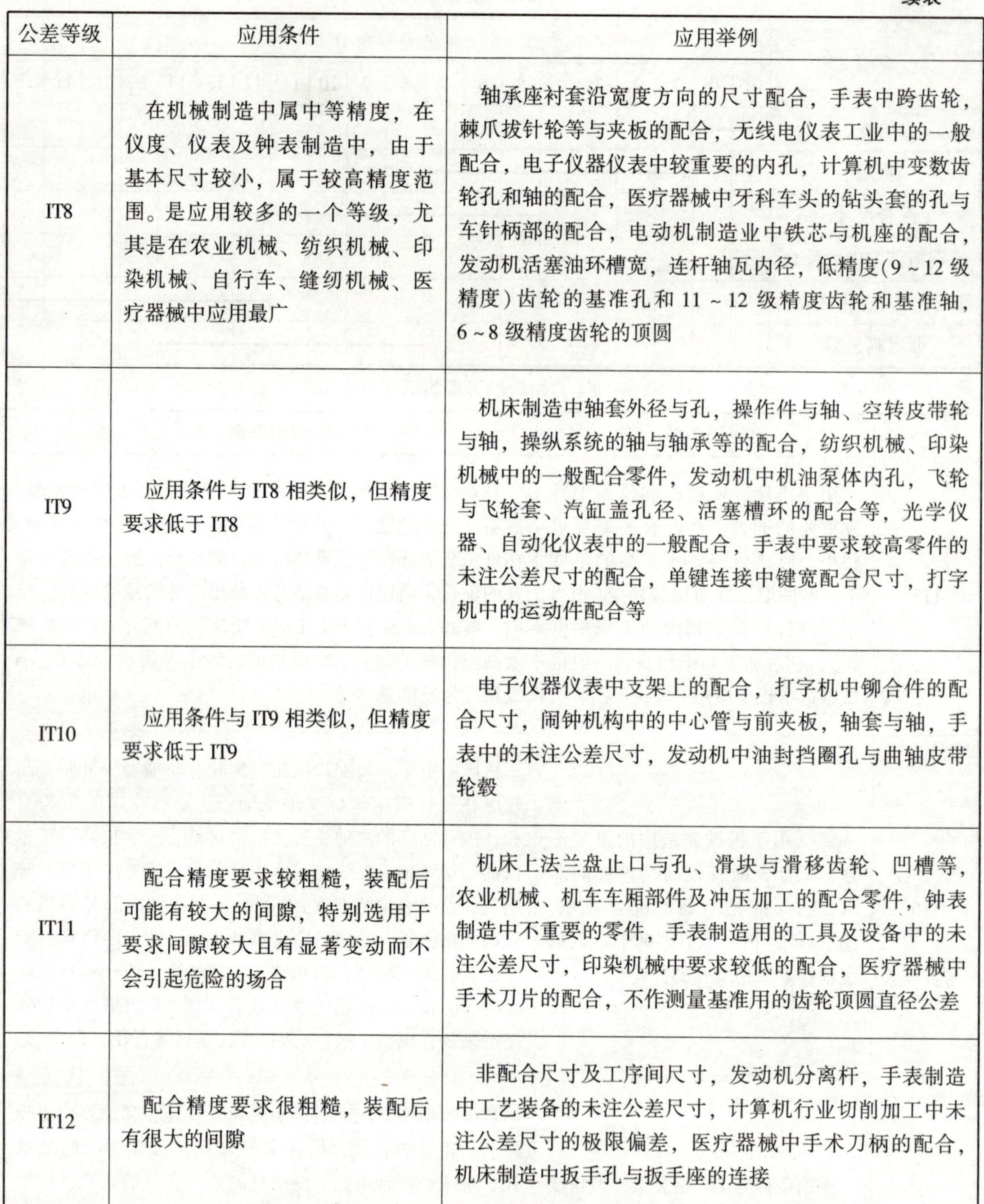

公差等级	应用条件	应用举例
IT8	在机械制造中属中等精度，在仪度、仪表及钟表制造中，由于基本尺寸较小，属于较高精度范围。是应用较多的一个等级，尤其是在农业机械、纺织机械、印染机械、自行车、缝纫机械、医疗器械中应用最广	轴承座衬套沿宽度方向的尺寸配合，手表中跨齿轮，棘爪拨针轮等与夹板的配合，无线电仪表工业中的一般配合，电子仪器仪表中较重要的内孔，计算机中变数齿轮孔和轴的配合，医疗器械中牙科车头的钻头套的孔与车针柄部的配合，电动机制造业中铁芯与机座的配合，发动机活塞油环槽宽，连杆轴瓦内径，低精度(9～12 级精度）齿轮的基准孔和 11～12 级精度齿轮和基准轴，6～8 级精度齿轮的顶圆
IT9	应用条件与 IT8 相类似，但精度要求低于 IT8	机床制造中轴套外径与孔，操作件与轴、空转皮带轮与轴，操纵系统的轴与轴承等的配合，纺织机械、印染机械中的一般配合零件，发动机中机油泵体内孔，飞轮与飞轮套、汽缸盖孔径、活塞槽环的配合等，光学仪器、自动化仪表中的一般配合，手表中要求较高零件的未注公差尺寸的配合，单键连接中键宽配合尺寸，打字机中的运动件配合等
IT10	应用条件与 IT9 相类似，但精度要求低于 IT9	电子仪器仪表中支架上的配合，打字机中铆合件的配合尺寸，闹钟机构中的中心管与前夹板，轴套与轴，手表中的未注公差尺寸，发动机中油封挡圈孔与曲轴皮带轮毂
IT11	配合精度要求较粗糙，装配后可能有较大的间隙，特别选用于要求间隙较大且有显著变动而不会引起危险的场合	机床上法兰盘止口与孔、滑块与滑移齿轮、凹槽等，农业机械、机车车厢部件及冲压加工的配合零件，钟表制造中不重要的零件，手表制造用的工具及设备中的未注公差尺寸，印染机械中要求较低的配合，医疗器械中手术刀片的配合，不作测量基准用的齿轮顶圆直径公差
IT12	配合精度要求很粗糙，装配后有很大的间隙	非配合尺寸及工序间尺寸，发动机分离杆，手表制造中工艺装备的未注公差尺寸，计算机行业切削加工中未注公差尺寸的极限偏差，医疗器械中手术刀柄的配合，机床制造中扳手孔与扳手座的连接

6）加工方法对公差等级的影响

企业的生产能力不同，采用的加工方法不一样，则零件能够达到的公差等级也有区别，在选择公差等级时应予以考虑。常用加工方法所能达到的公差等级如表 1-11 所示。

表 1-11　常用加工方法所能达到的公差等级

加工方法	公差等级 IT																	
	01	0	1	2	3	4	5	6	7	8	9	10	11	12	13	14	15	16
研磨	—	—	—	—	—	—	—											
珩磨						—	—	—	—									
圆磨							—	—	—	—								
平磨							—	—	—	—								
金刚石车							—	—	—									
金刚石镗							—	—	—									
拉削							—	—	—	—								
铰孔								—	—	—	—	—						
车									—	—	—	—	—					
镗									—	—	—	—	—					
铣										—	—	—	—					
刨、插												—	—					
钻孔												—	—	—	—			
滚压、挤压												—	—					
冲压												—	—	—	—	—		
压铸													—	—	—	—		
粉末冶金成型								—	—	—								
粉末冶金烧结									—	—	—							
锻造																	—	
砂型铸造、气割																		—

7) 非基准制

非基准制即无 H 或 h 的配合，如 D9/k6。在非基准制配合中，有的零件精度要求不高，可与相配合零件的公差等级差 2～3 级。如箱体孔与轴承端盖的配合，轴套与轴的配合等。

1.6.3　配合的选择

基准制和公差等级的选择，确定了基准孔或基准轴的公差带及相对应的非基准轴或非基准孔的公差带的大小。而配合的选择就是确定非基准轴或非基准孔的公差带位置，实际上就是选择非基准轴或非基准孔的基本偏差代号。

1. 根据使用要求确定配合的类别

配合的选择首先要确定配合的类别。选择时，应根据具体的使用要求确定是间隙配合还是过渡或过盈配合。例如：孔、轴有相对运动（转动或移动）要求，必须选择间隙配合；若孔、轴间无相对运动要求，应根据具体工作条件的不同确定过盈、过渡甚至间隙配合。配合类别选择的基本方向如表 1-12 所示。

表 1-12　配合类别选择的基本方向

<table>
<tr><td rowspan="4">无相对运动</td><td rowspan="3">要传递扭矩</td><td colspan="2">永久结合</td><td>较大过盈的过盈配合</td></tr>
<tr><td rowspan="2">可拆结合</td><td>要精确同轴</td><td>轻型过盈配合、过渡配合或基本偏差为 H(h)①的间隙配合加紧固件②</td></tr>
<tr><td>不要精确同轴</td><td>间隙配合加紧固件②</td></tr>
<tr><td colspan="3">不需要传递扭矩，要精确同轴</td><td>过渡配合或轻的过盈配合</td></tr>
<tr><td rowspan="2">有相对运动</td><td colspan="3">只有移动</td><td>基本偏差为 H(h)、G(g)①等间隙配合</td></tr>
<tr><td colspan="3">转动或转动和移动的复合运动</td><td>基本偏差 A～F(a～f)①等间隙配合</td></tr>
</table>

注：①指非基准件的基本偏差代号。
②紧固件指键、销、螺钉。

2. 基本偏差选择的基本方法

1)计算法

计算法就是根据理论公式，计算出使用要求的间隙或过盈大小来选定配合的方法。对依靠过盈来传递运动和负载的过盈配合，可根据弹性变形理论公式，计算出能保证传递一定负载所需要的最小过盈和不使工件损坏的最大过盈。由于影响间隙和过盈的因素很多，理论的计算也是近似的，所以在实际应用中还需经过试验来确定。一般情况下，很少使用计算法。

2)试验法

试验法就是用试验的方法确定满足产品工作性能的间隙或过盈范围。该方法主要用于对产品性能影响大而又缺乏经验的场合。试验法比较可靠，但周期长、成本高，应用也较少。

3)类比法

类比法就是参照同类型机器或机构中经过生产实践验证的配合的实例，再结合所设计产品的使用要求和应用条件来确定配合。该方法在实际中应用最为广泛。用类比法选择配合时，首先要掌握各种配合的特征和应用场合，尤其是对国家标准所规定的优先配合的性质要熟悉，同时要对产品的技术要求、工作条件及生产条件进行全面分析，考虑结合处的相对运动状态、载荷、温度、材料的力学性能对极限或过盈的影响，不断积累经验，选出合适的配合种类。各类基本偏差在形成基孔制(或基轴制)配合时的应用场合不同，表 1-13、1-14 和 1-15 分别列出了间隙配合、过盈配合和过渡配合基本偏差的选择情况。

另外，用类比法选择配合时还必须考虑以下因素：间隙配合的相对运动情况，过盈配合的受载荷情况，过渡配合的定心精度要求，拆装情况，温度的影响，装配变形的影响，生产类型，配合件的材料，配合件的结合长度和形位误差等。

表 1-13　间隙配合基本偏差的选择

间隙情况	基本偏差	特点及应用
特大间隙	a、b	用于高温、热变形大的场合，如活塞与缸套 H9/a9
很大间隙	c	用于受力变形大、装配工艺性差、高温动配合等场合，如内燃机排气阀杆与导管配合为 H8/c7
较大间隙	d	用于较松的间隙配合，如滑轮与轴 H9/d9；大尺寸滑动轴承与轴的配合，如轧钢机等重型机械

续表

间隙情况	基本偏差	特点及应用
一般间隙	e	用于大跨距、多支点、高速重载大尺寸等轴与轴承的配合，如大型电动机、内燃机的主要轴承配合处 H8/e7
一般间隙	f	用于一般传动的配合，如齿轮箱、小电动机、泵等转轴与滑动轴承的配合 H7/f6
较小间隙	g	用于轻载精密滑动零件，或缓慢间隙回转零件间的配合，如插销的定位、滑阀、连杆销、钻套孔等处的配合
很小间隙	h	用于不同精度要求的一般定位件的配合，缓慢移动和摆动零件间的配合，如车床尾座孔与滑动套的配合 H6/h5

表 1-14　过盈配合基本偏差的选择

过盈程度	较小或小的过盈	中等与大的过盈	很大与特大的过盈
传递扭矩的大小	加紧固件传递一定的扭矩与轴向力，属轻型过盈配合。不加紧固件可用于准确定心仅传递小扭矩，需轴向定位	不加紧固件可传递较小的扭矩与轴向力，属中型过盈配合	不加紧固件可传递大的扭矩与轴向力、特大扭矩和动载荷，属重型、特重型过盈配合
装卸情况	用于需要拆卸时，装入时使用压入机	用于很少拆卸时	用于不拆卸时，一般不推荐使用。对于特重型过盈配合(后 3 种)需经试验才能应用
应选择的基本偏差	p(P)、r(R)	s(S)、t(T)	u(U)、v(V)、x(X)、y(Y)、z(Z)
应用	卷扬机绳轮与齿圈的配合 H7/p6	联轴节与轴的配合 H7/t6	火车轮毂与轴的配合 H6/u5

表 1-15　过渡配合基本偏差的选择

过盈、间隙情况	过盈率很小，稍有平均间隙	过盈率中等，平均过盈接近于 0	过盈率较大，平均过盈较小	过盈率大，平均过盈稍大
定心要求	要求较好定心时	要求定心精度较高时	要求精密定心时	要求更精密定心时
装配与拆卸情况	木槌装配，拆卸方便	木槌装配，拆卸比较方便	最大过盈时需相当的压入力，可以拆卸	用锤或压力机装配，拆卸较困难
应选择的基本偏差	js(JS)	k(K)	m(M)	n(N)
应用实例	滚动轴承外圈与座孔的配合 JS7	滚动轴承内权与轴颈、外圈与座孔的配合 k6	蜗轮青铜轮缘与轮毂的配合 H7/m6	冲床上齿轮与轴的配合

1.6.4　尺寸精度的设计步骤

(1)配合制的选择。若无特殊情况，一般优先选用基孔制。当然，在适当条件下，也可以选择基轴制。

(2)首先根据极限间隙或极限过盈确定配合公差，将配合公差(T_f)合理分配给孔和轴的标准公差，从而可以确定孔和轴的公差等级和标准公差数值 T_D 和 T_d。一般假设孔、轴同级，即 $T_D=T_d=T_f/2$。若恰好有合适的公差值，在符合国家标准要求的前提下，选择孔与轴同级；若无合适的公差值，则根据国家标准要求和工艺等价的原则，选择孔的公差等级比轴的公差等级低一级。总之，要满足 $T_D+T_d \leqslant [T_f]$。

(3)根据极限间隙或极限过盈的范围，求解与基准孔或基准轴配合的轴或孔的基本偏差范围，查孔、轴的基本偏差数值表，从而确定其基本偏差代号和孔、轴的配合代号。

基本偏差的计算公式如表 1-16 所示。从计算便捷的角度来看，间隙配合根据最小间隙计算确定作为非基准件的轴或孔的基本偏差值；过盈配合根据最小过盈计算确定作为非基准件的轴或孔的基本偏差值；过渡配合根据最大间隙计算确定作为非基准件的轴或孔的基本偏差值。当然，也可以根据最大间隙或最大过盈来计算非基准件的轴或孔的基本偏差值，但不够便捷。

表 1-16　基本偏差的计算公式

配合类型	计算依据	基准制	计算公式
间隙配合	X_{min}	基孔制	$es \leqslant -[X_{min}]$
		基轴制	$EI \geqslant +[X_{min}]$
过渡配合	X_{max}	基孔制	$T_D - ei \leqslant [X_{max}]$
		基轴制	$ES-(-T_d) \leqslant [X_{max}]$
过盈配合	Y_{min}	基孔制	$T_D - ei \leqslant [Y_{min}]$
		基轴制	$ES-(-T_d) \leqslant [Y_{min}]$

(4)验证设计的孔、轴配合形成的极限间隙或极限过盈是否满足技术指标的要求，从而确定尺寸精度设计的合理性。

【例 1-13】有一孔轴配合，公称尺寸为 ϕ100 mm，要求配合的过盈或间隙在-0.048 ~ +0.042 mm 范围内。试确定此配合的孔、轴公差带和配合代号。

解：(1)选择配合制。

由于没有特殊要求，所以应优先选用基孔制，即孔的基本偏差代号为 H。

(2)确定孔、轴公差等级。

由给定条件可知，此孔、轴配合为过渡配合，其允许的配合公差为

$$T_f = |X_{max} - Y_{max}| = |(+0.042)-(-0.048)|\ \text{mm} = 0.090\ \text{mm}$$

由于 $T_f = T_D + T_d$，假设孔与轴为同级配合，则

$$T_D = T_d = T_f/2 = 0.090\ \text{mm}/2 = 0.045\ \text{mm}$$

查表 1-1 可知：0.045 mm 介于 IT7 = 35 μm 和 IT8 = 54 μm 之间，而在这个公差等级范围内，国家标准要求孔比轴低一级的配合，于是取孔公差等级为 IT8，轴公差等级为 IT7。

IT8+IT7 = (0.054+0.035) mm = 0.089 mm<0.090 mm，符合配合公差要求。

(3)确定轴的基本偏差代号。

由于采用的是基孔制配合，则孔的公差带代号为 H8，孔的下极限偏差为 $EI=0$，孔的上

极限偏差为：$ES=EI+T_D=(0+0.054)\ \text{mm}=+0.054\ \text{mm}$。

由 $T_D-ei\leqslant[X_{max}]$ 可知，$ei\geqslant T_D-[X_{max}]=0.054\ \text{mm}-(+0.042)\ \text{mm}=0.012\ \text{mm}$。

查表 1-3 可知，对应的轴的基本偏差代号应选择 m 的基本偏差 $ei=+0.013$ mm，符合要求，即轴的公差带为 m7。轴的另一个偏差为

$$es=ei+T_d=(+0.013+0.035)\ \text{mm}=+0.048\ \text{mm}$$

(4)确定配合代号。

由上述计算，确定最终的孔轴配合代号可表示为

$$\phi100\ \frac{\text{H8}\left(\begin{smallmatrix}+0.054\\0\end{smallmatrix}\right)}{\text{m7}\left(\begin{smallmatrix}+0.048\\+0.013\end{smallmatrix}\right)}$$

(5)验算。

$$X_{max}=ES-ei=[(+0.054)-(+0.013)]\ \text{mm}=+0.041\ \text{mm}\leqslant[X_{max}]=+0.042\ \text{mm}$$

$$Y_{max}=EI-es=[0-(+0.048)]\ \text{mm}=-0.048\ \text{mm}\geqslant[Y_{max}]=-0.048\ \text{mm}$$

经验证，满足配合要求。

1.7 尺寸精度设计实例

1.7.1 尺寸精度设计实例

【例 1-14】 已知某轴和轴承的配合，公称尺寸为 ϕ75 mm，使用要求规定，其最大间隙允许值 $[X_{max}]=+110$ μm，最小间隙允许值 $[X_{min}]=+30$ μm，试确定采用基孔制时的轴承和轴的公差带和配合代号。

解：(1)确定孔、轴的标准公差等级。

由给定的条件，可以得到配合公差的允许值为

$$[T_f]=|[X_{max}]-[X_{min}]|=|110-30|\ \mu\text{m}=80\ \mu\text{m}$$

且 $[T_f]\geqslant[T_D]+[T_d]$。

查表 1-2，得孔、轴的标准公差等级分别为

$$T_D=\text{IT8}=46\ \mu\text{m}\quad T_d=\text{IT7}=30\ \mu\text{m}$$

因为采用基孔制，所以孔的基本偏差为下极限偏差，且 $EI=0$ μm，代号为 H，孔的上极限偏差 $ES=+46$ μm，则孔的公差代号为 H8。

(2)确定轴的基本偏差代号。

由于采用基孔制，该配合为间隙配合，根据间隙配合的尺寸公差带图中孔、轴公差带的位置关系，可以确定轴的基本偏差为上极限偏差 es。

轴的基本偏差与以下 3 式有关，即

$$\begin{cases}X_{max}=ES-ei\leqslant[X_{max}]=+110\ \mu\text{m}\\X_{min}=EI-es\geqslant[X_{min}]=+30\ \mu\text{m}\\T_d=es-ei=\text{IT7}=30\ \mu\text{m}\end{cases}$$

联立 3 式求解，得

$$ES+T_d-[X_{max}]\leqslant es\leqslant EI-[X_{min}]$$

即

$$-34\ \mu m\leqslant es\leqslant -30\ \mu m$$

查表 1-5，取轴的基本偏差代号为 f，则其公差代号为 f7。

轴的基本偏差为上极限偏差，即 $es=-30\ \mu m$。轴的下极限偏差为

$$ei=es-T_d=-60\ \mu m$$

(3)验算。

$$X_{max}=ES-ei=(+46)\mu m-(-60)\mu m=+106\ \mu m<[X_{max}]=+110\ \mu m$$

$$X_{min}=EI-es=0-(-30)\mu m=+30\ \mu m=[X_{max}]=+30\ \mu m$$

符合技术要求，最后结果为 ϕ75H8/f7。

1.7.2 尺寸精度分析实例

尺寸精度设计直接影响机械产品的使用精度、性能和加工成本。为了便于在实际工程设计中合理地确定配合，下面举例说明某些配合在实际工程中的典型应用。

1)间隙配合的选用

基准孔(或基准轴)与相应公差等级的轴 a～h(或孔 A～H)形成间隙配合，共 11 种，其中 H/a(或 A/h)组成的间隙最大，H/h 组成的间隙最小。

2)过渡配合的选用

基准孔 H 与相应的公差等级的轴 j～n 形成过渡配合(轴 n 与高精度的孔形成过盈配合)。

3)过盈配合的选用

基准孔 H 与相应的公差等级的轴 p～zc 形成过盈配合(轴 p、r 与较低精度的孔 H 形成过渡配合)。

配合的选择应先根据使用要求确定配合的类别(间隙配合、过盈配合或过渡配合)，然后按工作条件选出具体的配合公差代号。

【例 1-15】图 1-27 为 C616 型车床尾座装配图。C616 型车床属中等精度，多小批量生产。已知尾座在车床上的作用是与主轴的顶尖共同顶持工件，承受切削力。尾座顶尖与主轴顶尖有严格的同轴度要求。

为适应不同长度的工件，尾座要能沿床身导轨移动。移动到位后，扳动扳手 12，通过偏心轴 11 使拉紧螺钉 13 上提，再由连接在后盖 8 上的杠杆 15，通过小压块 18、压块 17 使压板 19 紧压床身，从而固定尾座位置。转动手轮 9，通过丝杆 5，推动螺母 6，使套筒 3 带动顶尖 1 沿轴向移动(由定位块 4 导向)，以顶住工件。扳动小扳手 23，通过螺杆 22 拉紧夹紧套 21，可紧抱套筒(转动手轮前要先松开小扳手 23)，从而使顶尖的位置固定。试分析确定尾座部件有关部件的配合。

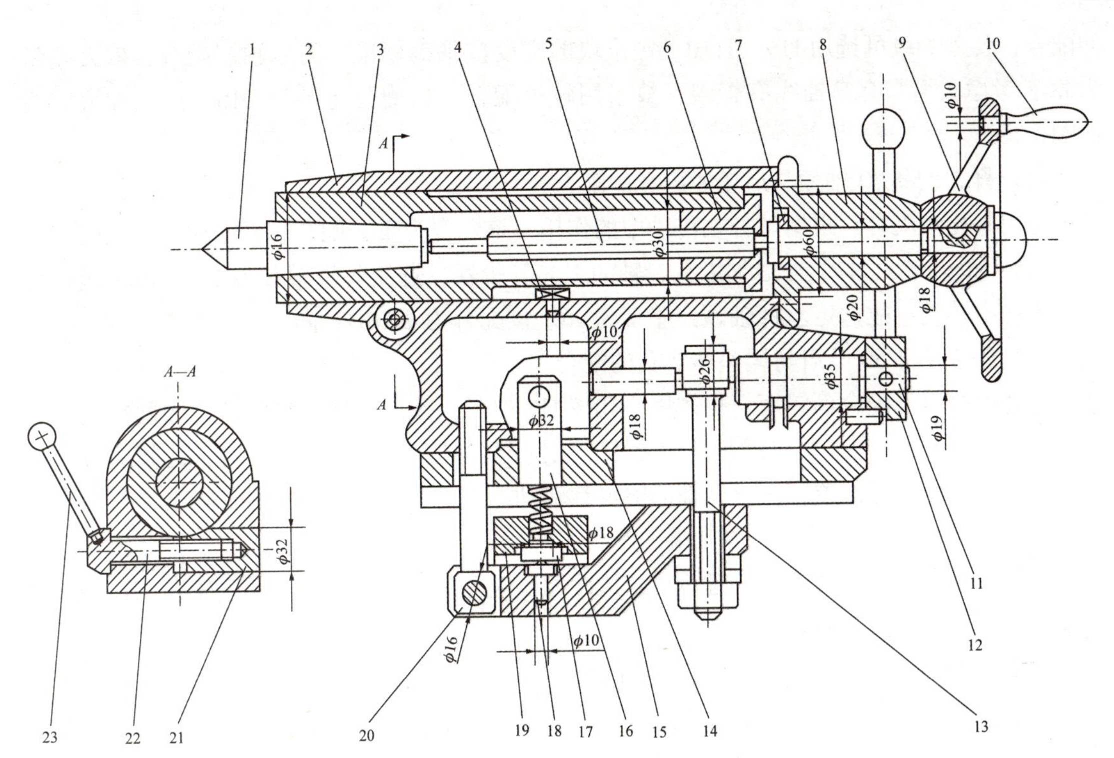

1—顶尖；2—尾座体；3—套筒；4—定位块；5—丝杆；6—螺母；7—挡圈；8—后盖；9—手轮；10—手柄；11—偏心轴；12—扳手；13—拉紧螺钉；14—底板；15—杠杆；16—圆柱螺母；17—压块；18—小压块；19—压板；20—螺钉；21—夹紧套；22—螺杆；23—小扳手。

图 1-27　机床尾座

解： 根据各零件的作用与特点，按照尺寸精度设计的步骤与内容(即选择配合制、公差等级和配合种类)，分析确定尾座部件有关部位的配合如下。

1)尾座体 2 的 ϕ60 孔与套筒 3 外圆柱面的配合

根据尾座体孔的作用及结构特点，确定选用基孔制。由于车床工作时承受较大切削力，要保证顶尖的高精度，套筒外圆柱面与尾座体孔的配合是尾座上直接影响使用功能的最重要的配合，故尾座体孔选用公差等级为 IT6，公差带为 H6。考虑加工高精度孔与轴的工艺等价性，确定套筒外圆柱面为 IT5；又因套筒要求能在孔中沿轴向移动，只能用间隙配合。移动时套筒(连带顶尖)不能晃动，否则影响工作精度。另外，移动速度很低，又无转动，故应选高精度的小间隙配合，选用与尾座体孔呈最小间隙为零间隙的套筒外圆柱面公差带为 h5。此处配合只能选用无相对转动的、高精度的、最小间隙为 0 的配合 ϕ60H6/h5。

2)套筒 3 的 ϕ30 内孔与螺母 6 外圆柱面的配合

此处配合选用基孔制，它是普通机床的主要配合部位，应选套筒孔公差等级为 IT7，公差带为 H7；螺母外圆柱面为 IT6。由于螺母零件装入套筒，靠圆柱面来径向定位，然后用螺钉固定。为了装配方便，应该没有过盈，但也不允许间隙过大，以免螺母在套筒中偏心，影响丝杆移动的灵活性，因此相配件螺母外圆柱面公差带选 h6。故该配合为 ϕ30H7/h6。

3)套筒 3 上长槽与定位块 4 侧面的配合

由图 1-27 中结构分析，此处配合起导向作用，但不影响机床的加工精度，属一般要求的配合，公差等级可选用IT9、IT10。定位块的宽度按平键标准，为基轴制配合，取公差带为h9；考虑长槽与套筒轴线有歪斜，故采用较松配合，长槽公差带为D10。此处配合应为12D10/h9。

4）丝杆5的ϕ20轴颈与后盖8内孔的配合

选用基孔制配合，根据丝杆在传动中的作用，该配合为重要配合部件，应选内孔公差等级为IT7，公差带为H7。考虑加工孔、轴的工艺等价性，选用丝杆轴颈为IT6，由于丝杆可在后盖孔中转动，故选定丝杆轴颈公差带为g6。该配合为ϕ20H7/g6。

5）后盖8的ϕ60凸肩与尾座体2孔的配合

此处配合由于配合面较短，整体尾座孔按H6加工，孔口易做成喇叭口，因此相配件后盖的凸肩选用公差带js5即可满足使用要求，实际配合是有间隙的。装配时，此间隙可使后盖窜动，以补偿偏心误差，使丝杆轴能够灵活转动。此处配合应为ϕ60H6/js5。

6）手轮9的ϕ18孔与丝杆5轴端的配合

手轮通过半圆键带动丝杆一起转动，选此配合应考虑装拆方便并避免手轮在该轴端上晃动。故此处配合应为ϕ18H7/js6。

7）扳手12的ϕ19孔与偏心轴11的配合

由于扳手通过销转动偏心轴，装配时，销与偏心轴配作，配作前要调整扳手处于坚固位置，同时偏心轴也处于偏心向上的位置，此处配合既有定位要求又要调整方便。配合不能有过盈。因此，该处配合应为ϕ19H7/h6。

8）偏心轴11两轴颈与尾座体2上二支承的ϕ18、ϕ35孔的配合

该配合要使偏心轴能在支承中转动。考虑偏心轴颈和二支承孔可能分别产生同轴度误差，故采用间隙较大的配合。两处的配合分别选用ϕ18H8/d7和ϕ35H8/d7。

9）偏心轴11的偏心圆柱面与拉紧螺钉13的配合

此处配合没有其他要求，主要考虑装配方便，故采用间隙较大的配合ϕ26H8/d7。

10）夹紧套21的ϕ32外圆柱面与尾座体2槽孔的配合

考虑小扳手22放松后，夹紧套易于退出，便于套筒移动，此处配合选间隙较大的配合ϕ32H8/e7。

1.7.3 尺寸精度标注实例

1. 轴类零件的标注实例

轴类零件是机械产品中最常见的主要零件之一，它是一种非常重要的非标准零件，通常用于支撑旋转的传动零件（齿轮、带轮、链轮和凸轮等）传递转矩、承受载荷，以及保证装在轴上的零件（或刀具）具有一定的回转精度。

轴颈是轴类零件的主要表面，它影响轴的回转精度及工作状态，轴颈的直径精度根据其使用要求通常为IT6～IT9，精密主轴可达IT5。图1-28为常见减速器的输出轴零件图，图中对各表面标注了尺寸及其公差代号、几何公差和表面粗糙度技术要求。

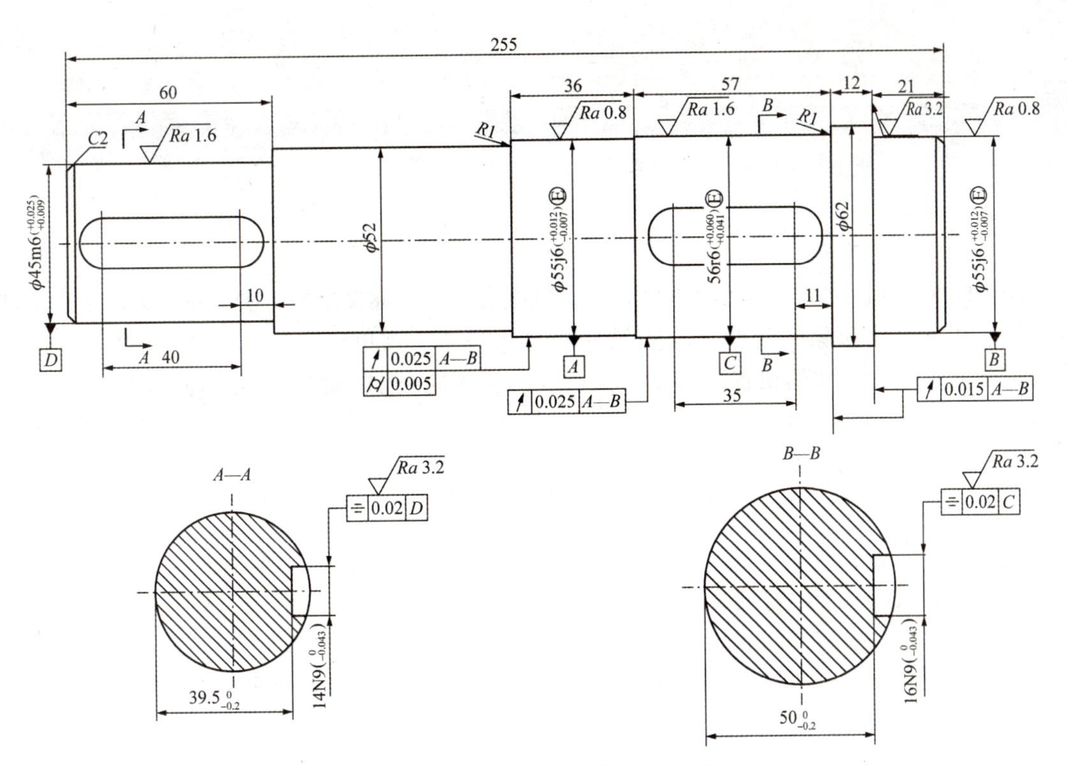

图 1-28　某减速器输出轴精度标注

2. 齿轮类零件的标注实例

齿轮传动在各类机械装置中应用非常广泛，它可以传递运动和动力。齿轮传动的精度不仅与齿轮本身的制造精度有关，而且受相结合零部件的精度影响也很大。齿轮零件如图 1-29 所示。

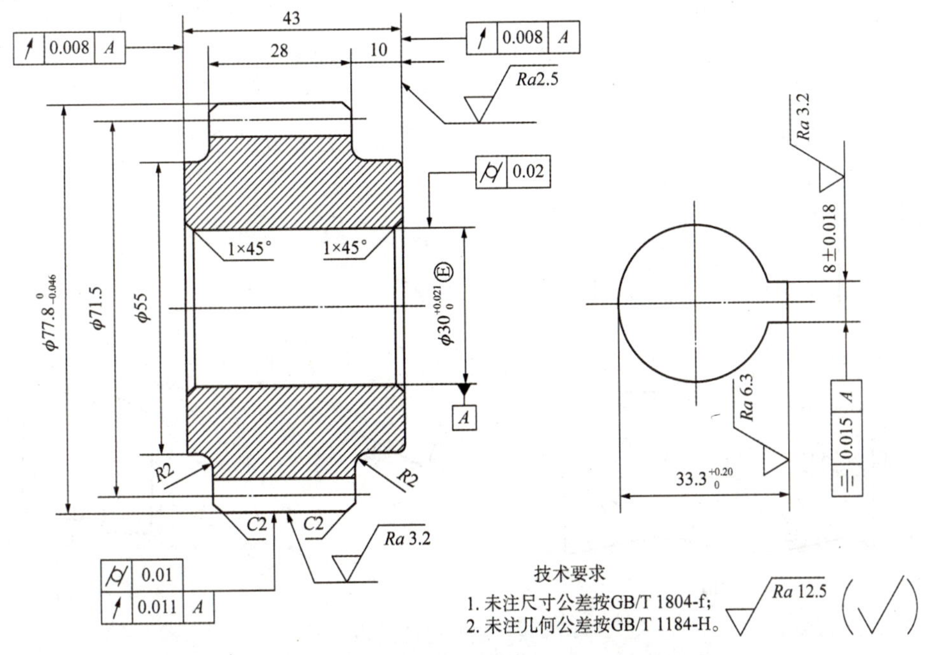

图 1-29　齿轮零件

1.8 尺寸公差中的线性尺寸

1.8.1 线性尺寸的术语及定义

GB/T 38762.1—2020、GB/T 38762.3—2020 和 GB/T 38762.2—2020 分别规定了有关线性尺寸、角度尺寸和除前两者之外的尺寸的尺寸公差。这里仅介绍 GB/T 38762.1—2020，该标准建立了线性尺寸的缺省规范操作集，规定了面向“圆柱面”“球面”“圆环面”“两相对平行面”和“两相对平行线”等尺寸要素类型的线性尺寸若干特定规范操作集，还规定了线性尺寸的规范修饰符、补充修饰符、拟合修饰符及其图样表达。

1. 局部尺寸(Local Size)

局部尺寸即是根据定义，沿和/或绕着尺寸要素的方向上，尺寸要素的尺寸特征会有不唯一的评定结果。对于给定要素，存在多个局部尺寸。

(1)两点尺寸(Two-Point Size)。两点尺寸是提取组成线性尺寸要素上的两相对间的距离。圆柱面上的两点尺寸称为两点直径，如图 1-30(a)所示。两相对平面上的两点尺寸称为两点距离或两点厚度、两点宽度。

图 1-31 为尺寸的 ISO 缺省规范操作集示例。图 1-31(a)、(b)为公称尺寸后标注极限偏差，图 1-31(c)、(d)为公称尺寸后接尺寸公差带代号。此时两个极限的操作集都是两点尺寸。若需要限制的是其他尺寸，则应在尺寸公差后标注线性尺寸的规范修饰符。

(2)球面尺寸(Spherical Size)。球面尺寸是最大内切球面的直径。如图 1-30(b)所示，可用最大内切球面定义内或外尺寸要素的球面尺寸。在不同位置可以得到不同的球面尺寸。

(3)截面尺寸(Section Size)。截面尺寸是提取组成要素给定横截面内的全局尺寸。如图 1-30(c)所示，在提取圆柱面的提取要素上，可以得到无限多个截面尺寸，进而可定义拟合圆的直径，即截面尺寸，它为完整被测尺寸要素的局部尺寸。

(4)部分尺寸(Portion Size)。部分尺寸为提取要素指定部分的全局尺寸。图 1-30(d)为部分圆柱长度 L 下的最大内切尺寸。

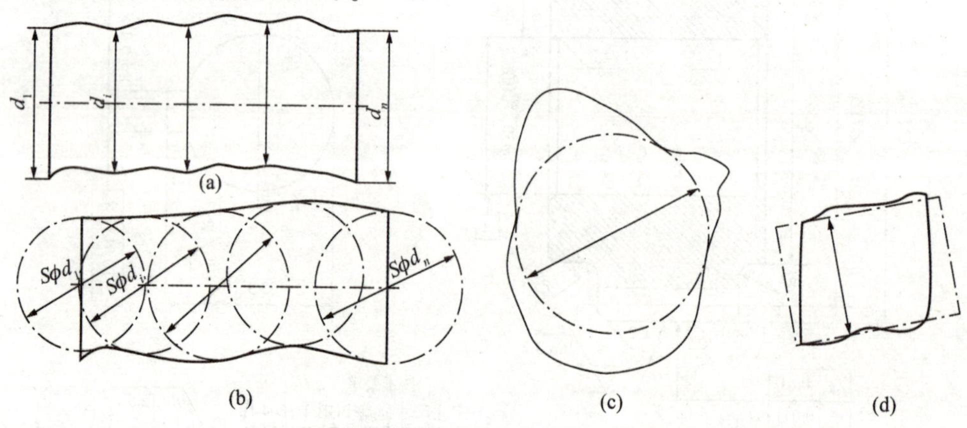

图 1-30 局部尺寸示例

(a)两点尺寸；(b)球面尺寸；(c)截面尺寸；(d)部分尺寸

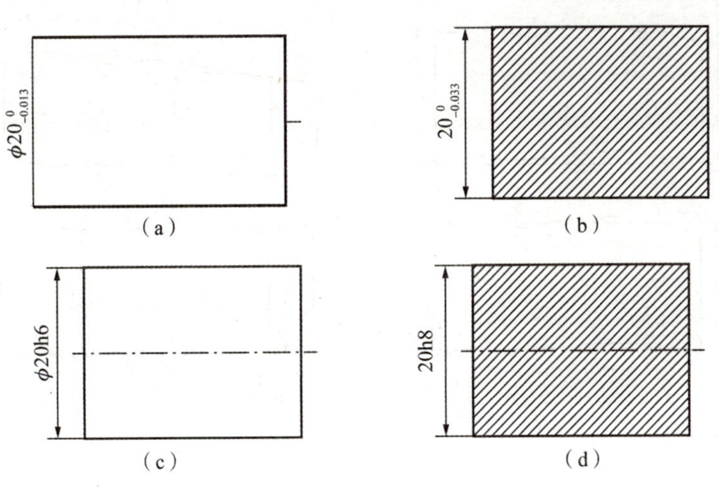

图 1-31 尺寸的基本 GPS 规范(ISO 缺省规范操作集)示例

(a)尺寸要素类型：圆柱面；(b)尺寸要素类型：两相对平行面；

(c)尺寸要素类型：圆柱面；(d)尺寸要素类型：两相对平行面

2. 全局尺寸(Global Size)

全局尺寸是根据定义，沿和/或绕着尺寸要素的方向上，尺寸要素的特征具有唯一的评定结果的尺寸。全局尺寸等于拟合组成要素的尺寸，该拟合组成要素与尺寸的形状类型相同，其建立不受尺寸、方向或位置的限制。全局尺寸可分为直接全局尺寸和间接全局尺寸。

1)直接全局尺寸

直接全局尺寸分为最小二乘尺寸、最大内切尺寸、最小外接尺寸和最小区域尺寸，如图 1-32 所示，是从提取组成要素中分别通过最小二乘准则、最大内切准则、最小外接准则、最小区域准则得到的。它们的定义见表 1-17。

最小区域尺寸是对提取组成要素采用最小区域准则得到的。尺寸要素的最小区域准则给出了包含提取组成要素的最小包络区域，且不受内、外材料的约束，即提取组成要素与拟合组成要素上所有点之间的距离的最大值为最小，且不受材料约束。如对一个提取圆柱面来说，最小区域准则就是可以找到一个不受材料约束的拟合圆柱面(该拟合圆柱面不在材料内，也不在材料外，而是与提取组成圆柱面相交)，能够作出两个与拟合圆柱面同轴、包络该提取圆柱面且半径差为最小的包络区域。该拟合圆柱面的直径是就最小区域直径。孔的最大内切直径和轴的最小外接直径主要影响孔、轴的装配。

上、下极限尺寸既可应用同一规范操作集，也可应用不同的规范操作集。如图 1-33 所示，上、下极限尺寸均使用最小二乘准则，即最小二乘尺寸必须限制在上、下极限尺寸之间。如图 1-34 所示，上、下极限尺寸分别使用最小外接准则、最小二乘准则，即最小外接圆柱(直径)不能大于上极限尺寸 ϕ60 mm，任意横截面内的最小二乘尺寸(直径)不能小于下极限尺寸 ϕ59.7mm。图 1-34 中 ACS 是一种补充规范修饰符，表示任意横截面。

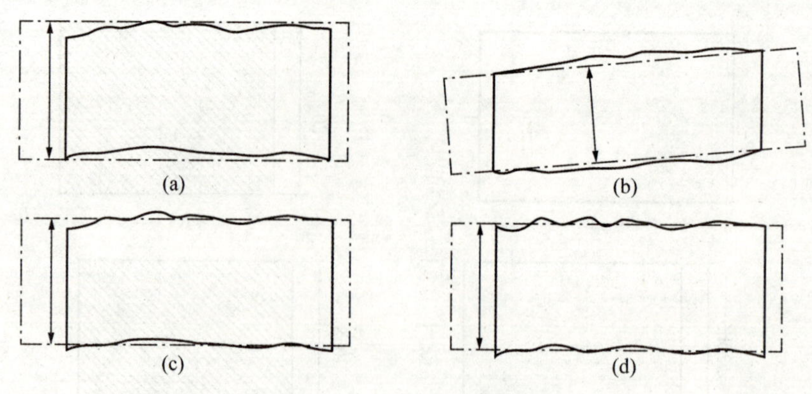

图 1-32　直接全局尺寸示例

(a)最大内切尺寸；(b)最小外接尺寸；(c)最小二乘尺寸；(d)最小区域尺寸

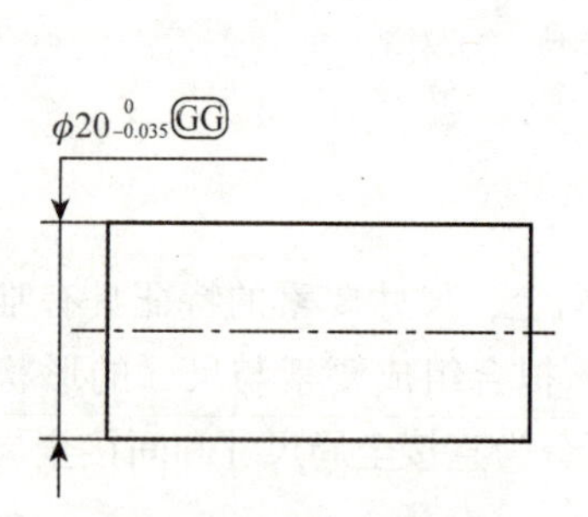

图 1-33　上、下极限尺寸应用同一规范操作集

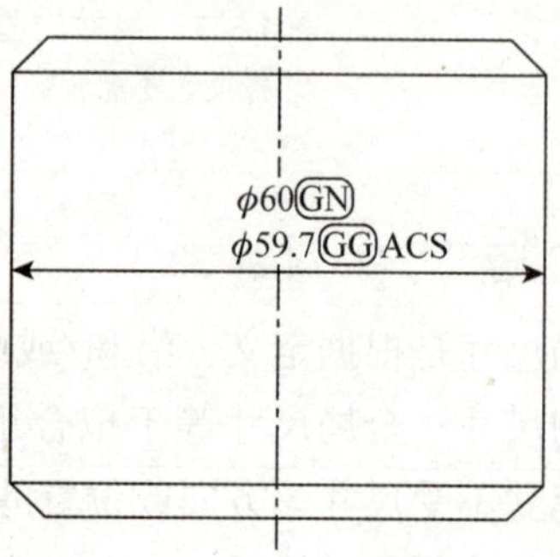

$\phi 60$ GN
$\phi 59.7$ GG ACS

图 1-34　上、下极限尺寸应用不同规范操作集

2)间接全局尺寸

间接全局尺寸包括计算尺寸(Calculated Size)和统计尺寸(Rank-Order Size)。

计算尺寸是通过计算公式所得的尺寸，反映尺寸要素的本质特征与要素的一个或几个其他尺寸之间的关系。计算尺寸可以是局部尺寸，也可以是全局尺寸。对于圆柱体，计算尺寸分为周长直径、面积直径和体积直径，其定义见表 1-17。

图 1-35 为周长直径示例。周长直径由所取横截面决定，即在一个圆柱形工件的不同横截面上，其周长直径是不同的。可用不同的准则进行拟合操作以确定横截面的方向，所选准则不同，如最小二乘准则、最小区域准则，则结果不同。缺省准则为圆柱面要素的最小二乘准则。对于非凸要素，其周长直径将大于最小外接直径。周长直径取决于所使用的滤波准则，主要用于大型装配体、O 形圈、薄壁零件等。

面积直径由垂直于最小二乘拟合圆柱面轴线的横截面的提取组成轮廓线所围成面积确定。可用不同的准则进行拟合以确定横截面的方向，所选准则不同，则结果不同。面积直径可用于功能与面积相关的场合，如阀、流量计等。

图 1-36 为体积直径示例，可用不同的准则进行拟合操作以确定横截面与提取圆柱面交线的方向，准则决定结果。缺省准则变为圆柱要素的最小二乘准则。

统计尺寸是用数学方法，在沿和/或绕着被测要素获得的一组局部尺寸中定义的特征尺寸其定义见表 1-17。统计尺寸分为最大尺寸、最小尺寸、平均尺寸等，如图 1-37 所示。合理使用这些统计尺寸，可以对圆度、锥度、某些尺寸的变动量进行精确控制。精密机加工零件，尤其是轴承类产品可用这种规范表达和控制圆柱形产品的锥度。

图 1-38 为统计规范修饰符示例。图 1-38(a)对直径标注的规范操作集为：下方标注的两点尺寸平均尺寸值的上、下极限尺寸为 ϕ50±0.02 mm，即测得的 ϕ50 mm 孔的一组局部尺寸的最大值和最小值的平均值应位于 ϕ49.98 ~ ϕ50.02 mm 范围内；上方标注的两点尺寸值的范围上极限为 0.004 mm，即测得的一组局部尺寸的最大值和最小值的差值最大值不超过 0.004 mm。图 1-38(b)对厚度标注的规范操作集为：非理想表面的任意包含基准 ϕd 轴线的纵向截面内，任意位置的壁厚的两点尺寸值的范围上极限为 0.002 mm，图中 ALS 表示任意纵向(即轴向)截面，◁⌯|A 表示相交平面框格，即该任意纵向截面应包含该 ϕd 基准轴线。图 1-38(c)对厚度标注的规范操作集为：下方标注的包含 ϕd 基准轴线的任意纵向截面内两点厚度(两点尺寸)值的范围上极限为 0.006 mm；上方标注的垂直于 ϕd 基准轴线的任意横截面内两点尺寸值的范围上极限为 0.004 mm，◁⊥|A 也是相交平面框格。图 1-38(d)对直径标注的规范操作集为：下方标注的实际表面上任意位置的两点尺寸应限制在上极限尺寸 ϕ20.1 mm 和下极限尺寸 ϕ19.9 mm 之间；上方标注的实际表面上任意位置的两点尺寸值的标准偏差不超过 0.002 mm。图 1-38(e)是向心轴承应用统计尺寸的示例，对内径、外径的规范操作集为：任意横截面内两点尺寸的极值平均尺寸应分别限制在 ϕ59.994 ~ ϕ60 mm 和 ϕ94.99 ~ ϕ95mm 范围内。

除表 1-17 规定的 16 种线性尺寸规范修饰符外，GB/T 38762.1—2020 还规定了 13 种尺寸的补充规范修饰符，如图 1-38 中的 ACS、ALS、◁⌯|A、◁⊥|A 等。

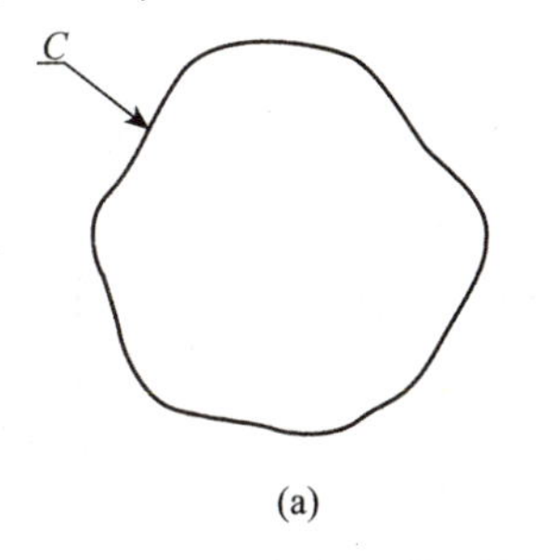

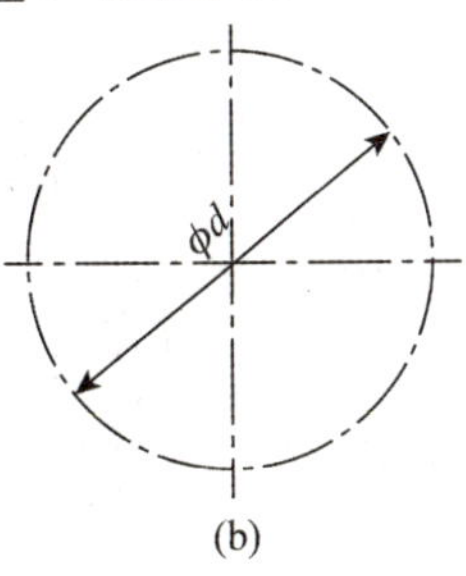

C—轮廓线的周长(提取轮廓线)；d—周长直径，等于 C 除以 π。

图 1-35　周长直径示例

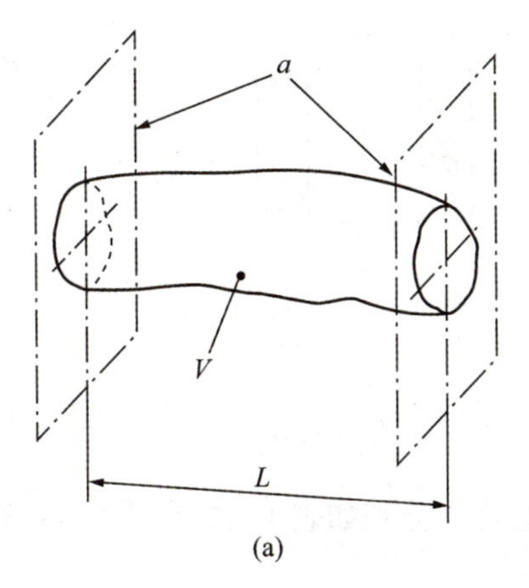

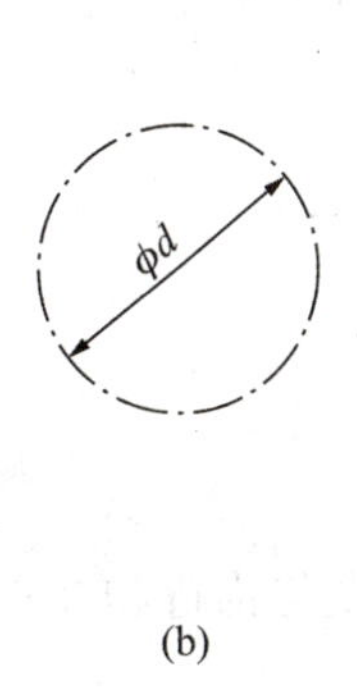

V—提取要素的体积；L—圆柱面长度；d—体积直径，由 V 和 L 计算得到。

图 1-36　体积直径示例

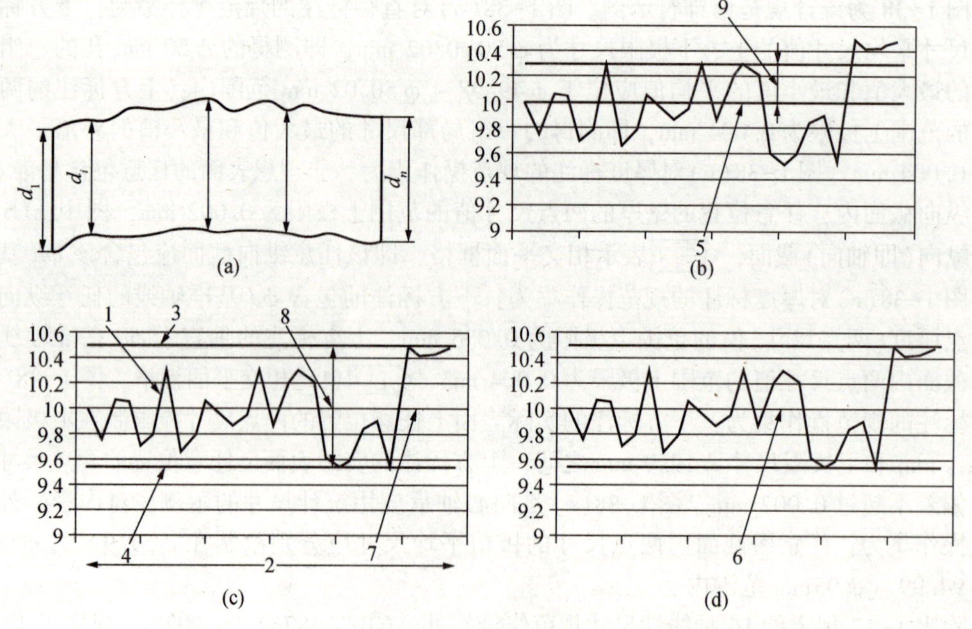

图 1-37 统计尺寸

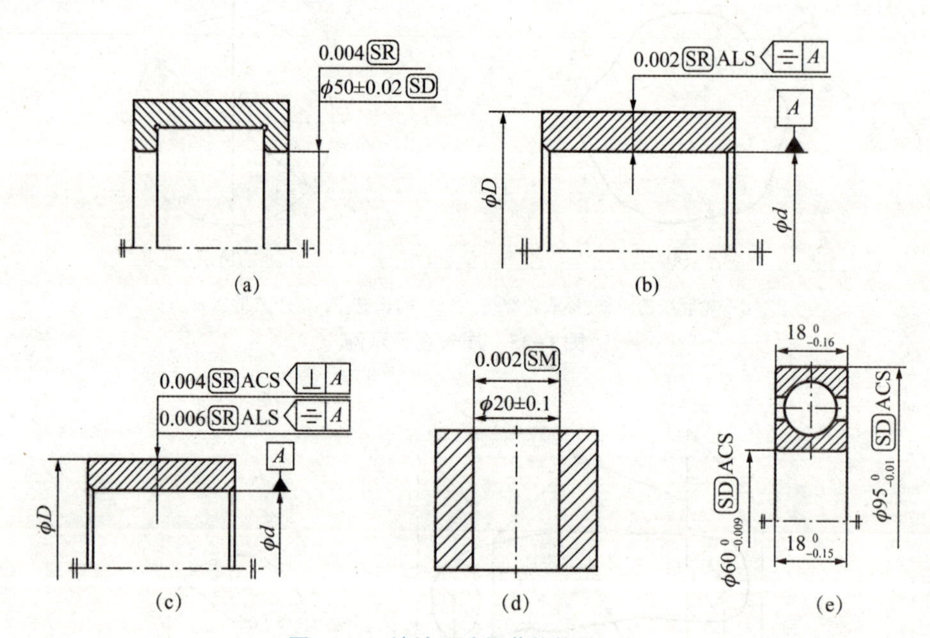

图 1-38 统计尺寸规范修饰符示列

1.8.2 线性尺寸的规范修饰符和补充规范修饰符

线性尺寸的规范修饰符和补充规范修饰符分别如表 1-17 和表 1-18 所示。

表 1-17 线性尺寸的分类及规范修饰符(GB/T 38762.1—2020)

序号	类别			名称	规范修饰符	定义
1	局部尺寸			两点尺寸	(LP)	提取组成线性尺寸要素上的两对应点间的距离
2				球面尺寸	(LS)	最大内切球面的直径
3				截面尺寸		提取组成要素给定横截面的全局尺寸
4				部分尺寸		提取要素指定部分的全局尺寸
5	全局尺寸	直接全局尺寸		最小二乘尺寸	(GG)	采用最小总体最小二乘准则从提取组成要素中获得的拟合组成要素的直接全局尺寸
6				最大内切尺寸	(GX)	采用最大内切准则从提取组成要素中获得的拟合组成要素的直接全局尺寸
7				最小外接尺寸	(GN)	采用最小外接准则从提取组成要素中获得的拟合组成要素的直接全局尺寸
8				最小区域尺寸	(GC)	采用最小区域准则从提取组成要素中获得的拟合组成要素的直接全局尺寸
9		间接全局尺寸	计算尺寸	周长直径	(CC)	$d = C/\pi$，C 指提取组成轮廓线的周长
10				面积直径	(CA)	$d = \sqrt{4A/\pi}$，A 指提取组成轮廓线内的面积
11				体积直径	(CV)	$d = \sqrt{4V/(\pi L)}$，V 指提取组成圆柱面所围体积，L 指圆柱面长度
12			统计尺寸	最大尺寸	(SX)	沿和/或绕着被测要素获得的一组局部尺寸的最大值定义的统计尺寸
13				最小尺寸	(SN)	沿和/或绕着被测要素获得的一组局部尺寸的最小值定义的统计尺寸
14				平均尺寸	(SA)	沿和/或绕着被测要素获得的一组局部尺寸的平均值定义的统计尺寸
15				中位尺寸	(SM)	沿和/或绕着被测要素获得的一组局部尺寸的中位值定义的统计尺寸
16				极值平均尺寸	(SD)	沿和/或绕着被测要素获得的一组局部尺寸的最大值和最小值的平均值定义的统计尺寸
17				尺寸范围	(SR)	沿和/或绕着被测要素获得的一组局部尺寸的最大值和最小值的差值定义的统计尺寸
18				尺寸标准偏差	(SQ)	沿和/或绕着被测要素获得的一组局部尺寸的标准偏差定义的统计尺寸

表 1-18　线性尺寸的补充规范修饰符(GB/T 38762.1—2020)

序号	描述	符号	标注示例
1	联合尺寸要素	UF	UF3×ϕ10±0.1 (GN)
2	包容要求	Ⓔ	ϕ10±0.1 Ⓔ
3	要素的任意限定部分	/Length	10±0.1 (GG)/5
4	任意横截面	ACS	10±0.1 (GX)ACS
5	特定横截面	SCS	10±0.1 (GX)SCS
6	任意纵向截面	ALS	10±0.1 (GX)ALS
7	多个要素	数字×	2×ϕ10±0.1 Ⓔ
8	公共被测尺寸要素	CT	2×ϕ10±0.1 ⒺCT
9	自由态条件	Ⓕ	10±0.1 (LP)(SA)Ⓕ
10	区间	⟷	10±0.1A⟷B
11	相交平面	⟨//|B	5±0.02ALS ⟨⊥|A
12	方向要素	←//|B	10±0.1ALS ←⊥|A
13	旗注	⟨1⟩	10±0.1 ⟨1⟩

1.8.3　特定规范操作集的图样标注

特定规范操作集的图样标注主要包括在零件图上的标注和在装配图上的标注。

1. 在零件图上的标注

1)尺寸特征的上、下极限尺寸应用同一规范操作集

如图 1-33 所示，若上、下极限尺寸应用同一特定规范操作集，则只需标注出一组规范修饰符。

2)尺寸特征的上、下极限尺寸应用不同规范操作集

如图 1-34 所示，若上、下极限尺寸应用不同规范操作集，规范操作集可按如下方式标注：

(1)标注在每个极限尺寸、极限偏差或公差代号后。

(2)按下列顺序标注在同一行内：①方括号内标注出上极限尺寸的规范操作集；②空格、连字符和空格；③方括号内标注出下极限尺寸的规范操作集。

例如：

+0.2 (GN)/15

2×ϕ78-0.2 (LP)(SA)

或 2×ϕ78[+0.2 (GN)/15]+[-0.2 (LP)(SA)]

3)应用于一个线性尺寸要素的多个尺寸规范

当多个尺寸要求应用于同一尺寸要素，那么采用如下的规范：

(1)如果可以，应标注在不同的尺寸线上，每条尺寸线上包括一个或两个规范操作集，如图 1-39(a)所示。

(2)在一条尺寸线直接标出(如图 1-39(b)所示)，或间接标注在该尺寸线的引线上(如

图 1-39(c)所示)，多个尺寸规范由“-”隔开，并分别列在方括号内。

(3)在一条尺寸线的多个引线上标注，每条尺寸线上包括一个或两个规范操作集(如图 1-39(d)所示)。若尺寸线空间不足，可将规范标注在连接尺寸线的引线上(如图 1-39(c)所示)。

除了上述几种情形，还有定义了尺寸特征的被测要素的标注，这里不再赘述，详情请参阅 GB/T 38762.1—2020。

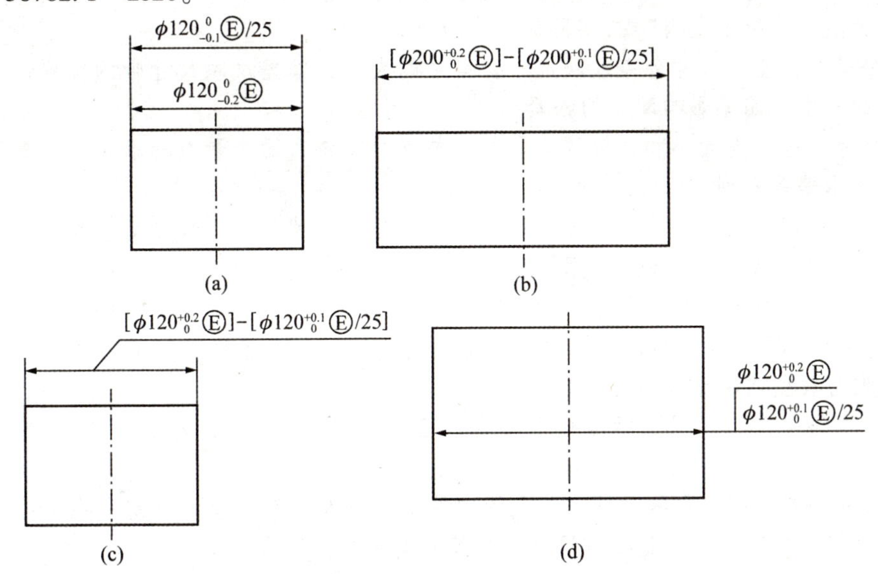

图 1-39　同一线性尺寸要素有多个尺寸要求的标注示例

2. 在装配图中配合公差的标注

为了消除歧义，在装配图中有可能标注配合尺寸与公差，如图 1-40 和图 1-41 所示。

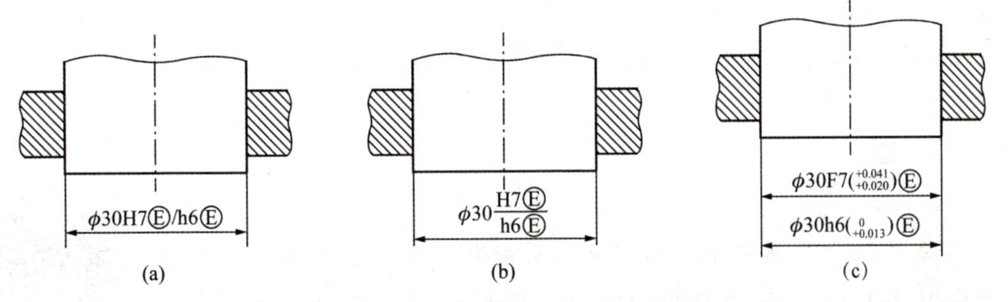

图 1-40　标注有 ISO 公差带号的两个要素配合的装配图示例

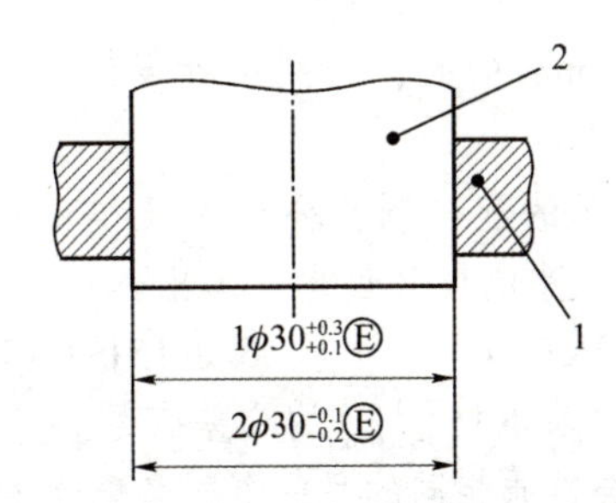

图 1-41　标注有正、负偏差的两个要素配合的装配图示例

本章小结

本章主要介绍“极限与配合”国家标准的组成、特点、术语和定义等，以及尺寸公差与配合的选用。

(1)有关“尺寸”的术语。公称尺寸、实际尺寸、极限尺寸。工件尺寸合格的条件为“实际尺寸在极限尺寸范围之内”或“实际偏差在极限差范围之内”。

(2)公差与偏差。尺寸公差反映尺寸公差带的大小，偏差反映尺寸带的位置；尺寸公差影响配合的精度，偏差影响配合的松紧。

(3)尺寸公差带有大小和位置两个参数。国家标准将这两个参数标准化，得到了标准公差系列和基本偏差系列。

(4)按孔和轴的尺寸公差带位置的不同，配合分为间隙配合、过渡配合和过盈配合。国家标准规定有基孔制和基轴制两种配合制。

(5)标准公差系列。对于尺寸小于或等于500 mm的零件，国家标准规定了20个公差等级：IT01、IT0、IT1、…、IT18。公差等级用于确定尺寸的精确程度。不同尺寸的同类型工件，加工难易程度取决于其精度等级。

(6)基本偏差系列。国家标准分别规定了28个孔、轴基本偏差代号(孔：A ~ ZC；轴 a ~ zc)。

(7)尺寸公差与配合在零件图和装配图中的标注以及一般公差的规定和在图样上的表示方法，它的规范和正确标注是机械设计人员绘图的基础。

(8)公差与配合的选择，包括确定配合制、公差等级以及配合的种类。一般应优先选用基孔制，特殊情况下也可以选基轴制；公差等级的选择原则是在满足使用要求的前提下，尽量选取较低的公差等级或较大的公差值；配合尺寸选用优先配合，其次是常用配合。公差等级和配合的确定主要采用类比法。书中的习题可采用计算查表法确定。

(9)尺寸精度设计实例与分析。

(10)尺寸公差中的线性尺寸的最新国家标准与相关标注规定。

习　题

1. 计算题

(1)公称尺寸为$\phi 50$ mm的相互结合的孔和轴的极限尺寸分别为：$D_{max}=\phi 50.025$ mm，$D_{min}=\phi 50$ mm，$d_{max}=\phi 49.950$ mm，$d_{min}=\phi 49.934$ mm。计算孔和轴的极限偏差、公差并画出公差带图。

(2)已知一公称尺寸为$\phi 25$ mm的孔，分别用计算法和查表法求IT6的公差值。

(3)说明下列配合符号所表示的配合制，公差等级和配合类别(间隙配合、过渡配合或过盈配合)，并查表计算其极限间隙或极限过盈，画出其尺寸公差带图。

① $\phi 25$H7/g6　　② $\phi 40$K7/h6　　③ $\phi 15$JS8/g7　　④ $\phi 50$S8/h8

(4)查表确定孔$\phi 15^{+0.006}_{-0.012}$和轴$\phi 15^{0}_{-0.018}$的公差带号。

(5)写出与$\phi 25$H7/f6的配合性质相同的另一个同名配合，已知IT6 = 13 μm，IT7 = 21 μm，基本偏差f为-20 μm，画出公差带图，计算极限间隙和配合公差。

(6)写出与$\phi 25$H7/p6的配合性质相同的另一个同名配合，已知IT6 = 13 μm，IT7 = 21 μm，

基本偏差 p 为+22 μm，画出公差带图，计算极限间隙和配合公差。

(7)用查表法确定 ϕ25H8/p8、ϕ25P8/h8 孔与轴的极限偏差。

(8)设有一公称尺寸为 ϕ60 mm 的配合，经计算确定其间隙应为25～110 μm；若已决定采用基孔制，试确定此配合的孔、轴公差带代号，并画出其尺寸公差带图。

(9)设有一公称尺寸为 ϕ110 mm 的配合，经计算确定，为保证连接可靠，其过盈不得小于55 μm；为保证装配后不发生塑性变形，其过盈不得大于112 μm。若已决定采用基轴制，试确定此配合的孔、轴公差带代号，并画出其尺寸公差带图。

(10)已知某孔、轴的公称尺寸63 mm，已确定配合间隙要求在+0.028～+0.108 mm 之间，试确定孔、轴的配合代号。

(11)已知孔轴配合的公称尺寸为 ϕ50 mm，配合公差 T_f=41 μm，X_{max}=+66 μm，孔的公差带 T_D=25 μm，轴的下极限偏差 ei=+41 μm，求孔、轴的其他极限偏差，画出尺寸公差带图。

2. 填表题

(1)已知表1-19中的配合，试将查表和计算结果填入表中。

表1-19　题6(1)表

公差带	基本偏差	标准公差	极限盈隙	配合公差	配合类别
ϕ80S6					
ϕ80h5					

(2)计算出表1-20中空格处的数值，并按规定填写在表中。

表1-20　题6(2)表

单位：mm

基本尺寸	孔			轴			X_{max} 或 Y_{min}	X_{min} 或 Y_{max}	T_f
	ES	EI	T_D	es	ei	T_d			
ϕ45			0.025	0				-0.050	0.041

第2章 几何公差及检测

学习目标

为了控制几何误差，实现零件的功能及装配要求，规定了几何公差，本章的学习目标是了解几何公差相关的现行国家标准，掌握与几何公差相关的基本术语、概念、各种几何公差对几何要素的控制功能及几何误差的测量方法，最终能够对工件的几何精度进行正确设计。

学习重点

本章的学习重点是几何要素、几何公差、公差原则、基准等基本概念，几何公差带的描述、几何公差的图样表达、几何公差的选择和几何误差的测量方法、基准和基准体系的表达以及各种公差原则的应用要求等，其中几何公差的图样表达、几何公差带的描述、公差原则的应用是本章的重点和难点。

学习导航

在机械加工过程中，由于工艺系统各种因素的影响，机械零件的几何要素不可避免地会产生形状和位置误差(统称几何误差)。零件的几何误差对零件使用性能的影响可归纳为以下3个方面。

1. 影响零件的功能要求

例如机床导轨表面的直线度、平面度误差，将影响机床刀架的运动精度。齿轮箱上各轴承孔的位置误差，将影响齿轮传动的齿面接触精度和齿侧间隙。

2. 影响零件的配合性质

例如圆柱结合的间隙配合，圆柱表面的形状误差会使间隙大小分布不均，当配合件有相对转动时，磨损加快，降低零件的工作寿命和运动精度。

3. 影响零件的装配性

例如轴承盖上各螺钉孔的位置不正确，在用螺栓往机座上紧固时，就有可能影响其装配。

总之，零部件的几何误差对机器或仪器的工作精度、寿命等性能均有较大影响，不容忽视，对精密的或在高速、重载、高温、高压下工作的机器或仪器的影响更为突出。因此，为了满足零部件装配后的功能要求，保证零部件的互换性和经济性，必须对零部件的几何误差予以限制，即对零部件的几何要素规定必要的几何公差，如图 2-1 所示。

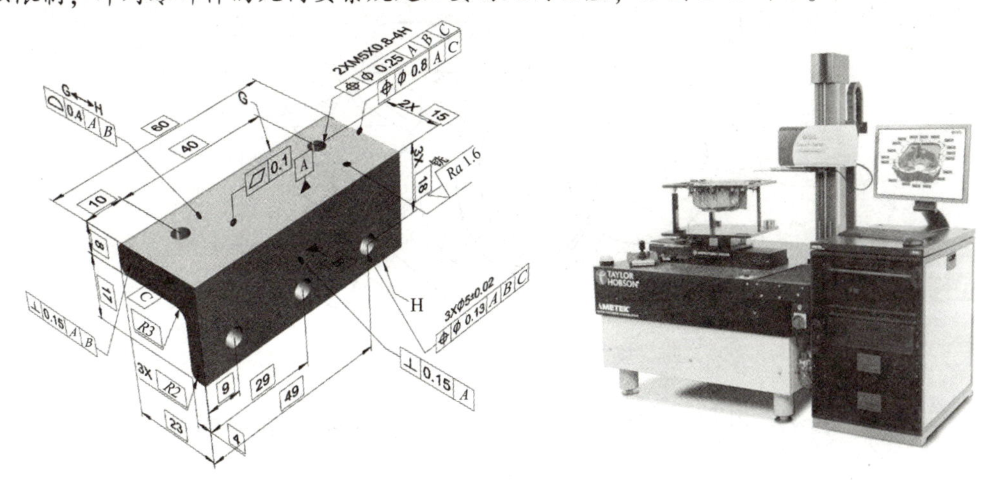

图 2-1　几何公差及检测

我国现行的几何公差国家标准主要包括：(1)GB/T 1182—2018《产品几何技术规范(GPS)　几何公差　形状、方向、位置和跳动公差标注》；(2)GB/T 16671—2018《产品几何技术规范(GPS)　几何公差　最大实体要求(MMR)、最小实体要求(LMR)和可逆要求(RPR)》；(3)GB/T 4249—2018《产品几何技术规范(GPS)　基础　概念、原则和规则》；(4)GB/T 13319—2020《产品几何技术规范(GPS)　几何公差　成组(要素)与组合几何规范》；(5)GB/T 17851—2010《产品几何技术规范(GPS)　几何公差　基准与基准体系》；(6)GB/T 17852—2018《产品几何技术规范(GPS)　几何公差　轮廓度公差标注》；(7)GB/T 1184—1996《形状和位置公差　未注公差值》；(8)GB/T 1958—2017《产品几何技术规范(GPS)　几何公差　检测规定》等。

2.1　几何公差概述

2.1.1　术语及定义

1. 几何要素

几何要素简称为要素，是构成零件几何特征的点、线、面、体或它们的集合，是产品表面模型的最小单元，是研究几何公差与误差的具体对象。

任何机械零件都是由几何要素组成的，如图 2-2 所示。

按照不同的使用要求，要素可分为以下类别。

(1)组成要素：属于工件的实际表面或表面模型的几何要素。

(2)导出要素：对组成要素或滤波要素进行一系列操作而产生的中心的、偏移的、一致的或镜像的几何要素。

例如，球心是由球面得到的导出要素，该球面为组成要素；圆柱的中心线是由圆柱面得到的导出要素，该圆柱面为组成要素。

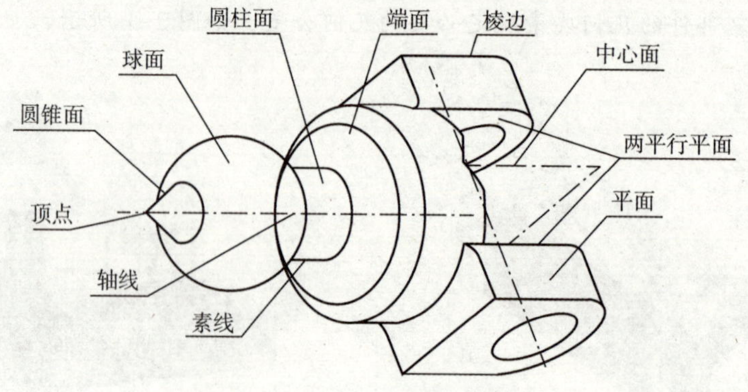

图 2-2　零件的几何要素

(3) 公称组成要素：由技术制图或其他方法确定的理论正确组成要素，即理想轮廓要素。

(4) 公称导出要素：由一个或几个公称组成要素导出的中心点、中心线或中心平面，即理想中心要素。

(5) 实际(组成)要素：由接近实际(组成)要素所限定的工件实际表面的组成要素部分。

它是通过某种检测手段所获得的表征工件实际表面的要素，该测量结果最大程度地反映了工件实际表面的真实情况。

(6) 提取组成要素：按规定方法，由实际(组成)要素提取有限数目的点所形成的实际(组成)要素的近似替代。该替代由要素所要求的功能确定，每个实际(组成)要素可以有几个这种替代。

(7) 提取导出要素：由一个或几个提取组成要素得到的中心点、中心线或中心面。

为方便起见，提取圆柱面的导出中心线称为提取中心线；两相对提取平面的导出中心面称为提取中心面。

(8) 拟合组成要素：按规定的方法由提取组成要素形成的并具有理想形状的组成要素。

(9) 拟合导出要素：由一个或几个拟合组成要素导出的中心点、中心线或中心平面。

图 2-3 给出了以上所述要素的示意图。

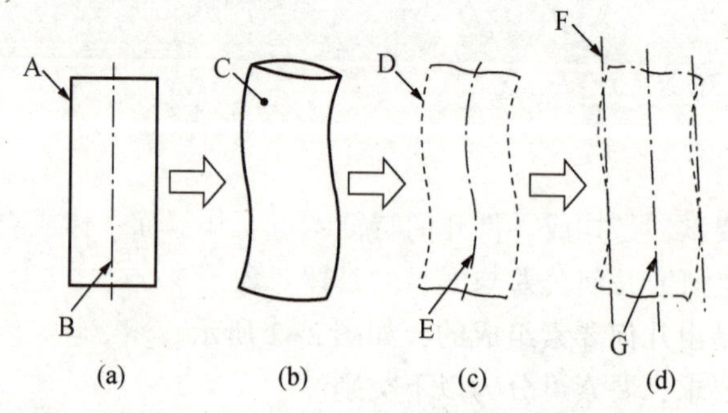

A—公称组成要素；B—公称导出要素；C—实际要素；D—提取组成要素；E—提取导出要素；F—拟合组成要素；G—拟合导出要素。

图 2-3　要素与拟合要素

(10)被测要素：图样上给出了形状或(和)位置公差的要素，是检测的对象。如图 2-4 中标注了几何公差的要素：图 2-4(a)中圆柱面的素线；图 2-4(b)中右侧圆柱面的轴线。

(11)基准要素：用来确定被测要素方向或(和)位置的要素，拟合基准要素简称基准。如图 2-4(b)中左侧圆柱体的轴线。

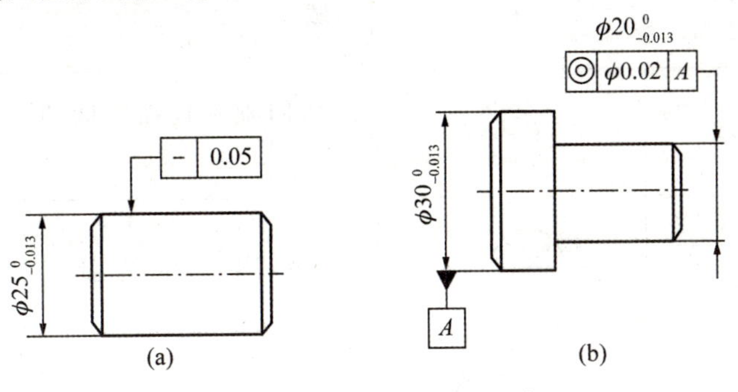

图 2-4　被测要素与基准要素

2. 几何要素定义间的相互关系

几何要素定义间相互关系的结构框图如图 2-5 所示。

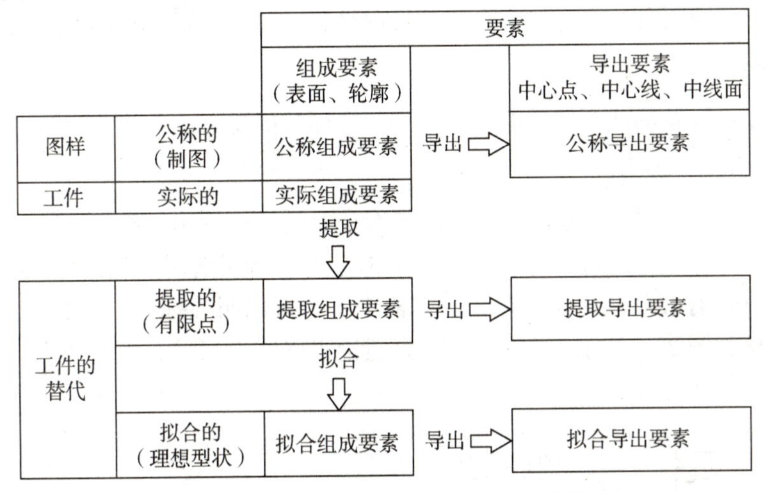

图 2-5　几何要素定义间相互关系的结构框图

3. 几何公差带

几何公差带指的是由一个或两个理想的几何线要素或面要素所限定的、由一个或多个线性尺寸表示公差值的区域。被测要素应限定在公差带范围内。根据所规定的特征(项目)及其规范要求不同，公差带的主要形状如表 2-1 所示。

表 2-1　公差带主要形状

公差带	形状	公差带	形状
两平行直线之间的区域	t	圆柱面内的区域	ϕt

续表

公差带	形状	公差带	形状
两等距曲线之间的区域	t	一段测量圆柱表面的区域	t
两同心圆之间的区域	t	两同轴圆柱面之间的区域	t
圆内的区域	ϕt	两平行平面之间的区域	t
球内的区域	$S\phi t$	两等距曲面之间的区域	t

4. 理论正确要素

具有理想形状以及理想尺寸、方向与位置的公称要素称为理论正确要素(TEF)。

5. 联合要素

联合要素是由连续的或不连续的组成要素组合而成的要素，并将其视为一个单元要素。

6. 理论正确尺寸

当给出一个或一组要素的位置、方向或轮廓公差时，分别用来确定其理论正确位置、方向或轮廓的尺寸称为理论正确尺寸(TED)。TED也用来确定基准体系中各基准之间方向关系的尺寸。TED没有公差，并标注在一个方框中，它可以明确标注，或者是隐式的(如0°、90°)，标注示例如图2-6所示，图2-6(a)为理论正确线性尺寸，图2-6(b)为理论正确角度尺寸。

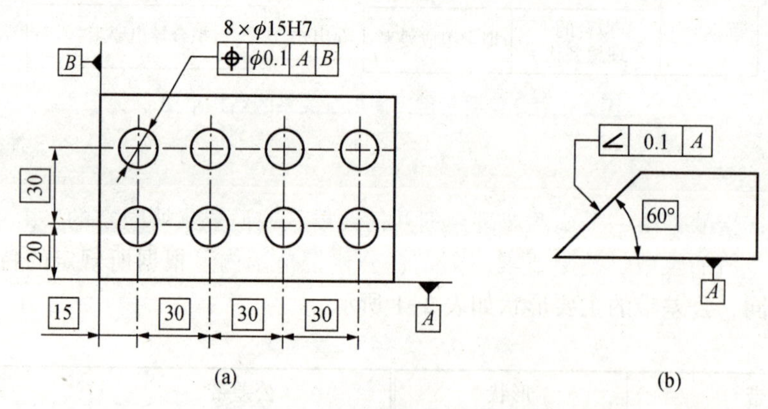

图2-6　理论正确尺寸标注示例

2.1.2　几何公差项目及符号

形位公差特征项目符号共有14个，如表2-2所示。形状公差是对单一要素提出的要求，因此无须基准；位置公差是对关联要素提出的要求，在大多数情况下需要基准；对于轮廓公差，若无基准要求，则为形状公差，若有基准要求，则为位置公差。

表 2-2　几何公差特征项目名称及符号

公差类型	特征项目	符号	有无基准要求	公差类型	特征项目	符号	有无基准要求
形状公差	直线度	—	无	方向公差	垂直度	⊥	有
	平面度	⏥			倾斜度	∠	
	圆度	○		位置公差	位置度	⌖	有或无
	圆柱度	⌭			同轴度、同心度	◎	有
形状、方向或位置公差	线轮廓度	⌒	有或无		对称度	⌯	
	面轮廓度	⌓		跳动公差	圆跳动	↗	有
方向公差	平行度	//	有		全跳动	⌰	

2.1.3　几何公差规范标注

1. 几何公差的全符号

几何公差的全符号由 4 部分组成：带箭头的指引线、公差框格、可选的辅助要素框格和可选的补充说明，如图 2-7 所示。

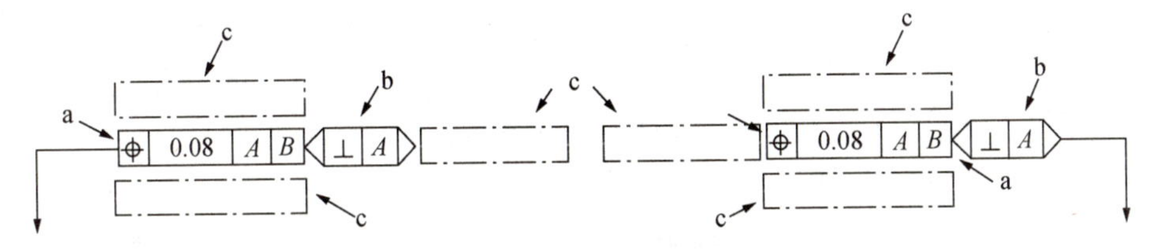

图 2-7　几何公差的全符号

图 2-7 中，a 为公差框格，公差框格内的内容及其放置顺序如图 2-8 所示，从左至右填写的内容依次为：第一格为项目符号；第二格为几何公差值及附加符号，包括与公差带、被测要素和特征(值)等有关的规范元素；第三格及后面各格为基准字母及附加符号。

b 为辅助要素框格，不是必选的标注，位于公差框格右面，标注相交平面、定向平面、方向要素或组合平面等。

c 为相邻标注，即补充说明，也不是必选的标注，一般位于公差框格的上方/下方或左侧/右侧。

几何公差规范应使用参照线与指引线相连，指引线指向被测要素，如果没有可选的辅助要素标注，参照线应与公差框格的左侧或右侧中点相连。如果有可选的辅助要素标注，参照线应与公差框格的左侧中点或最后一个辅助要素框格的右侧中点相连。

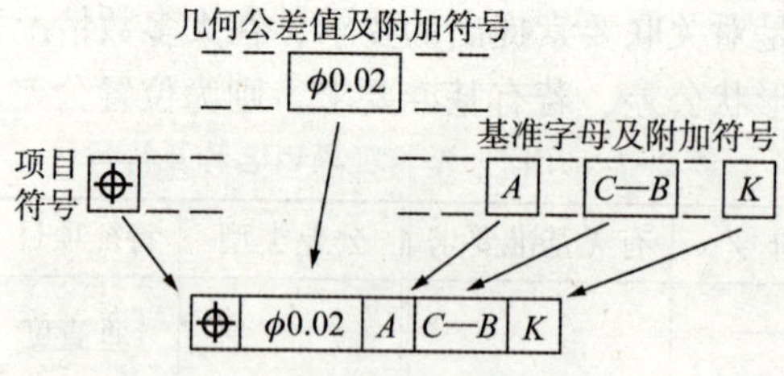

图 2-8　公差框格的 3 个部分

2. 被测要素的标注法

1）被测要素为组成要素

在 2D 标注中，箭头指向该被测要素的轮廓线或其延长线上，但应与尺寸线明显错开，如图 2-9（a）、图 2-10（a）所示。当被测要素是组成要素且引出线引自于要素的界限内，则以圆点终止，当表面可见时，此圆点是实心的，引出线为实线；当表面不可见时，圆点为空心的，引出线为虚线，箭头指向引出线的水平线段，如图 2-11（a）所示。

在 3D 标注中，从被测要素轮廓上引出指引线时，指引线的终点为圆点，当表面可见时，该圆点为实心的；当表面不可见时，该圆点是空心的，指引线为虚线，如图 2-9（b）、图 2-10（b）所示。指引线的终点也可以是放在使用引出线横线上的箭头，引出线指向该面要素，此时引出线终点为圆点，如图 2-11（b）所示。

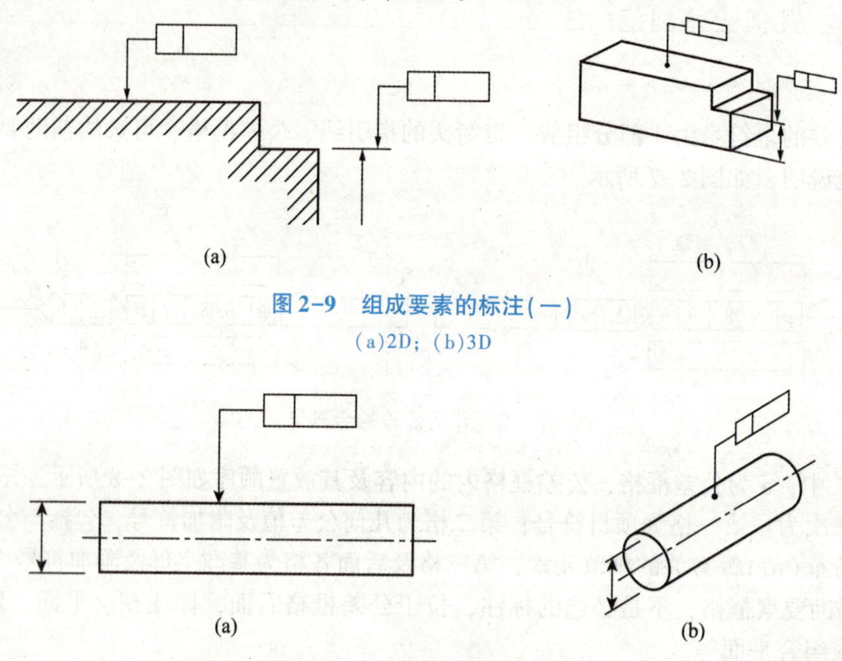

图 2-9　组成要素的标注（一）
（a）2D；（b）3D

图 2-10　组成要素的标注（二）
（a）2D；（b）3D

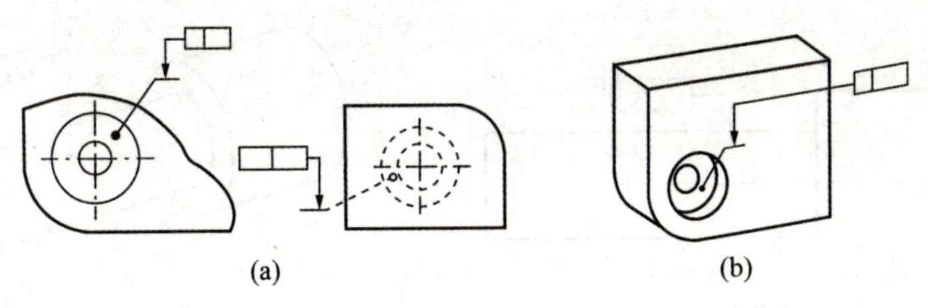

图 2-11　组成要素的标注(三)

(a)2D；(b)3D

2)被测要素为导出要素

当被测要素为导出要素，即零件上某一段形体的轴线、中心面或中心点时，则指引线箭头与尺寸线箭头对齐或重合，如图 2-12、图 2-13、图 2-14 所示。也可在几何公差框格的第二格内标注修饰符Ⓐ，此时指引线不必与尺寸线对齐，可以用指引线箭头指向组成要素上(2D 标注)，如图 2-15(a)所示；或指引线用一个圆点终止于组成要素上(3D 标注)，如图 2-15(b)所示。

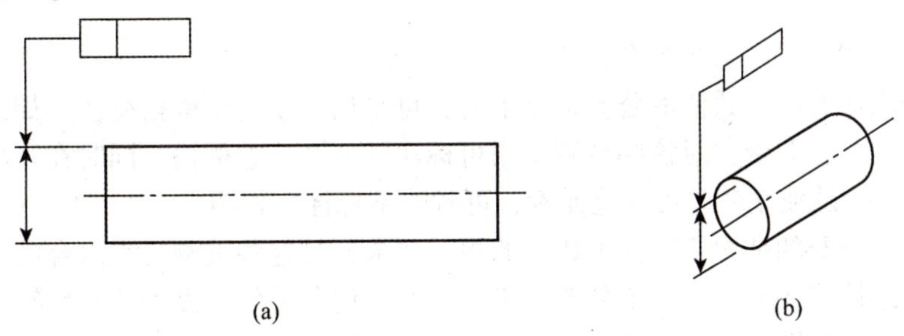

图 2-12　导出要素的标注(一)

(a)2D；(b)3D

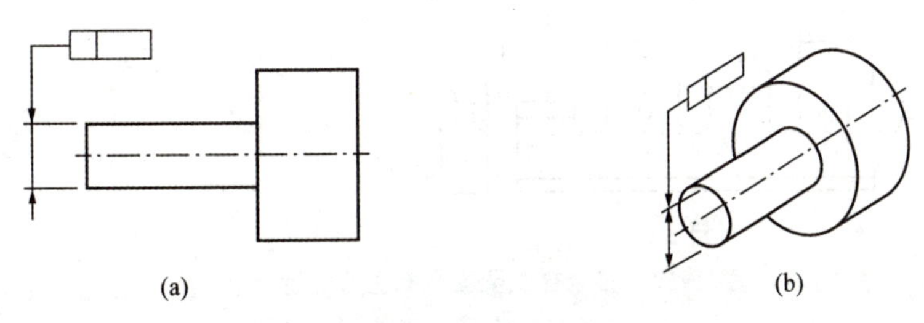

图 2-13　导出要素的标注(二)

(a)2D；(b)3D

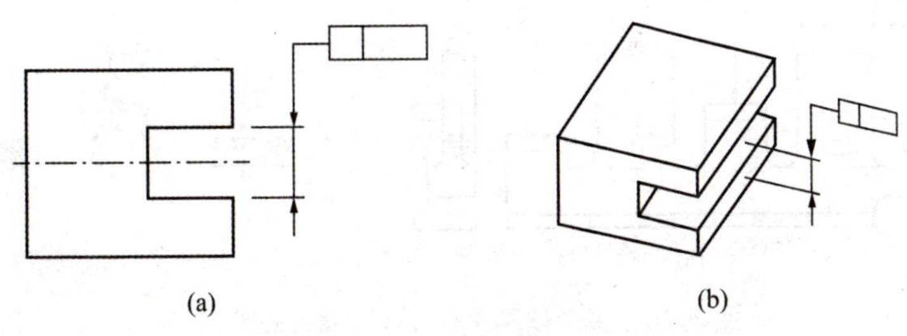

图 2-14　导出要素的标注(三)

(a)2D；(b)3D

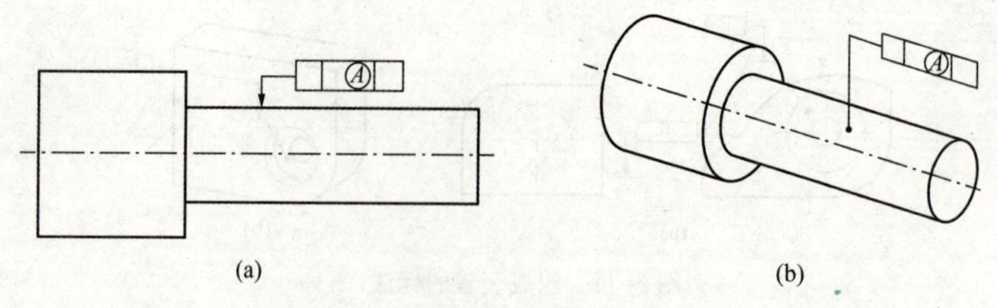

图 2-15　导出要素的标注(四)

(a)2D；(b)3D

3)简化的几何公差标注

如果某个要素需要给出几种特征项目的公差，为了方便，可采用上下叠加公差框格的形式标注，如图 2-16 所示。此时推荐将公差框格按公差值从上到下依次递减的顺序排布，指引线应连接在其中一个公差框格左侧或右侧的中点，此标注同时适用于 2D 与 3D 环境。

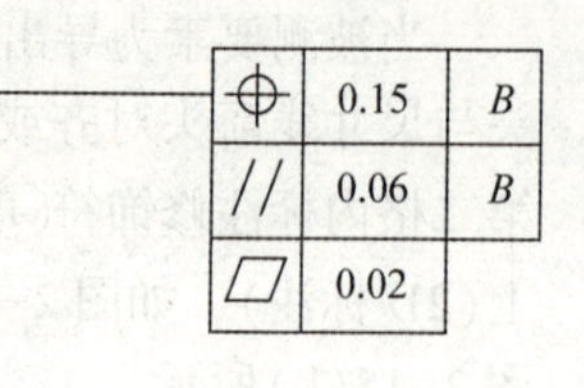

图 2-16　多层公差的标注

4)对多个表面有同一数值的公差带要求

对于多个表面有同一数值的公差带要求时，可采用一个公差框格标注。如果这些被测要素具有相互独立的公差带，对这些被测要素可标注同一个公差框格，同时在几何公差值后面加注 SZ 符号，SZ 是独立公差带规范元素，可省略不标注，如图 2-17、图 2-18、图 2-19 所示；如果对多个分开的被测要素提出相同的规范要求，且这些被测要素组合成一个成组要素时，则对该成组被测要素标注一个公差框格，且在几何公差值后面加注 CZ 符号，CZ 是组合公差带规范元素，如图 2-20、图 2-21 所示。

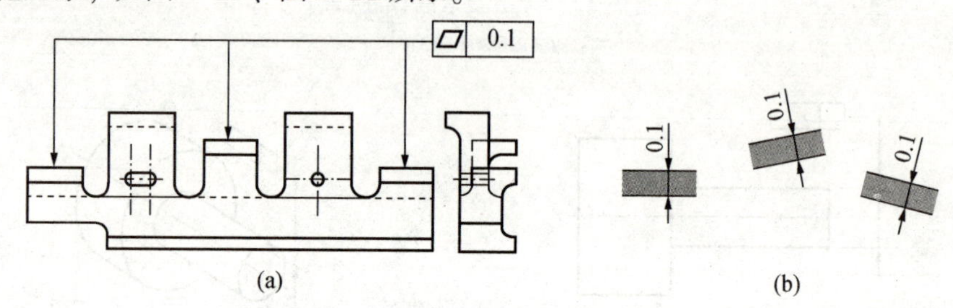

图 2-17　多个被测要素具有独立公差带(一)

(a)图样标注；(b)解释

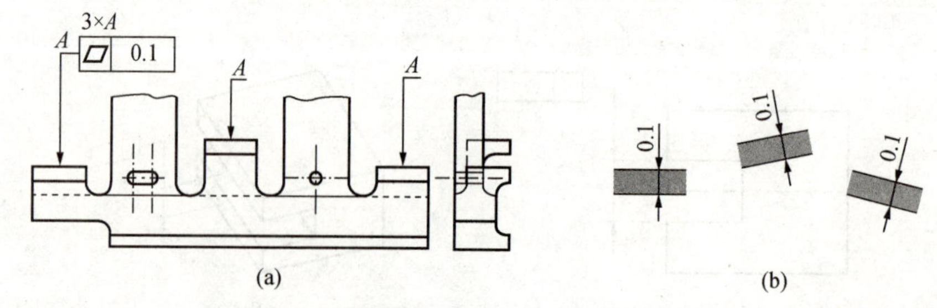

图 2-18　多个被测要素具有独立公差带(二)

(a)图样标注；(b)解释

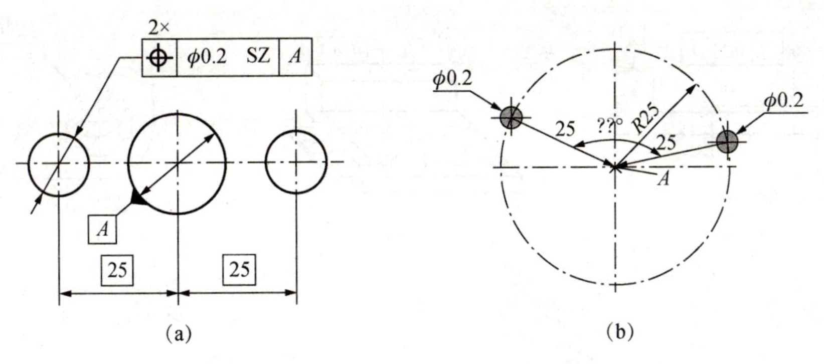

图 2-19 多个被测要素具有独立公差带(三)

(a)图样标注；(b)解释

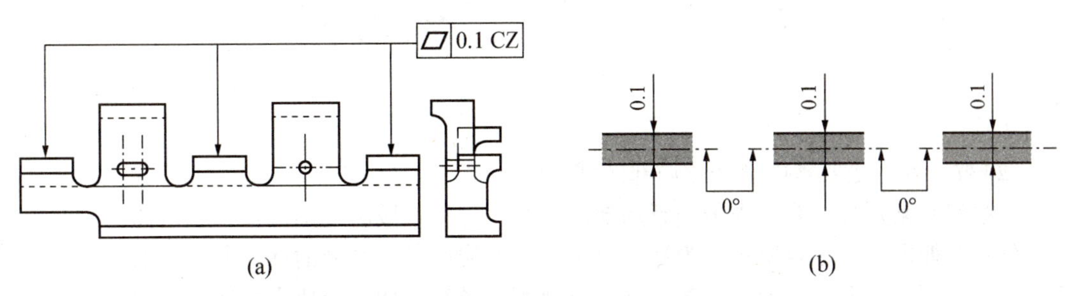

图 2-20 多个被测要素具有组合公差带(一)

(a)图样标注；(b)解释

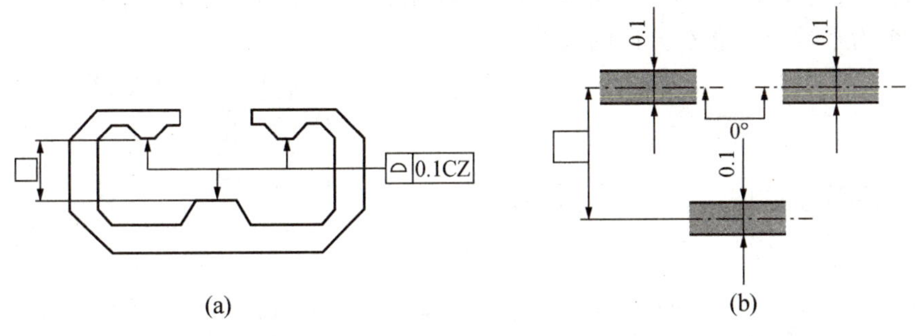

图 2-21 多个被测要素具有组合公差带(二)

(a)图样标注；(b)解释

5)局部被测要素的标注

(1)被测要素是要素内部某个局部区域时的标注。

当被测要素是要素内部某个局部区域时，可以按下面 3 种方式进行标注：①用粗点画线定义部分表面，并用 TED(理论正确尺寸)确定其位置与尺寸，如图 2-22(a)所示；②用粗点画线及阴影定义部分表面，并用 TED 确定其位置与尺寸，如图 2-22(b)、(c)、(d)所示；③将局部区域的拐角点(位置用 TED 确定)定义为组成要素的交点，并且用大写字母及端部是箭头的指引线定义，字母标注在公差框格上方，最后两个字母之间布置区间符号，如图 2-22(e)所示。

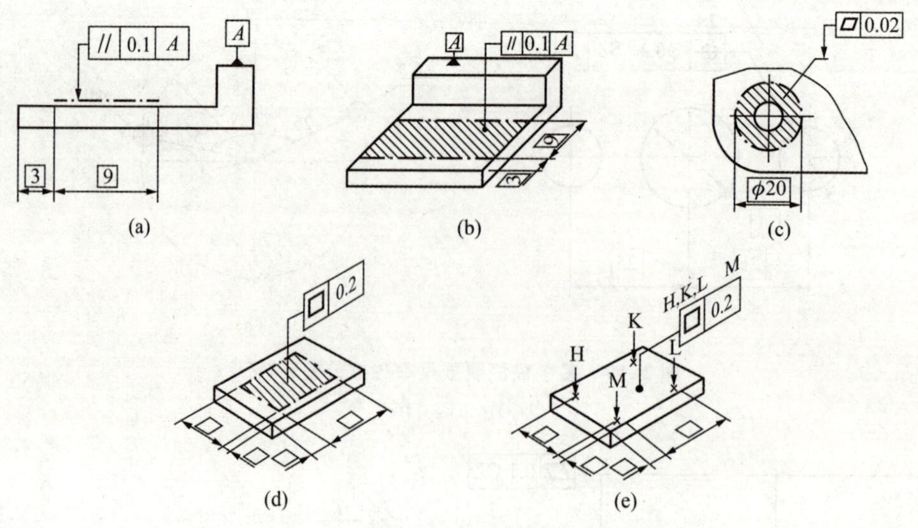

图 2-22　要素内部某个局部区域的标注

(2)被测要素是要素内部任意局部区域时的标注。

当被测要素是整个要素内部任意局部区域时，应将区域的范围加在公差值的后面，并用斜杠分开。如图 2-23(a)所示，为被测要素上任意线性局部区域的标注方式；如图 2-23(b)所示，为被测要素上任意圆形局部区域，要使用直径符号加直径值来标注；如图 2-23(c)所示，为被测要素上任意矩形局部区域(用粗点画线定义)，区域范围用“长度×高度”形式定义，该区域在长度和高度两个方向都可移动，使用定向平面框格标识出第一个数值所适用的方向，即 75 为平行于基准 C 方向的尺寸。

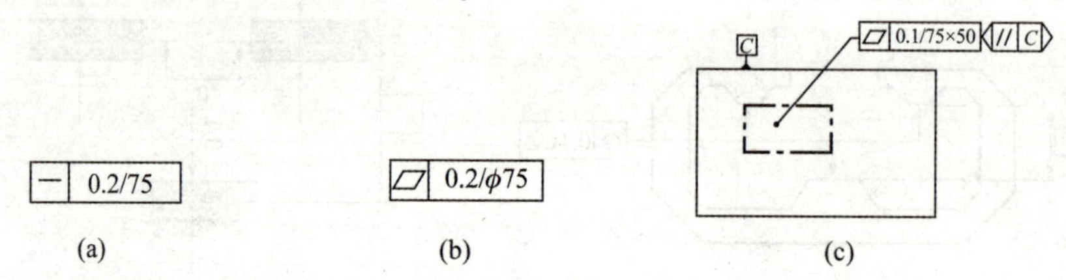

图 2-23　要素内部任意局部区域的标注

6)辅助平面或要素框格的标注

(1)相交平面框格的标注。

相交平面是由工件的提取要素建立的平面，主要用来标识线要素要求的方向。例如平面内线要素的直线度、线轮廓度，以及在表面上全周符号规范的线要素等。相交平面应使用相交平面框格规定，并作为公差框格的延伸部分标注在其右侧。如图 2-24 所示，相交平面分别按照平行于、垂直于、保持特定角度于或对称于其框格中标注的基准构建。下面两种情况，需要使用相交平面框格。①当被测要素是组成要素上的线要素，但几何特征要求的方向并未明确时，应使用相交平面框格来确定，以免产生误解，除非被测要素是圆柱、圆锥或球的母线的直线度或圆度。如图 2-25(a)所示，相交平面框格表示被测要素是提取表面上与基准平面 A 平行的直线，这些直线的直线度公差值是 0.1 mm。如图 2-25(b)所示，相交平面框格表示被测要素是提取表面上与基准平面 A 垂直的直线，这些直线的直线度公差值是 0.1 mm。②当被测要素是组成要素上给定一个方向的所有线要素，而且特征符号并未明确表明被测要素是平面要素还是该要素上的线要素时，应使用相交平面框格确定出被测要素是线要素，以及这些线要素的方向。如图2-25(c)所示，相交平面框格表示被测要素是提取表面上与基准平面C平行的所有直线。

图2-24　相交平面框格

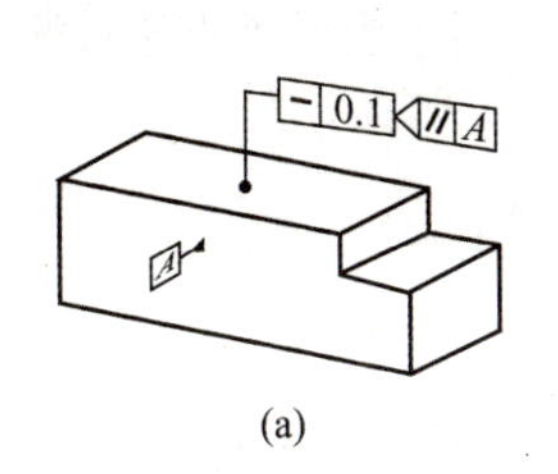

(a)

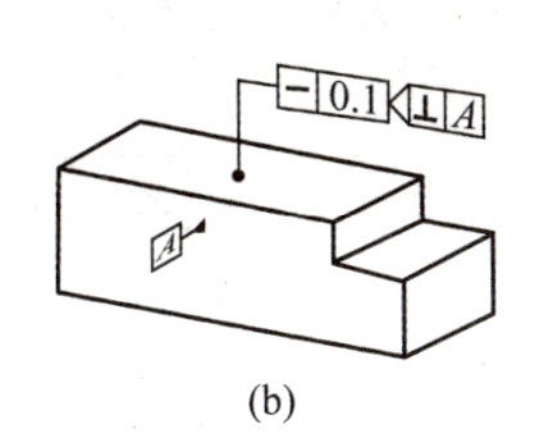

(b)

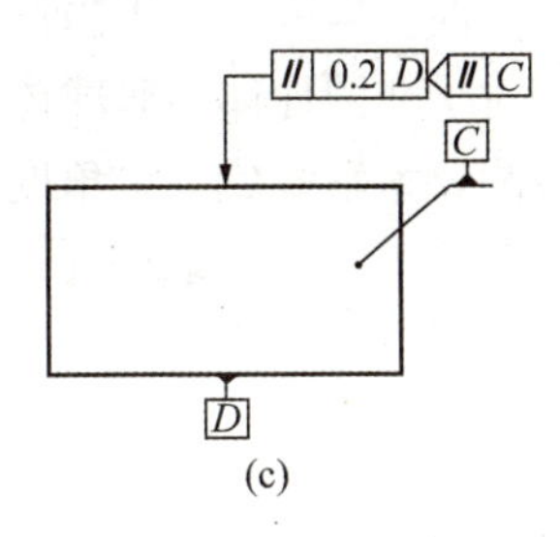

(c)

图2-25　相交平面的标注

(2)定向平面框格的标注。

定向平面是由工件的提取要素建立的平面，用来明确公差带的方向。既能控制公差带构成平面的方向(即组成公差带的两平行平面的方向)，又能控制公差带宽度的方向(间接地明确方向公差的控制方向，即两平行平面的法线方向)，或能控制圆柱形公差带的轴线方向。定向平面应使用定向平面框格规定，并且标注在公差框格的右侧。如图2-26所示。定向平面分别按照平行于、垂直于、保持特定角度于其框格中标注的基准构建，同时受公差框格内基准的约束。在下列两种情况中应标注定向平面框格。①当被测要素是导出要素(中心线或中心点)时，且公差带的宽度是由两平行平面或一个圆柱面限定，可以使用定向平面框格定义公差带的方向，如给定方向的直线度、给定方向的平行度等。如图2-27(a)所示，定向平面框格表示被测要素的公差带方向与基准平面B平行，即组成定向公差带的两平行平面(间距为0.1 mm)不仅平行于基准轴线A，而且平行于基准平面B。如图2-27(b)所示，定向平面框格表示被测要素的公差带方向与基准平面B成理论正确角度α，即组成定向公差带的两平行平面(间距为0.1 mm)不仅平行于基准轴线A，而且与基准平面B成理论正确角度α。②当需要定义任意矩形局部区域时，也可以标注定向平面，如图2-23(c)所示。

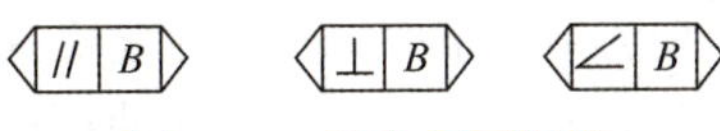

图2-26　定向平面框格

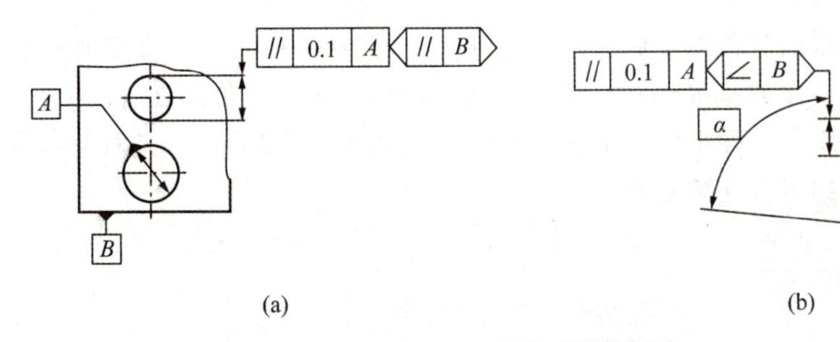

图2-27　定向平面的标注

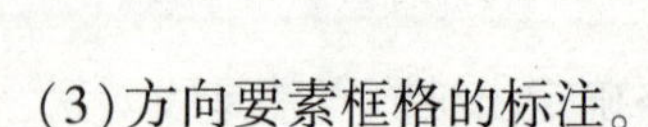

(3)方向要素框格的标注。

方向要素是由提取要素建立的要素，用来确定公差带宽度的方向。当使用方向要素框格时，应作为公差框格的延伸部分标注在其右侧。平行度、垂直度、倾斜度或跳动方向符号在框格的第一格，标识基准并构建方向要素的字母在第二格，如图 2-28 所示。另外指引线可以根据需要，与公差框格相连，或与方向要素框格相连，如图 2-29 所示。在下列两种情况中应标注方向要素框格：①当被测要素是组成要素且公差带宽度的方向与规定的面要素不垂直时；②对于非圆柱体或非球体的回转体表面使用圆度公差时，用于表示垂直于被测要素表面或与被测要素轴线成一定角度。

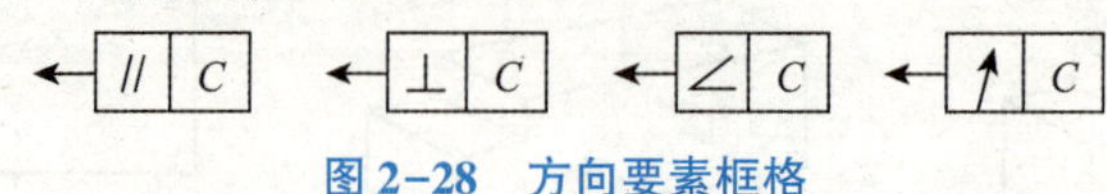

图 2-28　方向要素框格

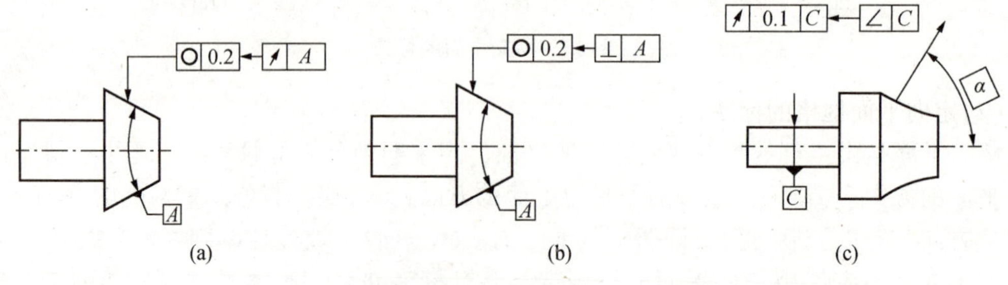

图 2-29　方向要素的标注

公差带宽度的方向应参照方向要素框格中标注的基准构建，当方向定义为与被测要素的面要素垂直时，应使用跳动符号，并且被测要素(或其导出要素)应在方向要素框格中作为基准标注，如图 2-29(a)所示，表示圆度公差带在被测要素表面垂直的方向上；当公差带宽度方向所定义的角度等于0°或90°时，应分别使用平行度符号或垂直度符号，如图 2-29(b)所示，表示圆度公差带在垂直于被测要素的轴线方向上；当公差带宽度方向所定义的角度不是0°或90°时，应使用倾斜度符号，而且应明确定义出方向要素与方向要素框格的基准之间的理论正确夹角，如图 2-29(c)所示，表示公差带的方向在与基准 C 成一定的理论夹角 α 的方向上。

(4)组合平面框格的标注。

组合平面是由工件上的一个要素建立的平面，用于定义封闭的组合连续要素，而不是整个工件。当使用全周符号确定被测要素集合时，应同时使用组合平面框格定义。组合平面可以标识一组单一要素，与平行于组合平面的任意平面相交为线要素或点要素。使用组合平面框格时，应作为公差框格的延伸部分标注在其右侧，如图 2-30 所示。组合平面分别按照平行于、垂直于其框格中标注的基准构建。组合平面框格标注示例，如图 2-31 和图 2-32 所示。在图 2-32(a)中，组合平面框格表示图样上所标注的面轮廓度要求，是对与基准 A 平行的由 a、b、c 和 d 组成的组合连续要素的要求。

◯ // A

图 2-30　组合平面框格

以上介绍的方向要素框格、组合平面框格、相交平面框格以及定向平面框格，均可标注在公差框格的右侧。如果需标注其中的若干个，相交平面框格应在最接近公差框格的位置标注，其次是定向平面框格或方向要素框格(此两个不应同时标注)，最后则是组合平面框格。当标注此类框格中的任何一个时，指引线可连接于公差框格的左侧或右侧，或最后一个可选框格的右侧。

7)组合连续被测要素的标注

当被测要素是组合连续要素时，应使用以下方法之一标注。

(1)连续(单一或组合)的封闭被测要素——全周符号与全表面符号的应用。

如果将几何公差规范作为单独的要求，应用到横截面的轮廓上或封闭轮廓所表示的所有要素上，应使用全周符号○标注。全周要求仅适用于组合平面所定义的面要素，而不是整个工件。如图2-31所示，几何要求应用于封闭组合且连续的表面上的一组线要素上(由组合平面定义的)，应将标识相交平面的框格布置在公差框格与组合平面框格之间，此要求适用于所有横截面中的线要素a、b、c和d。使用线轮廓度时，如果相交平面与组合平面相同，可以省略组合平面符号。在图2-32中，所标注的面轮廓度作为单独要求适用于4个面要素a、b、c和d，不包括面要素e和f。

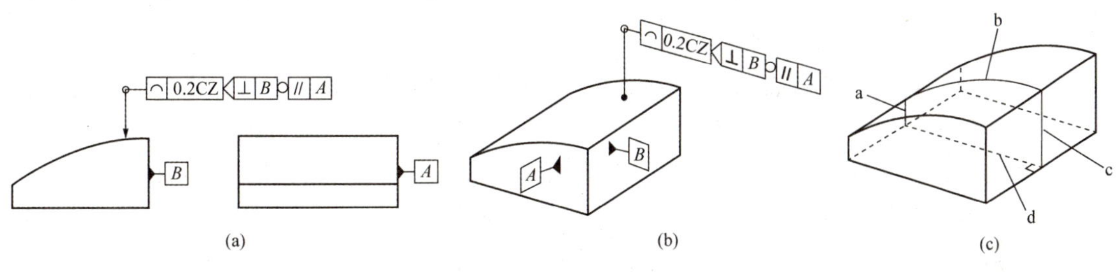

图2-31 全周符号标注(一)

(a)2D；(b)3D；(c)全周说明

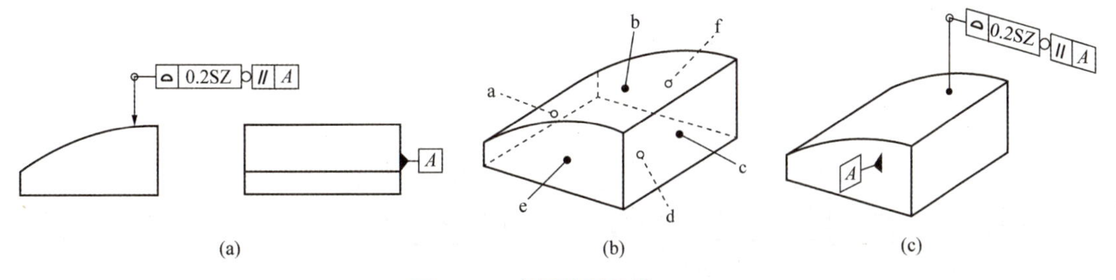

图2-32 全周符号标注(二)

(a)2D；(b)3D；(c)全周说明

如果将几何公差规范作为单独的要求应用到工件的所有组成要素上，应使用全表面符号◎标注，如图2-33所示，所标注的面轮廓度适用于所有的面要素a~h，并将其视为一个联合要素。

通常全周或全表面符号应与SZ(独立公差带)、CZ(组合公差带)或UF(联合要素)组合使用。

如果全周或全表面符号与SZ组合使用，说明该几何特征作为单独的要求应用到所标注的要素上。例如被测要素的公差带互不相关，而使用全周或全表面符号等同于使用多根指引线一一指向每个被测要素，也等同于公差框格上的“n×”标注。

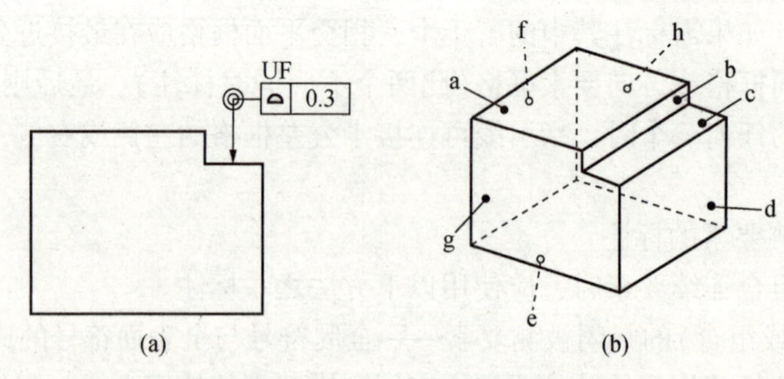

图 2-33　全表面符号标注

(a)2D；(b)全表面说明

如果全周或全表面符号与 CZ 组合使用，说明该几何特征要作为所有要求的一组公差带应用到被测要素上。例如所有要素的公差带相互之间处于理论正确关系，而且从一个公差带到下一个公差带的过渡区域是这两个公差带的延伸，相交成尖角，就要与 CZ 组合使用。

如果全周或全表面符号与 UF 组合使用，说明该几何特征所标注的被测要素作为一个要素使用。

(2)连续(单一或组合)的非封闭被测要素。

如果被测要素不是横截面的整个轮廓或轮廓表示的整个面要素，应标识出被测要素的起止点，并使用区间符号“⟷”。区间符号用于标识被测要素测量界限范围，即被测要素起止点的点要素、线要素或面要素都要使用大写英文字母及端部是箭头的指引线定义。如果该点要素或线要素不在组成要素的边界上，则要用 TED 确定其位置。如图 2-34 所示，表明该被测要素是从线 J 开始到线 K 结束的上方面要素(面要素 a、b、c 与 d 的下部不在范围内)，使用 UF 修饰符表明将组合要素视为一个要素进行要求。如图 2-35 所示，表明一组连续的非封闭组合被测要素具有同一要求，并且将该组合以“n×”的形式标注在公差框格的上方。

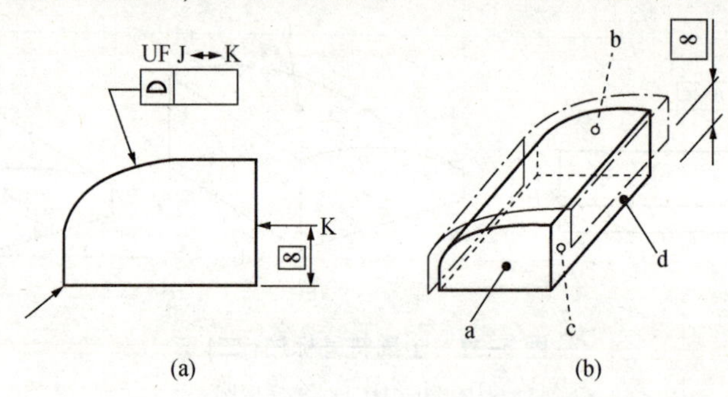

图 2-34　连续的非封闭被测要素的标注

(a)2D；(b)3D

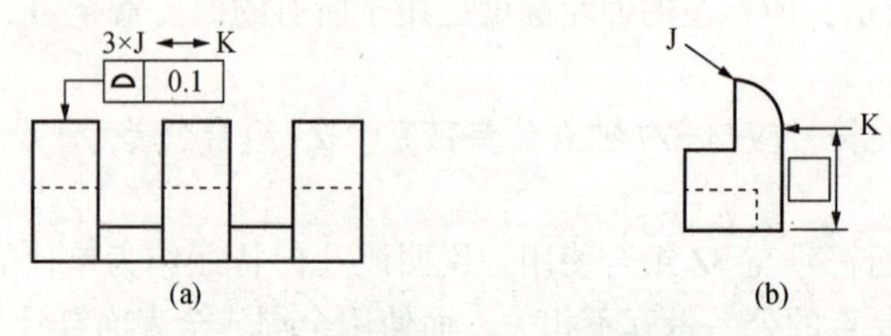

图 2-35　一组连续的非封闭被测要素的标注

8)各种规范元素的标注

(1)延伸公差带规范元素。

延伸被测要素是从实际要素中构建出来的拟合要素。当被测要素是要素的延伸部分或其导出要素时，需要在公差框格的第二个格中的公差值之后，加修饰符Ⓟ。延伸要素的起点默认为参照平面(参照平面是与被测要素相交的第一个平面)所在的位置，终点在实体外方向上相对于其起点的偏置长度上。延伸要素可采用以下两种方式标注。①直接标注，当使用虚拟的组成要素直接在图样上标注被测要素的投影长度，并以此表示延伸要素的相应部分时，该虚拟要素应采用细双点画线表示，同时延伸的长度应使用前面有修饰符Ⓟ的TED数值标注，如图2-36(a)所示。若延伸要素的起点与参照表面有偏置，应使用TED数值规定偏置量，如图2-36(b)所示。②间接标注，当省略代表延伸要素的细双点画线(这种标注方式仅适用于盲孔)时，应使用间接方式标注延伸要素的长度，即在公差框格中公差值的后面标注Ⓟ，再标注延伸长度数值，如图2-37所示。

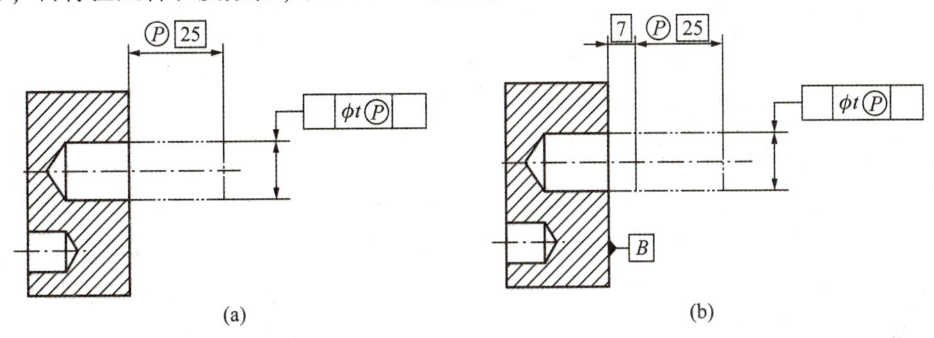

图2-36　延伸要素的直接标注

(a)不带偏置量的延伸公差带；(b)带偏置量的延伸公差带

修饰符Ⓟ可以根据需要与其他形式的修饰符一起使用，图2-37(b)中公差框格里数值25之后的Ⓐ表示被测要素是导出要素，标注含义与图2-36(a)相同。

如果延伸要素的起点与参照表面有偏置，修饰符后的第一个数值表示的延伸要素最远界限的距离，而第二个数值(偏置量)前面有减号，表示到延伸要素最近界限的距离(延伸要素的长度为这两个数值的差值)，如图2-37(c)所示“32-7”。偏置量若为0，则应不标注，如图2-37(a)所示。

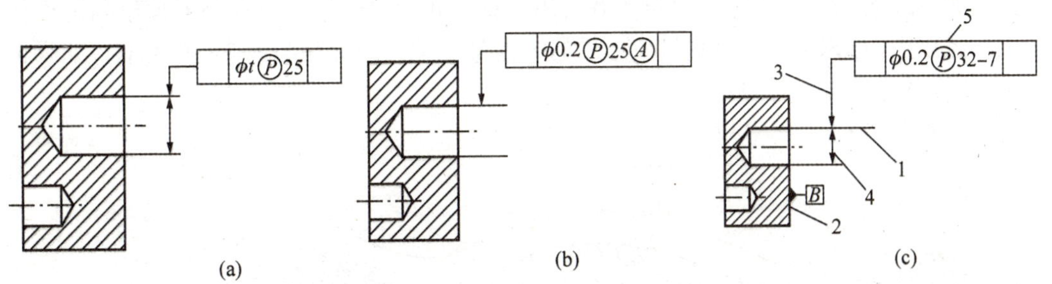

1—延长线；2—参照表面；3—与公差框格相连的指引线；4—表明被测要素为导出要素的标注(与修饰符Ⓐ等效)；
5—修饰符定义了公差适用于部分延伸要素，并由下列数值限定。

图2-37　延伸要素的间接标注

(a)、(b)不带偏置量的延伸公差带；(c)带偏置量的延伸公差带

(2)变宽度公差带规范元素。

公差框格第二个格中的公差值是强制性的规范元素，定义了公差带的宽度，公差带的局部宽度应与被测要素垂直。特殊情况下，如非圆柱形或球形的回转体(圆锥)表面的圆度，应标注公差带宽度的方向，通常公差值沿被测要素的长度方向保持定值，如果公差带的宽度在被测要素上规定的两个位置之间从一个值到另一个值发生线性变化，此两值应采用“-”分开标明，并在公差框格的上方使用区间符号，标识出数值所适用的两个位置，如图 2-38 所示。如果公差带宽度的变化是非线性的，应通过其他方式标注。

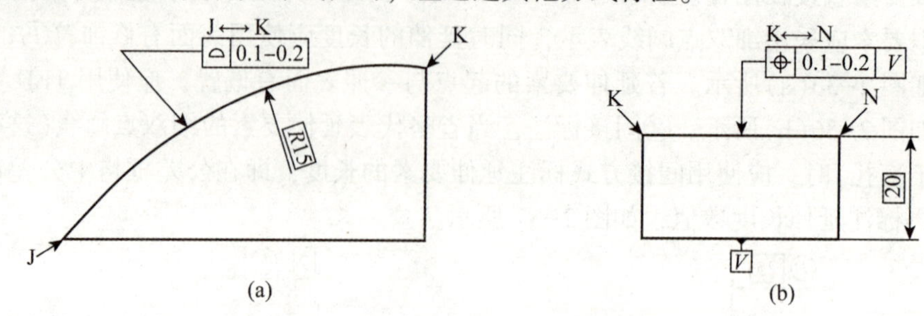

图 2-38 变宽度公差带的标注

(3)偏置公差带规范元素。

缺省情况下，由 TED 数值确定的轮廓，公差带以理论正确要素(TEF)为参照要素，关于其对称；但是如果允许公差带的中心偏置于 TEF 时，根据是否给定偏置量，分别标注 UZ 或者 OZ。

①UZ(给定偏置量的)偏置公差带规范元素。当允许公差带的中心不在 TEF 上，而且相对于 TEF 有一个给定的偏置量时，应在几何公差值后面标注符号 UZ，并在 UZ 后面给出偏置的方向及偏置量大小。UZ 仅可用于组成要素，当 UZ 与位置度符号组合使用时，只可用于平面要素。UZ 主要用于对轮廓形状和特定位置度控制。

若偏置的公差带中心是向实体外部方向偏置，偏置量前标注“+”；若偏置的公差带中心是向实体内部方向偏置，偏置量前标注“-”。如图 2-39 所示，表明轮廓度的公差带中心位于自 TEF 向实体内部方向偏置 0.5 mm 的位置上。如图 2-40 所示，表明上表面位置度的公差带中心位于自与基准 P 相距为 20 mm 的理论正确平面，向实体外部方向偏置 0.003 mm 的位置上。如果公差带的偏置量在两个值之间线性变化，则应注明两个值，并用“:”隔开，如图 2-41 所示。此时，一个偏置量可为 0 且不需标注正负号，同时应在公差框格临近处使用区间符号标注，标识出每个偏置量所适用的公差带两端，该标注与图 2-38 类似。如果偏置量不是线性的，则应另行规定。

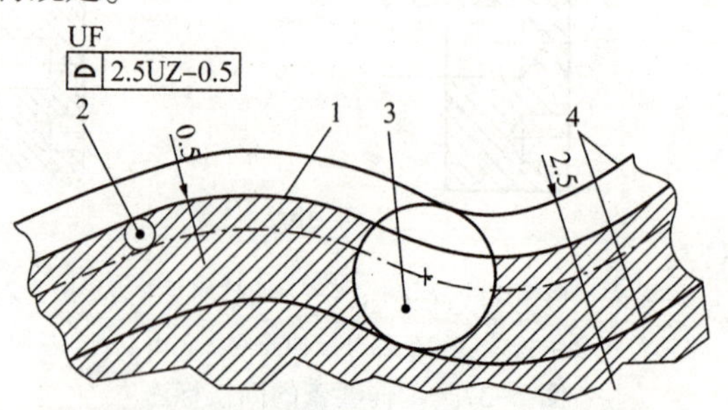

图 2-39 给定偏置量的偏置公差带(一)

a. 理论正确要素，其实体位于轮廓度下方；b. 定义理论偏置要素的球，球的直径为偏置量 0.5 mm；c. 定义公差带中心的球，球的直径为公差带的大小 2.5 mm；d. 公差带的两个界限。

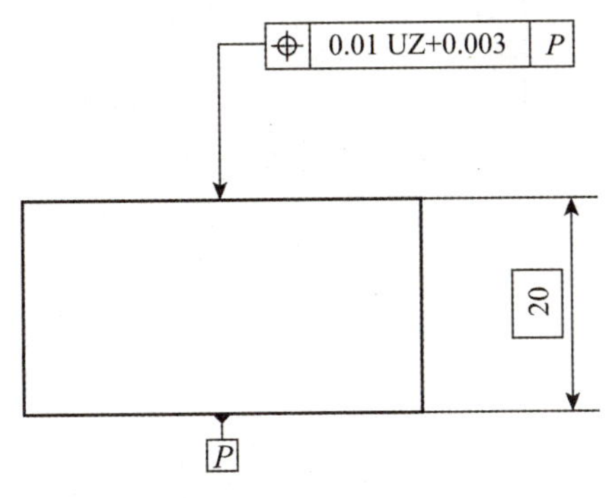

图 2-40　给定偏置量的偏置公差带(二)

UZ+0.1:+0.2

UZ+0.2:−0.3

UZ−0.2:−0.3

图 2-41　偏置量的标注方法

②OZ(未给定偏置量的)线性偏置公差带规范元素。如果公差带允许相对于 TEF 的对称状态有一个常量的偏置，但未规定数值，则应在几何公差值的后面标注符号 OZ，如图 2-42 所示。标注 OZ 时，因为对偏置量没有限制，所以有 OZ 修饰符的公差通常会和一个无 OZ 修饰符的较大公差组合使用，起到综合控制被测要素的轮廓形状和位置的作用。其中轮廓形状控制在偏置公差带内，偏置公差带控制在固定公差带内且可在其中浮动。OZ 一般不单独使用。

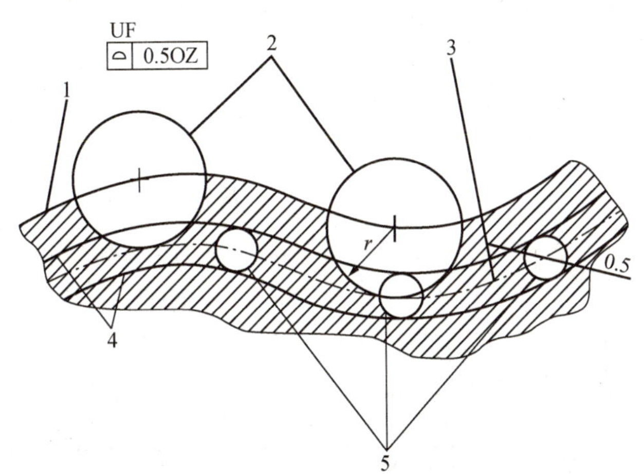

1—理论正确要素；2—定义理论偏置要素的球或圆；3—理论偏置要素，与 TEF 相距 r(r 为未给定的偏置量)；4—公差带的两个界限；5—定义公差带的球或圆。

图 2-42　未给定偏置量的线性偏置公差带

③VA(未给定偏置量的)角度偏置公差带规范元素。当公差带是基于 TEF 定义的，且为角度尺寸要素，其角度可变(未给定偏置量)时，应在公差框格内几何公差值的后面标注 VA 修饰符，如图 2-43 所示，对于圆锥，其 TEF 的公称角度尺寸不能使用 TED 定义，此时应为线轮廓度公差与面轮廓度公差标注 VA，以明确 TEF 的角度尺寸是不固定的。因为角度偏置量无界限，所以有 VA 修饰符的公差通常与另一个公差组合使用。

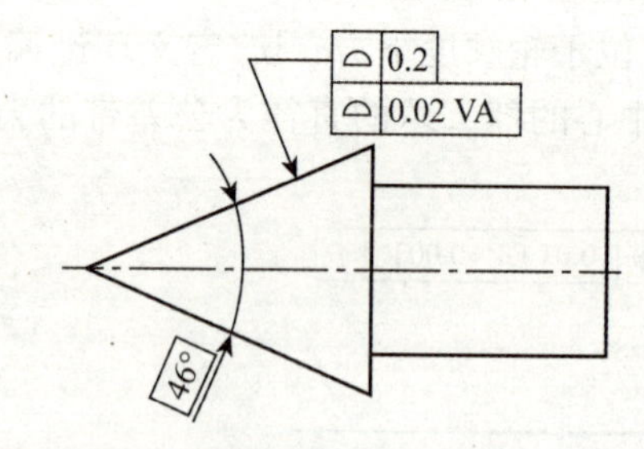

图 2-43　未给定偏置量的角度偏置公差带

2.1.4　基准和基准体系

基准是用来定义几何公差带的位置和(或)方向，或用来定义实体状态的位置和(或)方向(当有相关要求时，如最大实体要求)的一个(组)方位要素。基准是一个理论正确的参考要素，它可以由一个面、一条线或一个点，或它们的组合定义。零件上用来建立基准并实际起基准作用的实际(组成)要素(如一条边、一个表面或一个孔)就是基准要素。

基准分为单一基准、公共基准(组合基准)和基准体系。基准是确定各要素几何关系的依据，是几何公差中的重要部分。对单一被测要素提出形状公差要求时，是不需要标明基准的，只有对关联被测要素有方向、位置或跳动公差要求时，才必须标明基准。

1. 基准符号和修饰符

表 2-3 给出了用来建立基准的基准要素和基准目标符号，表 2-4 给出了基准中的相关修饰符。

表 2-3　基准要素和基准目标符号

特征项目	符号	特征项目	符号
基准要素符号	(基准要素符号图形)	单一基准目标框格	⊖
基准目标点	×	移动基准目标框格	(移动基准目标框格图形)
闭合基准目标线	○	非闭合基准目标线	×—·—×
基准目标区域	(剖面线方形、圆形)		

表 2-4　基准中的相关修饰符

符号	说明	符号	说明
[LD]	小径	[PT]	点(方位要素)
[MD]	大径	[SL]	直线(方位要素)
[PD]	节径(中经)	[PL]	面(方位要素)
[ACS]	任意横截面	> <	仅约束方向
[ALS]	任意纵截面	Ⓟ	延伸公差带(对第二基准、第三基准)
[CF]	接触要素	[DV]	可变距离(对公共基准的)
Ⓜ	最大实体要求	Ⓛ	最小实体要求

2. 基准和基准体系在图样上的标注规范

1）基准符号

基准符号由方框、细实线、填充（或未填充）的三角形以及基准字母代号组成。方框内填写的字母与公差框格中的对应字母相同。基准字母代号一般为一个大写的英文字母，当英文字母表中的字母在一个图样上已用完，可采用重复的双字母或三字母，如 AA、CCC 等，为避免混淆，基准字母一般不用 I、O、Q、X、E、F、J、L、M、P、R 等，无论基准要素符号在图样上的方向如何，方框内的基准字母要求水平书写。基准符号的标注规范如图 2-44 所示。

图 2-44　基准符号

2）基准目标符号

基准目标符号一般由基准目标框格、终点带（或不带）箭头或圆点的指引线，以及基准目标指示符 3 部分组成。基准目标框格被一个水平线分为两部分，下部分注写一个指明基准目标的字母和数字（从 1 到 n），上部分注写基准目标区域的尺寸等一些附加的信息，如图 2-45 所示。

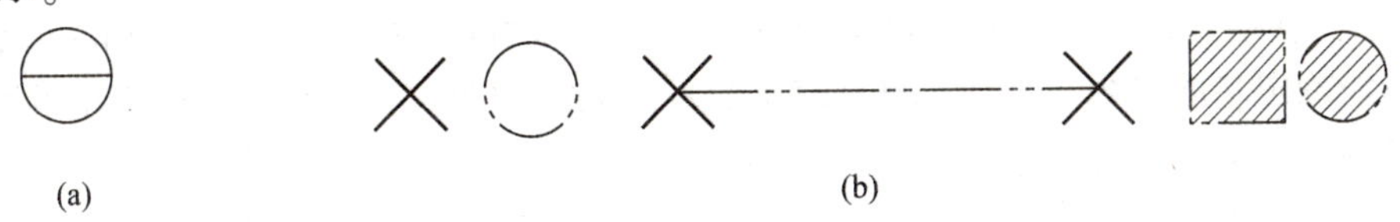

图 2-45　基准目标符号

（a）基准目标框格；（b）基准目标指示符

3）基准目标类型

用以建立基准的基准目标类型有 3 种，即点目标、线目标和区域目标。

（1）点目标，基准目标框格用一个终点带（或不带）箭头的指引线连到一个十字叉指示符，如图 2-46（a）所示，此时，基准目标框格的上半部分没有大小的表示。（2）线目标，基准目标框格用一个终点带（或不带）箭头的指引线连到两个十字叉指示符的细双点画线连线上，如图 2-46（b）所示，该连线可以是直线、圆或一条任何形状的线。如果连线是封闭的，此时两个十字叉指示符可以省略不画。（3）区域目标，基准目标框格用一个终点为圆点的指引线连到一个用细双点画线环绕的阴影区域，如图 2-46（c）所示。当区域基准目标为不可见面时，指引线应该为虚线并且以空心圆点结束，如图 2-46（d）所示。

区域基准目标可为方形的区域也可为圆形的区域，区域范围尺寸被认为是理论正确尺寸，且需要标注出该区域的尺寸。区域的尺寸既可以标注在基准目标框格中，如图 2-46（e）所示，也可标注在基准目标的框格外，如图 2-46（f）所示，或直接在图样中标注出区域的大小，如图 2-46（g）所示。

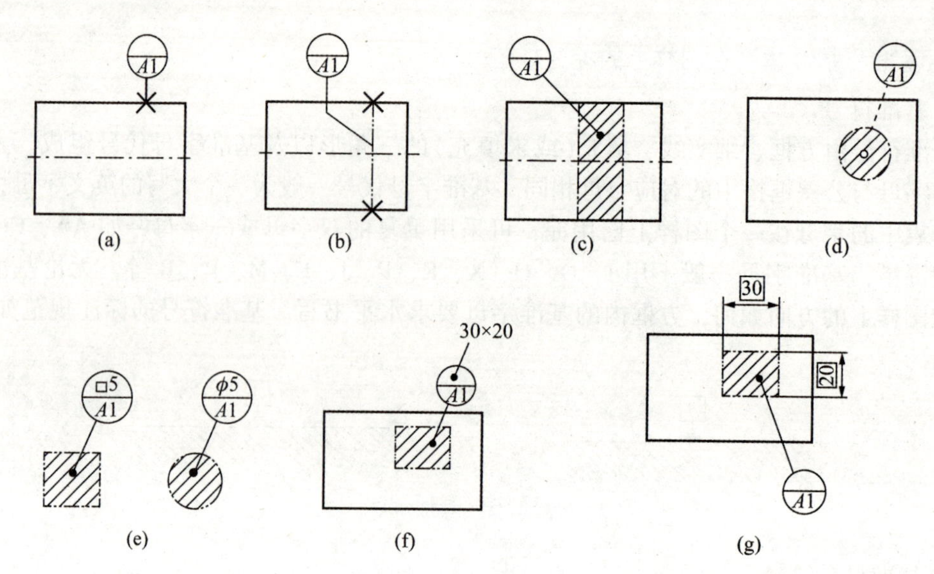

图 2-46 基准目标类型

4) 移动基准目标

当基准目标的位置不固定时，用移动基准目标表示，基准目标移动的方向由移动修饰符表示，移动修饰符是由两条基准目标框格圆的切线和一条基准目标框格中线构成，如图 2-47(a)所示，移动修饰符的中线方向表示了基准目标移动的方向，如图 2-47(b)所示，移动修饰符不能确定基准目标与其他基准或基准目标之间的距离。当两个或两个以上的移动基准目标用于确定一个基准时，它们要同步移动。

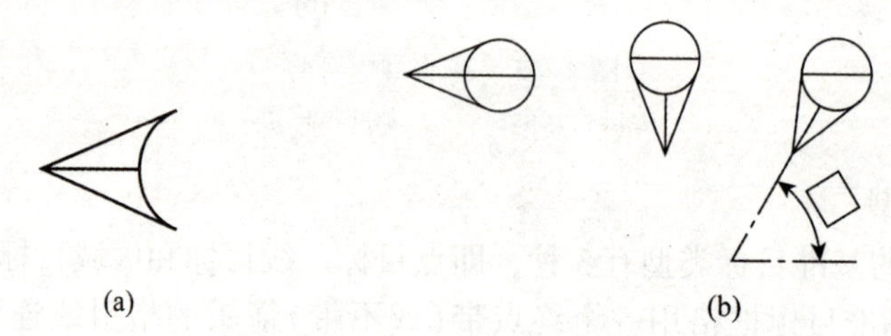

图 2-47 移动基准目标

(a)移动修饰符；(b)移动基准目标(水平、垂直或倾斜移动)

5) 基准或基准体系在公差框格中的布局

单一基准：以单个要素建立基准时，用 1 个大写字母注写在公差框格的第三个格中，如图 2-48 所示。

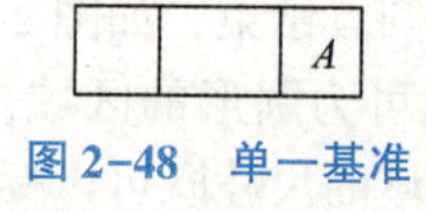

图 2-48 单一基准

公共基准：由 2 个要素建立公共基准时，基准用中间加连字符的 2 个大写字母注写在公差框格的第三个格中，如图 2-49 所示。

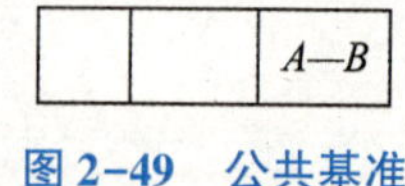

图 2-49 公共基准

基准体系：由 2 个或 3 个要素建立基准体系时，公差框格由 3 个以上的小格组成，表示基准的大写字母按基准的优先顺序自左向右注写在几何公差框格第二格后面的各框格内。其中写在公差框格第三格的称为第一基准，写在第四格的称为第二基准，写在第五格的称为第三基准，如图 2-50 所示。

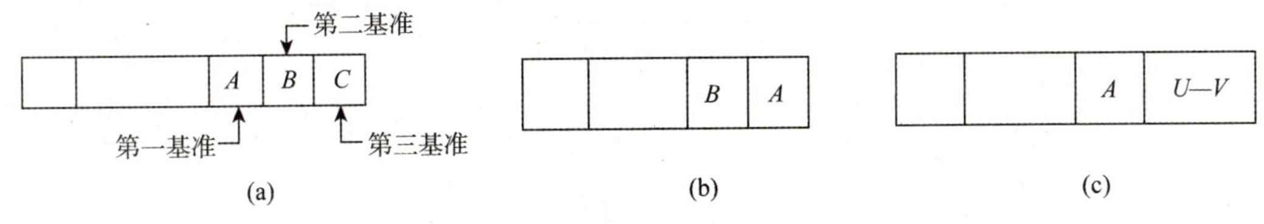

图 2-50　基准体系

(a)3 个单一基准组成的基准体系；(b)2 个单一基准组成的基准体系；(c)1 个单一基准和 1 个公共基准组成的基准体系

6)基准由组成要素建立时

当基准要素是轮廓线或轮廓面时，基准符号的三角形放置在要素的轮廓线或其延长线上(与尺寸线明显错开)，如图 2-51(a)所示。基准符号的三角形也可放置在该轮廓面引出线的水平线段上，如图 2-51(b)所示。当轮廓面为不可见时，则引出线为虚线，端点为空心圆，如图 2-51(c)所示。基准符号的三角形也可放置在指向轮廓或其延长线上的公差框格上，如图 2-51(d)所示。

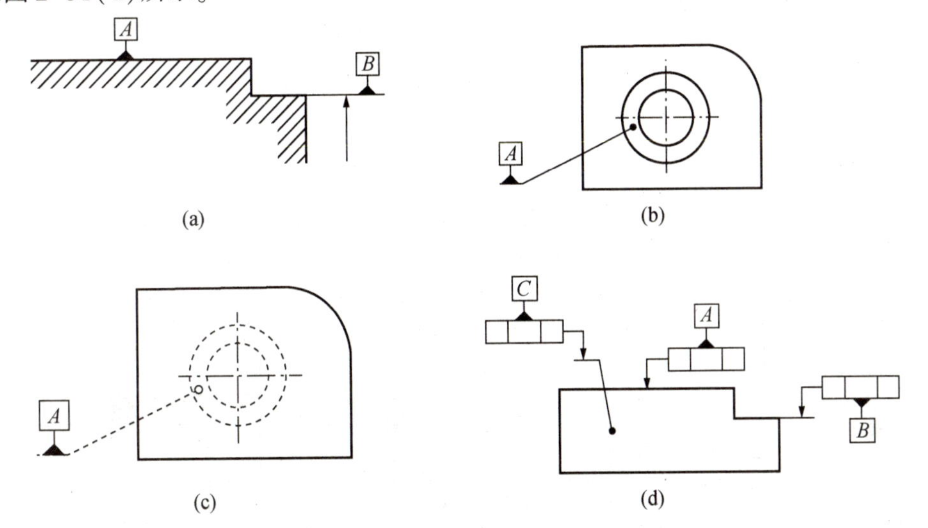

图 2-51　由组成要素建立的基准

7)基准由导出要素建立时

当基准是由标注尺寸要素确定的轴线、中心平面或中心点时，基准符号的三角形可以放置在该尺寸线的延长线上，如图 2-52(a)所示，如果没有足够的位置标注基准要素尺寸项的 2 个箭头，那么其中一个箭头可用基准符号的三角形代替，如图 2-52(b)所示，基准符号的三角形也可以放置在公差框格上方，如图 2-52(c)所示，基准符号的三角形也可以放置在尺寸线的下方或公差框格下方，如图 2-52(d)、(e)所示。

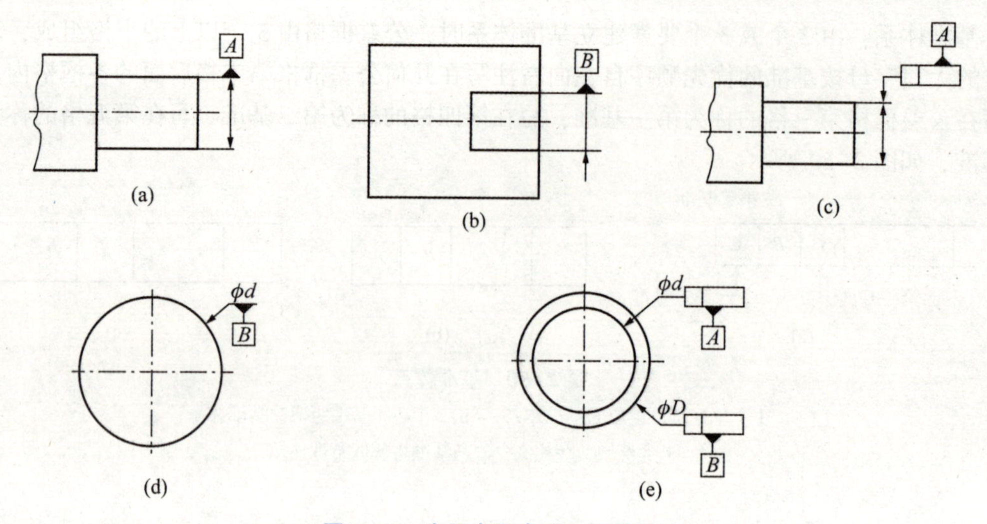

图 2-52　由导出要素建立的基准

8)由一个或多个基准目标建立的基准

如果一个单一基准由属于一个表面的一个或多个基准目标建立，那么在标识该表面的基准要素标识符附近重复注写，并在其后面依次写出识别基准目标的序号，中间用逗号分开，如图 2-53 所示。

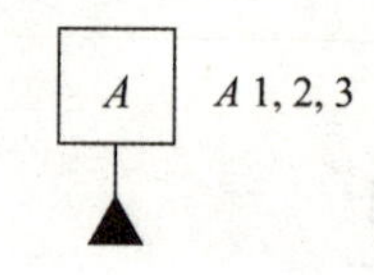

图 2-53　多基准目标

9)基准由一个基准目标区域建立时

如果只有一个基准目标，则是以要素的某一局部建立基准，此时用粗点画线示出该部分并加注尺寸，如图 2-54(a)、(b)所示，图 2-54(c)是 3D 标注示例。

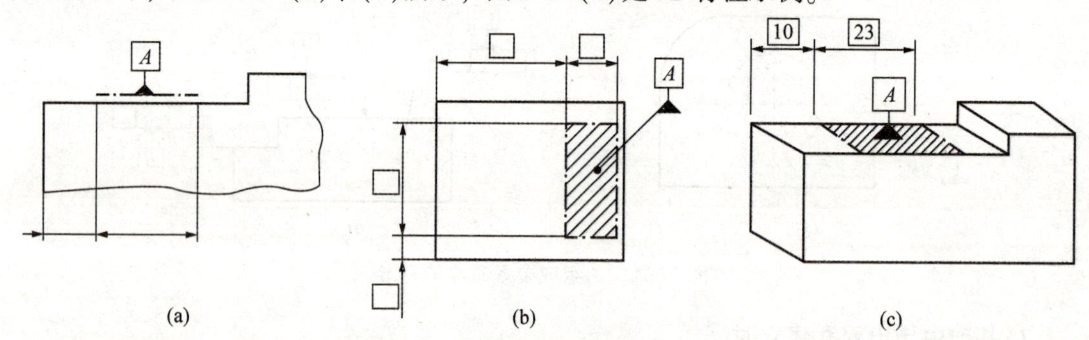

图 2-54　由基准目标区域建立的基准

10)基准由 ACS 和 ALS 局部要素建立时

如果以组成要素的任意横截面建立基准，则在公差框格上方或在公差框格中的基准字母后面标注[ACS]，如图 2-55(a)、(c)所示，当 ACS 标注在公差框格上方时，则表示被测要素和基准要素是在同一横截面上。如果以组成要素的任意纵截面建立基准，则在公差框格上方或在公差框格中的基准字母后面标注[ALS]，如图 2-55(b)、(c)所示。此时，基准要素是用来建立基准的实际组成要素与其正剖面之间的交集，基准要素和被测要素在同一纵截面方向上。

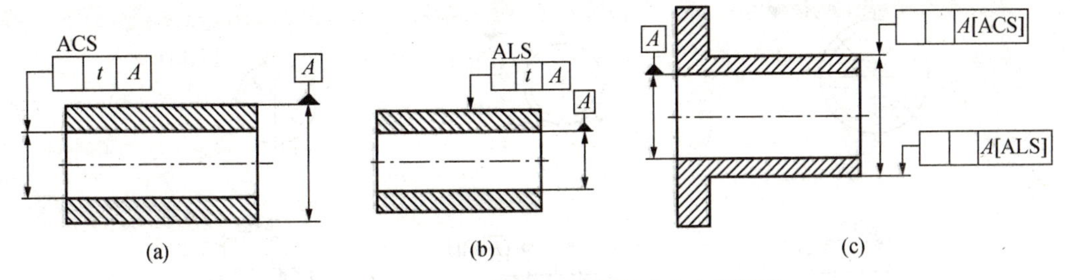

图 2-55 由 ACS 和 ALS 局部要素建立的基准

11）基准采用最大实体要求或最小实体要求时

基准采用最大实体要求或最小实体要求时，修饰符Ⓜ或Ⓛ放在公差框格中基准字母的后面，如图 2-56 所示。

图 2-56 基准采用最大、最小实体要求时

（a）基准采用最小实体要求；（b）基准采用最大实体要求

12）基准由延伸要素建立时

基准要素为延伸要素时，修饰符Ⓟ注写在几何公差框格中基准字母的后面，如图 2-57（a）所示，此时表明基准由一个尺寸要素建立，基准由在延伸长度上的实际要素采用一定的拟合方法得到的拟合要素的方位要素建立，而不是从实际组成要素本身建立，如图 2-57（b）所示。应用修饰符Ⓟ时，应该把要素的延伸值直接标注在图样上或公差框格中Ⓟ的后面，延伸值是理论正确尺寸。注意：修饰符Ⓟ可以放在第二基准和第三基准后面，一般不放在第一基准后面。

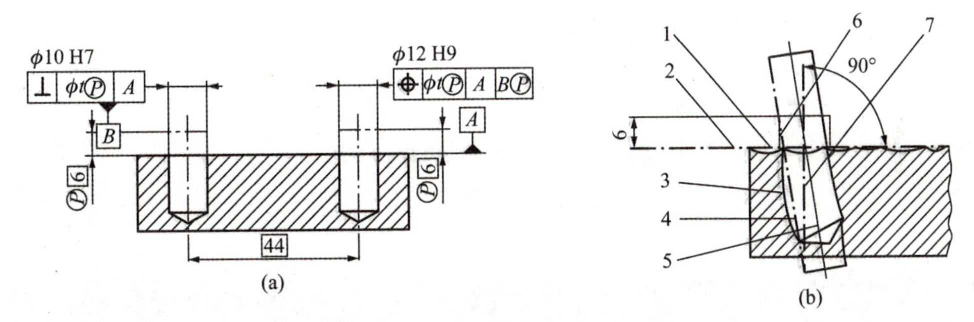

1—基准 *A* 的实际组成要素；2—基准 *A* 的拟合组成要素；3—圆柱表面的实际组成要素；4—圆柱的拟合组成要素；5—圆柱的拟合导出要素；6—在与基准 *A* 的拟合组成要素垂直的约束下的圆柱一部分的拟合组成要素；7—基准 *B* 和 6 的导出要素（作为第二基准）。

图 2-57 由延伸要素建立的基准

13）基准由螺纹中的要素建立时

以螺纹上的要素建立基准时，用“MD”表示大径，用“LD”表示小径，用“PD”表示中径。如果图中无补充说明，基准缺省为从螺纹的中径圆柱中建立，符号［PD］可以省略不写，如

图 2-58(a)、(d)所示，当基准从螺纹的大径圆柱或小径圆柱中建立时，符号[MD]或[LD]要注写中基准字母旁边，如图 2-58(b)、(c)、(e)、(f)所示。

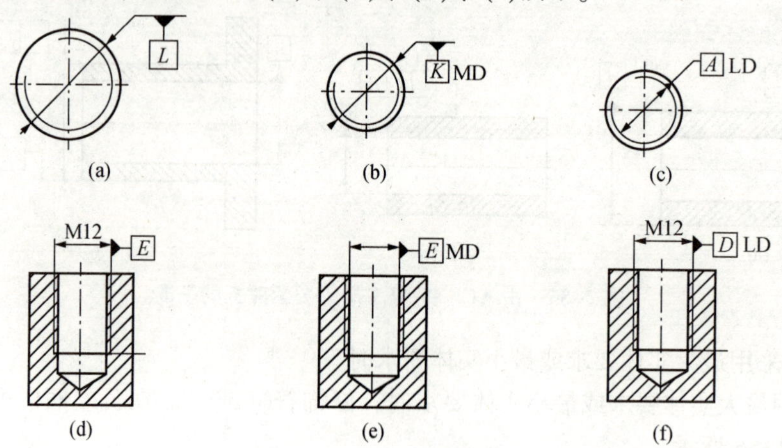

图 2-58　由螺纹中的要素建立的基准

14)基准由齿轮中的要素建立时

以齿轮上的要素建立基准时，基准符号标注在所要求的要素位置上，图 2-59(a)中的基准符号 *A* 表明基准由分度圆建立，相应的修饰符为“PD”；基准符号 *B* 表明基准由齿根圆建立，相应的修饰符为“LD”；基准符号 *C* 表明基准由齿顶圆建立，相应的修饰符为“MD”。图 2-59(b)中的基准符号 *D* 表明基准由齿轮右轮廓建立，基准符号 *E* 表明基准由齿轮左轮廓建立。

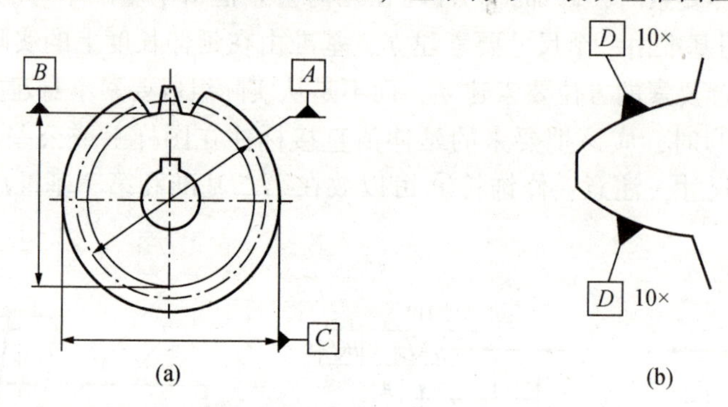

图 2-59　由齿轮中的要素建立的基准

2.2　几何公差带

本节以示例的形式给出了各种几何公差及其公差带定义的说明，随定义给出的图例只表示与特定定义相应的几何偏差的变化范围，所有图例的长度尺寸单位均为 mm。

2.2.1　形状公差及公差带

形状公差是指单一实际要素的形状所允许的变动全量，所谓全量是指被测要素的整个尺寸范围。形状公差包括直线度、平面度、圆度、圆柱度、线轮廓度和面轮廓度。

形状公差用形状公差带表示，其公差带是限制实际要素变动的区域，零件的实际要素在该区域内为合格，形状公差带包括公差带的形状、大小、方向和位置4个要素。由于形状公差都是对单一要素本身提出的要求，因此形状公差都不涉及基准，故公差带没有方向和位置的约束，可随被测提取要素的有关尺寸、形状、方向和位置的改变而浮动，公差带的大小由公差值确定，其形状随被测要素的几何特征及功能要求而定。

1. 直线度公差(一)

直线度公差用于限制平面内的直线或空间直线的形状误差。被测要素可以是组成要素或导出要素。其公称被测要素的属性与形状为明确给定的直线或一组直线要素，是线要素。直线度可分为给定平面内、给定方向上和任意方向上的直线度，如表2-5所示。

表2-5　直线度公差带定义、标注示例及解释

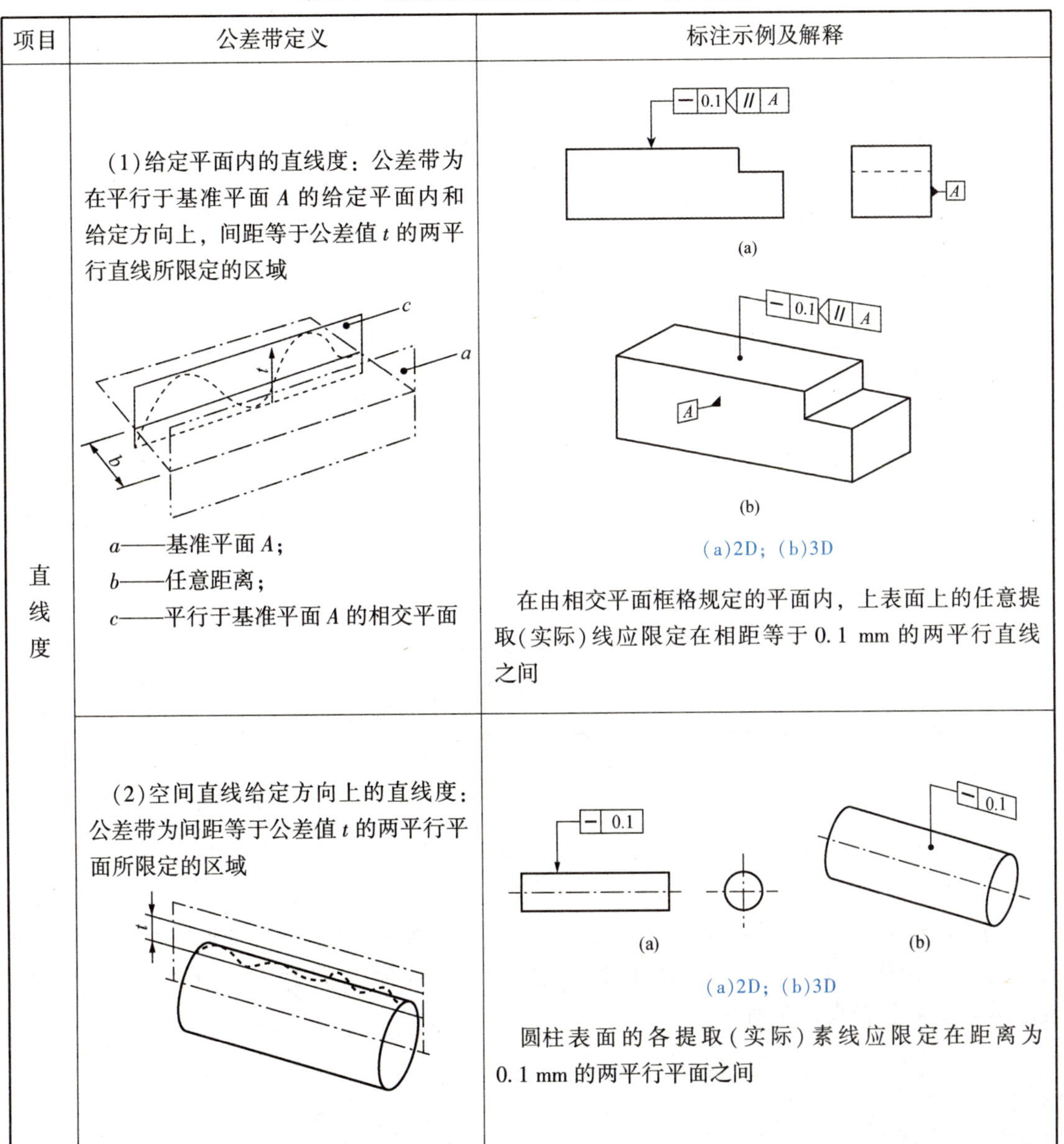

项目	公差带定义	标注示例及解释
直线度	(1)给定平面内的直线度：公差带为在平行于基准平面 A 的给定平面内和给定方向上，间距等于公差值 t 的两平行直线所限定的区域 a——基准平面 A； b——任意距离； c——平行于基准平面 A 的相交平面	(a) (b) (a)2D；(b)3D 在由相交平面框格规定的平面内，上表面上的任意提取(实际)线应限定在相距等于0.1 mm的两平行直线之间
	(2)空间直线给定方向上的直线度：公差带为间距等于公差值 t 的两平行平面所限定的区域	(a)　(b) (a)2D；(b)3D 圆柱表面的各提取(实际)素线应限定在距离为0.1 mm的两平行平面之间

续表

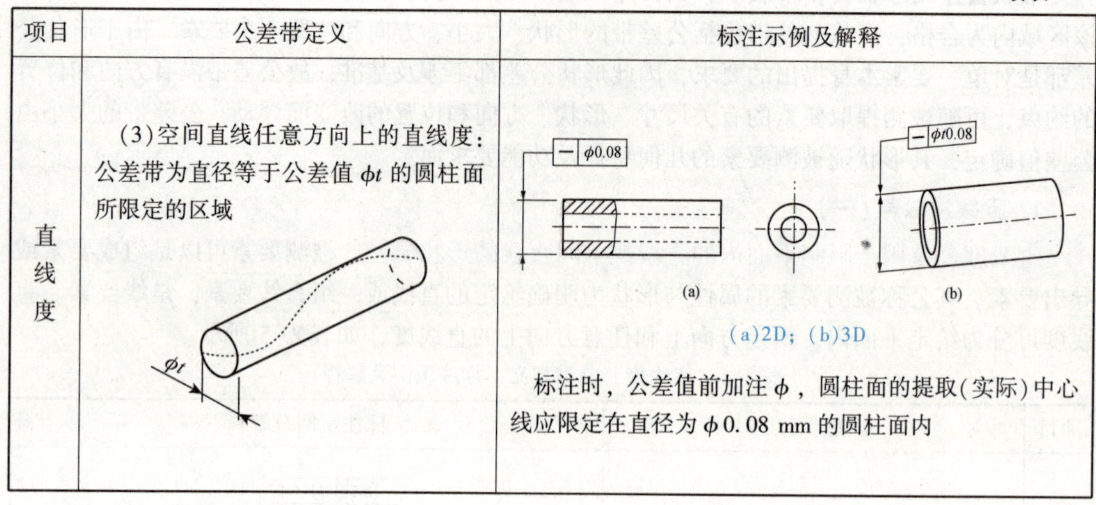

项目	公差带定义	标注示例及解释
直线度	(3)空间直线任意方向上的直线度：公差带为直径等于公差值 ϕt 的圆柱面所限定的区域	(a)2D；(b)3D 标注时，公差值前加注 ϕ，圆柱面的提取(实际)中心线应限定在直径为 ϕ0.08 mm 的圆柱面内

2. 平面度公差(▱)

平面度公差用来控制平面的形状误差。被测要素可以是组成要素或导出要素，其公称被测要素的属性和形状为明确给定的一个平面，属于区域要素。平面度公差带定义、标注示例及解释如表 2-6 所示。

表 2-6 平面度公差带定义、标注示例及解释

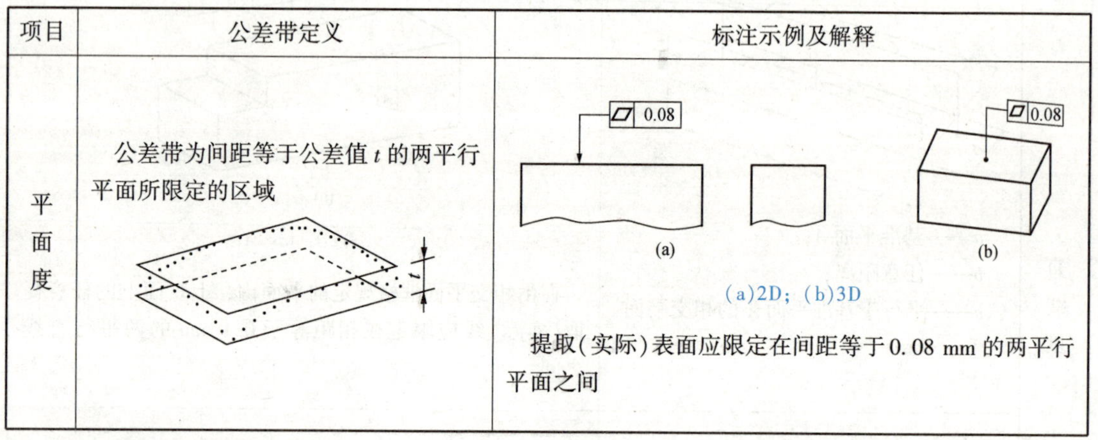

项目	公差带定义	标注示例及解释
平面度	公差带为间距等于公差值 t 的两平行平面所限定的区域	(a)2D；(b)3D 提取(实际)表面应限定在间距等于 0.08 mm 的两平行平面之间

3. 圆度公差(○)

圆度公差用于控制回转体表面的垂直于轴线的任一横截面轮廓度形状误差。被测要素是组成要素，其公称被测要素的属性和形状为明确给定的一条圆周线或一组圆周线，属于线要素。

对于圆柱要素，圆度应用于与被测要素轴线垂直的横截面上；对于球形要素，圆度应用于包含球心的横截面上；对于非圆柱体和非球形要素，应标注方向要素。圆度公差带定义、标注示例及解释如表 2-7 所示。

表 2-7 圆度公差带定义、标注示例及解释

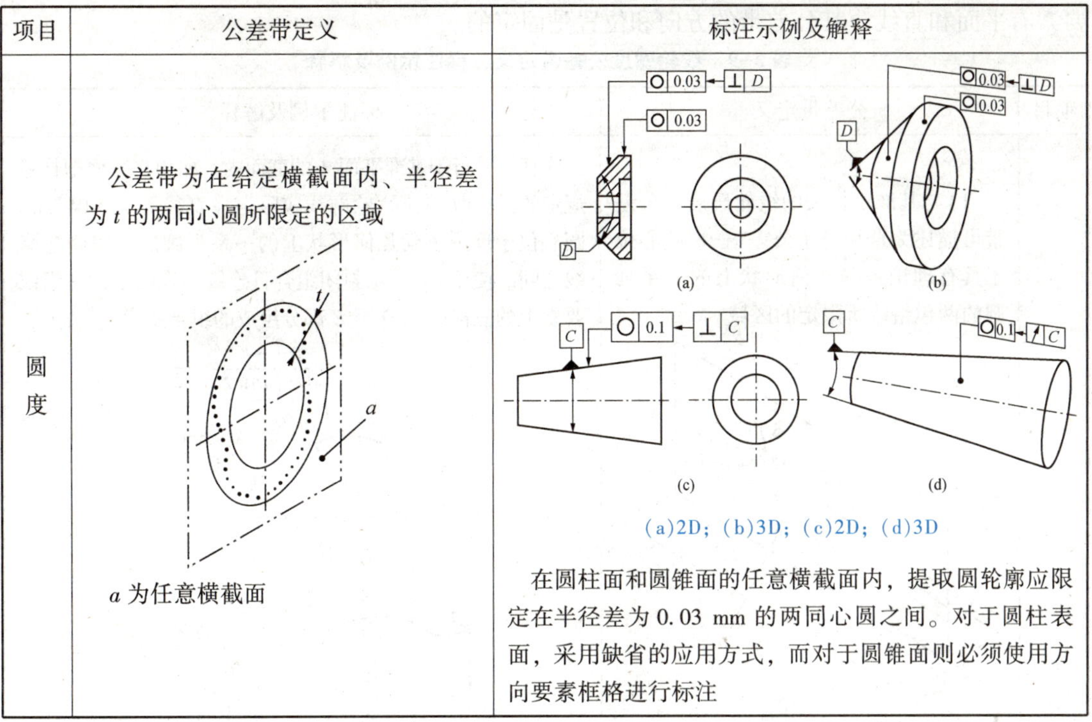

项目	公差带定义	标注示例及解释
圆度	公差带为在给定横截面内、半径差为 t 的两同心圆所限定的区域 a 为任意横截面	(a)2D；(b)3D；(c)2D；(d)3D 在圆柱面和圆锥面的任意横截面内，提取圆轮廓应限定在半径差为 0.03 mm 的两同心圆之间。对于圆柱表面，采用缺省的应用方式，而对于圆锥面则必须使用方向要素框格进行标注

4. 圆柱度公差(⌭)

圆柱度公差用于控制被测圆柱面的形状误差。被测要素是组成要素，其公称被测要素的属性和形状为明确给定的圆柱表面，属区域要素。圆柱度公差带定义、标注示例及解释如表 2-8 所示。

表 2-8 圆柱度公差带定义、标注示例及解释

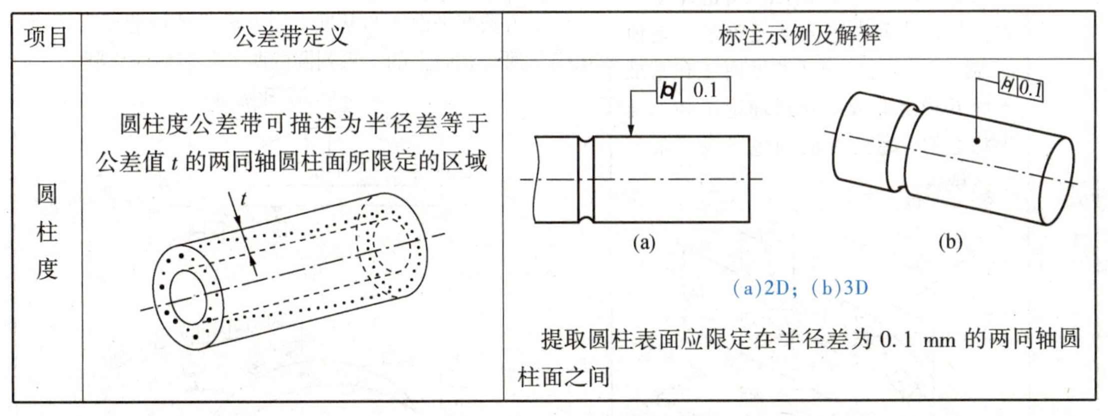

项目	公差带定义	标注示例及解释
圆柱度	圆柱度公差带可描述为半径差等于公差值 t 的两同轴圆柱面所限定的区域	(a)2D；(b)3D 提取圆柱表面应限定在半径差为 0.1 mm 的两同轴圆柱面之间

5. 线轮廓度公差(⌒)

线轮廓度公差主要用于限制平面曲线的误差。被测要素是组成要素或导出要素，其公称被测要素的属性和形状由一个线要素或一组线要素明确给定，其公称被测要素的形状，除了其本身是一条直线的情况以外，其他均应通过图样上完整的标注或者基于 CAD 模型的查询明确给定。线轮廓度公差带定义、标注示例及解释如表 2-9 所示。

轮廓度包括线轮廓度和面轮廓度两个项目，可分为无基准的轮廓度和有基准的轮廓度，不涉及基准的轮廓度公差，其公差带的方向和位置是浮动的；涉及基准的轮廓度公差，基准要素有平面和直线，其公差带的方向和位置是固定的。

表 2-9　线轮廓度公差带定义、标注示例及解释

<table>
<tr><th>项目</th><th>公差带定义</th><th>标注示例及解释</th></tr>
<tr><td rowspan="2">线轮廓度</td><td>(1)与基准不相关的线轮廓度：公差带可描述为直径等于公差值 t、圆心位于具有理论正确几何形状上的一系列圆的两包络线所限定的区域

a 为任意距离；
b 为平行于基准平面 A 的平面</td><td>在任一平行于基准平面 A 的截面内，如相交平面框格所规定的，提取(实际)轮廓线应限定在直径等于 0.04 mm，圆心位于理论正确几何形状上的一系列圆的两等距包络线之间。使用 CZ 表示封闭组合且连续的表面上的一组线要素上的三段圆弧 D 至 E 部分组成的组合要素
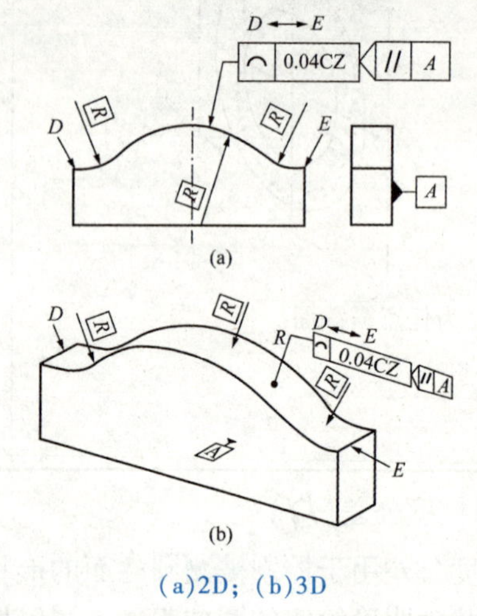

(a)2D；(b)3D</td></tr>
<tr><td>(2)相对于基准体系的线轮廓度公差：公差带可描述为直径等于公差值 t、圆心位于相对于基准平面 A 和基准平面 B 确定的被测要素理论正确几何形状上的一系列圆的两包络线所限定的区域
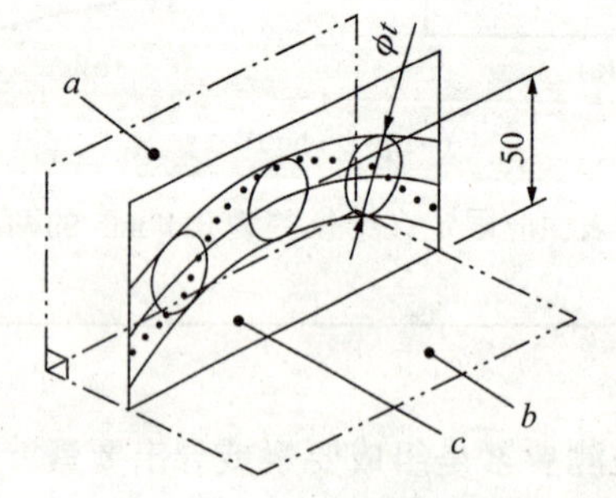

a 为基准平面 A；b 为基准平面 B；
c 为平行于基准 A 的平面。</td><td>在由相交平面规定的平行于基准平面 A 的任一截面内，提取(实际)轮廓线应限定在直径等于 0.04 mm、圆心位于由基准平面 A 与基准平面 B 确定的被测要素理论正确几何形状线上的一系列圆的两等距包络线之间
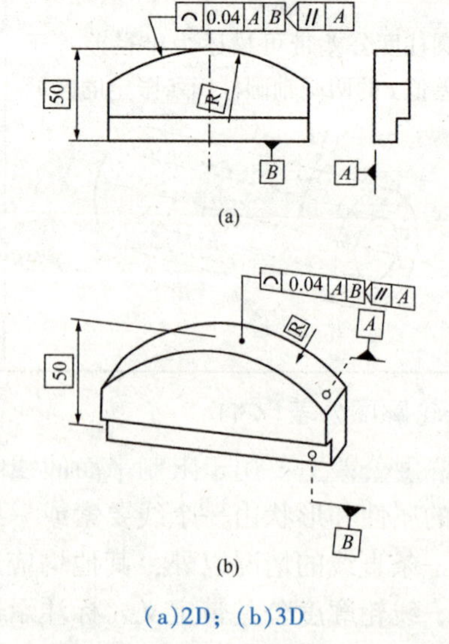

(a)2D；(b)3D</td></tr>
</table>

6. 面轮廓度公差(⌓)

面轮廓度公差主要用于限制曲面的误差。被测要素是组成要素或导出要素，其公称被测要素的属性由某个面要素明确给定，其公称被测要素的形状，除了其本身是一个平面的情况以外，其他均应通过图样上完整的标注或者基于 CAD 模型的查询明确给定。面轮廓度分为与基准不相关的面轮廓度和相对于基准的面轮廓度。面轮廓度公差带定义、标注示例及解释如表 2-10 所示。

表 2-10　面轮廓度公差带定义、标注示例及解释

项目	公差带定义	标注示例及解释
面轮廓度	(1)与基准不相关的面轮廓度：公差带为直径等于公差值 t、球心位于理论正确几何形状上的一系列圆球的两等距包络面所限定的区域 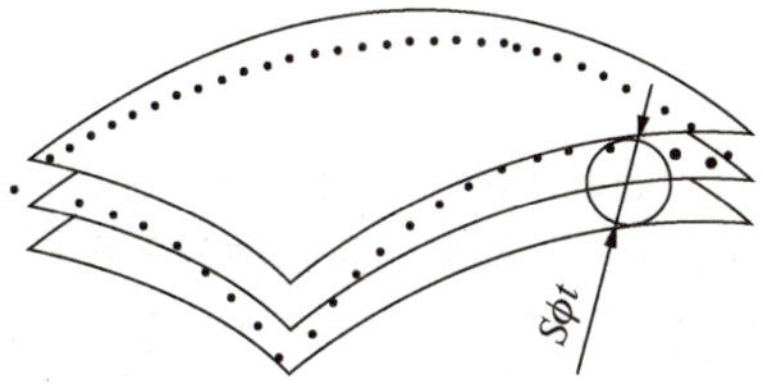	提取(实际)轮廓面应限定在直径等于 0.02 mm、球心位于被测要素理论正确几何形状表面上的一系列圆球的两等距包络面之间 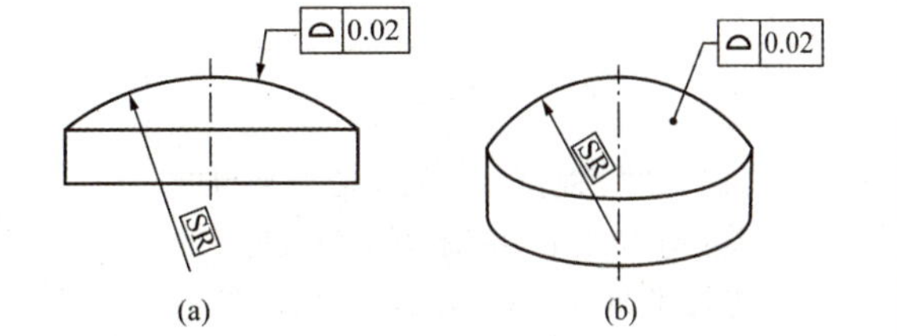 (a)2D；(b)3D
	(2)相对于基准体系的面轮廓度公差：公差带为直径等于公差值 t、球心位于由基准平面 A 确定的被测要素理论正确几何形状上的一系列圆球的两包络面所限定的区域 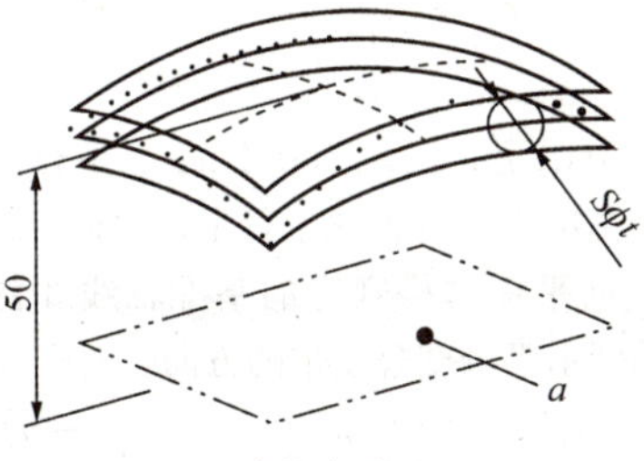 a 为基准平面	提取(实际)轮廓面应限定在距离等于 0.1 mm、球心位于由基准平面 A 确定的被测要素理论正确几何形状上的一系列圆球的两等距包络面之间 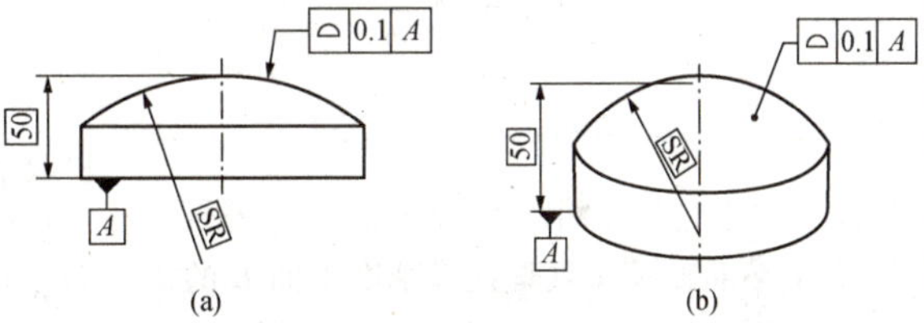 (a)2D；(b)3D

2.2.2　方向公差及公差带

方向公差是指关联实际要素对基准在方向上允许的变动全量。方向公差带的方向是固定的，由相对于基准的理论正确角度确定，而其位置则可在尺寸公差带内浮动。方向公差包括平行度、垂直度和倾斜度。由于被测要素有直线和平面，基准可以是基准线、基准面、基准体系(线和平面、平面和平面)，所以被测要素相对于基准要素的方向公差可分为线对基准体系、线对基准线、线对基准面、一组在表面上的线对基准面、面对线和面对面 6 种情况。

方向公差的公差带在控制被测要素相对于基准方向误差的同时，能自然地控制被测要素的形状误差，因此通常对同一被测要素当给出方向公差后，不再对该要素提出形状公差要求。如果确实需要对它的形状精度提出更高要求时，可以在给出方向公差带同时，再给出形状公差，但形状公差值一定要小于方向公差值。

1. 平行度公差(//)

平行度公差的被测要素是组成要素或导出要素。其公称被测要素的属性和形状可以是一个线要素、一组线要素或一个面要素。每一个公称被测要素的形状由直线或平面明确给定，如被测要素的公称状态为平面，且被测要素为平面上的一组直线，则应标注相交平面框格。公称被测要素与基准之间的理论正确角度应由缺省的0°定义。平行度公差带定义、标注示例及解释如表2-11所示。

表2-11　平行度公差带定义、标注示例及解释

项目	公差带定义	标注示例及解释
平行度	(1)相对于基准体系的中心线平行度公差：①公差带为间距等于公差值 t 的两平行平面所限定的区域。该两平行平面平行于基准轴线 A，且平行于基准平面 B。基准平面 B 是基准轴线 A 的辅助基准 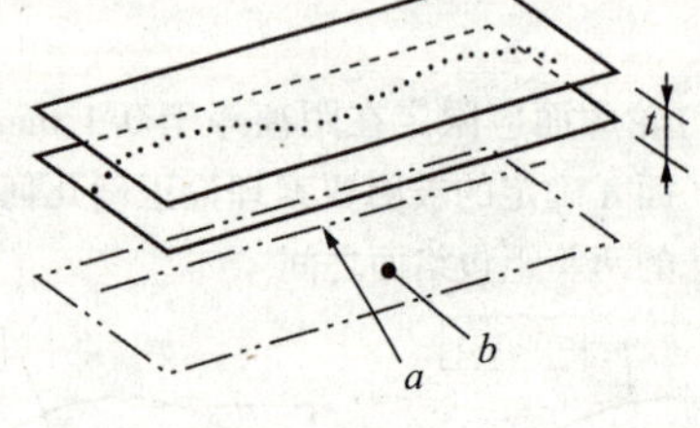 a 为基准轴线 A；b 为基准平面 B	提取(实际)中心线应限定在间距等于0.1 mm、平行于基准轴线 A 且平行于基准平面 B 的两平行平面之间。其中基准平面 B 是由定向平面框格规定的、基准轴线 A 的辅助基准，用以明确图示平行度公差带的方向 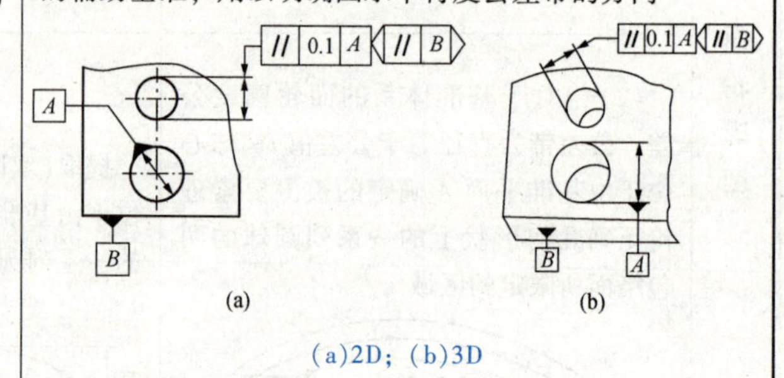 (a)2D；(b)3D
	②公差带为间距等于公差值 t、平行于基准轴线 A 且垂直于基准平面 B 的两平行平面所限定的区域。基准平面 B 是基准轴线 A 的辅助基准 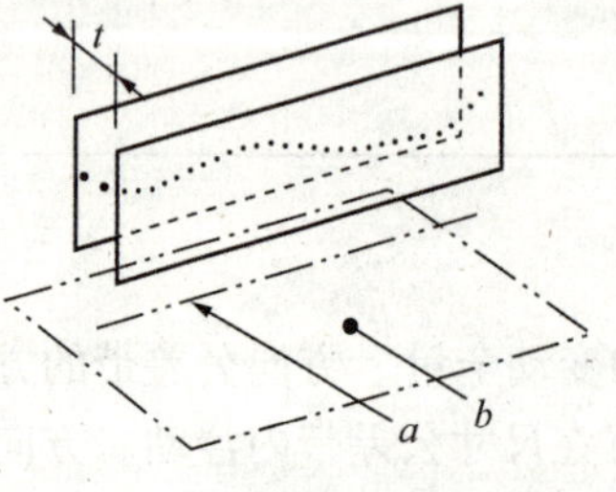 a 为基准轴线 A；b 为基准平面 B	提取中心线应限定在间距为0.1 mm、平行于基准轴线 A 且垂直于基准平面 B 的两平行平面之间。其中基准平面 B 是由定向平面框格规定的基准轴线 A 的辅助基准，用以明确图示平行度公差带的方向 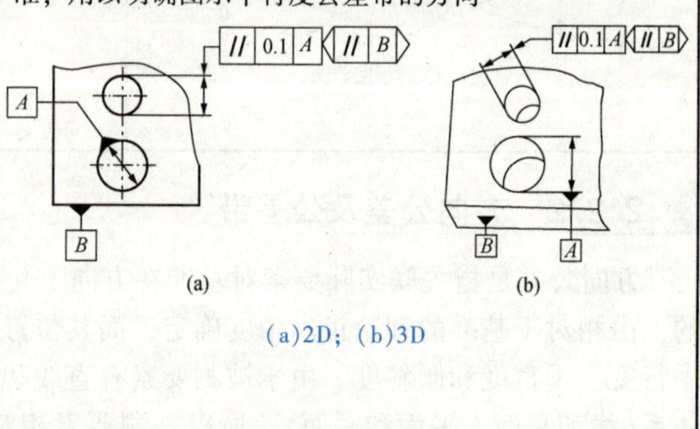 (a)2D；(b)3D

续表

项目	公差带定义	标注示例及解释
平行度	③公差带如下图所示，定向平面框格规定的 0.2 mm 的公差带的限定平面垂直于定向平面 B；定向平面框格规定的 0.1 mm 的公差带的限定平面平行于定向平面 B 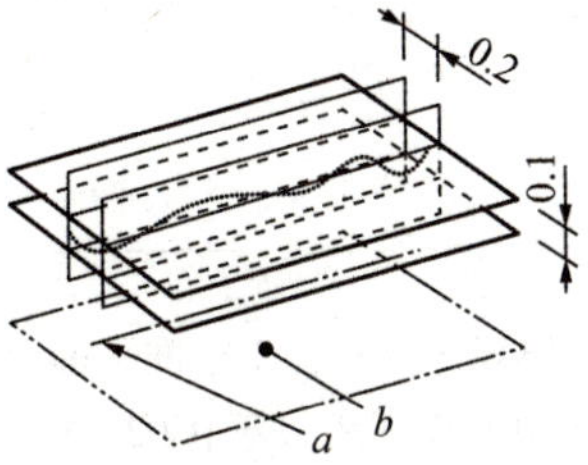 a 为基准轴线 A；b 为基准平面 B	提取(实际)中心线应限定在两对间距分别等于公差值 0.1 mm 和 0.2 mm，且平行于基准轴线 A 的两对平行平面之间。定向平面框格分别规定了两平行度公差带相对于基准平面 B 的方向 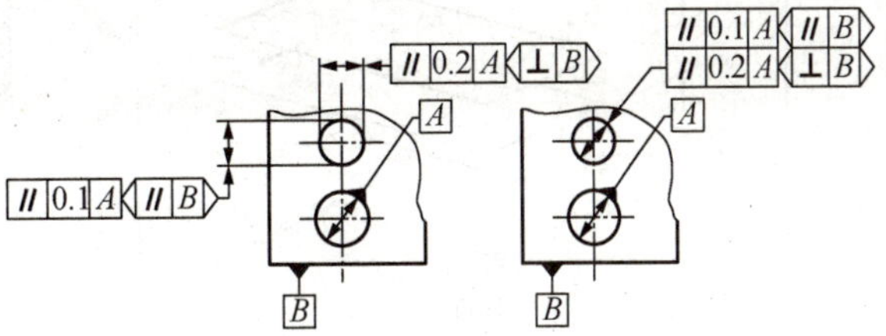 (a) 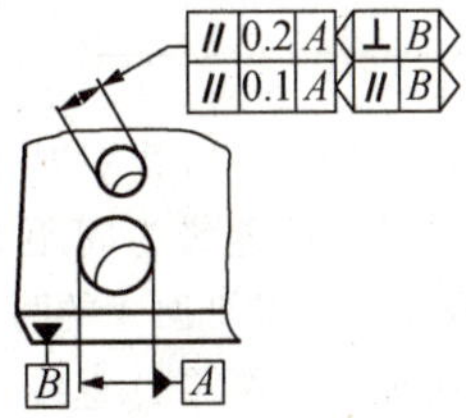 (b) (a)2D；(b)3D
	(2)相对于基准直线的中心线平行度公差：公差带为平行于基准轴线、直径等于公差值 ϕt 的圆柱面所限定的区域，被测要素为导出要素，标注时公差值前加 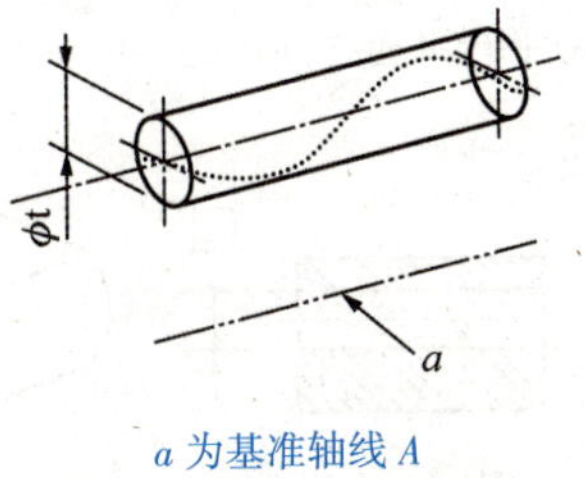 ϕ a 为基准轴线 A	提取(实际)中心线应限定在平行于基准轴线 A、直径等于 $\phi 0.03$ mm 的圆柱面内 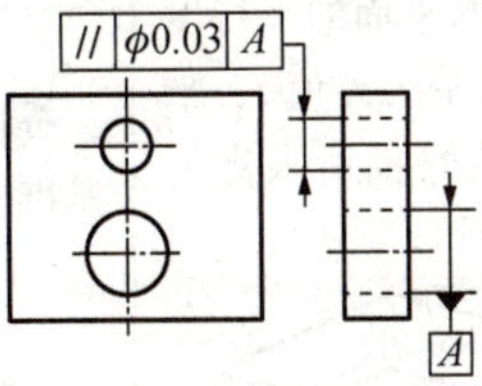 (a) 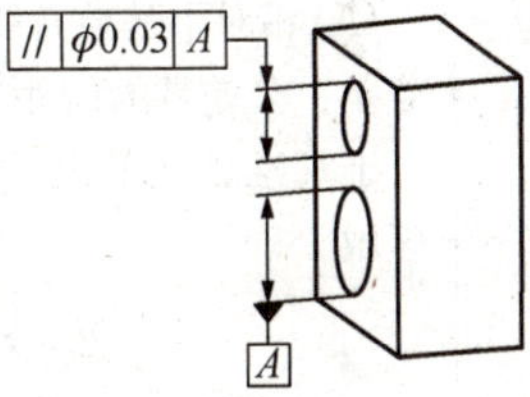 (b) (a)2D；(b)3D

续表

项目	公差带定义	标注示例及解释
	(3)相对于基准平面的中心线平行度公差：公差带为平行于基准平面、间距等于公差值 t 的两平行平面限定的区域 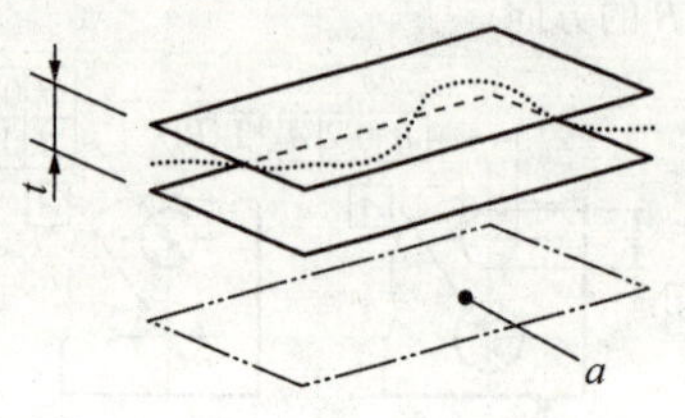 a 为基准平面 A	提取(实际)中心线应限定在平行于基准平面 B、间距等于 0.01 mm 的两平行平面之间 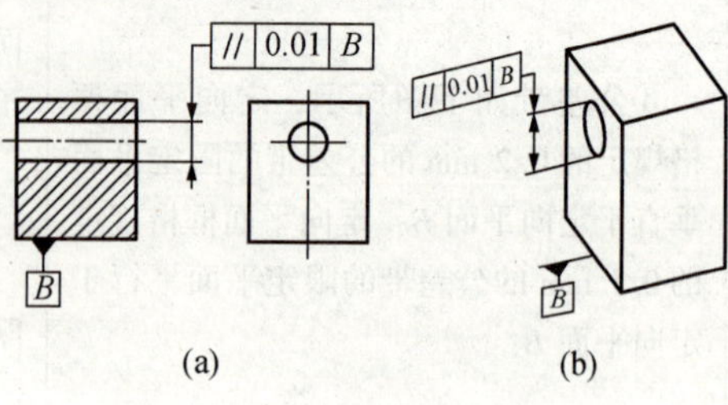 (a)2D；(b)3D
平行度	(4)面上的(一组)线对基准平面的平行度公差：公差带为间距等于公差值 t 且平行于基准平面 A 的两平行直线之间的区域，该两平行直线位于平行于基准平面 B 的平面内 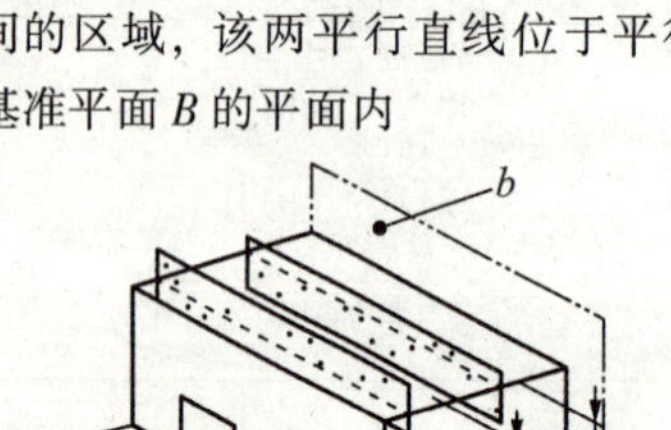 a 为基准平面 A；b 为基准平面 B	由相交平面框格规定的平行于基准平面 B 的每一条提取(实际)线，应限定在间距等于 0.02 mm、平行于基准平面 A 的两平行直线之间，该两条平行直线位于平行于基准平面 B 的平面内。基准平面 B 为基准平面 A 的辅助基准 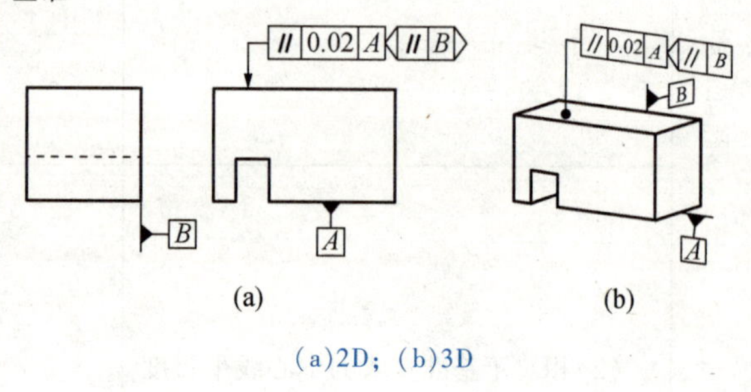 (a)2D；(b)3D
	(5)相对于基准直线的平面的平行度公差：公差带为间距等于公差值 t、平行于基准轴线的两平行平面所限定的区域 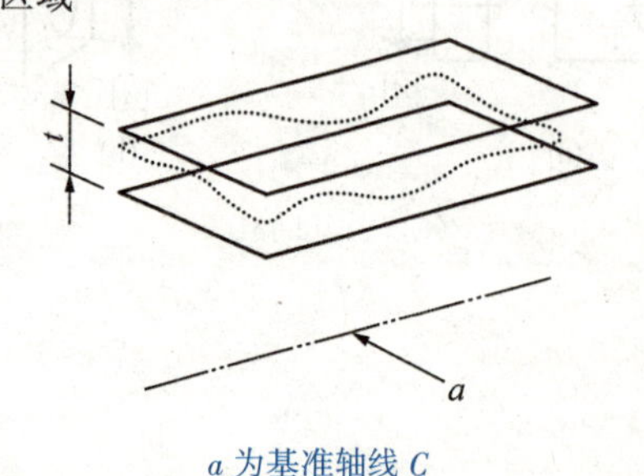 a 为基准轴线 C	提取(实际)平面应限定在间距等于 0.1 mm、平行于基准轴线 C 的两平行平面之间 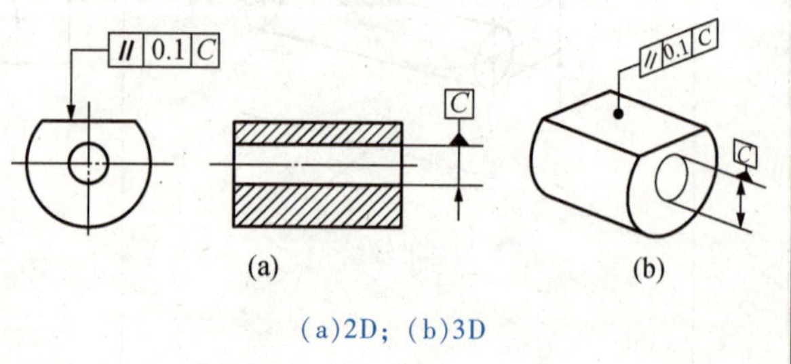 (a)2D；(b)3D

续表

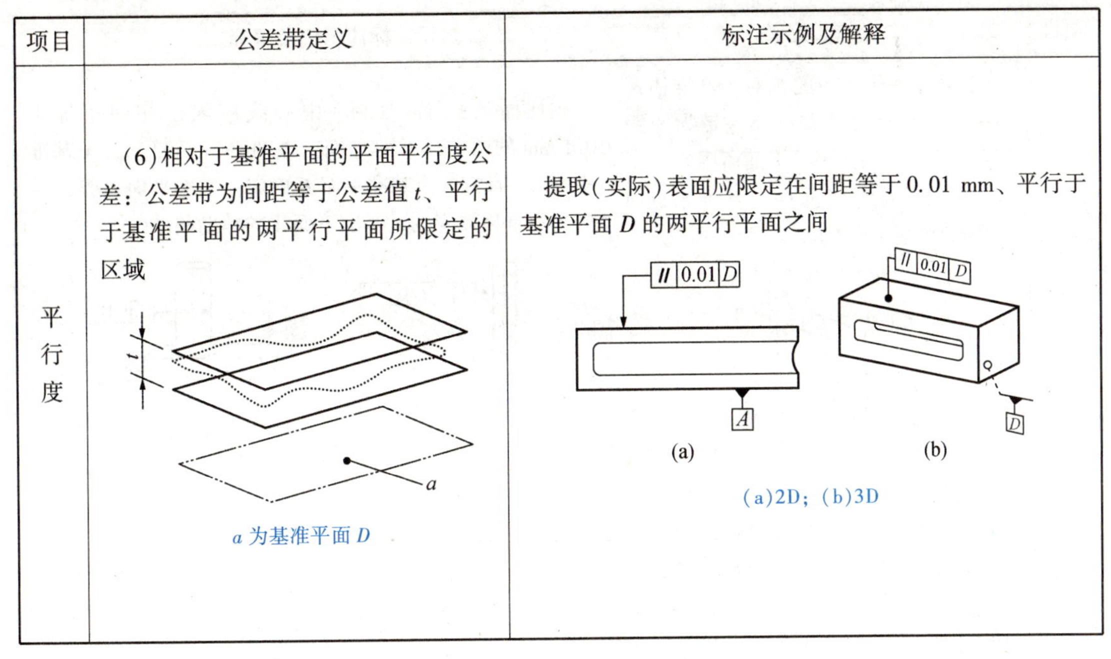

项目	公差带定义	标注示例及解释
平行度	(6)相对于基准平面的平面平行度公差：公差带为间距等于公差值 t、平行于基准平面的两平行平面所限定的区域 a 为基准平面 D	提取(实际)表面应限定在间距等于 0.01 mm、平行于基准平面 D 的两平行平面之间 (a)2D；(b)3D

2. 垂直度公差(⊥)

垂直度公差的被测要素是组成要素或导出要素，其公称被测要素的属性和形状可以是一个线要素、一组线要素或一个面要素。每一个公称被测要素的形状由直线或平面明确给定，如果被测要素是公称状态为平面，且被测要素为平面上的一组直线，则应标注相交平面框格。公称被测要素与基准之间的理论正确角度应由缺省的90°定义。垂直度公差带定义、标注示例及解释如表2-12所示。

表2-12 垂直度公差带定义、标注示例及解释

项目	公差带定义	标注示例及解释
垂直度	(1)相对于基准直线的中心线垂直度公差：公差带为间距等于公差值 t、垂直于基准轴线的两平行平面所限定的区域 基准轴线 t	提取(实际)中心线应限定在间距等于 0.06 mm、垂直于基准轴线 A 的两平行平面之间 ⊥ 0.06 A A (a) (b) (a)2D；(b)3D

续表

<table>
<tr><th>项目</th><th>公差带定义</th><th>标注示例及解释</th></tr>
<tr><td rowspan="2">垂直度</td><td>(2)给定一个方向的相对于基准体系的中心线垂直度公差：公差带为间距等于公差值 t 的两平行平面所限定的区域，该两平行平面垂直于基准平面 A 且平行于辅助基准 B
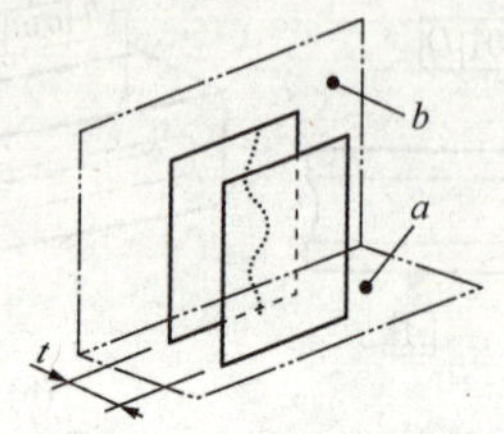

a 为基准平面 A；b 为基准平面 B</td><td>圆柱面的提取（实际）中心线应限定在间距等于 0.1 mm 的两平行平面之间，该两平行平面垂直于基准平面 A，且方向由基准平面 B 确定，基准平面 B 是由定向平面框格规定的、基准平面 A 的辅助基准
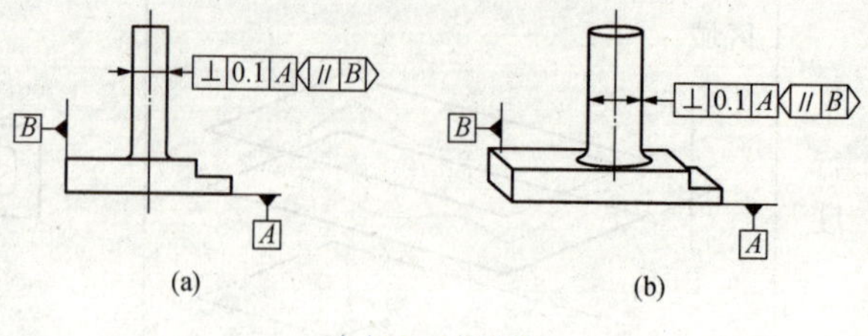

(a)2D；(b)3D</td></tr>
<tr><td>(3)给定两个方向的相对于基准体系的中心线垂直度公差：公差带分别为间距等于 t_1 和 t_2 且垂直于基准平面 A 的两组平行平面所限定的区域，公差带的方向分别由相应的定向平面确定，定向平面框格规定的公差值为 t_1 的垂直度公差带(间距为 t_1=0.1 mm 且垂直于基准 A 的两平行平面)的方向垂直于基准平面 B；定向平面框格规定的公差值为 t_2 的垂直度公差带(间距为 t_1 = 0.2 mm 且垂直于基准 A 的两平行平面)的方向平行于基准平面 B
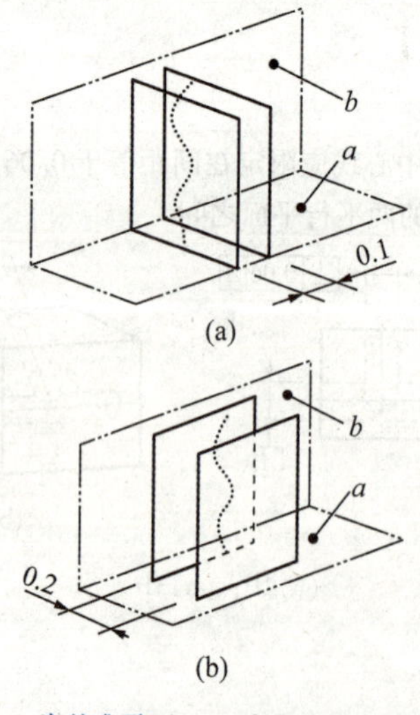

a 为基准平面 A；b 为基准平面 B</td><td>圆柱的提取（实际）中心线应限定在间距分别等于 0.1 mm 与 0.2 mm、且垂直于基准平面 A 的两组平行平面之间，公差带的方向由定向平面框格中的基准平面 B 规定，基准平面 B 是基准平面 A 的辅助基准
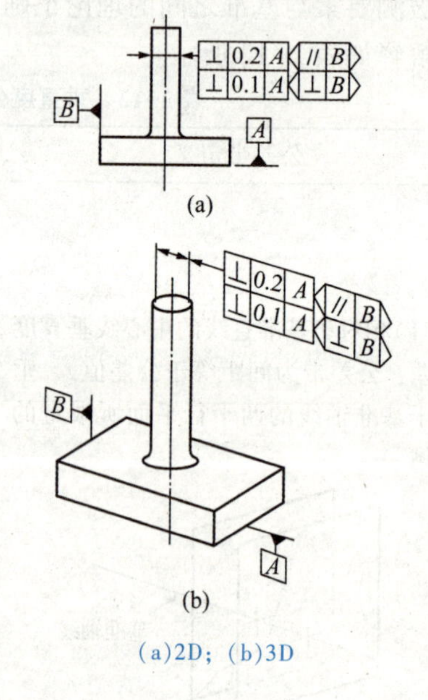

(a)2D；(b)3D</td></tr>
</table>

续表

项目	公差带定义	标注示例及解释
垂直度	(4) 相对于基准面的中心线垂直度公差带：公差带为直径等于公差值 ϕt，轴线垂直于基准平面的圆柱面所限定的区域，标注时公差值前加注 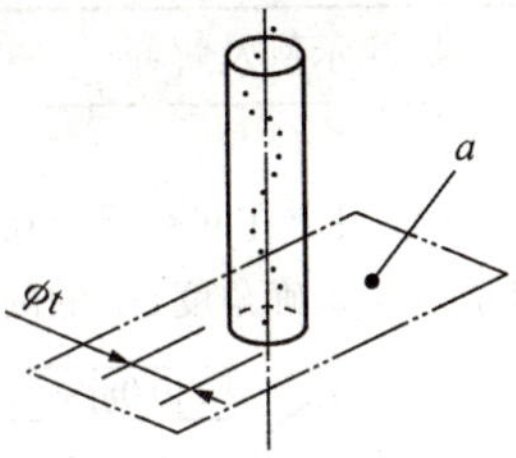 ϕ *a* 为基准平面 *A*	圆柱面的提取（实际）中心线应限定在直径等于 ϕ0.01 mm、垂直于基准平面 *A* 的圆柱面内 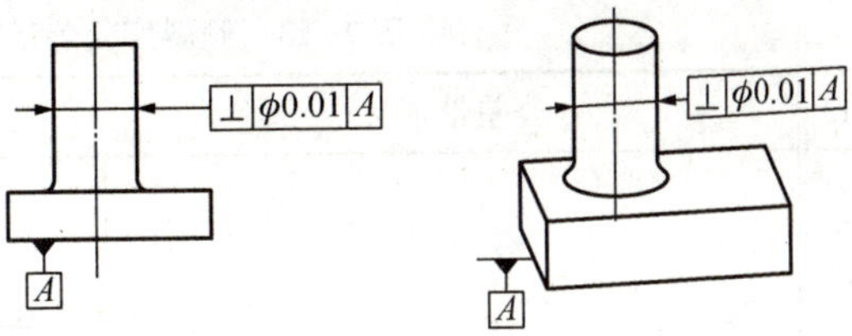 (a)　(b) (a)2D；(b)3D
	(5) 相对于基准直线的平面垂直度公差：公差带为间距等于公差值 *t* 且垂直于基准轴线的两平行平面所限定的区域 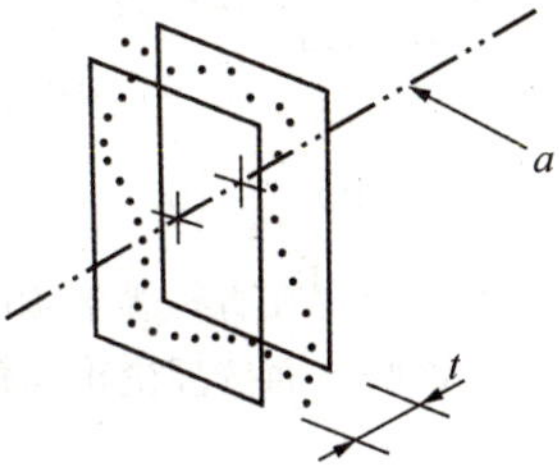 a 为基准轴线 *A*	提取(实际)平面应限定在间距等于 0.08 mm 的两平行平面之间，该两平行平面垂直于基准轴线 *A* 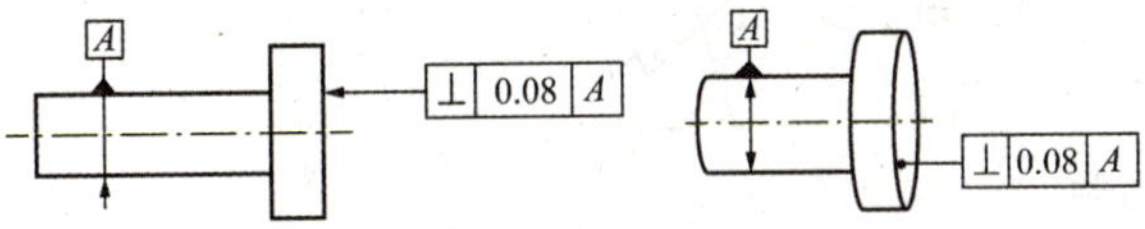 (a)　(b) (a)2D；(b)3D
	(6) 相对于基准面的平面垂直度公差：公差带为间距等于公差值 *t*、垂直于基准平面 *A* 的两平行平面所限定的区域 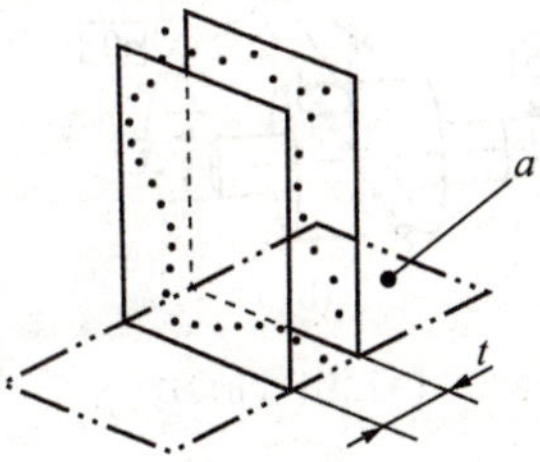 *a* 为基准平面 *A*	提取(实际)平面应限定在间距等于 0.08 mm、垂直于基准平面 *A* 的两平行平面之间 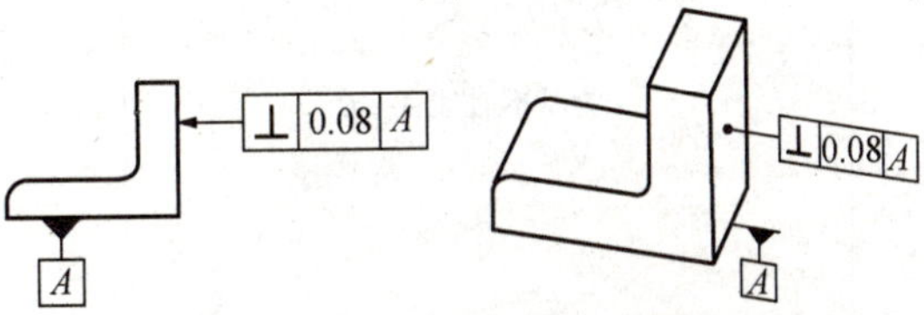 (a)　(b) (a)2D；(b)3D

3. 倾斜度公差(∠)

被测要素是组成要素或导出要素。其公称被测要素的属性和形状可以是一个线要素、一组线要素或一个面要素。每一个公称被测要素的形状由直线或平面明确给定，如果被测要素公称状态为平面，且被测要素为平面上的一组直线，则应标注相交平面框格。应使用至少一个明确的理论正确角度确定公称要素与基准之间的理论正确角度，另外的角度可通过缺省的理论正确角度给定(0°或 90°)。倾斜度公差带定义、标注示例及解释如表 2-13 所示。

表 2-13　倾斜度公差带定义、标注示例及解释

项目	公差带定义	标注示例及解释
倾斜度	(1)相对于基准直线的中心线倾斜度公差：公差带为间距等于公差值 t 的两平行平面所限定的区域，该两平行平面按给定角度倾斜于基准轴线 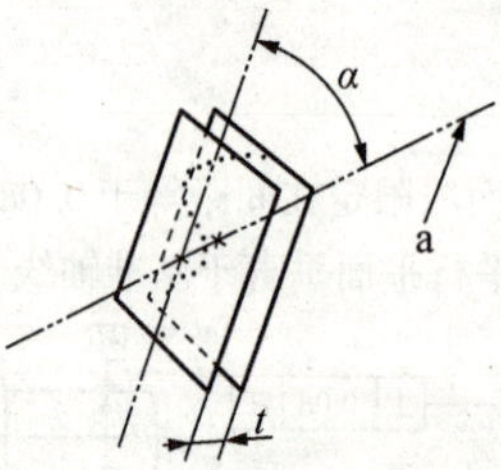 a 为基准轴线 A—B 当公差值前面加注 ϕ 时，其公差带为直径等于公差值 ϕt 的圆柱面所限定的区域，该圆柱面按规定角度倾斜于基准轴线 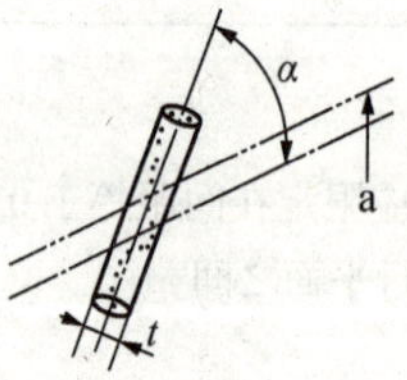 a 为基准轴线 A—B	提取(实际)中心线应限定在间距等于 0.08 mm、与公共基准轴线 A—B 成理论正确角度 60°的两平行平面之间 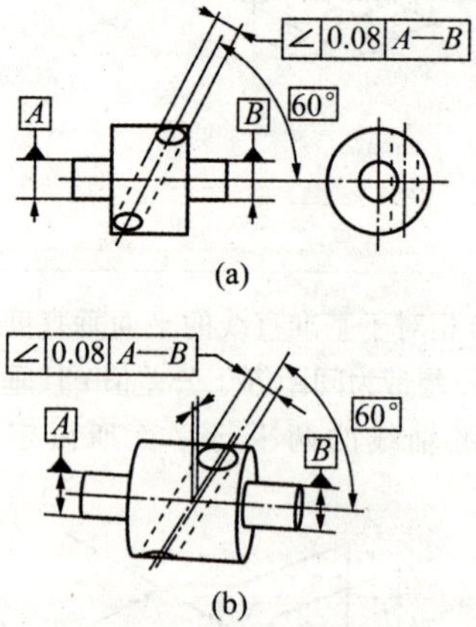 (a)2D；(b)3D 提取(实际)中心线应限定在直径等于 ϕ0.08 mm 的圆柱面所限定的区域，该圆柱面按理论正确角度 60°倾斜于公共基准轴线 A—B 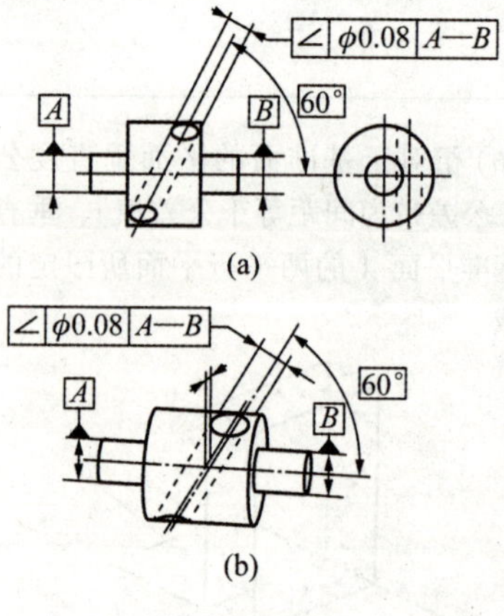 (a)2D；(b)3D

续表

项目	公差带定义	标注示例及解释
倾斜度	(2)相对于基准体系的中心线倾斜度公差：公差带为直径等于公差值 ϕt 的圆柱面所限定的区域，该圆柱面公差带的轴线按规定角度倾斜于基准平面 A 且平行于基准平面 B 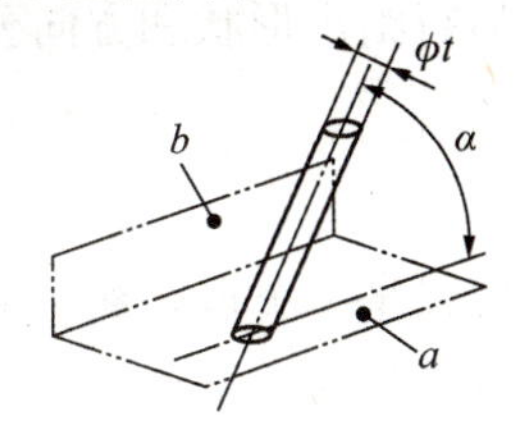 a 为基准平面 A；b 为基准平面 B	提取(实际)中心线应限定在直径等于 $\phi0.1$ mm 的圆柱面内，该圆柱面的中心线按理论正确角度60°倾斜于基准平面 A 且平行于基准平面 B 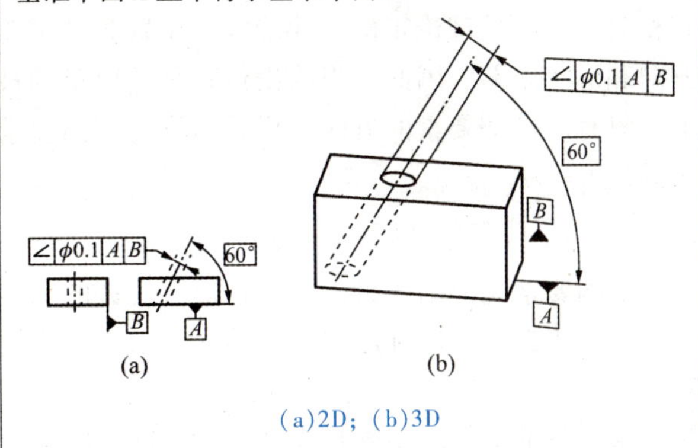 (a)2D；(b)3D
	(3)相对于基准直线的平面倾斜度公差：公差带为间距等于公差值 t 的两平行平面所限定的区域，该两平行平面按规定角度倾斜于基准轴线 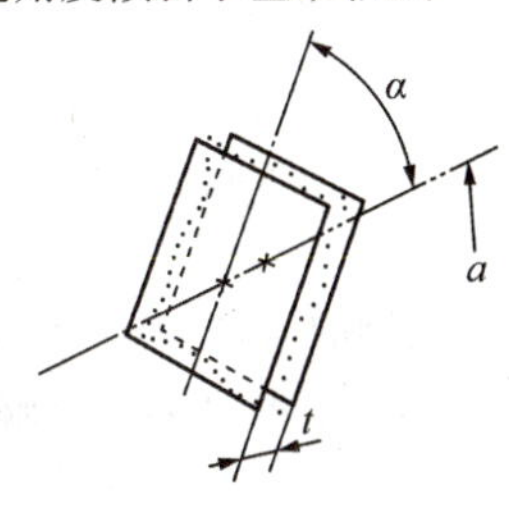 a 为基准轴线 A	提取(实际)表面应限定在间距等于0.1 mm 的两平行平面之间，该两平行平面按理论正确角度75 °倾斜于基准轴线 A 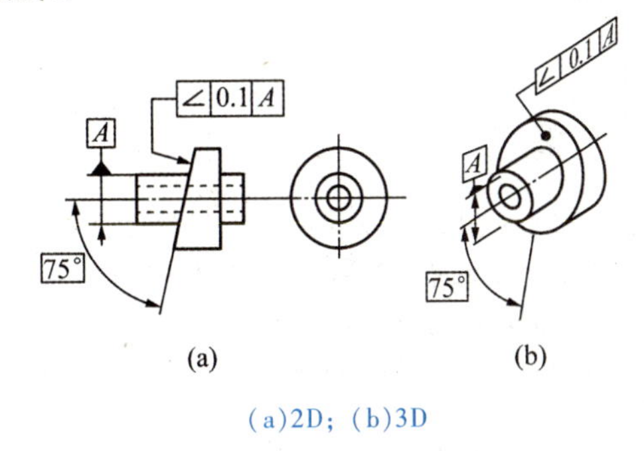 (a)2D；(b)3D
	(4)相对于基准平面的平面倾斜度公差：公差带为间距等于公差值 t 的两平行平面所限定的区域，该两平行平面按规定角度倾斜于基准平面 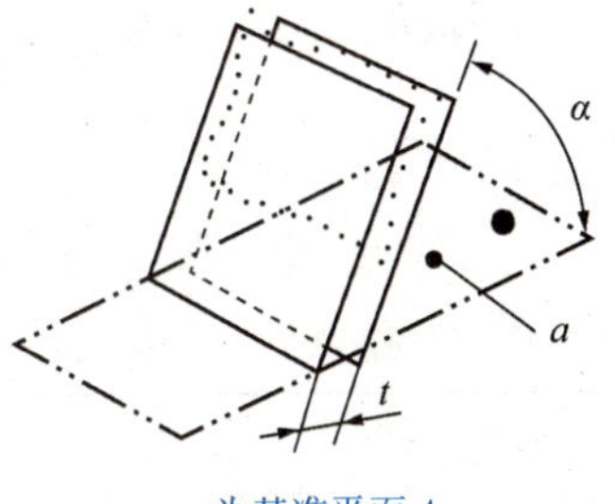 a 为基准平面 A	提取(实际)表面应限定在间距等于0.08 mm 的两平行平面之间，该两平行平面按理论角度40°倾斜于基准平面 A 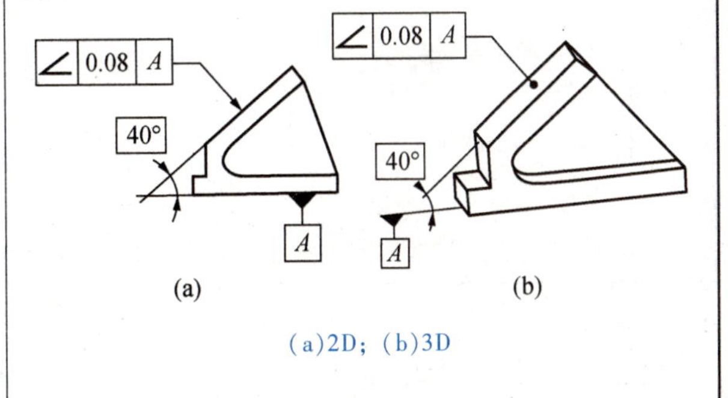 (a)2D；(b)3D

2.2.3 位置公差及公差带

位置公差是指关联实际要素对基准在位置上允许的变动全量。位置公差包括同轴(同心)度、对称度和位置度3种。

位置公差带具有以下2个特点：相对于基准位置是固定的，不能浮动，其位置是由基准和相对于基准的理论正确尺寸确定；位置公差带既能控制被测要素的位置误差，又能控制其方向和形状误差。因此，当给出位置公差要求的被测要素，一般不再提出方向和形状公差要求。只有对被测要素的方向和形状精度有更高要求时，才另行给出形状和方向公差要求，且应满足 $t_{位置}>t_{方向}>t_{形状}$。

1. 同心度与同轴度公差(◎)

被测要素是导出要素，其公称被测要素的属性和形状可以是一个点要素、一组点要素或一条直线要素。当所标注的要素的公称状态为直线，且被测要素为一组点时，应标注规范元素“ACS”(注：任意横截面)，此时，每个点的基准也是同一个横截面上的一个点，公称被测要素与基准之间的角度和线性尺寸由缺省的理论正确尺寸给定。同心度与同轴度公差带定义、标注示例及解释如表2-14所示。

表2-14 同心度与同轴度公差带定义、标注示例及解释

项目	公差带定义	标注示例及解释
同心度与同轴度	(1)点的同心度公差：公差带为直径等于公差值 ϕt 的圆周所限定的区域，公差值之前应加注符号“ϕ”，该圆周公差带的圆心与基准点重合 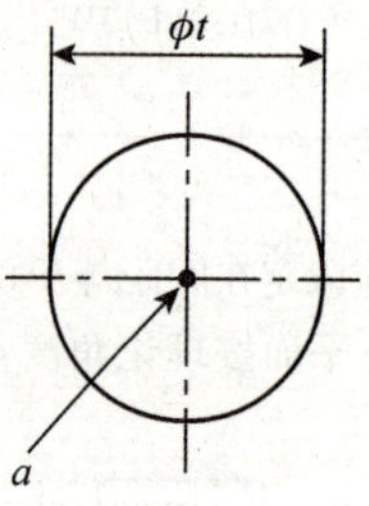 ϕt a a 为基准点	在任意横截面内，内圆的提取(实际)中心应限定在直径等于 ϕ0.1 mm、以基准点 A(在同一横截面内)为圆心的圆周内 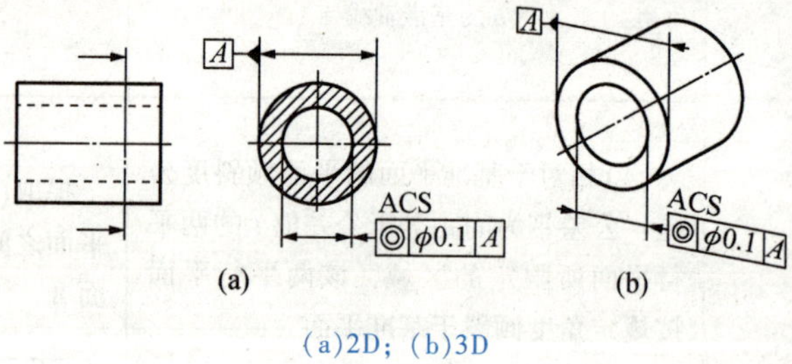 A ACS ◎ ϕ0.1 A (a) A ACS ◎ ϕ0.1 A (b) (a)2D；(b)3D

续表

项目	公差带定义	标注示例及解释
同心度与同轴度	(2)中心线的同轴度公差：中心线的同轴度公差值前加注符号“ϕ”，公差带为直径等于公差值 ϕt 的圆柱面所限定的区域，该圆周面的轴线与基准轴线重合 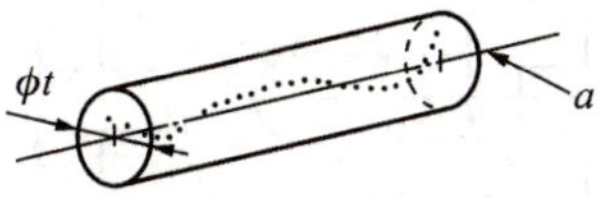 a 为基准轴线	被测圆柱的提取(实际)中心线应限定在直径等于 ϕ0.08 mm、以公共基准轴线 A—B 为轴线的圆柱面内 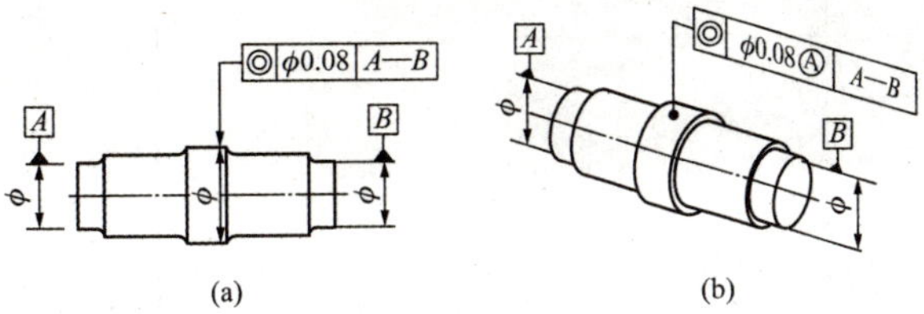 (a)2D；(b)3D 被测圆柱的提取(实际)中心线应限定在直径等于 ϕ0.1 mm、以基准轴线 A 为轴线的圆柱面内 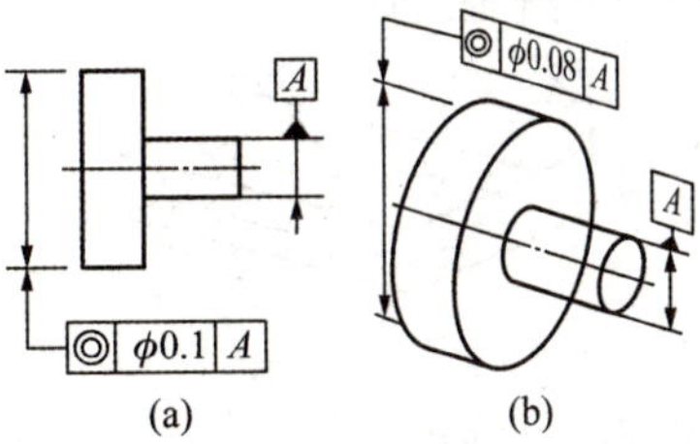 (a)2D；(b)3D 被测圆柱的提取(实际)中心线应限定在直径等于 ϕ0.1 mm、以垂直于基准平面 A 的基准轴线 B 为轴线的圆柱面内 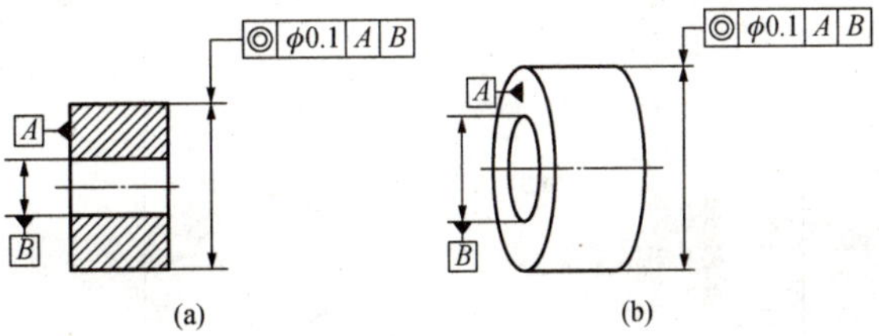 (a)2D；(b)3D

2. 对称度公差(⌯)

对称度的被测要素主要是槽类的中心平面，基准要素是中心平面(或轴线)，且被测要素的理想位置与基准要素重合(定位尺寸为0)，其实质是被测槽类的中心平面对于基准中心平面(或轴线)的位置度要求。对称度公差带定义、标注示例及解释如表2-15所示。

表 2-15　对称度公差带定义、标注示例及解释

项目	公差带定义	标注示例及解释
对称度	中心平面的对称度公差：公差带为间距等于公差值 t、对称于基准中心平面的两平行平面之间 $t/2$　t　a a 为基准中心平面	提取(实际)中心面应限定在间距等于 0.08 mm、关于基准中心平面 A 对称配置的两平行平面之间 ⌯ 0.08 A (a) (b) (a)2D；(b)3D 提取(实际)中心面应限定在间距等于 0.08 mm、对称于公共基准中心平面 $A—B$ 的两平行平面之间 ⌯ 0.08 A—B (a) (b) (a)2D；(b)3D

3. 位置度公差(⌖)

被测要素是组成要素或导出要素，包括点、直线和平面，基准要素主要有直线和平面。被测要素相对于基准要素必须保持图样给定的正确位置关系，由基准要素和相对于基准要素的理论正确尺寸确定。位置度公差带定义、标注示例及解释如表 2-16 所示。

表 2-16 位置度公差带定义、标注示例及解释

项目	公差带定义	标注示例及解释
位置度	(1)导出点的位置度公差：公差值前加注 $S\phi$，公差带为直径等于公差值 $S\phi t$ 的圆球面所限定的区域，该球面的中心的位置由相对于基准 A、B、C 的理论正确尺寸确定 *a* 为基准平面 *A*；*b* 为基准平面 *B*；*c* 为基准平面 *C*	提取(实际)球心应限定在直径等于 $S\phi0.3$ mm 的圆球内，该圆球的中心位于由相对于基准平面 A、基准平面 B、基准中心平面 C 的理论正确尺寸确定的理论正确位置上 (a)2D；(b)3D
	(2)平面上线的位置度公差：公差带为间距等于公差值 t、对称于线的理论正确位置的两平行直线所限定的区域，线的理论正确位置由基准平面 A、B 和理论正确尺寸确定，公差只在一个方向上给定 *a* 为基准平面 *A*；*b* 为基准平面 *B*	各条刻线的提取(实际)中心线应限定在距离等于 0.1 mm，对称于由基准平面 A、B 和理论正确尺寸确定的理论正确位置的两平行直线之间 (a)2D；(b)3D

续表

项目	公差带定义	标注示例及解释
位置度	(3)中心线的位置度公差：公差带如下图所示，给定 2 个方向上的位置度时，公差带为间距分别等于公差值 t_1 和 t_2、对称于线的理论正确位置的两组平行平面所限定的区域。线的理论正确位置由基准平面以及相应的理论正确尺寸确定。对应 2 个方向的位置度公差带的方向由定向平面框格规定 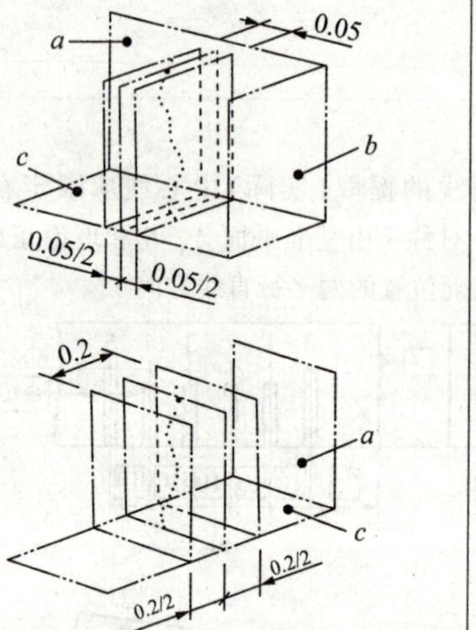 *a* 为第二基准平面 *A*，垂直于基准平面 *C*； *b* 为第三基准平面 *B*， 垂直于基准平面 *C* 和基准平面 *A*； *c* 为基准平面 *C*	各孔的提取(实际)中心线在给定方向上应各自限定在间距分别为 0.05 mm 和 0.2 mm，且相互垂直的 2 对平行平面内，每对平行平面的理论正确位置由基准平面 *C*、*A*、*B* 和理论正确尺寸确定，每对平行平面的方向由定向平面框格规定(例如，下图所示间距为 0.05 mm 的位置度公差带方向平行于基准平面 *B*；另一个平行于基准平面 *A*) 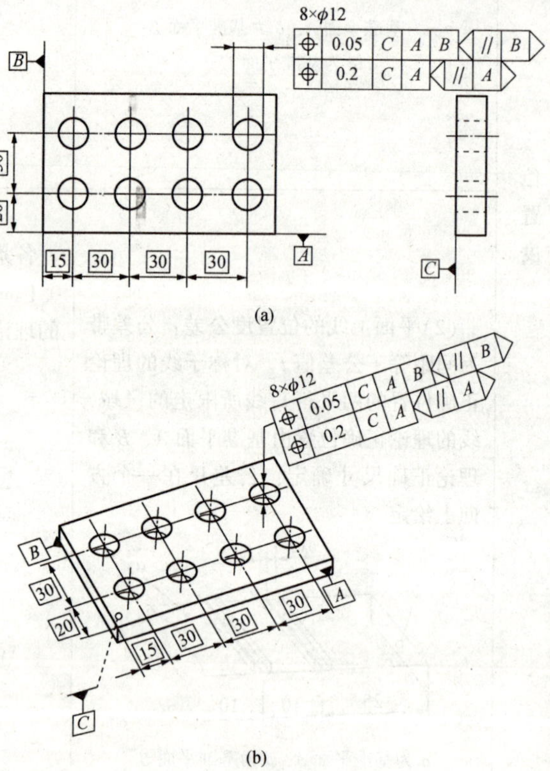 (a) (b) (a)2D；(b)3D

续表

项目	公差带定义	标注示例及解释
位置度	(4)中心线任意方向的位置度公差：任意方向上的位置度，公差值前加注 ϕ，公差带为直径等于公差值 ϕt 的圆柱面所限定的区域，该圆柱面的轴线由基准平面 C、A、B 和理论正确尺寸确定 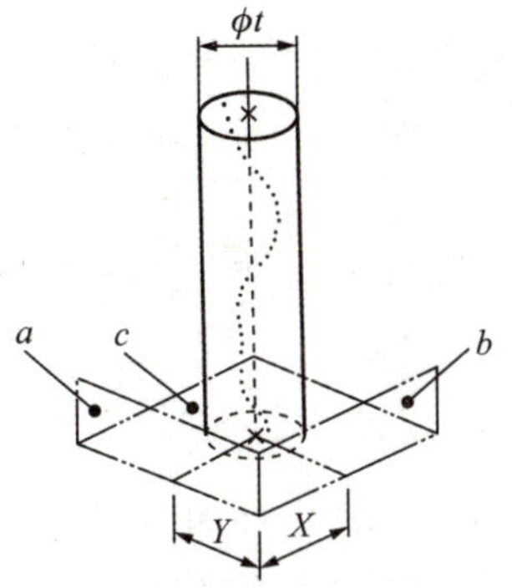 a 为基准平面 A；b 为基准平面 B； c 为基准平面 C	提取(实际)中心线应限定在直径等于 ϕ0.08 mm 的圆柱面内，该圆柱面的轴线应处于由基准平面 C、A、B 和理论正确尺寸所确定的理论正确位置上 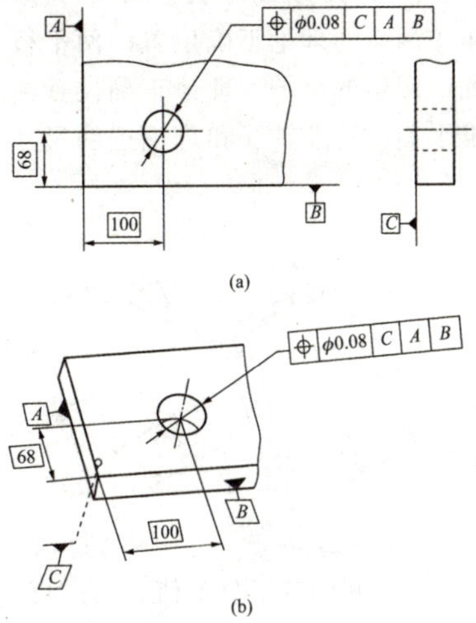 (a)2D；(b)3D 如下图所示，各孔的提取(实际)中心线应各自限定在直径等于 0.1 mm 的圆柱面内，该圆柱面的轴线应处于由基准平面 C、A、B 和理论正确尺寸所确定的各孔轴线的理论正确位置上 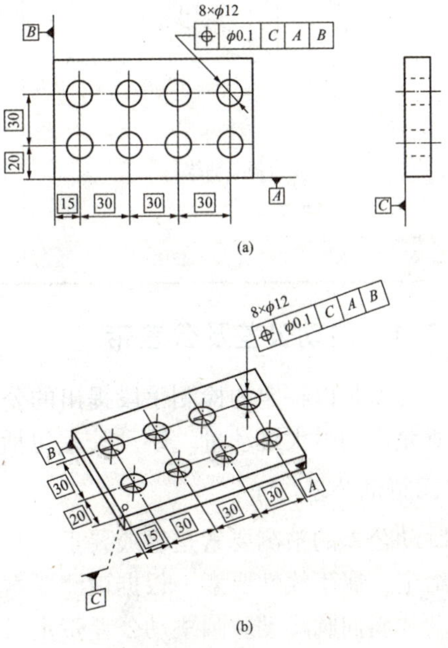 (a)2D；(b)3D

续表

项目	公差带定义	标注示例及解释
位置度	(5)轮廓平面或中心平面的位置度公差：公差带为间距等于公差值 t，且对称于被测面的理论正确位置的两平行平面所限定的区域。理论正确位置由基准平面、基准轴线和理论正确尺寸确定 公差带为间距等于公差值 t，且对称于基准轴线 A 的两平行平面所限定的区域 a 为基准轴线	提取平面应限定在间距为 0.05 mm，且对称于平面的理论正确位置的两平行平面内，平面的理论正确位置由基准平面 A、基准轴线 B 和理论正确尺寸确定 (a)2D；(b)3D 如下图所示，8 个被测要素的每一个应单独考量(与其相互之间的角度无关)，提取(实际)中心面应限定在间距等于公差值 0.05 mm 的两平行平面之间，该两平行平面对称于由基准轴线 A 和理论正确角度 45°确定的理论正确位置 (a)2D；(b)3D

2.2.4 跳动公差及公差带

跳动公差是以特定的检测手段提出的公差项目，指关联实际要素绕基准回转一周或连续回转时所允许的最大跳动量。跳动公差包括圆跳动和全跳动两种。

1. 圆跳动公差(↗)

圆跳动公差的被测要素是组成要素，其公称被测要素的形状与属性由圆环线或一组圆环线明确给定，属于线性要素。根据被测要素的部位的不同，圆跳动公差分为径向圆跳动、轴向圆跳动和斜向圆跳动。圆跳动公差带定义、标注示例及解释如表 2-17 所示。

表 2-17　圆跳动公差带定义、标注示例及解释

项目	公差带定义	标注示例及解释
圆跳动公差	(1)径向圆跳动公差：公差带为任一垂直于基准轴线的横截面内、半径差等于公差值 t、圆心在基准轴线上的两共面同心圆所限定的区域 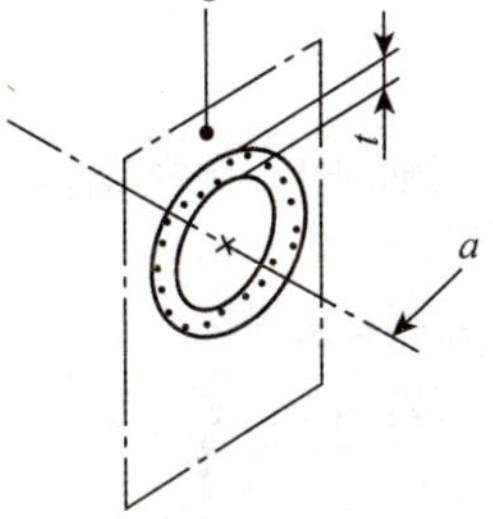 a 为基准轴线 A； b 为垂直于基准 A 的横截面	在任一垂直于基准 A 的横截面内，提取(实际)线应限定在半径差等于 0.1 mm、圆心在基准轴线 A 上的两共面同心圆之间 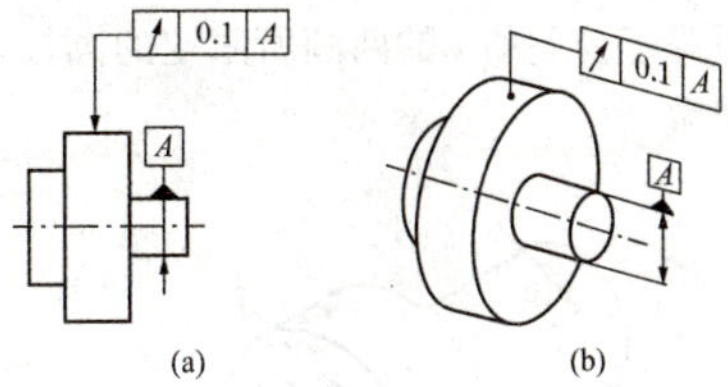 (a)2D；(b)3D 在任一平行于基准平面 B、垂直于基准轴线 A 的截面上，提取(实际)圆应限定在半径差等于 0.1 mm、圆心在基准轴线 A 上的两共面同心圆之间 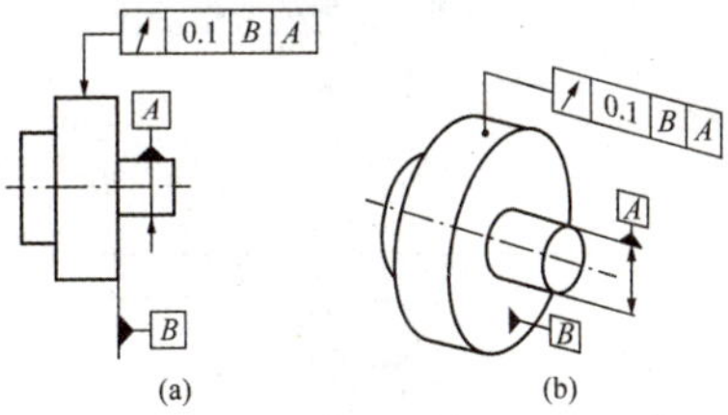 (a)2D；(b)3D 在任一垂直于公共基准轴线 A—B 的横截面内，提取(实际)线应限定在半径差等于公差值 0.1 mm、圆心在基准轴线 A—B 上的两共面同心圆之间 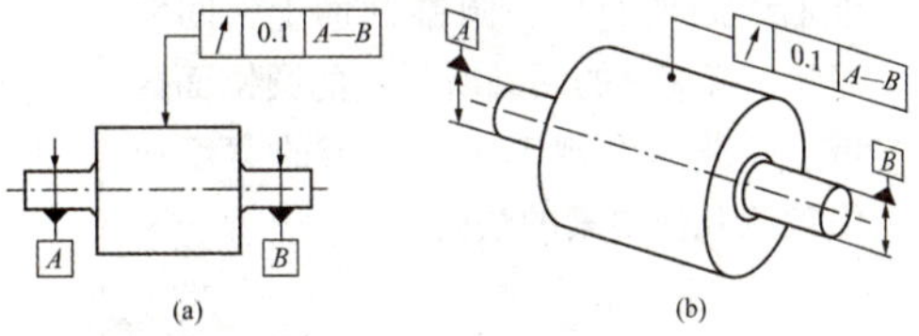 (a)2D；(b)3D 在任一垂直于基准轴线 A 的横截面内，提取(实际)线应限定在半径差等于公差值 0.2 mm、圆心在基准轴线上的两共面同心圆之间 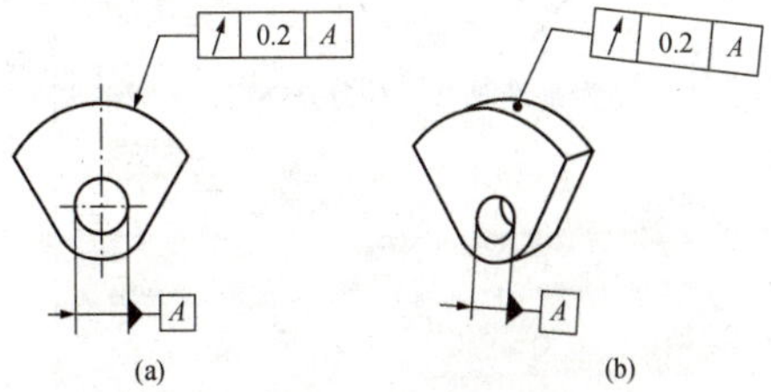 (a)2D；(b)3D

续表

项目	公差带定义	标注示例及解释
圆跳动公差	(2)轴向圆跳动公差：公差带为与基准轴线同轴的任意半径的圆柱截面上、间距等于公差值 t 的两圆所限定的圆柱面区域 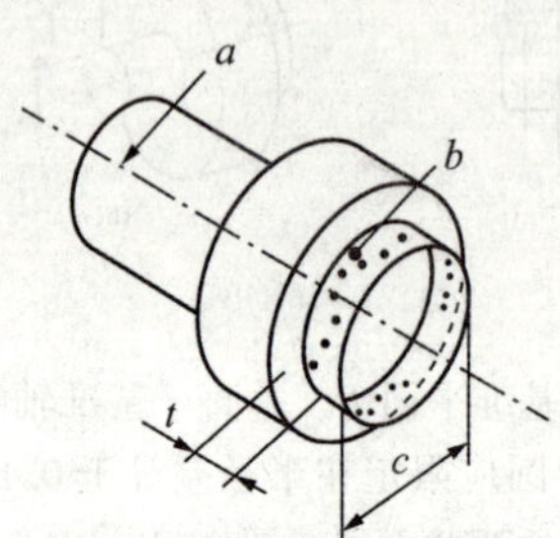 a 为基准轴线；b 为公差带； c 为与基准轴线同轴的任意直径	在与基准轴线 D 同轴的任一圆柱形截面上，提取(实际)圆应限定在轴线距离等于公差值 0.1 mm 的两个等圆之间 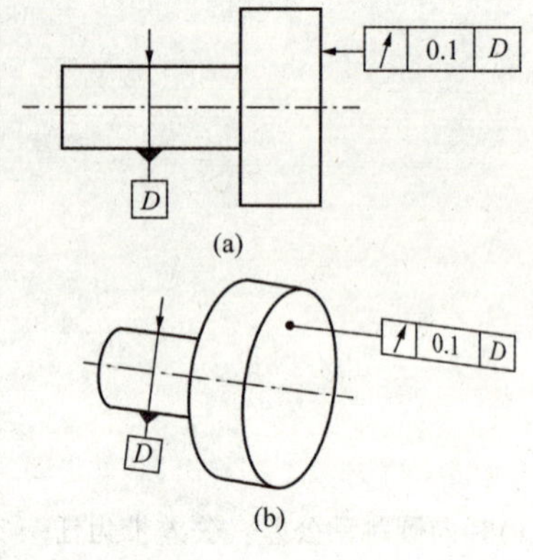 (a)2D；(b)3D
	(3)斜向圆跳动公差：公差带为与基准轴线同轴的任一圆锥截面上，间距等于公差值 t 的两圆所限定的圆锥面区域。除非另有规定，公差带的宽度应沿被测几何要素的法向 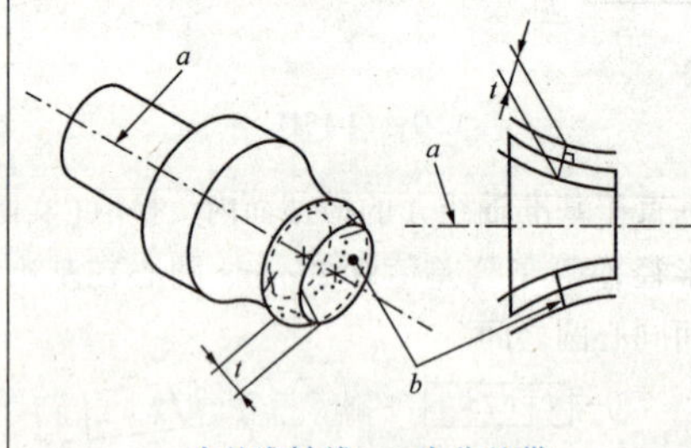 a 为基准轴线；b 为公差带	在与基准轴线 C 同轴的任一圆锥截面上，提取(实际)线应限定在素线方向间距等于 0.1 mm 的两不等圆之间，并且截面的锥角与被测要素垂直 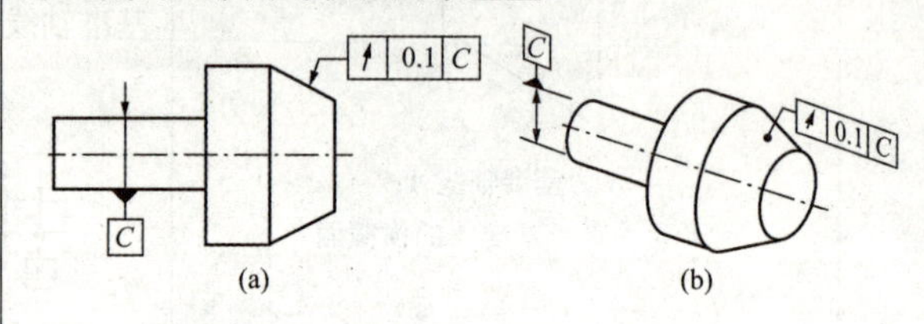 (a)2D；(b)3D 当标注公差的素线不是直线时，圆柱截面的锥角要随实际位置而变化，保持与被测要素垂直 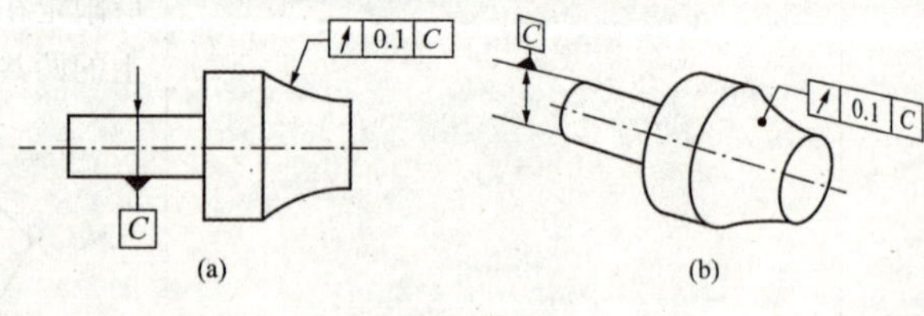 (a)2D；(b)3D

续表

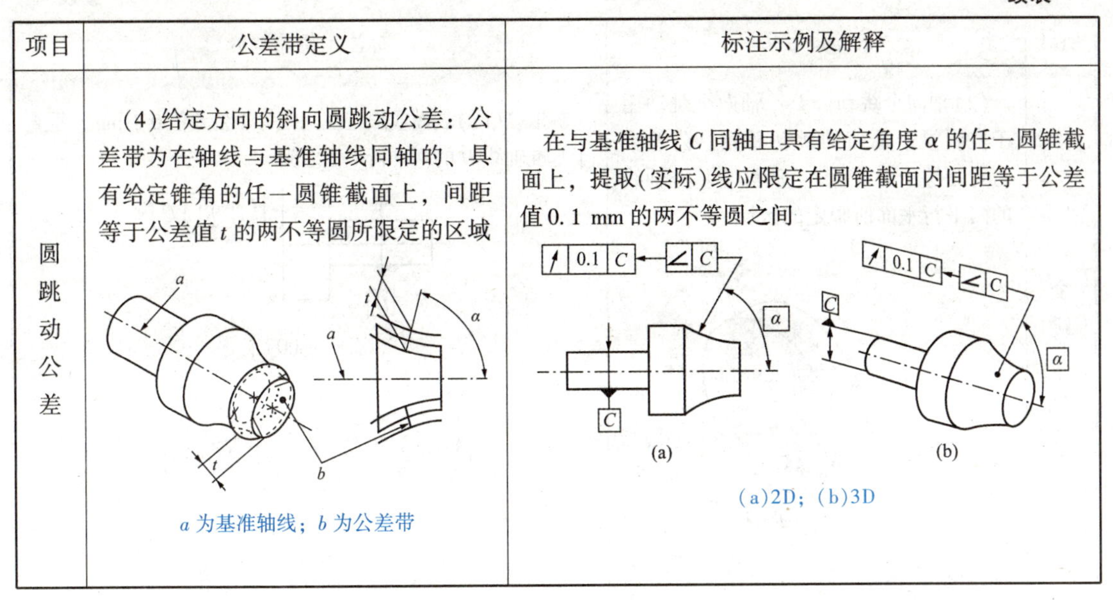

项目	公差带定义	标注示例及解释
圆跳动公差	(4)给定方向的斜向圆跳动公差：公差带为在轴线与基准轴线同轴的、具有给定锥角的任一圆锥截面上，间距等于公差值 t 的两不等圆所限定的区域 a 为基准轴线；b 为公差带	在与基准轴线 C 同轴且具有给定角度 α 的任一圆锥截面上，提取(实际)线应限定在圆锥截面内间距等于公差值 0.1 mm 的两不等圆之间 (a)2D；(b)3D

2. 全跳动公差(⌰)

全跳动公差的被测要素是组成要素，其公称被测要素的形状与属性是一个平面或一个回转表面，公差带保持被测要素的公称形状，但对于回转体表面不约束径向尺寸。全跳动公差分为径向全跳动公差和轴向全跳动公差。全跳动公差带定义、标注示例及解释如表 2-18 所示。

径向全跳动公差带与圆柱度公差带形状相同，但是前者的轴线与基准轴线同轴，后者的轴线是浮动的，随圆柱度误差的形状而定。径向全跳动是被测圆柱度误差和同轴度误差的综合反映。轴向全跳动的公差带与端面对轴线的垂直度公差带是相同的，因而两者控制几何误差的效果也是一样的。

表 2-18　全跳动公差带定义、标注示例及解释

项目	公差带定义	标注示例及解释
全跳动公差	(1)径向全跳动公差：径向全跳动用于控制整个圆柱形回转要素的跳动总量。公差带为半径差等于公差值 t、与基准轴线同轴的两圆柱面所限定的区域 a 为基准轴线	提取(实际)表面应限定在半径差等于公差值 0.1 mm、与公共基准轴线 $A—B$ 同轴的两圆柱面之间 (a)2D；(b)3D

续表

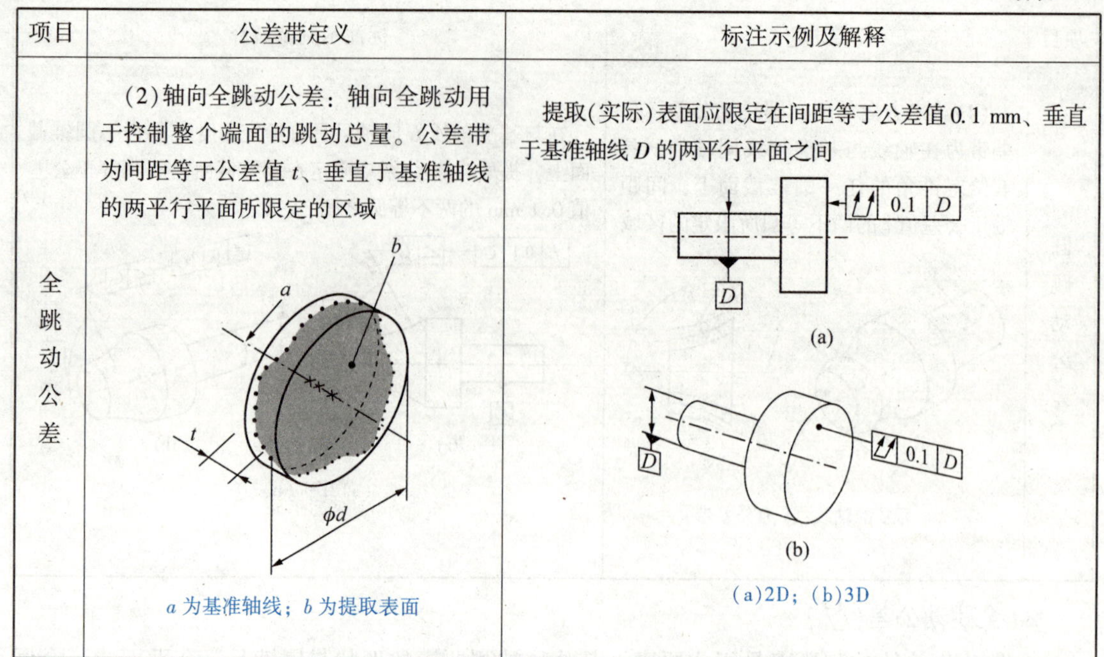

项目	公差带定义	标注示例及解释
全跳动公差	(2)轴向全跳动公差：轴向全跳动用于控制整个端面的跳动总量。公差带为间距等于公差值 t、垂直于基准轴线的两平行平面所限定的区域 *a* 为基准轴线；*b* 为提取表面	提取(实际)表面应限定在间距等于公差值 0.1 mm、垂直于基准轴线 D 的两平行平面之间 (a) (b) (a)2D；(b)3D

2.3 公差原则

根据零件功能的要求，几何公差与尺寸公差的关系可以是相对独立无关的，也可以是互相影响、单向补偿或互相补偿的，即几何公差与尺寸公差相关。为了保证设计要求，正确判断不同要求时零件的合格性，必须明确几何公差与尺寸公差的内在联系。公差原则就是规范和确定几何公差与尺寸(包括线性尺寸和角度尺寸)公差之间相互关系的原则和要求。包括独立原则、包容要求、最大实体要求、最小实体要求及可逆要求。

2.3.1 术语及定义

(1)作用尺寸：包括体外作用尺寸和体内作用尺寸。

①体外作用尺寸：在被测要素的给定长度上，与实际内表面孔的体外相接的最大理想面的尺寸或与实际外表面轴的体外相接的最小理想面的尺寸。对于单一要素的体外作用尺寸，如图 2-60(a)所示；而对于关联要素的体外作用尺寸，此时该理想面的轴线或中心平面必须与基准保持图样上给定的几何关系，如图 2-60(b)所示。内、外表面的体外作用尺寸分别用 D_{fe} 和 d_{fe} 表示。

②体内作用尺寸：在被测要素的给定长度上，与实际内表面孔的体内相接的最小理想面的尺寸或与实际外表面轴的体内相接的最大理想面的尺寸。对于单一要素的体内作用尺寸，如图 2-61(a)所示；而对于关联要素的体内作用尺寸，此时该理想面的轴线或中心平面必须与基准保持图样上给定的几何关系，如图 2-61(b)所示。内、外表面的体内作用尺寸分别用 D_{fi} 和 d_{fi} 表示。

任何零件加工后所产生的尺寸、几何误差都会综合影响零件的功能，在装配时，提取组成要素的局部实际尺寸和几何误差综合起作用的尺寸称为作用尺寸。同一批零件加工后由于实际要素各不相同，其几何误差的大小也不同，所以作用尺寸也各不相同，但对于某一零件而言，其作用尺寸是确定的。由于孔的体外作用尺寸比实际尺寸小，体内作用尺寸比实际尺寸大；而轴的体外作用尺寸比实际尺寸大，体内作用尺寸比实际尺寸小。因此，作用尺寸将影响孔和轴装配后的松紧程度，也就是影响配合性质。故对有配合要求的孔和轴，不仅应控制其实际尺寸，还应该控制其作用尺寸。

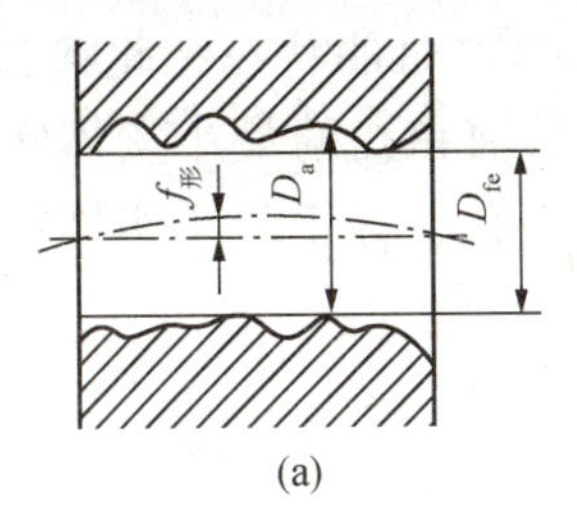

(a)

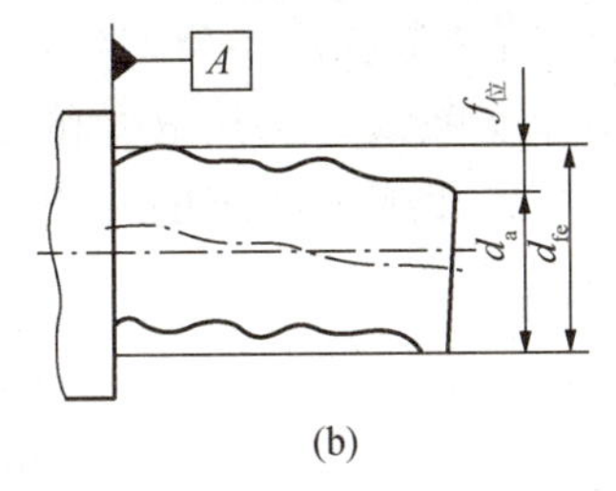

(b)

图 2-60　体外作用尺寸

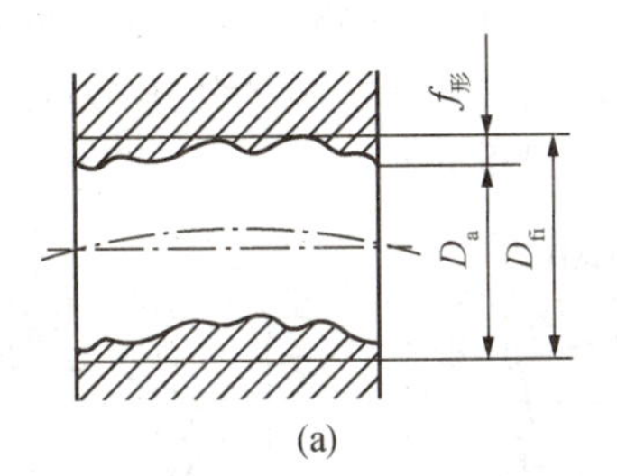

(a)

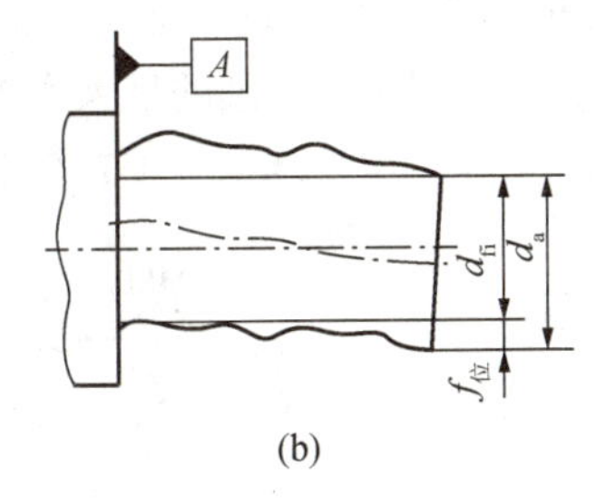

(b)

图 2-61　体内作用尺寸

(2)最大实体状态(MMC)：当尺寸要素的提取组成要素局部尺寸处处位于极限尺寸且使其具有材料最多(实体最大)时的状态，例如圆孔最小直径时的状态和轴最大直径时的状态。

(3)最大实体尺寸(MMS)：确定要素最大实体状态的尺寸。即外表面轴的最大实体尺寸 d_M 是外尺寸要素的上极限尺寸 d_{max}；内表面孔的最大实体尺寸 D_M 是内尺寸要素的下极限尺寸 D_{min}，即

$$d_M = d_{max} \qquad D_M = D_{min}$$

(4)最小实体状态(LMC)：当尺寸要素的提取组成要素的局部尺寸处处位于极限尺寸且使其具有材料量为最少时的状态，例如圆孔最大直径时的状态和轴最小直径时的状态。

(5)最小实体尺寸(LMS)：确定要素最小实体状态时的尺寸，即外尺寸要素的下极限尺寸，内尺寸要素的上极限尺寸。即外表面轴的最小实体尺寸 d_L 是外尺寸要素的下极限尺寸 d_{min}，而内表面孔的最小实体尺寸 D_L 是内尺寸要素的上极限尺寸 D_{max}，即

$$d_L = d_{min} \qquad D_L = D_{max}$$

(6)最大实体实效状态(MMVC)和最大实体实效尺寸(MMVS)：最大实体实效状态是指尺寸要素的最大实体尺寸与导出要素的几何公差(形状、方向、位置、跳动)共同作用产生的状态。也就是实际尺寸正好等于最大实体尺寸，产生的几何误差也正好等于图样上规定的几何公差值(常在几何公差值后面加注符号Ⓜ)时的状态，此状态下所具有的尺寸，称为最

大实体实效尺寸，用 d_{MV} 和 D_{MV} 分别表示轴和孔的最大实体实效尺寸。对于轴，等于最大实体尺寸加上给定的几何公差值；对于孔，等于最大实体尺寸减去给定的几何公差值，即

$$d_{MV}=d_M+t\,Ⓜ \tag{2-1}$$

$$D_{MV}=D_M-t\,Ⓜ \tag{2-2}$$

(7)最小实体实效状态(LMVC)和最小实体实效尺寸(LMVS)：最小实体实效状态是指尺寸要素的最小实体尺寸与导出要素的几何公差(形状、方向、位置、跳动)共同作用产生的状态。也就是实际尺寸正好等于最小实体尺寸，产生的几何误差也正好等于图样上规定的几何公差值(常在几何公差值后面加注符号Ⓛ)时的状态，此状态下所具有的尺寸，称为最小实体实效尺寸，用 d_{LV} 和 D_{LV} 分别表示轴和孔的最小实体实效尺寸。对于轴，等于最小实体尺寸减去给定的几何公差值；对于孔，等于最小实体尺寸加上给定的几何公差值，即

$$d_{LV}=d_L-t\,Ⓛ \tag{2-3}$$

$$D_{LV}=D_L+t\,Ⓛ \tag{2-4}$$

对于图2-62(a)所示的轴，其处于最大实体状态和最小实体状态时分别如图2-62(b)、(c)所示，若此时其中心线的直线度误差正好等于给出的直线度公差 $\phi0.012$ mm，则轴分别处于最大、最小实体实效状态。轴的最大实体实效尺寸 $d_{MV}=d_M+t=(20+0.012)\text{mm}=20.012$ mm；最小实体实效尺寸 $D_{LV}=d_L-t=(19.967-0.012)\text{mm}=19.955$ mm。

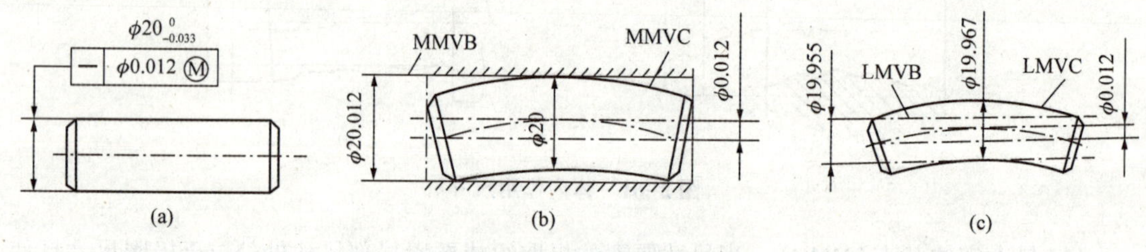

图 2-62 单一要素的实效状态

如图2-63(a)所示的孔，当孔分别处于最大实体状态(如图2-63(b)所示)和最小实体状态(如图2-63(c)所示)，且其中心线对基准平面 A 的垂直度误差正好等于给出的垂直度公差 $\phi0.02$ mm时，孔分别处于最大、最小实体实效状态。孔的关联最大实体实效尺寸 $D_{MV}=D_M-t=(15-0.02)\text{mm}=14.98$ mm；关联最小实体实效尺寸 $D_{LV}=D_L+t=(15.05+0.02)\text{mm}=15.07$ mm。

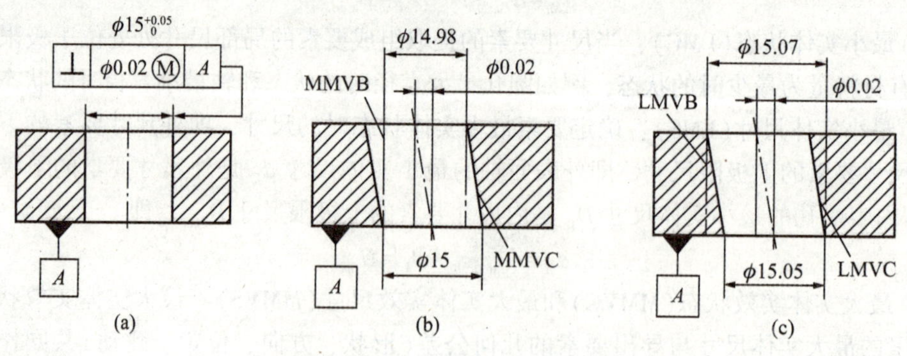

图 2-63 关联要素的实效状态

(8)边界：设计给定的具有理想形状的极限包容面(圆柱面或两平行平面)。该包容面的直径或距离称为边界尺寸。

由于零件的实际要素总存在尺寸偏差和几何误差，故其功能将取决于二者的综合效果。边界的作用就是综合控制要素的尺寸偏差和几何误差。根据要素的功能和经济性要求，边界有以下 4 种定义。

①最大实体边界(MMB)：边界尺寸为最大实体尺寸，且具有正确几何形状的理想包容面。对于关联要素的关联最大实体边界，此时该极限包容面必须与基准保持图样上给定的几何关系。

图 2-64 分别表示了孔和轴的最大实体边界和关联最大实体边界(图中任意曲线 S 为被测要素的实际轮廓，细双点画线为最大实体边界)。

②最小实体边界(LMB)：边界尺寸为最小实体尺寸，且具有正确几何形状的理想包容面。对于关联要素的关联最小实体边界，此时该极限包容面必须与基准保持图样上给定的几何关系。

图 2-65 分别表示了孔和轴的最小实体边界和关联最小实体边界(图中任意曲线 S 为被测要素的实际轮廓，细双点画线为最小实体边界)。

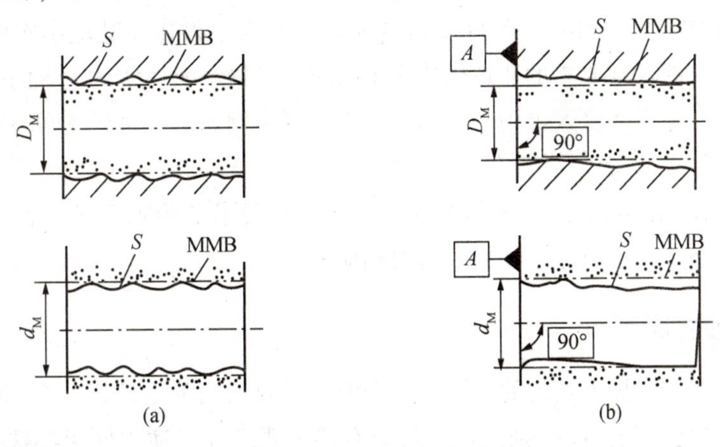

图 2-64 最大实体边界

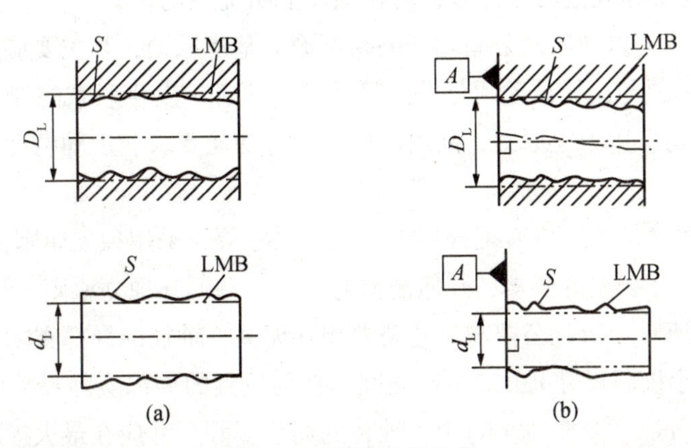

图 2-65 最小实体边界

③最大实体实效边界(MMVB)：边界尺寸为最大实体实效尺寸，且具有正确几何形状的理想包容面。对于关联要素的最大实体实效边界，此时该极限的理想包容面必须与基准保持图样上给定的几何关系。

图2-62(b)和图2-63(b)分别给出了轴的最大实体实效边界和孔的关联最大实体实效边界。

④最小实体实效边界(LMVB)：边界尺寸为最小实体实效尺寸，且具有正确几何形状的理想包容面。对于关联要素的最小实体实效边界，此时该极限的理想包容面必须与基准保持图样上给定的几何关系。

图2-62(c)和图2-63(c)分别给出了轴的最小实体实效边界和孔的关联最小实体实效边界。

(9)最大实体要求(MMR)：尺寸要素的非理想要素不得违反其最大实体实效状态(MMVC)的一种尺寸要素要求，也即尺寸要素的非理想要素不得超越其最大实体实效边界(MMVB)的一种尺寸要素要求。其最大实体实效状态或最大实体实效边界是和被测尺寸要素具有相同类型和理想形状的几何要素的极限状态，该极限状态的尺寸是MMVS，最大实体要求可用于孔轴工件的可装配性。

(10)最小实体要求(LMR)：尺寸要素的非理想要素不得违反其最小实体实效状态的一种尺寸要素要求，即尺寸要素的非理想要素不得超越其最小实体实效边界的一种尺寸要素要求。成对使用的最小实体要求可用于孔轴间最小壁厚，例如两个对称或同轴布置的同类尺寸要素间的最小壁厚。

(11)可逆要求(RPR)：最大实体要求或最小实体要求的附加要求，表示尺寸公差可以在实际几何误差小于几何公差之间的差值内相应地增大。

2.3.2 独立原则

在缺省情况下，图样上给定的，对于一个要素或要素间关系的每一个GPS(尺寸和几何公差要求等)均是独立的，应分别满足，除非有特定要求或标注中使用特殊符号(如M、L、E等附加符号)作为实际规范的一部分，均在图样上明确规定。

独立原则是几何公差和尺寸公差相互关系遵循的基本原则，其主要应用范围：

(1)对于几何公差与尺寸公差须分别满足要求，两者不发生联系的要素，不论两者公差等级要求的高低，均采用独立原则，如用于保证配合功能要求、运动精度、磨损寿命、旋转平衡等部位；

(2)对于退刀槽、倒角、没有配合要求的结构尺寸等，采用独立原则；

(3)对于未注尺寸公差的要素，几何公差与尺寸公差遵守独立原则。

如图2-66(a)所示，形状公差与尺寸公差相互无关，轴径的局部实际尺寸应在最大极限尺寸ϕ10 mm与最小极限尺寸ϕ9.97 mm之间，任何位置的局部实际尺寸的轴线直线度误差均不允许超过0.01 mm。图2-66(b)中，轴径的局部实际尺寸应在最大极限尺寸ϕ10 mm和最小极限尺寸ϕ9.97 mm之间，采用未注几何公差。

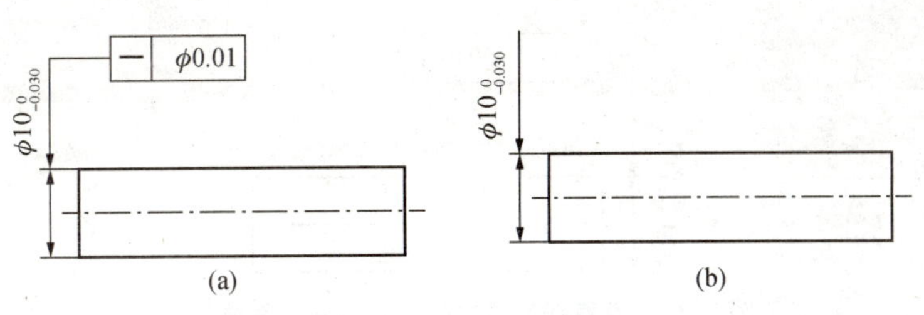

图 2-66　独立原则应用示例

2.3.3　包容要求(RPR)

包容要求适用于单一要素，如圆柱表面或两平行表面。包容要求表示实际要素应遵守其最大实体边界，其局部实际尺寸不得超出最小实体尺寸。

采用包容要求的单一要素应在其尺寸极限偏差或公差带代号之后加注符号Ⓔ。包容要求通常用于有配合性质要求的场合，若配合的轴、孔采用包容要求，则不会因为轴、孔的形状误差影响配合性质。如图 2-67 所示，被测尺寸要素应用包容要求，其尺寸要素的提取要素必须遵守最大实体边界，形状公差与尺寸公差相关，提取圆柱表面必须位于最大实体边界内，该边界的尺寸为最大实体尺寸 ϕ150 mm，其局部实际尺寸不得小于 ϕ149.96 mm，当局部实际尺寸为 ϕ149.96 mm 时，其形状误差可以有 0.04 mm 的补偿，当局部实际直径为 ϕ150 mm 时，圆柱表面应具有理想的形状。包容要求标注的图样解释如图 2-68 所示。

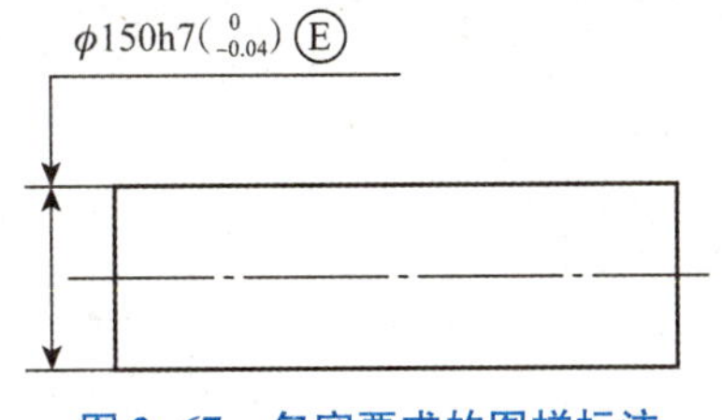

图 2-67　包容要求的图样标注

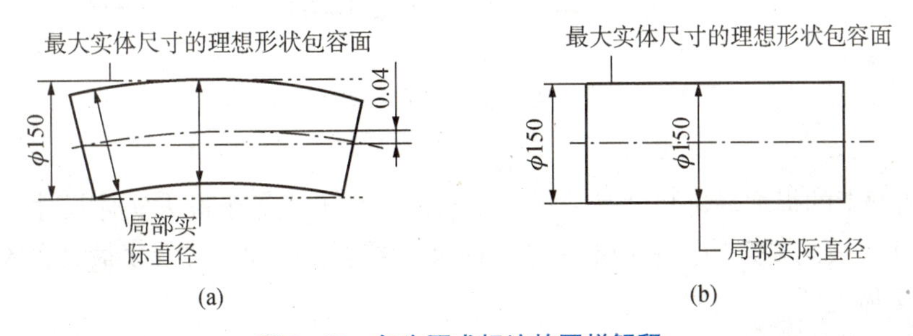

图 2-68　包容要求标注的图样解释

当被测尺寸要素应用包容要求，且对直线度有进一步要求时，其尺寸要素的提取要素必须遵守最大实体边界，形状公差与尺寸公差相关，如图 2-69 所示，圆柱表面必须在最大实体边界内，该边界的尺寸为最大实体尺寸 ϕ10 mm，其局部实际尺寸不得小于 ϕ9.97 mm，轴线的直线度误差最大不允许超过 ϕ0.01mm。

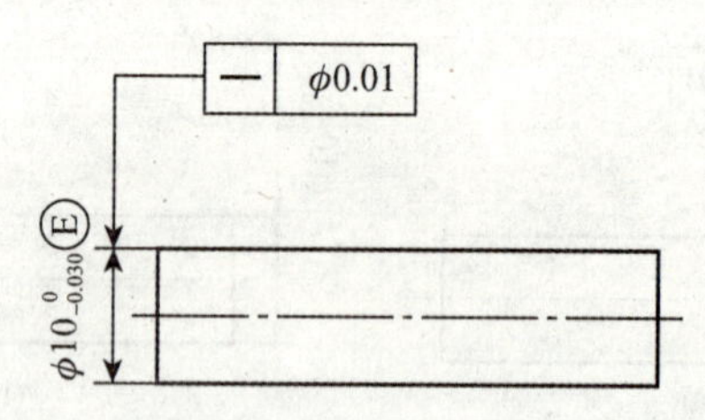

图 2-69　有直线度要求的包容要求的图样标注

2.3.4　最大实体要求

最大实体要求是控制被测尺寸要素的实际轮廓处于其最大实体实效状态或最大实体实效边界内的一种公差要求。其最大实体实效状态(或最大实体实效边界)是与被测尺寸要素具有相同恒定类和理想形状的几何要素的极限状态，该极限状态的尺寸称为最大实体实效尺寸。当其实际尺寸偏离最大实体尺寸时，允许其几何误差值超出其给出的公差值，此时应在图样上标注符号Ⓜ。

最大实体要求适用于导出要素，可以是被测要素或基准要素，主要用于保证零件的装配互换性。

1. 最大实体要求用于被测要素

当最大实体要求用于被测要素时，应在图样上的公差框格里，使用符号Ⓜ标注在尺寸要素(被测要素)的导出要素的几何公差值之后，如图 2-70、图 2-71 所示。此时应遵循以下规则。

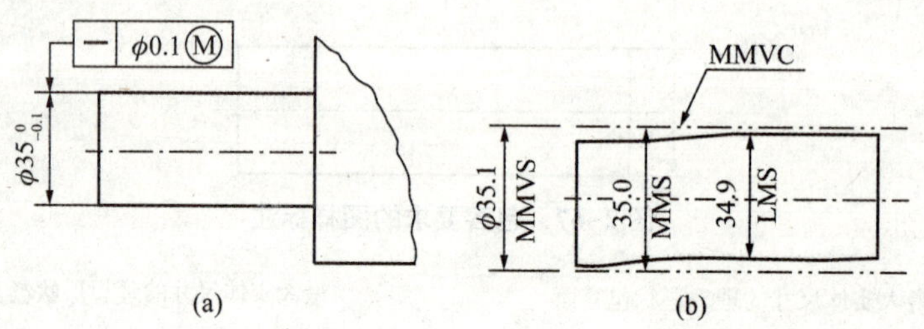

图 2-70　最大实体要求应用于单一外尺寸要素

(a)图样标注；(b)解释

(1)被测要素的提取局部尺寸是外尺寸要素，应小于或等于最大实体尺寸，大于或等于最小实体尺寸；被测要素的提取局部尺寸是内尺寸要素，应大于或等于最大实体尺寸，小于或等于最小实体尺寸。

(2)被测要素的提取(组成)要素不得违反其最大实体实效状态，即遵守最大实体边界。

(3)当几何规范是相对于基准或基准体系的方向或位置要求时，被测要素的最大实体实效状态应相对于基准或基准体系处于理论正确方向或位置。当几个被测要素由同一个公差标注控制时，除了相对于基准的约束以外，相互之间的最大实体实效状态应处于理论正确方向与位置。

图 2-70 为最大实体要求应用于被测要素，被测要素为有形状公差要求的外尺寸要素，轴线的直线度公差值(ϕ0. 1 mm)是该轴为其最大实体状态时给定的：

(1)轴的提取要素不得违反其最大实体实效状态，其直径为 MMVS = MMS+0. 1 mm =

35. 1 mm；

(2)轴的提取要素各处的局部直径应处于 LMS=34. 9 mm 和 MMS=35. 0 mm 之间；

(3)MMVC 的方向或位置无约束；

(4)若轴的实际尺寸为 MMS=35 mm，其轴线直线度误差的最大允许值为图 2-70 中给定的轴线直线度公差值(ϕ0. 1 mm)；

(5)若轴的实际尺寸为 LMS=34. 9 mm，其轴线直线度误差的最大允许值为图 2-70 中给定的轴线直线度公差值(ϕ0. 1 mm)与该轴的尺寸公差值(0. 1 mm)之和(ϕ0. 2 mm)；

(6)若轴的实际尺寸处于 MMS 和 LMS 之间，其轴线的直线度公差值在 ϕ0. 1 ~ 0. 2 mm 之间变化。

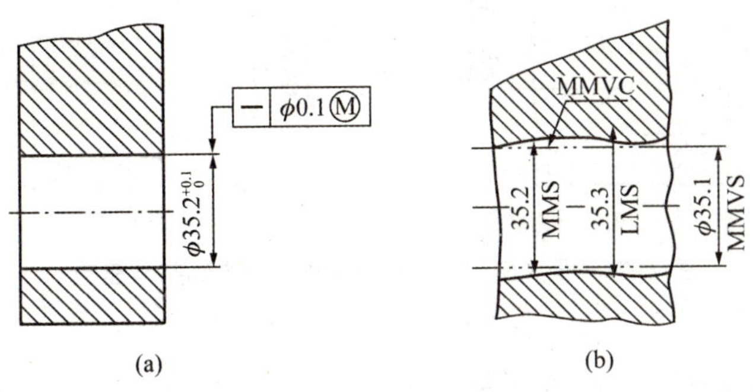

图 2-71　最大实体要求应用于单一内尺寸要素

(a)图样标注；(b)解释

图 2-71 为最大实体要求应用于被测要素，被测要素为有形状公差要求的内尺寸要素，孔中心线的直线度公差值(ϕ0. 1 mm)是该孔为最大实体状态时给定的：

(1)孔的提取要素不得违反其最大实体实效状态，其直径为 MMVS= MMS-0. 1 mm= 35. 1 mm；

(2)孔的提取要素各处的局部直径应处于 LMS=35. 3 mm 和 MMS=35. 2 mm 之间；

(3)MMVC 的方向和位置无约束；

(4)若孔的实际尺寸为 MMS=35. 2 mm，其中心线直线度误差的最大允许值为图 2-71 中给定的直线度公差值(ϕ0. 1 mm)；

(5)若孔的实际尺寸为 LMS=35. 3 mm，其轴线直线度误差的最大允许值为图 2-71 中给定的直线度公差值(ϕ0. 1 mm)与该孔的尺寸公差值(0. 1 mm)之和(ϕ0. 2 mm)；

(6)若孔的实际尺寸处于 MMS 和 LMS 之间，其中心线的直线度公差值在 ϕ0. 1 ~ 0. 2 mm 之间变化。

2. 最大实体要求用于基准要素

当最大实体要求用于基准要素时，应在图样上的公差框格里，使用符号Ⓜ标注在基准字母之后，示例如图 2-72 所示。此时应遵循以下规则：

(1)(用于导出基准的)基准要素的提取(组成)要素不得违反其基准要素的最大实体实效状态；

(2)当基准要素由具有下列情况的几何规范所控制时，基准要素的最大实体实效状态的尺寸应等于最大实体尺寸加上(对于外尺寸要素)或减去(对于内尺寸要素)几何公差值，即 MMVS= MMS±几何公差值；

(3)当基准要素没有标注几何规范，或者标有几何规范，但几何公差值后面没有符号Ⓜ，或者没有标注符合规则(2)的几何规范时，基准要素的最大实际实效状态的尺寸应等于最大实体尺寸，即 MMVS= MMS。

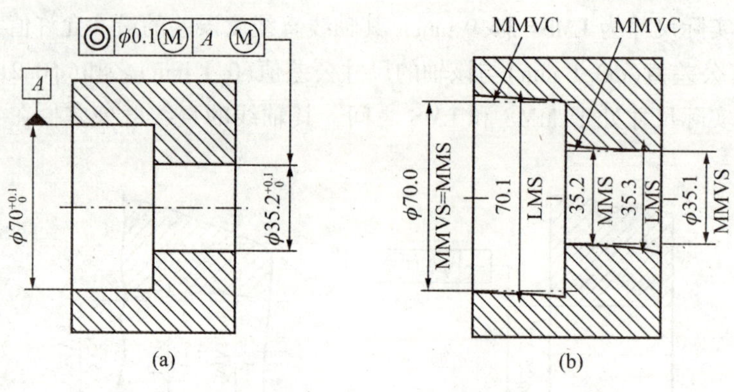

图 2-72 最大实体要求应用于被测要素和基准要素

(a)图样标注；(b)解释

情况①：基准要素本身有形状规范，且在几何公差值后面标有符号Ⓜ，同时该基准要素是另一被测要素公差框格中的第一基准，且在基准字母后面标有符号Ⓜ。情况②：基准要素本身有方向/位置规范，且在几何公差值后面标有符号Ⓜ，其基准或基准体系所包含的基准及其顺序与被测要素公差框格中的基准完全一致，且在被测要素的相应基准字母后面标有符号Ⓜ。

图2-72 为最大实体要求应用于被测要素和基准要素，基准要素本身无几何公差要求，且被测要素和基准要素均为内尺寸要素，图中最大实体要求应用于孔 $\phi35.2^{+0.1}_{0}$ 的轴线对孔 $\phi70^{+0.1}_{0}$ 的轴线的同轴度公差，基准要素 $\phi70^{+0.1}_{0}$ 的轴线也采用了最大实体要求，但是基准要素本身没有标注几何公差规范。

中心线对基准 A 具有同轴度要求的孔 $\phi35.2^{+0.1}_{0}$ 采用了最大实体要求，其含义为：

(1)孔 $\phi35.2^{+0.1}_{0}$ 的提取要素不得违反其最大实体实效状态，其直径为 MMVS= MMS-0.1 mm=35.1 mm；

(2)孔的提取要素各处的局部直径应处于 LMS=35.3 mm 和 MMS=35.2 mm 之间；

(3)MMVC 的位置与基准 A 同轴；

(4)若孔的实际尺寸为 MMS=35.2 mm，其中心线同轴度误差的最大允许值为图 2-72 中给定的同轴度公差值(ϕ0.1 mm)；

(5)若孔的实际尺寸为 LMS=35.3 mm，其轴线同轴度误差的最大允许值为图 2-72 中给定的同轴度公差值(ϕ0.1 mm)与该孔的尺寸公差值(0.1 mm)之和(ϕ0.2 mm)；

(6)若孔的实际尺寸处于 MMS 和 LMS 之间，其中心线的同轴度公差值在 ϕ0.1~0.2 mm 之间变化。

基准要素 $\phi70^{+0.1}_{0}$ 也采用了最大实体要求，但是基准要素本身没有标注几何规范，其含

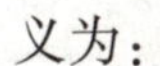

义为：

(1)按照最大实体要求的相关规则，孔 $\phi70^{+0.1}_{0}$ 的提取要素不得违反其最大实体实效状态，其直径为 MMVS= MMS=70 mm；

(2)轴的提取要素各处的局部直径应处于 LMS=70.1 mm 和 MMS=70 mm 之间；

(3)MMVC 无方向和位置约束；

(4)若孔的实际尺寸为 MMS=70 mm，孔的形状误差允许值为 0，即孔应具有理想的形状；

(5)若孔的实际尺寸为 LMS=70.1 mm，该孔可以有 0.1 mm 的形状误差值(如中心线直线度误差等)。

2.3.5 最小实体要求

最小实体要求是控制尺寸要素的非理想要素处于其最小实体实效状态或最小实体实效边界内的一种公差要求。最小实体实效状态(或最小实体实效边界)是与被测尺寸要素具有相同恒定类和理想形状的几何要素的极限状态，该极限状态的尺寸为 LMVS。当尺寸要素的尺寸偏离最小实体尺寸时，允许其形位误差值超出其给定的公差值，此时应在图样上标注符号Ⓛ。最小实体要求适用于导出要素，可用于被测要素与基准要素，主要用于保证零件的强度和壁厚。

1. 最小实体要求用于被测要素

当最小实体要求用于被测要素时，应在图样上的几何公差框格里，使用符号Ⓛ标注在尺寸要素(被测要素)的导出要素的几何公差之后，示例如图 2-73 所示。此时应遵循以下规则。

(1)被测要素如果为外要素，其提取局部尺寸应大于或等于最小实体尺寸；被测要素如果为内要素，其提取局部尺寸应小于或等于最小实体尺寸。当标有可逆要求，即在符号Ⓛ之后加注符号Ⓡ时，此规则可改变。

(2)被测要素如果是外尺寸要素，其提取局部尺寸应小于或等于最大实体尺寸；被测要素如果是内尺寸要素，其提取局部尺寸应大于或等于最小实体要求。

(3)被测要素的提取(组成)要素不得违反其最小实体实效状态，即遵守最小实体边界。

(4)当机会规范对于(第一)基准或基准体系的方向或位置有要求时，被测要素的最小实体实效状态应相对于基准或基准体系处于理论正确方向或位置。

(5)当几个被测要素由同一个公差标注控制时，除了相对于基准的约束以外，相互之间的最小实体实效状态也应处于理论正确方向与位置。

图 2-73 为最小实体要求应用于被测要素，被测要素为有位置公差要求的外尺寸要素。轴 $\phi70^{0}_{-0.1}$ 的轴线的位置度公差值(ϕ0.1 mm)是该轴为其最小实体状态时给定的：

(1)轴的提取要素不得违反其最小实体实效状态，其直径为 LMVS=LMS-0.1 mm=69.8 mm；

(2)轴的提取要素各处的局部直径应处于 LMS=69.9 mm 和 MMS=70 mm 之间；

(3)LMVC 受基准 *A* 的位置约束；

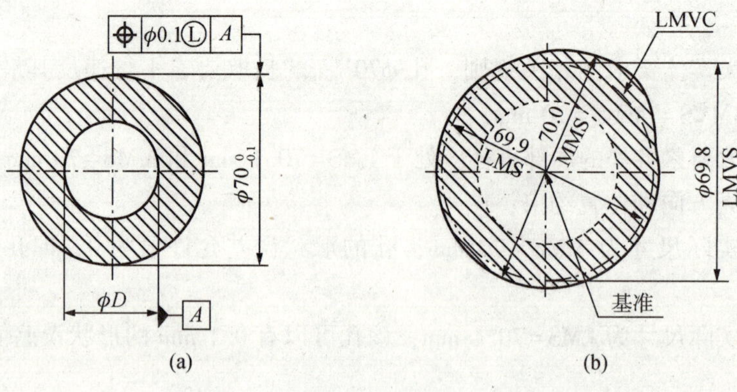

图 2-73 最小实体要求应用于被测要素

(a)图样标注；(b)解释

(4)若轴的实际尺寸为 LMS=69.9 mm，其轴线位置度误差的最大允许值为图 2-73 中给定的轴线位置度公差值(ϕ0.1 mm)。

(5)若轴的实际尺寸为 MMS=70 mm，其轴线位置度误差的最大允许值为图 2-73 中给定的轴线位置度公差值(ϕ0.1 mm)与该轴的尺寸公差值(0.1 mm)之和(ϕ0.2 mm)。

(6)若轴的实际尺寸处于 MMS 和 LMS 之间，其轴线的位置度公差值在 ϕ0.1～0.2 mm 之间变化。

2. 最小实体要求用于基准要素

当最小实体要求用于基准要素时，应在图样上的公差框格里，使用符号Ⓛ标注在基准字母之后，示例如图 2-74 所示。此时应遵循以下规则：

(1)基准要素的提取(组成)要素不得违反其基准要素的最小实体实效状态；

(2)当基准要素没有标注几何规范，或者标有几何规范，但几何公差值后面没有符号Ⓛ，或者没有标注符合规则(3)的几何规范时，基准要素的最小实体实效状态的尺寸应等于最小实体尺寸，即 LMVS=LMS；

(3)当基准要素由下列情况的几何规范所控制时，基准要素的最小实体实效状态的尺寸应等于最小实体尺寸减去(对于外尺寸要素)或加上(对于内尺寸要素)几何公差值。

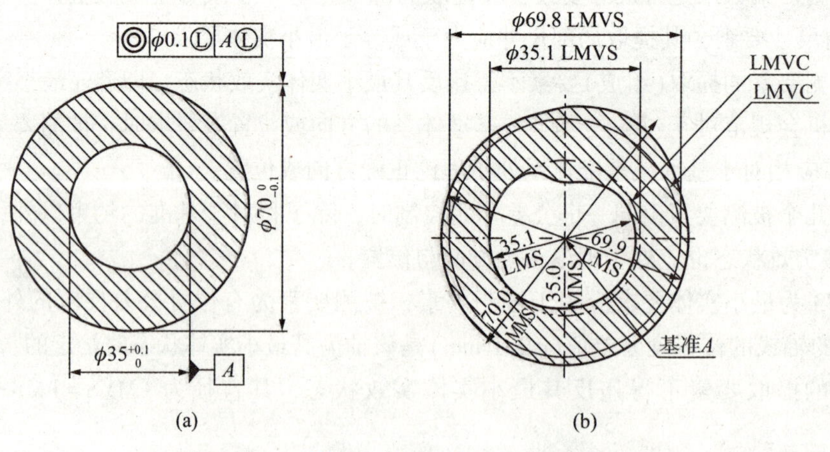

图 2-74 最小实体要求应用于基准要素

(a)图样标注；(b)解释

①基准要素本身有形状规范，且在形状公差值后面标有符号Ⓛ，同时该基准要素是被测要素公差框格中的第一基准，且在基准字母后面标有符号Ⓛ；

②基准要素本身有方向/位置规范，且在几何公差值后面标有符号Ⓛ，其基准或基准体系所包含的基准及其顺序与被测要素公差框格中的基准完全一致，且在被测要素相应基准字母后面标有符号Ⓛ。

图2-74所示为最小实体要求用于被测和基准要素，基准要素本身无几何公差要求且被测要素为外尺寸要素、基准要素为内尺寸要素。最小实体要素应用于轴 $\phi70_{-0.1}^{\ 0}$ 的轴线对孔 $\phi35_{\ 0}^{+0.1}$ 的轴线的同轴度公差，基准要素 $\phi35_{\ 0}^{+0.1}$ 的轴线也采用了最小实体要求，但是基准要素本身没有标注几何规范。其中，对基准A具有同轴度要求的轴 $\phi70_{-0.1}^{\ 0}$ 采用了最小实体要求，其含义为：

(1)轴线的提取要素不得违反其最小实体实效状态(LMVC)，其直径为LMVS=LMS-0.1 mm=69.8 mm；

(2)轴的提取要素各处的局部直径应处于LMS=69.9 mm和MMS=70 mm之间；

(3)LMVC受基准*A*的位置约束；

(4)若轴的实际尺寸为LMS=69.9 mm，其轴线同轴度误差的最大允许值为图2-74中给定的同轴度公差值(ϕ0.1 mm)；

(5)若轴的实际尺寸为MMS=70 mm，其轴线同轴度误差的最大允许值为图2-74中给定的同轴度公差值(ϕ0.1 mm)与该轴的尺寸公差值(0.1 mm)之和(ϕ0.2 mm)；

(6)若轴的实际尺寸处于MMS和LMS之间，其轴线的同轴度公差值在ϕ0.1～0.2 mm之间变化。

基准要素 $\phi35_{\ 0}^{+0.1}$ 也采用了最小实体要求，但是基准要素本身没有标注几何规范，其含义为：

(1)按照最小实体要求的规则，轴 $\phi35_{\ 0}^{+0.1}$ 的提取要素不得违反其最小实体实效状态(LMVC)，其直径为LMVS=LMS=35.1 mm；

(2)孔的提取要素各处的局部直径应处于LMS=35.1 mm和MMS=35 mm之间；

(3)LMVC无方向和位置约束；

(4)若孔的实际尺寸为LMS=35.1 mm，其形状误差的允许值为0，即具有理想的形状；

(5)若孔的实际尺寸为MMS=35 mm，该孔可以有0.1 mm的形状误差值(如轴线直线度误差值等)。

2.3.6 可逆要求

可逆要求是最大实体要求和最小实体要求的附加要求，在图样上用符号Ⓡ标注在Ⓜ或Ⓛ之后。可逆要求仅用于被测要素。在最大实体要求或最小实体要求附加可逆要求后，可以改变尺寸要素的尺寸公差。用可逆要求可以充分利用最大实体实效状态和最小实体实效状态的尺寸，在制造可能性的基础上，可逆要求允许尺寸和几何公差值之间相互补偿，应用示例如图2-75、图2-76所示。

图2-75所示为可逆要求应用于最大实体要求，被测要素为外尺寸要素，对基准*A*具有位置度要求的2×$\phi10_{-0.2}^{\ 0}$ 两销柱采用了最大实体要求和可逆要求。

(1)2×$\phi10_{-0.2}^{\ 0}$ 的轴线位置度公差值(ϕ0.3 mm)是该轴为其最大实体状态时给定的，即两销柱的提取要素不得违反其最大实体实效状态，其直径为 MMVS= MMS+0.3 mm=10.3 mm。

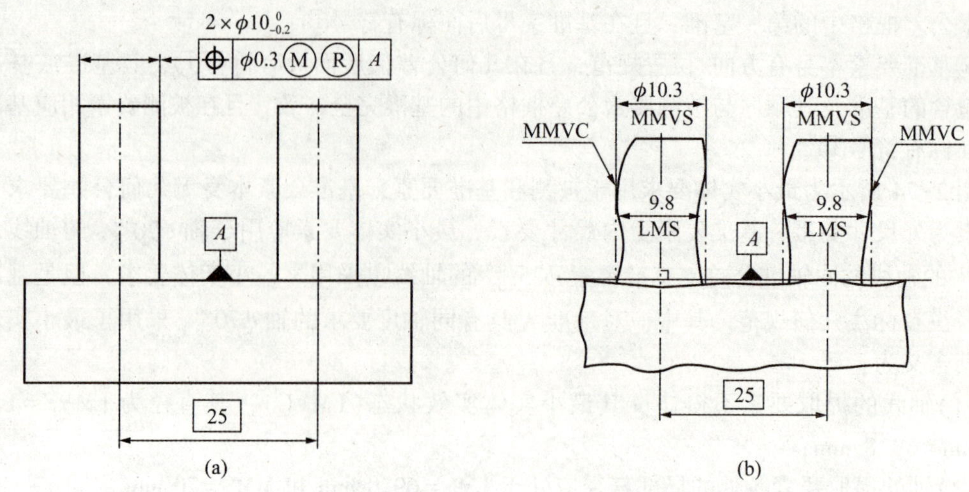

图 2-75　可逆要求应用于最大实体要求、被测要素为外尺寸要素

(a)图样标注；(b)解释

(2)轴的提取要素各处的局部直径应大于或等于 LMS=9.8 mm，可逆要求允许局部直径超越 MMS=10 mm。

(3)MMVC 的位置由基准 *A* 约束。

(4)若轴的实际尺寸为 MMS=10 mm，其轴线位置度误差的最大允许值为图 2-75 中给定位置度公差值(*ϕ*0.3 mm)。

(5)若轴的实际尺寸为 LMS=9.8 mm，其轴线位置度误差的最大允许值为图 2-75 中给定的位置度公差(*ϕ*0.3 mm)与该轴的尺寸公差值(0.2 mm)之和(*ϕ*0.5 mm)。

(6)若轴的位置度误差小于图 2-75 中给定的位置度公差值 0.3 mm，可逆要求允许轴的局部实际尺寸得到补偿；当轴的位置度误差为 0 时，轴的局部实际尺寸得到最大的补偿值 0.3 mm，此时轴的局部实际尺寸等于 MMS+0.3 mm(补偿值)= MMVS=10.3 mm。

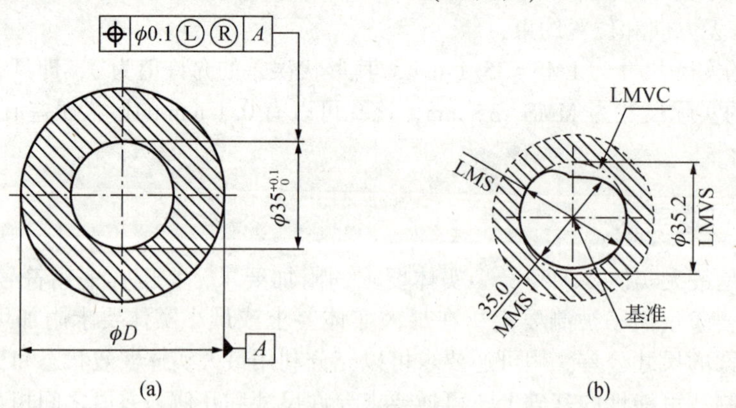

图 2-76　可逆要求应用于最小实体要求、被测要素为内尺寸要素

(a)图样标注；(b)解释

图 2-76 所示为可逆要求应用于最小实体要求、被测要素为内尺寸要素的情况。对基准 *A* 具有位置度要求的孔 $\phi35^{+0.1}_{0}$ 采用了最小实体要求和可逆要求。

(1)孔 $\phi35^{+0.1}_{0}$ 的轴线的位置度公差值($\phi0.1$ mm)是该孔为其最小实体状态时给定的，孔的提取要素不得违反其最小实体实效状态，其直径为 LMVS=LMS+0.1 mm=35.2 mm。

(2)孔的提取要素各处的局部直径应大于或等于 MMS=35 mm，可逆要求允许局部直径超越 LMS=35.1 mm。

(3)LMVC 受基准 *A* 的位置约束。

(4)若孔的实际尺寸为 LMS=35.1 mm，其轴线位置度误差的最大允许值为图 2-76 中给定的轴线位置度公差值($\phi0.1$ mm)。

(5)若孔的实际尺寸为 MMS=35 mm，其轴线位置度误差的最大允许值为图 2-76 中给定的轴线位置度公差值($\phi0.1$ mm)与该轴的尺寸公差值(0.1 mm)之和($\phi0.2$ mm)。

(6)若孔的位置度误差小于图 2-76 中给定的位置度公差值 0.1 mm，可逆要求允许孔的局部实际尺寸得到补偿；当孔的位置度误差为 0 时，孔的局部实际尺寸得到最大的补偿值 0.1 mm，此时孔的局部实际尺寸为 LMS+0.1 mm(补偿值)= LMVS=35.2 mm。

2.4 几何误差的检测与验证

几何公差项目随着被测零件的精度要求、结构形状、尺寸大小和生产批量的不同，其检测方法和设备也不同，检测方法种类很多。在 GB/T 1958—2017《产品几何量技术规范(GPS)几何公差 检测与验证》和 GB/T 40742.2—2021《产品几何技术规范(GPS)几何精度的检测与验证 第 2 部分：形状、方向、位置、跳动和轮廓度特征的检测与验证》里，针对几何精度的检测与验证方法给出近百种的检测与验证方案，但因篇幅有限，这里仅概括介绍几何误差评定方法和几何误差的检测原则。

2.4.1 形状误差及其评定

1. 形状误差

形状误差是被测要素的提取要素对其理想要素的变动量。理想要素的形状由理论正确尺寸或/和参数化方程定义，理想要素的位置由对被测要素的提取要素进行拟合得到，拟合方法(拟合准则)主要有：最小区域法(切比雪夫法)、最小二乘法、最小外接法和最大内切法，在工程图样上分别用最小区域(C)、最小二乘(G)、最小外接(N)、最大内切(X)符号确定。如果图样上无相应的符号专门规定，获得理想要素位置的拟合方法一般缺省约定为最小区域法。

最小区域法和最小二乘法根据约束条件不同分为 3 种情况：无约束(符号为 C 和 G)、实体外约束(符号为 CE 和 GE)和实体内约束(符号为 CI 和 GI)。

当理想要素的位置由上述方法确定后，其形状误差值评估时可用的参数有：峰谷参数(T)、峰高参数(P)、谷深参数(V)和均方根参数(Q)。如果图样未给出所采用的参数符号，则缺省为峰谷参数(T)，其中 T=P+V。形状误差评估参数示意图如图 2-77 所示，图样标注示例及解释如图 2-78 所示(以圆度为例)。图 2-78(a)中，获得理想要素位置的拟合方法采用了缺省的最小区域法，评估参数也采用了缺省标注，为峰谷参数 T。图 2-78(b)中，符号 G 表示获得理想要素位置的拟合方法采用最小二乘法，形状误差值的评估参数采用了缺省标注，为峰谷参数 T。图 2-78(c)中，符号 G 表示获得理想要素位置的拟合方法采用最小二乘

法，符号 V 表示形状误差值的评估参数为谷深参数。

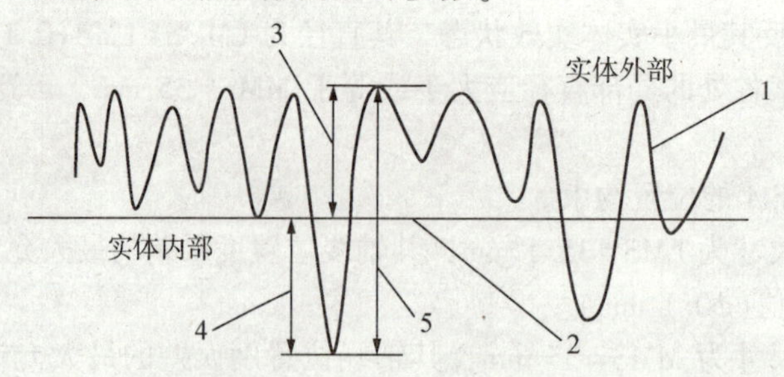

1—被测要素；2—理想要素位置；3—峰高参数 P；4—谷深参数 V；5—峰谷参数 T。

图 2-77　形状误差评估参数示意图

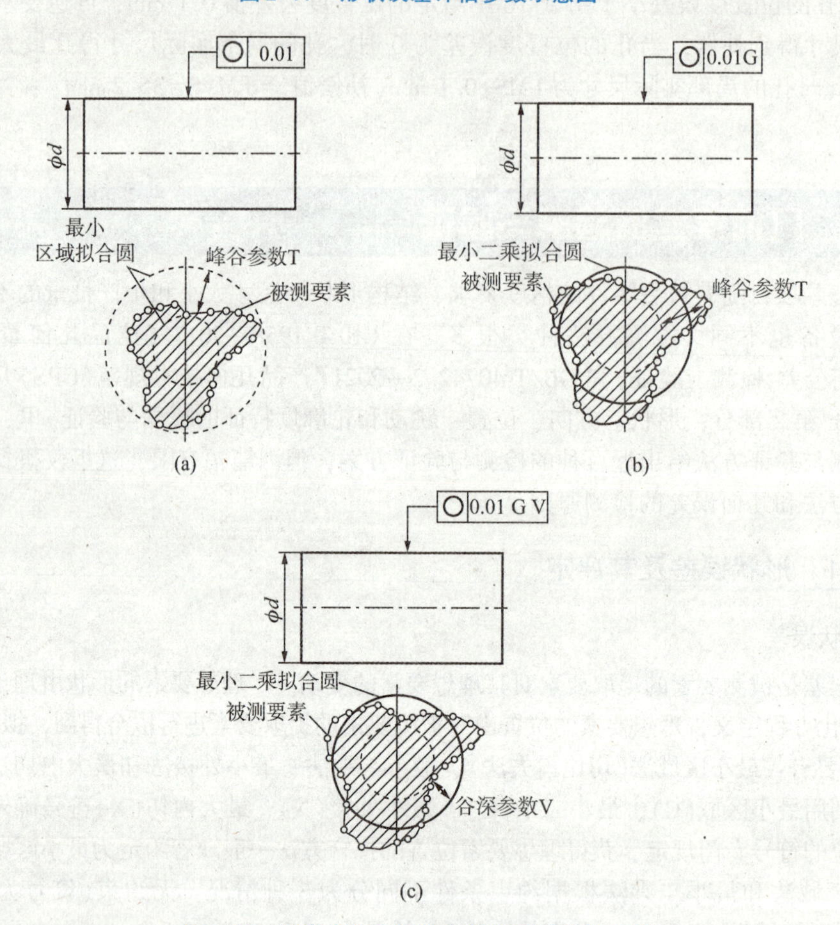

图 2-78　拟合方法和评估参数的图样标注示例

(a)采用缺省拟合方法和缺省评估参数；(b)采用指定拟合方法和缺省评估参数；(c)采用指定拟合方法和指定评估参数

2. 形状误差评定的最小区域法

最小区域法是指采用切比雪夫法对被测要素的提取要素进行拟合得到理想要素位置的方法，即被测要素的提取要素相对于理想要素的最大距离为最小。采用该理想要素包容被测要素的提取要素时，具有最小宽度 f 或直径 d 的包容区域称为最小包容区域(简称最小区域)，形状误差评定的最小区域法示例如表 2-19 所示。

表 2-19　形状误差评定的最小区域法示例

约束条件	图示	说明
无约束(C)	最小区域法拟合得到的理想要素 f 被测要素 最小区域	(1)最小区域法根据其约束条件不同分3种情况：无约束(C)、实体外约束(CE)和实体内约束(CI)。左图为3种不同约束情况下的最小区域法示例 (2)最小区域的宽度f等于被测要素上最高的峰点到理想要素的距离值(P)与被测要素上最低的谷点到理想要素的距离值(V)之和(T)；最小区域的直径d等于被测要素上的点到理想要素的最大距离值的2倍 (3)各形状误差项目最小区域的形状分别与各自的公差带形状一致，但宽度(或直径)由被测提取要素本身决定
实体外约束(CE)	被测要素与理想要素的交点 最小区域法拟合得到的理想要素 f 被测要素 最小区域	
实体内约束(CI)	f 被测要素 最小区域 被测要素与理想要素的交点 最小区域法拟合得到的理想要素	
用直径最小的圆柱面包容提取导出要素	拟合导出中心线 最小区域 ϕd 提取导出中心线	形状误差值为最小包容区域的直径

3. 形状误差的测量及其评定

GB/T 1958—2017《产品几何技术规范(GPS)几何公差 检测与验证》中附录C给出了几何误差的检测与验证方案，本小节将参照GB/T 1958—2017给出直线度误差、平面度误差和圆度误差的典型测量方法及其评定。

1)直线度误差的测量方法及其评定

直线度误差测量方法分为直接测量法、间接测量法和组合测量法3种。直接测量法就是通过测量可直接获得被测直线各点坐标值或直接评定直线度误差的方法，包括间隙法、指示器法、干涉法、光轴法、钢丝法、三坐标测量机测量法等。

图2-79所示为指示器法(也称描点法)，是利用带指示器的测量装置测出被测直线相对于测量基准的偏离量，进而评定直线度误差的方法，适用于中、小平面及圆柱、圆锥面素线或轴线的直线度误差测量。测量时，先将被测零件支承在平板上，调整支架使被测直线的两

端基本等高，并在零件上按事先确定的间距标记好测量点，然后沿平板移动表架，测量被测要素上的各测量点，记下各点读数值，最后作误差曲线进行评定。该方法的缺点是测量精度与平板精度有关，平板本身的制造误差会被带入到测量结果之中，且被测件不宜过大。

间接测量法是通过测量不能直接获得被测直线各点坐标值时，经过数据处理获得各点坐标值的方法，包括自准仪法、水平仪法、表桥法、平晶法等。图 2-80 为用水平仪法和自准仪法测量直线度的示意图。

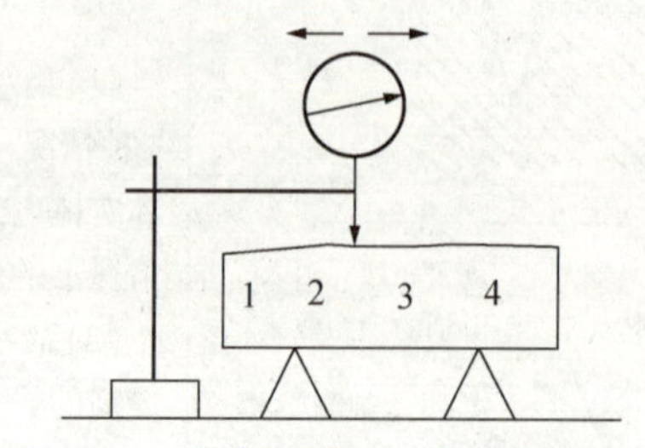

图 2-79　用指示器法测量直线度误差

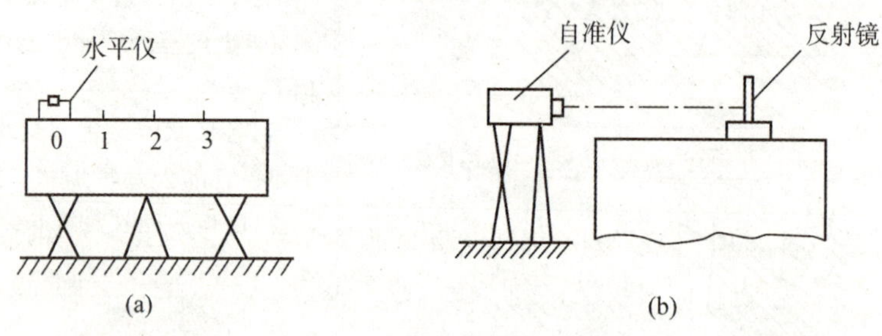

图 2-80　用水平仪法和自准仪法测量直线度误差

(a) 水平仪法；(b) 自准仪法

对于直线度误差的评定包括 3 种方法，最小区域法、两端点连线法和最小二乘法，在理想要素的位置的确定方法缺省时，均应采用最小区域法。利用最小区域法评定平面内的直线度误差时，要找出一条理想直线，使被测要素的提取要素相对于该理想要素的最大距离为最小。这条直线通过两个高(低)点，然后作另一条直线通过低(高)点且平行于两高(低)点连线。这两条平行直线的区域包容了被测要素的提取要素，就是最小包容区域。直线度最小包容区域的判断方法如表 2-20 所示。

表 2-20　直线度误差的最小区域判别法

条件	最小区域判别示意图	说明
给定平面内		在给定平面内，由两平行直线包容提取要素时，成高、低相间三点接触，具有两种形式。○表示高点，□表示低点
给定方向上		在给定方向上，由两平行平面包容提取线时，沿主方向(长度方向)上成高、低相间 3 点接触，具有 2 种形式，可按投影进行判别

续表

条件	最小区域判别示意图	说明
任意方向	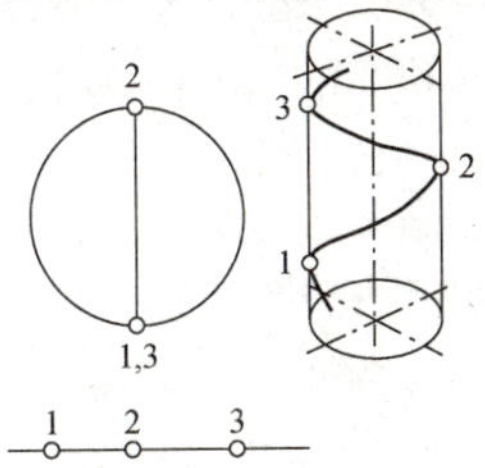 (a)3 点形式 (12,34)=[12,34] (b)4 点形式 (12,34)≤[12,34] (12,34)≥[12,34] (12,34)≤[12,34] (23,45)≤[23,45] (c)5 点形式	由圆柱面包容提取线时，具有 3 种接触形式，在直线上有编号的点“○”，表示包容圆柱面上的实测点在其轴线上的投影。在圆周上有编号的点“○”，表示包容圆柱面上的实测点垂直于轴线的平面上的投影，其编号与直线上点的编号对应： $(12,\ 34)=\dfrac{\overline{13}\cdot\overline{24}}{\overline{23}\cdot\overline{14}}$ 其中$\overline{ab}$表示图中直线上两个编号点之间的距离。 $[12,\ 34]=\dfrac{\sin\ \hat{13}\cdot\sin\ \hat{24}}{\sin\ \hat{23}\cdot\sin\ \hat{24}}$ 其中$\hat{ab}$表示图中圆周上两个编号点对圆心的张角。 4 点形式中的(12，34)=[12，34]， 即$\left\lvert\dfrac{\overline{13}\cdot\overline{24}}{\overline{23}\cdot\overline{14}}\right\rvert=\dfrac{\sin\ \hat{13}\cdot\sin\ \hat{24}}{\sin\ \hat{23}\cdot\sin\ \hat{24}}$

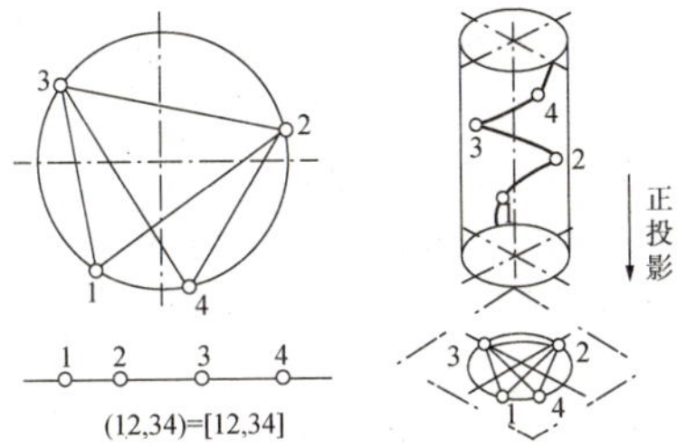

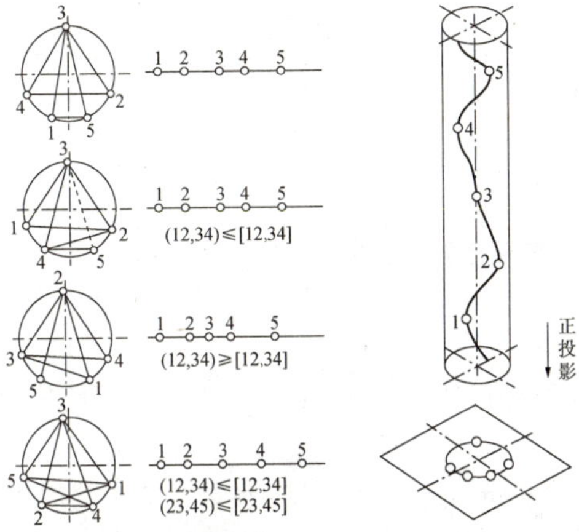

【例 2-1】某导轨直线度公差为 0.025 mm，用分度值为 0.02 mm/1 000 mm 的水平仪按 6 个相等跨距(200 mm)测量机床导轨的直线度误差，各测点的累计读数分别为 0、-5、-7、-6、-9、-3、-6(单位为格)，试判断该导轨是否合格。

解：方法一：用最小区域法。

(1)作如图 2-81 所示的坐标系，以测量点对应的跨距为横坐标值，以测量值为纵坐标值，在坐标纸上描点。

(2)将相邻点用直线连起来，所得折线即是提取直线的误差曲线。

(3)观察该折线可知，第 1、5 两点为高点，第 4 点为低点，连接 1、5 两点作直线，然后过第 4 点作平行于 1、5 两点连线的平行线，由此作出的包容区域就是符合判断原则的最小包容区域。

(4)在图上沿纵轴方向量取包容区域的宽度为

$$|-9-(-2.4)|=6.6(\text{格})$$

(5)由于测量中采用的是水平仪，需要将单位“格”转换为长度单位 mm，由分度值 0.02 mm/1 000 mm，跨距 200 mm，得

$$1\ \text{格}=\frac{0.02}{1\ 000}\times 200\ \text{mm}=0.004\ \text{mm}$$

故直线度误差 f 为

$$f=6.6\times 0.004\ \text{mm}=0.026\ 4\ \text{mm}>0.025\ \text{mm}$$

结论：导轨不合格。

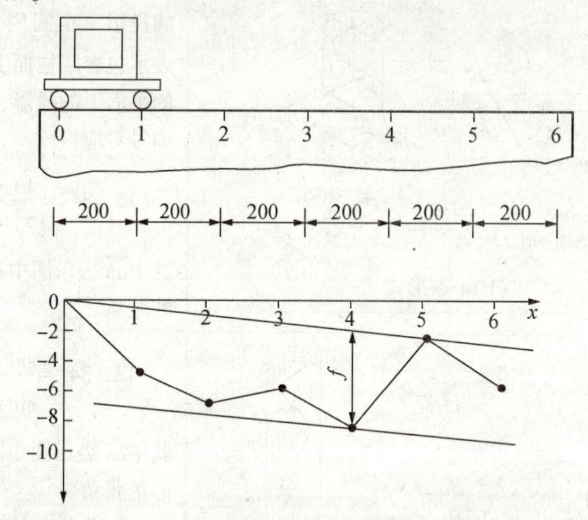

图 2-81　用水平仪测量直线度误差及其最小区域法评定

方法二：用两端点连线法。

如图 2-82 所示，将起点和末点的连线作为拟合直线，作平行于拟合直线的包容区域，则包容区域的宽度为

$$|\Delta_1|+|\Delta_2|=|-9-(-4)|+|-5-(-3)|=5+2=7(\text{格})$$

$$f=7\times 0.004\ \text{mm}=0.028\ \text{mm}>0.025\ \text{mm}$$

结论：导轨不合格。

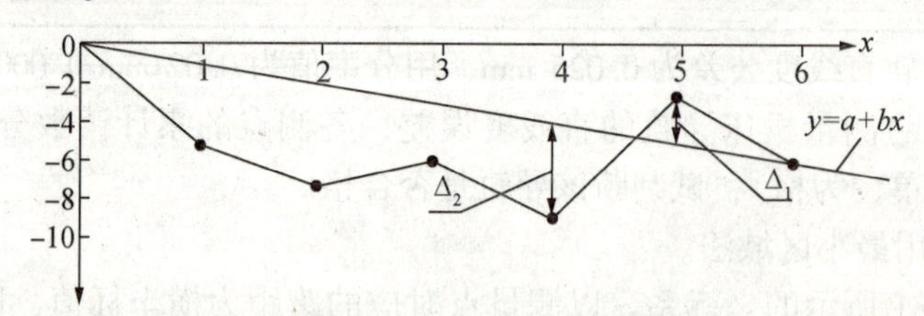

图 2-82　用两端点连线法评定直线度误差

由两端点连线法评定出来的直线度误差比最小区域法要大，评定时应尽可能采用最小区域法。

对于空间给定一个方向、相互垂直的两个方向、任意方向的直线度误差评定有所不同，

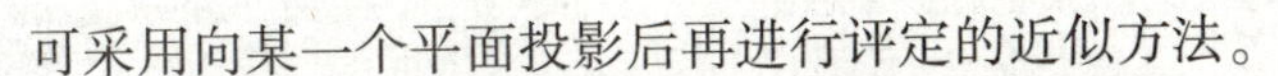

可采用向某一个平面投影后再进行评定的近似方法。

2）平面度误差的测量方法及其评定

平面度误差的测量方法与直线度误差的测量方法基本相同，包括水平仪法、平板法、平晶法、自准仪法、三坐标仪法、指示器法等。

平面度误差评定的关键是确定理想平面，从而确定包容被测平面的提取平面的包容区域。评定方法有最小区域法、对角线法、三点法，也就是有 3 种不同的确定理想平面的方法。平面度公差带的方向和位置是浮动的，因此，对提取平面上各点的坐标值进行适当的平移和旋转不影响平面度误差的评定结果。通过将平面上各点的坐标值进行适当的平移和旋转以找到符合相应判断准则要求的理想平面，然后将相对于这个理想平面的高点和低点的坐标值相减，所得差值就是该平面的提取平面相对于此理想平面的平面度误差值。

用最小区域法评定平面度误差时，应使提取平面全部包容在两平行平面之间，至少有 3 点或 4 点与之接触，如表 2-21 所示。

表 2-21　平面度误差的最小区域判别法

准则	最小区域判别示意图	说明
三角形准则		3 个高点与 1 个低点（或相反）
交叉准则		2 个高点与 2 个低点
直线准则		2 个高点与 1 个低点（或相反）

用最小区域法评定平面度误差的关键是确定符合最小区域判定准则的理想平面，理想平面一旦确定，最小包容区域的宽度即两平行平面之间的距离就是平面度误差值。理想平面的确定一般采用上述的基面旋转法。坐标变换的基面旋转法如图 2-83 所示，步骤如下。

（1）确定旋转轴 $O—O$ 后，算出旋转系数 K，其计算公式为

$$K=\frac{|Z_a|+|Z_b|}{L_a+L_b} \tag{2-5}$$

式中，$|Z_a|$、$|Z_b|$ 分别为点 a、b 变换前后的坐标差的绝对值；L_a、L_b 分别为点 a、b 至转轴 $O—O$ 的距离。

（2）求各测量点的旋转量（增大者为正号，降低者为负号），即

$$Q_K=\pm KL_K \tag{2-6}$$

式中，L_K 为各旋转点至转轴的距离。

（3）求出各点旋转变换后的坐标值，即

$$Z'_{ij}=Z_{ij}+Q_K \tag{2-7}$$

式中，Z_{ij}、Z'_{ij} 分别为各测量点旋转变换前后的坐标值。

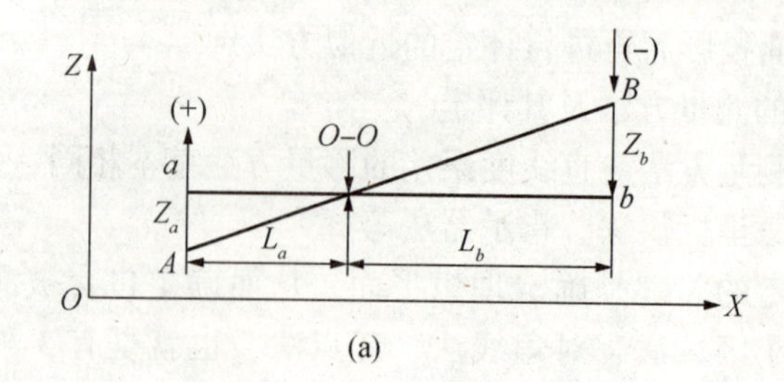

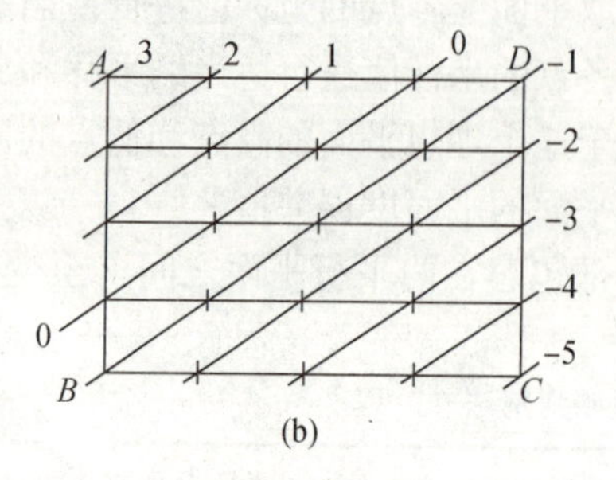

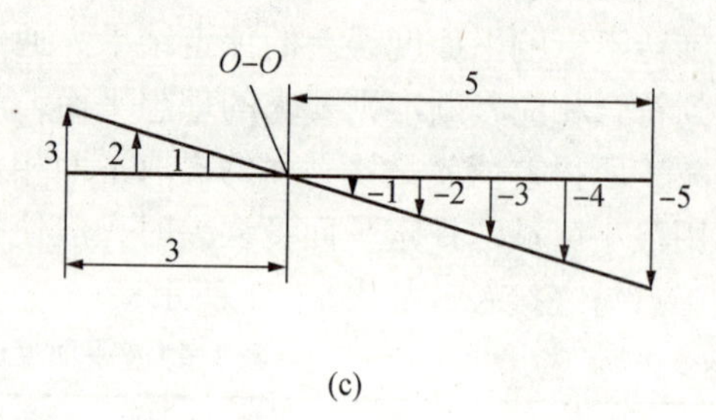

图 2–83　测量点多旋转变换

从图 2–83(b)、(c)可以看出，转轴上的点的 $L_K = 0$，即旋转轴上的坐标不变。通过旋转后，转轴一侧的坐标增大，另一侧减小。

【例 2–2】测量某平面的平面度误差，将原始测量数据转换为相对于某基准面的坐标值(单位为 μm)，如图 2–84 所示，试用最小区域法评定该平面的平面度误差。

−2	−1	−1
+2	+3	−1
+4	−1	+1

图 2–84　例题 2–2 的数据

解：从该平面数据可以看出，高点为+4、+3，低点为−2、−1，另外有 4 个点的坐标值为−1，先按交叉准则进行如图 2–85 所示的转换。即将圆圈中的低点−2、−1 变为相等，高点+4、+3 变为相等。

首先，将+4、+3 两点多坐标变为相等，以图 2–85 中带圆圈的+4、−1 两点的连线为转轴，此时，旋转系数为 1。

其次，将图中带圆圈的两点 0、−1 旋转为相等，以+4、+4 两点连线为转轴，旋转系数为

$$K = \frac{|Z_a| + |Z_b|}{L_a + L_b} = \frac{0 + |-1|}{2 + 1} = \frac{1}{3}$$

对各点坐标按式(2–7)进行计算，可以看出两高点坐标均转换为+4，两低点坐标均转换为−2/3，且所有点的坐标均在[−2/3，+4]的区间内，故所选定的高、低点是正确的，符合交叉准则的判断条件，所以该平面的平面度误差为

$$f = +\left[4 - \left(-\frac{2}{3}\right)\right]\ \mu\text{m} \approx 4.7\ \mu\text{m}$$

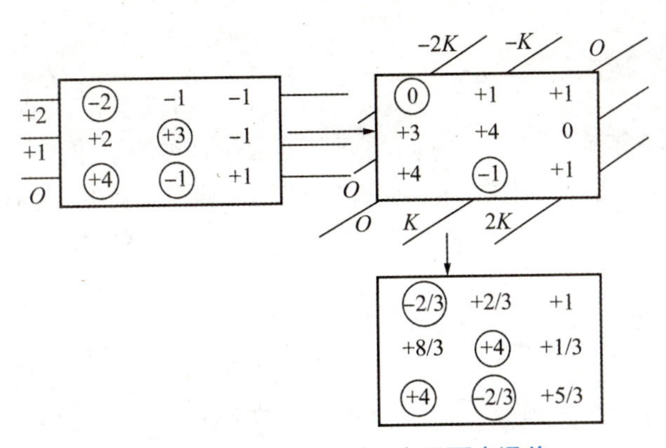

图 2-85　按交叉准则评定平面度误差

3) 圆度误差的最小区域判别法

由 2 个同心圆包容被测提取轮廓时，至少有 4 个实测点内外相间地分布在 2 个圆周上，如图 2-86 所示。

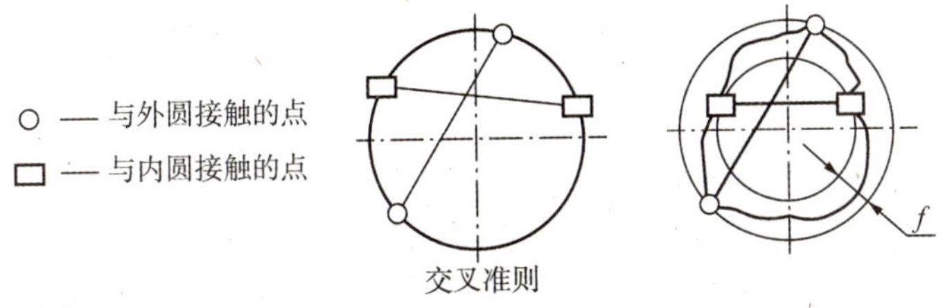

图 2-86　圆度误差的最小区域判别示意图

2.4.2　方向误差及其评定

1. 方向误差

方向误差是被测要素的提取要素对具有确定方向的理想要素的变动量，理想要素的方向由基准和理论正确尺寸确定。当方向公差值后面带有最大内切(Ⓧ)、最小外接(Ⓝ)、最小二乘(Ⓖ)、最小区域(Ⓒ)、贴切(Ⓣ)等符号时，表示的是对被测要素的拟合要素的方向公差要求，否则，是指对被测要素本身的方向公差要求。

图 2-87 是对被测要素的贴切要素的平行度要求示例。符号Ⓣ表示对被测要素的拟合要素的方向公差要求，在上表面的被测长度范围内，采用贴切法对被测要素的提取要素(或滤波要素)进行拟合得到被测要素的拟合贴切要素，该贴切要素相对于基准要素 A 的平行度公差值为 0.1 mm。

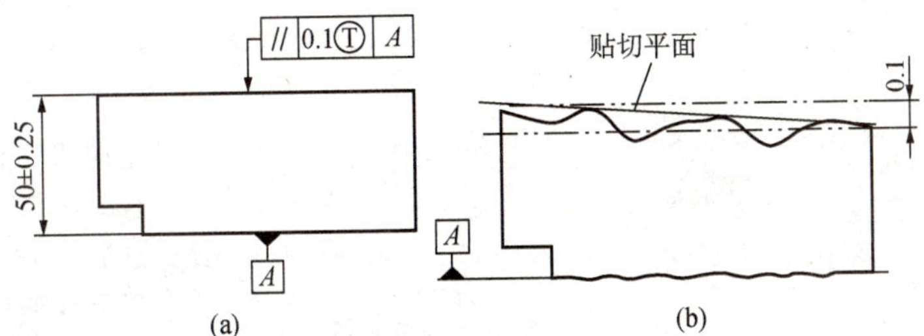

图 2-87　对被测要素的贴切要素的平行度要求示例及解释

(a) 图样标注；(b) 解释

2. 方向误差的评定

方向误差值用定向最小包容区域(简称定向最小区域)的宽度或直径表示，定向最小区域是指用由基准和理论正确尺寸确定方向的理想要素包容被测要素的提取要素时，具有最小宽度 f 或直径 d 的包容区域，如图 2-88 所示。各方向误差项目的定向最小区域形状分别与各自的公差带形状一致，但宽度(或直径)由被测提取要素本身决定。

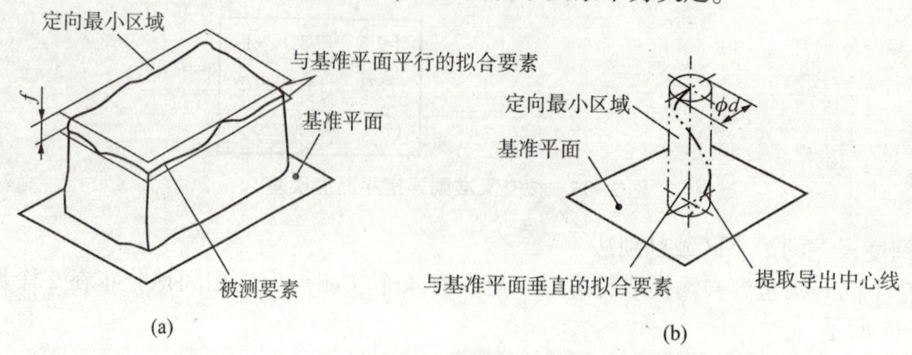

图 2-88　定向最小区域示例

(a)误差值为最小区域的宽度；(b)误差值为最小区域的直径

1)平行度误差的最小区域判别法

凡符合表 2-22 所列条件之一者，表示被测要素的提取要素已为定向最小区域包容。

表 2-22　平行度误差的最小区域判别法

条件	最小区域判别示意图	说明
平面或直线对基准平面	高低准则；f；基准平面；基准平面	由两定向平行平面包容被测要素的提取要素时，至少有 2 个实测点与之接触，1 个为最高点，1 个为最低点
平面对基准直线	f；基准直线	由两定向平行平面包容被测提取表面时，至少有 2 点或 3 点与之接触，对于垂直基准直线的平面上的投影具有如左图所示的形式
直线对基准直线(任意方向)	基准直线；基准直线	由定向圆柱面包容提取线时，至少有 2 点或 3 点与之接触，对于垂直基准直线的平面上的投影具有如左图所示的形式

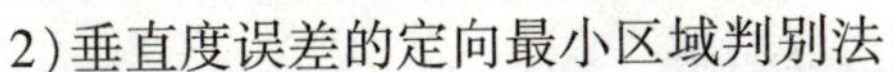

2）垂直度误差的定向最小区域判别法

凡符合表2-23所示条件之一者，即表示被测要素的提取要素已为定向最小包容区域所包容。

表2-23 垂直度误差的最小区域判别法

条件	最小区域判别示意图	说明
平面对基准平面	*f* 基准平面	由两定向平行平面包容被测要素的提取平面时，至少有2点或3点与之接触，在基准平面上的投影具有如左图所示的形式
直线对基准平面（任意方向）	基准平面 基准平面	由两定向圆柱面包容被测提取直线时，至少有2点或3点与之接触，在基准平面上的投影具有如左图所示的形式
平面（或直线）对基准直线	*f* 基准直线	由两定向平行平面包容被测要素的提取要素时，至少有2点与之接触，具有如左图所示的形式

2.4.3 位置误差及其评定

1. 位置误差

位置误差是被测要素的提取要素对具有确定位置的理想要素的变动量，理想要素的位置由基准和理论正确尺寸确定。当位置公差值后面带有最大内切（Ⓧ）、最小外接（Ⓝ）、最小二乘（Ⓖ）、最小区域（Ⓒ）、贴切（Ⓣ）等符号时，表示对被测要素的拟合要素的位置公差要求，否则，是指对被测要素本身的位置公差要求。

2. 位置误差的评定

位置误差值用定位最小包容区域（简称定位最小区域）的宽度或直径表示，定位最小区域是指用由基准和理论正确尺寸确定位置的理想要素包容被测要素的提取要素时，具有最小宽度 f 或直径 d 的包容区域，如图2-89所示。

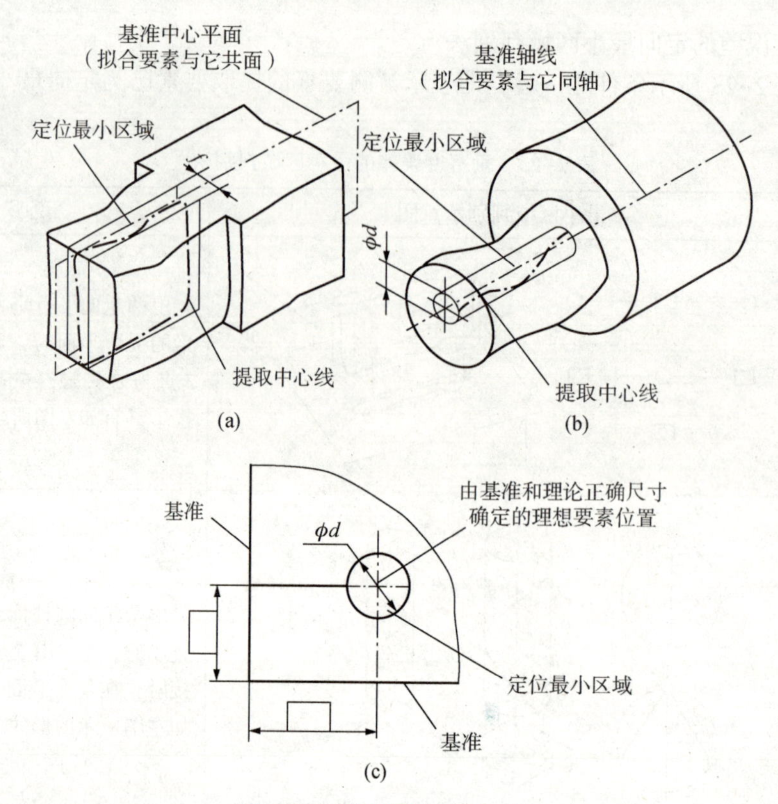

图 2-89　定位最小区域示例

(a)误差值为最小区域的宽度；(b)误差值为最小区域的直径；(c)误差值为最小区域的直径

3. 位置误差的最小区域判别法

用以基准轴线为轴线的圆柱面包容提取中心线，提取中心线与该圆柱面至少有一点接触（见图 2-90），则该圆柱面内的区域即为同轴度误差的最小包容区域。

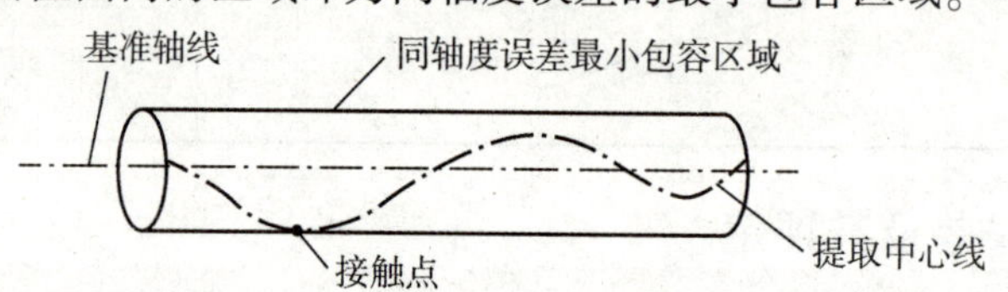

图 2-90　同轴度误差的最小区域判别法示意图

在数字化检测和验证中，对于几何误差的最小区域判别法的体系，可根据上述不同项目的最小区域判别法建立相应的约束方程来体现。

2.4.4　几何误差检测原则

1. 与拟合要素比较原则

与拟合要素比较原则是将被测提取要素与其拟合要素作比较，从而测出提取要素的几何误差值。误差值可由直接法或间接法测得。拟合要素通常用模拟法获得，例如，用一束光体现拟合直线，一个平板体现拟合平面，回转轴系与测量头组合体现一个拟合圆。该原则在几

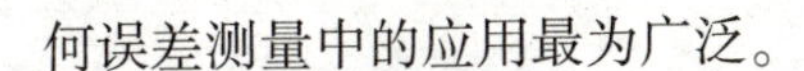
何误差测量中的应用最为广泛。

2. 测量坐标值原则

按测量坐标值原则测量几何误差时，是利用三坐标测量机或其他坐标测量装置(如万能工具显微镜)测量被测提取要素的坐标值(如直角坐标值、极坐标值、圆柱面坐标值)，并经过数据处理获得几何误差值。

3. 测量特征参数原则

按测量特征参数原则测量几何误差时，就是测量被测提取要素上具有代表性的参数(即特征参数)来评定几何误差。这里的特征参数是指被测提取要素上能反映几何误差、具有代表性的参数。如圆形零件半径的变动量可反映圆度误差，因此可以将半径作为圆度误差的特征参数。

4. 测量跳动原则

测量跳动原则是指被测提取要素(圆柱面、圆锥面或端面)绕基准轴线回转过程中，沿给定方向(径向、斜向或轴向)测量其对某参考点或线的变动量(即指示表最大与最小读数之差)。

5. 控制实效边界原则

控制实效边界原则适用于采用最大实体要求的场合，用功能量规检验被测要素是否超过实效边界，把被测提取要素控制在最大实体实效边界内。综合量规(功能量规或位置量规)是检验当最大实体要求应用于被测要素和(或)基准要素时，用来确定它们实际轮廓是否超出边界(MMVB 或 MMB)的全形通规。该原则适用于大批生产的综合检验中，实际应用较为广泛。

2.5 几何精度设计

广义的几何精度，包括零件的尺寸精度、表面结构精度及其几何要素的形状、位置精度。本节中，几何精度仅指构成零件几何要素的形状和位置精度。几何精度是指零部件允许的最大几何误差，即几何公差。零件的几何误差是制成产品的实际几何参数与设计给定的理想几何参数之间偏离的程度，它对机械产品、机械设备的正常工作有很大影响。因此正确合理地设计零件的几何精度，对保证机械产品、机械设备的功能要求，提高经济效益有着十分显著的作用。

几何精度设计应根据产品的使用功能要求和制造条件、检测条件确定机械零部件几何要素允许的加工和装配误差。正确合理地给出零件几何要素的公差是工程设计人员的重要任务，因为几何精度设计在机械产品的设计过程中具有十分重要的意义。

几何精度设计的主要内容包括：

(1)根据零件的结构特征、功能关系、检测条件及有关标准件的要求，选择几何公差项目；

(2)根据几何公差的相关原则选择几何公差基准；

(3)根据零件的功能和精度要求、结构特点和制造成本等，选择公差原则和确定几何公差值；

(4)按标准规定进行图样标注。

2.5.1 几何精度设计的方法

几何精度设计的方法主要有：类比法、计算法和试验法。

(1)类比法(经验法)是与经生产实践证明合理的类似产品上的相应要素进行比较，确定所设计零件几何要素的项目、公差原则和精度。采用类比法进行精度设计时，必须正确选择类比产品，分析在使用条件和功能要求(特别是装配要求)等方面的异同，并考虑实际生产条件、制造技术的发展等诸多因素。类比法是大多数零件要素精度设计所采用的方法。

(2)计算法就是根据由某种理论建立起来的功能要求与几何要素精度之间的定量关系，计算确定零件要素的精度。传统的计算法没有形成系统，计算机辅助几何公差设计(Computer Aided Geometric Tolerancing，CAGT)是在机械产品的设计、加工、装配、检测过程中，利用计算机对产品及其零部件的尺寸和几何公差设计、优化和监控。计算机辅助几何公差设计已是CAD/CAM集成制造技术中的关键技术之一。

(3)试验法就是先初步确定零件几何要素的精度，将试制产品在规定的使用条件下试验运转，并对技术性能进行监测与比较，通过试验来确定设计数据。

几何精度是根据产品的生产技术要求、使用功能要求和加工工艺等综合确定的。

图样上对几何公差值的表示方法有2种：一种是用公差框格的形式在图样上标注；另一种是按未注公差规定，图样上不标注形位公差要求。按照GB/T 1184—1996《形状和位置公差 未注公差值》规定，无论标注与否，零件都有几何精度要求。

对于注出几何公差，主要需要正确选择公差项目、公差数值(或公差等级)和公差原则。

2.5.2 几何公差项目的选择

总体原则：在保证零件功能要求的前提下，尽量选择具有综合控制功能的公差项目，以减少几何公差项目的数量；从工厂、车间现有的检测条件出发，选用简单、实用的检测方法，以获得较好的经济效益。

1)零件的几何特征与结构

零件的几何特征不同，产生的几何误差会不同，所选的项目也不同。分析加工后零件可能存在的各种几何误差确定选择项目。

(1)从形状来分析，圆柱形零件的形状公差项目主要有圆度、圆柱度、素线直线度；圆锥形零件主要有圆度、素线直线度、圆跳动等。

(2)从结构来分析，轴类零件的形状公差项目有安装传动齿轮、滚动轴承的轴颈和定位端面相对于轴线的径向或轴向圆跳动；阶梯轴、孔类零件主要有同轴度；箱体类零件主要有基准面或支承面的平面度；孔主要有与安装基面、相关孔轴线之间的平行度和垂直度；零件

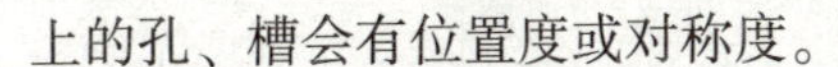

上的孔、槽会有位置度或对称度。

2)零件的功能要求

分析零件的主要功能要求，给出不同的几何公差项目。例如，影响车床主轴旋转精度的主要误差是前、后轴颈的圆柱度误差和同轴度误差；为保证机床工作台或刀架运动轨迹的精度，需要对导轨提出直线度要求；为使箱体、端盖等零件上各螺栓孔能顺利装配，应规定孔组的位置度公差。

3)各几何公差项目的特点

在几何公差的14个项目中，有单项控制的公差项目，如直线度、平面度、圆度等；还有综合控制的公差项目，如圆柱度、位置公差的各个项目。应该充分发挥综合控制公差项目的功能，这样可以减少图样上给出的几何公差项目，从而减少需检测的几何误差项目，以获得较好的经济效益。

4)检测条件和方便性

检测条件应包括有无相应的测量设备、测量的难易程度、测量效率是否与生产批量相适应等。在满足功能要求的前提下，应选用简便易行的检测项目代替测量难度较大的项目。例如，对轴类零件，可用径向全跳动综合控制圆柱度、同轴度；用轴向全跳动代替端面对轴线的垂直度，因为跳动误差检测方便，又能较好地控制几何误差。

2.5.3　几何公差基准的选择

选择几何公差项目的基准时，主要根据零件的功能和设计要求，并兼顾基准统一原则和零件结构特征等几方面来考虑。

(1)设计时，应根据要素的功能要求及要素间的几何关系来选择基准。例如，对旋转轴，通常选择与轴承结合的轴颈表面作为基准。

(2)从装配关系考虑，应选择零件相互结合、相互接触的表面作为各自的基准，以保证零件的正确装配。

(3)应遵守基准统一原则，即设计基准、定位基准和装配基准是同一要素。这样，可以减少因基准不重合而产生的误差。从加工、测量角度考虑，应选择在工具、夹具、量具中定位的相应要素作为基准，并考虑这些要素作基准时要便于设计工具、夹具、量具，还应尽量使测量基准与设计基准统一，简化设计、制造和检测过程。

(4)当须以铸造、锻造或焊接等未经切削加工的毛面作基准时，应选择最稳定的表面作基准，或在基准要素上指定一些点、线、面(即基准目标)来建立基准。

(5)采用多个基准(如三基面体系)时，应从被测要素的使用要求考虑基准要素的顺序。通常，选择对被测要素使用要求影响最大的表面(可以定位3点)，或者定位最稳定的表面作为第一基准；影响次之或窄而长的表面(可以定位2点)作为第二基准；影响小或短小的表面(可以定位1点)作为第三基准。

(6)任选基准只适合于表面形状完全对称，装配时无论正反、上下颠倒均能互换的零件。任选基准比指定基准要求严，故不经济。

2.5.4 公差原则的选择

选择公差原则时，应根据被测要素的功能要求，并考虑到采取该公差原则的可行性、经济性。选择相关要求的目的是在满足某些功能要求的前提下，特别是满足装配要求后，最大限度地得到合格零件，降低成本，提高经济效益。

(1)独立原则：用于尺寸精度与形位精度要求相差较大，需分别满足要求；或两者无联系，保证运动精度、密封性，未注公差等场合。

(2)包容要求：主要用于需要严格保证配合性质的场合。例如，齿轮的毂孔与轴颈的配合，应选用包容要求。

(3)最大实体要求：用于中心要素，一般用于相配件要求为可装配性(无配合性质要求)的场合。例如，凸缘上的螺栓孔组，控制螺栓中心线的位置度公差，可选用最大实体要求。

(4)最小实体要求：主要用于需要保证零件强度和最小壁厚等场合。例如，某一零件要确保某一尺寸大于某一临界值，且用几何公差控制关联中心要素时，可采用最小实体要求。

(5)可逆要求：与最大(最小)实体要求联用，能充分利用公差带，扩大被测要素实际尺寸的范围，提高效益，一般在不影响使用性能的前提下选用。

2.5.5 几何公差等级及公差值的选择

零(部)件的几何误差对机器或仪器的正常工作有很大的影响，因此，合理、正确地确定几何公差值，对保证机器与仪器的功能要求、提高经济效益是十分重要的。

几何公差的国家标准将几何公差分为注出公差和未注公差2类。对于几何精度要求较高时，需要在设计图样上注出几何公差项目和公差值。一般的机加工和常用的工艺方法能够保证加工精度，在工厂的常用精度等级范围内时，不需在图样上注出几何公差，由未注公差来控制。运用未注公差的优点是图样易读、简化设计，突出注有公差值的要素，有利于安排生产和质量控制，为企业带来经济效益。

1. 几何公差等级

在几何公差的所有项目中，除了线轮廓度和面轮廓度两个项目未规定公差值以外，其余项目都规定了公差等级和公差值。其中，直线度、平面度、平行度、垂直度、倾斜度、同轴度、对称度、圆跳动和全跳动都规定了1～12级公差等级；圆柱、圆柱度公差规定了0～12级公差，等级依次降低。

位置度公差值不分等级，以数系表的形式给出。

GB/T 1184—1996的附录B规定了几何公差各项目注出公差的公差等级及公差值。各公差项目的公差值如表2-24～表2-28所示。

1)直线度和平面度

直线度和平面度公差值如表2-24所示。

表 2-24　直线度和平面度公差值

主参数 L/mm	公差等级											
	1	2	3	4	5	6	7	8	9	10	11	12
	公差值/μm											
≤10	0.2	0.4	0.8	1.2	2	3	5	8	12	20	30	60
>10～16	0.25	0.5	1	1.5	2.5	4	6	10	15	25	40	80
>16～25	0.3	0.6	1.2	2	3	5	8	12	20	30	50	100
>25～40	0.4	0.8	1.5	2.5	4	6	10	15	25	40	60	120
>40～63	0.5	1	2	3	5	8	12	20	30	50	80	150
>63～100	0.6	1.2	2.5	4	6	10	15	25	40	60	100	200
>100～160	0.8	1.5	3	5	8	12	20	30	50	80	120	250
>160～250	1	2	4	6	10	15	25	40	60	100	150	300
>250～400	1.2	2.5	5	8	12	20	30	50	80	120	200	400
>400～630	1.5	3	6	10	15	25	40	60	100	150	250	500
>630～1 000	2	4	8	12	20	30	50	80	120	200	300	600
主参数 L 图例	L　L											

2)圆度和圆柱度

圆度和圆柱度公差值如表 2-25 所示。

表 2-25　圆度和圆柱度公差值

主参数 $d(D)$/mm	公差等级												
	0	1	2	3	4	5	6	7	8	9	10	11	12
	公差值/μm												
≤3	0.1	0.2	0.3	0.5	0.8	1.2	2	3	4	6	10	14	25
>3～6	0.1	0.2	0.4	0.6	1	1.5	2.5	4	5	8	12	18	30
>6～10	0.12	0.25	0.4	0.6	1	1.5	2.5	4	6	9	15	22	36
>10～18	0.15	0.25	0.5	0.8	1.2	2	3	5	8	11	18	27	43
>18～30	0.2	0.3	0.6	1	1.5	2.5	4	6	9	13	21	33	52
>30～50	0.25	0.4	0.6	1	1.5	2.5	4	7	11	16	25	39	62
>50～80	0.3	0.5	0.8	1.2	2	3	5	8	13	19	30	46	74
>80～120	0.4	0.6	1	1.5	2.5	4	6	10	15	22	35	54	87
>120～180	0.6	1	1.2	2	3.5	5	8	12	18	25	40	63	100
>180～250	0.8	1.2	2	3	4.5	7	10	14	20	29	46	72	115
>250～315	1.0	1.6	2.5	4	6	8	12	16	23	32	52	81	130
>315～400	1.2	2	3	5	7	9	13	18	25	36	57	89	140
>400～500	1.5	2.5	4	6	8	10	15	20	27	40	63	97	155

续表

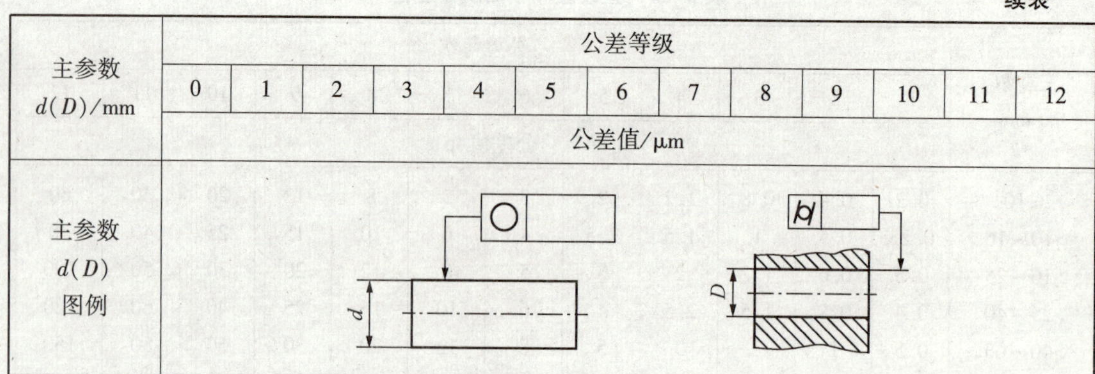

3）平行度、垂直度、倾斜度

平行度、垂直度、倾斜度公差值如表 2-26 所示。

表 2-26　平行度、垂直度、倾斜度公差值

主参数 L、d(D)/mm	公差等级											
	1	2	3	4	5	6	7	8	9	10	11	12
	公差值/μm											
≤10	0.4	0.8	1.5	3	5	8	12	20	30	50	80	120
>10～16	0.5	1	2	4	6	10	15	25	40	60	100	150
>16～25	0.6	1.2	2.5	5	8	12	20	30	50	80	120	200
>25～40	0.8	1.5	3	6	10	15	25	40	60	100	150	250
>40～63	1	2	4	8	12	20	30	50	80	120	200	300
>63～100	1.2	2.5	5	10	15	25	40	60	100	150	250	400
>100～160	1.5	3	6	12	20	30	50	80	120	200	300	500
>160～250	2	4	8	15	25	40	60	100	150	250	400	600
>250～400	2.5	5	10	20	30	50	80	120	200	300	500	800
>400～630	3	6	12	25	40	60	100	150	250	400	600	1 000
>630～1 000	4	8	15	30	50	80	120	200	300	500	800	1 200
主参数 L、d(D) 图例												

4）同轴度、对称度、圆跳动和全跳动

同轴度、对称度、圆跳动和全跳动公差值如表 2-27 所示。

表 2-27 同轴度、对称度、圆跳动和全跳动公差值

主参数 $d(D)$、B、L /mm	公差等级												
	0	1	2	3	4	5	6	7	8	9	10	11	12
	公差值/μm												
≤1	0.4	0.6	1	1.5	2.5	4	6	10	15	25	40	60	
>1～3	0.4	0.6	1	1.5	2.5	4	6	10	20	40	60	120	
>3～6	0.5	0.8	1.2	2	3	5	8	12	25	50	80	150	
>6～10	0.6	1	1.5	2.5	4	6	10	15	30	60	100	200	
>10～18	0.8	1.2	2	3	5	8	12	20	40	80	120	250	
>18～30	1	1.5	2.5	4	6	10	15	25	50	100	150	300	
>30～50	1.2	2	3	5	8	12	20	30	60	120	200	400	
>50～120	1.5	2.5	4	6	10	15	25	40	80	150	250	500	
>120～250	2	3	5	8	12	20	30	50	100	200	300	600	
>250～500	2.5	4	6	10	15	25	40	60	120	250	400	800	
主参数 $d(D)$、B、L 图例	当被测要素为圆锥时，取 $d=\frac{d_1+d_2}{2}$												

5）位置度

由于标注位置度公差的被测要素类型繁多，因此标准只给出了推荐的数值系列，如表 2-28 所示。

表 2-28 位置度数系

单位：μm

1	1.2	1.5	2	2.5	3	4	5	6	8
1×10^n	1.2×10^n	1.5×10^n	2×10^n	2.5×10^n	3×10^n	4×10^n	5×10^n	6×10^n	8×10^n

表 2-29～表 2-32 列出了一些几何公差特征项目的部分公差等级的应用场合，供选择几何公差等级时参考。

表 2-29 直线度、平面度公差等级的应用实例

公差等级	应用举例
1～2	用于精密量具、测量仪器的测量和工作表面，如量块和标准直尺，三坐标测量机的导轨面；精密磨床和坐标镗床的导轨面；特别精密的柱塞偶件

续表

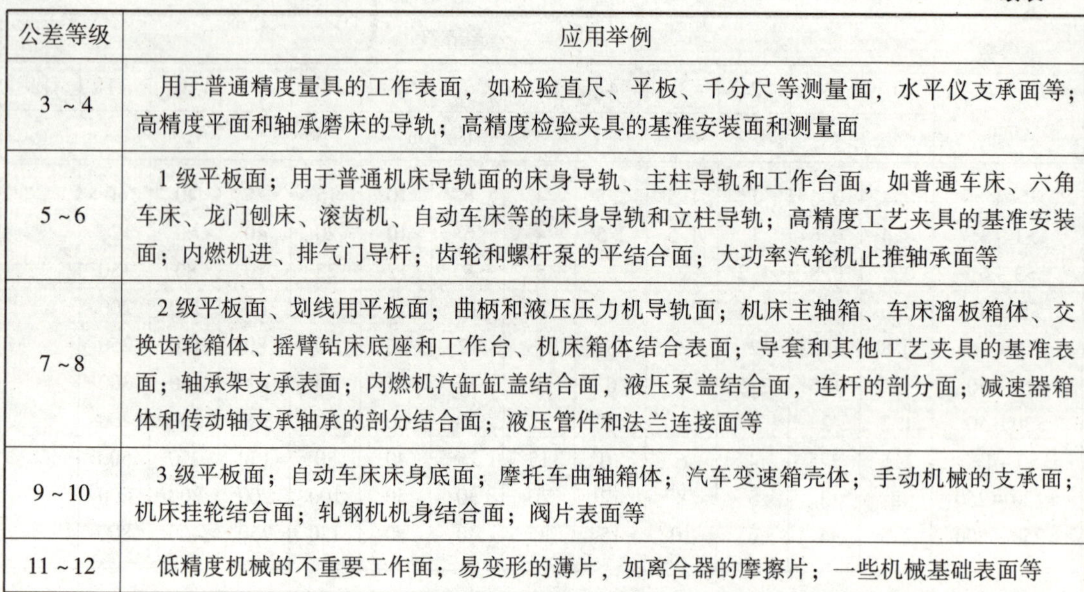

公差等级	应用举例
3～4	用于普通精度量具的工作表面，如检验直尺、平板、千分尺等测量面，水平仪支承面等；高精度平面和轴承磨床的导轨；高精度检验夹具的基准安装面和测量面
5～6	1级平板面；用于普通机床导轨面的床身导轨、主柱导轨和工作台面，如普通车床、六角车床、龙门刨床、滚齿机、自动车床等的床身导轨和立柱导轨；高精度工艺夹具的基准安装面；内燃机进、排气门导杆；齿轮和螺杆泵的平结合面；大功率汽轮机止推轴承面等
7～8	2级平板面、划线用平板面；曲柄和液压压力机导轨面；机床主轴箱、车床溜板箱体、交换齿轮箱体、摇臂钻床底座和工作台、机床箱体结合表面；导套和其他工艺夹具的基准表面；轴承架支承表面；内燃机汽缸缸盖结合面，液压泵盖结合面，连杆的剖分面；减速器箱体和传动轴支承轴承的剖分结合面；液压管件和法兰连接面等
9～10	3级平板面；自动车床床身底面；摩托车曲轴箱体；汽车变速箱壳体；手动机械的支承面；机床挂轮结合面；轧钢机机身结合面；阀片表面等
11～12	低精度机械的不重要工作面；易变形的薄片，如离合器的摩擦片；一些机械基础表面等

表2-30　圆度、圆柱度公差等级的应用实例

公差等级	应用举例
0～2	精密机床和量仪的主轴颈；球和滚柱(滚动轴承)；特别精密滚动轴承的滚道表面和配合表面及与之相配的轴和机架表面；调整柴油机进、排气门；特别精密的柱塞配件副等
3～4	高精度滚动轴承滚道和配合面及与之相配的轴和机架表面；高精度机床主轴轴承和主轴箱体孔；工具显微镜套管外圆和顶针；较高精度机床主轴颈；航空和汽车发动机曲轴轴颈；活塞销和相配孔；高精度微型轴承内、外圈；高压且要求不漏的液压传动中的柱塞、活塞套筒等
5～6	一般精度滚动轴承配合面和与之相配的轴和机架的配合面；一般计量仪器主轴、测杆外圆柱面；陀螺仪轴颈；一般机床主轴轴颈及箱体孔；柴油机、汽油机活塞、活塞销；拖拉机和船用内燃机曲轴轴颈和轴瓦；减速器转轴轴颈和轴瓦；蒸汽涡轮机和大型水泵轴颈和轴瓦；中低压无密封圈或中高压带密封圈的液压、气动传动中的活塞、柱塞、缸套和缸筒；汽油发动机凸轮轴；纺机锭子；减速传动轴轴颈；高速船用柴油机、拖拉机曲轴主轴颈；与6级滚动轴承配合的轴颈，与6级滚动轴承配合的外壳孔，与普通级(0级)滚动轴承配合的轴颈等
7～8	大功率低速柴油机曲轴轴颈、活塞、活塞销、连杆、汽缸；大型水轮机的轴颈和轴承；汽车、拖拉机发动机的汽缸、缸套、活塞和活塞环；高速柴油机箱体轴承孔；水泵及通用减速器转轴轴颈；千斤顶或压力油缸活塞；液压传动分配机构；机车传动轴；内燃机曲轴轴颈；柴油机凸轮轴承孔、凸轮轴；拖拉机、小型船用柴油机汽缸套；压气机的连杆盖、连杆体；炼胶机冷铸轴辊；印刷机传墨辊；与普通级滚动轴承配合的外壳孔等
9～10	低速和轻载滑动轴承；带软密封低压泵活塞和汽缸；空气压缩机缸体；柴油机和煤气机活塞；通用机械杠杆与拉杆用套筒销；拖拉机活塞环、套筒孔；印染机导布辊；绞车、吊车、起重机滑动轴承轴颈等

表 2-31　平行度、垂直度、倾斜度公差等级的应用实例

公差等级	应用举例
1～2	精密机床、量仪、量具的主要导向面、基准面和工作面；精密滚动轴承端面；精密机床主轴肩端面；光学分度头和齿轮量仪的主轴和心轴等
3～4	高和较高精度机床的主要导轨面和基准表面；直角尺的工作面；控制和调节仪器的极精密导轨；装精密滚动轴承的轴肩；大型涡轮机和发电机的轴端法兰面等
5～6	一般精度机床的工作表面；千分尺、游标卡尺的测量面；高精度工艺夹具的工作面；高精度轴承端面；高精度机械和仪器的导向槽；高精度齿轮传动箱体孔轴线；高压泵中的转子、工作齿轮、螺杆和壳体的端面和轴线；发动机机架、汽缸和箱体的基准平面；机床花盘和夹盘端面；装高精度滚动轴承的机壳和轴上支承肩；插齿刀和剃齿刀的支承端面；水力机械的端面轴瓦；发动机离合器的轴端法兰面；液压仪器壳体的端面；普通车床导轨、重要支承面；机床主轴轴承孔对基准的平行度；计量仪器、量具、模具的基准面和工作面；机床床头箱体重要孔；通用减速器壳体孔；齿轮泵的油孔端面；发动机轴和离合器的凸缘；汽缸支承面；安装精密轴承的壳体孔凸肩等
7～8	一般机床的基准面和工作面；压力机和锻锤的工作面；中等精度冲模、钻模和钻套的工作面；机床一般轴承孔对基准的平行度；变速器箱体孔；主轴花键对定心表面轴线的平行度；重型机械滚动轴承端盖；卷扬机、手动传动装置中的传动轴；一般导轨；主轴箱体孔，刀架、砂轮架；汽缸配合面对基准轴线以及活塞销孔对活塞轴线的垂直度；滚动轴承内、外圈端面对轴线的垂直度；一般精度滚动轴承用环和衬套的支承；铣刀端面；连杆头轴线；发动机装缸套的孔轴线；一般精度齿轮传动装置中的轴线；低精度机床和压力机工作表面；机床套筒端面；装一般精度滚动轴承的机壳和轴支承肩；衬套端面；锥齿轮减速器箱体孔轴线；汽车、拖拉机活塞和活塞销孔轴线等
9～10	低精度零件；起重运输机减速器箱体剖分面和支承面；农业机械上离合器轴线和表面；重型机械滚动轴承端盖；柴油机、煤气发动机箱体曲轴孔、曲轴轴颈，花键轴和轴肩端面；带式运输机法兰盘等端面对轴线的垂直度；卷扬机及手动传动装置中轴承孔端面；减速器壳体端面；发动机支承平面和螺栓轴线等

表 2-32　同轴度、对称度、跳动公差等级的应用实例

公差等级	应用举例
1～2	精密机床主轴和花盘工作表面；齿轮量仪和光学分度头的配合和支承主轴颈；精密滚动轴承套圈的工作面；调整空气轴系的主轴颈和孔等
3～4	较高和一般精度机床工作台和主轴工作表面；高精度滚动轴承套圈的工作面；泵和水轮机轴承衬套的配合和支承表面；小功率电动机的轴端；安装高精度齿轮的配合面；高精度液压仪器的高速轴和轴线；大型汽轮机的伸出轴等
5～6	几何精度要求较高、尺寸的标准公差等级为 IT8 及高于 IT8 的零件；机床主轴轴颈；计量仪器的测杆；涡轮机主轴；活塞油泵转子；精度滚动轴承外圈，一般精度滚动轴承内圈；较高精度机床衬套；金刚钻切割砂轮；测量仪器的测量杆；一般精度滚动轴承套圈的工作面；装较高精度齿轮的配合面；汽车发动机曲轴和分配轴的支承轴颈；大型汽轮机轴的法兰；高精度高速轴等

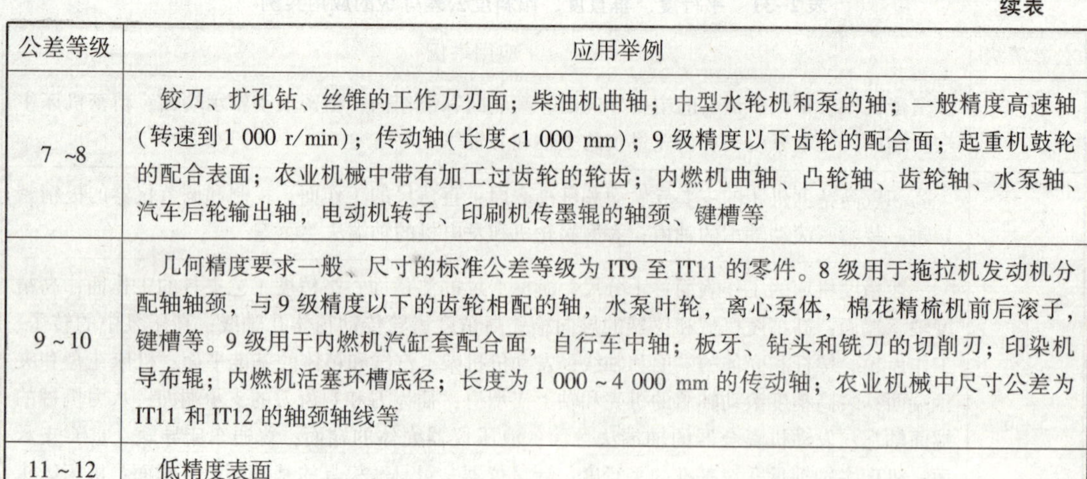

续表

公差等级	应用举例
7 ~8	铰刀、扩孔钻、丝锥的工作刀刃面；柴油机曲轴；中型水轮机和泵的轴；一般精度高速轴(转速到1 000 r/min)；传动轴(长度<1 000 mm)；9级精度以下齿轮的配合面；起重机鼓轮的配合表面；农业机械中带有加工过齿轮的轮齿；内燃机曲轴、凸轮轴、齿轮轴、水泵轴、汽车后轮输出轴，电动机转子、印刷机传墨辊的轴颈、键槽等
9 ~ 10	几何精度要求一般、尺寸的标准公差等级为IT9至IT11的零件。8级用于拖拉机发动机分配轴轴颈，与9级精度以下的齿轮相配的轴，水泵叶轮，离心泵体，棉花精梳机前后滚子，键槽等。9级用于内燃机汽缸套配合面，自行车中轴；板牙、钻头和铣刀的切削刃；印染机导布辊；内燃机活塞环槽底径；长度为1 000 ~ 4 000 mm的传动轴；农业机械中尺寸公差为IT11和IT12的轴颈轴线等
11 ~ 12	低精度表面

2. 几何公差等级和公差值的选用原则

确定几何公差值的总的原则是：在满足零件功能的前提下，选取最经济的公差值。

一般地，常用几何公差等级为6 ~ 9级，其中：直线度、平面度(9级相当于未注公差等级中的H级)、圆度、圆柱度、平行度、垂直度和倾斜度以6级为基本级，同轴度、对称度、圆跳动、全跳动以7级为基本级。

确定几何公差值的方法有类比法和计算法，通常多按类比法确定其公差值。

所谓类比法，就是参考现有手册和资料，参照经过验证的类似产品的零(部)件，通过对比分析，确定其公差值。

(1)形状、方向、位置、尺寸公差之间的大小关系应相互协调，其一般协调原则是：形状公差<方向公差<位置公差<跳动公差<尺寸公差。

①在同一要素上给定的形状公差值应小于方向公差值、位置公差值及跳动公差值。

②对同一基准或基准体系，同一要素上给定的方向公差值应小于位置公差值。

③圆柱形零件的形状公差值(轴线直线度除外)一般情况下应小于其尺寸公差值，其公差值应占尺寸公差值的50%以下。对于圆柱面的形状公差(圆度、圆柱度)等级，可选取尺寸公差的等级，如对ϕ25k6的轴颈，可选择其圆度公差为6级，以保证圆柱度公差值在尺寸公差值以下。

④平行度公差值应小于其相应的距离公差值。

⑤$T_{形状}=K\times T_{尺寸}$，尺寸的标准公差等级为IT5 ~ IT8时，取K=25% ~65%。

(2)综合公差大于单项公差。如圆柱度公差值(轴线直线度除外)大于圆度公差值和素线直线度公差值，全跳动公差值大于圆柱度公差值和同轴度公差值。

(3)形状公差与表面粗糙度之间关系也应协调。通常，中等尺寸和中等精度的零件，如圆柱表面的表面粗糙度Ra与形状公差(圆度和圆柱度)值T的关系一般是$Ra\leqslant 15\%\times T$；平面的表面粗糙度Ra与形状公差(平面度)值T的关系一般是$Ra\leqslant(20\%\sim25\%)\times T$。

(4)对于下列情况，考虑到加工难易程度和除主参数外其他参数的影响，在满足零件功能要求下，适当降低1 ~ 2级使用。

①孔相对于轴；

②细长比较大的轴或孔；

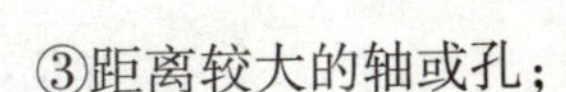

③距离较大的轴或孔；

④宽度较大(一般大于1/2长度)的零件表面；

⑤线对线和线对面相对于面对面的平行度；

⑥线对线和线对面相对于面对面的垂直度。

(5)位置度公差的确定方法。

位置度常用于控制螺栓或螺钉连接中孔距的位置精度要求，其公差值取决于螺栓与光孔之间的间隙。设螺栓(或螺钉)的最大直径为 d_{max}，光孔的最小直径为 D_{min}，则位置度公差值 T 的计算公式为

$$螺栓连接：T \leqslant K(D_{min}-d_{max}) \tag{2-8}$$

$$螺钉连接：T \leqslant 0.5K(D_{min}-d_{max}) \tag{2-9}$$

式中，K 为间隙利用系数。考虑到装配调整对间隙的需要，一般取 K 为0.6～0.8，若不需调整，则 K 为1。按式(2-8)、式(2-9)算出的公差值，经圆整后应符合国家标准推荐的位置度数系(见表2-28)。

3. 几何公差的未注公差的标注

几何公差的未注公差值符合工厂的常用精度等级，即用一般机加工和常用工艺方法可以保证的精度范围，不必在图样上采用框格形式单独注出。GB/T 1184—1996明确给出了几何公差未注公差的规定，几何公差未注公差等级分为3级，分别用H、K、L表示，其中H最高，L最低，各项目未注公差的规定及公差值见表2-33～表2-36。

(1)直线度和平面度。

直线度和平面度的未注公差值按表2-33规定，选择公差值时，对于直线度按其相应线的长度选择，对于平面度按其表面的较长一侧或圆表面的直径选择。

表2-33　直线度和平面度的未注公差值

单位：mm

公差等级	基本长度范围					
	≤10	>10～30	>30～100	>100～300	>300～1 000	>1 000～3 000
H	0.02	0.05	0.1	0.2	0.3	0.4
K	0.05	0.1	0.2	0.4	0.6	0.8
L	0.1	0.2	0.4	0.8	1.2	1.6

(2)圆度和圆柱度。

圆度的未注公差值等于标准的直径公差值，但不能大于表2-36中的径向圆跳动值。

圆柱度的未注公差值不作规定，因为圆柱度误差由3个部分组成：圆度、直线度和相对素线的平行度误差，而其中每一项误差均由它们的注出公差或未注公差控制，如因功能要求，圆柱度应小于圆度、直线度和平行度未注公差的综合结果，被测要素上应按GB/T 1182—2018的规定注出圆柱度公差值。圆柱度可采用包容要求来控制。

(3)平行度和垂直度。

平行度的未注公差值等于给出的尺寸公差值，当要素均为最大实体尺寸时，平行度的未注公差值等于直线度和平面度未注公差值中最大的公差值。

应取两要素中的较长者作为基准，若两要素的长度相等则可选任一要素为基准。

垂直度的未注公差值见表2-34，取形成直角的两边中较长的一边作为基准，较短的一边作为被测要素；若两边的长度相等则可取其中的任意一边作为基准。

表 2-34　垂直度的未注公差值

单位：mm

公差等级	基本长度范围			
	≤100	>100～300	>300～1 000	>1 000～3 000
H	0.2	0.3	0.4	0.5
K	0.4	0.6	0.8	1
L	0.6	1	1.5	2

(4)对称度和同轴度。

对称度的未注公差值见表 2-35，取两要素中较长者作为基准，较短者作为被测要素；若两要素长度相等，则可选任一要素作为基准，对称度未注公差示例如图 2-91 所示。

对称度的未注公差值用于至少两个要素中的一个是中心平面，或两个要素的轴线相互垂直。

表 2-35　对称度的未注公差值

单位：mm

<table>
<tr><th rowspan="2">公差等级</th><th colspan="4">基本长度范围</th></tr>
<tr><th>≤100</th><th>>100～300</th><th>>300～1 000</th><th>>1 000～3 000</th></tr>
<tr><td>H</td><td colspan="4">0.5</td></tr>
<tr><td>K</td><td colspan="2">0.6</td><td>0.8</td><td>1</td></tr>
<tr><td>L</td><td>0.6</td><td>1</td><td>1.5</td><td>2</td></tr>
</table>

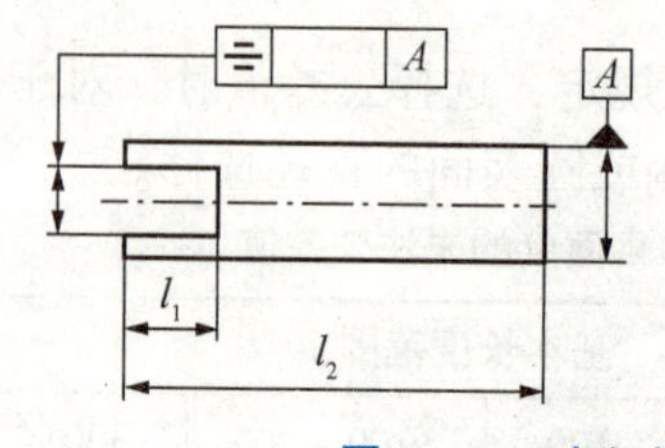

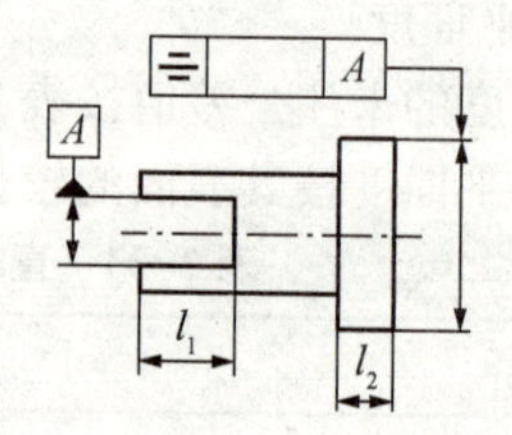

图 2-91　对称度未注公差示例

同轴度的未注公差值未作规定，在极限状况下，同轴度的未注公差值可以和表 2-36 中规定的径向圆跳动的未注公差值相等，应选两要素中的较长者为基准，若两要素长度相等，则可选任一要素为基准。

(5)圆跳动。

圆跳动的未注公差值见表 2-36，对于圆跳动的未注公差值，应以设计或工艺给出的支承面作为基准，否则应取两要素中较长的一个作为基准；若两要素的长度相等，则可选任一要素为基准。

表 2-36　圆跳动的未注公差值

单位：mm

公差等级	H	K	L
公差值	0.1	0.2	0.5

(6)GB/T 1184—1996 未对线、面轮廓度、倾斜度、位置度和全跳动的未注公差值进行规定，它们应由各要素的注出或未注几何公差、线性尺寸公差或角度公差控制。

(7)未注几何公差的图样表示法。

若采用 GB/T 1184—1996 规定的未注公差值(表 2-33～表 2-36)，应在标题栏附近或者技术要求、技术文件中注出标准号及公差等级代号。如：未注几何公差请查 GB/T 1184—H。几何公差的未注公差值适用于所有没有单独标注几何公差的零件要素，即适用于遵守独立原则的零件要素，也适用于某些遵守包容要求的零件要素。

未注几何公差值的标注示例如图 2-92 所示，图 2-92(a)是图样标注，图 2-92(b)是对图 2-92(a)的说明。

(8)检测与拒收。

采用未注几何公差的零件要素，通常不需要一一检测，当抽样检测或仲裁时，其公差值要求按 GB/T 1184—1996 确定。除另有规定，当零件要素的几何误差超出未注公差值而零件的功能没有受到损害时，不应当按惯例拒收。

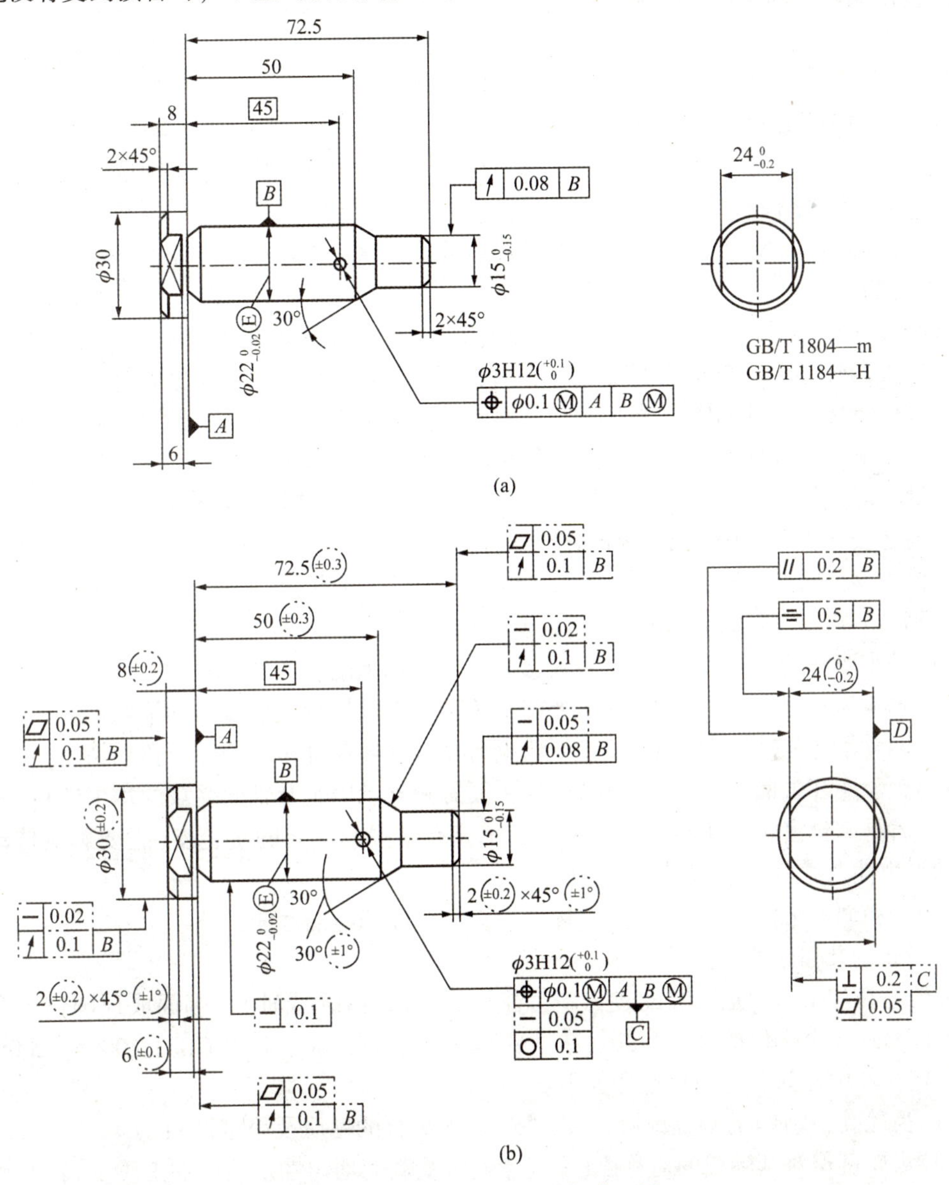

图 2-92　未注几何公差的标注示例

(a)未注几何公差示例；(b)未注几何公差的解释

2.5.6 几何精度设计实例

1. 典型零件几何公差项目的选择举例

1)轴类零件几何公差项目的选择

轴类零件的几何精度主要应从2个方面考虑：一是与支承件结合的部位；二是与传动件结合的部位。

(1)与支承件结合的部位。

①与滚动轴承相配合的轴颈的圆度或圆柱度(主要影响轴承与轴配合的松紧程度及对中性，从而影响轴承的工作性能和寿命)。

②与滚动轴承相配合的轴颈对其(公共)轴线的圆跳动或同轴度(主要影响传动件及轴承的旋转精度)。

③与滚动轴承结合的轴肩(轴承定位端面)对其轴线的轴向圆跳动(轴肩对轴线的位置精度将影响轴承的定位，造成轴承套圈歪斜，改变滚道的几何形状，恶化轴承的工作条件)。

(2)与传动件结合的部位。

①与传动件(如齿轮)相配合的表面的圆度或圆柱度(主要影响传动件与轴配合的松紧程度及对中性)。

②与传动件(如齿轮)相配合表面(或轴线)对其公共支承轴线的圆跳动或同轴度(与传动件配合的轴段轴心线若与支承轴线不同轴，则会直接影响传动件的传动精度)。

③齿轮等传动零件的定位端面(轴肩)对其轴线的垂直度或轴向圆跳动(轴肩对轴线的位置误差将影响传动零件的定位及载荷分布的均匀性)。

④键槽对其轴线的对称度(主要影响键受载的均匀性及装拆的难易)。

2)箱体类零件几何公差项目的选择

箱体类零件的几何精度主要是孔系(轴承座孔)的几何精度，其次是箱体的结合面(分箱面)的形状精度，可考虑选择下列几何公差项目：

(1)轴承座孔的圆度或圆柱度(主要影响箱体与轴承配合的性能及对中性)；

(2)轴承座轴线之间的平行度(主要影响传动零件的接触精度及传动平稳性)；

(3)两轴承座孔轴线的同轴度(主要影响传动零件载荷分布均匀性及传动精度)；

(4)轴承座孔端面对其轴线的垂直度(主要影响轴承固定及轴向受载的均匀性)；

(5)若是圆锥齿轮减速器，还要考虑轴承座孔轴线相互间的垂直度(主要影响传动零件的传动平稳性及载荷分布均匀性)；

(6)分箱面的平面度(主要影响箱体剖分面密合性和防漏性能)。

3)齿轮的几何公差项目的选择

齿轮坯在加工、测量及装配过程中，往往需要以内孔(或轴)、端面或顶圆作为定位基准，所以对这3个部位的尺寸、几何精度要提出一定的要求，对此GB/T 10095—2008有专门的规定，其中几何公差项目选择如下：

(1)齿轮孔(或轴)的圆度或圆柱度(主要影响配合的性质及稳定性)；

(2)齿轮键槽对其轴线的对称度(主要影响键受载的均匀性及装拆加工质量)；

(3)齿轮基准端面对轴线的垂直度(主要影响传动件的传动精度)；

(4)齿顶圆对轴线的圆跳动(仅在需要检验齿厚来保证侧隙要求时选用)。

2. 零件几何精度设计实例

【例 2-3】 图 2-93 所示为功率为 5 kW 的减速器的输出轴，该轴转速为 83 r/min，试对其进行几何精度设计。

解：(1)几何公差项目的选择。①从结构特征上分析，该轴存在有同轴度、垂直度、圆跳动、全跳动、对称度、直线度、圆度和圆柱度 8 个公差项目。②从使用要求上分析，轴颈 ϕ58 和 ϕ45 处分别与齿轮和带轮(或其他轮)配合，以传递动力，因此需要控制轴颈的同轴度、跳动和轴线的直线度误差；ϕ55 轴颈与易于变形的滚动轴承内圈配合，因此需要控制圆度或圆柱度误差，轴上两键槽处均需要控制其对称度误差；轴肩处由于左端面与齿轮，右端面与滚动轴承内圈的端面接触，需要控制端面对轴线的垂直度误差。③从检测的可能性和经济性来分析，对轴类零件，可用径向圆跳动公差来代替同轴度、径向全跳动和轴线的直线度公差；用圆度公差代替圆柱度公差(亦可注圆柱度)；用轴向圆跳动公差代替垂直度公差。这样，最终确定该轴的几何公差项目仅有径向圆跳动和轴向圆跳动、对称度和圆柱度。

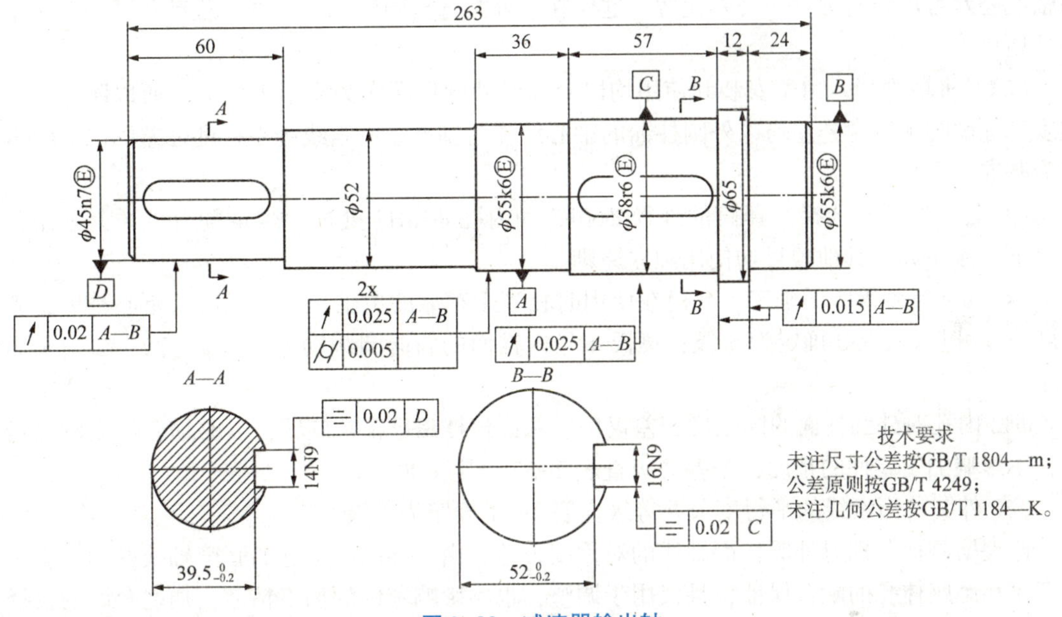

图 2-93 减速器输出轴

(2)基准的选择。应以该轴安装时两 ϕ55 轴颈的公共轴线作为设计基准。

(3)公差原则的选择。根据各原则的应用场合可以确定：轴上所有几何公差项目均采用独立原则；考虑到 ϕ45、ϕ55、ϕ58 各轴颈的尺寸公差与几何公差的关系，均采用包容要求，即在对应尺寸后加注Ⓔ。

(4)几何精度的等级确定。几何公差等级可按类比法确定：从表 2-32 查得齿轮传动轴的径向圆跳动公差为 7 级；对称度公差按单键标准规定一般选 8 级；轴肩的轴向圆跳动和轴颈的圆柱度公差可根据滚动轴承的精度(这里为普通级，即 0 级)从表 5-10 中查得，其公差值分别 0.015 mm 和 0.005 mm。

(5)几何公差值的确定。径向圆跳动公差查表 2-27，主参数为轴颈 ϕ58 mm、ϕ55 mm、ϕ45 mm，公差等级为 7 级时，公差值分别为 0.025 mm、0.025 mm、0.020 mm；对称度查表 2-27，主参数为被测要素键宽 14 mm 和 16 mm，公差等级为 8 级时，公差值均为 0.02 mm。

输出轴上其余要素的几何精度按未注几何公差处理。

将以上几何精度设计的全部内容，按照要求合理地标注在工程图上，如图 2-93 所示。

【例 2-4】 图 2-94 是 C616 型车床尾座的套筒。它用来使顶尖沿尾座体的内孔作轴向移动，到位锁紧后，对零件切削加工。因此，为保证顶尖轴线的等高性，其配合间隙不能太大。配合性质及其装配后的相互关系从图中可知。试对其进行几何精度的设计，并标注于图上。

解： (1) 几何公差项目的选择。①从套筒的结构特征上分析，可能存在圆度、圆柱度、轴线和素线的直线度、跳动、对称度、平行度和同轴度共 7 个公差项目。②从使用要求分析，为避免使用时造成偏心，应控制套筒外径处的圆度、上下素线的平行度、内锥面对外圆柱面的同轴度及 ϕ50 mm 内孔外圆柱面的同轴度误差。键槽应控制对称度误差，但该键槽主要用于导向，因此控制键槽两侧面的平行度误差更为合理。轴线的直线度误差可用外圆柱面的尺寸公差控制。③从检测条件分析，外圆柱面的圆柱度公差应用圆度公差代替，内锥面的同轴度公差可用斜向圆跳动公差代替。这样在 5 处共选择圆度、平行度、跳动和同轴度 4 个公差项目。

(2) 基准的选择。由于安装和使用均以套筒的外圆柱面作为支承工作面，所以跳动、同轴度和键槽的平行度公差均以外圆柱面的轴心线作为基准。而素线的平行度公差则以对边素线为基准。

(3) 公差原则的选择。套筒的外径 ϕ60h5 和内孔 ϕ30H7 处需要保证配合性质，采用包容要求，标注Ⓔ，其他项目均使用独立原则。

(4) 几何精度等级的确定。套筒在使用时相当于车床的主轴，必须保证其定心精度，其圆度公差可查表 2-30 确定为 5 级；莫氏 4 号内锥面的斜向圆跳动公差，查表 2-32 确定为 5 级。

ϕ32 内孔对外圆柱面的同轴度公差仅用以保证丝杠螺母正常旋转，以驱动套筒作轴向运动，不影响加工零件的精度，公差等级查表 2-32 确定为 8 级。

ϕ60 外圆柱面素线的平行度公差等级查表 2-31 确定为 4 级。

两键槽侧面分别对外圆柱面轴线的对称度公差，由于导向时引起的套筒轴线摆动，完全由套筒和尾座体孔的配合保证，且仅用于调整，也不影响零件的加工精度，加之套筒的长径比较大，查表 2-31 确定为 9 级。

(5) 几何公差值的确定。公差等级确定后，必须选定各个项目的主参数。

圆度公差的主参数为轴颈 ϕ60 mm，公差等级为 5 级时，查表 2-25，取公差值为 0.03 mm。

内锥面的斜向圆跳动公差，主参数为大、小端的平均值为 ϕ29.760 8 mm，公差等级为 5 级，查表 2-27，取公差值为 0.006 mm。

素线平行度公差的主参数为套筒长 313 mm，公差等级 4 级时，查表 2-26，取公差值为 0.02 mm。

键槽侧面的对称度公差，主参数为槽宽 12 mm，公差等级为 9 级时，查表 2-27，取公差值为 0.04 mm。

ϕ32 mm 内孔对外圆柱面的同轴度公差，主参数为套筒配合段内径 ϕ32 mm，公差等级为 8 级时，查表 2-27，取公差值为 0.03 mm。

套筒上其余要素的几何精度按未注几何公差处理。

把以上几何精度设计的内容一并标注在工程图上，如图 2-94 所示。

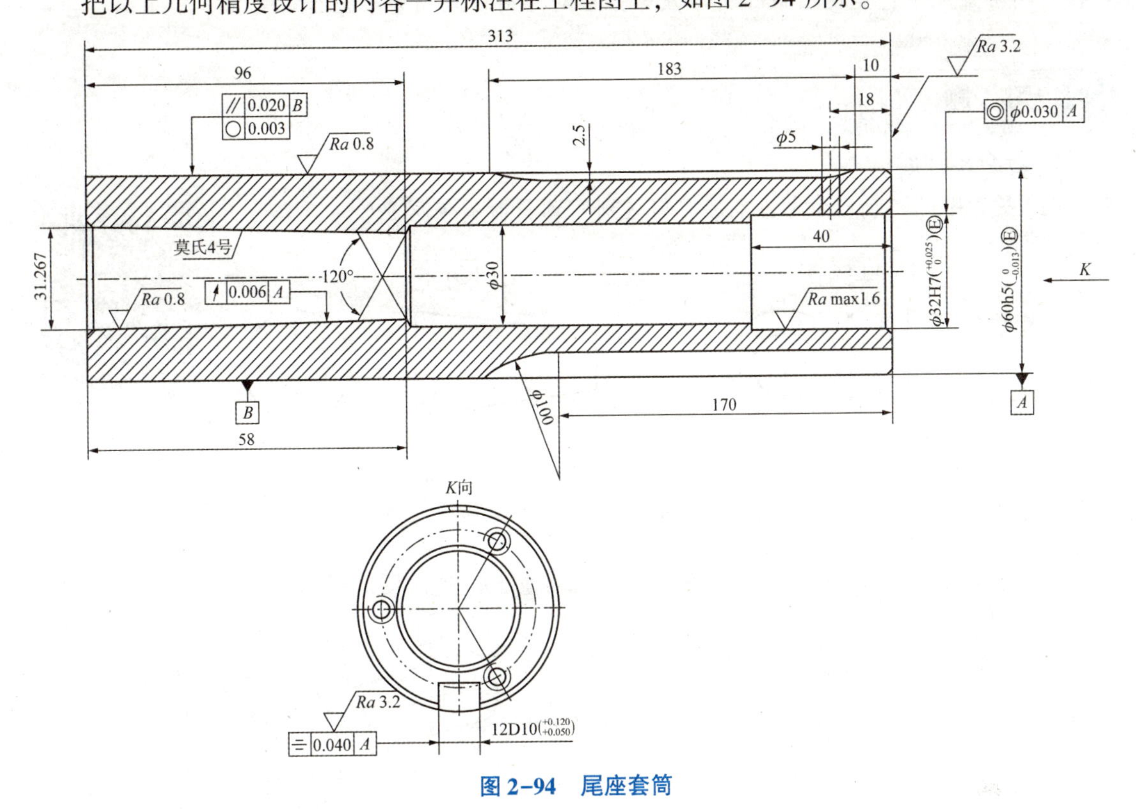

图 2-94 尾座套筒

本章小结

本章主要从以下 6 个方面阐述了几何精度设计的相关内容。

(1) 几何公差的研究对象是构成零件几何特征的几何要素，分为组成要素与导出要素、单一要素与关联要素、被测要素与基准要素、实际(提取)要素与拟合要素等。

(2) 几何公差是形状公差、方向公差、位置公差和跳动公差的统称。本章讲解了国家标准对每项公差的定义、基本术语、符号及其标注。特别地，本章引入了最新国家标准的几何规范等新内容。

(3) 几何公差带是限制实际被测提取要素变动的一个区域。各种几何公差带都具有大小、形状、方向、位置 4 个要素，在学习各个几何公差项目时，要关注各自 4 个要素的异同。

(4) 有关公差原则的定义：独立原则、包容要求、最大实体要求、最小实体要求和可逆要求。特别是最大实体要求，可以将用坐标标注控制的方形公差带扩展到圆形，使可装配的合格品率大大提高，降低了生产成本，提高了产品的竞争力。

(5) 几何精度的设计包括几何公差项目、公差等级、公差值、公差原则的选择，充分利用类比法，并将几何精度要求准确地表达在工程图纸中。

(6)几何误差的评定。通过本章学习，读者应能根据图样上标注的几何公差项目大致确定检测与验证方案；能使用最小区域法等方法对几何误差测量数据进行处理。

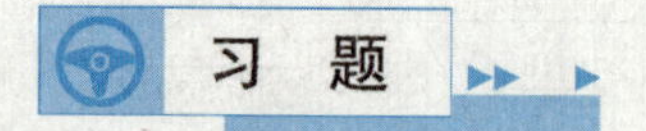

1. 综合标注题

(1)图 2-95(a)、(b)的公差带有何区别？测量时有何区别？

补充习题

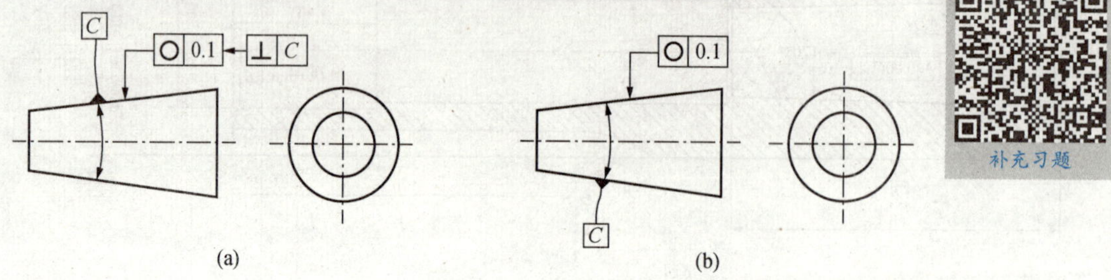

图 2-95　题 1(1)图

(2)解释 2-96(a)、(b)标注的含义，并从测量上比较两图的区别。

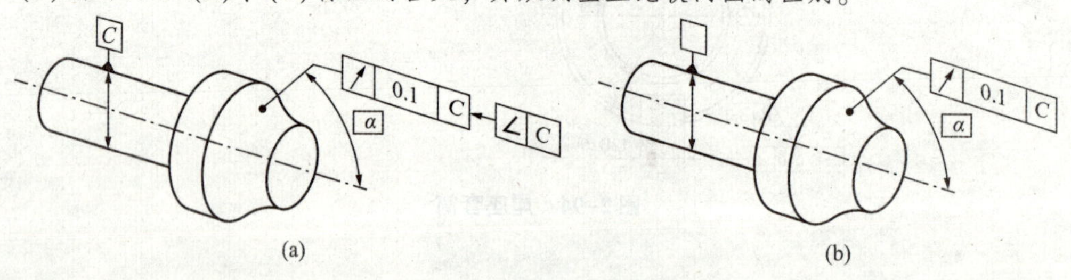

图 2-96　题 1(2)图

(3)图 2-97 所示零件标注的几何公差不同，它们所控制的几何误差有何区别？试加以说明。

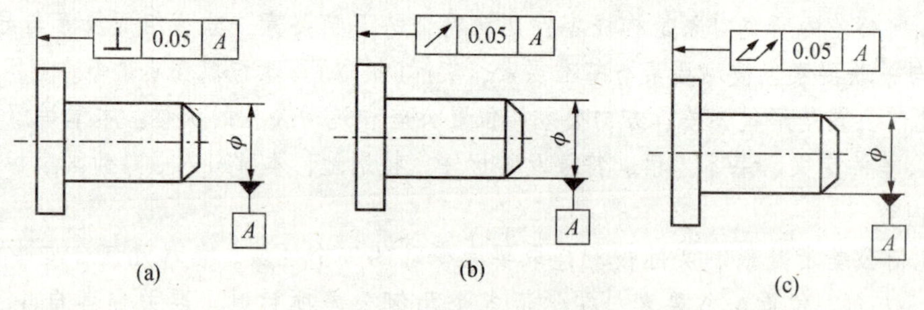

图 2-97　题 1(3)图

(4)将下列各项几何公差要求标注在图 2-98 中。

①ϕ100h8 圆柱面对 ϕ40H7 孔轴线的径向圆跳动公差为 0.018 mm。

②ϕ40H7 孔遵守包容要求，其圆柱度公差为 0.007 mm。

③左右两凸台端面对 ϕ40H7 孔的轴线的轴向圆跳动公差均为 0.012 mm。

④轮毂键槽对称中心面对 ϕ40H7 孔的轴线的对称度公差为 0.002 mm。

(5)将下列各项几何公差要求标注在图 2-99 中。

①2×ϕd 孔的轴线对其公共轴线的同轴度公差为0.02 mm。

②ϕD 孔的轴线对2×ϕd 孔公共轴线的垂直度公差为0.01/100 mm。

③ϕD 孔的轴线对2×ϕd 孔公共轴线的偏离量不大于±10 μm。

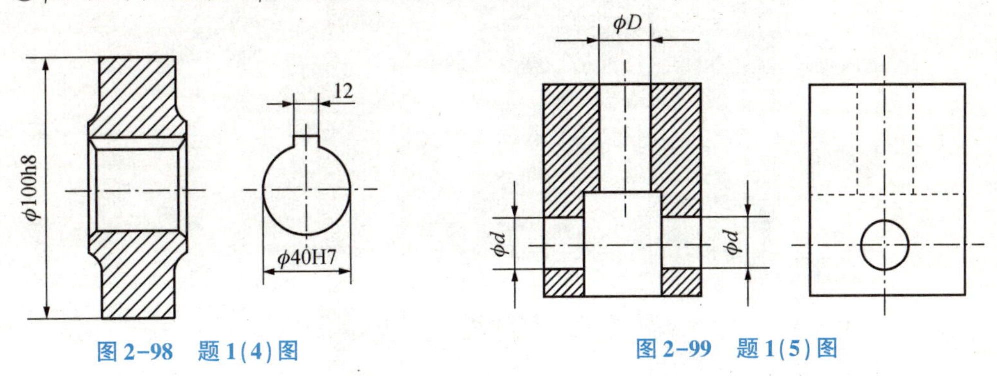

图2-98 题1(4)图　　图2-99 题1(5)图

2. 实验数据分析题

(1)如图2-100所示，假定被测孔的形状正确。

①测得其局部直径处处为ϕ30.01，而同轴度误差为ϕ0.04，求该零件的最大实体实效尺寸。

②若测得其局部直径处处为ϕ30.01、ϕ20.01，同轴度误差为ϕ0.05，问该零件是否合格？为什么？

③可允许的最大同轴度误差值是多少？

(2)某零件的同轴度要求如图2-101所示，经测量，实际轴线与基准轴线的最大距离为+0.04 mm，最小距离为-0.01 mm，求该零件的同轴度误差值，并判断是否合格。

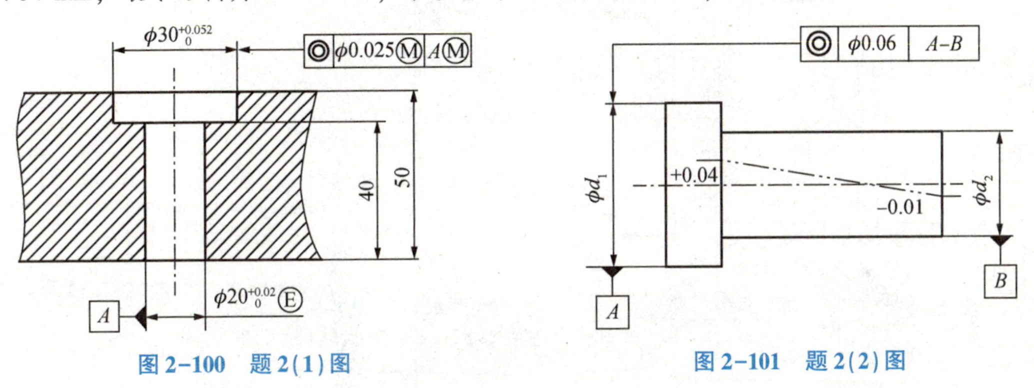

图2-100 题2(1)图　　图2-101 题2(2)图

(3)用指示器测量400 mm×400 mm平板的平面度误差，各测量点的数据如图2-102所示，单位为μm，试分别用最小区域法评定其平面度误差。

-2	-2	+15
+20	+5	-5
+15	+30	0

图2-102 题2(3)图

(4)用分度值为0.02 mm/1 000 mm的水平仪测量一公差为0.015 mm的导轨的直线度误差，共测量5个节距6个测点，测得数据(单位为格)依次为0、+1、+4.5、+2.5、-0.5、-1，节距长度为300 mm，问该导轨是否合格？

第3章 表面粗糙度及检测

学习目标

理解基准线和中线制的概念；掌握表面粗糙度常用评定参数及检测方法；掌握表面粗糙度常用评定参数的标注方法；了解表面粗糙度常用参数在设计中的选用原则；了解常见加工工艺对表面粗糙度评定参数的作用范围。

学习重点

表面粗糙度概念及提出评定参数的理论。

学习导航

由前面章节的内容，我们知道通过线性尺寸和几何公差项目，实际上可以限制某一表面的误差变动情况。如通过平面度，我们将某一平面的起伏等误差限制在两个平行平面(公差带)之间。这通常已经能够满足一定的使用要求。但是对于某些要求更高的场合，甚至要对表面微观的变化做出限制。例如燃油发动机的活塞与缸筒这一组结构，二者不仅要有相对运动，还要有较高的密封性能。此时仅给出圆柱度、同轴度等宏观指标不能满足要求，还必须考虑相互接触的表面间的间隙不足以让油气分子通过。如何对零件的加工表面给出一种更加细致的限制方法呢？这是我们这一章要讨论的主要内容。

3.1 概　述

这一章我们的讨论对象是表面，其包括常见的平面和曲面。让我们考察一下零件表面的实际加工情况。在实际加工中，由于存在着工艺系统的高频振动，刀具的磨损变形，以及切屑在分离时的弹塑性变形等误差因素，使得加工获得的表面总是表现出微小的微观上的峰谷。对于同一批零件来说，在同一表面上这些峰和谷的数量或多或少，高低各有不同。数量多(间距小)而高度变化小时，表面表现得较为密实；数量少(间距大)而高度变化较大时，表面则较为粗糙，其实际形成了一个复杂的三维曲面。如果将加工完的表面放到显微镜下，这样的特征将一目了然，如图 3-1 所示。

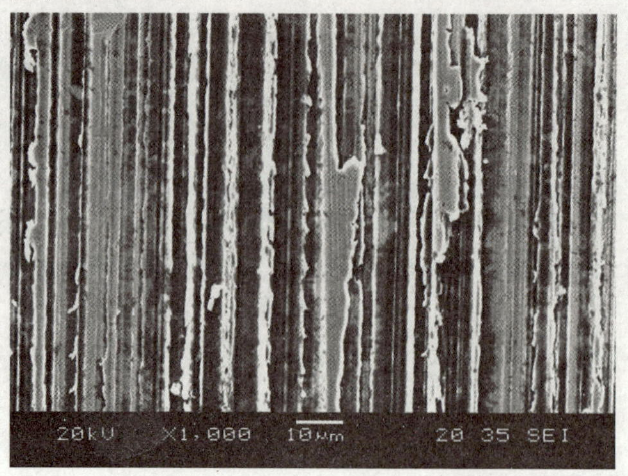

图 3-1 模具钢表面的扫描电镜片

我们把由于几何表面的重复或偶然偏差所形成该表面的三维形貌称为表面结构(Surface Texture)。表面结构包括在有限区域上的粗糙度、波纹度、纹理方向、表面缺陷和形状误差。在测量这些微观结构特征时，通常先利用采样获取表面轮廓，然后再采用滤波的办法将我们感兴趣的特征分离出来，用数学的方法进行处理和评价；这样的办法统称为轮廓法。轮廓法中通过滤波，可以得到原始轮廓、粗糙度轮廓、波纹度轮廓，本章所介绍的主要基于已有较多应用的粗糙度轮廓。

目前，表面粗糙度的概念和评定参数是建立在以滤波测量方法的基础之上的，对于同一表面数据，通过以不同的截止波长过滤后，可以将干扰和噪声去除，把轮廓的结构特征保留下来，便于通过计算机进行测量和计算。

由于零件表面在加工过程中受到的影响因素较多，因此所获得的加工表面本质是复杂的三维曲面且表现出较强的随机特征。这提示我们对于这类表面的评价和检测可引入微分几何与概率方法作为数据处理和分析的理论工具。

3.1.1 表面粗糙度的定义

加工后的零件表面，无论看起来多么光滑，在放大镜或显微镜下观察，都显得凹凸不平。这是由在机械加工过程中刀具和零件表面之间摩擦、切屑分离时的塑性变形和金属的撕裂，以及工艺系统中存在的高频振动等原因造成的。这种加工后的零件表面上，具较小间距和微小峰谷的微观几何形状特征称为表面粗糙度，也称为微观不平度。

表面粗糙度既不同于由机床几何精度方面的误差引起的表面宏观几何形状误差，也不同于在加工过程中由机床-刀具-夹具-工件系统的振动、发热、回转体不平衡等因素引起的介于宏观和微观几何形状误差之间的表面波纹度。

3.1.2　表面粗糙度对零件使用性能的影响

1. 影响零件的耐磨性

为了使问题更加突出，考虑实际的零件表面与一理想表面相接触并发生相对运动的情况，如图3-2(a)所示，由于实际零件表面存在微观上的峰谷，使得其与理想表面的实际接触区域均为峰顶，其接触面积远小于理论接触面积，因而单位面积上的压力变大，在相对运动时必然导致峰顶处的摩擦力变大，使得磨损加剧，表面耐磨性下降。如果发生相对运动的两个表面均为实际加工表面，则其峰谷之间发生相互交错，相对运动的阻力更为明显，情况也更严重，如图3-2(b)所示。

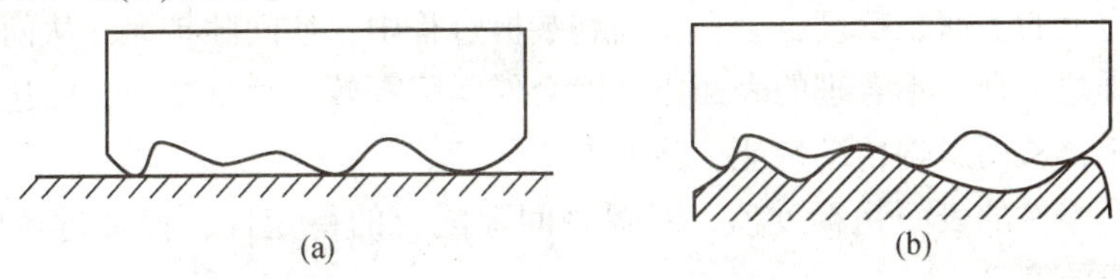

图3-2　零件表面的耐磨性

(a)理想表面；(b)实际表面

由此可见，零件表面越粗糙，摩擦阻力越大，零件运动的表面的磨损就越快。但必须指出，并不是零件表面越光滑磨损量就越小。这是因为零件的耐磨性不仅受表面粗糙度的影响，还与磨损下来的金属微粒的润滑以及分子间的吸附作用等因素有关。当零件表面过于光滑时，金属表面容易发热胶合，不利于在其表面储存润滑油，易使相互运动的表面间形成干摩擦，增大摩擦因数，加剧磨损。因此，最小磨损并不是在表面最光滑时获得，而是在适当的表面粗糙度条件下获得的。

2. 影响零件的疲劳强度

零件的表面越粗糙，其表面的凹谷越深，波谷的曲率半径也越小，应力集中就会越严重。在表面承受交变载荷的情况下，表面上微观的谷底是应力较为集中的地方，也最容易产生疲劳破坏。例如，车削、铣削加工的零件比磨削加工的零件寿命要低得多；齿轮的承载能力和耐磨性与齿面粗糙度关系密切，齿面越粗糙，将导致实际支承面积减小，单位面积上接触压力增大和弯曲疲劳强度降低。粗糙度对零件疲劳强度的影响程度随其材料不同而异，对铸铁件的影响不甚明显，对钢件则影响较大。

3. 影响零件的抗腐蚀性

由于零件表面上峰谷的存在，使得腐蚀性气体(二氧化硫等)或液体(酸性液体)容易积聚在波谷中，使零件表面与周围介质发生电化学反应，进而对零件表面产生腐蚀和形成应力腐蚀，从而降低零件的抗腐蚀性。一般地，零件表面越粗糙，就越容易受到腐蚀，因此，降低表面粗糙度参数值，可提高抗腐蚀能力，从而延长设备或仪器的使用寿命。

4. 影响零件的密封性

在有密封要求的设计中，实际加工出的零件的配合表面微观峰谷的高低和间距的大小，对密封性产生直接的影响。如气缸与活塞的配合，密封性是必须考虑的因素，如果配合表面的微观峰谷较高、间距较大，则密封性变差。

5. 影响零件的配合性质

在配合设计中都是以假定零件表面为理想的光滑表面来确定零件配合性能的，但实际上，零件表面不是那么理想的几何表面，而存在着微观几何形状误差。所以在装配时，配合件的表面不是全部都接触，而仅仅是配合面上某些突出的峰顶相接触，实际接触面积比理论的接触面积要小。

表面粗糙度会影响配合性的稳定性，进而影响机器或仪器的工作精度和可靠性。例如，用于滑动轴承和滑动导轨的间隙配合，不合理的表面粗糙度参数选择会破坏液体摩擦，加剧接触表面的磨损，使配合间隙扩大，从而改变原来的配合性和运动精度；用于定位和对中的过渡配合，不合理的表面粗糙度也会在使用和装拆过程中，使间隙扩大，从而降低定心和导向精度；对于过盈配合，不合理的表面粗糙度会使实际有效过盈量减小，而达不到设计规定所能承受的扭矩，从而影响传动性能，降低连接强度。

所以，改变零件的表面粗糙度值，对提高间隙配合的稳定性，保证过盈配合的连接强度，都有很重要的意义。

此外，表面粗糙度还对零部件结合面的密封性、流体流动阻力、机械振动、光学性能、外观质量、表面涂层质量及测量精度等产生显著的影响。

综上所述，总结长期的生产实践可知，零件的表面粗糙度对于机器及零件使用功能的影响是多方面的。合理地控制零件的表面粗糙度参数值，可以保证配合的可靠性和稳定性，减小摩擦因数，降低动力消耗，提高机械和仪器的工作精度和灵敏度，延长零部件的使用寿命；增大支承面积，减少磨损，提高接触刚度；减小应力集中，增加耐疲劳强度，减低振动和噪声等。因此，零件设计过程中在保证尺寸、形状和位置等几何精度的同时，决不能忽视表面粗糙度。特别是对运转速度快、装配精度高、密封性要求严的产品，对表面粗糙度做出规范性的要求是十分必要的。

3.1.3 零件表面形貌分类

通常，根据波纹频率的高低、采样数据信号的波长、波高比及周期性将零件表面形貌大致划分为形状误差、表面波纹度、表面粗糙度3类。这三者之间没有原则上的区别，只有分级的不同，在产生实践中常按两波峰或两波谷之间的距离(即波距)的大小来区分。

(1)按照波纹的频率高低分：表面结构大致可分为表面粗糙度(高频成分，波长较短)、表面波纹度(中频成分，波长中等)和形状误差(低频成分，波长较长)。

(2)按照波距来分：波距小于1 mm的属表面粗糙度范围，波距在1～10 mm之间并呈现周期性变化的属于表面波纹度范围，波距大于10 mm的属于形状误差。

(3)按照波长与波幅的比值来分：小于50为表面粗糙度，属于微观几何形状误差，此类形貌信号的特点是周期最短；在50～1 000之间为表面波纹度，此类形貌信号的特点是周期居中；大于1 000的不平程度属于形状误差，此类形貌信号的特点是周期较长。

3.1.4 本章所参考的国家标准

GB/T 1031—2009《产品几何技术规范(GPS)表面结构 轮廓法 表面粗糙度参数及其数

值》；

GB/T 3505—2009《产品几何技术规范(GPS)表面结构 轮廓法 术语、定义及表面结构参数》；

GB/T 10610—2009《产品几何技术规范(GPS)表面结构 轮廓法 评定表面结构的规则和方法》；

GB/T 131—2006《产品几何技术规范(GPS)技术 产品文件中表面结构的表示法》；

GB/T 18618—2009《产品几何技术规范(GPS)表面结构 轮廓法 图形参数》；

GB/T 18777—2009《产品几何技术规范(GPS)表面结构 轮廓法 相位修正滤波器的计量特性》；

GB/T 18778.1—2002《产品几何量技术规范(GPS)表面结构 轮廓法 具有复合加工特征的表面 第1部分：滤波和一般测量条件》；

GB/T 6062—2009《产品几何技术规范(GPS)表面结构 轮廓法 接触(触针)式仪器的标称特性》；

GB/T 7220—2004《产品几何量技术规范(GPS)表面结构 轮廓法 表面粗糙度 术语 参数测量》。

3.2 基本术语及定义

1. 几何表面(Geometrical Surface)

几何表面也称理想表面，其形状由图样或其他零件规定。它是几何学意义上的表面，不存在任何形式的误差。

2. 实际表面(Real Surface)

实际表面是指物体与周围介质分离的表面，是加工形成的三维空间曲面。

3. 表面轮廓(Surface Profile)

表面轮廓是指一个指定平面与实际表面相交所得的截面交线(如图3-3所示)。为了测量方便，目前标准的做法是通过将局部的三维表面投影到二维平面来进行简化，并在二维平面内完成对于轮廓的测量，以及利用统计方法实现指标计算，最终得到对于空间表面的近似评价。

4. 原始轮廓(Primary Profile)

原始轮廓是指将采样轮廓滤除噪声及高频干扰信号后得到的轮廓，简称为 P 轮廓。原始轮廓是评定其他轮廓参数的基础。

5. λc 滤波器(λc Profile Filter)

滤波器是一种除去某些波长成分而保留所需表面成分的处理方法。λc 滤波器是确定粗糙度与波纹度成分之间相交界限的滤波器(如图3-4所示)。当测量信号通过 λc 滤波器后将抑制波纹度的影响。

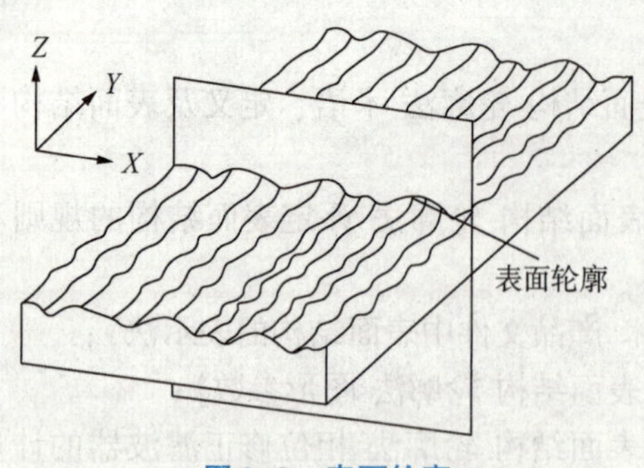

图 3-3　表面轮廓

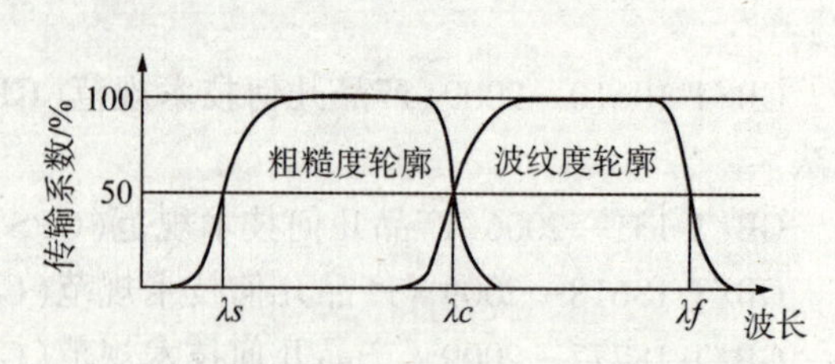

图 3-4　粗糙度和波纹度轮廓的传输特性

6. 粗糙度轮廓(Roughness Profile)

粗糙度轮廓是原始轮廓通过 λc 滤波器滤波后获得的轮廓(如图 3-5 所示)，简称为 R 轮廓。

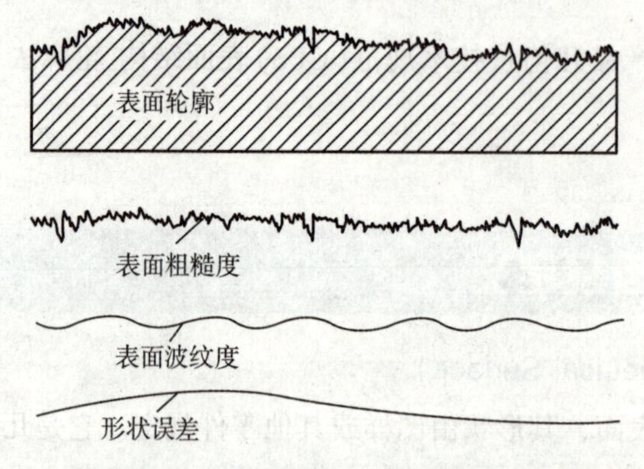

图 3-5　零件实际表面轮廓及组成

7. 轮廓中线(Mean Lines)

轮廓中线是指评定表面粗糙度轮廓的基准线，是与被测表面几何形状一致并将被测轮廓加以划分的基准线(如图 3-6 所示)。实际使用中，由于取样长度通常较小，此线多取为直线，作坐标线使用。其中，最常用是轮廓的最小二乘中线。该中线要求在取样长度 lr 内，轮廓上各点至该线的距离平方和为最小。即 $\int_0^{lr} Z_i^2 = \min$ 。

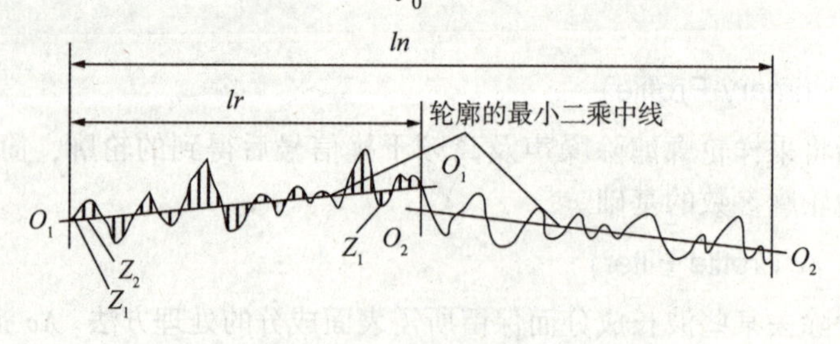

图 3-6　轮廓的最小二乘中线

8. 坐标系(Coordinate System)

用来确定表面结构参数的坐标体系，通常采用正交系，其轴线形成一右手笛卡儿坐标系统，即 X 轴与中线方向一致，而 Z 轴则在从材料到周围介质的外延方向上，Y 轴方向由右手法则自然确定(如图 3-3 所示)。

9. 取样长度(Sampling Length)

取样长度是评定表面粗糙度所规定的 X 轴上的一段基准线长度，通常用小写字母 lr 表示，它在数值上与轮廓 λc 滤波器的截至波长相等。

规定和选择取样长度是为了限制和减弱表面波纹度对表面粗糙度测量结果的影响。一般在取样长度内应包含 5 个以上的波峰和波谷(如图 3-7 所示)。

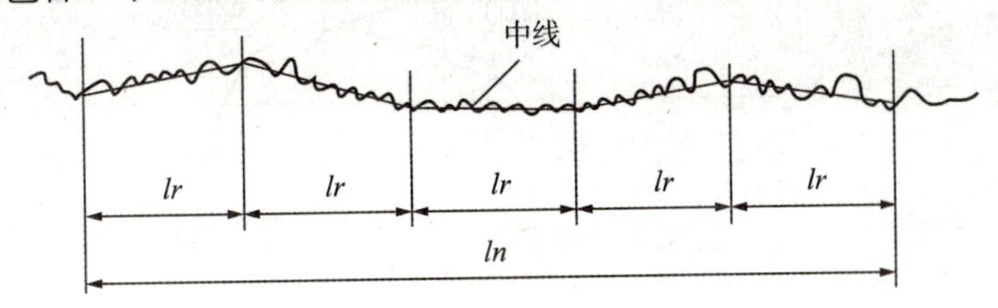

图 3-7　取样长度和评定长度

10. 评定长度(Evaluation length)

评定长度是指用于判别被评定轮廓的 X 轴方向上的长度。通常用小写字母 ln 表示，评定长度一般包括一个或几个取样长度，默认为包含 5 个取样长度。

11. 轮廓峰(Profile Peak)

轮廓峰是指连接(轮廓和 X 轴)两相邻交点向外(从材料到周围介质)的轮廓部分。在取样长度的两端轮廓的向外部分也是轮廓峰(如图 3-8 所示)。

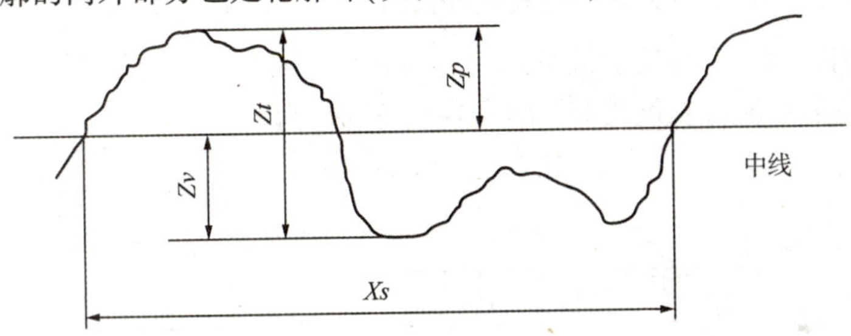

图 3-8　粗糙度轮廓

12. 轮廓谷(Profile Valley)

轮廓谷是指连接(轮廓和 X 轴)两相邻交点向内(从周围介质到材料)的轮廓部分。在取样长度的两端轮廓的向内部分也是轮廓谷(如图 3-8 所示)。

13. 轮廓峰高(Profile Peak Height)

轮廓峰高是指轮廓最高点距 X 轴线的距离，通常用字母 Zp 表示。

14. 轮廓谷深(Profile Valley Depth)

轮廓谷深是指 X 轴线与轮廓谷最低点之间的距离，通常用字母 Zv 表示。

15. 纵坐标值(Ordinate Value)

纵坐标值是指被评定轮廓在任意位置距 X 轴的高度，用 $Z(x)$ 表示。若该位置位于 X 轴的上方，则该高度取正值；反之，则为负值。

16. 轮廓单元(Profile Element)

轮廓单元是指轮廓峰和轮廓谷的组合。任意相邻的一个轮廓峰和一个轮廓谷都构成一个轮廓单元，如图3-8所示，图中的*Xs*称为轮廓单元宽度。

17. 局部斜率(Local Slope)

局部斜率是指评定轮廓在某一位置X_i的斜率，如图3-9所示。

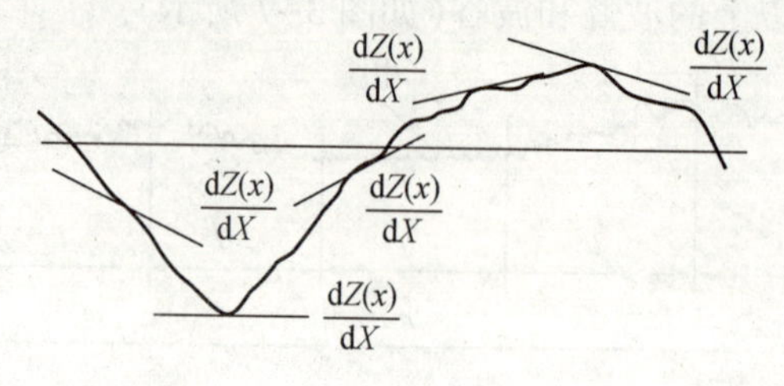

图3-9　局部斜率

具体在测定局部斜率时，通常使用插值的方法，测量轮廓某点附近的若干点的纵坐标值(这些点在X轴方向等间隔)，利用微分插值公式，得到该点处一个近似的斜率。计算局部斜率的公式可选用(测定6点，使用斯特林(Stirling)公式进行数值微分)：

$$\frac{\mathrm{d}Z}{\mathrm{d}X}=\frac{1}{60h}(Z_{i+3}-9Z_{i+2}+45Z_{i+1}-45Z_{i-1}+9Z_{i-2}-Z_{i-3}) \tag{3-1}$$

式中，Z_i为第i个轮廓点的高度；h为相邻两轮廓点之间的在X轴方向的距离。

18. 水平位置c上轮廓的实体材料长度$Ml(c)$

在取样长度内给定一个与轮廓最高点距离为c的位置上，用一条平行于X轴的线与轮廓单元相截所获得的各段截线长度之和(如图3-10所示)为

$$Ml(c)=Ml_1+Ml_2 \tag{3-2}$$

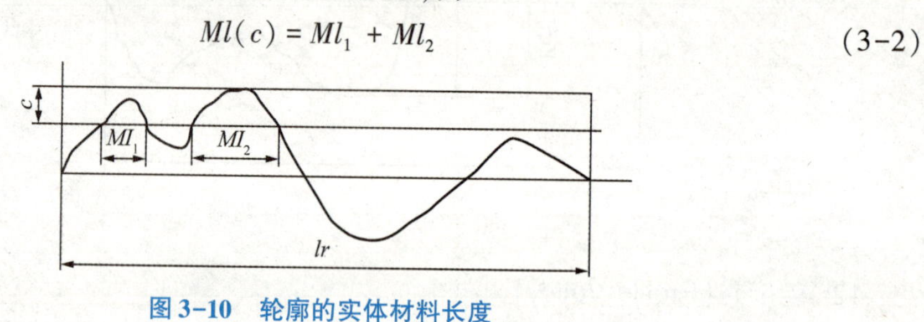

图3-10　轮廓的实体材料长度

3.3　表面粗糙度轮廓参数及定义

对于粗糙度轮廓几何特征的评定，可以从不同的侧面给出评定指标。通常分为：幅度参数、间距参数、混合参数，以及和轮廓曲线相关的其他参数。

3.3.1 幅度参数

1. 轮廓的算术平均偏差(Arithmetical Mean Deviation of Profile) *Ra*

轮廓的算术平均偏差是指在一个取样长度内纵坐标值 $Z(x)$ 绝对值的算术平均值，用 Ra 表示，如图 3-11 所示，其计算公式为

$$Ra = \frac{1}{n}\sum_{i=1}^{n} |Z_i| \tag{3-3}$$

当 n 足够大时，求和符号近似于积分，即

$$Ra = \frac{1}{lr}\int_{0}^{lr} |Z(x)| \mathrm{d}x \tag{3-4}$$

因此，轮廓的算术平均偏差的数学意义在于其将取样长度内的轮廓曲线与 X 轴所围的面折算为以取样长度为底边的等面积长方形的高。这个平均高度具有明确的统计学意义，本质为多次采样的数学期望，是最具代表性的高度参数。

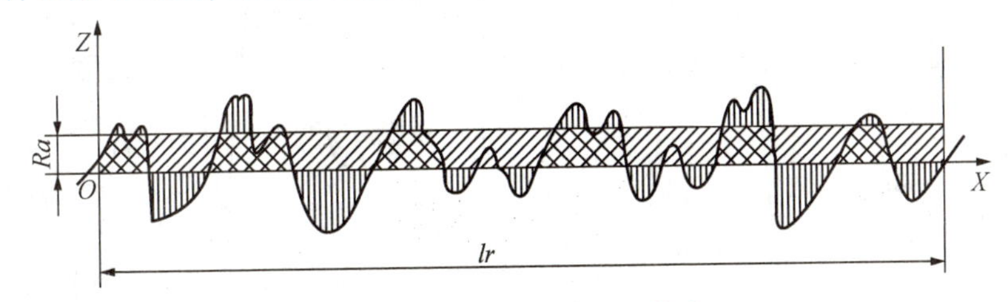

图 3-11 轮廓的算术平均偏差

2. 轮廓的最大高度(Maximum Height of Profile) *Rz*

轮廓的最大高度是指在一个取样长度内，最大的轮廓峰高 Zp 和最大的轮廓谷深 Zv 之和的高度，如图 3-12 所示。用符号 Rz 表示，其计算公式为

$$Rz = \max\{Z_i\} - \min\{Z_i\} = |Zp| + |Zv| \tag{3-5}$$

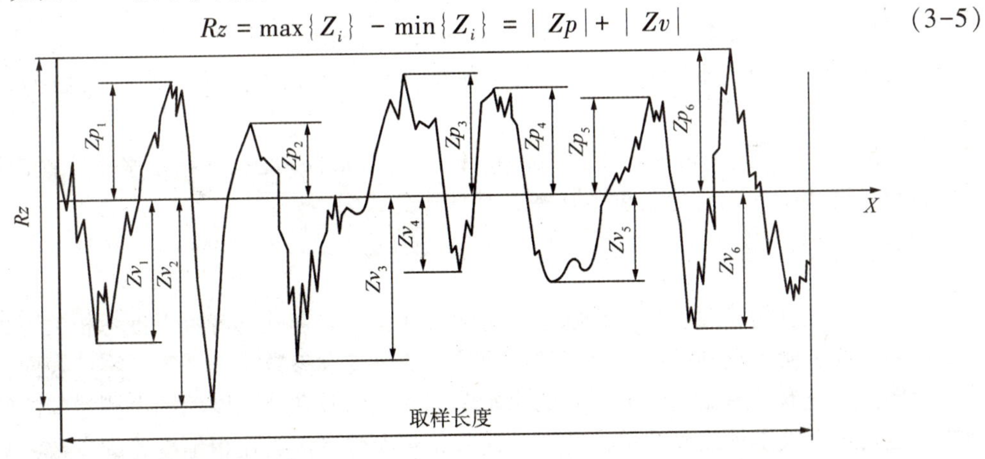

图 3-12 轮廓的最大高度

3.3.2 间距参数

间距参数主要是轮廓单元的平均宽度(Mean Width of The Profile Elements)*RSm*。

轮廓单元平均宽度是指在一个取样长度内轮廓单元宽度 *Xs* 的平均值，如图 3-13 所示。它类似轮廓的算术平均偏差，也是最有统计价值的间距参数。其计算公式为

$$RSm = \frac{1}{m}\sum_{i=1}^{m} Xs_i \tag{3-6}$$

轮廓单元的宽度是指 *X* 轴线与轮廓单元相交线段的长度。在使用轮廓单元平均宽度参数时需要辨别高度和间距。若没有另外规定，省略标注的高度分辨力为 *Rz* 的 10%，省略标注的间距分辨力为取样长度的 1%。

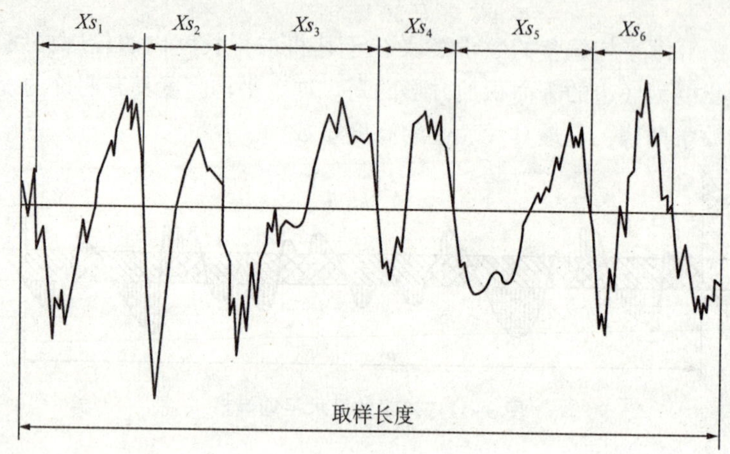

图 3-13 轮廓单元平均宽度

3.3.3 混合参数

前述的几种粗糙度轮廓评定参数都是定义在取样长度上的，下面介绍的参数则是定义在评定长度上的，以评定长度为基础求解出轮廓曲线，再利用曲线上测得的数据计算出参数值。

轮廓的支承长度率(Material Ratio of The Profile) $Rmr(c)$ 是指在给定水平位置 c 上轮廓的实体材料长度 $Ml(c)$ 与评定长度的比率，其计算公式为

$$Rmr(c) = \frac{Ml(c)}{ln} \tag{3-7}$$

当然，粗糙度的轮廓参数不止以上介绍的这些，有兴趣的读者可以参考相关国家标准以了解更多。要说明一点的是：一个零件表面的粗糙度轮廓参数只是评定了零件表面结构特征的一个侧面；还有在原始轮廓上测量的原始轮廓参数以及在波纹度轮廓上测量的波纹度轮廓参数，也均可反映零件表面的结构特征。这些轮廓参数可以类比粗糙度轮廓参数，只是在不同的轮廓上定义，读者同样可以在相关标准中找到它们的详细说明。

3.4　表面粗糙度轮廓的参数值

轮廓的算术平均偏差 *Ra* 的可选数值见表 3-1，其按 R10 优先数系生成，其中把 R10/3 的优先数系挑出来形成最常用的基本系列。

表 3-1　轮廓的算术平均偏差 *Ra* 的可选数值

单位：μm

	基本系列	补充系列	基本系列	补充系列	基本系列	补充系列	基本系列	补充系列
Ra		0.008		0.125		2.0		32
		0.010		0.160		2.5		40
	0.012		0.2		3.2		50	
		0.016		0.25		4.0		63
		0.020		0.32		5.0		80
	0.025		0.4		6.3		100	
		0.032		0.50		8.0		
		0.040		0.63		10.0		
	0.05		0.8		12.5			
		0.063		1.00		16.0		
		0.080		1.25		20		
	0.1		1.6		25			

轮廓最大高度 *Rz* 的可选数值见表 3-2，其按 R10/3 的优先数系生成。

表 3-2　轮廓最大高度 *Rz* 的可选数值

单位：μm

Rz	0.025	0.4	6.3	100	1 600
	0.05	0.8	12.5	200	
	0.1	1.6	25	400	
	0.2	3.2	50	800	

轮廓单元的平均宽度 *RSm* 的可选数值见表 3-3，其按 R10/3 的优先数系生成。

表 3-3　轮廓单元的平均宽度 *RSm* 可选数值

单位：μm

RSm	0.006	0.050	0.4	3.2
	0.0125	0.1	0.8	6.3
	0.025	0.2	1.6	12.5

轮廓的支承长度率 *Rmr*(*c*) 的数值见表 3-4。

表 3-4　轮廓的支承长度率 *Rmr*(*c*) 的数值

单位：%

Rmr(*c*)	10	15	20	25	30	40	50	60	70	80	90

注：选用轮廓支承长度率参数时，应同时给出轮廓截面高度 *c* 值。它可用 μm 或 *Rz* 的百分数表示，*Rz* 的百分数系列为：5%、10%、15%、20%、25%、30%、40%、50%、60%、70%、80%、90%。

Ra、*Rz* 参数值与取样长度 *lr*、评定长度 *ln* 的对应关系，见表 3-5。

表 3-5　Ra、Rz 参数值与取样长度 lr、评定长度 ln 的对应关系

Ra /μm	Rz/μm	lr/μm	ln /mm(ln=5×lr)
≥0. 008～0. 02	≥0. 025～0. 10	0. 08	0. 4
>0. 02～0. 1	>0. 10～0. 50	0. 25	1. 25
>0. 1～2. 0	>0. 50～10. 0	0. 8	4. 0
>2. 0～10. 0	>10. 0～50. 0	2. 5	12. 5
>10. 0～80. 0	>50. 0～320	8. 0	40. 0

3. 5　表面精度的设计

3. 5. 1　表面粗糙度参数的选择与应用

高度参数是标准规定的基本评定参数，其他的为附加评定参数。因为高度方向通常是加工后吃刀方向，无论是去除材料还是增加材料工艺，控制高度方向的参数都是最直接和有效的。通常情况下，零件所有表面都应选择高度参数，只有少数零件的重要表面有特殊使用要求时才加选附加的评定参数。

轮廓的算术平均偏差 Ra 是标准优先推荐选用的高度参数，也是世界各国的表面粗糙度标准广泛采用的最基本的评定参数。Ra 能较全面地反映表面微观几何形状特征，且测量方便，因此优先选用 Ra。

轮廓最大高度 Rz 规定了轮廓的变动范围，不涉及在轮廓峰高和谷深的变化情况。Rz 的测量很方便，因此也被各国的标准中广泛采用。对于需要控制应力集中或疲劳强度的表面，当在选用了 Ra 之后，加选 Rz。

轮廓单元的平均宽度 RSm 主要影响零件表面的涂漆性能、抗腐蚀性以及改变表面的流动阻力等。如果对表面有上述性能上的要求，可考虑加选 RSm。

轮廓的支承长度率 $Rmr(c)$ 是高度和间距的综合反映，它能够反映表面的耐磨性和密封性。因此对耐磨性、密封性等性能有较高要求的表面，可考虑加选 $Rmr(c)$。

3. 5. 2　表面粗糙度参数值的选择

表面粗糙度参数值的选择的基本原则是：在满足功能的前提下，考虑加工和测量的经济性。同时要注意同尺寸公差、形状公差相协调。

一般的选择原则如下：

(1)在满足表面功能要求的情况下，尽量选用较大的表面粗糙度参数值；

(2)同一零件上，工作表面的粗糙度参数值小于非工作表面的粗糙度参数值；

(3)摩擦表面比非摩擦表面的粗糙度参数值要小；滚动摩擦表面比滑动摩擦表面的粗糙度参数值要小；运动速度高，单位压力大的摩擦表面应比运动速度低，单位压力小的摩擦表面的粗糙度参数值要小；

(4)受循环载荷的表面及易引起应力集中的部分(如圆角、沟槽)，表面粗糙度参数值要小；

(5)配合性质要求高的结合表面、配合间隙小的配合表面以及要求连接可靠、受重载的过盈配合表面等，都应选取较小的表面粗糙度参数值;

(6)配合性质相同，零件尺寸愈小则表面粗糙度参数值应愈小；同一精度等级，小尺寸比大尺寸、轴比孔的表面粗糙度参数值要小。

具体确定表面粗糙度参数值时，可以通过计算的方法确定，也可以通过试验的方法来确定，使用最多的是用类比法进行确定，所谓类比法就是参考已有的功能类似、加工方法类似的零件的表面粗糙度参数值来进行选择。表3-6可作为选择时的参考。

表3-6 表面粗糙度参数值应用

Ra/μm	应用
12.5	粗加工非配合表面，如轴端面、倒角、钻孔、键槽非工作表面；垫圈接触面；不重要安装支撑面；螺钉、铆钉孔表面等
6.3	半精加工表面；用于不重要零件的非配合表面，如支柱、轴、支架、外壳、衬套、盖的端面；螺钉、螺栓和螺母的自由表面；不要求定心及配合特性的表面，如螺栓孔、螺钉孔、铆钉孔等，飞轮、皮带轮、离合器、联轴节、凸轮、偏心轮的侧面，平键及键槽上下面，花键非定心表面，齿顶圆表面；所有轴和孔的退刀槽；不重要的铰接配合表面；犁铧、犁侧板、深耕铲等零件的摩擦工作面，插秧爪面等
3.2	半精加工表面，如外壳、箱体、套、套筒、支架和其他零件连接而不形成配合的表面；不重要的紧固螺纹表面，非传动用梯形螺纹、锯齿形螺纹表面；燕尾槽表面；键槽侧面；要发蓝的表面；需滚花的预加工表面；低速滑动轴承和轴的摩擦面；张紧链轮、导向滚轮孔与轴的配合表面；滑块及导向面(速度20～50 m/min)；收割机械切割器的摩擦片、动刀片、压力片的摩擦面，脱粒机格板工作表面等
1.6	要求有定心及配合特性的固定支承，衬套、轴承和定位销的压入孔表面；不要求定心及配合特性的活动支承面，活动关节及花键结合面；8级齿轮的齿面，齿条齿面；传动螺纹工作面，低速传动的轴颈，楔形键及键槽上下面，轴承盖凸肩(对中心用)、三角皮带轮槽表面、电镀前金属表面等
0.8	要求保证定心及配合特性的表面，如锥销和圆柱销表面；与G和E级滚动轴承相配合的孔和轴颈表面；中速转动的轴颈；过盈配合的孔IT7，间隙配合的孔IT8、IT9；花键轴定心表面；滑动导轨面；不要求保证定心及配合特性的活动支撑面，如高精度的活动球状接头表面、支承垫圈、磨削的轮齿、榨油机螺旋轧辊表面等
0.4	要求能长期保持配合特性的孔IT7、IT6，7级精度齿轮工作面，蜗杆齿面(7～8级)，与D级滚动轴承配合的孔和轴颈表面；要求保证定心及配合特性的表面；滑动轴承轴瓦工作表面；分度盘表面；工作时受交变应力的重要零件表面，如受力螺栓的圆柱表面；曲轴和凸轮轴工作表面；发动机气门圆锥面；与橡胶油封相配合的轴表面等
0.2	工作时受交变应力的重要零件表面；保证零件的疲劳强度、防腐蚀性和耐久性并在工作时不破坏配合特性要求的表面，如轴颈表面，活塞表面，要求气密的表面和支承面，精密机床主轴锥孔，顶尖圆锥表面；精密配合的孔IT6、IT5，3、4、5级精密齿轮的工作表面；与C级滚动轴承配合的孔和轴颈表面；喷油器针阀体的密封配合面，液压油缸和柱塞的表面；齿轮泵轴颈等

续表

Ra/μm	应 用
0.1	工作时受较大交变应力的重要零件表面；保证疲劳强度、防腐蚀性及在活动接头工作中耐久性的一些表面，如精密机床主轴箱与套筒配合的孔、活塞销的表面；液压传动用孔的表面，阀的工作面，气缸内表面，保证精确定心的锥体表面；仪器中承受摩擦的表面，如导轨、槽面等
0.05	精密机床主轴轴颈套及筒外圆面表面；高压液压泵中柱塞和柱塞配合的表面；滚动轴承套圈滚道、滚珠及滚柱表面；摩擦离合器的摩擦表面；工作量规的测量表面；精密刻度盘表面等
0.025	特别精密的滚动轴承套圈滚道、滚珠及滚柱表面；量仪中较高精度间隙配合零件的工作表面；柴油机高压油泵中柱塞副的配合表面；保证高度气密的结合表面等
0.012	仪器的测量面；量仪中高精度间隙配合零件的工作表面；尺寸超过 100 mm 量块的工作表面
0.008	量块的工作表面；高精度量仪的测量面；光学量仪中的金属镜面等

表面粗糙度参数值应与形状公差值相协调，通常尺寸公差、形状公差小时，表面粗糙度参数值也小，但表面粗糙度参数值和另两者之间并不存在确定的函数关系。由于形状公差常常与尺寸公差有关系，因此可按形状公差占尺寸公差的百分比来选取适当的表面粗糙度参数值。表 3-7 列出了形状公差与表面粗糙度参数的对应关系。

表 3-7 形状公差与表面粗糙度参数的对应关系

形状公差占尺寸公差的百分比/%	Ra 占尺寸公差的百分比/%
≈60	≤5
≈40	≤2.5
≈25	≤1.2
<25	≤1.5

3.6 表面粗糙度的标注

GB/T 131—2006 标准中规定了表面结构的表示及标注方法，本节则着重于轮廓表面粗糙度的标注。

3.6.1 表面粗糙度标注的图形符号

1. 基本图形符号

基本图形符号由两条不等长的与标注表面成 60°夹角的直线构成，如图 3-14 所示。该基本图形符号没有补充说明时不能单独使用。

2. 扩展图形符号

对基本图形符号上进行扩展形成扩展图形符号，如图 3-15(a)、(b)所示。图 3-16(b)

用短横线表示要求使用去除材料的方法获得表面，如机床切削加工等，仅当含义是“被加工表面”时，该符号可以单独使用。图 3-16(c) 用圆圈表示要求使用非去除材料的方法获得表面，如增材制造方法等。

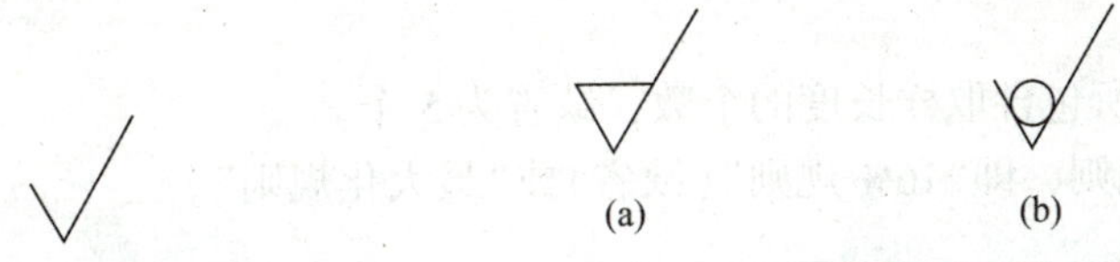

图 3-14　表面结构的基本图形符号　　　图 3-15　表面结构的扩展图形符号

3. 完整图形符号

当在图纸上标注表面粗糙度符号时，在没有特别说明的情况下，应使用图 3-16 中完整图形符号之一进行标注。

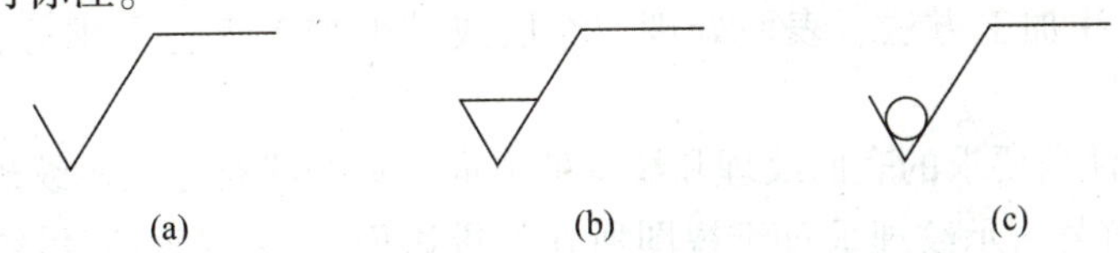

图 3-16　表面结构的完整图形符号

(a) 允许任何工艺；(b) 去除材料；(c) 不去除材料

4. 表面粗糙度标注各符号位置的约定

具体在图样上标注时，还需在完整符号上注出补充要求，其标注位置如图 3-17 所示。

图 3-17 中，a 表示可以通过任何工艺来获得表面；b 表示只能通过去除材料的工艺来获得所指向的表面，如通过机械加工来获得表面；c 表示只能通过不去除材料的工艺来获得表面，如通过喷镀的工艺来获得表面，或者保持上道工序形成的表面。

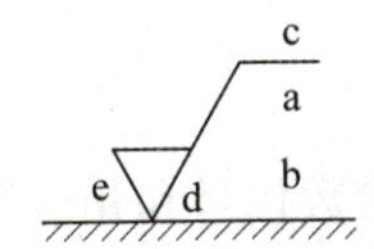

图 3-17　表面结构补充要求的注写位置

(1) 位置 a 标注第一个表面结构的单一要求。依次标注幅度参数的符号（*Ra* 或 *Rz*）及极限值（单位 μm）和传输带或取样长度。该要求的标注不可省略。

所谓传输带是指长波和短波滤波器的截止波长，即两个定义的滤波器之间的波长范围。为了避免误解，在参数代号和极限值间应插入空格，在传输带或取样长度后应有一斜线“/”，之后是表面结构参数代号，最后是数值。a 位置标注的完整格式如表 3-8 所示。

表 3-8　a 位置标注的完整格式

i	ii	iii	iv	v	vi	vii	viii	ix	x	xi
U		“X”		0.08～0.8	/	*Rz*	8	max		3.2

表中各位置含义如下。

i：上限或下限符号，U 或 L；缺省为上限值。

ii：空格。

iii：滤波器类型，缺省为高斯滤波器，也可为“2RC”或其他。

iv：空格。

v：传输带；短波或长波滤波器截至波长，0.08～0.8 mm。

vi：斜杠。

vii：评定参数。

viii：评定长度所包含取样长度的个数，缺省为5个。

ix：极限判断规则，即“16%规则”（缺省）或“最大化规则”。

x：空格。

xi：极限值。

示例：0.008～0.8/*Rz* 6.3（传输带标注），-0.8/*Rz* 6.3（取样长度标注）。

（2）位置b标注第二个表面结构要求评定参数代号、极限值和传输带或取样长度，格式同位置a。

（3）位置c标注加工方法、表面处理、涂层或其他加工工艺要求等相关信息，如车、磨、镀等。

（4）位置d标注所要求的表面纹理和纹理的方向，如“=”符号表示纹理平行于视图所在的投影面，“⊥”符号表示纹理垂直于视图所在的投影面，“×”符号表示纹理呈两斜向交叉且与视图所在的投影面相交，“M”符号表示纹理呈多方向，“C”符号表示纹理呈近似同心圆且圆心与表面中心相关等（见表3-9）。

（5）位置e注写所要求的加工余量，以mm为单位。

没有特别说明时，至少要标注一个评定参数及其极限值，其余位置可使用缺省值而不必标出，要注意的是一般情况下参数的极限值的单位与在其他位置出现的数值的单位是不同的，极限值的单位一般为μm。在位置a或b如果不标出短波滤波器λs和长波滤波器λc的截止波长，意味着在测量时使用缺省值，缺省值大小可参考GB/T 10610—2009和GB/T 6062—2009标准中的定义。

5. 表面结构参数的标注

给出表面结构要求时，应标注其参数代号和相应数值，并包括要求解释的以下4项重要信息：①轮廓类型（*R*、*P*等）；②轮廓特征；③满足评定长度要求的取样长度的个数；④要求的极限值。

1）评定长度（*ln*）的标注

若所注参数代号后无“max”，则采用的是有关标准中默认的评定长度。*R*轮廓粗糙度参数默认评定长度在GB/T 10610—2009中定义，默认评定长度*ln*由5个取样长度*lr*构成，即$ln=5\times lr$。若不存在默认的评定长度，参数代号中应标注取样长度个数，如*Ra*3、*Rz*3、*RSm*3等（要求评定长度为3个取样长度）。

2）极限值判断规则的标注

对实际表面的粗糙度参数进行检测后，可以采用2种判断规则判断其合格性，2种规则在图样上的标注也不相同。

（1）16%规则。

对于按一个参数的上限值（GB/T 131—2006）规定要求时，如果在所选参数都用同一评定长度上的全部实测值中，大于图样或技术文件中规定值的个数不超过总数的16%，则该表面是合格的。对于给定表面粗糙度参数下限值的场合，如果在同一评定长度上的全部测得

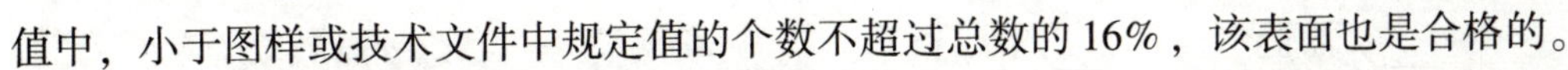

值中，小于图样或技术文件中规定值的个数不超过总数的16%，该表面也是合格的。

16%规则是标注表面粗糙度要求时的默认规则，标注时无须添加任何代号(如图3-18所示)。

(2)最大规则。

检验时，若规定了参数的最大值要求，则在被检的整个表面上测得的参数值一个也不应超过图样或技术文件中的规定值。为了指明参数的最大值(如图3-19所示)，应在参数符号后面增加一个“max”的标记，如 *Ra* max 0. 2。

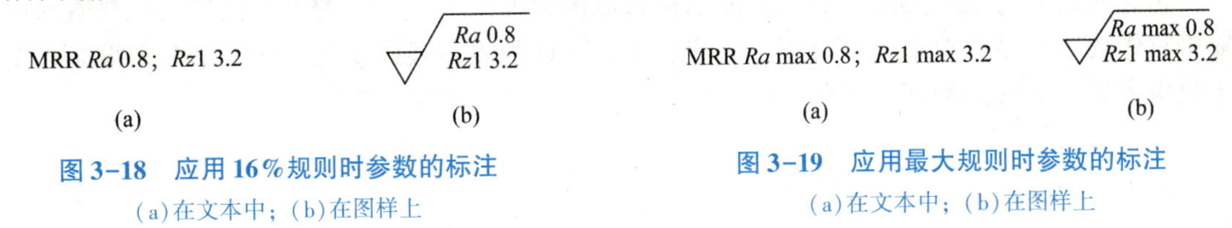

图3-18 应用16%规则时参数的标注

(a)在文本中；(b)在图样上

图3-19 应用最大规则时参数的标注

(a)在文本中；(b)在图样上

3)传输带和取样长度的标注

传输带是评定时的波长范围，传输带的波长范围在两个定义的滤波器之间。传输带被一个截止短波的滤波器(短波滤波器 λs)和另一个截止长波的滤波器(长波滤波器 λc)所限制。长波滤波器 λc 的截止波长值也就是取样长度 *lr*，即 $\lambda c = lr$。其数值见表3-5。

当参数代号中没有标注传输带时，表面结构要求采用默认的传输。而如果表面结构参数没有定义默认传输带、默认的短波滤波器或默认的取样长度，则表面结构标注应该指定传输带，即短波滤波器 λs 或长波滤波器 λc，以保证表面结构明确的要求。

传输带应标注在参数代号的前面，并用斜线“/”隔开。传输带标注包括滤波器截止波长(mm)，短波滤波器 λs 在前，长波滤波器 λc 在后，并用连字号“-”隔开。

在某些情况下，在传输带中只标注两个滤波器中的一个，另一个则使用默认的标准截止波长值(见表3-5所示)。如果只标注一个滤波器，应保留连字号“-”来区分是短波滤波器还是长波滤波器(如图3-20所示)。

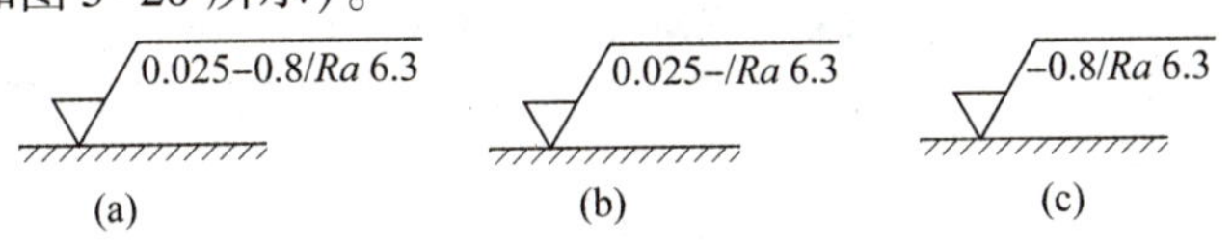

图3-20 传输带的标注

(a)标注短、长波滤波器；(b)标注短波滤波器；(c)标注长波滤波器

4)单向极限或双向极限的标注

(1)表面结构参数的单向极限标注：当只标注参数代号、参数值和传输带时，它们应默认为参数的上限值(16%规则或最大规则的极限值)；当参数代号、参数值和传输带作为参数的单向下限值(16%规则或最大规则的极限值)标注时，参数代号前应加L，如图3-21(a)、(b)所示。

(2)表面结构参数的双向极限标注：在完整符号中表示双向极限时应标注极限代号，上限值在上方用U表示，下极限在下方用L表示，上、下极限值为16%规则或最大规则的极限值，如图3-21(c)所示。如果同一参数具有双向极限要求，在不引起歧义的情况下，可以不加U、L，如图3-21(d)所示。

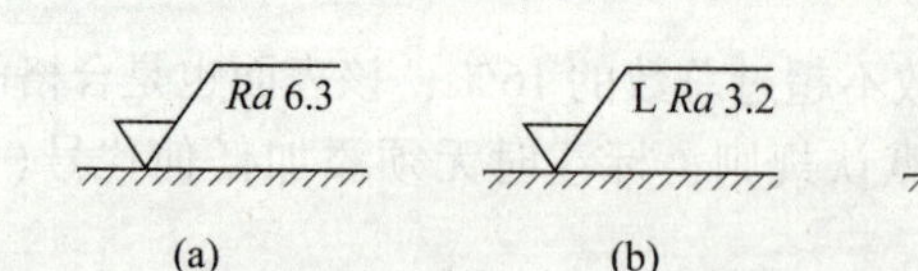

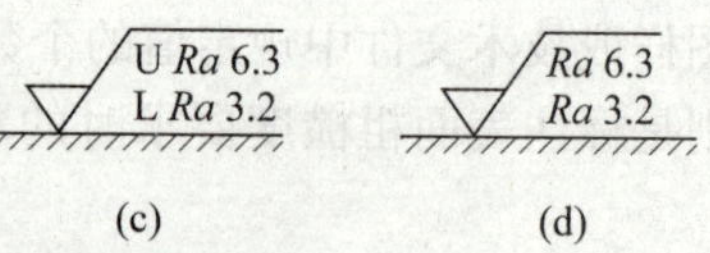

图 3-21　表面粗糙度要求上下极限的标注

(a)上限值；(b)下限值；(c)双向极限值；(d)省略标注

5)加工方法或相关信息的标注

轮廓曲线的特征对实际表面的表面结构参数值影响很大。标注的参数代号、参数值和传输带只作为表面结构要求，有时不一定能够完全准确地表示表面功能。加工工艺在很大程度上决定了轮廓曲线的特征，因此，一般应注明加工工艺，如图 3-22、图 3-23 所示。

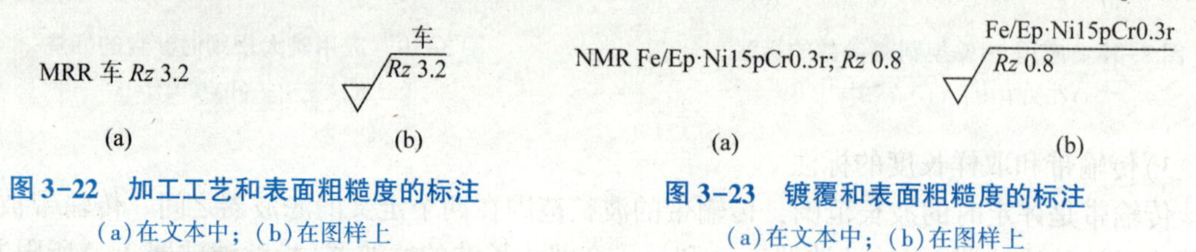

图 3-22　加工工艺和表面粗糙度的标注

(a)在文本中；(b)在图样上

图 3-23　镀覆和表面粗糙度的标注

(a)在文本中；(b)在图样上

6)表面纹理的标注

当需要控制加工纹理及其方向时，可以按照图 3-24 标注在完整符号中。

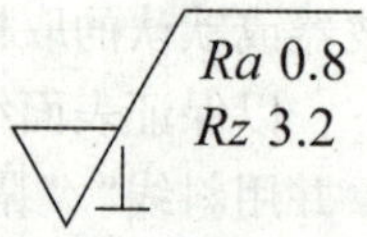

Ra 0.8
Rz 3.2
⊥

图 3-24　垂直于视图所在投影面的表面纹理方向的注法

采用定义的符号标注表面纹理不适用于文本标注。另外，纹理方向是指表面纹理的主要方向，通常由加工工艺决定。加工纹理方向的符号见表 3-9。

表 3-9　加工纹理方向的符号（GB/T 131—2006）

符号	说明	图例	符号	说明	图例
=	纹理平行于视图所在投影面	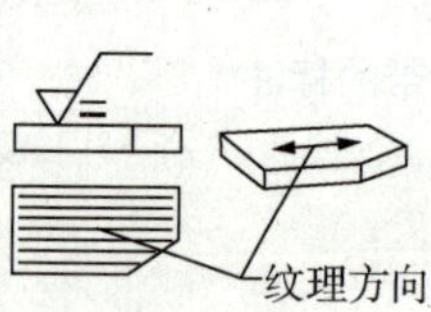 = 纹理方向	C	纹理呈近似同心圆且圆心与表面中心相关	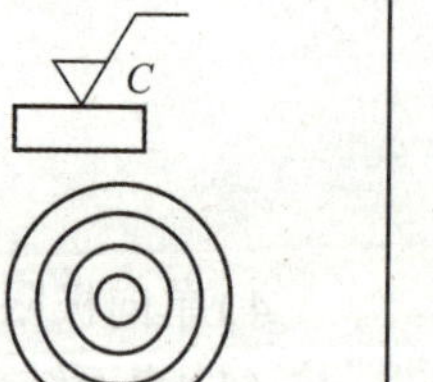 C
⊥	纹理垂直于视图所在投影面	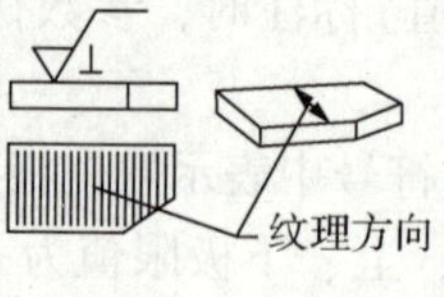 ⊥ 纹理方向	R	纹理呈近似放射状且与表面圆心相关	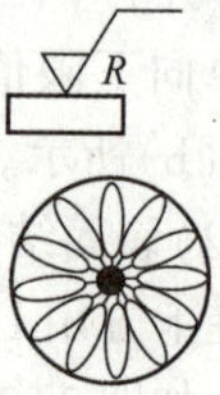 R

续表

符号	说明	图例	符号	说明	图例
×	纹理呈两斜向交叉且与视图所在的投影面相交		P	纹理呈微粒、凸起，无方向	
M	纹理呈多方向				

注：如果表面纹理不能清楚地用这些符号表示，必要时，可以在图样上加注说明。

7)加工余量的标注

只有在同一图样中有多个加工工序的表面可标注加工余量，例如，在表示完工零件形状的铸锻件图样中给出加工余量(如图3-25所示)。加工余量可以是加注在完整符号上的唯一要求，也可以同表面结构要求一起标注。

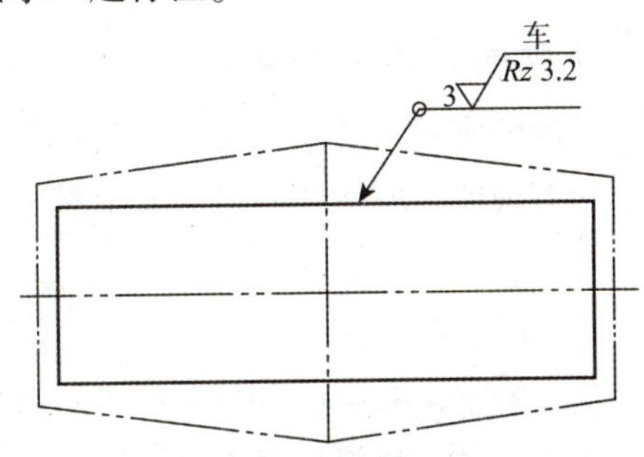

图3-25　镀覆和表面粗糙度的标注

6. 工件轮廓各表面的图形符号

当在图样某个视图上构成封闭轮廓的各表面有相同的表面结构要求时，应在图3-16所示的完整符号上加一圆圈，标注在图样中工件封闭轮廓线上，如图3-26所示。

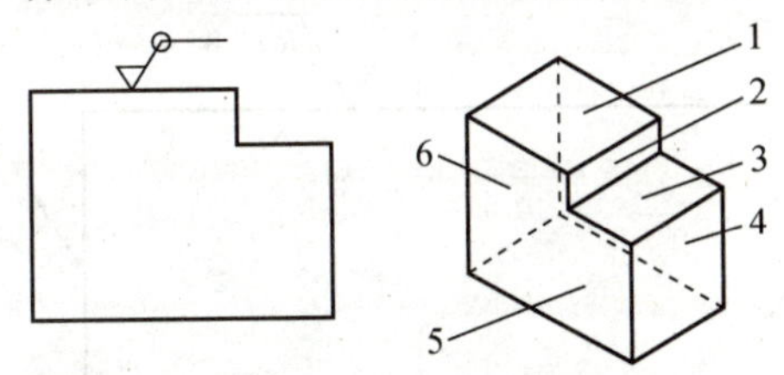

1—标注平面1；2—标注平面2；3—标注平面3；4—标注平面4；5—标注平面5；6—标注平面6。

图3-26　对周边各面有相同的表面结构要求的注法(6个面不包括前后面)

7. 常见表面粗糙度标注符号的含义及解释

一些常见的表面粗糙度符号及其含义如表3-10所示。

表 3-10　常见的表面粗糙度符号及其含义(*R* 轮廓)

序号	符号	含义/解释
1	*Rz* 0.4	表示不允许去除材料，单向上限值，默认传输带，粗糙度的最大高度 0.4 μm，评定长度为 5 个取样长度(默认)，“16% 规则”(默认)
2	*Rz* max 0.2	表示去除材料，单向上限值，默认传输带，粗糙度最大高度的最大值 0.2 μm，评定长度为 5 个取样长度(默认)，“最大规则”
3	0.008–0.8/*Ra* 6.3	表示去除材料，单向上限值，传输带 0.008 ~ 0.8 mm，算术平均偏差 3.2 μm，评定长度为 5 个取样长度(默认)，“16 规则”(默认)
4	–0.8/*Ra*3 6.3	表示去除材料，单向上限值，传输带根据 GB/T 6062—2009 得到，取样长度 0.8 μm(λs 默认 0.002 5 mm)，算术平均偏差 3.2 μm，评定长度包含 3 个取样长度，“16% 规则”(默认)
5	U *Ra* max 3.2 L *Ra* 0.8	表示不允许去除材料，双向极限值，两极限值均使用默认传输带，上限值：算术平均偏差 3.2 μm，评定长度为 5 个取样长度(默认)，“最大规则”；下限值：算术平均偏差 0.8 μm，评定长度为 5 个取样长度(默认)，“16% 规则”(默认)

3.6.2　表面粗糙度要求在图样上的标注

对零件任何一个表面的粗糙度轮廓技术要求一般只标注一次，并尽可能注在相应的尺寸及其公差的统一视图上。除非另有说明，所标注的粗糙度轮廓技术要求是对完工零件表面的要求。

1. 表面粗糙度代号的标注位置与方向

总的原则是使表面粗糙度代号的标注和读取方向与尺寸的标注和读取方向一致，只能水平向上或垂直向左，且代号的尖端必须从材料外部指向并接触零件表面。

表面粗糙度代号的注写方向有 2 种，即水平注写和垂直注写。垂直注写是在水平注写的基础上逆时针旋转 90°得到的。对于零件的上表面轮廓线用水平注写的方式；零件的左侧面轮廓线用垂直注写的方式；对于零件的右侧面、下底面和倾斜表面的轮廓线，必须采用带箭头或黑点的指引线引出水平折线，然后用水平注写的方式(如图 3-27 所示)。

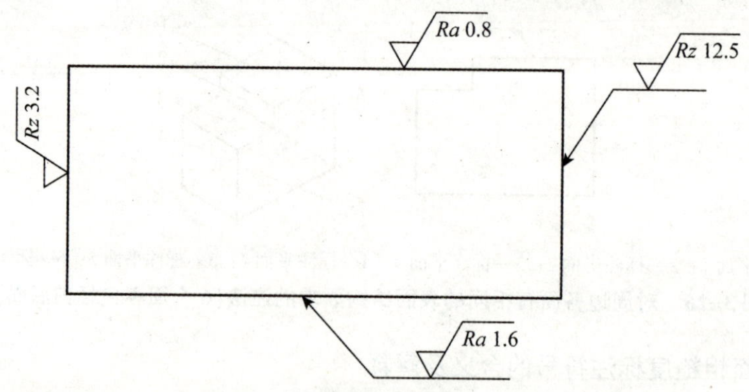

图 3-27　表面粗糙度要求的标注方向

2. 表面粗糙度要求在零件图上的标注

(1)在轮廓线上或指引线上的标注。表面粗糙度要求可直接标注在轮廓线上，其符号的尖端应从材料外指向零件的表面，并与零件的表面接触。必要时也可用带箭头或黑点的指引线引出水平折线标注，对零件的轮廓线采用端部为箭头形式的指引线，若是零件的表面则用端部为黑点形式的指引线，如图3-28、图3-29所示。

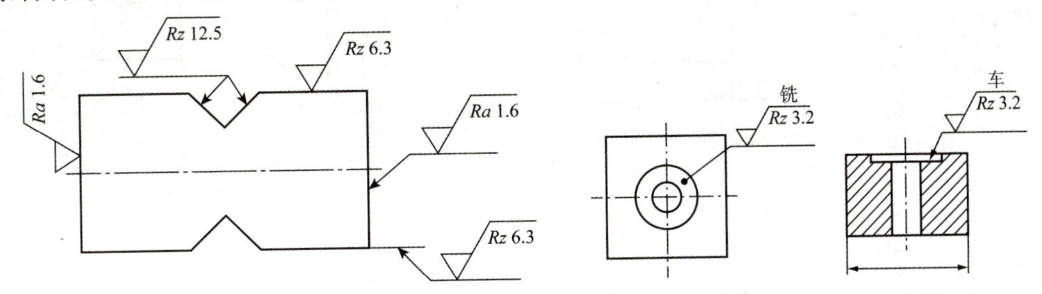

图3-28 在轮廓线上标注的表面粗糙度要求　　图3-29 用指引线引出标注的表面粗糙度要求图

(2)在特征尺寸的尺寸线上的标注。在不致引起误解时，表面粗糙度要求可以标注在给定的尺寸线上(如图3-30所示)。

(3)在几何公差框格上方的标注。表面粗糙度要求可以标注在几何公差框格的上方(如图3-31所示)。

(4)在延长线上的标注。表面粗糙度要求可以直接标注在零件几何特征的延长线或尺寸界线上，也可用带箭头的指引线引出水平折线标注(如图3-32所示)。

(5)在圆柱或棱柱表面上的标注。圆柱或棱柱表面的表面粗糙度要求只注写一次，如果每个棱柱表面有不同的要求，则应分别单独注出(如图3-33所示)。

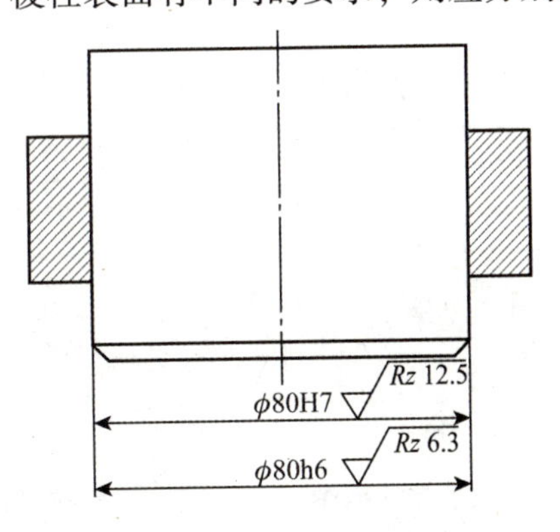

图3-30 在特征尺寸的尺寸线上标注的表面粗糙度要求

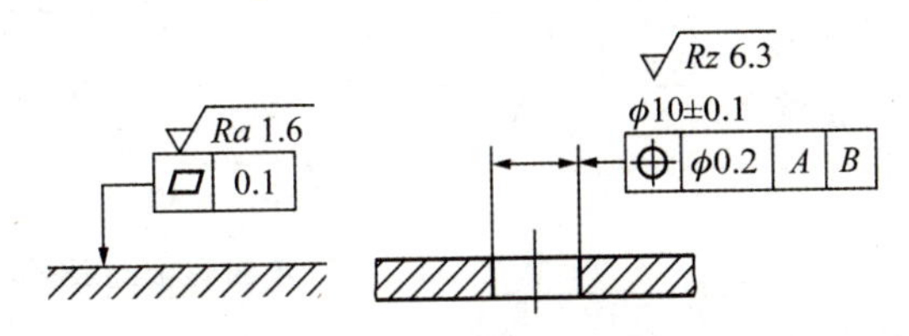

图3-31 在几何公差框格上方标注的表面粗糙度要求

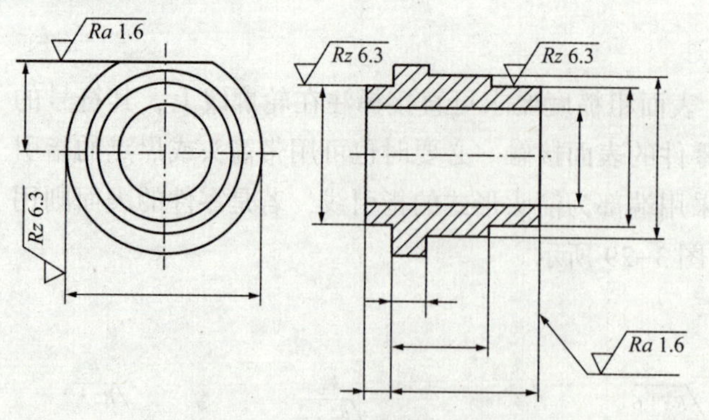

图 3-32　标注在圆柱特征延长线上的表面粗糙度图

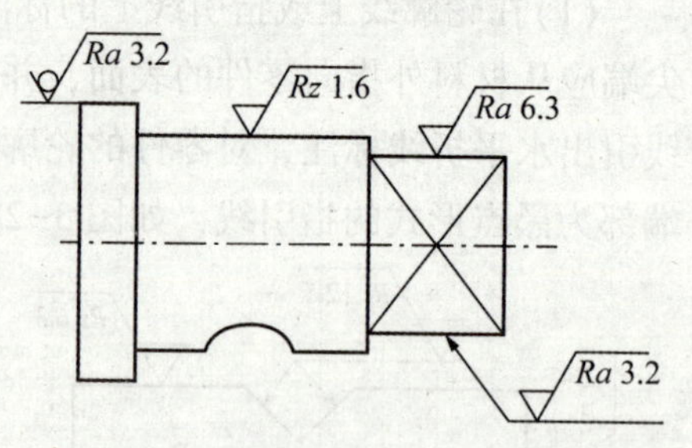

图 3-33　在圆柱或棱柱表面上标注的表面粗糙度

3. 表面粗糙度要求的简化标注

(1)所有表面有相同表面粗糙度要求的简化标注。当零件全部表面有相同的表面粗糙度要求，其相同的表面粗糙度要求可统一标注在图样的标题栏附近或图形的右下方(如图 3-34 所示)。

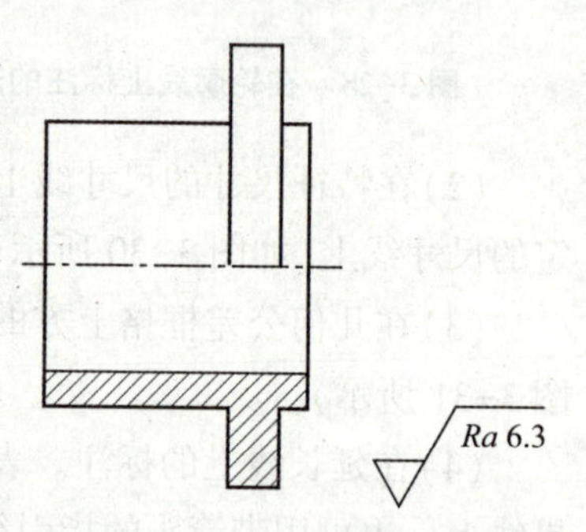

图 3-34　所有表面有相同表面粗糙度要求的简化标注

(2)多数表面有相同要求的简化标注。当零件的多数表面有相同的表面粗糙度要求，把不同的表面粗糙度要求直接标注在图样中，把相同的表面粗糙度要求可统一标注在图样的标题栏附近或图样的右下方。同时，表面粗糙度要求的符号后面应有下面两种标注形式之一：①在圆括号内给出无任何其他标注的基本图形符号，如图 3-35(a)所示；②在圆括号内给出不同的表面粗糙度要求，如图 3-35(b)所示。

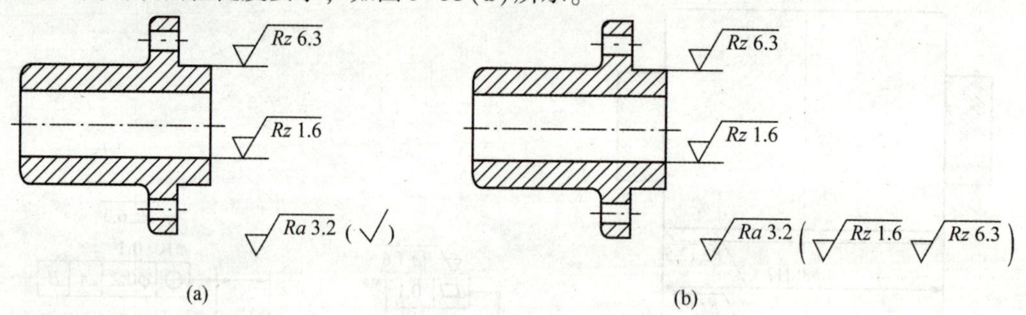

图 3-35　多数表面有相同表面粗糙度要求的简化标注

图样中往往也对除了特定要求的表面外，所有其余表面给出要求，此时使用如图 3-36 所示标法。

Ra 12.5 (√)

图 3-36　表示“其余”的标法

含义：除已标注表面外，其余所有表面均为使用去除材料的方法加工，所有表面的粗糙度轮廓最大高度上限值为 12.5 μm，使用“16% 规则”判定，测量时使用默认传输带，默认取样长度，没有表面纹理的要求。

(3)用带字母的完整符号的简化标注。当多数表面有相同的表面粗糙度要求或图纸空间有限时，对有相同的表面粗糙度要求的表面，可用带字母的完整符号，并以等式的形式标注在图形或标题栏附近，如图 3-37 所示。

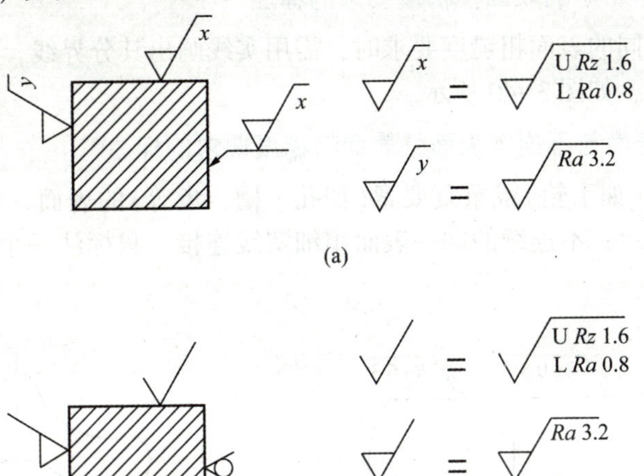

图 3-37 图纸空间有限时的简化标注

(a)多个表面有共同要求的标法一；(b)多个表面有共同要求的标法二

(4)只有表面粗糙度符号的简化标注。可用基本图形符号或扩展图形符号，以等式的形式给出对多个表面相同的表面粗糙度要求，如图 3-38 所示。

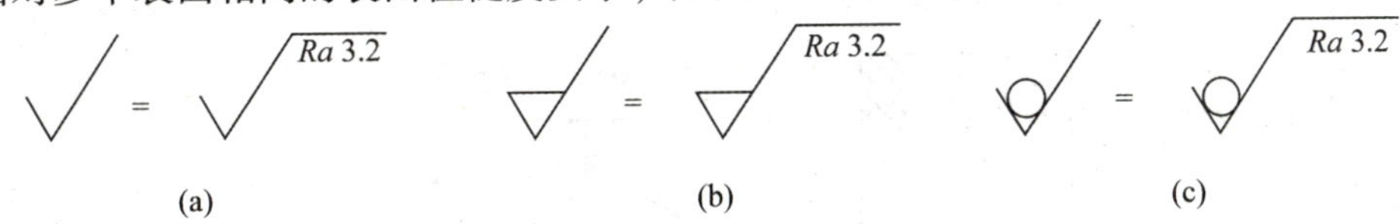

图 3-38 只用表面粗糙度符号的简化标注

(a)未指定工艺方法；(b)要求去除材料；(c)不允许去除材料

4. 2 种或多种工艺获得的同一表面的标注

由几种不同的工艺方法获得的同一表面，当需要明确每种工艺方法的表面结构要求时，可标注在其表示线(粗虚线或粗点画线)上，如图 3-39 所示。

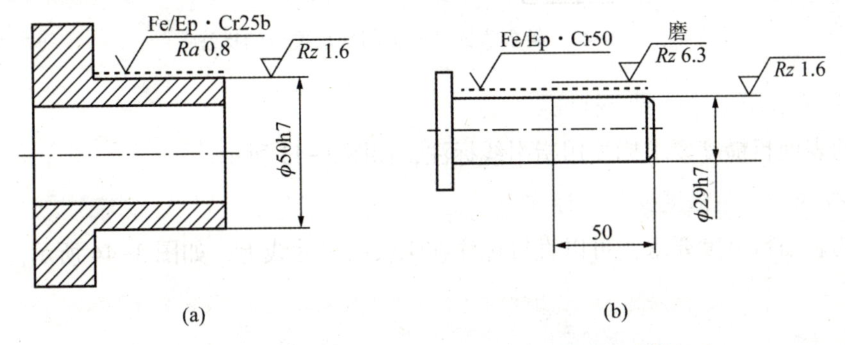

图 3-39 多种工艺获得同一表面的表面粗糙度要求的标注

(a)同时给出镀覆前后表面粗糙度要求的标注；(b)同一表面多道工序表面粗糙度要求的标注

5. 同一表面上有不同的表面粗糙度要求的标注

同一表面上有不同的表面粗糙度要求时，需用实线画出其分界线，并注出相应的表面粗糙度代号和尺寸范围，如图 3-40 所示。

6. 零件上连续表面与不连续表面的表面粗糙度要求的标注

零件上连续表面(如手轮)或重复要素(如孔、槽、齿等)的表面，只标注一个代号，如图 3-41、图 3-42 所示；不连续的同一表面用细实线连接，只标注一个代号，如图 3-43 中支座下底面。

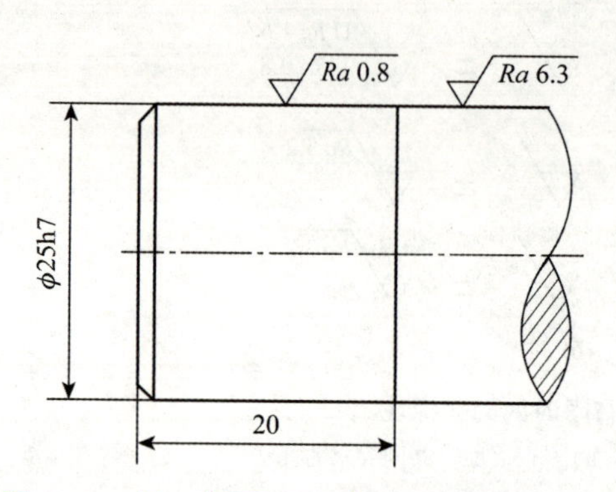

图 3-40　同一表面有不同表面结构要求的标注

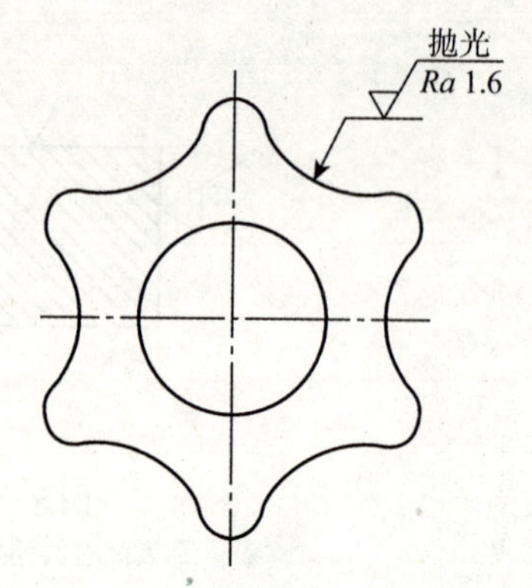

图 3-41　连续表面的表面粗糙度要求的标注

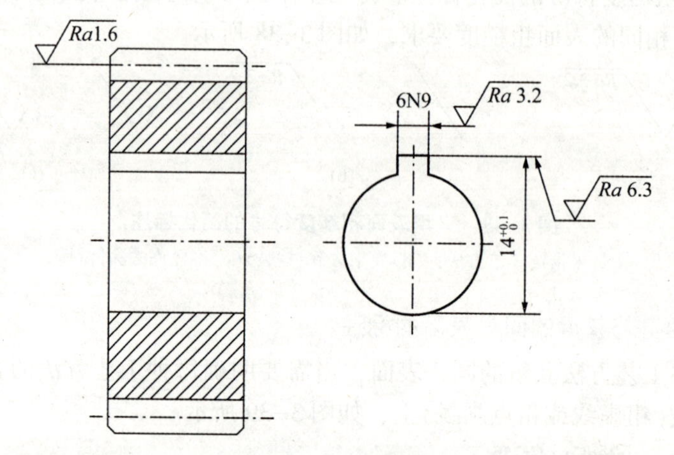

图 3-42　重复表面的表面粗糙度要求的标注

7. 沉孔的表面粗糙度要求标注

沉孔的表面粗糙度要求标注用指引线标注，如图 3-43 所示。

8. 螺纹的表面粗糙度要求的标注

螺纹的表面粗糙度要求，可以直接标注在螺纹的尺寸线上，如图 3-44 所示。

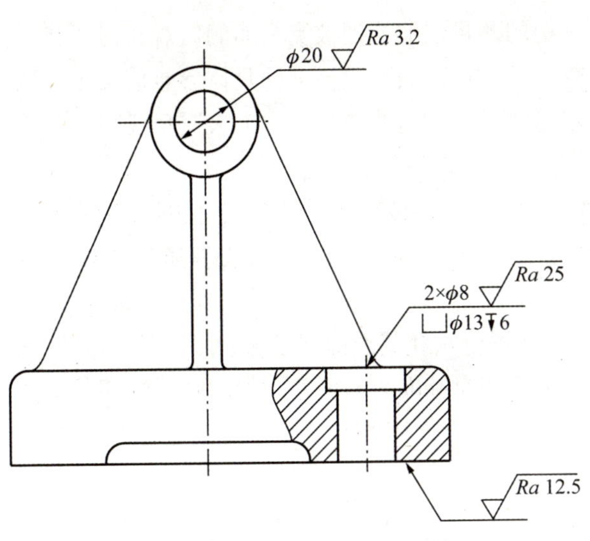

图 3-43　不连续的同一表面的表面粗糙度要求的标注

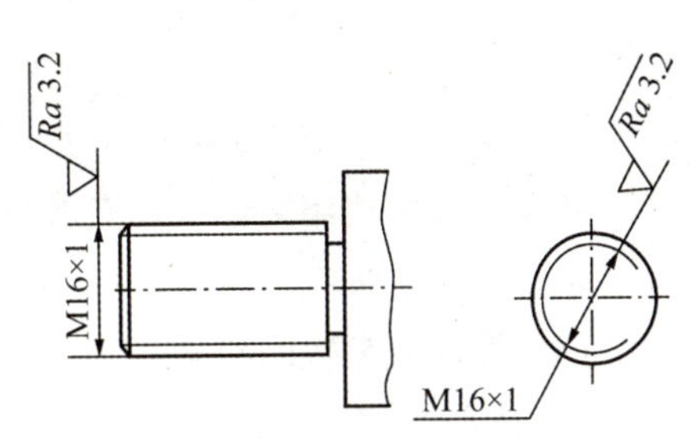

图 3-44　螺纹表面的表面粗糙度要求的标注

3.7　表面粗糙度的检测

检测粗糙度轮廓参数时，应垂直于加工纹理方向测量，以便得到最大测量值。若零件表面没有一定的加工纹理方向(如用电火花、研磨方法加工的零件)，则应在不同的方向上测量，取最大值作为测量结果。表面粗糙度轮廓参数的检测仪器和方法有很多，如图 3-45 所示，主要有比较法、光切法、干涉法和针描法等。

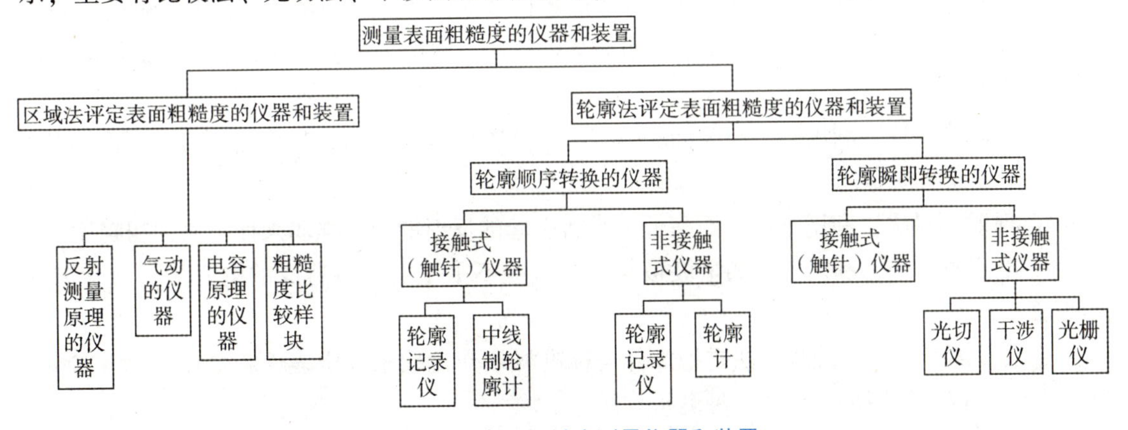

图 3-45　表面粗糙度测量仪器和装置

3.7.1　表面粗糙度测量方法的分类

(1)按照其测量的性质，可分为定性检验法和定量测量法。

定性检验法是一种统观评定法。它只评价零件的一般使用性能，但不能得出表面粗糙度的具体参数值。如区域法中的比较法、气动法、反射法与电容法均为定性检验法。

定量测量法是按照一定的测量方法，用一定的测量仪器，把被测表面的微观几何形状的大小与一个已知的物理量进行直接或间接比较，从而得出表面粗糙度的具体参数值。轮廓测量法中的针描法、干涉法、光切法等均属于定量测量法。这些测量方法大大避免或减少了检测人员的主观影响，是目前普遍使用的测量方法。

(2)按照测量仪器与被测零件表面是否有接触，可分为接触测量法和非接触测量法。如触觉法、针描法等属于接触测量法，光切法、干涉法、气动法和目测法等属于非接触测量法。

(3)按照采用的测量基准不同，可分为基准线评定法和基准面评定法。

基准线评定法用来评定表面微观的凹凸不平度相对基准线的偏差，如一、二维评定参数 *Ra*、*Rz*、*Rsm*、*Rmr*(*c*)的测量；基准面评定法用来评定表面凹凸不平度相对于基准面的偏差，如三维评定参数的测量。

(4)按照与被测表面粗糙度进行直接或间接比较的物理量不同，可分为：

①与刻度尺比较测量法，如用光切显微镜的测量；

②光波波长比较法，如用干涉显微镜的测量；

③电量比较法，如用电感式轮廓仪、压电式轮廓仪的测量；

④光量比较法，如反射测量法、光电测量法；

⑤光量、压力测定法，如气动测量法、流量测量法等。

(5)按照获取表面粗糙度的方法不同，可分为以下方法。

①在选定的截面上直接测量表面粗糙度数值。这类测量方法是实验室普遍采用的测量法。它能够严格按照表面粗糙度标准的评定参数，直接测出数值。如采用干涉显微镜、双管显微镜和轮廓仪等的测量方法。

②在选定的一块表面区域上测量总的表面粗糙度数值。这类测量适用大批大量生产的零件的表面粗糙度测量。这是利用零件表面的某种特性，间接评定表面的微观不平度数值，这类测量方法有：

a. 气动测量法，利用测头与表面微观不平度间的气体流量的大小，或所产生压力的变化来评定表面粗糙度；

b. 反射测量法，利用被测表面高低不平所引起的反射能力的强弱来评定表面粗糙度；

c. 电容测量法，利用仪器测量极板与表面微观不平度之间所造成的电容量的变化来评定表面粗糙度。

③比较测量法。比较测量法是把零件与标准样块作比较来评定表面粗糙度。由于简单，因此是工厂现场使用最广泛的一种测量方法。

④表面粗糙度结构的频谱分析法和数理统计法等。

⑤印模测量法。印模测量法主要适用于一般仪器测不到，眼睛看不见的零件表面粗糙度的测量，如内孔和刀具型面等表面粗糙度的测量。

(6)按照测量原理不同，可分为比较判别法(如目测法、触觉法、比较法、实体剖面法等)、光学测量法(如光切法、光波干涉法等)、光学实时测量法(如光学散射法、光学散斑法、光纤法等)、电学测量法(如针描法、电容法等)、全息干涉法、气动法、光反射法、区

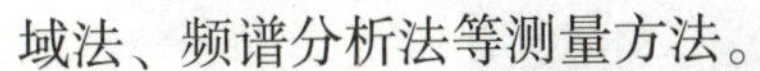

域法、频谱分析法等测量方法。

选用哪一种表面粗糙度测量方法与哪一种测量仪器，主要取决于测量表面粗糙度的测量精度、经济性以及现场条件。

3.7.2　典型的表面粗糙度检测方法

1. 比较判别法

比较判别法是将被检零件与表面粗糙度比较样块的表面粗糙度进行对比的一种评估方法，即通过人的视觉或触觉来判别两个对比表面的表面粗糙度的差异，然后根据表面粗糙度标准样块的标定值估计被检零件表面粗糙度参数值的一种简易方法。由于这种评估方法既简便又经济，因此在生产车间得到了广泛的应用。比较判别法分为目测法、触觉法等。

1) 目测法

目测法仅能评估表面粗糙度轮廓峰谷的高低，不能评估表面粗糙度轮廓间距。为了提高检验零件表面粗糙度的速度，在生产车间一般不采用高精度仪器测量其表面粗糙度参数值，而是采用目测法评估。

为了提高目测评估的准确性，应该正确使用表面粗糙度比较样块。为此，对表面粗糙度样块提出以下要求：

(1) 表面粗糙度样块的材料应与被检零件的材料相同，因为不同材料的表面具有不同的反射能力，在比较评估时将会造成错觉而得出错误的评估；

(2) 表面粗糙度样块表面的几何形状和加工方法尽可能与被检零件表面的几何形状和加工方法一致，并且要有相同的纹理。

例如，一个经过研磨的表面，表面阴暗而不光亮，但其表面粗糙度 Ra 值却很小；相反，经过抛光的表面，表面光亮，而其表面粗糙度 Ra 值却不一定小。

在大批大量生产车间检验零件表面质量时，为了提高检验的准确性，允许从零件中挑选样件作为目测评估的依据，但该样件应按要求另行检测后方可使用。

如图 3-46 所示，表面粗糙度比较样块是有纹理的标准样块，检验时要对应其加工方法正确选择。如车、磨加工的直纹理样块，端车和端铣的弓形纹理样块，端磨、端铣的交叉纹理样块，还有电火花和抛光加工的无纹理方向或多方向的样块等。按典型工艺划分，表面粗糙度比较样块有车、磨、镗、铣、刨、插、电火花侵蚀、喷丸、喷砂和抛光等特征的样块。

2) 触觉法

触觉法评估表面粗糙度一般比目测法的准确度高，有经验的工人甚至能达到小于 2.5 μm 的准确度。据统计分析，用触觉法评估表面粗糙度的离散度小，用目测法评估表面粗糙度的离散度大，故在生产车间也常用触觉法评估零件表面粗糙度。

目测法和触觉法均属于定性的检测方法，它们具有共同的缺点，即判断的准确性很大程度上取决于检测人员的经验，在判别评估同一表面时，可能有较大差别，当有争议时，必须采用定量的检测方法进行测量、仲裁。

图3-46　表面粗糙度比较样块

按照经验推荐，对 Ra 值大于3.2 μm的表面，可直接用目测法评估；对 Ra 值介于0.4～1.6 μm的表面，可借助5倍或10倍放大镜进行目测评估；对 Ra 值小于0.4 μm的表面，可用比较显微镜进行目测评估；触觉法则常用来在生产现场评估 Ra 值介于0.8～6.3 μm的表面。

2. 非接触测量法

用非接触测量法检查表面粗糙度的常用仪器有比较显微镜、光切显微镜、干涉显微镜等。此外，对要求很高的表面可用光学、电子或离子探针进行非接触测量。

1）光切法

光切法是指运用光切原理测量表面粗糙度的测量方法。

光切原理是把带状光束倾斜投射于被测零件表面形成光切面，然后从反射方向用显微镜观察切面光带的像，以确定零件的表面粗糙度参数值。

采用光切原理设计而成的测量表面粗糙度的仪器称为光切显微镜或双管显微镜（如图3-47所示）。光切显微镜测量参数 Rz 较为方便，也可以测量参数 Ra，但需要用目视坐标读数法或照相法得出轮廓图形，按图进行数据计算与处理。该仪器适用于测量车、铣、刨及其类似加工方法成形的金属零件平表面和外圆表面，Rz 值的测量范围一般为0.8～80 μm。测量笨重零件及内表面（如孔、槽）的表面粗糙度时，可用石蜡、低熔点合金或其他印模材料压印在被检验零件上，取得其复制模型，放在光切显微镜上间接地测量被检表面的粗糙度。

图3-47　光切显微镜

如图3-48所示，光切显微镜有两个呈90°的光管，一个为照明管，另一侧为观测管。点光源1置于聚光镜2的焦点上，由1发出的光，经2后得到一束平行光，平行光经过狭缝光阑3形成一狭窄的平行扁平光束。光束经投射物镜4的汇聚，以45°投射到工件被测表面上形成光切面。零件表面的峰和谷组成了两个阶梯式的反射面，表面上的波峰在点 S_1 产生反射，波谷在点 S_2 产生反射（点 S_1 正好是投射物镜4的共同焦点），反射光通过观察管侧的物镜4后，各自成像在分划板5（带有刻度）上，点 S_1 的影像是点 S'_1，点 S_2 的影像是点 S'_2，即在分划板上得到了光切面的放大影像（倒像）。若分划板上点 S'_1 和点 S'_2 之间的距离为 N，观测管光路系统的放大倍数为 V，则点 S_1 和点 S_2 之间距离为 N/V。而线段 S_1S_2（距离为 h'）

与波峰、波谷之间的高度 h 之间的关系为

$$h = h'\cos 45° = \frac{N}{V}\cos 45° = \frac{N}{V\sqrt{2}} \tag{3-8}$$

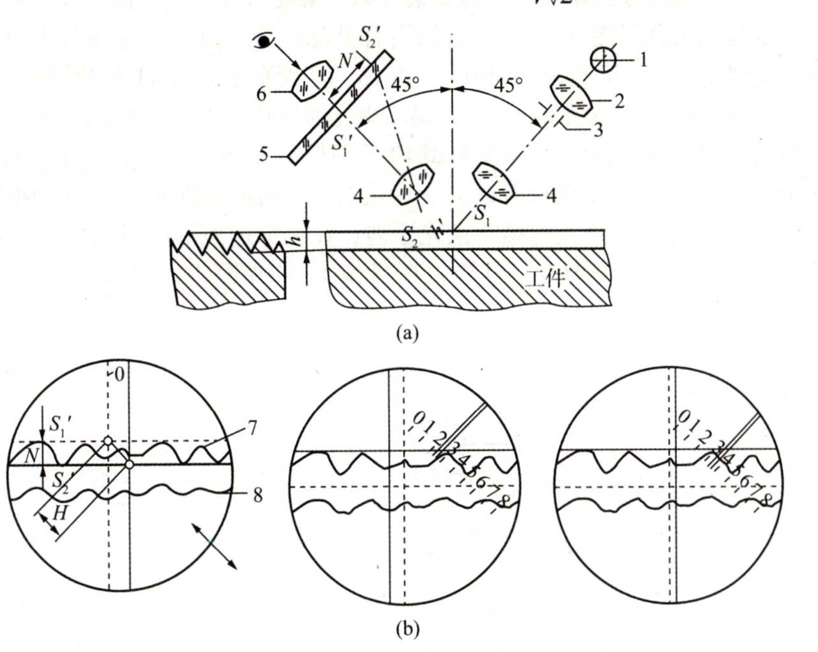

1—光源；2—聚光镜；3—光阑；4—物镜；5—分划板；6—目镜；7—光带上边缘；8—光带下边缘。

图 3-48　光切显微镜测量原理

(a)测量原理图；(b)视场图

由图3-48(b)可知，在视场中，目镜6 中读出的数为 H，它与点 S'_1 和点 S'_2 之间的距离 N 的关系为

$$N = H\cos 45° \tag{3-9}$$

于是

$$h = \frac{N}{V\sqrt{2}} = \frac{H\cos 45°}{V\sqrt{2}} = \frac{H}{2V} \tag{3-10}$$

在一个取样长度范围内，找出一光带所有轮廓峰中最高的峰顶和所有轮廓谷中最低的谷底，测出该峰顶与该谷底之间的距离，便可求得 Rz 值。

2)干涉法

干涉法是利用光波干涉原理测量表面粗糙度的一种测量方法。干涉法在表面粗糙度测量中得以广泛应用，是由于这种测量方法有以下优点：

(1)干涉容易测量 Rz 值小于 1 μm 的表面粗糙度；

(2)干涉法测量精度高，多光束干涉法的精度可达0.001 ~0.003 μm;

(3)干涉法测量过程中不与被测表面接触，因此可避免划伤被测表面。

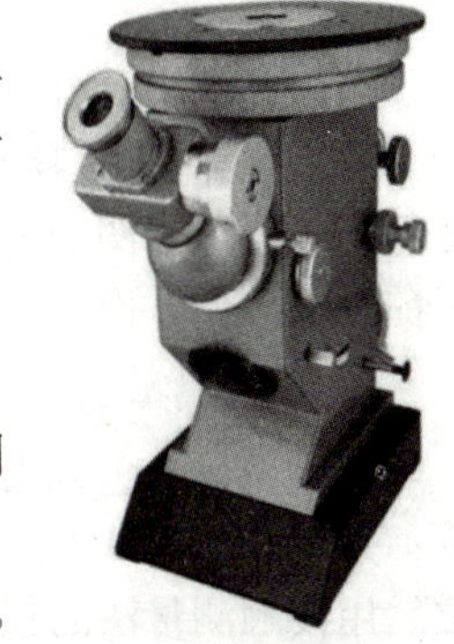

图 3-49　干涉显微镜

根据干涉原理设计制造的仪器称为干涉显微镜，如图3-49 所示。干涉显微镜可分为双光束干涉显微镜和多光束干涉显微镜两大类，目

前双光束干涉显微镜应用得较多。

如图3-50所示，点光源1发出的光线经聚光镜2、滤色片3、孔径光阑4及透镜5成平行光线，射向底面半镀银的分光镜7后分为2束：第一束光从分光镜7向上反射的光束被物镜6汇聚于它的焦点处的被测工件(图中最上方的剖面线表示)表面上，又被工件表面反射，重新通过物镜6和分光镜7，射向聚光镜11和反射镜16，汇聚在聚光镜11的焦平面处的反射镜16上，由反射镜16反射进入目镜12的视野；第二束光通过补偿镜8、物镜9，汇聚于物镜9的焦平面上，即反射镜10的表面上，再从反射镜10反射后，重新通过物镜9、补偿镜8经分光镜7反射，再由分光镜经聚光镜11到反射镜16，由反射镜反射后也进入目镜12的视野。

从分光镜7反射的第二束光与第一束光干涉，在无穷远处形成明显的干涉条纹，经物镜11将其成像于目镜12的焦平面上。这样，在目镜12的视野中即可观察到这两束光线因光程差而形成的干涉带图形。

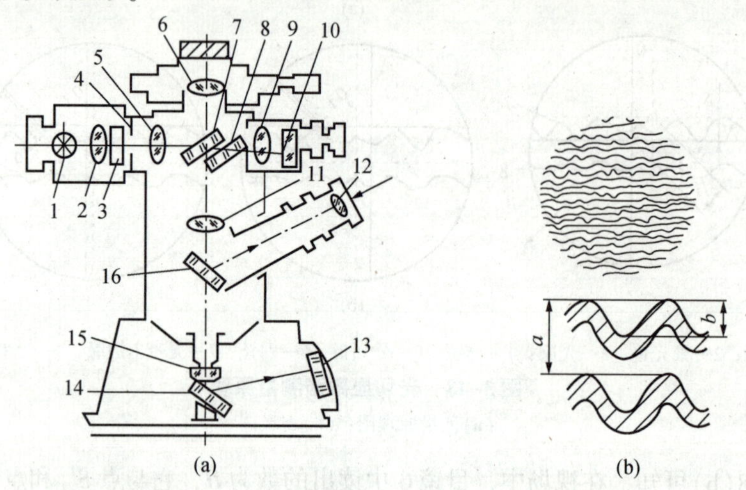

1—光源；2、11—聚光镜；3—滤色片；4—光阑；5—透镜；6、9—物镜；7—分光镜；8—补偿镜；10、14、16—反射镜；12—目镜；13—毛玻璃；15—照相物镜。

图3-50　干涉显微镜测量原理

(a)测量原理图；(b)视场图

若被测工件表面粗糙不平，有微小的波峰、波谷存在，峰谷处的光程不一样，造成干涉条纹的弯曲，如图3-50(b)所示。由于光程差每增加光波波长λ的1/2即形成一条干涉带，则相应部位峰、谷的实际高度差h与干涉条纹间距a和干涉条纹弯曲量b有如下关系

$$h=\frac{b}{a}\times\frac{\lambda}{2} \tag{3-11}$$

由以上的峰、谷高度差h，可求得工件表面粗糙度的Rz值。

若将反射镜16移开，使光线通过照相物镜15及反射镜14到毛玻璃13上，在毛玻璃处即可拍摄干涉带图形的照片。在精密测量时常用单色光，因为单色光波长稳定。当被测表面粗糙度值较低，而加工痕迹又无明显的方向性时，采用白光较好，便于测量。

3. 接触测量法

接触测量法也称泰勒法或触针法，它是一种最基本的、应用最广泛的表面轮廓测量方法，是国际上公认的二维表面粗糙度测量的标准方法，在工程表面测量中占有极其重要的地位。用接触测量法的仪器很多，如电动轮廓仪、迈克耳孙干涉式触针测量仪、光栅干涉式触针测量仪以及三维表面粗糙度自动测量分析系统等。

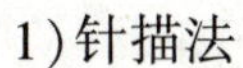

1)针描法

针描法又称为触针法，其原理是用一种特殊触针以一定的速度沿着被测工件表面移动，由于表面的微观不平引起了触针的上下运动，并把触针移动的变量通过机械、光学、电学的转换，再经放大和积分运算，并经过轮廓滤波器，即可得到工件表面的粗糙度轮廓及其参数值，由指示表指示被测表面粗糙度的评定参数值，或用记录仪描绘微观不平度轮廓。

针描法使用的电动轮廓仪具有以下优点：

(1)可直接测量平面、圆柱面、内孔等零件表面粗糙度，键槽表面、刀刃和形状复杂的曲面也可以进行测量；

(2)仪器备有各种附属装置，可按规定截面测量多项评定参数；

(3)仪器操作简便，测量迅速，测量数值呈数字显示，测量精度高，不仅能测量金属表面的粗糙度，也能测量陶瓷等非金属表面的粗糙度；

(4)仪器适用于测量硬度不低于20HRC，表面粗糙度参数 Ra 值为0.02～5 μm的表面。

电动轮廓仪的缺点是，由于它受到触针针尖半径大小和测量速度的限制，不能用于测量 $Ra<0.012$ μm的表面粗糙度。

轮廓仪的种类很多，按转换元件的不同，可分为机械式、光学机械式、电动式、电感式、压电式和光电式轮廓仪等。轮廓仪的工作原理如下所述。

如图3-51(b)所示，电动触针式轮廓仪由工件1、触针2、传感器3、驱动箱4、指示表5、定位块7、记录器和工作台6等主要部件组成。驱动器以匀速拖动测头(传感器)沿被测表面轮廓移动，测头测杆上的金刚石触针与被测表面轮廓接触，触针把在该轮廓上的轨迹转换为垂直位移，该位移经传感器转换为电信号，然后经放大器、A/D转换器得到总轮廓，再经滤波器得到原始轮廓(如图3-52所示)，最后根据GB/T 3505—2009规定的表面评定流程(如图3-53所示)，得到表面粗糙度、表面波纹度和原始轮廓的各种参数。

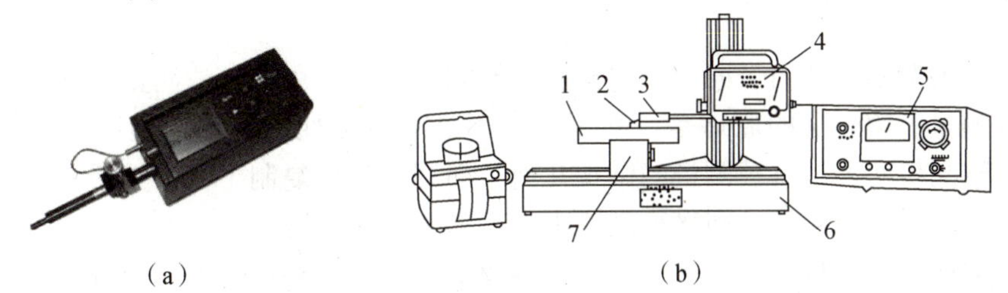

1—工件；2—触针；3—传感器；4—驱动箱；5—指示表；6—工作台；7—定位块。

图3-51　轮廓仪

(a)便携式轮廓仪；(b)电动触针式轮廓仪

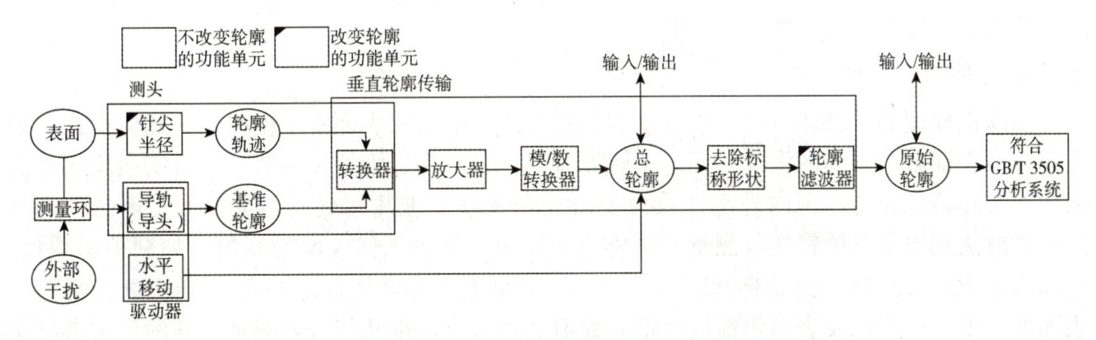

图3-52　电动触针式轮廓仪的测量原理

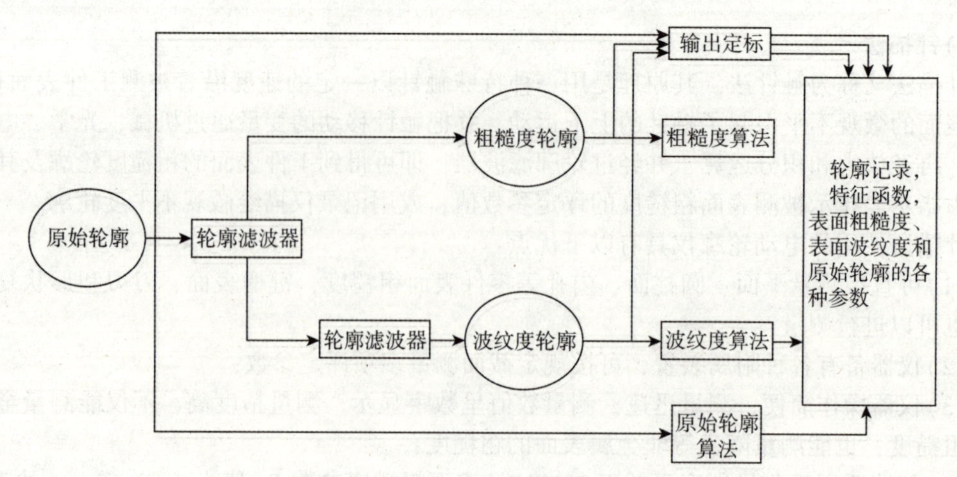

图 3-53 表面轮廓评定流程图

2）光学探针式仪器测量

有许多被测件的表面，如光盘、半导体工艺化学样品等是不允许触针划伤的；另外有一些质地较软的表面也不可用触针式仪器测量。因此，非接触式表面轮廓探测技术受到重视并得到发展。所谓光学探针就是采用透镜聚焦的微小光点取代金刚石针尖，表面轮廓高度的变化通过检测焦点误差来实现，后续的处理方法和接触式仪器一样，仍是通过滤波获得不同的轮廓。目前常用的有激光三角法、光学临界角法和激光外差干涉法等非接触式测量表面粗糙度的方法。

3）印模法

印模法是用塑性材料将被测表面复制下来，然后对印模进行测量，从而间接地评定被测表面的粗糙度的方法。

对于一些大型零件的内表面，不便使用仪器测量，除了用比较法测量之外还可以采用印模法来间接测量。印模法的原理是，利用某些不具有流动性和弹性的塑性材料作成块状印模，贴合在被测表面上，将被测量的微观几何表面结构特征复制下来，然后再用一般的测量方法对印模的表面进行测量，间接得到原来表面的表面粗糙度。

目前，常用的印模材料有川蜡、石蜡、赛璐璐、硫黄粉和低熔点合金等。这些材料的强度和硬度都不高。故一般都不用触针式仪器进行测量。由于印模材料不可能填满谷底，且取下印模的过程中往往使印模的波峰削平，所以测量值略有缩小，一般应进行修正。

印模法适用于某些既不能用仪器直接测量又不便于用样板相对比的表面，如深孔、盲孔、凹槽、内螺纹以及一些特殊表面。

4. 三维几何表面测量法

表面粗糙度的一维测量和二维测量的测量方法只能反映表面不平度的某些几何特征，把它们作为表征整个表面的统计特征是不够充分的，只有用三维评定参数才能真实地反映被测表面的实际特征，为此国内外都在致力于研究和开发三维几何表面测量技术。现已将光纤法、微波法和电子显微镜法等测量方法成功地应用于三维几何表面的测量，如利用形貌仪、扫描力显微镜（SFM）、扫描隧道显微镜（STM）和原子力显微镜（AFM）等仪器均可获得零件表面的三维几何图像及表面粗糙度评定参数值。目前，三维几何表面测量仪器的分辨率已达到 0.01 nm，使粗糙度的测量进入了原子级时代。

3.7.3 表面粗糙度检验的简化程序

工件表面粗糙度参数检测的仪器与方法繁多，在实际生产中，一般可采用 GB/T 10610—2009《产品几何技术规范(GPS)表面结构 轮廓法 评定表面结构的规则和方法》中推荐的粗糙度检验的简化程序。

1. 目视检查

对于粗糙度与规定值相比明显好或明显不好，或者因为存在明显影响表面功能的缺陷，没必要用更精确的方法来检验的工件表面，采用目视检查。

2. 比较检查

如果目视检查不能进行判定，可采用与粗糙度比较样块进行触觉和视觉比较的方法。

3. 测量

如果用比较检查不能进行判定，应根据目视检查结果，在被测表面上最有可能出现极值的部位进行测量。

(1)在所标注的参数符号后面没有注明“max”(最大值)的要求时，若出现下述情况，则工件是合格的，并停止检测。否则，工件应判废。

①第 1 个测得值不超过图样上规定值的 70 %；

②最初的 3 个测得值不超过规定值；

③最初的 6 个测得值中只有 1 个值超过规定值；

④最初的 12 个测得值中只有 2 个值超过规定值。

对重要零件判废前，有时可进行多于 12 次的测量。如测量 25 次，允许有 4 个测得值超过规定值。

(2)在标注的参数符号后面有尾标“max”时，一般在表面可能出现最大值处(为有明显可见的深槽处)应至少进行 3 次测量；如果表面呈均匀痕迹，则可在均匀分布的 3 个部位测量。

(3)利用测量仪器能获得最可靠的粗糙度检验结果。因此，对于要求严格的零件，一开始就应直接使用测量仪器进行检验。

本章小结

表面粗糙度是评价产品表面质量的关键指标，同时也是安排加工工艺的重要依据。因此了解表面粗糙度的本质、理解表面粗糙度评定参数的数学意义、生产内涵和规范标注对于产品的机构设计和加工工艺选择意义重大。

本章主要介绍了表面粗糙度轮廓参数及其定义、表面粗糙度参数值、表面粗糙度要求的规范标注和表面粗糙度参数的检测。

(1)表面粗糙度反映工件表面的微观几何特性，对零件的耐磨性、疲劳强度、配合精度、抗腐蚀性等工作性能和使用寿命都有很大影响。

(2)表面粗糙度的基本术语：粗糙度轮廓、滤波器、取样长度、评定长度、中线等。

(3)表面粗糙度的主要评定参数：轮廓算术平均偏差(Ra)、轮廓单元平均宽度(RSm)以及轮廓支承长度率($Rmr(c)$)。

(4)表面精度的设计包括表面粗糙度评定参数的选择和参数值的确定。

(5)表面粗糙度在图样上的标注及其相关技术要求：符号、极限值、传输带、极值判断原则以及补充要求等。

(6)表面粗糙度的检测仪器与方法有很多，主要介绍了比较差别法、非接触测量法(光切法和干涉法)、接触测量法(针描法)的基本原理。

零件的原始表面具有复杂的三维形貌，同时兼具随机特征。即使能够对表面形貌进行整体采集，由于数据量较大，处理起来也较为困难。生产实践中，出于测量成本考虑，沿着加工吃刀方向提取截面内的部分二维曲线作为评定依据，不仅提高了测量效率，同时简化了数据处理过程，为批量生产提供了条件。未来，随着仪器技术的进步和计算机处理数据的能力提升，对零件整体表面粗糙度的三维整体实时测量将成为主流。

习 题

1. 标注分析题

补充习题

请解释图 3-54 中标注的各表面粗糙度要求的含义。

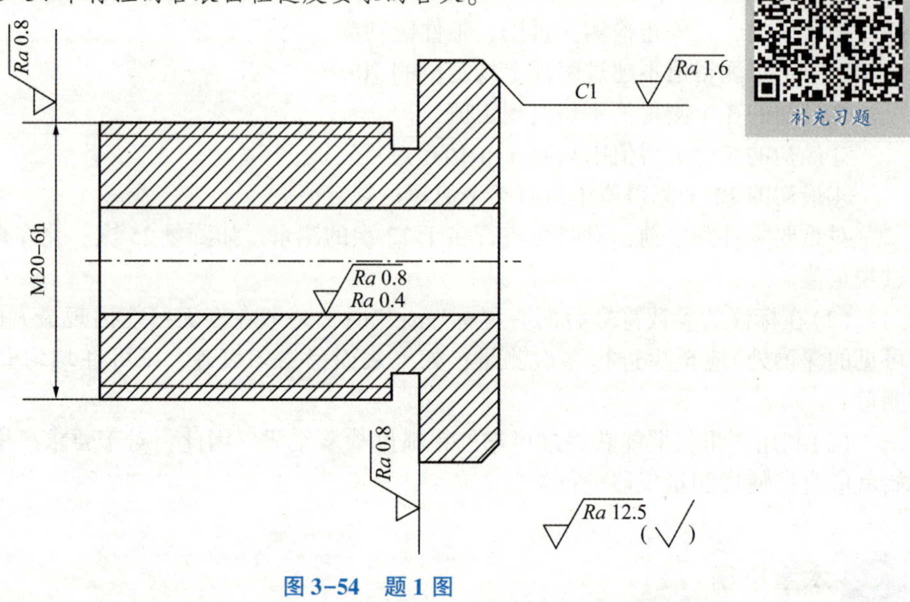

图 3-54 题 1 图

2. 简答题

(1)表面粗糙度对零件的工作性能有什么影响？

(2)轮廓中线的含义和作用是什么？为什么规定了取样长度还要规定评定长度？两者之间有什么区别与联系？

(3)用类比法选择表面粗糙度参数值时应考虑哪些因素？

(4)常用的表面粗糙度测量方法有哪些？

(5)ϕ60H7/f6 和 ϕ60H7/h6 相比，何者应选用较小的表面粗糙度 *Ra* 和 *Rz* 值。为什么？

第4章 平键和花键的公差及检测

学习目标

了解键连接的种类和特点，掌握平键连接的配合制和配合精度要求，了解平键连接常用的检测方法。

了解花键连接的种类和特点，掌握矩形花键连接的主要参数及公称尺寸，明确矩形花键的定心方式，熟练掌握矩形花键的标注，掌握矩形花键的尺寸公差、几何公差和表面粗糙度的选用与标注，了解矩形花键的检测方法。

学习重点

(1)与平键连接的键槽的尺寸公差、几何公差和表面粗糙度的选用与标注；

(2)矩形花键的标注；

(3)矩形花键连接的尺寸公差、几何公差和表面粗糙度的选用与标注。

学习导航

因为键连接具有紧凑、简单、可靠、拆卸方便、容易加工等特点，因此键连接是常见的连接方式，在机械装备上应用非常广泛，主要用于轴与轴上传动零件(齿轮、带轮、联轴器)的周向固定并传递扭矩，有些则用于轴上零件的轴向固定或沿轴向滑动的导向。

本章只讨论平键和矩形花键的互换性。

4.1 键连接概述

键连接是一种可拆连接，通常用于轴与轴上零件(齿轮、皮带轮、联轴器等)之间的连接，用以传递扭矩和运动，或以键作为导向件。

键连接紧凑、简单、可靠、装拆方便、容易加工，在机械传动中的应用十分广泛。

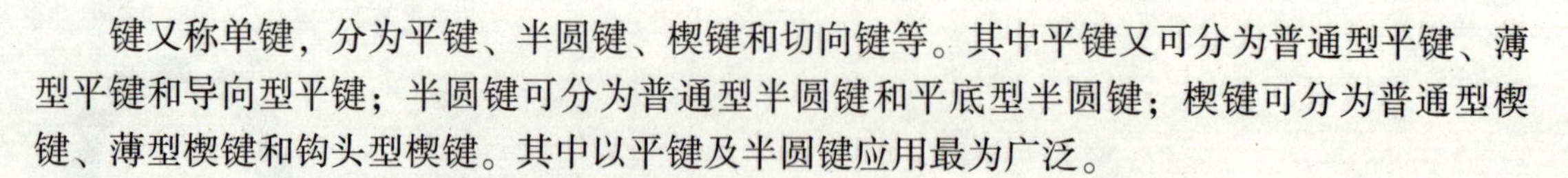

键又称单键，分为平键、半圆键、楔键和切向键等。其中平键又可分为普通型平键、薄型平键和导向型平键；半圆键可分为普通型半圆键和平底型半圆键；楔键可分为普通型楔键、薄型楔键和钩头型楔键。其中以平键及半圆键应用最为广泛。

4.1.1 平键连接的类型

平键及半圆键的类型及结构见表4-1。

我国现行的与平键及半圆键有关的国家标准有GB/T 1095—2003《平键　键槽的剖面尺寸》、GB/T 1096—2003《普通型　平键》、GB/T 1097—2003《导向型　平键》、GB/T 1099.1—2003《普通型　半圆键》、GB/T 1566—2003《薄型平键　键槽的剖面尺寸》、GB/T 1098—2003《半圆键　键槽的剖面尺寸》、GB/T 1568—2008《键　技术条件》等。

4.1.2 键连接的公差与配合

键连接是通过键和键槽的互压来传递扭矩的，键和键槽侧面应有足够的接触面积，以承受负荷，保证键连接的可靠性和寿命。并且键嵌入轴槽要牢固可靠，以防止松动脱落，同时又要便于装拆。对导向键，键与键槽间应有一定的间隙，以保证相对运动和导向精度的要求。

因此，键连接的配合尺寸应为键和键槽的宽度，而键连接的配合性质也是以键宽与键槽宽的配合性质来体现的。

由于键侧面同时与轴和轮毂键槽侧面连接，且两者往往有不同的配合要求，并且为了提高生产率，键是由标准的精拔钢制造的，是标准件，所以，国家标准规定键连接时把键宽作为基准，采用基轴制配合。

表4-1　平键及半圆键的类型及结构

类型		图形	类型		图形
平键	普通型平键	A型 B型 C型	平键	薄型平键	A型 B型 C型
平键	导向型平键	A型 B型	半圆键	普通型半圆键	
			半圆键	平底型半圆键	

这里重点介绍平键的公差与配合。

在平键连接中，配合尺寸为键和键槽宽度(见图4-1)。

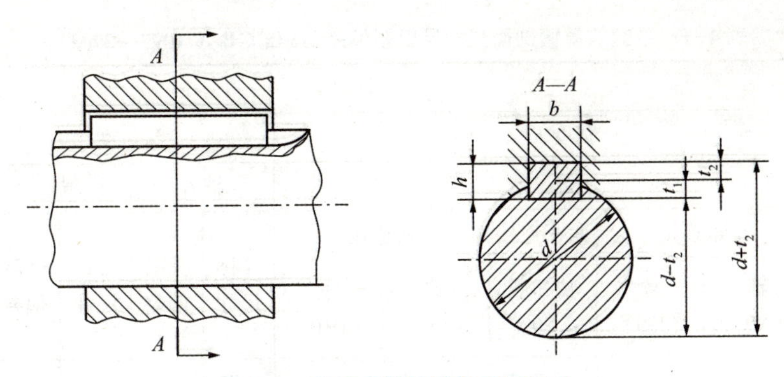

图 4-1　普通平键键槽的剖面尺寸

国家标准对键的宽度只规定了一种公差带 h8，对轴和轮毂键槽的宽度各规定有 3 种公差带，以满足不同用途的需要，其公差带见图 4-2。键和键槽宽度公差带形成了 3 类配合，即松连接、正常连接和紧密连接，它们的应用见表 4-2。

非配合尺寸公差规定如下：

t_1，t_2 见表 4-3，L(轴槽长)—H14，L(键长)—h14，h—h11

其中，t_1、t_2 分别代表轴键槽深和毂键槽深；h 代表键高。

各要素公差见表 4-3 和表 4-4。

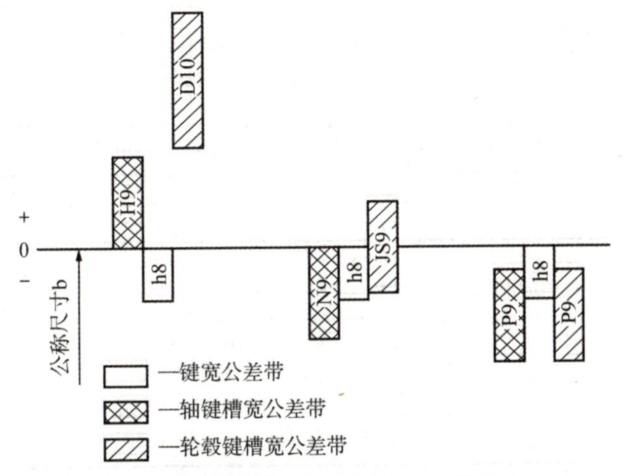

图 4-2　平键宽度和键槽宽度的公差带示意图

表 4-2　键连接的三类配合及其应用

配合种类	宽度 b 的公差带			应　用
	键	轴键槽	轮毂键槽	
松连接	8	H9	D10	主要用于导向平键，轮毂可在轴上作轴向移动
正常连接		N9	JS9	键在轴键槽及轮毂键槽中均固定，用于载荷不大的场合
紧密连接		P9	P9	键在轴键槽及轮毂键槽中均牢固地固定，主要用于载荷较大、载荷具有冲击性以及双向传递扭矩的场合

表 4-3　平键的键槽剖面尺寸及极限偏差(摘自 GB/T 1095—2003)

单位：mm

键尺寸 $b \times h$	键槽											
	宽度 b						深度				半径 r	
	公称尺寸	偏差					轴 t_1		毂 t_2			
		正常连接		紧密连接	松连接							
		轴(N9)	毂(JS9)	轴和毂(P9)	轴(H9)	毂(D10)	公称尺寸	极限偏差	公称尺寸	极限偏差	最小	最大
8×7	8	0 -0.036	±0.018	-0.015 -0.051	+0.036 0	+0.098 +0.040	4.0	+0.2 0	3.3	+0.2 0	0.16	0.25
10×8	10						5.0		3.3		0.25	0.40
12×8	12	0 -0.043	±0.0215	-0.018 -0.061	+0.043 0	+0.120 +0.050	5.0		3.3			
14×9	14						5.5		3.8			
16×10	16						6.0		4.3			
18×11	18						7.0		4.4			
20×12	20	0 -0.052	±0.026	-0.022 -0.074	+0.052 0	+0.149 +0.065	7.5		4.9		0.40	0.60
22×14	22						9.0		5.4			
25×14	25						9.0		5.4			
28×16	28						10.0		6.4			

表 4-4　平键公差（摘自 GB/T 1096—2003）

单位：mm

宽度 b	公称尺寸	8	10	12	14	16	18	20	22	25	28
	极限偏差(h8)	0 -0.022		0 -0.027			0 -0.033				
高度 h	公称尺寸	7	8	8	9	10	11	12	14	14	16
	极限偏差(h11)	0 -0.090					0 -0.110				

在键连接中，除了对有关尺寸有公差要求外，对有关表面的形状和位置也有公差要求。因为键和键槽的几何误差除了造成装配困难，影响连接的松紧程度外，还使键的工作面负荷不均，使连接性质变坏，对中性变差，因此，对键和键槽的几何误差必须加以限制。在国家标准中，对键和键槽的几何公差作了如下规定。

(1)键槽(轴槽及轮毂槽)的宽度 b 对轴及轮毂轴线的对称度，根据不同的功能要求和键宽公称尺寸 b，一般可按 GB/T 1184—1996《形状和位置公差　未注公差值》中对称度公差 7~9 级选取。

(2)普通型平键、导向键和薄型平键，当键长 L 与键宽 b 之比大于或等于 8 时，键宽 b 的两侧面在长度方向的平行度应符合 GB/T 1184—1996《形状和位置公差　未注公差值》的规定，当 $b \leq 6$ mm 时按 7 级取值；$b \geq 8$ ~36 mm 时按 6 级取值；当 $b \geq 40$ mm 时按 5 级取值。

轴槽、轮毂槽配合表面的表面粗糙度参数 Ra 的上限值推荐为 1.6~3.2 μm，非配合表面的表面粗糙度参数 Ra 的上限值为6.3 μm。

4.1.3 平键的标记

标记示例如下。

宽度 $b=16$ mm、高度 $h=10$ mm、长度 $L=100$ mm 普通 A 型平键的标记为：

GB/T 1096 键 16×10×100

宽度 $b=16$ mm、高度 $h=10$ mm、长度 $L=100$ mm 普通 B 型平键的标记为：

GB/T 1096 键 B 16×10×100

宽度 $b=16$ mm、高度 $h=10$ mm、长度 $L=100$ mm 普通 C 型平键的标记为：

GB/T 1096 键 C 16×10×100

4.2 矩形花键连接的公差与配合

4.2.1 花键连接的类型、特点和使用要求

花键连接由内花键(花键孔)和外花键(花键轴)组成。它可作固定连接，也可作滑动连接。

与键连接相比，花键连接具有下列优点：(1)定心精度高；(2)导向性好；(3)承载能力强；(4)连接可靠。因而在机械中获得广泛应用。

按齿形的不同，花键分为矩形花键、渐开线花键和三角形花键，其中矩形花键的定心精度高，定心的稳定性好，承载能力强，加工工艺性良好，采用磨削方法能获得较高的精度，在航空、汽车、机床、农业机械及一般机械传动装置中应用比较广泛。

4.2.2 矩形花键连接的主要参数和定心方式

GB/T 1144—2001《矩形花键尺寸、公差和检验》规定矩形花键的主要尺寸参数有小径 d、大径 D、键宽和键槽宽 B，如图4-3所示。为便于加工和检测，键数 N 规定为偶数，有6、8、10共3种。按承载能力，矩形花键分为轻系列和中系列2种规格，同一小径的轻系列和中系列的键数相同，键宽、键槽宽也相同，仅大径不相同。

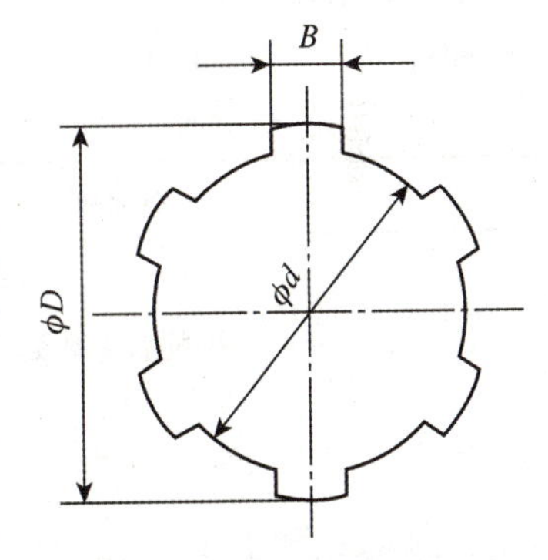

图4-3 矩形花键的主要尺寸

花键连接的主要使用要求是保证内、外花键连接后具有较高的同轴度，并传递较大的扭矩。若要求大径 D、小径 d、键(槽)宽 B 这3个尺寸同时起配合定心作用，以保证内、外花键同轴是很困难的，而且也没必要。因此，为了改善其加工工艺性，只需将键宽 B 和大径 D 或小径 d 做得较准确，使其起配合定心作用，而另一尺寸 d 或 D 则按低精度加工，并给予较大的间隙。

由于扭矩的传递及导向是通过键和键槽两侧面来实现的，因此，键宽和键槽宽不论是否作为定心尺寸，都要求有较高的尺寸精度。

根据定心要素的不同，分为 3 种定心方式：按小径 *d* 定心、按大径 *D* 定心、按键宽 *B* 定心，如图 4-4 所示。

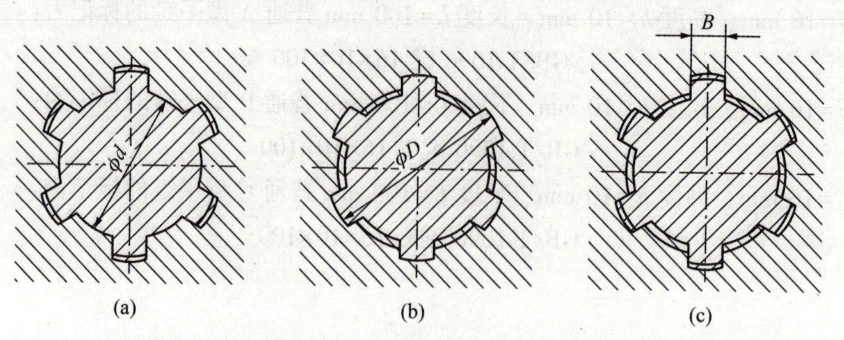

图 4-4　矩形花键连接的定心方式

(a)按小径定心；(b)按大径定心；(c)按键宽定心

矩形花键 GB/T 1144—2001 规定，矩形花键用小径定心。这是因为随着科学技术的发展，现代工业对机械零件的质量要求不断提高，对花键连接的力学强度、硬度、耐磨性和精度的要求都有所提高。从加工工艺性看，采用小径定心，内花键小径表面热处理后的变形可在内圆磨床上通过磨削修复，外花键小径表面可用成形砂轮磨削，而且磨削可以达到很高的尺寸精度和表面粗糙度要求。因而小径定心的定心精度更高，定心稳定性较好，使用寿命长，有利于产品质量的提高。同时，采用小径定心，与国际标准完全一致，便于技术引进，有利于机械产品的进、出口和技术交流。

4.2.3　矩形花键连接的公差与配合

GB/T 1144—2001 规定：矩形花键按装配型式分为滑动、紧滑动、固定 3 种。按精度高低，这 3 种装配型式各分为一般使用和精密传动使用 2 种。内、外花键的定心小径、非定心大径和键宽(键槽宽)的尺寸公差带与装配型式见表 4-5。

表 4-5　矩形花键的尺寸公差带与装配型式（摘自 GB/T 1144—2001）

<table>
<tr><th colspan="4">内花键</th><th colspan="4">外花键</th></tr>
<tr><th rowspan="2">小径 d</th><th rowspan="2">大径 D</th><th colspan="2">键槽宽 B</th><th rowspan="2">小径 d</th><th rowspan="2">大径 D</th><th rowspan="2">键宽 B</th><th rowspan="2">装配型式</th></tr>
<tr><th>拉削后不热处理</th><th>拉削后热处理</th></tr>
<tr><td colspan="8">一般用</td></tr>
<tr><td rowspan="3">H7</td><td rowspan="3">H10</td><td rowspan="3">H9</td><td rowspan="3">H11</td><td>f7</td><td rowspan="3">a11</td><td>d10</td><td>滑动</td></tr>
<tr><td>g7</td><td>f9</td><td>紧滑动</td></tr>
<tr><td>h7</td><td>h10</td><td>固定</td></tr>
</table>

续表

内花键				外花键			
小径 d	大径 D	键槽宽 B		小径 d	大径 D	键宽 B	装配型式
		拉削后不热处理	拉削后热处理				
精密传动用							
H5	H10	H7、H9		f5	a11	d8	滑动
				g5		f7	紧滑动
				h5		h8	固定
H6				f6		d8	滑动
				g6		f7	紧滑动
				h6		h8	固定

注：1. 精密传动用的内花键，当需要控制键侧配合间隙时，槽宽可选 H7，一般情况下可选 H9。

2. d 为 H6 和 H7 的内花键，允许与提高一级的外花键配合。

为了减少花键拉刀和花键塞规的品种、规格，矩形花键连接采用基孔制配合。由于花键几何误差的影响，3 种装配型式指明的配合皆分别比各自的配合代号所表示的配合紧些。此外，大径为非定心直径，所以内、外花键大径表面的配合采用较大间隙的配合。

各尺寸的极限偏差，可按其公差带代号及公称尺寸由“公差与配合”国家标准相应给出。

小径的极限尺寸，遵守 GB/T 4249—2018《产品几何技术规范（GPS）基础、概念、原则和规则》规定的包容原则。

4.2.4　矩形花键的几何公差

矩形花键的位置误差包括键和键槽两侧面的中心平面对小径定心表面轴线的对称度误差、键和键槽的等分度误差、键和键槽侧面对小径定心表面轴线的平行度误差、大径表面轴线对小径定心表面轴线的同轴度误差。其中，以对称度误差和等分度误差影响最大。因此，当采用综合检验法时，矩形花键的对称度误差和等分度误差通常采用位置度公差予以综合控制。矩形花键的位置度公差按图 4-5 和表 4-6 的规定标注。

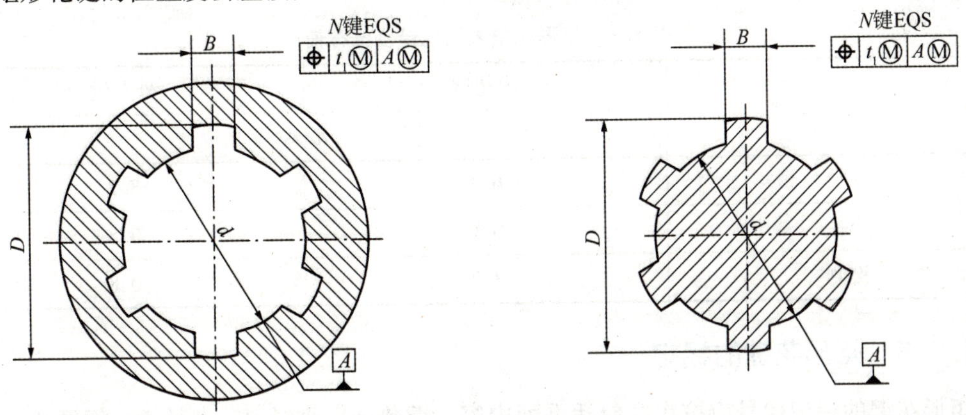

图 4-5　矩形花键位置度公差标注示例

表 4-6　位置度公差（摘自 GB/T 1144—2001）

单位：mm

键槽宽或键宽 B			3	3.5~6	7~10	12~18
t_1	键槽宽		0.010	0.015	0.020	0.025
	键宽	滑动、固定	0.010	0.015	0.020	0.025
		紧滑动	0.006	0.010	0.013	0.016

当单件小批生产时，采用单项检验法，此时，规定键和键槽两侧面的中心平面对小径定心表面轴线的对称度公差及键和键槽的等分度公差。矩形花键的对称度公差按图 4-6 和表 4-7 的规定标注。键槽宽或键宽的等分度公差值等于其对称度公差值，在图样上不必标出。

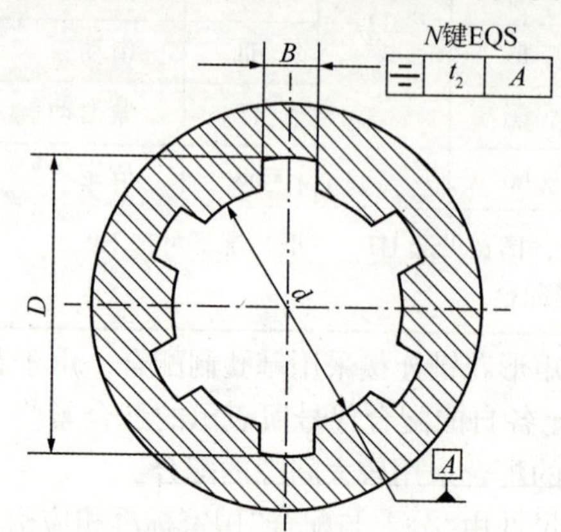

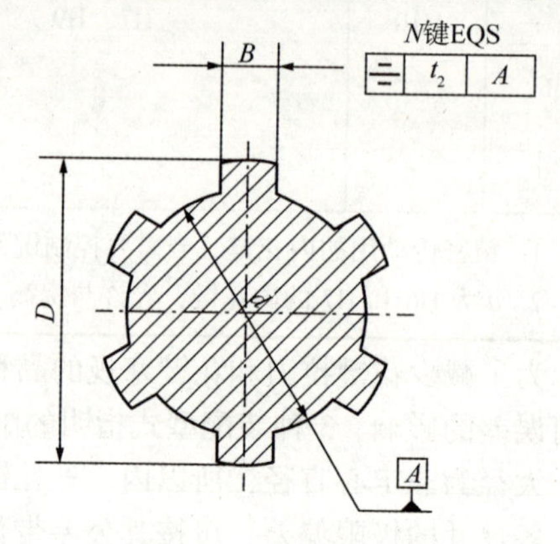

图 4-6　矩形花键对称度公差标注示例

表 4-7　对称度公差（摘自 GB/T 1144—2001）

单位：mm

键槽宽或键宽 B		3	3.5~6	7~10	12~18
t_2	一般使用	0.010	0.012	0.015	0.018
	精密传动使用	0.006	0.008	0.009	0.011

对较长的花键，可根据产品性能自行规定键侧对轴线的平行度公差。

GB/T 1144—2003 中没有规定矩形花键各结合面的表面粗糙度参数值，可参考表 4-8 选用。

表 4-8　矩形花键表面粗糙度推荐值

单位：μm

加工表面	内花键	外花键
	$Ra\leqslant$	
大径	6.3	3.2
小径	0.8	0.8
键侧	3.2	0.8

4.2.5　矩形花键的标记

矩形花键的标记代号应按次序包括下列内容：键数 N、小径 d、大径 D、键宽 B、公称尺寸、配合公差带代号和标准号。

标记示例如下。

花键 $N=6$；$d=23\,\frac{H7}{f7}$；$D=26\,\frac{H10}{a11}$；$B=6\,\frac{H11}{d10}$；其标记为：

花键规格：$N \times d \times D \times B$

$6\times23\times26\times6$

花键副：$6\times23\,\frac{H7}{f7}\times26\,\frac{H10}{a11}\times6\,\frac{H11}{d10}$　GB/T 1144—2001

内花键：6×23H7×26H10×6H11　GB/T 1144—2001

外花键：6×23f7×26a11×6d10　GB/T 1144—2001

4.3 平键和矩形花键的检测

4.3.1 普通平键的检测

1. 键槽尺寸的检测

在生产中一般采用游标卡尺、千分尺等通用计量器具对键进行检验。

在单件、小批量生产中，键槽宽度和深度的检验一般用通用量具检验，而在大批量生产中，常用专用的量规检验。键槽尺寸检验极限量规见图 4-7。

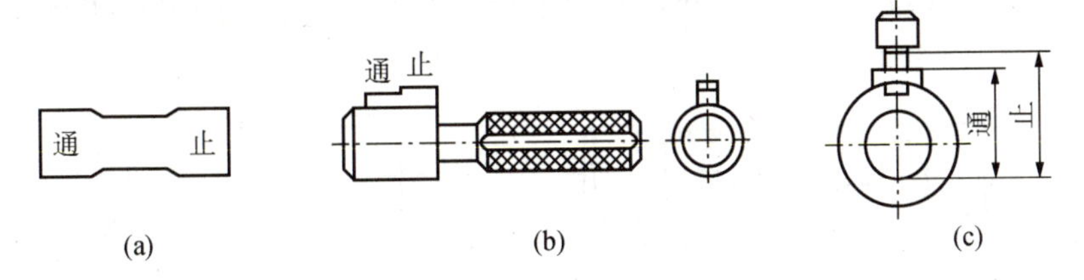

图 4-7　键槽尺寸检验极限量规

(a) 槽宽极限量规；(b) 轮毂槽深极限量规；(c) 轴槽深极限量规

2. 键槽对称度误差的检测

在单件、小批量生产时，通常采用通用量具检测键槽的对称度误差；而在大批量生产时，可采用专用量规来检测键槽的对称度误差。键槽对称度误差检测量规见图 4-8。

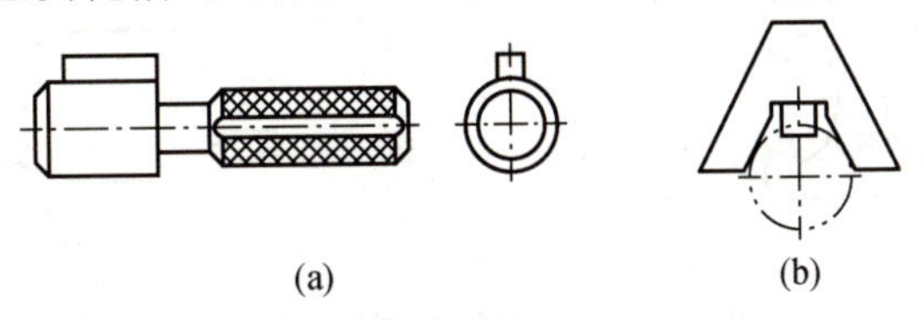

图 4-8　检验键槽对称度的量规

(a) 轮毂槽对称度量规；(b) 轴槽对称度量规

4.3.2 矩形花键的检测

矩形花键的检测有单项检验法和综合检验法两种。

1. 单项检验法

在单件小批量生产中，可用千分尺、游标卡尺、指示表等通用量具分别检验花键的尺寸误差（d、D 和 B）、大径对小径的同轴度误差和键齿（槽）的位置度误差，以保证各尺寸偏差和几何误差在公差范围内。

2. 综合检验法

在大批大量生产中，一般都采用量规进行检验。首先用花键综合量规同时检验花键的小径 d、大径 D、键宽 B 的关联作用尺寸，使其控制在最大实体边界内，同时保证大径对小径的同轴度。内、外花键检验用综合量规的结构如图 4-9 所示。

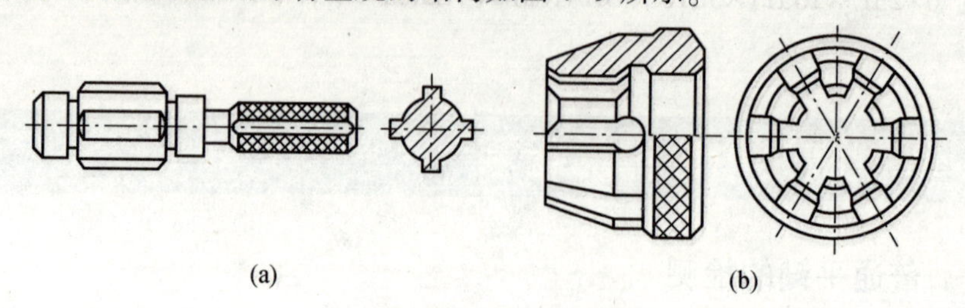

图 4-9　矩形花键综合量规

（a）花键塞规；（b）花键环规

其次用单项检验法检验键槽的等分度、对称度，代替键槽的位置度公差，以保证配合要求和安装要求。

最后用单项止规（或其他量具）分别检验小径、大径、键槽宽的最小实体尺寸。花键单项检验极限量规如图 4-10 所示。

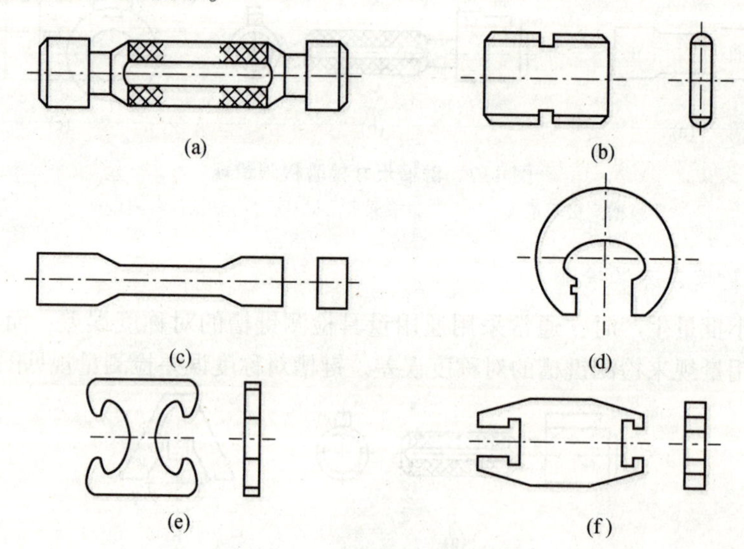

图 4-10　花键的极限量规和卡规

（a）内花键小径的光滑极限量规；（b）内花键大径的板式塞规；（c）内花键槽宽塞规；（d）外花键大径卡规；（e）外花键小径卡规；（f）外花键键宽卡规

检验时，当综合量规通过，单项止规不过时，花键合格。若综合量规不能通过，则花键不合格。

4.4　矩形花键精度设计实例

【例】某变速箱中有一矩形花键连接，内、外花键需要经常相对滑动，它们的键数和各公称尺寸为6×23×26×6，精度要求一般，小批量生产，需要热处理。

(1)确定各尺寸的公差带代号，并写出在装配图和零件图上的标注代号；

(2)确定几何公差和表面粗糙度；

(3)将上述尺寸公差、几何公差及表面粗糙度标注在图样上。

解：(1)根据已知条件，一般精度且内、外花键经常有相对滑动，故选一般用途的滑动连接，查表4-5得各尺寸的配合及公差，其代号如下。

配合：$6\times23\frac{H7}{f7}\times26\frac{H10}{a11}\times6\frac{H11}{d10}$　　GB/T 1144—2001

内花键：6×23H7×26H10×6H11　　GB/T 1144—2001

外花键：6×23f7×26a11×6d10　　GB/T 1144—2001

(2)根据已知条件，小批量生产，所以几何公差为键和键槽两侧面的中心平面对小径定心表面轴线的对称度公差及键和键槽的等分度公差。查表4-7，得对称度公差值为0.012 mm，等分度公差值和其相等。

查表4-8，确定各表面的轮廓算术平均偏差 *Ra* 的上限值如下。

内花键：大径6.3 μm，小径0.8 μm，键侧3.2 μm。

外花键：大径3.2 μm，小径0.8 μm，键侧0.8 μm。

各项要求的标注如图4-11所示。

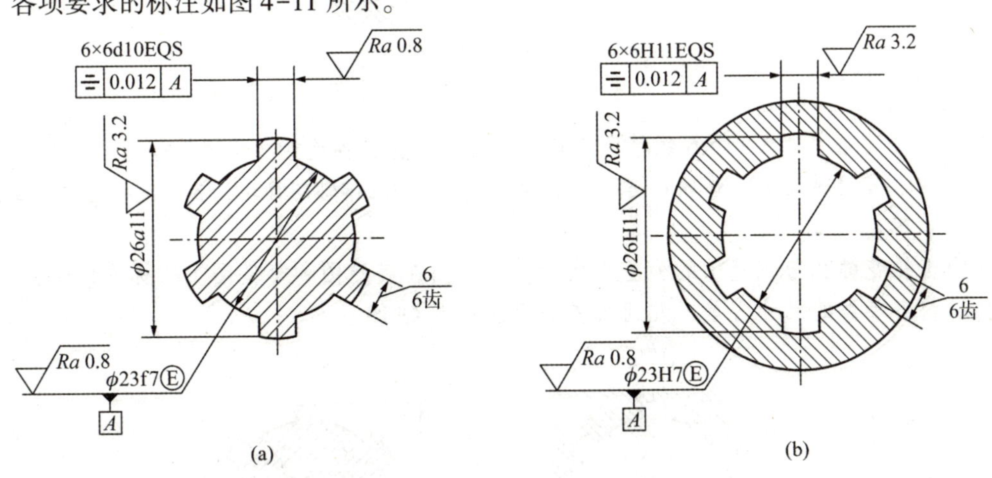

图4-11　矩形花键标注示例

(a)外花键；(b)内花键

本章小结

(1)平键连接采用基轴制配合。国家标准对键宽规定了一种公差带(h8)，对轴和轮毂规定了 3 种公差带和 3 种连接类型：松连接、正常连接和紧连接。

(2) 矩形花键的定心方式采用小径定心。矩形花键配合采用基孔制。矩形花键的装配型式按精度高低分为一般使用与精密传动 2 种。

(3) 键槽的几何公差主要有键槽对轴线的对称度。矩形花键小径 d 表面的形状公差遵守包容要求，矩形花键的位置度公差应遵守最大实体要求。

(4) 平键和矩形花键的标注方法。

(5) 平键和矩形花键的检测方法。

习　题

1. 综合题一

有一齿轮与轴的连接采用平键传递扭矩，平键长度 $L=28$ mm，齿轮与轴的配合为 $\phi35$H7/h6，传递载荷较大，且需要双向传递扭矩，试确定该连接键槽的公称尺寸、尺寸极限偏差、几何公差和表面粗糙度，并分别标注在图 4-12 上。

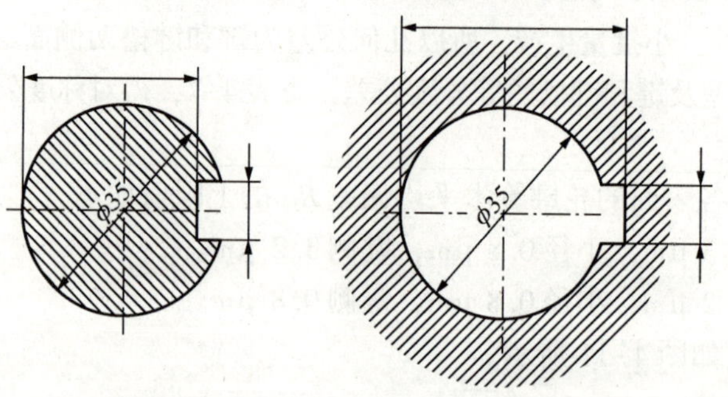

图 4-12　题 1 图

2. 综合题二

某机床变速箱中，有一个 6 级精度齿轮的花键孔与花键轴连接，花键规格为：6×26×30×6，花键孔长 30，花键轴长 75，齿轮花键孔经常需要相对花键轴作轴向移动，要求定心精度较高，批量生产。试确定：

(1) 齿轮花键孔与花键轴的公差带代号，并写出在装配图和零件图上的标注代号；

(2) 将各参数的尺寸公差、几何公差等标注在图 4-13 上。

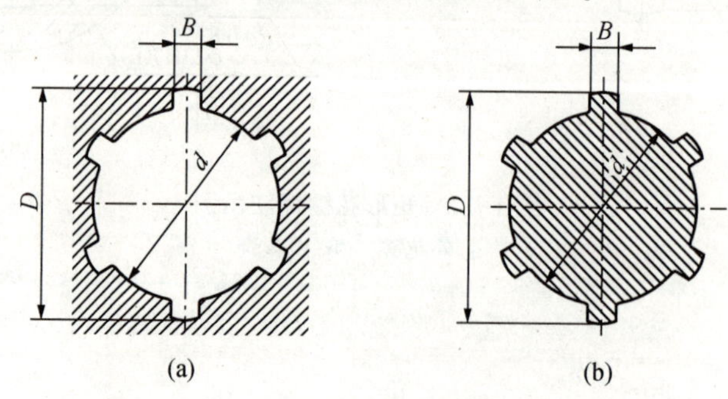

图 4-13　题 2 图

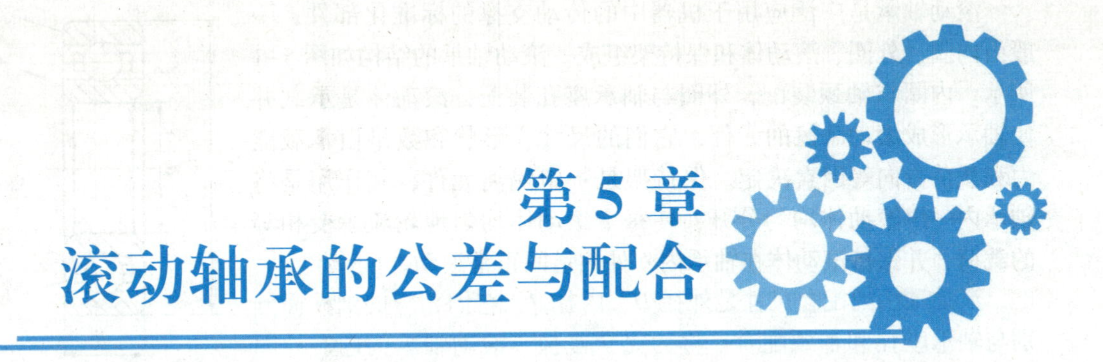

第5章 滚动轴承的公差与配合

学习目标

理解滚动轴承精度等级的分级方法及应用；了解滚动轴承内径与外径的公差带及其特点；理解与滚动轴承内、外径相配合的轴和壳体孔的尺寸公差带、形位公差、表面粗糙度及配合选用的基本原则；掌握滚动轴承内、外径公差带及其特点以及滚动轴承与轴和壳体孔的配合及选用。

学习重点

滚动轴承内、外径的公差带及滚动轴承配合及选择。

学习导航

工程机械中，轴大多采用滚动轴承作为支承件。那么，如何确定轴承与轴径以及轴承与轴承座孔(支承孔)的配合性质？滚动轴承公差与配合方面精度设计时需要注意什么问题？各种轴承精度适用的场合是什么？这些都是本章需要解决的问题。

滚动轴承公差与配合方面的精度设计包括：(1)滚动轴承内圈与轴颈的配合的确定；(2)滚动轴承外圈与轴承座孔的配合的确定；(3)轴颈的尺寸、公差、表面粗糙度的选择。

合理选用滚动轴承内圈与轴颈、外圈与轴承座孔的配合，是保证滚动轴承具有良好的旋转精度、可靠的工作性能以及合理寿命的前提。

5.1 滚动轴承概述

5.1.1 滚动轴承的互换性特点

滚动轴承是指在承受载荷和彼此相对运动的零件间作滚动的轴承，它包括有滚道的零件和带(或不带)隔离或引导件的滚动体组。

滚动轴承是广泛应用于机器中的传动支撑的标准化部件，一般由内圈、外圈、滚动体和保持架组成。滚动轴承的结构如图 5-1 所示。内圈与轴颈装配，外圈与轴承座孔装配，滚动体是承载并使轴承形成滚动摩擦的元件，它们的尺寸、形状和数量由承载能力和载荷方向等因素决定。保持架是一组隔离元件，其作用是将轴承内一组滚动体均匀分开，使每个滚动体均匀地轮流承受相等的载荷，并保持滚动体在轴承内、外滚道间正常滚动。

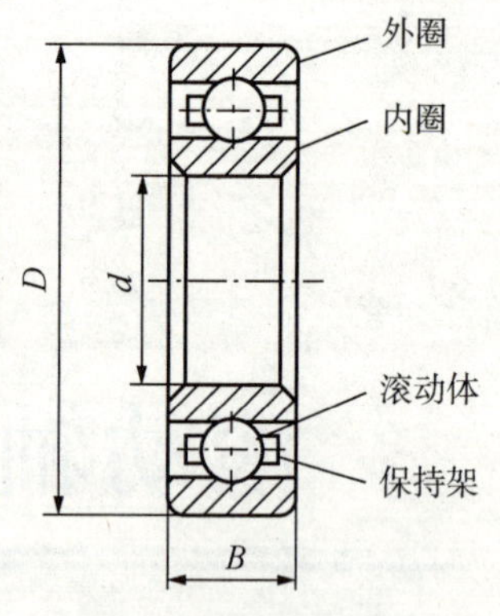

图 5-1　滚动轴承结构

滚动轴承的配合尺寸是外径 D、内径 d，它们相应的圆柱面分别与轴承座孔和轴颈配合，称为完全互换。滚动轴承的内、外圈滚道与滚动体的装配，一般采用分组装配法装配，称为不完全互换。

5.1.2　滚动轴承的使用要求

滚动轴承的类型很多，按滚动体形状可分为球、滚子及滚针轴承；按其可承受负荷的方向可分为向心、向心推力和推力轴承等，如图 5-2 所示。

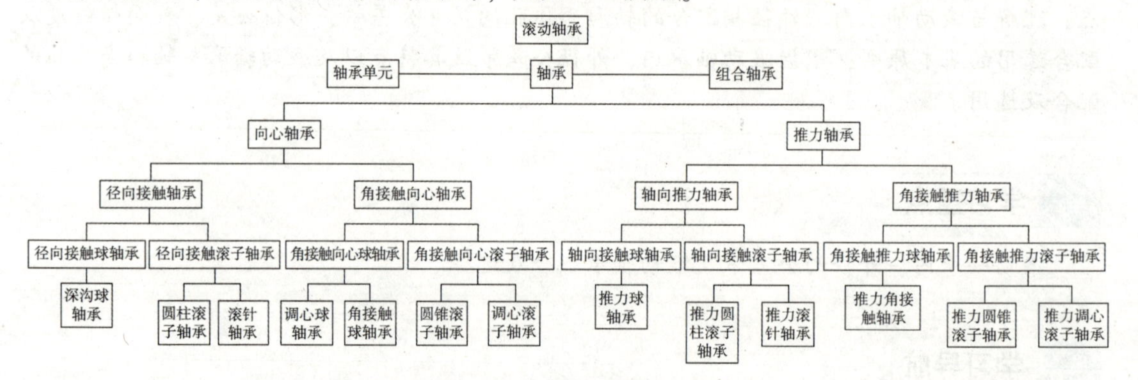

图 5-2　滚动轴承综合分类

滚动轴承的工作性能和使用寿命取决于滚动轴承本身的制造精度、滚动轴承与轴和轴承座孔的配合性质，以及轴和轴承座孔的尺寸精度、形位精度、表面粗糙度以及安装等因素。滚动轴承配合是指轴承安装在机器上，其内圈内圆孔面与轴颈及外圈外圆柱面与轴承座孔的配合。它们的配合性质必须要有合理的游隙和必要的旋转精度要求。

1. 合理的游隙

轴承工作时，滚动轴承与套圈之间的径向游隙 δ_1 和轴向游隙 δ_2 如图 5-3 所示，均应保持在合理的范围之内，以保证轴承的正常运转和使用寿命。游隙过大，会引起转轴较大的径向跳动和轴向窜动及振动和噪声。游隙过小，则会因为轴承与轴颈、轴承座孔的过盈配合使轴承滚动体与内、外圈产生较大的接触应力，增加轴承

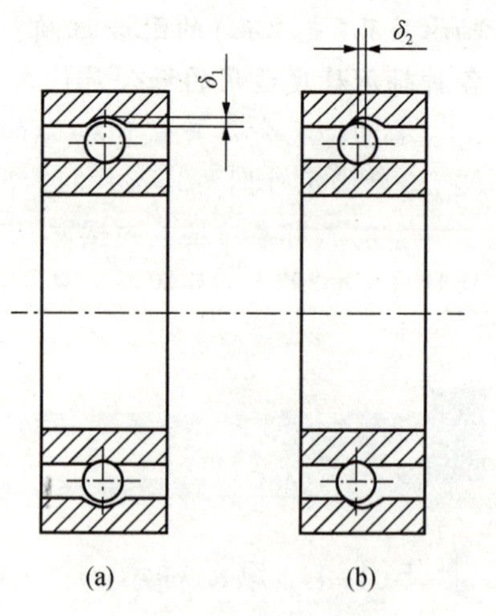

图 5-3　滚动轴承游隙

(a)径向游隙；(b)轴向游隙

摩擦发热，从而降低轴承的使用寿命。

2. 必要的旋转精度

轴承工作时，其内、外圈和端面的圆跳动应控制在允许的范围之内，以保证传动零件的回转精度。

由于轴承具有摩擦因数小、润滑简便、制造较经济、易于更换等许多优点，因而在机械设备中得到广泛应用。

5.2 滚动轴承的公差与配合

5.2.1 滚动轴承的公差等级

1. 滚动轴承的公差等级

根据 GB/T 307.3—2017 的规定，滚动轴承的公差等级按尺寸公差与旋转精度分级。向心轴承的公差等级分为普通级、6、5、4、2 五级，圆锥滚子轴承的公差等级分为普通级、6X、5、4、2 五级，推力轴承的公差等级分为普通级、6、5、4 四级。从普通级到 2 级，精度依次增高，普通级旧标准为 0 级。

普通级在机械制造业中应用最广，常用于旋转精度要求不高、中等转速、中等负荷的一般机构中。例如，普通机床中的变速、进给机构，汽车、拖拉机中的变速机构，普通电动机、水泵、压缩机、汽轮机和涡轮机的旋转机构中的轴承等。

6 级称为高级，5 级称为精密级，多用于旋转精度和运转平稳性要求较高或转速较高的旋转机构中，如普通机床主轴轴系(前支承采用 5 级，后支承采用 6 级)和比较精密的仪器、仪表、机械的旋转机构。

4 级和 2 级轴承称为超精密轴承，用于旋转精度高和转速高的旋转机构，如精密机床的主轴轴承，精密仪器、高速摄影机等高速精密机械中的轴承。

2. 滚动轴承公差特点

1)滚动轴承尺寸精度

滚动轴承尺寸精度是指轴承内圈内径 d、外圈外径 D、内圈宽度 B、外圈宽度 C 和装配高度 T 的制造精度(如图 5-4 所示)。

由于轴承的内、外圈都是薄壁零件，在制造和自由状态下都易变形，在装配后又得到校正，因此为保证配合性质，应规定其平均直径的极限偏差。GB/T 4199—2003 对滚动轴承内径和外径规定了以下评定指标。

(1)单一径向平面内的内(外)径偏差 $\Delta_{d_s}(\Delta_{D_s})$ 为

$$\Delta_{d_s}=d_s-d,\ \Delta_{D_s}=D_s-D \tag{5-1}$$

式中，$d(D)$ 为轴承内(外)径的公称尺寸；$d_s(D_s)$ 为单一径向平面内用两点法测得的内(外)径尺寸，它是指与实际内孔(外圈)表面和一径向平面的交线相切的两平行切线之间的距离。

Δ_{d_s} 和 Δ_{D_s} 是轴承单一内径和外径偏差，用来控制同一轴承单一内、外圈制造时的实际偏差，仅适用于 4 级和 2 级轴承。

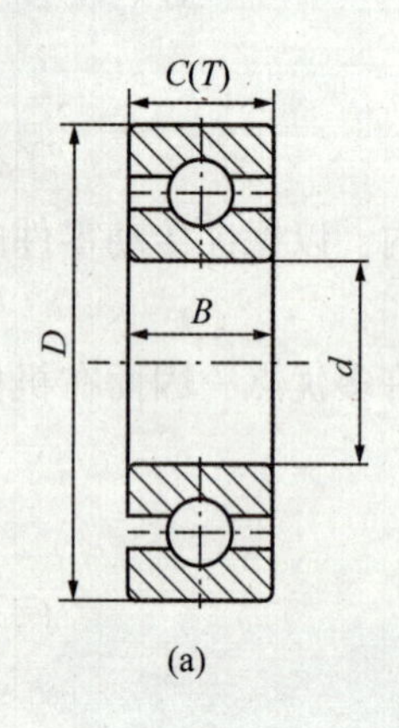

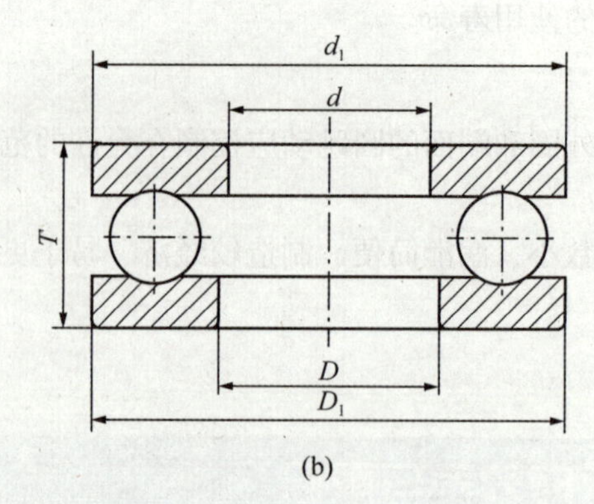

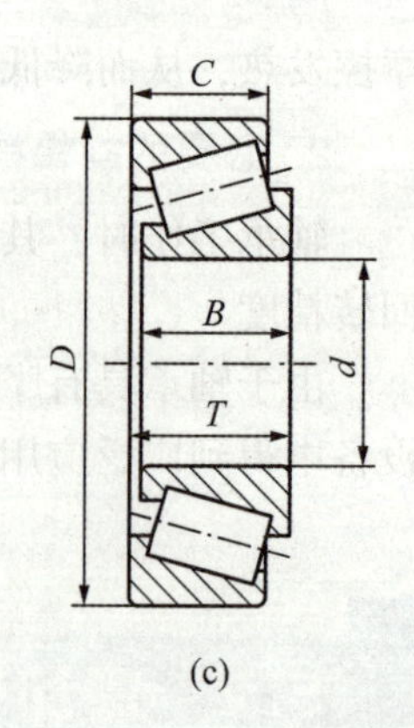

图 5-4　滚动轴承外形尺寸

(a)深沟球轴承；(b)推力球轴承；(c)圆锥滚子轴承

(2)轴承单一平面内(外)径的变动量 $V_{d_{sp}}$ ($V_{D_{sp}}$)为

$$V_{d_{sp}} = d_{s,\ max} - d_{s,\ min},\ V_{D_{sp}} = D_{s,\ max} - D_{s,\ min} \tag{5-2}$$

$V_{d_{sp}}$ 和 $V_{D_{sp}}$ 用来控制轴承单一平面内径、外径圆度误差。

(3)单一径向平面内的平均内径偏差 $\Delta_{d_{mp}}$ ($\Delta_{D_{mp}}$) 为

$$\Delta_{d_{mp}} = d_{mp} - d,\ \Delta_{D_{mp}} = D_{mp} - D \tag{5-3}$$

式中，d_{mp} 为单一径向平面内的平均内径，即 $d_{mp} = \dfrac{d_{s,\ max} + d_{s,\ min}}{2}$；$D_{mp}$ 为单一径向平面内的平均外径，即 $D_{mp} = \dfrac{D_{s,\ max} + D_{s,\ min}}{2}$。

$\Delta_{d_{mp}}$ 和 $\Delta_{D_{mp}}$ 用于控制轴承内圈与轴颈、外圈与支承孔装配后在单一径向平面内配合尺寸的偏差。

(4)同一轴承平均内(外)径的变动量 $V_{d_{mp}}$ ($V_{D_{mp}}$)为

$$V_{d_{mp}} = d_{mp,\ max} - d_{mp,\ min},\ V_{D_{mp}} = D_{mp,\ max} - D_{mp,\ min} \tag{5-4}$$

它是用来控制轴承与轴和壳体孔装配后，在配合面上的圆柱度误差。

(5)内(外)圈宽度偏差 Δ_{B_s} (Δ_{C_s}) 为

$$\left.\begin{aligned}\Delta_{B_s} &= B_s - B\\ \Delta_{C_s} &= C_s - C\end{aligned}\right\} \tag{5-5}$$

式中，$B(C)$ 为轴承内(外)圈宽度的基本尺寸；$B_s(C_s)$ 为用两点法测得的内(外)圈宽度尺寸。

Δ_{B_s}(Δ_{C_s}) 用来控制轴承内(外)圈宽度的实际偏差。

(6)轴承内(外)圈宽度的变动量 V_{B_s} (V_{C_s})为

$$V_{B_s} = B_{s,\ max} - B_{s,\ min},\ V_{C_s} = C_{s,\ max} - C_{s,\ min} \tag{5-6}$$

它用于控制轴承内、外圈宽度方向的几何误差。

对向心轴承(除圆锥滚子轴承外)，Δ_{d_s}、$\Delta_{d_{mp}}$、Δ_{B_s} 的极限偏差见表 5-1，Δ_{D_s}、$\Delta_{D_{mp}}$、Δ_{C_s} 的极限偏差见表 5-2。

按照 GB/T 307. 1—2017 的规定，与特性相关的公差值应该用 t 加上特性符号表示，如单一径向平面内的平均内径偏差允许值表示为 $t_{\Delta d_{mp}}$。

表 5-1　向心轴承(除圆锥滚子轴承外)内圈极限偏差与公差

单位：μm

d/mm	精度等级	$t_{\Delta d_{mp}}$		$t_{\Delta d_s}$①		$t_{Vd_{sp}}$			$t_{Vd_{sp}}$	$t_{K_{ia}}$	t_{S_d}	$t_{S_{ia}}$②	$t_{\Delta B_s}$			t_{V_B}
						直径系列							全部	正常	修正④	
						9	0，1	2，3，4								
		U③	L③	U	L	最大			最大	最大	最大	最大	U	L		最大
30～50	普通级(0)	0	-12	—	—	15	12	9	9	15	—	—	0	-120	-250	20
	6	0	-10			13	10	8	8	10			0	-120	-250	20
	5	0	-8			8	6	6	4	5	8	8	0	-120	-250	5
	4	0	-6	0	-6	6	5	5	3	4	4	4	0	-120	-250	3
	2	0	-2.5	0	-2.5	2.5			1.5	2.5	1.5	2.5	0	-120	-250	1.5
50～80	普通级(0)	0	-15			19	19	11	11	20			0	-150	-380	25
	6	0	-12			15	15	9	9	10			0	-150	-380	25
	5	0	-9			9	7	7	5	5	8	8	0	-150	-250	6
	4	0	-7	0	-7	7	5	5	3.5	4	5	5	0	-150	-250	4
	2	0	-4	0	-4	4	2	2.5	1.5	2.5	0	-150	-250	1.5		

注：①4、2 级轴承仅用于直径系列 0、1、2、3 及 4。

②5、4、2 级轴承仅适用于沟型球轴承。

③U—上极限偏差，L—下极限偏差。

④用于各级轴承的成对和成组安装时单个轴承的内、外圈，其中 0、6、5 级轴承也适用于 $d \geqslant 50$ mm 锥孔轴承的内圈。

2)滚动轴承旋转精度

用于评定滚动轴承旋转精度的参数有以下几个。

(1)K_{ia}：成套轴承的内圈内孔表面对基准(由外圈外表面确定的轴线)的径向圆跳动。

(2)K_{ea}：成套轴承的外圈外表面对基准(由内圈内孔表面确定的轴线)的径向圆跳动。

(3)S_{ia}：成套轴承的内圈端面对基准(由外圈外表面确定的轴线)的轴向圆跳动。

(4)S_{ea}：成套轴承的外圈端面对基准(由内圈内孔表面确定的轴线)的轴向圆跳动。

(5)S_d：内圈端面对基准(由内孔确定)的垂直度。

(6)S_D：外圈外表面轴线对基准(由外圈端面确定)的垂直度。

(7)S_{D1}：外圈外表面轴线对基准(由外圈凸缘背面确定)的垂直度。

普通级(0 级)和 6 级滚动轴承仅规定 K_{ia} 和 K_{ea}，5 级到 2 级轴承对 K_{ia}、K_{ea}、S_{ia}、S_{ea}、S_d、S_D 均有规定。

评定向心轴承(除圆锥滚子轴承外)旋转精度的各参数的允许值如表 5-3 和表 5-4 所示。

表 5-2　向心轴承(除圆锥滚子轴承外)外圈的极限偏差与公差　　单位：μm

D/mm	精度等级	$t_{\Delta D_{mp}}$		$t_{\Delta D_s}$④		$t_{VD_{sp}}$①⑤ 开型轴承、闭型轴承 直径系列				$t_{VD_{mp}}$	$t_{K_{ea}}$	t_{S_D}③ $t_{S_{D1}}$②	$t_{S_{ea}}$②③	$t_{S_{eal}}$②	$t_{\Delta C}$ $t_{\Delta C1s}$②		t_{VC} t_{VC1s}②
						9	0, 1	2, 3, 4	0,1,2,3, 4								
		U⑥	L⑥	U	L	最大				最大	最大	最大	最大	最大	U	L	最大
50～80	普通级(0)	0	−13	—	—	16	13	10	20	10	25	—	—	—	与同一轴承内圈的 Δ_{B_s} 及 V_B 相同		
	6	0	−11	—	—	14	11	8	16	8	13	—	—	—			
	5	0	−9	—	—	9	7	7	—	5	8	8	10	14	与同一轴承内圈的 Δ_{B_s} 相同		6
	4	0	−7	0	−7	7	5	5	—	3.5	5	4	5	7			3
	2	0	−4	0	−4	4	4	4	—	2	4	1.5	4	6			1.5
80～120	普通级(0)	0	−15	—	—	19	19	11	26	11	35	—	—	—	与同一轴承内圈的 Δ_{B_s} 及 V_B 相同		
	6	0	−13	—	—	16	16	10	20	10	18	—	—	—			
	5	0	−10	—	—	10	8	8	—	5	10	9	11	16	与同一轴承内圈的 Δ_{B_s} 相同		8
	4	0	−8	0	−8	8	6	6	—	4	6	5	6	8			4
	2	0	−5	0	−5	5	5	5	—	2.5	5	2.5	5	7			2.5

注：①普通级(0)、6 级轴承仅适用于内、外止动环安装前或拆卸后。

②仅适用于沟型球轴承。

③5、4、2 级轴承不适用于凸缘外圈轴承。

④4 级轴承仅适用于直径系列 1、2、3 和 4。

⑤2 级轴承仅适用于直径系列 1、2、3 和 4 的开型和闭型轴承。

⑥U—上极限偏差，L—下极限偏差。

表 5-3　轴承内圈旋转精度的允许值　　单位：μm

基本尺寸 d/mm		精度等级										
		普通级(0)	6	5	4	2	5	4	2	5	4	2
		$t_{K_{ia}}$					t_{S_d}			$t_{S_{ia}}$		
大于	到	max	max	max	max	max	max	max	max	max	max	max
18	30	13	8	4	3	2.5	8	4	1.5	8	4	2.5
30	50	15	10	5	4	2.5	8	4	1.5	8	4	2.5
50	80	20	10	5	4	2.5	8	5	1.5	8	5	2.5
80	120	25	13	6	5	2.5	9	5	2.5	9	5	2.5
120	150	30	18	8	6	2.5	10	6	2.5	10	7	2.5
150	180	30	18	8	6	5	10	6	4	10	7	5
180	250	40	20	10	8	5	10	7	5	13	8	5

表 5-4 轴承外圈旋转精度的允许值

单位：μm

基本尺寸 D/mm		精度等级													
		普通级(0)	6	5	4	2	5	4	2	5	4	2	5	4	2
		$t_{K_{ea}}$					t_{S_D}、$t_{S_{D1}}$			$t_{S_{ea}}$			$t_{S_{eal}}$		
大于	到	max	max	max	max	max	max	max	max	max	max	max	max	max	max
30	50	20	10	7	5	2.5	8	4	1.5	8	5	2.5	11	7	4
50	80	25	13	8	5	4	8	4	1.5	10	5	4	14	7	6
80	120	35	18	10	6	5	9	5	2.5	11	6	5	16	8	7
120	150	40	20	11	7	5	10	5	2.5	13	7	5	18	10	7
150	180	45	23	13	8	5	10	5	2.5	14	8	5	20	11	7
180	250	50	25	15	10	7	11	7	4	15	10	7	21	14	10
250	315	60	30	18	11	7	13	8	5	18	10	7	25	14	10

【例 5-1】 有两个 4 级精度的中系列向心轴承，公称内径 d=40 mm，从表 5-1 查得内径的尺寸公差及形状公差为

$$d_{s,\ max}=40\ \text{mm}\qquad d_{s,\ min}=(40-0.006)\ \text{mm}=39.994\ \text{mm}$$

$$d_{mp,\ max}=40\ \text{mm}\qquad d_{mp,\ min}=(40-0.006)\ \text{mm}=39.994\ \text{mm}$$

$$t_{Vd_{sp}}=0.005\ \text{mm}\qquad t_{Vd_{mp}}=0.003\ \text{mm}$$

试问这两个向心轴承合格与否？

解： 假设两个轴承量得的内径尺寸如表 5-5 所示，则其合格与否，见表中计算结果。

表 5-5 轴承内径尺寸

单位：mm

		第一个轴承			第二个轴承		
测量平面		Ⅰ	Ⅱ		Ⅰ	Ⅱ	
量得的单一内径尺寸 d_s		$d_{s,\ max}=40.000$ $d_{s,\ min}=39.998$	$d_{s,\ max}=39.997$ $d_{s,\ min}=39.995$	合格	$d_{s,\ max}=40.000$ $d_{s,\ min}=39.994$	$d_{s,\ max}=39.997$ $d_{s,\ min}=39.995$	合格
计算结果	d_{mp}	$d_{mp1}=\dfrac{40+39.998}{2}=39.999$	$d_{mp2}=\dfrac{39.997+39.995}{2}=39.996$	合格	$d_{mp1}=\dfrac{40+39.994}{2}=39.997$	$d_{mp2}=\dfrac{39.997+39.995}{2}=39.996$	合格
	$V_{d_{sp}}$	$V_{d_{sp}}=40-39.998=0.002$	$V_{d_{sp}}=39.997-39.995=0.002$	合格	$V_{d_{sp}}=40-39.994=0.006>t_{Vdsp}$	$V_{d_{sp}}=39.997-39.995=0.002$	不合格
	$V_{d_{mp}}$	$V_{d_{mp}}=V_{d_{mp1}}-V_{d_{mp2}}=39.999-39.996=0.003$		合格	$V_{d_{mp}}=V_{d_{mp1}}-V_{d_{mp2}}=39.997-39.996=0.001$		合格
结论		内径尺寸合格			内径尺寸不合格		

5.2.2 滚动轴承内、外径的公差带

由于滚动轴承是标准部件，因此轴承内圈内圆柱面与轴颈的配合按基孔制，轴承外圈外圆柱面与轴承座孔的配合按基轴制。

在滚动轴承与轴颈、轴承座孔的配合中，起作用的是平均尺寸。对于各级轴承，单一平面平均内(外)径的公差带均为单向制，而且统一采用上偏差为0，下偏差为负值的布置方案，如图5-5所示。这样分布主要是考虑在多数情况下，轴承的内圈随轴一起转动时，为防止它们之间发生相对运动而磨损结合面，两者的配合应有一定的过盈，但由于内圈是薄壁件，且一定时间后(受寿命限制)又必须拆卸，因此过盈量不宜过大。滚动轴承国家标准所规定的单向制正适合这一特殊要求。

轴颈和轴承座孔的公差带均在相关国标中选择，它们分别与轴承内、外圈相应的圆柱面结合，可以得到松紧程度不同的各种配合。需要特别注意的是，轴承内圈与轴颈的配合虽属基孔制，但配合的性质不同于一般基孔制的相应配合，这是因为基准孔公差带下移为上偏差为0、下偏差为负的位置，所以轴承内圈内圆柱面与轴颈得到的配合比相应光滑圆柱体按基孔制形成的配合紧一些。

轴颈和轴承座孔的标准公差等级的选用与滚动轴承本身的精度等级密切相关。与普通级(0)和6级轴承配合的轴一般取IT6，轴承座孔一般取IT7；对旋转精度和运转平稳有较高要求的场合，轴颈取IT5，轴承座孔取IT6；与5级轴承配合的轴颈和轴承座孔均取IT6，要求高的场合取IT5；与4级轴承配合的轴颈取IT5，轴承座孔取IT6；要求更高的场合轴颈取IT4，轴承座孔取IT5。

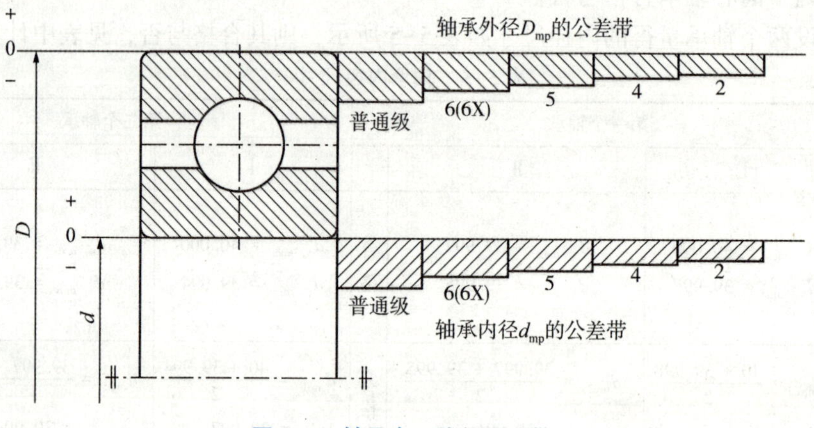

图5-5 轴承内、外径公差带

5.3 滚动轴承配合的选择

5.3.1 轴颈和轴承座孔的公差带

滚动轴承与轴颈、轴承座孔配合的公差带由GB/T 275—2015规定，图5-6中为标准推荐的轴承座孔、轴颈的尺寸公差带，其适用范围如下：

(1)对轴承的旋转精度和运转平稳性无特殊要求；
(2)轴颈为实体或厚壁空心；
(3)轴颈与座孔的材料为钢或铸铁；
(4)轴承的工作温度不超过 100 ℃。

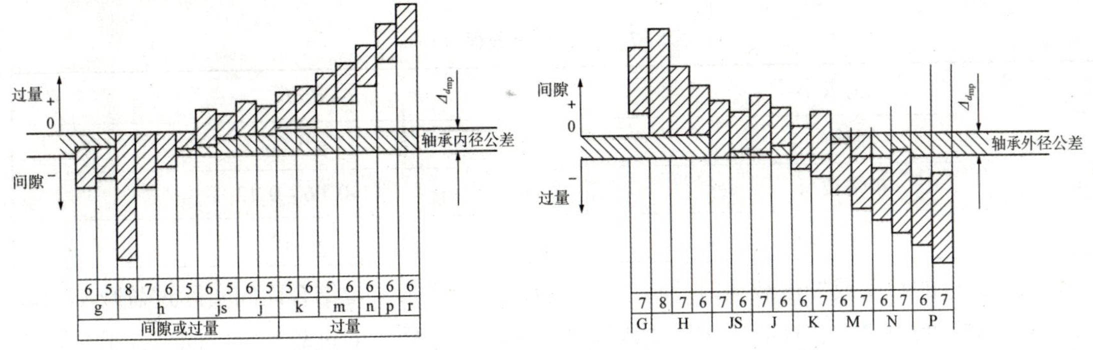

图 5-6　普通级轴承与轴颈、轴承座孔配合的公差带

5.3.2　配合选择的基本原则

正确选择滚动轴承与轴颈、轴承座孔的配合，对保证机器的正常运转，延长轴承的使用寿命影响很大。因此，应以轴承的工作条件、公差等级和结构类型为依据进行设计。选择时主要考虑如下因素。

1. 运转条件

套圈相对于载荷方向旋转或摆动时，应选择过盈配合；套圈相对于载荷方向固定时，可选择间隙配合，见表 5-6。载荷方向难以确定时，宜选择过盈配合。

表 5-6　套圈运转及承载情况

套圈运转情况	典型示例	示意图	套圈承载情况	推荐的配合
内圈静止 外圈静止 载荷方向恒定	皮带驱动轴		内圈承受旋转载荷 外圈承受静止载荷	内圈过盈配合 外圈间隙配合
内圈静止 外圈旋转 旋转方向恒定	传送带托辊 汽车轮毂轴承		内圈承受静止载荷 外圈承受旋转载荷	内圈间隙配合 外圈过盈配合
内圈旋转 外圈静止 载荷随内圈旋转	离心机、振动筛、振动机械		内圈承受静止载荷 外圈承受旋转载荷	内圈间隙配合 外圈过盈配合
内圈静止 外圈旋转 载荷随外圈旋转	回转式破碎机		内圈承受旋转载荷 外圈承受静止载荷	内圈过盈配合 外圈间隙配合

2. 载荷大小

载荷越大，选择的配合过盈量应越大。当承受冲击载荷或重载荷时，一般应选择比正常、轻载荷时更紧的配合。对向心轴承，载荷的大小用径向当量动载荷 P_r 与径向额定动载荷 C_r 的比值区分，见表5-7。

表5-7 向心轴承载荷大小

载荷大小	P_r/C_r
轻载荷	≤0.06
正常载荷	>0.06~0.12
重载荷	>0.12

承受较重的载荷或冲击载荷时，将引起轴承较大的变形，使结合面间实际过盈减小和轴承内部的实际间隙增大，这时为了使轴承运转正常，应选较大的过盈配合。同理，承受较轻的载荷时，可选用较小的过盈配合。

当内圈承受旋转载荷时，它与轴颈配合所需的最小过盈 Y'_{min} 为

$$Y'_{min}=-\frac{13Pk}{10^5 b}(\text{mm}) \tag{5-7}$$

式中，P 为轴承承受的最大径向载荷，kN；k 为与轴承系列有关的系数，轻系列，$k=2.8$，中系列，$k=2.3$，重系列，$k=2.0$；b 为轴承内圈的配合宽度，mm，$b=B-2r$，B 为轴承宽度，r 为内圈的圆角半径。

为避免套圈破裂，必须按不超出套圈允许的强度的要求，核算其最大过盈量 Y'_{max}，计算公式为

$$Y'_{max}=-\frac{11.4kd[\sigma_p]}{(2k-1)\times 10^3}(\text{mm}) \tag{5-8}$$

式中，$[\sigma_p]$ 为轴承套圈材料的许用拉应力，10^5 Pa，轴承钢的许用拉应力 $[\sigma_p]=400\times 10^5$ Pa；D 为轴承内圈内径，mm。

3. 轴承尺寸

随着轴承尺寸的增大，选择的过盈配合过盈量应越大或间隙配合间隙量应越大。

4. 轴承游隙

采用过盈配合会导致轴承游隙减小，应检验安装后轴承的游隙是否满足使用要求，以便正确选择配合及轴承游隙。

5. 温度

轴承在运转时，其温度通常要比相邻零件的温度高，造成轴承内圈与轴的配合变松，外圈可能因为膨胀而影响轴承在轴承座中的轴向移动。因此，应考虑轴承与轴和轴承座的温差和热的流向。

6. 旋转精度

对旋转精度和运转平稳性有较高要求的场合，一般不采用间隙配合。在提高轴承公差等

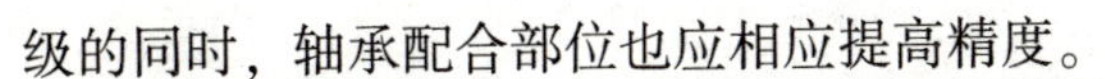

级的同时，轴承配合部位也应相应提高精度。

注：与普通级(0)、6(6X)级轴承配合的轴，其尺寸公差等级一般为IT6，轴承座孔一般为IT7。

7. 轴和轴承座的结构和材料

对于剖分式轴承座，外圈不宜采用过盈配合。当轴承用于空心轴或薄壁、轻合金轴承座时，应采用比实心轴或厚壁钢或铸铁轴承座更紧的过盈配合。

8. 安装和拆卸

间隙配合更易于轴承的安装和拆卸。对于要求采用过盈配合且便于安装和拆卸的应用场合，可采用可分离轴承或锥孔轴承。

9. 游动轴承的轴向移动

当以不可分离轴承作游动支承时，应以相对于载荷方向固定的套圈作为游动套圈，选择间隙和过渡配合。

滚动轴承与轴颈、座孔配合的选择方法有类比法和计算法，通常采用类比法。表5-8和表5-9列出了GB/T 275—2015规定的向心轴承与轴颈、轴承座孔配合的公差带，供选择参考。配合初选后，还应考虑对有关影响因素进行修正。

表5-8 向心轴承和轴颈的配合——轴公差带(摘自GB/T 275—2015)

圆柱孔轴承						
载荷情况		举例	深沟球轴承、调心球轴承和角接触球轴承	圆柱滚子轴承和圆锥滚子轴承	调心滚子轴承	公差带
			轴承公称内径/mm			
内圈承受旋转载荷或方向不定载荷	轻载荷	运送机、轻载齿轮箱	≤18 >18～100 >100～200 —	— ≤40 >40～140 >140～200	— ≤40 >40～100 >100～200	h5 j6① k6① m6①
	正常载荷	一般通用机械、电动机、泵、内燃机、正齿轮传动装置	≤18 >18～100 >100～140 >140～200 >200～280 —	— ≤40 >40～100 >100～140 >140～200 >200～400	— ≤40 >40～65 >65～100 >100～140 >140～280 >280～500	j5 js5 k5② m5② m6 n6 p6 r6
	重载荷	铁路机车车辆油箱、牵引电动机、破碎机	—	>50～140 >140～200 >200 —	>50～100 >100～140 >140～200 >200	n6③ p6③ r6③ r7③

续表

载荷情况			举例	深沟球轴承、调心球轴承和角接触球轴承	圆柱滚子轴承和圆锥滚子轴承	调心滚子轴承	公差带
				轴承公称内径/mm			
圆柱孔轴承							
内圈承受固定载荷	所有载荷	内圈需在轴向易移动	非旋转轴上的各种轮子	所有尺寸			f6 g6
		内圈不需在轴向易移动	张紧轮、绳轮				h6 j6
仅有轴向负荷			所有尺寸				j6、js6
圆锥孔轴承							
所有载荷	铁路机车车辆轴箱		装在退卸套上	所有尺寸			h8(IT6)④⑤
	一般机械传动		装在紧定套上	所有尺寸			h9(IT7)⑤④

注：①凡对精度有较高要求的场合，应用j5、k5、m5代替j6、k6、m6。

②圆锥滚子轴承、角接触球轴承配合对游隙影响不大，可用k6、m6代替k5、m5。

③重载荷下轴承游隙应选大于N组。

④凡有较高精度或转速要求的场合，应选用h7(IT5)代替h8(IT6)等。

⑤IT6、IT7表示圆柱度公差数值。

表5-9 向心轴承和轴承座孔的配合——孔公差带(摘自GB/T 275—2015)

载荷情况		举例	其他状态	公差带①	
				球轴承	滚子轴承
外圈承受固定载荷	轻、正常、重	一般机械、铁路机车车辆轴箱	轴向易移动，可采用剖分式轴承座	H7，G7②	
	冲击		轴向能移动，可采用整体或剖分式轴承座	J7，JS7	
方向不定载荷	轻、正常	电动机、泵、曲轴主轴承			
	正常、重		轴向不移动，采用整体式轴承座	K7	
	重、冲击	牵引电动机		M7	
外圈承受旋转载荷	轻	皮带张紧轮		J7	K7
	正常	轮毂轴承		M7	N7
	重			—	N7，P7

注：①并列公差带随尺寸的增大从左至右选择，对旋转精度有较高要求时，可相应提高一个公差等级。

②不适用于剖分式轴承座。

5.3.3　配合表面的几何公差及表面粗糙度

为了保证轴承工作时的安装精度和旋转精度，还必须对与轴承相配的轴和轴承座孔的配合表面提出形位公差及表面粗糙度要求。

1. 形状和位置公差

轴承的内、外圈是薄壁件，易变形，尤其是超轻、特轻系列的轴承，其形状误差在装配后靠轴颈和轴承座孔的正确形状可以得到矫正。为了保证轴承安装正确、转动平稳，通常对轴颈和轴承座孔的表面提出圆柱度要求。为保证轴承工作时有较高的旋转精度，应限制与套圈端面接触的轴肩及轴承座孔肩的倾斜，特别是在高速旋转的场合，从而避免轴承装配后滚道位置不正，旋转不稳，因此标准又规定了轴肩和轴承座孔肩的轴向圆跳动公差，如表5-10所示。

2. 表面粗糙度

轴颈和轴承座孔的表面粗糙，会使有效过盈量减小，接触刚度下降，而导致支承不良。为此，标准还规定了与轴承配合的轴颈和轴承座孔的表面粗糙度要求，如表5-11和表5-12所示。

表5-10　轴和轴承座孔的几何公差(摘自GB/T 275—2015)

公称尺寸/mm		圆柱度 t/μm				轴向圆跳动 t_1/μm			
		轴颈		轴承座孔		轴肩		轴承座孔肩	
		轴承公差等级							
		普通级(0)	6(6X)	普通级(0)	6(6X)	普通级(0)	6(6X)	普通级(0)	6(6X)
大于	至	公差值/μm							
—	6	2.5	1.5	4	2.5	5	3	8	5
6	10	2.5	1.5	4	2.5	6	4	10	6
10	18	3	2	5	3	8	5	12	8
18	30	4	2.5	6	4	10	6	15	10
30	50	4	2.5	7	4	12	8	20	12
50	80	5	3	8	5	15	10	25	15
80	120	6	4	10	6	15	10	25	15
120	180	8	5	12	8	20	12	30	20
180	250、	10	7	14	10	20	12	30	20
250	315	12	8	16	12	25	15	40	25
315	400	13	9	18	13	25	15	40	25
400	500	15	10	20	15	25	15	40	25
500	630	—	—	22	16	—	—	50	30
630	800	—	—	25	18	—	—	50	30
800	1 000	—	—	28	20	—	—	60	40
1 000	1 250	—	—	33	24	—	—	60	40

表 5-11 配合面的表面粗糙度（按配合表面直径公差等级确定，摘自 GB/T 275—2015）

轴或轴承座孔直径/mm		轴或轴承座孔配合表面直径公差等级					
		IT7		IT6		IT5	
		表面粗糙度 Ra/μm					
大于	至	磨	车	磨	车	磨	车
—	80	1.6	3.2	0.8	1.6	0.4	0.8
80	500	1.6	3.2	1.6	3.2	0.8	1.6
500	1 250	3.2	6.3	1.6	3.2	1.6	3.2
端面		3.2	6.3	6.3	6.3	6.3	3.2

表 5-12 轴承配合表面和端面的表面粗糙度（按轴承精度等级确定，摘自 GB/T 307.3—2017）

表面名称	轴承公差等级	轴承公称直径/mm					
		>	30	80	200	500	1 600
		≤30	80	200	500	1 600	2 500
		Ra max/μm					
内圈内孔表面	普通级	0.8	0.8	0.8	1	1.25	1.6
	6X(6)	0.63	0.63	0.8	1	1.25	—
	5	0.5	0.5	0.63	0.8	1	—
	4	0.25	0.25	0.4	0.5	—	—
	2	0.16	0.2	0.32	0.4	—	—
外圈外圆柱表面	普通级	0.63	0.63	0.63	0.8	1	1.25
	6X(6)	0.32	0.32	0.5	0.63	1	—
	5	0.32	0.32	0.5	0.63	0.8	—
	4	0.25	0.25	0.4	0.5	—	—
	2	0.16	0.2	0.32	0.4	—	—
套圈端面	普通级	0.8	0.8	0.8	1	1.25	1.6
	6X(6)	0.63	0.63	0.8	1	1	—
	5	0.5	0.5	0.63	0.8	0.8	—
	4	0.4	0.4	0.5	0.63	—	—
	2	0.32	0.32	0.4	0.4	—	—

5.3.4 滚动轴承尺寸规范和几何公差标注

根据 GB/T 307.1—2017 中的规定，结合前面第一、二、三章的内容，下面给出滚动轴承尺寸规范和几何公差标注样例，如图 5-7 所示。

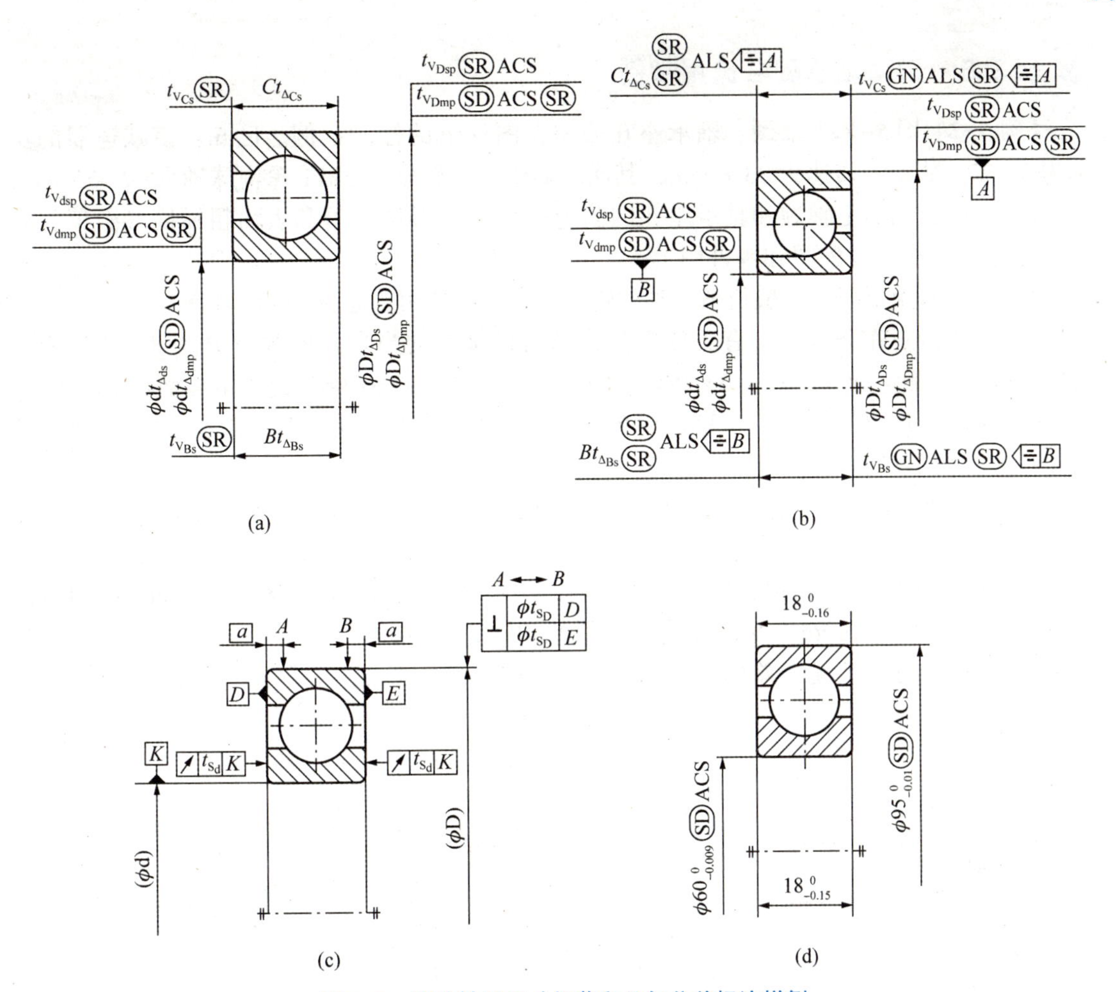

图 5-7　滚动轴承尺寸规范和几何公差标注样例

(a)圆柱孔、对称套圈轴承单个部件的尺寸规范；(b)圆柱孔、非对称套圈轴承单个部件的尺寸规范；(c)圆柱孔轴承单个部件的几何公差；(d)只标注主要尺寸公差的图样示例

图 5-7 中的主要规范修饰符号组合的含义见表 5-13，其他详见 GB/T 38762. 1—2020。

表 5-13　规范修饰符符号组合

规范修饰符符号组合	特性符号	说明
(LP)(SD) ACS (SR)	$V_{D_{mp}}$	由任意截面得到的外径的平均尺寸(出自两点尺寸)的范围
	$V_{d_{mp}}$	由圆柱孔任意截面得到的内径的平均尺寸(出自两点尺寸)的范围
(GN) ALS (SR)◁≑□	V_{B_s}	非对称套圈：由通过内圈内孔轴线的任意纵向截面得到的两相对直线之间的内圈宽度的最小外接尺寸的范围
	V_{C_s}	非对称套圈：由通过外圈外表面轴线的任意纵向截面得到的两相对直线之间的外圈宽度的最小外接尺寸与其公称尺寸的偏差

5.3.5 滚动轴承配合选用举例

【例 5-2】图 5-8 为轴颈、轴承座孔公差在图样上的标注示例。已知：该减速器的功率为 5 kW，从动轴转速为 83 r/min，其两端 ϕ55j6 的轴承为 6211 深沟球轴承(d=55 mm，D=100 mm)。试确定轴颈和轴承座孔的公差带代号、形位公差和表面粗糙度参数值，并将它们分别标注在装配图和零件图上。

解：(1)减速器属于一般机械，轴的转速不高，应选用普通级(0 级)轴承。

(2)按它的工作条件，由有关计算公式求得该轴承的当量径向载荷 P 为 833 N。查得 6211 球轴承的额定动载荷 C 为 33 354 N。所以 P_r/C_r=0. 03<0. 06，此轴承类型属于轻载荷。

(3)轴承工作条件从表 5-8 和表 5-9 选取轴颈公差带为 ϕ55j6(基孔制配合)，轴承座孔公差带为 ϕ100H7(基轴制配合)。

(4)按表 5-10 选取几何公差值：轴颈圆柱度公差 0. 005 mm，轴肩轴向圆跳动公差 0. 015 mm；轴承座孔圆柱度公差 0. 01 mm。

(5)按表 5-11 选取轴颈和轴承座孔的表面粗糙度参数值：轴颈 Ra 0. 8 μm，轴肩端面 Ra 3. 2 μm；轴承座孔 Ra 1. 6 μm；轴承座孔肩 Ra 3. 2 μm。

(6)将确定好的上述公差标注在图样上，见图 5-8。注意：由于滚动轴承为标准部件，因而在装配图样上只需标注相配件(轴颈和轴承座孔)的公差带代号。

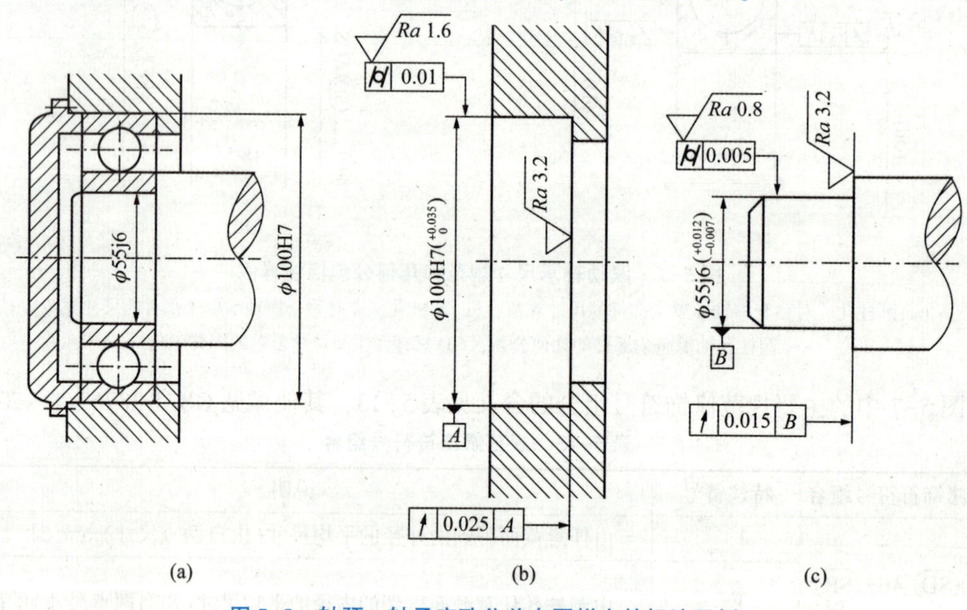

图 5-8 轴颈、轴承座孔公差在图样上的标注示例

(a)装配图；(b)外壳零件图；(c)轴零件图

本章小结

(1)滚动轴承精度等级及其应用。滚动轴承的公差等级分为：2、4、5、6(6X)、普通级。其中普通级在旧国家标准为 0 级，精度最低，应用最广。

(2)滚动轴承内、外径的公差带及特点：均在零线下方且上极限偏差为 0。

(3)与滚动轴承内、外径相配合的轴和壳体孔的尺寸公差带从相关国家标准中选取。

(4)与滚动轴承相配合的轴颈和外壳孔的尺寸公差、几何公差、表面粗糙度及配合选用及其在图样上的标注。在装配图样上，只需标注相配件(轴颈和轴承座孔)的公差带代号。

习　题

简答题

补充习题

(1)滚动轴承内、外径公差带有何特点？

(2)滚动轴承的配合选择要考虑哪些主要因素？

(3)滚动轴承的精度有几级？其代号是什么？用得最多的是哪些级？

(4)滚动轴承公差等级的高低是由哪几方面的因素决定的？

(5)一中系列向心球轴承P0310，内径 $d=50$ mm，外径 $D=110$ mm，与轴承内径配合的轴用j6，与外径配合的孔用JS7。试绘出它们的公差带图，并计算它们配合的极限间隙和极限过盈。

(6)有一G209滚动轴承，内径为45 mm，外径为85 mm，额定载荷为18 100 N，应用于闭式传动的减速器中。其工作情况为：轴上承受一个2 000 N的固定径向载荷，工作转速为980 r/min，而轴承座固定。试确定轴承内圈与轴、外圈与轴承座孔的配合。

第6章 圆锥配合的公差及检测

学习目标

学习圆锥配合的公差及检测，掌握圆锥配合中有关圆锥公差与配合的几何参数的术语及定义；了解锥度和圆锥角系列；理解圆锥公差的规定及应用；掌握圆锥尺寸及其公差在工程图上的标注；了解圆锥公差值的给定方法；学会圆锥工件的常用测量方法。

学习重点

圆锥公差与配合的基本术语及定义，圆锥尺寸及其公差在工程图上的标注。

学习导航

圆锥配合是机器、仪器及工具中的典型结构，如图6-1所示。与圆柱配合相比较，圆锥配合具有同轴度精度高、紧密性好、间隙或过盈可以调整、可利用摩擦力来传递扭矩等优点。圆锥配合的主要特点有以下4点。

(1)配合间隙和过盈可以调整。通过内外圆锥面的轴向位移，可以调整间隙或过盈来满足不同的工作要求，补偿磨损，延长使用寿命。

(2)对中性好，即容易保证配合的同轴度要求。由于间隙可以调整，因而可以消除间隙，实现内外圆锥轴线的对中，且易于拆卸，经多次拆装不降低同轴度。

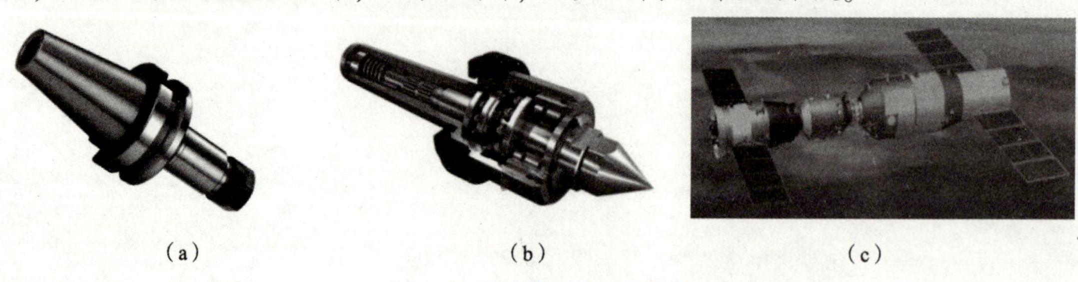

(a)　　(b)　　(c)

图6-1　圆锥配合的工程应用

(a)数控刀柄；(b)顶尖；(c)空间站

(3)具有较好的自锁性和密封性。

(4)结构比较复杂。由于影响圆锥配合互换性的参数比较多，加工和检测都比较困难，因此不适用于孔轴轴向相对位置要求较高的场合。

6.1　圆锥的基本术语及定义

1. 圆锥表面

圆锥表面：与轴线成一定角度，且一端相交于轴线的一条直线段(母线)，围绕着该轴线旋转形成的表面，如图6-2所示。

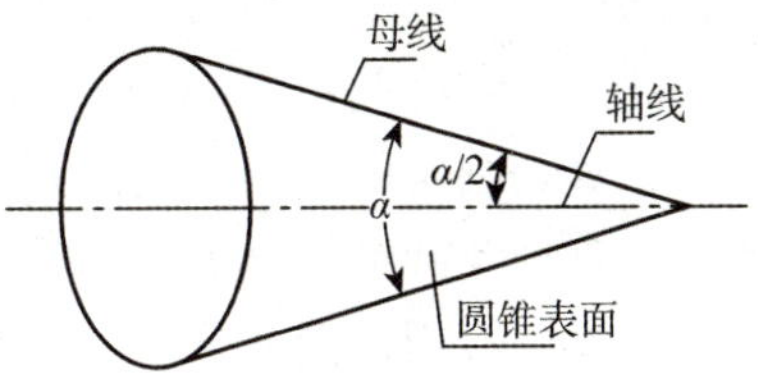

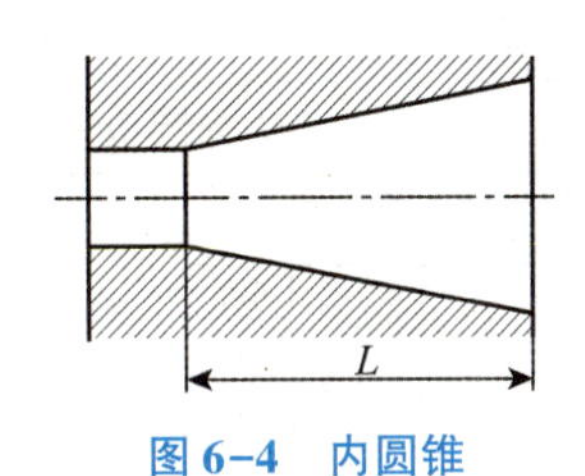

图6-2　圆锥表面

2. 圆锥

圆锥：由圆锥表面与一定尺寸所限定的几何体。圆锥分内圆锥(圆锥孔)和外圆锥(圆锥轴)两种。外圆锥是外部表面为圆锥表面的几何体，如图6-3所示；内圆锥是内部表面为圆锥表面的几何体，如图6-4所示。

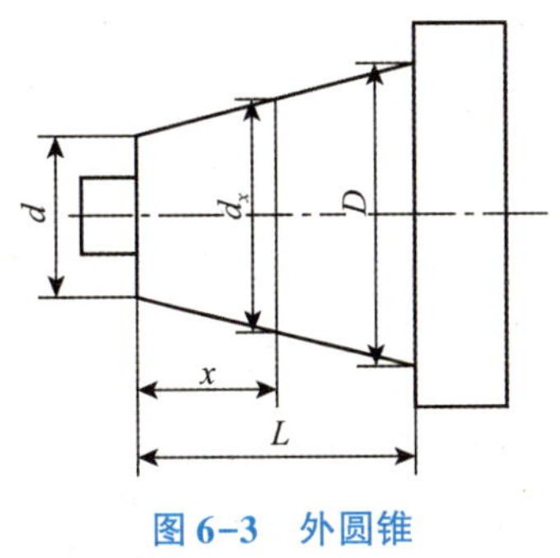

图6-3　外圆锥

图6-4　内圆锥

3. 圆锥的主要几何参数

圆锥的主要几何参数有圆锥角 α、圆锥直径、圆锥长度 L 和锥度 C 等，如图6-5所示。

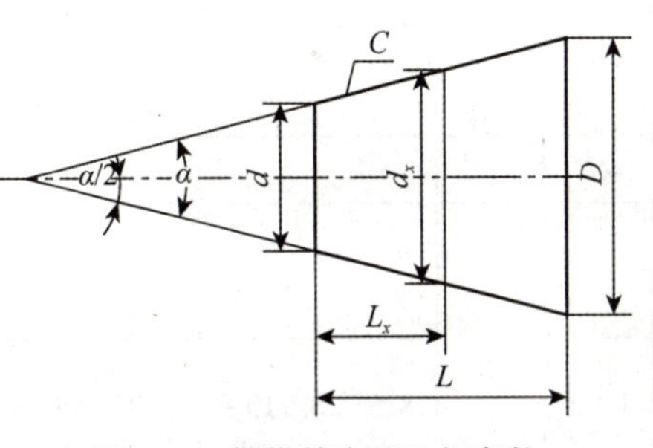

图6-5　圆锥的主要几何参数

(1)圆锥角 α：在通过圆锥轴线的截面内，两条素线(圆锥表面与轴向截面的交线)间的夹角称为圆锥角，圆锥角的代号为 α。

(2)圆锥素线角：圆锥素线与其轴线的夹角，它等于圆锥角的一半，即 $\frac{\alpha}{2}$。

(3)圆锥直径：圆锥在垂直于其轴线的截面上的直径称为圆锥直径，常用的圆锥直径有最大圆锥直径 D、最小圆锥直径 d 和给定截面上的圆锥直径 d_x。

(4)圆锥长度 L：最大圆锥直径截面与最小圆锥直径截面之间的轴向距离称为圆锥长度，其代号为 L。

(5)锥度 C：两个垂直圆锥轴线截面的圆锥直径 D 和 d 之差与该两截面之间的轴向距离 L 之比称为锥度，其代号为 C。

圆锥角的大小有时用锥度表示。例如，最大圆锥直径 D 与最小圆锥直径 d 之差对圆锥长度 L 之比，即

$$C = \frac{D - d}{L} \tag{6-1}$$

锥度 C 与圆锥角 α 的关系为

$$C = 2\tan\frac{\alpha}{2} = 1 : \frac{1}{2}\cot\frac{\alpha}{2} \tag{6-2}$$

此外，锥度关系式(6-1)、式(6-2)反映了圆锥直径、圆锥长度、圆锥角和锥度之间的关系，这是圆锥的基本公式。因此，对圆锥只要标注了最大圆锥直径 D 和最小圆锥直径 d 中的一个直径及圆锥长度 L、圆锥角 α（或锥度 C），则该圆锥就完全确定。

锥度一般用比例或分式形式等表示，如 C =1∶5、1/5、20%等。

4. 锥度和锥角系列

为了减少加工圆锥工件所用的专用刀具、量具种类和规格，满足生产需要，GB/T 157—2001《产品几何量技术规范(GPS)圆锥的锥度与锥角系列》规定了一般用途圆锥的锥度与锥角系列(见表6-1)和特殊用途圆锥的锥度与锥角系列(见表6-2)。

表6-1　一般用途圆锥的锥度与锥角系列(摘自GB/T 157—2001)

基本值		推荐值				应用举例
		圆锥角 α			锥度 C	
系列1	系列2	(°)(′)(″)	(°)	rad		
120°		—	—	2.049 395 10	1∶0.288 675 1	节气阀、汽车、拖拉机阀门
90°		—	—	1.570 796 33	1∶0.500 000 0	重型顶尖、重型中心孔、阀的阀销锥体
	75°	—	—	1.308 996 94	1∶0.651 612 7	埋头螺钉
60°		—	—	1.047 197 55	1∶0.866 025 4	顶尖、中心孔、弹簧夹头、埋头钻
45°		—	—	0.785 398 16	1∶1.207 106 8	埋头及半埋头铆钉
30°		—	—	0.523 598 78	1∶1.866 025 4	摩擦轴节、弹簧夹头、平衡块
1∶3		18°55′28.719 9″	18.924 644 42°	0.330 297 35	—	受力方向垂直于轴线易拆开的连接、摩擦离合器
	1∶4	14°15′0.117 7″	14.250 032 70°	0.248 709 99	—	
1∶5		11°25′16.270 6″	11.421 186 27°	0.199 337 30	—	受力方向垂直于轴线的连接、锥形摩擦离合器、磨床主轴
	1∶6	9°31′38.220 2″	9.527 283 38°	0.166 282 46	—	
	1∶7	8°10′16.440 8″	8.171 233 56°	0.142 614 93	—	

续表

基本值		推荐值				应用举例
		圆锥角 α			锥度 C	
系列 1	系列 2	(°)(′)(″)	(°)	rad		
	1∶8	7°9′9.607 5″	7.152 688 75°	0.124 837 62	—	重型机床主轴及顶尖、旋塞
1∶10		5°43′29.317 6″	5.724 810 45°	0.099 916 79	—	受横向力和扭转力的连接处，主轴承受轴向力、调节套筒
	1∶12	4°46′18.797 0″	4.771 888 06°	0.083 285 16	—	
	1∶15	3°49′5.897 5″	3.818 304 87°	0.066 641 99	—	主轴齿轮连接处、承受轴向力之机件连接处，如机车十字头轴
1∶20		2°51′51.092 5″	2.864 192 37°	0.049 989 59	—	机床主轴、刀具刀杆尾部、锥形铰刀、心轴
1∶30		1°54′34.857 0″	1.909 682 51°	0.033 330 25	—	锥形铰刀、套式铰刀、扩孔钻的刀杆、主轴颈部
1∶50		1°8′45.158 6″	1.145 877 40°	0.019 999 33	—	锥销、手柄端部、锥形铰刀、量具尾部
1∶100		34′22.630 9″	0.572 953 02°	0.009 999 92	—	导轨镶条、受陡震及静变负载不拆开的连接件
1∶200		17′11.321 9″	0.286 478 30°	0.004 999 99	—	导轨镶条、受震及冲击载荷不拆开的连接件，如心轴等
1∶500		6′52.525 9″	0.114 591 52°	0.002 000 00	—	

注：系列 1 中 120°～1∶3 的数值近似按 R10/2 优先数系列，1∶5～1∶500 按 R10/3 优先数系列(见 GB/T 321—2005)。

表 6-2　特殊用途圆锥的锥度与锥角系列(摘自 GB/T 157—2001)

基本值	推荐值				标准号 GB/T (ISO)	应用举例
	圆锥角 α			锥度 C		
	(°)(′)(″)	(°)	rad			
11°54′	—	—	0.207 694 18	1∶4.797 451 1	(5237) (8489-5)	纺织机械和附件
8°40′	—	—	0.151 261 87	1∶6.598 441 5	(8489-3) (8489-4) (324.575)	
7°	—	—	0.122 173 05	1∶8.174 927 7	(8489-2)	
1∶38	1°30′27.708 0″	1.507 696 67	0.026 314 27	—	(368)	
1∶64	0°53′42.822 0″	0.895 228 30	0.015 624 68	—	(368)	

续表

基本值	推荐值				标准号 GB/T (ISO)	应用举例
	圆锥角 α			锥度 C		
	(°)(′)(″)	(°)	rad			
7∶24	16°35′39.444 3″	16.594 290 08	0.289 625 00	1∶3.428 571 4	3837.3 (297)	机床主轴工具配合
1∶12.262	4°40′28.719 9″	4.670 042 05	0.081 507 61	—	(239)	贾各锥度 No.2
1∶12.972	4°24′52.903 9″	4.414 695 52	0.077 050 97	—	(239)	贾各锥度 No.1
1∶15.748	3°38′13.442 9″	3.637 067 47	0.063 478 80	—	(239)	贾各锥度 No.33
6∶100	3°26′12.177 6″	3.436 716 00	0.059 982 01	1∶16.666 666 7	1962 (594-1) (595-1) (595-2)	医疗设备
1∶18.799	3°3′1.207 0″	3.050 335 27	0.053 238 39	—	(239)	贾各锥度 No.3
1∶19.002	3°0′52.395 6″	3.014 554 34	0.052 613 90	—	1443(296)	莫氏锥度 No.5
1∶19.180	2°59′11.725 8″	2.986 590 50	0.052 125 84	—	1443(296)	莫氏锥度 No.6
1∶19.212	2°58′53.825 5″	2.981 618 20	0.052 039 05	—	1443(296)	莫氏锥度 No.0
1∶19.254	2°58′30.421 7″	2.975 117 13	0.051 925 59	—	1443(296)	莫氏锥度 No.4
1∶19.264	2°58′24.864 4″	2.973 573 43	0.051 898 65	—	(239)	贾各锥度 No.6
1∶19.922	2°52′31.446 3″	2.875 401 76	0.050 185 23	—	1443(296)	莫氏锥度 No.3
1∶20.020	2°51′40.796 0″	2.861 332 23	0.049 939 67	—	1443(296)	莫氏锥度 No.2
1∶20.047	2°51′26.928 3″	2.857 480 08	0.049 872 44	—	1443(296)	莫氏锥度 No.1
1∶20.288	2°49′24.780 2″	2.823 550 06	0.049 280 25	—	(239)	贾各锥度 No.0
1∶23.904	2°23′47.624 4″	2.396 562 32	0.041 827 90	—	1443(296)	布朗夏普锥度 No.1 至 No.3
1∶28	2°2′45.817 4″	2.046 060 38	0.035 710 49	—	(8382)	复苏器(医用)
1∶36	1°35′29.209 6″	1.591 447 11	0.027 775 99	—	(5356-1)	麻醉器具
1∶40	1°25′56.351 6″	1.432 319 89	0.024 998 70	—		

6.2 圆锥公差

GB/T 11334—2005《产品几何量技术规范(GPS)圆锥公差》适用于锥度 C 为 1∶3～1∶500、长度 L 为 6～630 mm 的光滑圆锥工件。标准中规定了以下几个术语及公差项目。

6.2.1　圆锥公差的术语及定义

1. 公称圆锥

由设计给定的理想形状的圆锥是公称圆锥，它是理想圆锥。公称圆锥所有的尺寸分别为公称圆锥直径、公称圆锥角 α（或公称锥度 C）和公称圆锥长度 L。

公称圆锥可用两种形式确定：

(1)一个公称圆锥直径(最大圆锥直径 D、最小圆锥直径 d、给定截面圆锥直径 d_x)、公称圆锥长度 L、公称圆锥角 α（或公称锥度 C）；

(2)两个公称圆锥直径(D 和 d)和公称圆锥长度 L。

2. 实际圆锥及其直径 d_a 和圆锥角

实际圆锥是指实际存在并与周围介质分隔的圆锥，它是实际存在而通过测量所得到的圆锥。实际圆锥上的任一直径 d_a 为实际圆锥直径，如图6-6(a)所示。实际圆锥角是指实际圆锥的任一轴向截面内，包容其素线且距离为最小的两对平行直线之间的夹角，如图6-6(b)所示。

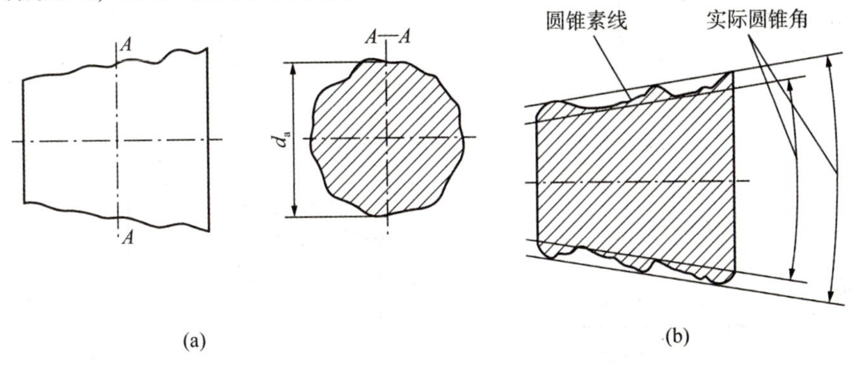

图6-6　实际圆锥直径和实际圆锥角

3. 极限圆锥、极限圆锥直径、圆锥直径公差和圆锥直径公差区

1)极限圆锥

极限圆锥是指与公称圆锥共轴且圆锥角相等，直径分别为上极限直径和下极限直径的两个圆锥。在垂直圆锥轴线的任一截面上，这两个圆锥的直径差都相等，如图6-7所示。其中，直径为上极限尺寸(D_{max}、d_{max})的圆锥称为最大极限圆锥，直径为下极限尺寸(D_{min}、d_{min})的圆锥称为最小极限圆锥。合格的实际圆锥必须在两个极限圆锥限定的空间区域之内。

2)极限圆锥直径

极限圆锥直径是指极限圆锥上的任一直径，如图6-7中的 D_{max}、D_{min}、d_{max} 和 d_{min} 都是极限圆锥的直径。

3)圆锥直径公差 T_D

圆锥直径公差 T_D 是指圆锥直径允许的变动量，圆锥直径公差在整个圆锥长度内都适用，它是一个没有符号的绝对值。其数值为允许的最大极限圆锥直径与最小圆锥直径之差(见图6-7)，用公式表示为

$$T_D = D_{max} - D_{min} = d_{max} - d_{min} \tag{6-3}$$

4)圆锥直径公差区

两个极限圆锥所限定的区域为圆锥直径公差区，即圆锥直径公差带，如图6-7所示。

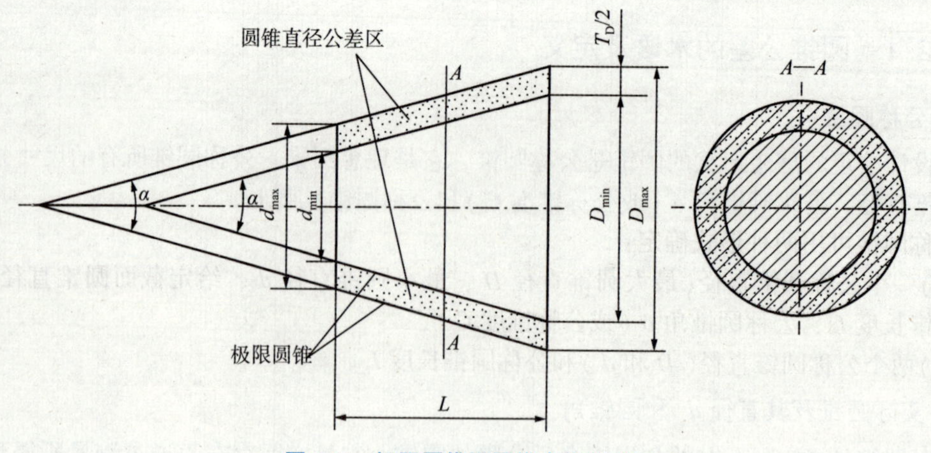

图 6-7　极限圆锥及圆锥直径公差区

4. 极限圆锥角、圆锥角公差和圆锥角公差区

1) 极限圆锥角

极限圆锥角是指允许的上极限或下极限圆锥角，它们分别用 α_{max} 和 α_{min} 表示，如图 6-8 所示。

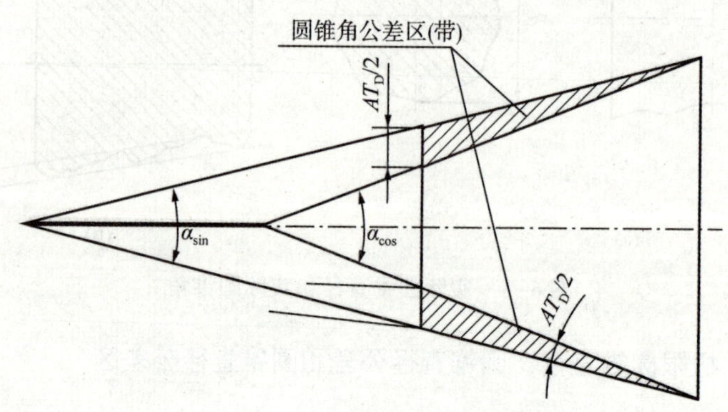

图 6-8　极限圆锥角及圆锥角公差区

2) 圆锥角公差 AT

圆锥角公差是指圆锥角的允许变动量，它是一个没有符号的绝对值。其数值为允许的最大圆锥角与最小圆锥角之差（见图 6-8），用公式表示为

$$AT_\alpha = \alpha_{max} - \alpha_{min} \tag{6-4}$$

国标中规定，当圆锥角公差以弧度或角度为单位时，用代号 AT_α 表示；以长度为单位时，用代号 AT_D 表示。

3) 圆锥角公差区

极限圆锥角 α_{max} 和 α_{min} 所限定的区域称为圆锥角公差区，即圆锥角公差带，如图 6-8 所示。

5. 给定截面圆锥直径公差 T_{DS} 及其公差区

1) 给定截面圆锥直径公差 T_{DS}

给定截面圆锥直径公差 T_{DS} 是指在垂直于圆锥轴线的给定截面内，圆锥直径允许的变动

量，如图 6-9 所示。它也是一个没有符号的绝对值。

2) 给定截面圆锥直径公差区

给定截面圆锥直径公差区是指在给定的圆锥截面内，由两个同心圆所限定的区域，如图 6-9 所示。

这里要注意 T_{DS} 与圆锥直径公差 T_D 的区别，T_D 对整个圆锥上任意截面的直径都起作用，其公差区限定的是空间区域，而 T_{DS} 只对给定的截面起作用，其公差区限定的是平面区域。

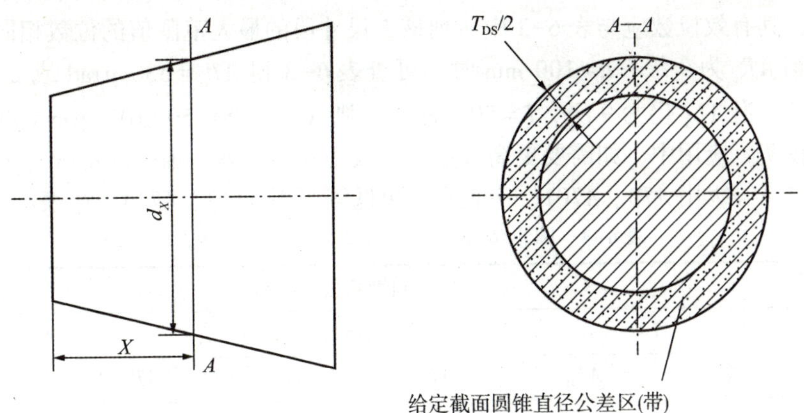

图 6-9　给定截面圆锥直径公差与公差区

6.2.2　圆锥公差值和给定方法

1. 圆锥公差值

GB/T 11334—2005 中明确规定了下述 4 项圆锥公差，下面分别讨论一下各项圆锥公差值是如何确定和选取的。

1) 圆锥直径公差 T_D

圆锥直径公差 T_D 以公称圆锥直径（一般取最大圆锥直径 D）为公称尺寸，按 GB/T 1800.1—2020《产品几何技术规范(GPS)线性尺寸公差 ISO 代号体系 第 1 部分：公差、偏差和配合的基础》中的标准公差值表来选取。

另外，对于有配合要求的圆锥，其内、外圆锥直径公差带位置按 GB/T 12360—2005 中有关规定选取。对于无配合要求的圆锥，建议选用基本偏差 JS、js 确定内、外圆锥的公差带的位置。

2) 圆锥角公差 AT 和圆锥角的极限偏差

(1) 圆锥角公差 AT。

圆锥角公差共分为 12 个公差等级，依次为 $AT1$、$AT2$、…、$AT12$，其中 $AT1$ 精度最高，其余依次降低，$AT12$ 精度最低。GB/T 11334—2005 规定的圆锥角公差的数值如表 6-3 所示。在该表中的数值用于棱体的角度时，以该角短边长度作为 L 选取公差值。

需要说明的是，圆锥角公差有两种表示方式。

① AT_α 以微弧度（μrad）或角度单位（°、′、″）表示时，用代号 AT_α。其中的 μrad 为微弧度，它等于半径为 1 m，弧长为 1 μm 时的所产生的角度。1″≈5 μrad，1′≈300 μrad。

② AT_D 以长度单位(μm)表示时，用代号 AT_D。它是用与圆锥轴线垂直且距离为 L 的两端直径变动量之差来表示的。

AT_α 与 AT_D 的换算关系为

$$AT_D = AT_\alpha \times L \times 10^{-3} \tag{6-5}$$

式中，AT_D、AT_α 和 L 的单位分别为 μm、μrad 和 mm。

AT_D 的值应按式(6-5)计算，表 6-3 中仅给出于圆锥长度 L 的尺寸段相对应的 AT_D 范围值。AT_D 计算结果的尾数按 GB/T 8170—2008《数值修约规则与极限数值的表示和判定》的规定进行修约，其有效位数应与表 6-3 中所列该 L 尺寸段的最大范围值的位数相同。

例如，当 AT_α 为 9 级，$L=100$ mm 时，可查表 6-3 得 $AT_\alpha=630$ μrad 或 2′10″，$AT_D=63$ μm。又如，当 AT_α 仍为 9 级，$L=50$ mm 时，则 $AT_D=800\times50\times10^{-3}$ μm $=40$ μm。

另外，在实际应用中，如需要更高或更低等级的圆锥公差，国标规定按公比 1.6 向两端延伸得到，更高等级用 *AT*0、*AT*01、…表示，更低等级用 *AT*13、*AT*14、…表示。

表 6-3 圆锥角公差(摘自 GB/T 11334—2005)

公称圆锥长度 L/mm		圆锥角公差等级								
		*AT*4			*AT*5			*AT*6		
		AT_α		AT_D	AT_α		AT_D	AT_α		AT_D
大于	至	μrad	(″)	μm	μrad	(′)(″)	μm	μrad	(′)(″)	μm
16	25	125	26	>2.0~3.2	200	41″	>3.2~5.0	315	1′05″	>5.0~8.0
25	40	100	21	>2.5~4.0	160	33″	>4.0~6.3	250	52″	>6.3~10.0
40	63	80	16	>3.2~5.0	125	26″	>5.0~8.0	200	41″	>8.0~12.5
63	100	63	13	>4.0~6.3	100	21″	>6.3~10.0	160	33″	>10.0~16.0
100	160	50	10	>5.0~8.0	80	16″	>8.0~12.5	125	26″	>12.5~20.0
公称圆锥长度 L/mm		圆锥角公差等级								
		*AT*7			*AT*8			*AT*9		
		AT_α		AT_D	AT_α		AT_D	AT_α		AT_D
大于	至	μrad	(′)(″)	μm	μrad	(′)(″)	μm	μrad	(′)(″)	μm
16	25	500	1′43″	>8.0~12.5	800	2′54″	>12.5~20.0	1 250	4′18″	>20.0~32.0
25	40	400	1′22″	>10.0~16.0	630	2′10″	>16.0~20.5	1 000	3′26″	>25.0~40.0
40	63	315	1′05″	>12.5~20.0	500	1′43″	>20.0~32.0	800	2′45″	>32.0~50.0
63	100	250	52″	>16.0~25.0	400	1′22″	>25.0~40.0	630	2′10″	>40.0~63.0
100	160	200	41″	>20.0~32.0	315	1′05″	>32.0~50.0	500	1′43″	>50.0~80.0

(2)圆锥角的极限偏差。

圆锥角的极限偏差可按单向($\alpha + AT_\alpha$ 或 $\alpha - AT_\alpha$)取值或双向($\alpha \pm AT_\alpha/2$)取值，双向取值时，可以是对称的，也可以是不对称的，图 6-10 所示。为了保证内外圆锥的接触均匀，圆锥角公差区通常采用双向对称取值。

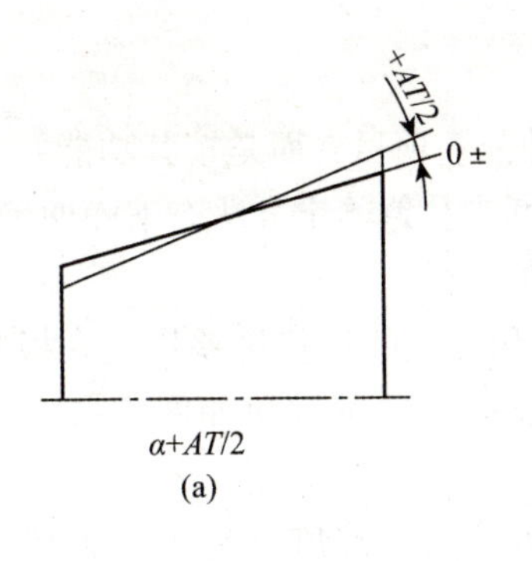

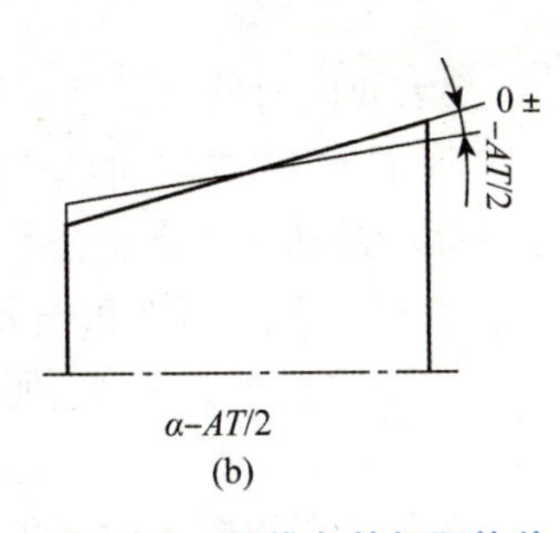

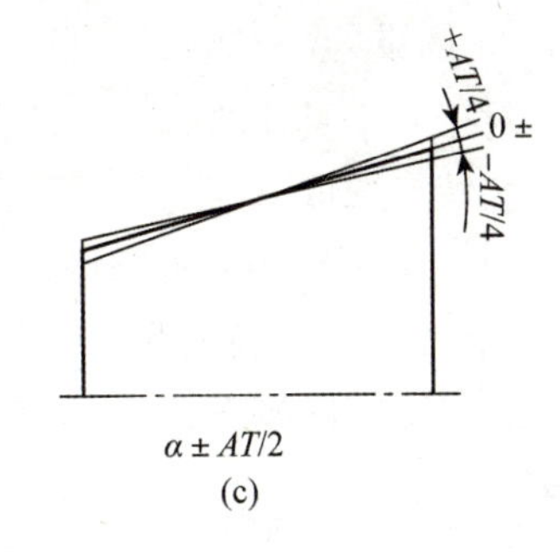

图 6-10　圆锥角的极限偏差

3) 圆锥的形状公差 T_F

圆锥的形状公差包括下述两种。

(1) 圆锥素线直线度公差。

圆锥素线直线度公差是指在圆锥轴向平面内，允许实际素线形状的最大变动量。其公差带是在给定截面上，距离为公差值 T_F 的两条平行直线间的区域。

(2) 圆锥截面圆度公差。

圆锥截面圆度公差是指在圆锥轴线的法向截面上，允许截面形状的最大变动量。它的公差带是半径差为公差值 T_F 的两同心圆间的区域。

这里特别指出，圆锥的形状误差一般包括圆锥素线直线度误差和圆锥各横截面的圆度误差两项。但是，圆锥的形状公差 T_F 在一般情况下，不单独给出，而是由对应的两极限圆锥公差区限制。当对形状精度有更高要求而对圆锥的形状误差需要加以特别控制时，就应单独给出相应的形状公差，其数值可从 GB/T 1184—1996《形状和位置公差　未注公差值》附录 B “图样上注出公差值的规定”中选取，但应不大于圆锥直径公差值的一半。对于要求不高的圆锥工件，其形状公差也可用直径公差加以控制。

4) 给定截面圆锥直径公差 T_{DS}

给定截面圆锥直径公差 T_{DS} 是以给定的截面圆锥直径 d_x 为公称尺寸(见图 6-11)，按 GB/T 1800. 1—2020 规定的标准公差选取。不过，这里选取的公差值仅适用于该给定截面，其公差带位置按功能要求确定。

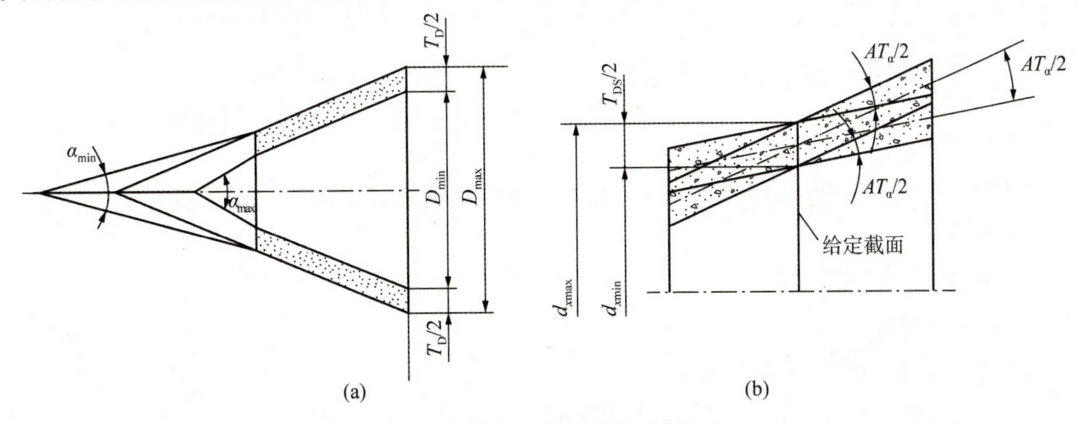

图 6-11　圆锥公差给定的两种方法

2. 圆锥公差的给定方法

对于一个具体的圆锥零件，并不都需要同时给出上述 4 种公差项目，而是按其功能要求和工艺特点选取适当的公差项目。GB/T 11334—2005 推荐的圆锥公差给定方法有下面两种。

1) 给出圆锥的公称圆锥角 α（或锥度 C）和圆锥直径公差 T_D

此时，由 T_D 确定两个极限圆锥，直径偏差、圆锥角误差和圆锥的形状误差均应在极限圆锥所限定的区域内，如图 6-7 所示。圆锥直径公差 T_D 所能限制的圆锥角如图 6-11(a)所示。

当对圆锥角公差、圆锥的形状公差有更高的要求时，可再给出圆锥角公差 AT、圆锥的形状公差 T_F。此时，AT 和 T_F 仅占 T_D 的一部分。

这种方法通常适用于有配合要求的内、外锥体，如圆锥滑动轴承、钻头的锥柄等。

2) 给出给定截面圆锥直径公差 T_{DS} 和圆锥角公差 AT

此时，不存在极限圆锥。给定截面圆锥直径 d_x 和圆锥角 α 分别受各自公差带的约束，二者应分别满足这两项公差的要求。T_{DS} 和 AT 的关系见图 6-11(b)。

由图 6-11(b)可知，当圆锥在给定截面上具有下极限尺寸 d_{xmin} 时，其圆锥角公差带为图中下面两条实线限定的两对顶三角形区域，此时实际圆锥角必须位于此公差带内；反之，当圆锥在给定截面上具有上极限尺寸 d_{xmax} 时，其圆锥角公差带为图中上面两条实线限定的两对顶三角形区域，此时实际圆锥角必须位于此公差带内；当圆锥在给定截面上具有某一实际尺寸 d_x 时，其圆锥角公差带为图中两条虚线限定的两对顶三角形区域。

该方法是在假定圆锥素线为理想直线的情况下给出的，它常用于需要限制某一特定截面的直径偏差以使圆锥配合在给定截面上有良好接触，如阀类零件等。

当对圆锥形状公差有更高的要求时，可再给出圆锥的形状公差 T_F 进行进一步约束。

6.3 圆锥配合

GB/T 12360—2005 给出了锥度 C 从 1∶3 至 1∶500、长度 L 从 6 mm 至 630 mm、圆锥直径至 500 mm 的光滑圆锥的配合(圆锥公差按上述第一种方法给定)的有关规定。

6.3.1 圆锥配合及配合类型

1. 圆锥配合

圆锥配合是指基本(公称)圆锥相同的内、外圆锥的直径之间，由于结合松紧不同所形成的相互关系。

2. 圆锥配合的类型

圆锥配合可按下列方式分类。

1) 内、外圆锥配合松紧的不同

根据内、外圆锥配合松紧的不同，圆锥配合可分为下列 3 种配合。

(1) 间隙配合。间隙配合是指具有间隙的配合。间隙的大小可以在装配时和在使用中通过内、外圆锥轴向相对位移来调整。间隙配合主要用于有相对转动的机构中，如某些车床主轴的圆锥轴颈与圆锥滑动轴承衬套的配合。

(2)过盈配合。过盈配合是指具有过盈的配合。过盈的大小也可以通过内、外圆锥的轴向相对位移来调整。在承载的情况下利用内、外圆锥间的摩擦力自锁，可以传递很大的转矩。例如，钻头(铰刀)的圆锥柄与机床主轴圆锥孔的配合、圆锥形摩擦离合器中的配合等。

(3)过渡配合。过渡配合是指可能具有间隙，也可能具有过盈的配合。其中，要求内、外圆锥紧密接触，间隙为零或稍有过盈的配合称为紧密配合，它用于对中定心或密封，可以防止漏液漏气，如锥形旋塞阀、发动机中的气阀与阀座的配合等。为了保证良好的密封性，对内、外圆锥的形状精度要求很高，通常将它们配对研磨，所以这类配合的零件没有互换性。

2)圆锥配合形成的方式不同

根据圆锥配合形成的方式不同，圆锥配合可分为下列两种配合。

(1)结构型圆锥配合。结构型圆锥配合是指由内、外圆锥本身的结构或基面距(内、外圆锥基准平面间的距离)确定它们之间最终的轴向相对位置，来获得指定配合性质的圆锥配合。这种形成方式可获得间隙配合、过渡配合和过盈配合。

如图6-12所示，用内、外圆锥的结构即内圆锥端面与外圆锥轴肩接触来确定装配时最终的轴向相对位置，以获得指定的圆锥间隙配合。又如图6-13所示，用内圆锥大端基准平面与外圆锥大端基准平面之间的距离 a(基面距，本图在大端，也可以在小端)确定装配时最终的轴向相对位置，以获得指定的圆锥过盈配合。

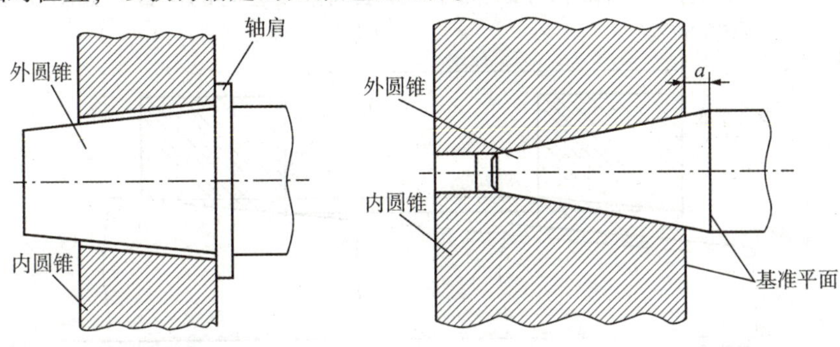

图6-12　结构型圆锥间隙配合　　图6-13　结构型圆锥过盈配合

(2)位移型圆锥配合。位移型圆锥配合是指由规定内、外圆锥的轴向相对位移或规定施加一定的装配力(轴向力)产生轴向位移，确定它们之间最终的轴向相对位置，来获得指定配合性质的圆锥配合。前者可获得间隙配合和过盈配合，而后者只能得到过盈配合。

如图6-14所示，在不受力的情况下内、外圆锥相接触，由实际初始位置 P_a 开始，内圆锥向右作轴向位移 E_a，到达终止位置 P_f，以获得指定的圆锥间隙配合。又如图6-15所示，在不受力的情况下内、外圆锥相接触，由实际初始位置 P_a 开始，对内圆锥施加一定的装配力 F_s，使内圆锥向左轴向位移 E_a，达到终止位置 P_f，以获得指定的圆锥过盈配合。

通常位移型配合不用于形成过渡配合。例如，机床主轴的圆锥滑动轴承是位移型圆锥间隙配合，机床主轴锥孔与铣刀杆锥柄形成位移型过盈配合。

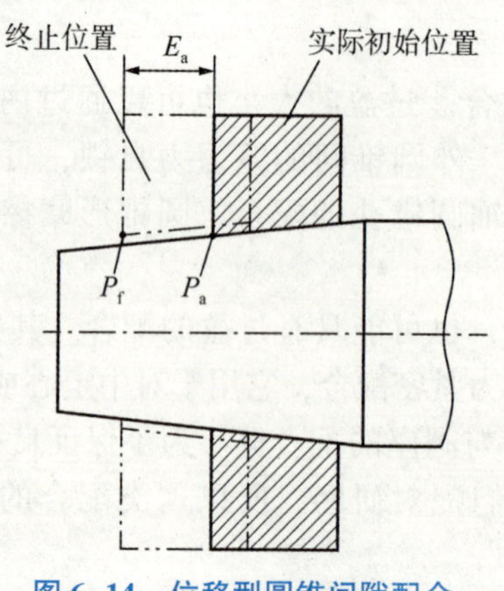

图 6-14　位移型圆锥间隙配合

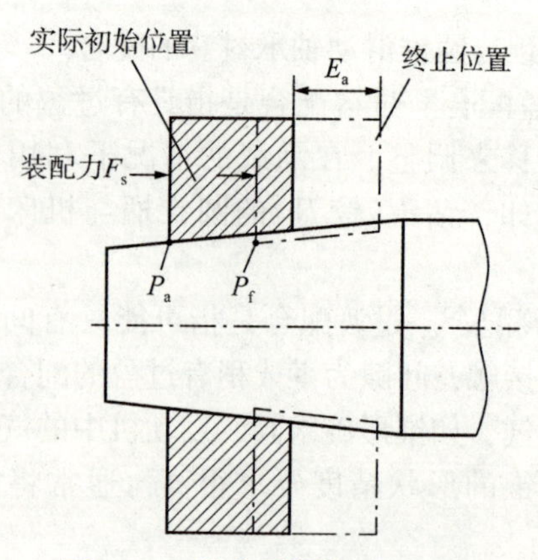

图 6-15　位移型圆锥过盈配合

6.3.2　圆锥配合的术语及定义

由于结构型圆锥配合的性质与圆柱配合相似，是由内、外圆锥直径公差带相对位置决定的，因此 GB/T 12360—2005 主要对位移型圆锥配合的有关术语作了如下规定。

(1)初始位置 P：在不施加力的情况下，相互结合的内、外圆锥表面接触时的轴向位置。

(2)极限初始位置 P_1、P_2：初始位置允许的界限。

极限初始位置 P_1 为内圆锥的下极限圆锥和外圆锥的上极限圆锥接触时的位置，极限初始位置 P_2 为内圆锥的上极限圆锥和外圆锥的下极限圆锥接触时的位置，如图 6-16 所示。

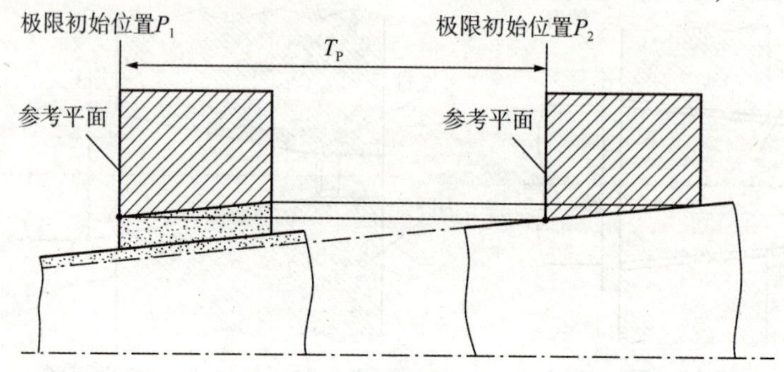

图 6-16　极限初始位置和初始位置公差

(3)初始位置公差 T_p：初始位置允许的变动量。它等于极限初始位置 P_1 和 P_2 之间的距离，如图 6-16 所示。于是，有关系式

$$T_p = \frac{1}{C}(T_{Di} + T_{De}) \tag{6-6}$$

式中，C 为锥度；T_{Di} 为内圆锥直径公差；T_{De} 为外圆锥直径公差。

(4)实际初始位置 P_a：相互结合的内、外实际圆锥的初始位置，如图 6-14、图 6-15 所示。合格的内、外圆锥接触时，其实际初始位置 P_a 应位于极限初始位置 P_1 和 P_2 之间。它既可以以内圆锥相对于外圆锥的位置表示，也可以以外圆锥相对于内圆锥的位置表示。

(5)终止位置 P_f：相互结合的内、外圆锥，为使其终止状态得到要求的间隙或过盈，所规定的相互轴向位置，如图 6-14、图 6-15 所示。它由给定的轴向位移值或装配力来达到。

(6)装配力 F_s：相互结合的内、外圆锥，为在终止位置 P_f 得到要求的过盈所施加的轴

向力，如图6-15所示。

(7)轴向位移E_a：相互结合的内、外圆锥，从实际初始位置P_a到终止位置P_f移动的距离，如图6-14所示。相互结合的内、外圆锥，向相互脱离的方向位移，即产生间隙；反之则产生过盈。其位移的大小决定间隙或过盈的大小。

(8)极限轴向位移$E_{a,\ max}$和$E_{a,\ min}$：轴向位移允许的变动界限称为极限轴向位移，如图6-17所示。

最大轴向位移$E_{a,\ max}$是指在相互结合的内、外圆锥的终止位置上，得到最大间隙(X_{max})或最大过盈(Y_{max})的轴向位移。最小轴向位移$E_{a,\ min}$是指在相互结合的内、外圆锥的终止位置上，得到最小间隙(X_{min})或最小过盈(Y_{min})的轴向位移。图6-17为在终止位置上得到最大、最小过盈的示例。

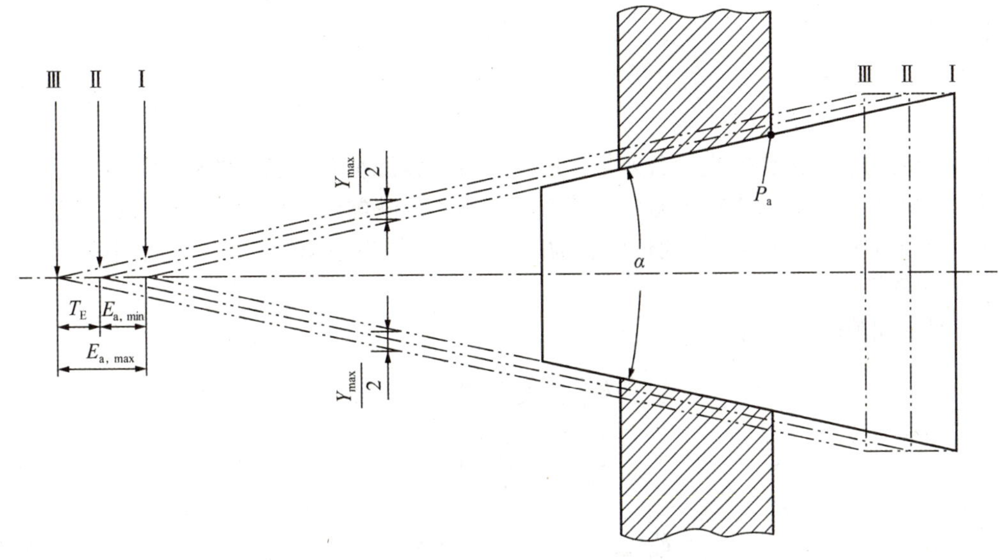

Ⅰ—实际初始位置；Ⅱ—最小过盈位置；Ⅲ—最大过盈位置。

图6-17　极限轴向位移和轴向位移公差(圆锥过盈配合)

(9)轴向位移公差T_E：轴向位移允许的变动量。它等于最大轴向位移($E_{a,\ max}$)与最小轴向位移($E_{a,\ min}$)之差。

轴向位移公差反映了配合松紧变动的大小，它的给定取决于对配合精度的要求，其数值与允许的最大过盈(或间隙)、最小过盈(或间隙)有关。它们之间的关系为

$$T_E = E_{a,\ max} - E_{a,\ min} = \frac{1}{C}\left| Y_{max} - Y_{min} \right| = \frac{1}{C}\left| X_{max} - X_{min} \right| \qquad (6-7)$$

式中，$E_{a,\ max}$、$E_{a,\ min}$为最大、最小轴向位移；Y_{max}、Y_{min}为最大、最小过盈；X_{max}、X_{min}为最大、最小间隙；T_E为轴向位移公差；C为锥度。

6.3.3　圆锥配合的选择

1. 结构型圆锥配合

圆锥体配合与圆柱体配合一样，也有基孔制与基轴制，为了减少定制刀具、量规的品种、规格，国家标准推荐圆锥配合优先采用基孔制配合，即内圆锥直径基本偏差用H表示。

结构型圆锥配合，是通过相互结合的圆锥零件的结构或基准平面间的轴向距离而获得的配合。其配合的性质，由相互结合的内、外圆锥直径公差带之间的位置来决定。

结构型圆锥配合的内、外圆锥直径公差带与配合可以从 GB/T 1800.1—2020 中选取。倘若该标准给出的常用配合不能满足设计要求，则从 GB/T 1800.2—2020 规定的标准公差带和孔、轴的基本偏差表中选取所需要的公差带组成配合。对于高精度配合，允许按由功能要求计算得到的极限间隙或极限过盈来确定配合。

结构型圆锥配合的圆锥直径配合公差，等于相结合的内、外圆锥的内、外直径公差之和。其公差值的大小直接影响配合精度。对于有较高接触精度的圆锥配合，可按 GB/T 11334—2005 规定的圆锥角公差 AT 系列值，给出圆锥角极限偏差以及圆锥的形状公差(从 GB/T 1184—1996 附录中选取)。

2. 位移型圆锥配合

位移型圆锥配合的配合性质由初始位置开始的内、外圆锥的轴向位移的方向、大小或由初始位置上施加的装配力来决定。

相配合的内、外圆锥的直径公差带仅影响配合的接触精度和装配的初始位置，而与配合性质无关。因此，二者的直径公差带的基本偏差并不反映配合的松紧。圆锥直径公差带的基本偏差，采用 H/h 或 JS/js。轴向位移和轴向位移公差的极限值则由技术要求中的极限间隙或过盈量计算得到。

(1)对于间隙配合，有

$$E_{a,\ max} = \frac{1}{C}\left|X_{max}\right| \tag{6-8}$$

$$E_{a,\ min} = \frac{1}{C}\left|X_{min}\right| \tag{6-9}$$

$$T_{E} = E_{a,\ max} - E_{a,\ min} = \frac{1}{C}\left|X_{max} - X_{min}\right| \tag{6-10}$$

式中，$E_{a,\ max}$、$E_{a,\ min}$ 为最大、最小轴向位移；X_{max}、X_{min} 为最大、最小间隙；T_E 为轴向位移公差；C 为锥度。

(2)对于过盈配合，有

$$E_{a,\ max} = \frac{1}{C}\left|Y_{max}\right| \tag{6-11}$$

$$E_{a,\ min} = \frac{1}{C}\left|Y_{min}\right| \tag{6-12}$$

$$T_{E} = E_{a,\ max} - E_{a,\ min} = \frac{1}{C}\left|Y_{max} - Y_{min}\right| \tag{6-13}$$

式中，C 为锥度；Y_{max}、Y_{min} 为最大、最小过盈。

【例 6-1】一结构型圆锥配合根据功能需要，要求最大过盈 $Y_{max}=159\ \mu m$，最小过盈 $Y_{min}=70\ \mu m$，锥度 $C=1:50$，公称直径为 100 mm。试分别确定其内、外圆锥的直径公差代号。

解：算出圆锥配合公差：$T_{Df} = \left|Y_{min} - Y_{max}\right| = (159 - 70)\ \mu m = 89\ \mu m$。

根据 $T_{Df}=T_{Di}+T_{De}$，查 GB/T 1800.1—2020 可知 IT7+IT8=89 μm。

根据工艺等价原则，在高精度区，一般孔的精度比轴的精度低一级，故选取内圆锥直径

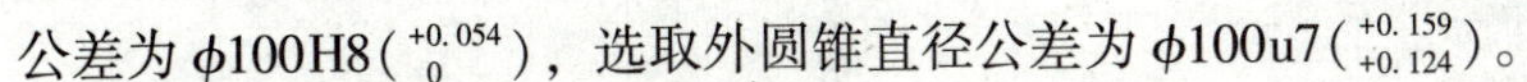

公差为 $\phi100\text{H8}(^{+0.054}_{0})$，选取外圆锥直径公差为 $\phi100\text{u7}(^{+0.159}_{+0.124})$。

【例 6-2】有一位移型圆锥配合，锥度 $C=1:10$，内、外圆锥的基本直径为 $\phi30$ mm，要求装配后形成 H7/s6 的配合性质。试确定由初始位置开始的极限轴向位移和轴向位移公差。

解：由 GB/T 1800.1—2020 查得，对于 $\phi30\text{H7/s6}$：$Y_{max}=-0.048$ mm，$Y_{min}=-0.014$ mm。

则轴向最大位移 $E_{a,\ max}=\dfrac{1}{C}|Y_{max}|=0.48$ mm，轴向最小位移 $E_{a,\ min}=\dfrac{1}{C}|Y_{min}|=0.14$ mm。

于是，轴向位移公差 $T_E=E_{a,\ max}-E_{a,\ min}=\dfrac{1}{C}|Y_{max}-Y_{min}|=0.34$ mm。

6.4　圆锥尺寸及公差标注

GB/T 15754—1995 规定了在图样上圆锥尺寸和圆锥公差的标注方法。

1. 圆锥尺寸的标注

(1)尺寸标注。圆锥尺寸的标注方法如图 6-18 所示。

(2)锥度标注。在零件图上，锥度用特定的图形符号和比例(或分数)来标注，如图 6-19 所示。图形符号配置在平行于圆锥轴线的基准线上，并且与圆锥方向一致，在基准线上面标注锥度的数值。用指引线将基准线与圆锥素线相连。在图样上标注了锥度，就不必标注圆锥角，两者不应重复标注。

当所标注的锥度是标准圆锥系列之一(尤其是莫氏锥度或米制锥度)，可用标准系列号和相应的标记表示，如图 6-19(d)所示。

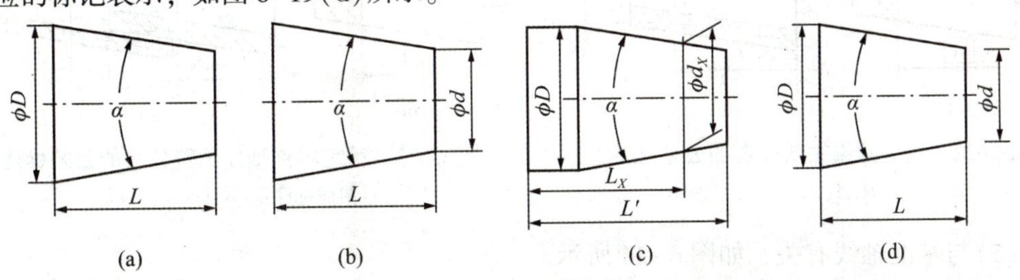

图 6-18　圆锥尺寸的标注

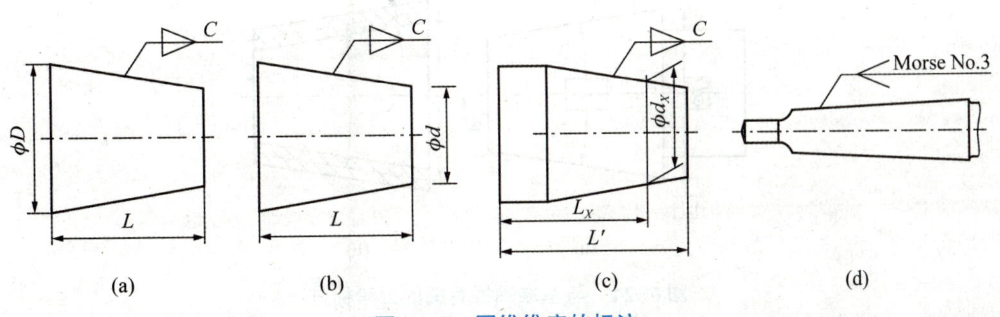

图 6-19　圆锥锥度的标注

2. 圆锥公差的标注

通常按下列方法标注圆锥公差。

1)面轮廓度法

一般圆锥公差按面轮廓度法标注，它可分为5种情形：

(1)给定圆锥角，如图6-20所示；

(2)给定锥度，如图6-21所示；

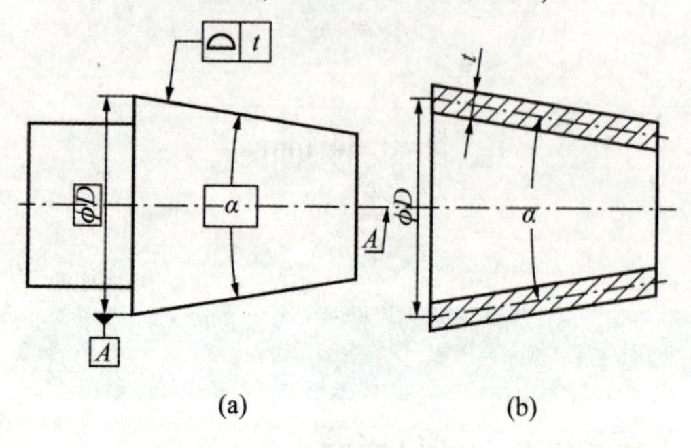

图6-20 给定圆锥角的公差标注

(a)图样标注；(b)标注含义说明

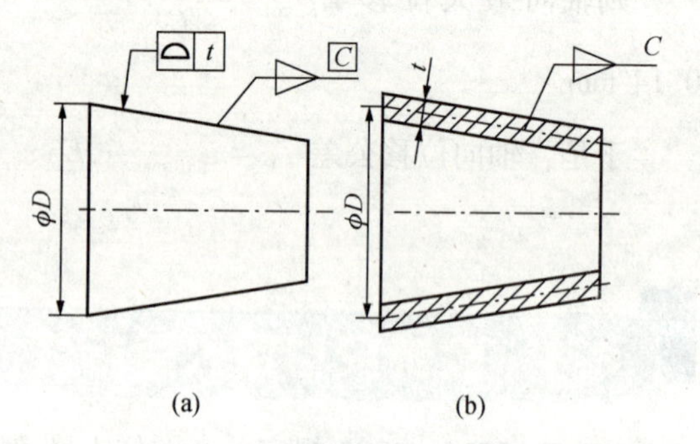

图6-21 给定锥度的公差标注

(a)图样标注；(b)标注含义说明

(3)给定圆锥轴向位置，如图6-22所示；

(4)给定圆锥轴向位置公差，如图6-23所示；

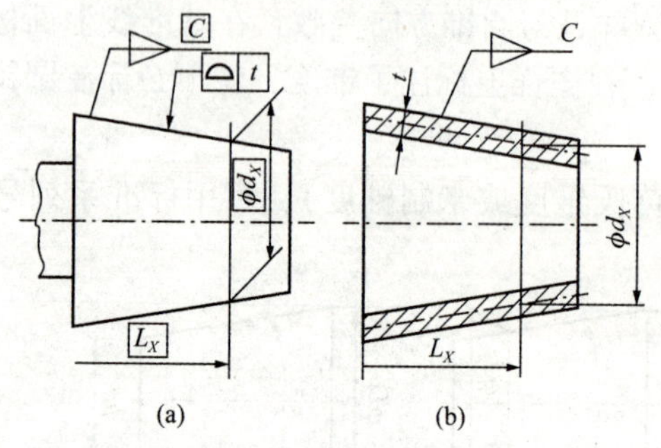

图6-22 给定圆锥轴向位置的公差标注

(a)图样标注；(b)标注含义说明

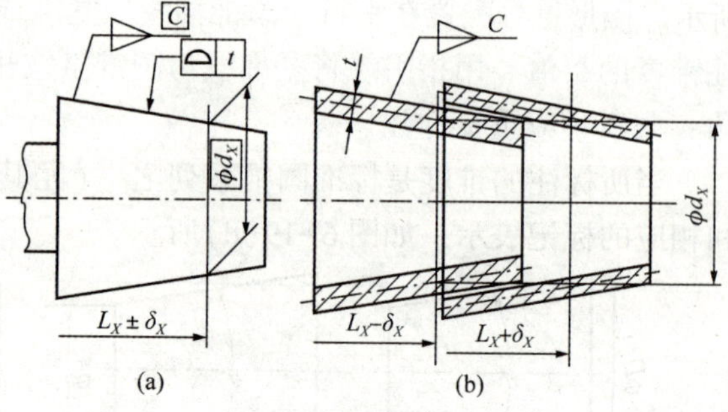

图6-23 给定圆锥轴向位置公差的公差标注

(a)图样标注；(b)标注含义说明

(5)与基准轴线有关，如图6-24所示。

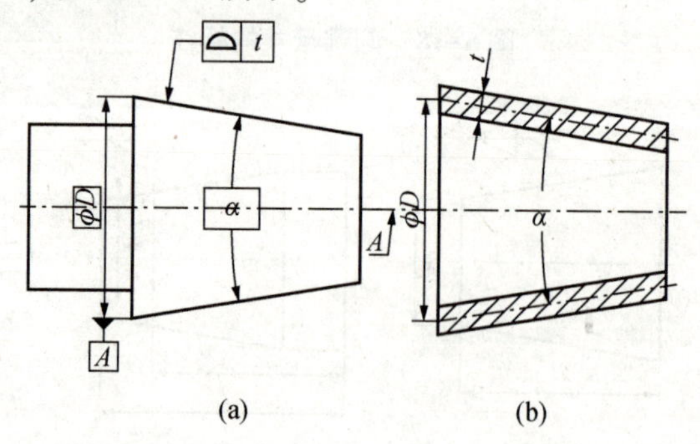

图6-24 与基准轴线有关的公差标注

(a)图样标注；(b)标注含义说明

此时，若圆锥合格，则其锥角误差、形状误差及直径误差等都应包容在公差带内。这种标注的特点是在垂直于圆锥轴线的所有截面内公差值的大小均相同。

若上述5种方法不能满足要求时，可采用基本锥度法和公差锥度法标注圆锥公差。其中，有配合要求的结构型内、外圆锥可采用基本锥度法标注；无配合要求时，可采用公差锥度法标注。

2)基本锥度法

基本锥度方法由二同轴圆锥面(圆锥最大实体边界和最小实体边界)形成两个具有理想形状的包容面公差带，实际圆锥处处不得超越这个包容面。这个公差带既控制圆锥直径的大小及圆锥角的大小，也控制圆锥表面的形状。若有需要，还可附加给出圆锥角公差和几何公差。该方法与GB/T 11334—2005中的第一种圆锥公差给定方法对应(即给出圆锥的公称圆锥角 α (或锥度 C)和圆锥直径公差 T_D)。基本锥度法通常适用于有配合要求的内外圆锥。采用基本锥度法的标注示例如图6-25～图6-27所示。

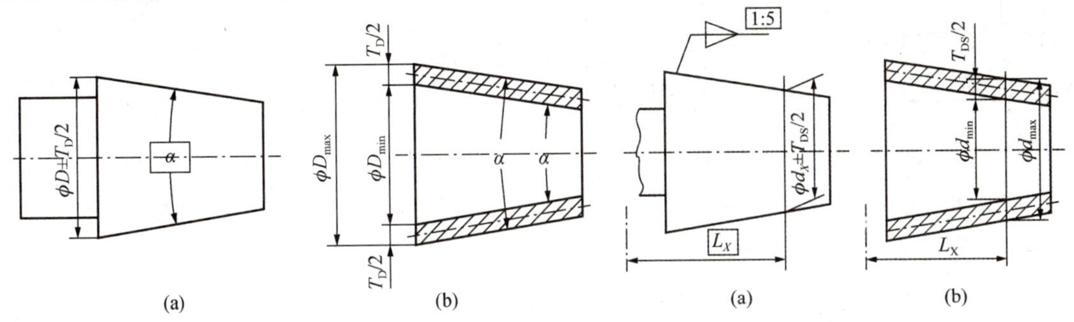

图6-25 给定圆锥直径公差
(a)图样标注；(b)标注含义说明

图6-26 给定截面圆锥直径
(a)图样标注；(b)标注含义说明

3)公差锥度法

公差锥度方法与GB/T 11334—2005中的第二种圆锥公差给定方法对应(即给出给定截面圆锥直径公差 T_{DS} 和圆锥角公差 AT)，它同时给出给定截面圆锥直径公差 T_{DS} 和圆锥角公差 AT。T_{DS} 和 AT 各自分别规定，分别满足要求。若需要，可附加给出有关几何公差要求。公差锥度法用于对某给定截面直径有较高要求的圆锥和密封及非配合圆锥，其标注示例如图6-28所示。图例说明，该圆锥的给定截面圆锥直径由 $\phi D-T_{DS}/2$ 和 $\phi D+T_{DS}/2$ 确定，锥角应在24°30′与25°30′之间变化，两项要求分别满足即可。

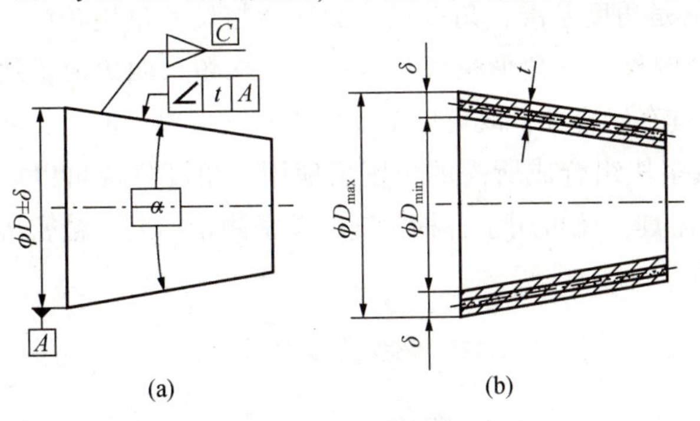

图6-27 给定圆锥的形状公差
(a)图样标注；(b)标注含义说明

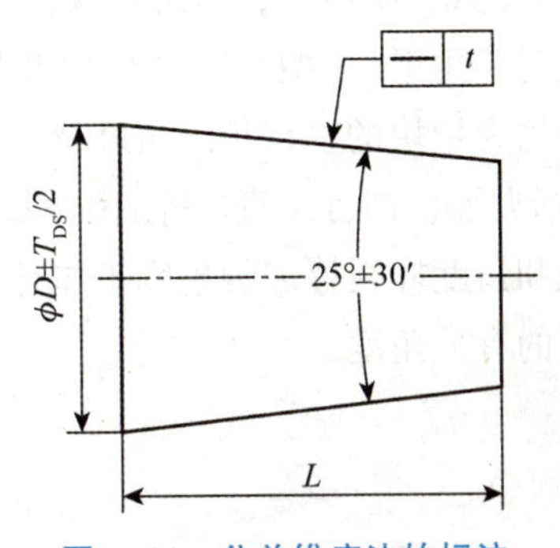

图6-28 公差锥度法的标注

3. 相配合的圆锥公差的标注

按照 GB/T 12360—2005 的要求，相配合的圆锥应保证各装配件的径向和(或)轴向位置，标注两个相配圆锥的尺寸及公差时，就首先确定：

(1)二者具有相同的锥度或锥角；

(2)标注尺寸公差的两具圆锥直径的公称尺寸应一致；

(3)直径图(见图 6-29)和位置图(见图 6-30)的理论正确尺寸与两装配件的基准平面有关。

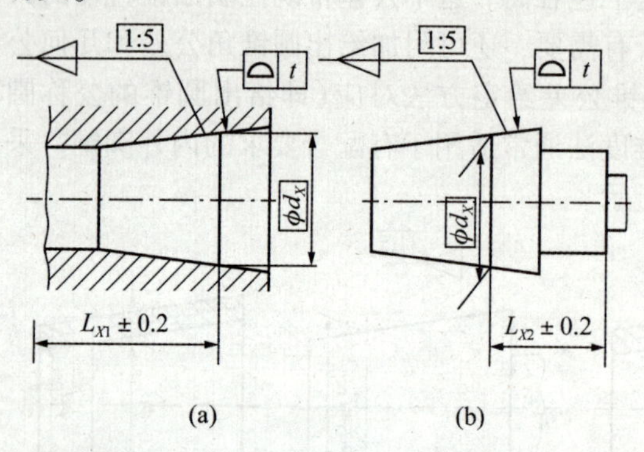

图 6-29　相配合圆锥的公差标注示例一

(a)图样标注；(b)标注含义说明

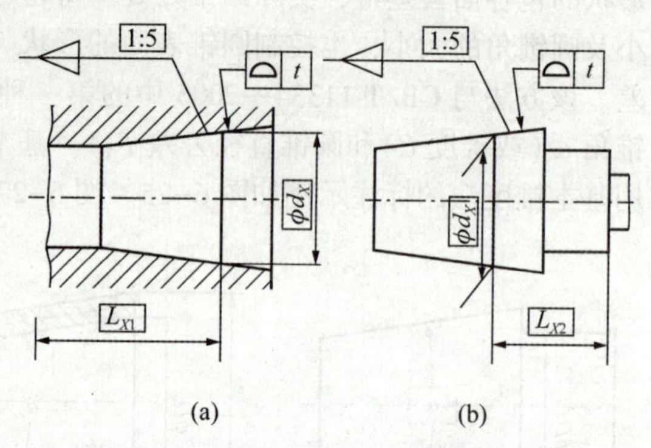

图 6-30　相配合圆锥的公差标注示例二

(a)图样标注；(b)标注含义说明

6.5　角度和锥度的检测方法

角度和锥度的检测方法有比较测量法、直接测量法、间接测量法和圆锥量规综合检验法。

6.5.1　比较测量法

1. 角度量块

如图 6-31 所示，角度量块代表的是角度基准，角度量块的功能与尺寸量块相同。角度量块有三角形(Ⅰ型)和四边形(Ⅱ型)两种。三角形量块只有一个工作角，四边形量块的每个角均为量块的工作角。角度量块也具有研合性，既可以单独使用，又可以借助于夹具附件(包括夹子、销钉、直尺等)由两块或多块组合成所需的角度后使用。角度量块可以检定角度规和角度样板等多种角度工作计量器具，还可用于各种角度的精密测量，调整精密机床和仪器的有关角度。

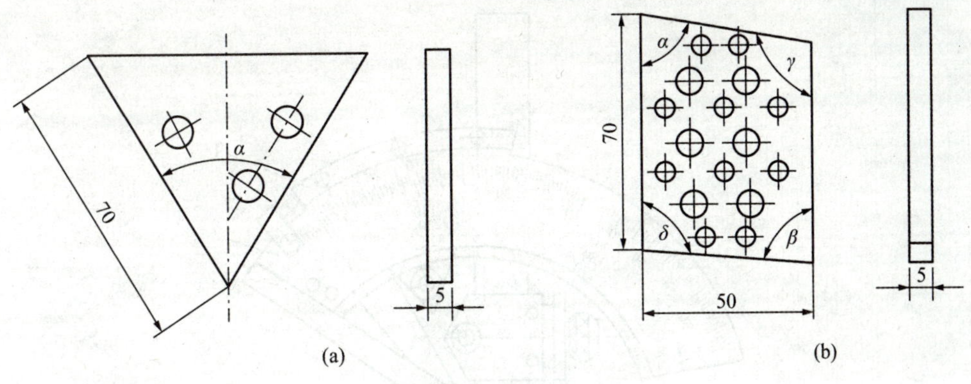

图 6-31　角度量块

(a)三角形(Ⅰ型)；(b)四边形(Ⅱ型)

2. 直角尺

直角尺又称角尺，如图 6-32 所示，主要用于检验工件的 90°直角和零部件有关表面的相互垂直度，还常用于钳工划线。用角尺检验工件时，靠角尺的边与被检直角的边相贴后透过的光隙量进行判断，属于比较测量法。若需要知道光隙的大小，则可与标准光隙对比或用塞尺进行测量。

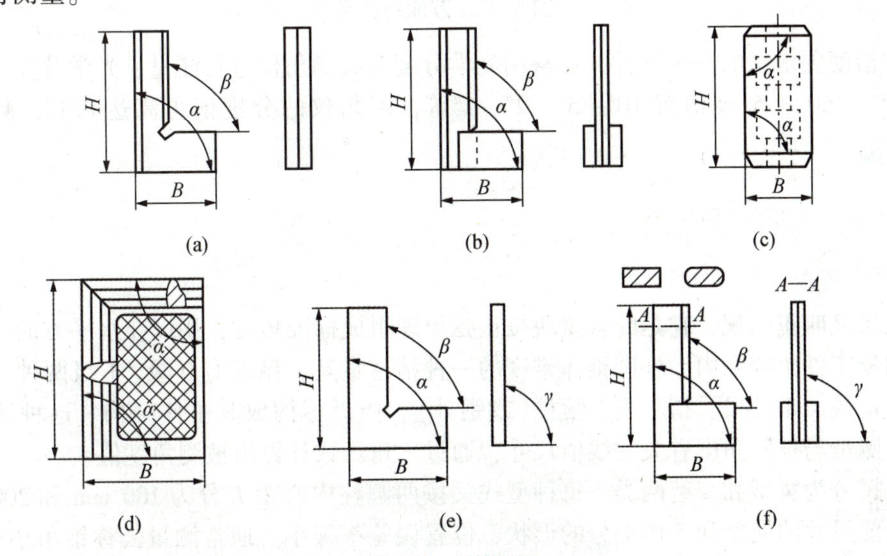

图 6-32　直角尺

(a)平样板角尺；(b)宽底座样板角尺；(c)圆柱角尺；

(d)整体样板角尺；(e)V 形平角尺；(f)宽底座角尺

6.5.2　直接测量法

对于精度要求不太高的圆锥零件，通常用万能角度尺直接测量其斜角或锥角。万能角度尺可测量 0°~320°的任意角度值，分度值有 2′和 5′两种。万能角度尺主要用来以接触法测量工件的内、外角度，其结构如图 6-33 所示。

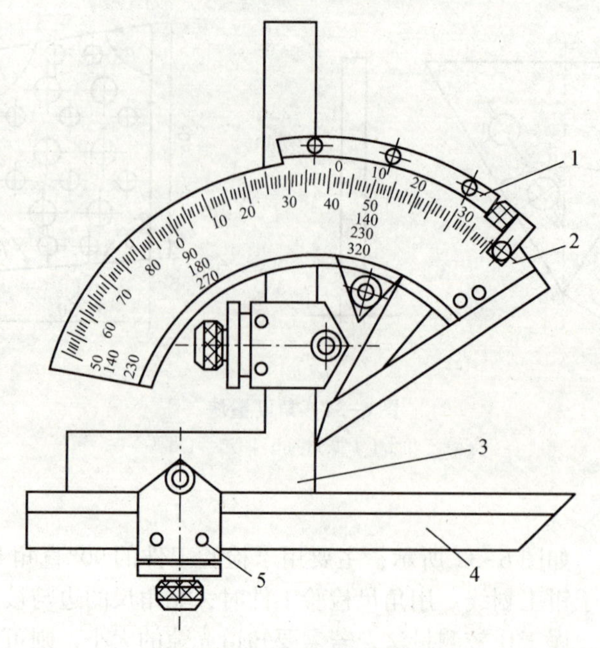

1—游标尺；2—尺身；3—90°角尺架；4—直尺；5—夹子。

图 6-33　万能角度尺

对于精度要求高的圆锥零件，通常用光学分度头或测角仪进行测量，光学分度头的测量范围为0°～360°，分度值有10″、5″、2″、1″等；测角仪的分度值可高达0.1″，测量精度更高。

6.5.3　间接测量法

1. 用正弦尺(规)测量锥度

正弦尺又叫正弦规，它是配合量块按正弦原理组成标准角度，用以在水平方向按微差比较方式测量工件角度和内、外圆锥体锥度的一种精密量具，精度有0级、1级两种。正弦尺由平板、量块、正弦尺、指示表、滚柱(或钢球)、挡板等构成其主体结构。这种测量方法的特点是测量与被测角度有关的线值尺寸，通过三角函数计算出被测角度值。

正弦尺分为宽型和窄型两类。每种型式又按两圆柱中心距 L 分为100 mm和200 mm两种，其主要尺寸的偏差和工作部分的形状、位置误差都很小。通常测量公称锥角小于30°的锥度。

测量时，将正弦尺放在平板上，圆柱之一与平板接触，另一圆柱下垫以量块组，使正弦尺的工作平面与平板间组成一角度，其关系式为

$$\sin \alpha = \frac{h}{L} \tag{6-14}$$

式中，α 为正弦尺放置的角度；h 为量块组的尺寸；L 为两圆柱的中心距。

在图6-34中，测出 a、b 两点的高度差 Δh 以及两点之间的距离 l，就可以得到锥度误差为

$$\Delta C = \frac{\Delta h}{l} \tag{6-15}$$

锥角误差为

$$\Delta\alpha = \Delta C \times 2 \times 10^5('') \tag{6-16}$$

除了上述的两种测量方法以外，在生产实践中，测量或检验内、外圆锥体直径和锥度(角)的方法还有很多，如用光学分度头、测角仪直接测量角度块和角度样板，用钢球和圆柱量规间接测量内、外圆锥，用样板、角尺比较检验锥形零件等。

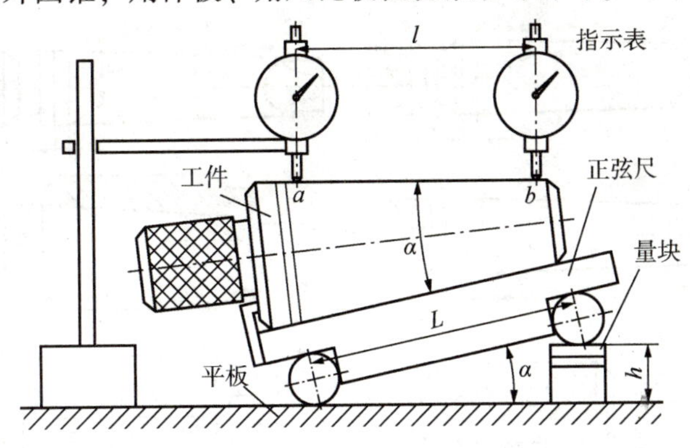

图 6-34　用正弦尺测量圆锥量规

2. 用角钢球和滚珠测量锥角

(1)可以用精密钢球和精密量柱(滚柱)间接测量圆锥角。图 6-35 为用钢球测量内圆锥角。已知大、小球的直径分别为 D_0 和 d_0，测量时，先将小球放入，测出 H 值，再将大球放入，测出 h 值，则有

$$\sin\frac{\alpha}{2} = \frac{D_0 - d_0}{2(H-h) + (d_0 - D_0)} \tag{6-17}$$

由式(6-17)可算出实际的内圆锥角 α 值。

(2)图 6-36 为用滚柱测量外圆锥角。先将两尺寸相同的滚柱夹在圆锥的小端处，测得 m 值，再将这两个滚柱放在尺寸组合相同的量块上，测量 M 值，则有

$$\tan\frac{\alpha}{2} = \frac{M-m}{2h} \tag{6-18}$$

由式(6-18)可算出实际的外圆锥角 α 值。

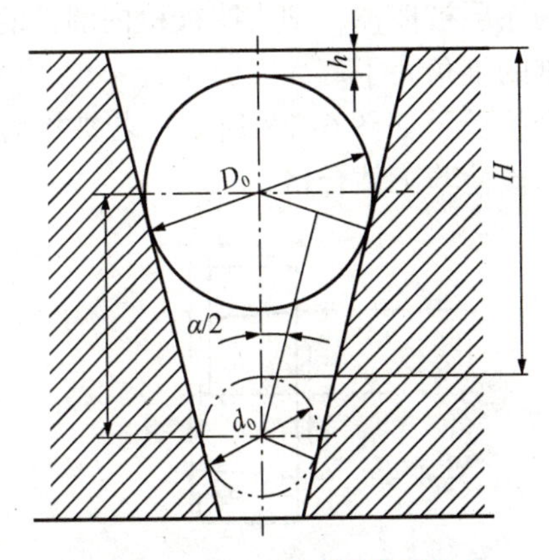

图 6-35　用钢球测量内圆锥角

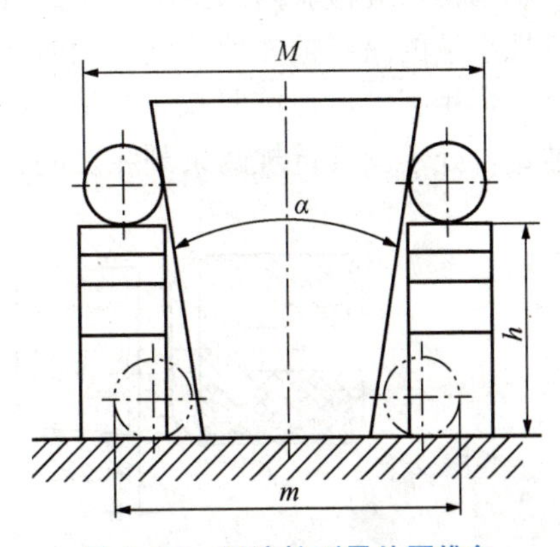

图 6-36　用滚柱测量外圆锥角

6.5.4 圆锥量规综合检验法

圆锥量规分为圆锥工作量规和校对量规，工作量规又分为圆锥塞规和圆锥环规。在成批生产中，内、外锥体工件的锥度和基面距偏差可分别用圆锥量规进行检验。

圆锥量规的结构如图6-37所示。

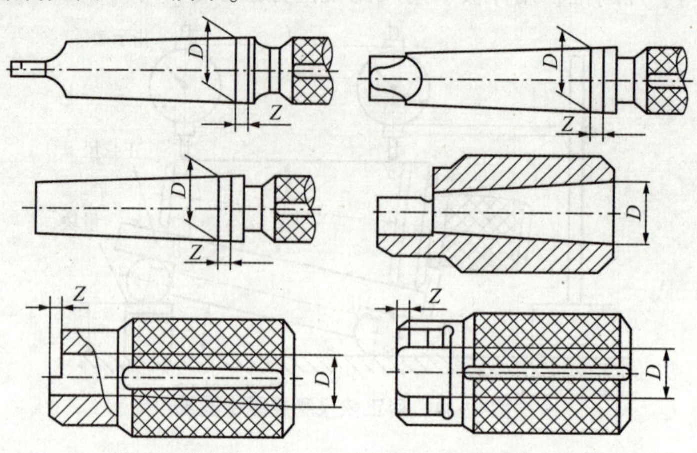

图6-37 圆锥量规的结构

用圆锥量规检验工件是按照圆锥量规相对于被检验工件端面的轴向移动位置来判断工件是否合格。为此，在圆锥量规的大端或小端刻有两条相距为 Z 的刻线或者是距离为 Z 值的小台阶，这里的 Z 即工件的基面距公差。

检验时，首先采用涂色法单项检验锥度，即在沿量规素线方向涂3~4条薄薄的显示剂。特别指出，检验内圆锥时，显示剂应涂在圆锥量规上，检验外圆锥时，则应涂在被测外圆锥表面。然后，将量规与被测圆锥面相对转动 $\frac{1}{3}\sim\frac{1}{2}$ 转进行对研之后取出圆锥量规，结合GB/T 11852—2003《圆锥量规公差与技术条件》，根据显示剂接触面积的位置和接触率来判断锥角的误差与圆锥表面形状误差是否合格。从接触率来看，高精度工件的接触率为工件工作长度的85%，精密工件为80%，普通工件为75%。从接触面积(即涂层被擦掉的情况)来看，若涂层被均匀地擦掉，表明圆锥角误差和表面形状误差都较小；反之，则表明存在较大误差。当用圆锥量规检验内圆锥时，若量规大端的涂层被擦掉，则表明被检内圆锥的锥角小了；若量规小端的涂层被擦掉，则表明被检内圆锥的锥角大了。

最后，再用圆锥量规按照基面距偏差进行综合检验，如图6-38所示。若被检验工件的最大圆锥直径处于圆锥量规两条刻线之间，即表示被检验工件合格。

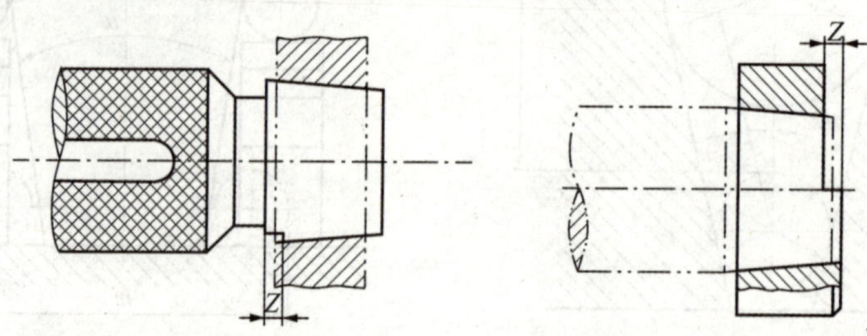

图6-38 用圆锥量规检验圆锥角偏差

本章小结

本章主要介绍了圆锥公差的基本术语、圆锥配合分类、圆锥尺寸及公差的工程标注、角度与锥度的常用测量方法及计量器具。

(1)圆锥的主要几何参数有圆锥角、圆锥直径、圆锥长度和锥度等。在零件图上圆锥直径只标注大端或小端的直径，圆锥角大小也可以用锥度表示。

(2)圆锥公差的基本术语有公称圆锥、实际圆锥、极限圆锥、极限圆锥直径、圆锥直径公差与公差区(带)、极限圆锥角、圆锥角公差与公差区(带)等。

(3)圆锥配合的术语包括初始位置、极限初始位置、初始位置公差、终止位置、装配力、极限轴向位移、轴向位移公差等。

(4)圆锥尺寸及公差的标注。

(5)角度和锥度的检测。

习 题

1. 简答题

(1)圆锥配合有哪些优点?

(2)圆锥有哪些主要几何参数?

(3)国家标准规定了哪几项圆锥公差?圆锥直径公差与给定截面圆锥直径公差有什么不同?

(4)圆锥公差有哪几种给定方法?各适用在什么场合?如何在图样上标注?

(5)用圆锥塞规检验内圆锥，若接触斑点在塞规小端，说明工件的锥角偏差是正还是负?

(6)常用的检测圆锥角(锥度)的方法有哪些?

2. 计算题

(1)若某圆锥最大直径为100 mm，最小直径为95 mm，圆锥长度为100 mm，试确定其圆锥角、圆锥素线角和锥度。

(2)有一外圆锥，最大直径D=200 mm，圆锥长度L=400 mm，圆锥直径公差等级为IT8级，求直径公差所能限定的最大圆锥角误差$\Delta\alpha_{max}$。

(3)某车床尾座顶尖套与顶尖结合采用莫氏锥度No. 4，顶尖圆锥长度L=118 mm，圆锥角公差等级为$AT8$，试查出圆锥角α和锥度C，以及圆锥角公差的数值(AT_α和AT_D)。

(4)位移型圆锥配合内、外圆锥的角度为1∶50，内、外圆锥的基本直径为100 mm，要求装配后得到H8/u7的配合性质。试计算所需的极限轴向位移$E_{a,\ max}$和$E_{a,\ min}$。

第7章 螺纹公差及检测

学习目标

掌握螺纹连接的互换性及了解螺纹的检测方法，包括了解普通螺纹的使用要求、主要几何参数及其对互换性的影响；理解作用中径的概念和中径合格性判断原则；掌握国家标准有关普通螺纹公差等级和基本偏差的规定；初步掌握普通螺纹公差与配合的选用和正确标注；了解螺纹常用的检测方法；了解梯形螺纹互换性基本知识。

学习重点

作用中径的概念和中径合格性的判断。

学习导航

螺纹是各种机电设备仪器仪表中应用最广泛的标准件之一。它由相互结合的内、外螺纹组成，通过旋合后牙侧面的接触作用来实现紧固、传动或密封功能。而螺纹连接要实现互换性，必须保证其具有良好的旋合性与一定的连接强度。那么影响普通螺纹互换性的因素有哪些？螺纹作用中径及中径合格条件是什么？如何选择普通螺纹的公差与配合？圆柱螺纹的检测方法有哪些？本章将从互换性的角度对这些内容进行讲解，并对梯形螺纹作简单介绍。

7.1 螺纹连接概述

螺纹是一种具有典型互换性的连接结构，在机电产品中应用非常广泛。螺纹按其连接性质与用途不同，可分为以下3类。

(1)紧固螺纹：用于连接或紧固零件，如公制普通螺纹等。其使用要求主要是可旋合性和连接的可靠性。

(2)传动螺纹：用于传递精确的位移和动力，如机床中的丝杠螺母副、千斤顶的起重螺杆等。其使用要求是传递动力可靠，传动比恒定。这种螺纹结合还要求有一定的保证间隙，以便传动及储存润滑油。

(3)紧密螺纹：用于密封的螺纹结合，如连接管道用的螺纹。这种螺纹结合的使用要求是结合紧密，不漏水、漏气和漏油。

本章主要介绍公制普通螺纹及梯形螺纹的互换性。我国发布的关于普通螺纹的国家标准主要有 GB/T 14791—2013《螺纹 术语》、GB/T 192—2003《普通螺纹 基本牙型》、GB/T 193—2003《普通螺纹 直径与螺距系列》、GB/T 196—2003《普通螺纹 基本尺寸》、GB/T 197—2018《普通螺纹 公差》、GB/T 2516—2003《普通螺纹 极限偏差》和 GB/T 3934—2003《普通螺纹量规 技术条件》；有关梯形螺纹的国家标准有 GB/T 5796.1—2005《梯形螺纹 第1部分：牙型》、GB/T 5796.2—2005《梯形螺纹 第2部分：直径与螺距系列》、GB/T 5796.3—2005《梯形螺纹 第3部分：基本尺寸》和 GB/T 5796.4—2005《梯形螺纹 第4部分：公差》。

7.1.1 普通螺纹的主要术语及定义

下面主要介绍普通圆柱螺纹的主要术语及定义。

1)基本牙型

图7-1为普通螺纹的基本牙型，它是将螺纹横轴剖面上高为 H 的原始等边三角形截去顶部($H/8$)和底部($H/4$)而形成的理想牙型。

2)大径(D 或 d)

与外螺纹牙顶或内螺纹牙底相切的假想圆柱的直径。D 与 d 分别表示内、外螺纹的大径。国家标准规定，普通螺纹大径为螺纹的公称直径。相配合的螺纹 $D=d$。

3)小径(D_1 或 d_1)

与外螺纹牙底或内螺纹牙顶相切的假想圆柱的直径。D_1、d_1 分别表示内、外螺纹的小径。相配合的螺纹 $D_1=d_1$。

4)中径(D_2 或 d_2)

一个假想圆柱的直径，该圆柱母线通过圆柱螺纹上牙厚与牙槽宽相等的地方。中径的大小决定了螺纹牙侧相对于轴线的径向位置，它的大小直接影响了螺纹的使用。因此，中径是螺纹公差与配合中的主要参数之一。相配合的螺纹 $D_2=d_2$。

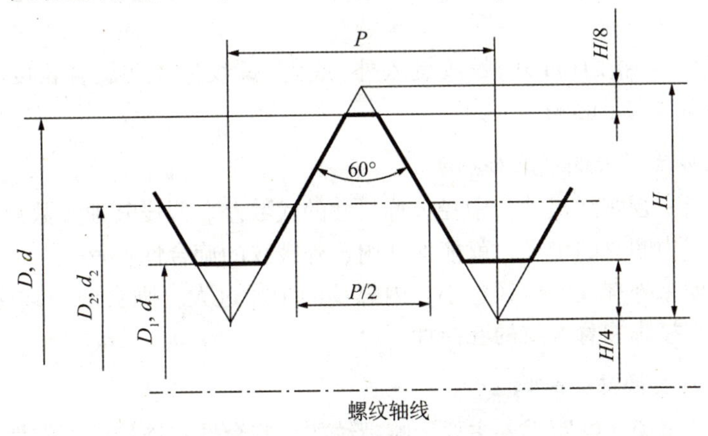

图7-1 普通螺纹的基本牙型

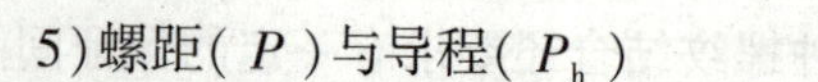

5）螺距（P）与导程（P_h）

螺距是指相邻两牙在中径线上对应两点间的轴向距离。导程是指同一螺旋线上的相邻两牙在中径线上对应两点间的轴向距离。对于单线螺纹，导程等于螺距；对多线螺纹，导程等于螺距与螺纹线数的乘积。

6）单一中径（D_{2s} 或 d_{2s}）

一个假想圆柱的直径，该圆柱的母线通过实际牙型上沟槽宽度等于螺距基本尺寸一半的地方。当螺距有误差时，单一中径不等于中径。

7）原始三角形高度（H）

原始三角形高度是指原始三角形顶点到底边的垂直距离，$H=\sqrt{3}P/2$。

8）牙型高度（$5H/8$）

牙型高度是指在螺纹牙型上牙顶和牙底之间在垂直于螺纹轴线方向上的距离。

9）牙型角（α）与牙型半角（$\alpha/2$）

在螺纹牙型上，两相邻牙侧间的夹角称为牙型角。对于公制普通螺纹牙型角 $\alpha=60°$。牙侧与螺纹轴线的垂线间的夹角称为牙侧角。牙型左、右对称的牙侧角称为牙型半角。

10）螺纹旋合长度

螺纹旋合长度是指两个相配合的螺纹沿螺纹轴线方向相互旋合部分的长度。

7.1.2 普通螺纹的主要几何参数误差对互换性的影响

要实现普通螺纹的互换性，就必须保证具有良好的旋合性及足够的连接强度。影响螺纹互换性的几何参数有螺纹的大径、中径、小径、螺距和牙型半角。在实际加工中，通常使内螺纹的大、小径尺寸分别大于外螺纹的大、小径尺寸，螺纹的大径和小径处一般有间隙，不会影响螺纹的配合性质。因此，中径偏差、螺距误差和牙型半角误差是影响螺纹互换性的主要因素。但是，外螺纹的大径尺寸过小，内螺纹的小径尺寸过大，则会影响连接强度，因此必须规定顶径公差。

1. 普通螺纹连接的互换性要求

普通螺纹连接的互换性要求包括以下内容。

（1）可旋入（合）性：指不需要费很大的力就能够把内（或外）螺纹旋进外（或内）螺纹规定的旋合长度上。

（2）连接可靠性：指内（或外）螺纹旋入外（或内）螺纹后，在旋合长度上接触应均匀紧密，且在长期使用中有足够的结合力。

2. 螺纹中径偏差对互换性的影响

中径偏差是指中径实际尺寸与中径公称尺寸的代数差。假设其他参数处于理想状态，若外螺纹的中径小于内螺纹的中径，就能保证内、外螺纹的旋合性；反之，就会产生干涉而难以旋合。但是，如果外螺纹的中径过小，内螺纹的中径过大，则会削弱其连接强度。可见，中径偏差的大小直接影响着螺纹的互换性。

3. 螺距误差对互换性的影响

对于紧固螺纹来说，螺距误差主要影响螺纹的可旋合性和连接的可靠性；对于传动螺纹来说，螺距误差直接影响传动精度，影响螺牙上负荷分布的均匀性。

螺距误差包括局部误差和累积误差。局部误差是指单个螺距的实际尺寸与基本尺寸的代数差，与旋合长度无关。累积误差是指旋合长度内任意个螺距的实际尺寸与基本尺寸的代数差，与旋合长度有关，是螺纹使用的主要影响因素。

为了便于分析问题，在图 7-2 中，假设内螺纹具有理想牙型，外螺纹仅有螺距误差，且外螺纹的螺距大于理想内螺纹的螺距。由于螺距累积误差（ΔP_{Σ}）的影响，螺纹产生干涉而无法旋合，如图 7-2 所示。为使有螺距误差的外螺纹可以旋入具有理想牙型的内螺纹，就必须将外螺纹中径减小一个数值 f_P，或者将内螺纹的中径增大一个数值 F_p，这个值（f_p 或 F_p）称为螺距累积误差的中径当量。

由图 7-2 可以得出

$$f_p = |\Delta P_{\Sigma}|\cot\frac{\alpha}{2} \tag{7-1}$$

对于米制普通螺纹牙型角 $\alpha = 60°$，则

$$f_p = 1.732|\Delta P_{\Sigma}|$$

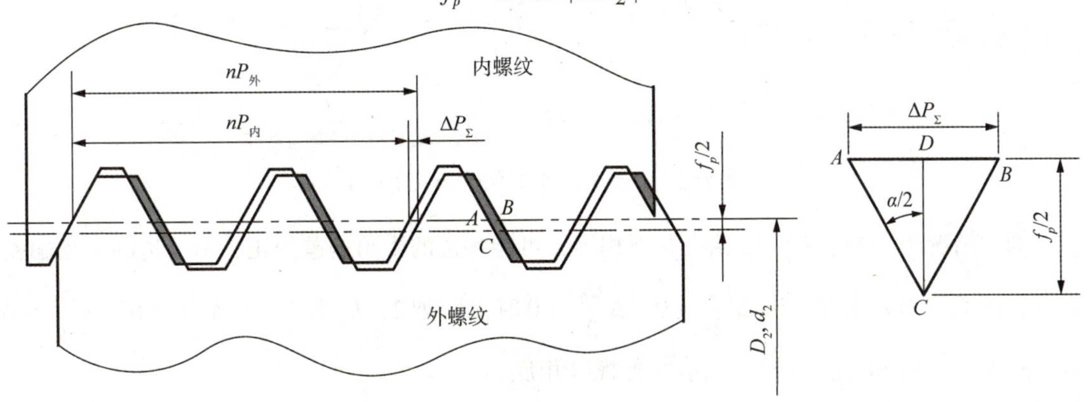

图 7-2　螺距累积误差对旋合性的影响

4. 牙型半角误差对互换性的影响

牙型半角误差是指牙型半角的实际值与公称值之间的差值。牙型角本身不准确或者牙型角的平分线出现倾斜都会产生牙型半角误差，对普通螺纹的互换性均有影响。

仍假设内螺纹具有理想牙型，与其相配合的外螺纹仅有牙型半角误差，当左、右牙型半角不相等时，就会在大径或小径处的牙侧产生干涉。如图 7-3 所示的阴影部分，内外螺纹不能自由旋合。为防止干涉，保证互换性，就必须将外螺纹中径减小一个数值 $f_{\alpha/2}$ 或将内螺纹的中径增大一个数值 $F_{\alpha/2}$。这个补偿牙型半角误差而折算到中径上的数值（$f_{\alpha/2}$ 或 $F_{\alpha/2}$）称为牙型半角误差的中径当量。

考虑到左、右牙型半角干涉区的径向干涉量不同，以及可能同时出现的各种情况，经过必要的单位换算，利用任意三角形的正弦定理，得出牙型半角误差的中径当量

$$f_{\alpha/2}(F_{\alpha/2}) = 0.073P\left(K_1\left|\Delta\frac{\alpha_1}{2}\right| + K_2\left|\Delta\frac{\alpha_2}{2}\right|\right) \tag{7-2}$$

式中，$f_{\alpha/2}(F_{\alpha/2})$ 为牙型半角误差的中径当量，单位为 μm；P 为螺距，单位为 mm；$\Delta\frac{\alpha_1}{2}$、

$\Delta\frac{\alpha_2}{2}$为左、右牙型半角误差，单位为“ ′”；K_1、K_2为左、右牙型半角误差系数。

对外螺纹，当$\Delta\frac{\alpha_1}{2}$与$\Delta\frac{\alpha_2}{2}$为正值时，K_1、K_2取2；当$\Delta\frac{\alpha_1}{2}$与$\Delta\frac{\alpha_2}{2}$为负值时，K_1、K_2取3。内螺纹取值与外螺纹相反。

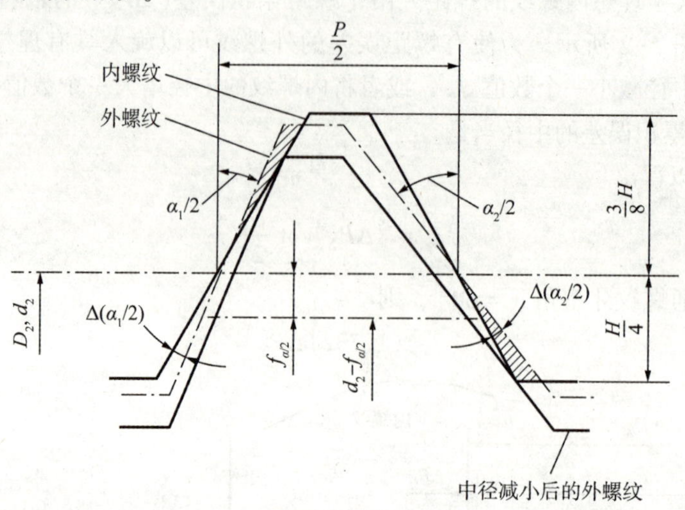

图 7-3　牙型半角误差对互换性的影响

通常情况下，左、右半角偏差并不相等，可能一边的半角偏差为正，另一边的半角偏差为负，因此，对外螺纹，当$\Delta\frac{\alpha_1}{2}>0$、$\Delta\frac{\alpha_2}{2}<0$时，$K_1$取2，$K_2$取3；当$\Delta\frac{\alpha_1}{2}<0$、$\Delta\frac{\alpha_2}{2}>0$时，$K_1$取3，$K_2$取2。内螺纹取值与外螺纹相反。

5. 螺纹作用中径及中径合格条件

1）作用中径的概念

实际生产中，螺距误差、牙型半角误差和中径误差总是同时存在的。前两项可折算成中径补偿值（f_p、$f_{\alpha/2}$），即折算成中径误差的一部分。因此，即使螺纹测得的中径合格，但由于存在螺距误差与牙型半角误差，仍不能确定螺纹是否合格。

对于外螺纹，当有螺距误差与牙型半角误差后，它只能和一个中径较大的内螺纹旋合，其效果就相当于有了螺距误差与牙型半角误差后，外螺纹的中径增大了。这个增大了的假想中径叫作外螺纹的作用中径（d_{2m}），它是与内螺纹旋合时起作用的中径，其值为

$$d_{2m}=d_{2s}+(f_p+f_{\alpha/2}) \tag{7-3}$$

同理，对于内螺纹，螺距误差和牙型半角误差使内螺纹只能和一个中径较小的外螺纹旋合，相当于内螺纹中径减小了。这个减小了的假想中径叫作内螺纹的作用中径（D_{2m}），其值为

$$D_{2m}=D_{2s}-(F_p+F_{\alpha/2}) \tag{7-4}$$

由于螺距误差和牙型半角误差对螺纹使用性能的影响都可以折算为中径当量，因此，国标中没有单独规定螺距和牙型半角公差，仅用内、外螺纹的中径公差综合控制单一中径、螺距和牙型半角3项误差，因而中径公差是衡量螺纹互换性的重要指标，是一项综合公差。

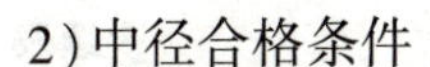

2)中径合格条件

如果外螺纹的作用中径过大，内螺纹的作用中径过小，将使螺纹难以旋合；若外螺纹的单一中径过小，内螺纹的单一中径过大，将会影响螺纹的连接强度。所以，从保证螺纹旋合性和连接强度的角度看，螺纹中径合格条件为：螺纹的作用中径不能超越最大实体牙型的中径；任意位置的实际中径(单一中径)不能超越最小实体牙型的中径。所谓最大与最小实体牙型，是指在螺纹中径公差范围内，分别具有材料量最多和最少且与基本牙型形状一致的螺纹牙型。

对外螺纹：作用中径不大于中径上极限尺寸；任意位置的单一中径不小于中径下极限尺寸，即

$$d_{2m} \leqslant d_{2max}, \ d_{2s} \geqslant d_{2min}$$

对内螺纹：作用中径不小于中径下极限尺寸；任意位置的单一中径不大于中径上极限尺寸，即

$$D_{2m} \geqslant D_{2min}, \ D_{2s} \leqslant D_{2max}$$

7.2　普通螺纹的公差与配合

7.2.1　普通螺纹的公差

GB/T 197—2018 将内、外螺纹的中径、大径和小径公差做了规定，其相关直径的公差等级如表 7-1 所示。由于内、外螺纹的底径是在加工时和中径一起由刀具切出，其尺寸由加工保证，因此也未规定公差。

表 7-1　螺纹中径和顶径公差等级

螺纹直径	公差等级	螺纹直径	公差等级
内螺纹中径(D_2)	4、5、6、7、8	外螺纹小径(d_2)	3、4、5、6、7、8、9
内螺纹顶径(D_1)		外螺纹顶径(d)	4、6、8

内、外螺纹各直径的公差值如表 7-2 和表 7-3 所示。

表 7-2　普通螺纹中径公差(摘自 GB/T 197—2018)

公称直径 D/ mm		螺距 P/ mm	内螺纹中径公差 T_{D_2} /μm					外螺纹中径公差 T_{d_2} /μm						
			公差等级					公差等级						
>	≤		4	5	6	7	8	3	4	5	6	7	8	9
5.6	11.2	0.75	85	106	132	170	—	50	63	80	100	125	—	—
		1	95	118	150	190	236	56	71	95	112	140	180	224
		1.25	100	125	160	200	250	60	75	95	118	150	190	236
		1.5	112	140	180	224	280	67	85	106	132	170	212	295

续表

公称直径 D/ mm		螺距 P / mm	内螺纹中径公差 T_{D_2} /μm					外螺纹中径公差 T_{d_2} /μm						
			公差等级					公差等级						
>	≤		4	5	6	7	8	3	4	5	6	7	8	9
11.2	22.4	1	100	125	160	200	250	60	75	95	118	150	190	236
		1.25	112	140	180	224	280	67	85	106	132	170	212	265
		1.5	118	150	190	236	300	71	90	112	140	180	224	280
		1.75	125	160	200	250	315	75	95	118	150	190	236	300
		2	132	170	212	265	335	80	100	125	160	200	250	315
		2.5	140	180	224	280	355	85	106	132	170	212	265	335
22.4	45	1	106	132	170	212	—	63	80	100	125	160	200	250
		1.5	125	160	200	250	315	75	95	118	150	190	236	300
		2	140	180	224	280	355	85	106	132	170	212	265	335
		3	170	212	265	332	425	100	125	160	200	250	315	400
		3.5	180	224	280	355	450	106	132	170	212	265	335	425
		4	190	236	300	375	415	112	140	180	224	280	355	450
		4.5	200	25	315	400	500	118	150	190	236	300	375	475

表 7-3　螺纹顶径公差(摘自 GB/T 197—2018)

螺距 P/ mm	内螺纹小径公差 T_{D_1} /μm					外螺纹大径公差 T_d /μm		
	公差等级					公差等级		
	4	5	6	7	8	4	6	8
1	150	190	236	300	375	112	180	280
1.25	170	212	265	335	425	132	212	335
1.5	190	236	300	375	475	150	236	375
1.75	212	265	335	425	530	170	265	425
2	236	300	375	475	600	180	280	450
2.5	280	355	450	560	710	212	335	530
3	315	400	500	630	800	236	375	600
3.5	355	450	560	710	900	265	425	670
4	375	475	600	750	950	300	475	750

7.2.2　普通螺纹的基本偏差

基本偏差为公差带两极限偏差中靠近零线的那个偏差，它确定公差带相对基本牙型的位置。

国家标准对内螺纹规定了两种基本偏差，其代号为 G 和 H，*EI* 为基本偏差，如图 7-4

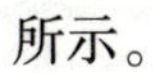
所示。

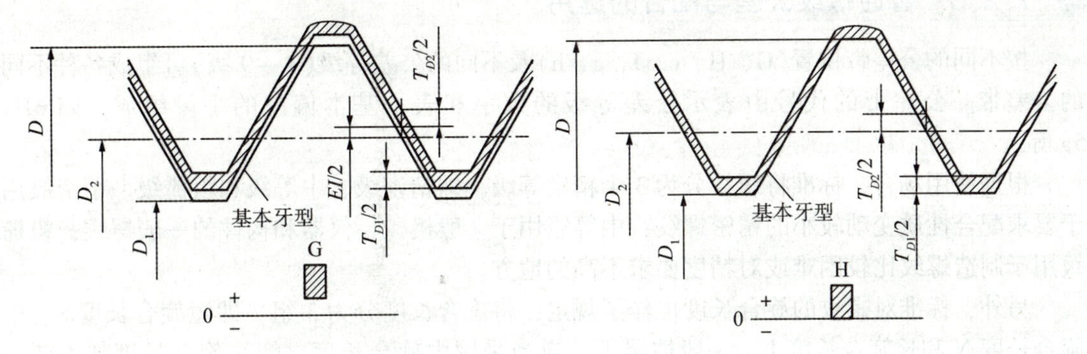

图 7-4 内螺纹的基本偏差

国家标准对外螺纹规定了 4 种基本偏差，其代号为 e、f、g、h，*es* 为基本偏差，如图 7-5 所示。

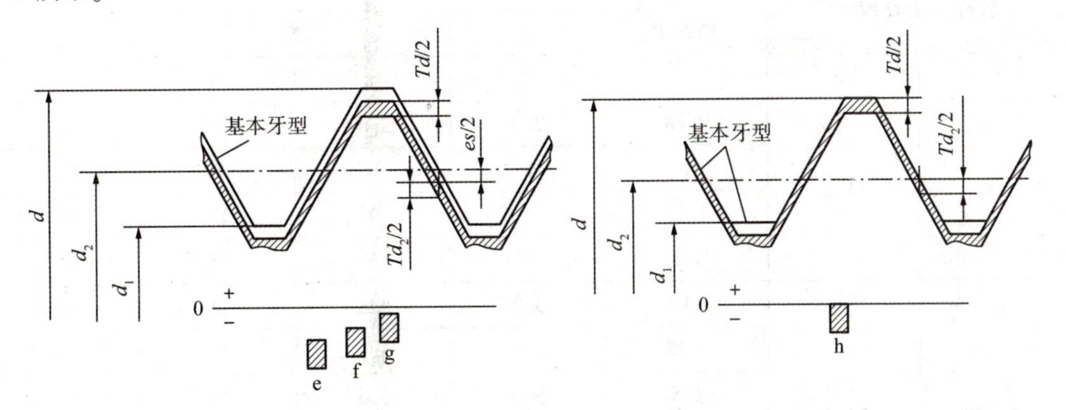

图 7-5 外螺纹的基本偏差

内、外螺纹基本偏差如表 7-4 所示。

表 7-4 螺纹基本偏差(摘自 GB/T 197—2018)

螺距 *P*/ mm	内螺纹的基本偏差 *EI*/μm		外螺纹的基本偏差 *es*/μm			
	G	H	e	f	g	h
1	+26		-60	-40	-26	
1. 25	+28		-63	-42	-28	
1. 5	+32		-67	-45	-32	
1. 75	+34		-71	-48	-34	
2	+38	0	-71	-52	-38	0
2. 5	+42		-80	-58	-42	
3	+48		-85	-63	-48	
3. 5	+53		-90	-70	-53	
4	+60		-95	-75	-60	

7.2.3 普通螺纹公差与配合的选用

按不同的公差带位置(G、H、e、f、g、h)及不同的公差等级(3 ~9 级)可组成各种不同的公差带。公差带的代号由表示公差等级的数字和表示基本偏差的字母组成，如 6H，5g 等。

根据使用场合，标准将螺纹分为 3 个精度等级，即精密级、中等级和粗糙级。精密级用于要求配合性质变动较小的精密螺纹；中等级用于一般机械、仪器和构件的一般螺纹；粗糙级用于制造螺纹比较困难或对精度要求不高的地方。

另外，标准对螺纹的旋合长度也作了规定，将旋合长度分为 3 组，即短旋合长度 S、中旋合长度 N 和长旋合长度 L，一般情况下，应当采用中旋合长度。螺纹旋合长度如表 7-5 所示。

表 7-5 螺纹旋合长度(摘自 GB/T 197—2018) 单位：mm

公称直径 *D* 或 *d*		螺距 *P*	旋合长度			
			S	N		L
>	≤		≤	>	≤	>
5.6	11.2	0.75	2.4	2.4	7.1	7.1
		1	3	3	9	9
		1.25	4	4	12	12
		1.5	5	5	15	15
11.2	22.4	1	3.8	3.8	11	11
		1.25	4.5	4.5	13	13
		1.5	5.6	5.6	16	16
		1.75	6	6	18	18
		2	8	8	24	24
		2.5	10	10	30	30
22.4	45	1	4	4	12	12
		1.5	6.3	6.3	19	19
		2	8.5	8.5	25	25
		3	12	12	36	36
		3.5	15	15	45	45
		4	18	18	53	53
		4.5	21	21	63	63

在生产中，为了减少刀、量具的规格和数量，对公差带的数量(或种类)应加以限制。根据螺纹的使用精度和旋合长度，国家标准推荐了一些常用公差带，如表 7-6 和表 7-7 所示。除非特殊需要，一般不宜选择标准以外的公差带。

表 7-6 内螺纹选用公差带(摘自 GB/T 197—2018)

精度	公差带位置 G			公差带位置 H		
	S	N	L	S	N	L
精密	—	—	—	4H	5H	6H
中等	(5G)	**6G**	(**7G**)	**5H**	**6H**	**7H**
粗糙	—	(7G)	(8G)	—	7H	8H

表 7-7 外螺纹选用公差带(摘自 GB/T 197—2018)

精度	公差带位置 e			公差带位置 f			公差带位置 g			公差带位置 h		
	S	N	L	S	N	L	S	N	L	S	N	L
精密	—	—	—	—	—	—	—	(4g)	(5g4g)	(3h4h)	**4h**	(5h4h)
中等	—	**6e**	(7e6e)	—	**6f**	—	(5g6g)	**6g**	(7g6g)	(5h6h)	6h	(7h6h)
粗糙	—	(8e)	(9e8e)	—	—	—	—	8g	(9g8g)	—	—	—

注：公差带优先选用顺序为：粗体字公差带、一般字体公差带、括号内公差带。带方框的粗字体公差带用于大量生产的紧固件螺纹。

从表 7-6 和表 7-7 中可以看出：在同一精度中，对不同旋合长度(S，N，L)的螺纹中径，采用了不同的公差等级，这是考虑到不同旋合长度对螺距累积误差有不同影响的缘故。

内、外螺纹选用的公差带可以任意组合，但为了保证足够的接触高度，标准推荐完工后的螺纹零件宜优先组成 H/g、H/h 或 G/h 配合，一般情况采用最小间隙为零的 H/h 配合。对公称直径小于或等于 1.4 mm 的螺纹，应选用 5H/6h，4H/6h 或更精密的配合；对用于经常拆卸、工作温度高或需涂镀的螺纹，通常采用 H/g 或 G/h 等具有保证间隙的配合。

如无其他特殊说明，推荐公差带也适用于涂镀前的螺纹。涂镀后，螺纹实际轮廓上的任何一点均不应超越按公差 H 或 h 所确定的最大实体牙型。

7.2.4 螺纹在工程图上的标注

螺纹完整标记由螺纹代号 M、公称直径值、导程代号 Ph(单线螺纹可省略)、螺距值、中径公差带代号、顶径公差带代号、旋合长度代号和螺纹旋向代号 LH（右旋省略)所组成。

当螺纹为粗牙螺纹时，螺距值标注可以省略；当顶径公差带和中径公差带相同时，只标注一个公差带的代号；当旋合长度为中等长度 N 时，旋合长度代号 N 可以省略。

在下列情况下，中等精度螺纹不标注其公差带代号。

(1)内螺纹：公称直径 $D \leq 1.4$ mm，公差带代号为 5H；公称直径 $D \geq 1.6$ mm，公差带代号为 6H。对螺距为 0.2 mm 的螺纹，其公差等级为 4 级。

(2)外螺纹：公称直径 $d \leq 1.4$ mm，公差带代号为 6h；公称直径公差带代号为 6g。

例如，M16×Ph3 P1.5-7g6g-L-LH 表示普通外螺纹、公称直径为 16 mm、导程为 3 mm、螺距为 1.5 mm、中径公差带为 7g、顶径公差带为 6g、长旋合长度、左旋。

表示内、外螺纹配合时，内螺纹公差带代号在前，外螺纹公差带代号在后，中间用斜线(/)分开。例如，M20×2-6H/5g6g 表示公差带为 6H 的内螺纹与公差带为 5g6g 的外螺纹组成的配合。

7.3 圆柱螺纹的检测

螺纹的检测可分为综合检测和单项检测。

7.3.1 螺纹的综合检测

综合检测是按泰勒原则使用螺纹量规检验被测螺纹各几何参数误差的综合结果，用该量规的通规检验被测螺纹的作用中径(含底径)，用止规检验被测螺纹的单一中径，还要用光滑极限量规检验被测螺纹顶径的实际尺寸。

外螺纹的大径尺寸和内螺纹的小径尺寸是在加工螺纹之前的工序完成的，它们分别用光滑极限环规和塞规检验。因此，螺纹量规主要检验螺纹的中径，同时还要限制内螺纹的大径和外螺纹的小径，否则螺纹不能旋合使用。

用螺纹量规检验外螺纹示意图如图 7-6 所示。

通端光滑卡规和止端光滑卡规，用于检验外螺纹的顶径(大径)。

通端螺纹环规可以检验除顶径外的被检外螺纹的所有轮廓，即被检外螺纹轮廓上的各点均不应超过该外螺纹的最大实体牙型。当然，它也限制了作用中径，即限制了单一中径与牙型半角误差的中径当量和螺距误差的中径当量之和，因此，该量规应采用完整牙型。由于该量规要限制螺距累积误差，所以通端螺纹环规的轴向长度应与被检螺纹的旋合长度相同。

止端螺纹环规主要用于检验外螺纹的单一中径，为了防止牙型半角误差和螺距误差对检验结果的影响，止端螺纹环规应采用截短牙型，且螺纹圈数也减少。

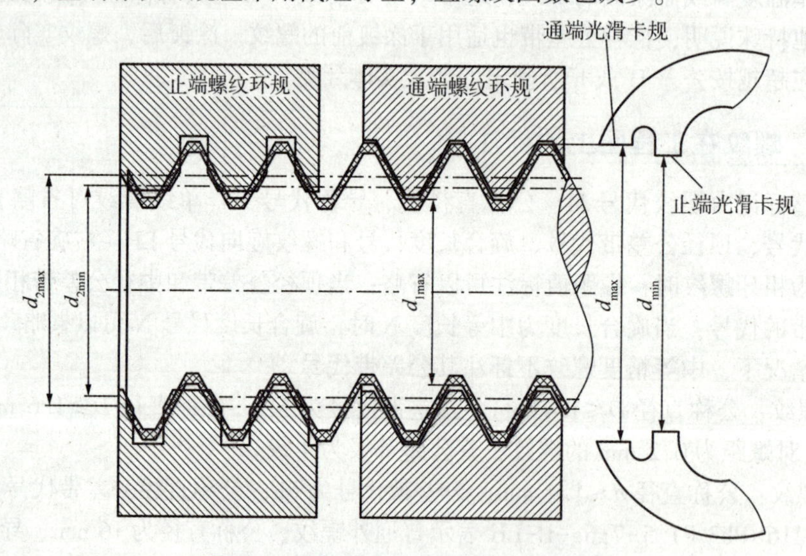

图 7-6 用螺纹量规检验外螺纹示意图

用螺纹量规检验内螺纹示意图如图 7-7 所示。

通端光滑塞规和止端光滑塞规用于检验内螺纹的顶径(小径)。

通端螺纹塞规可以检验除顶径外的被检内螺纹的所有轮廓，即被检内螺纹轮廓上的各点均不应超过该螺纹的最大实体牙型。很明显，它也限制了作用中径，即限制了单一中径与牙型半角误差的中径当量和螺距误差的中径当量之和的差值。因此，该量规也应采用完整牙型。也由于该量规要限制螺距累积误差，因此通端螺纹塞规的轴向长度也应与被检螺纹旋合长度相同。

止端螺纹塞规也主要用于检验内螺纹的单一中径，为了防止牙型半角误差和螺距累积误差对检验结果的影响，止端螺纹塞规也应采用截短牙型，且螺纹圈数也应减少。

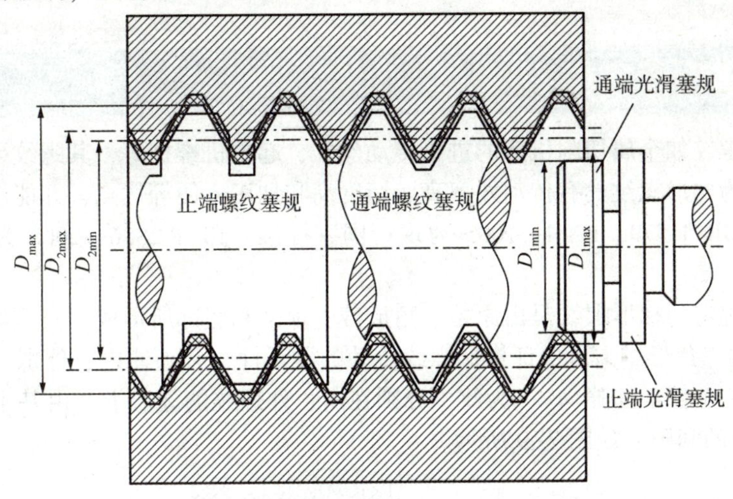

图 7-7　用螺纹量规检验内螺纹示意图

由上述可知，螺纹量规检验被检螺纹时，通端螺纹量规(环规或塞规)能顺利与被检螺纹旋合，而止端螺纹量规(环规或塞规)不能与被检螺纹旋合或不完全旋合，则被检螺纹合格。反之，则为不合格。

7.3.2　螺纹的单项检测

对精密螺纹，除了可旋合性和连接可靠之外，还有其他精度要求和功能要求，应按公差原则的独立原则对其中径、螺距和牙侧角等参数分别进行单项检测。

单项检测螺纹的方法很多，最典型的是用万能工具显微镜测量螺纹的中径、螺距和牙侧角。万能工具显微镜是一种应用很广泛的光学计量仪器，测量螺纹是其主要用途之一。用万能工具显微镜将被测螺纹的牙型轮廓放大成像，按被测螺纹的影像测量其螺距、牙侧角和中径，因此该法又称为影像法，具体方法可以参阅有关资料，本部分仅介绍三针量法。

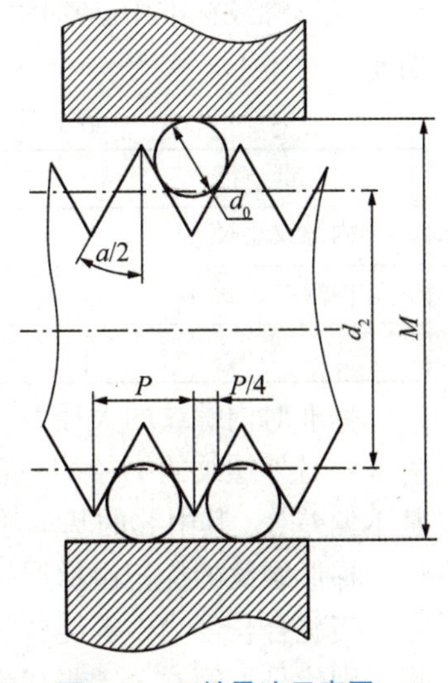

图 7-8　三针量法示意图

三针量法主要用于测量精密外螺纹(如丝杠、螺纹塞规)的中径 d_2。它是用三根直径相等的精密量针放在螺纹槽中，用其他仪器量出尺寸 M，如图 7-8 所示。然后根据被测螺纹的螺距 P、牙型半角 $\alpha/2$ 及量针直径 d_0，按几何关系推算出计算中径的公式。

对普通螺纹($\alpha = 60°$)，有

$$d_2 = M - 3d_0 + 0.866P$$

对梯形螺纹($\alpha = 30°$)，有

$$d_2 = M - 4.863d_0 - 1.866P$$

为使牙型半角误差对中径 d_2 的测量结果没有影响，则 d_0 的最佳值应按下式选取：

$$对普通螺纹\ d_{0最佳} = 0.577P$$

$$对梯形螺纹\ d_{0最佳} = 0.518P$$

7.4 梯形螺纹简介

各种传动螺纹如金属切削机床的进给传动丝杠、起重机螺杆等，其螺纹牙型多采用梯形螺纹。这是因为梯形螺纹具有传动效率高、精度高和加工方便等优点，并能够满足传动螺纹的使用要求。GB/T 5796.1～4—2005 为现行国家标准。JB/T 2886—2008 为现行机械行业标准。

国家标准规定的梯形螺纹是由原始三角形截去顶部和底部所形成，其原始三角形为顶角等于30°的等腰三角形。为了保证梯形螺纹传动的灵活性，必须使内、外螺纹配合后在大径和小径间留有一个保证间隙 a_c，为此，分别在内、外螺纹的牙底上，由基本牙型预留出一个大小等于 a_c 的间隙，如图 7-9 所示。

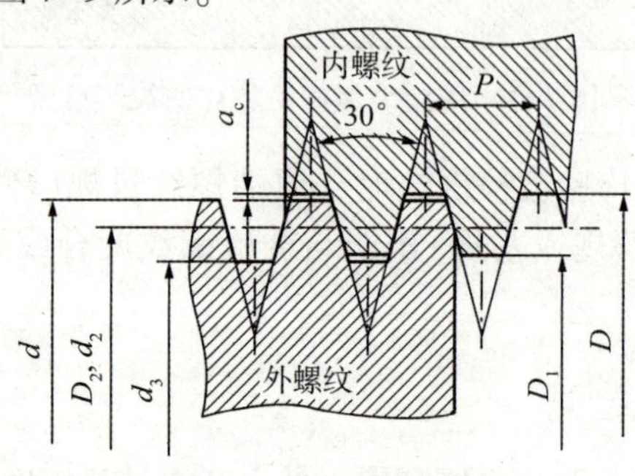

图 7-9　梯形螺纹

梯形螺纹标准中，对内、外螺纹的大、中、小径的公差等级分别作了规定，如表 7-8 所示。

表 7-8　梯形螺纹公差等级(摘自 GB/T 5796.4—2005)

直　径	公差等级	直　径	公差等级
内螺纹小径 D_1	4	外螺纹小径 d_3	7、8、9
内螺纹中径 D_2	7、8、9	外螺纹中径 d_2	7、8、9
		外螺纹大径 d	4

标准对内螺纹的大径 D、中径 D_2 和小径 D_1 只规定了一种基本偏差 H(下偏差)，其值为零；对外螺纹的中径 d_2 规定了 h、e 和 c 三种基本偏差，对大径 d 和小径 d_3 规定了一种基本偏差 h，其中 h 的基本偏差(上偏差)为零，e 和 c 的基本偏差(上偏差)为负。

梯形螺纹的标记由梯形螺纹代号、公差带代号及旋合长度代号组成。

当旋合长度为中等旋合长度时，不标注旋合长度代号。当旋合长度为长旋合长度时，应将组别代号 L 写在公差带代号的后面，并用“-”隔开。

在装配图中，梯形螺纹的公差带要分别注出内、外螺纹的公差带代号。前面是内螺纹公差带代号，后面是外螺纹公差带代号，中间用斜线分开，如 Tr40×7-7H/7e。

梯形螺纹标记中各项的含义如图 7-10 所示。

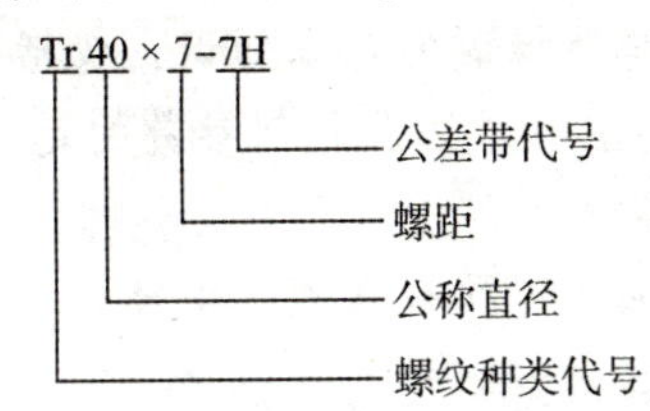

图 7-10　梯形螺纹标记中各项的含义

生产中机床中的丝杠螺母副就是采用的梯形螺纹。其特点是精度要求高，特别是对螺距公差(或螺旋线公差)的要求。丝杠及螺母的精度分为 6 级，它们是：4、5、6、7、8、9。对于丝杠所规定的公差(或极限偏差)项目，除螺距公差、牙型半角极限偏差、大径公差中径公差以及小径公差外，还增加了丝杠螺旋线公差(只用于 4、5 和 6 级的高精度丝杠)、丝杠全长上中径尺寸变动量公差和丝杠中径跳动公差。

7.5　螺纹精度设计实例

【例 7-1】有一 M24×2-6g 的外螺纹，测得单一中径 $d_{2s}=21.95\ \text{mm}$，螺距累积误差 $\Delta P_{\Sigma}=+50\ \mu\text{m}$，牙型半角误差 $\Delta\frac{\alpha_1}{2}=-80'$、$\Delta\frac{\alpha_2}{2}=+60'$。试计算外螺纹的作用中径 d_{2m}，并判断中径的合格性。

解：(1)确定螺纹中径极限尺寸。

由表 7-2、表 7-4 及 GB/T 196—2003 可查得，中径 $d_2=22.701\ \text{mm}$，基本偏差 $es=-38\ \mu\text{m}$，中径公差 $T_{d_2}=170\ \mu\text{m}$，计算得

$$ei=es-T_{d_2}=(-38-170)\ \mu\text{m}=-208\ \mu\text{m}$$

$$d_{2\max}=d_2+es=(22.701-0.038)\ \text{mm}=22.663\ \text{mm}$$

$$d_{2\min}=d_2+ei=(22.701-0.208)\ \text{mm}=22.493\ \text{mm}$$

(2)计算螺距误差和牙型半角误差的中径当量及作用中径。

由式(7-1)与式(7-2)得

$$f_p=1.732\left|\Delta P_{\Sigma}\right|=1.732\times 50\ \mu\text{m}=86.6\ \mu\text{m}$$

$$f_{\alpha/2}=0.073P\left(K_1\left|\Delta\frac{\alpha_1}{2}\right|+K_2\left|\Delta\frac{\alpha_2}{2}\right|\right)=0.073\times 2\times(3\times 80+2\times 60)\ \mu\text{m}=52.56\ \mu\text{m}$$

因此，

$$d_{2m}=d_{2s}+f_p+f_{\alpha/2}=(21.95+0.0866+0.05256)\ \text{mm}\approx 22.089\ \text{mm}$$

(3)判断中径合格性。

由于 $d_{2m}<d_{2\max}$，则螺纹可旋合，但 $d_{2s}<d_{2\min}$，则不能保证连接强度，故此外螺纹为不合格件。

本章小结

本章主要内容是关于螺纹公差及检测的基本知识，包括以下内容。

(1)螺纹的分类，普通螺纹的主要术语及几何参数的定义。

(2)影响普通螺纹互换性的参数，螺纹作用中径概念及中径合格条件。作用中径的大小影响可旋合性，单一中径的大小影响连接可靠性。中径合格与否应遵循泰勒原则，将单一中径和作用中径控制在中径公差带之内。

(3)普通螺纹的公差等级。螺纹公差国家标准中，规定了 d_1、d_2 和 D_1、D_2 的公差。

(4)普通螺纹的基本偏差。对于外螺纹，基本偏差有 e、f、g、h 4 种；对于内螺纹，基本偏差有 G、H 2 种。

(5)螺纹的公差等级和基本偏差组成了螺纹公差带。螺纹的旋合长度分为短、中和长三种，分别用代号 S、N 和 L 表示。

(6)螺纹的精度等级。螺纹按公差等级和旋合长度规定了 3 种精度等级：精密、中等、粗糙。

(7)普通螺纹和梯形螺纹在图样上的标注。

(8)圆柱螺纹的检测方法，包括综合检测与单项检测。

习　题

1. 简答题

(1)以外螺纹为例，试说明螺纹中径、单一中径和作用中径三者有何区别和联系？

(2)普通螺纹结合中，内、外螺纹中径公差是如何构成的？

(3)圆柱螺纹的综合检测与单项检测各有什么特点？

(4)查表确定 M20×2-6H/5g6g 普通内、外螺纹的中径、大径和小径的极限偏差。

(5)说明梯形螺纹连接 Tr 40×16 (P8) LH-8H/8e-L-LH 标记中各项的含义。

2. 计算题

有一 M24×2-7H 的内螺纹，加工后实测得单一中径 $D_{2s}=22.65\ \text{mm}$，螺距累积误差 $\Delta P_{\Sigma}=+45\ \mu\text{m}$，牙型半角误差 $\Delta\dfrac{\alpha_1}{2}=-30'$、$\Delta\dfrac{\alpha_2}{2}=+40'$。试计算外螺纹的作用中径 d_{2m}，并判断中径的合格性。

第8章 渐开线圆柱齿轮公差及检测

学习目标

学习渐开线圆柱齿轮传动的使用要求，了解齿轮加工误差的主要来源；理解并掌握单个齿轮、齿轮副的评定项目特点和精度等级的规定及其应用情况；掌握齿厚极限偏差的确定方法；掌握齿轮精度在工程图样上的标注方法；掌握齿轮精度设计基本内容与方法。

学习重点

渐开线圆柱齿轮传动的使用要求、齿轮精度的设计方法及齿轮公差在工程图样上的正确标注。

学习导航

齿轮传动是机械传动的基本形式之一。圆柱齿轮由于其具有传动的可靠性好、承载能力强、制造工艺成熟等优点，广泛应用于机器、仪器制造业中(见图8-1)，已成为各类机械中传递动力、改变运动方向和传递扭矩的主要机构。为了保证齿轮传动的质量和互换性，必须研究齿轮误差与使用性能的影响，探讨提高齿轮加工和测量精度的途径，并制定出相应的精度标准。

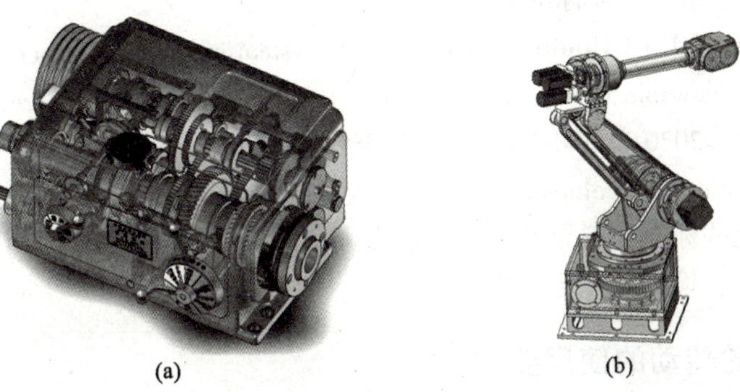

(a)　　(b)

图8-1　圆柱齿轮的工程应用

(a)车床主轴箱；(b)六轴机器人

8.1 渐开线圆柱齿轮传动概述

齿轮传动由于具有传动效率高、结构紧凑、承载能力大和工作可靠等特点，被广泛应用于汽车、轮船、飞机、机床、盾构机等大小型工程机械、农业机械和仪器仪表中，尤其以渐开线圆柱齿轮的使用最广。

齿轮传动有圆柱齿轮传动、圆锥齿轮传动、齿轮-齿条传动以及蜗杆-蜗轮传动等。它们分别由齿轮副或蜗轮副以及轴、轴承、机座等有关零件组成，因此其传动质量不仅与齿轮或蜗轮副的制造精度有关，还与轴、轴承、机座等有关零件的制造精度以及整个传动装置的安装精度有关。齿轮在制造和安装过程中的误差，势必要影响到机器和仪器的承载能力、使用寿命以及工作精度，所以必须对其确定相应的公差。随着机械制造业的迅猛发展，要求机器在降低自身质量的前提下，传递的功率越来越大，转速越来越高，因此对齿轮传动精度的要求就更高了。

我国现行的与保证齿轮精度相关的国家标准主要包括 2 项渐开线圆柱齿轮精度和相应的 4 个有关圆柱齿轮精度检验实施规范的指导性技术文件及 1 个检测细则。

(1) GB/T 10095.1—2008《圆柱齿轮 精度制 第 1 部分：轮齿同侧齿面偏差的定义和允许值》。

(2) GB/T 10095.2—2008《圆柱齿轮 精度制 第 2 部分：径向综合偏差与径向跳动的定义和允许值》。

(3) GB/Z 18620.1—2008《圆柱齿轮 检验实施规范 第 1 部分：轮齿同侧齿面的检验》。

(4) GB/Z 18620.2—2008《圆柱齿轮 检验实施规范 第 2 部分：径向综合偏差、径向跳动、齿厚和侧隙的检验》。

(5) GB/Z 18620.3—2008《圆柱齿轮 检验实施规范 第 3 部分：齿轮坯、轴中心距和轴线平行度的检验》。

(6) GB/Z 18620.4—2008《圆柱齿轮 检验实施规范 第 4 部分：表面结构和轮齿接触斑点的检验》。

(7) GB/T 13924—2008《渐开线圆柱齿轮精度 检验细则》。

(8) 最新的齿轮精度国际标准如下。

①ISO 1382-1：2013 Cylindrical gears — ISO system of flank tolerance classification — Part 1：Definitions and allowable values of deviations relevant to flanks of gear teeth。

②ISO 1328-2：2020 Cylindrical gears — ISO system of flank tolerance classification — Part 2：Definitions and allowable values of double flank radial composite deviations。

本章将结合这些标准和指导性文件，重点介绍渐开线圆柱齿轮的加工误差、齿轮公差以及齿轮的精度设计、检测与评定。

8.1.1 齿轮传动的使用要求

由于齿轮传动的类型众多，齿轮传动的使用要求也各有侧重。按齿轮传动的功能，齿轮传动的使用要求可分为传动精度与齿轮副的侧隙两方面；按齿轮传动的作用特点，其传动精度要求又可分为传递运动的准确性、传动的平稳性和载荷分布的均匀性。

1. 传递运动的准确性

齿轮传递运动的准确性(齿轮运动精度)是指齿轮在一转(2π)范围内传动比的变动量。在实际的齿轮传动中，传动比的变动量越小越准确。尽管理论上齿轮传动比可保持恒定不变，但由于加工误差的影响，齿廓相对于旋转中心分布不均匀，且非理想的齿廓线，在齿轮传动中必然引起传动比的变动。传动比的变动程度通过转角误差的大小来反映，如果要使传动比变化尽量小，以控制从动件与主动件运动协调一致，就必须使齿轮在一转中最大的转角误差(绝对值)不得超过一定的限度。

如图 8-2 所示，假设右侧的主动齿轮为无误差的理想齿轮，其各轮齿相对于回转中心 O_1 分布均匀，而左侧的从动齿轮各轮齿相对其回转中心 O_2 分布不均匀。不考虑其他误差，当两齿轮单面啮合且主动齿轮匀速回转时，主动齿轮每转过一齿，在同一时间内，从动齿轮必然也随之转过一齿。但由于齿距偏差的影响，使从动齿轮轮齿分布并不均匀，就导致其旋转忽快忽慢，每转过一个齿距角产生的偏差如图 8-2 所示，从第 3 齿到第 7 齿，理论上应转过 180°而实际转过 179°59′18″；反之，从第 7 齿到第 3 齿实际转过 180°0′42″。实际转角对理论转角的转角误差的最大值为 $\Delta\phi_{\Sigma}=(+24'')-(-18'')=42''$，将其化为弧度再乘以半径则可得到线性值，即为从动齿轮传递运动准确性精度。

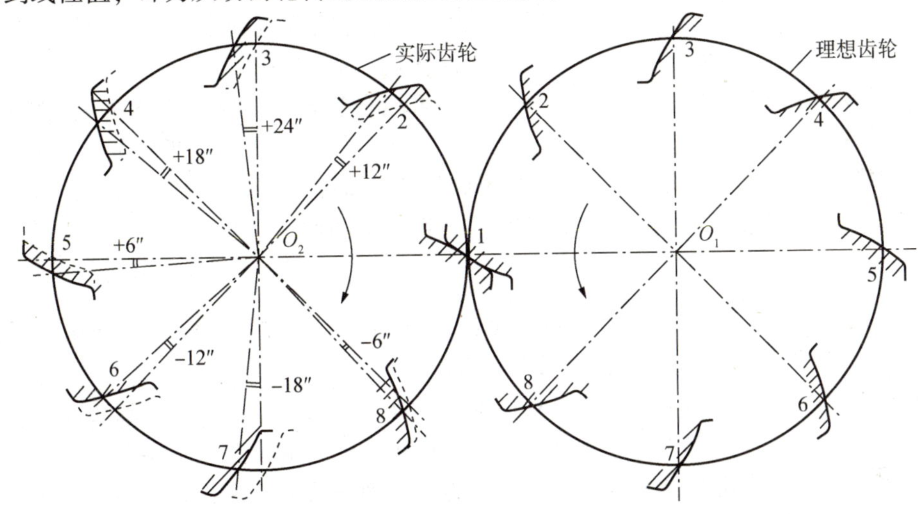

图 8-2 齿轮传动

在有些机器中，这一精度指标对齿轮的使用性能影响很大。例如，汽车发动机曲轴和凸轮轴上的一对正时齿轮，如果它们传递运动的准确性不高，传递运动就不协调，也就会影响到进气阀和排气阀的启闭时间，从而影响发动机的正常工作。而在计数装置和分度机构中的齿轮，如果传递运动的准确性不高，则会影响仪器指示的精度。

2. 传动的平稳性

齿轮传动的平稳性(齿轮平稳性精度)是指齿轮转过一个齿距角的范围内传动比(瞬时传动比)的变动量。瞬时传动比的变动量越小则齿轮传动越平稳。一对理想齿轮在理想安装条件下可以达到非常平稳，但由于受齿廓偏差、齿距偏差等影响，传动比在任何时刻都不恒定。要齿轮传动平稳，则要求齿轮传动的瞬时传动比变化不大，即齿轮在一个较小角度范围内(一般指一个齿距角）转角误差的变化不得超过一定的限度。在图 8-3 中，当齿轮每转过一个轮齿（即一个齿距角）时，相邻的转角误差会出现小的变化，通常用转角误差曲线上多次出现的小波形的最大幅度值来表征齿轮瞬时传动比的变化，即齿轮的平稳性。在图 8-2 中，其最大变动幅度值 $\Delta\phi_{max} = 12''$。

在齿轮回转过程中，特别是高速传动的齿轮，瞬时传动比的突然变化，会引起齿轮冲击，产生振动和噪声，从而影响其传动的平稳性。

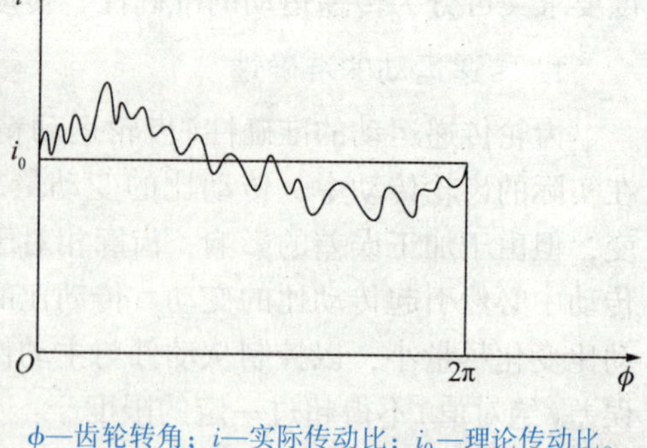

ϕ—齿轮转角；i—实际传动比；i_0—理论传动比。

图 8-3　齿轮一转中传动比的变化

特别强调，齿轮传递运动的不准确和不平稳都是齿轮传动比变化引起的，实际上两者不是相互独立的，而是同时存在、相互叠加的，如图 8-3 所示。

引起传递运动不准确的传动比最大变化量以齿轮一转为周期，且波幅大；而瞬时传动比的变化是由每个齿距角范围内的单齿误差引起的，在齿轮一转内单齿误差频繁出现，且波幅小，影响齿轮传动平稳性。

3. 齿面载荷分布的均匀性

齿面载荷分布的均匀性（齿轮接触精度）是指在齿轮啮合过程中，工作齿面沿全齿宽和全齿高保持均匀接触，并具有尽可能大的接触面积比。

由于受各种误差的影响，齿轮的工作齿面不可能全部均匀接触（见图 8-4），而这种局部的不均匀接触，会使部分齿面承受载荷过大，产生应力集中，造成局部磨损或点蚀，影响齿轮的使用寿命，甚至影响齿轮的强度，严重时可以导致轮齿断裂。为此，对齿轮传动工作齿面的接触面积应有一定要求，以保证齿轮承受载荷分布的均匀性。

4. 齿轮副的侧隙

齿轮副的侧隙（齿侧间隙，简称侧隙）是指相互啮合的齿轮副的工作齿面接触时，相邻的两个非工作齿面之间应留有合理的间隙，如图 8-5 所示。

齿轮副的侧隙是齿轮与轴、轴承、箱体等零部件装配后形成的。齿轮副通常是在单面啮合的状态下工作的，在工作齿面间需要油膜来保证正常的润滑；在非工作齿面间，则需要适当的间隙，以便储藏润滑油，补偿齿轮传动受力后的弹性变形、齿轮和箱体的热变形、齿轮的加工误差以及齿轮副的安装误差等，防止齿轮在工作中发生齿面烧蚀或卡死。

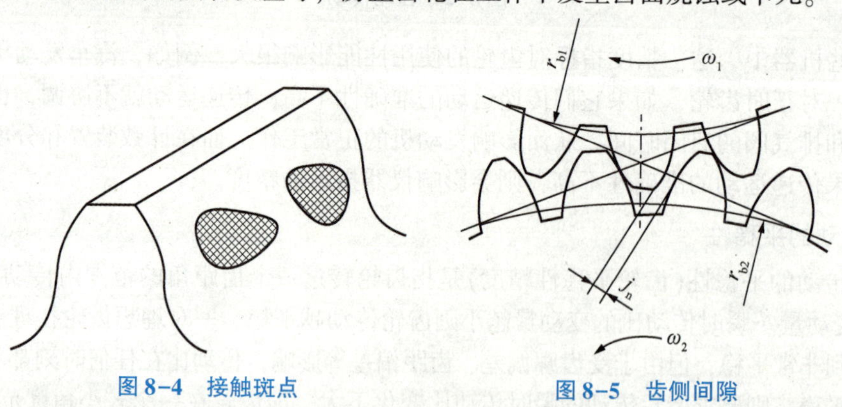

图 8-4　接触斑点　　　　图 8-5　齿侧间隙

一般地，为了使齿轮传动性能良好，对齿轮传动的准确性、平稳性、载荷分布均匀性以及齿轮副的侧隙均应有较高的要求，但这种做法是不经济的。在齿轮的实际应用中，由于用途和工作条件的不同，对精度要求各有侧重。通常，按照使用功能的不同将齿轮分为3类。

(1)读数齿轮：主要用于读数装置、分度机构、控制系统及随动系统。此时，应侧重要求传递运动的准确性，使主、从动齿轮的运动协调一致，以保证能准确地传递角位移。当其对回程误差有严格要求时，对齿轮副的侧隙也应该严加控制。

(2)高速动力齿轮：广泛应用于航空发动机、汽车、机床的减速器。此时，传递的动力或大或小，但均有较高的回转速度。因而，首先要考虑的是传动的平稳性要求，以降低振动和噪声。另外，当传递较大的动力时，如汽轮机减速器中的齿轮，同时还要求齿面的接触精度好，运动准确性高，侧隙也较大。

(3)低速重载齿轮：主要用于重型机械，如轧钢机、起重机和矿山机械等。此时，齿轮传动的速度一般，但传递的动力却很大。这类齿轮对强度的要求较高，就侧重于啮合齿面的良好接触，即载荷分布的均匀性。

当然，有些齿轮传动，如涡轮机中的高速重载齿轮，由于传递功率大、圆周速度高，对3项精度都有较高的要求。

应当指出，齿轮副的侧隙与前3项要求有所不同。齿轮副所要求的侧隙的大小，主要取决于齿轮副的工作条件。对于重载、高速齿轮的传动，由于受力、受热变形较大，侧隙应大一些，以补偿较大的变形和使润滑油畅通；而对于经常正、反转的齿轮，为了减小回程误差，则应适当减小侧隙。

8.1.2 齿轮加工及加工误差

1. 齿轮加工概述

齿轮的使用要求只是设计者根据需要而提出的技术要求，而在齿轮的制造过程中，会出现很多加工误差。只有在了解了这些误差的前提下，才能切实合理地设计确定齿轮的各项公差与极限偏差。

在机械制造中，齿轮的加工方法很多，如滚齿、插齿、剃齿、磨齿、梳齿、珩齿、拉齿、铣齿等。按齿廓形成原理可分为成形法和范成法(即展成法)。成形法是用成形刀具逐齿间断分度加工齿轮，范成法是用插齿刀、滚刀等按齿轮啮合原理加工齿轮。用范成法加工齿轮的机床，应用最多的是滚齿机，其加工原理如图8-6所示。

在图8-6中，滚齿过程是滚刀与齿坯强制啮合的过程。滚刀的轴截面形状为一标准齿条，根据齿轮齿条的啮合原理，滚刀与齿轮毛坯形成共轭的啮合运动。若齿条移动一个齿距，则齿坯转过一个齿距角。在实际加工中，即可加工出一个齿。若要加工的齿数很多，则齿条需要很长，于是，可以将齿条做成滚刀形式，而将刀齿排列在螺旋线上，滚刀每转过一转，相当于刀齿移过一个齿距。若滚刀为单头螺旋线滚刀，通过分齿传动链，使得滚刀转过一转时，工作台带动齿坯恰好转过$360°/z$，即一个齿距角，则可同时切出一个齿。滚刀连续地旋转，直到齿坯转过一整圈，则整个齿圈被切出。滚刀沿滚齿机刀架导轨移动，使滚刀切出整个齿宽上的齿廓，而齿廓也不是转一圈一次切成，而是分多次进给切出，因此，要求滚刀也能径向移动。

显而易见，构成齿轮加工系统的机床、毛坯、刀具、夹具都存在一定的误差，必然会使其加工出来的齿轮产生多种误差。

2. 齿轮加工误差的分类

齿轮加工误差种类繁多，可以从以下几个方面进行分类。

1)按照误差表现特征分类

(1)齿廓误差：加工出来的齿廓不是理论渐开线。其原因主要有刀具本身的刀刃轮廓误差及齿轮齿形角偏差、滚刀的轴向窜动和径向跳动、齿坯的径向跳动以及在每转一齿距角内转速不均匀。

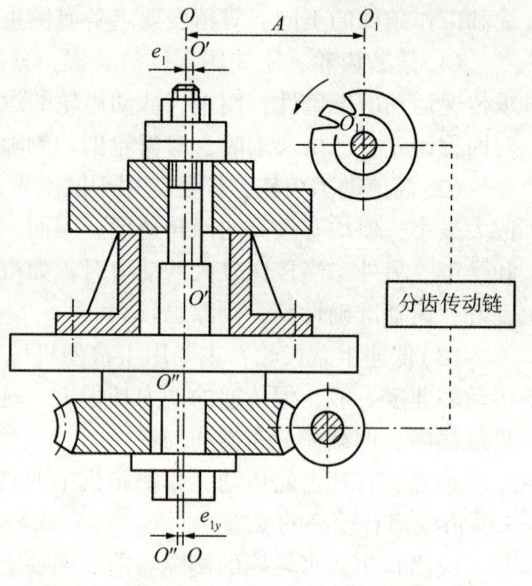

图 8-6　滚齿加工示意图

(2)齿距误差：加工出来齿廓相对于工件的旋转中心分布不均匀。其原因主要有齿坯安装偏心、机床分度蜗轮齿廓本身分布不均匀及其安装偏心等。

(3)齿向误差：加工后的齿面沿齿轮轴线方向上的形状和位置误差。其原因主要有刀具进给运动的方向偏斜、齿坯安装偏斜等。

(4)齿厚误差：加工出来的轮齿厚度相对于理论值在整个齿圈上不一致。其原因主要有刀具的铲形面相对于被加工齿轮中心的位置有误差、刀具齿廓的分布不均匀等。

2)按照误差方向特征分类

(1)径向误差：沿被加工齿轮直径方向(齿高方向)的误差。由切齿刀具与被加工齿轮之间径向距离的变化引起。

(2)切向误差：沿被加工齿轮圆周方向(齿厚方向)的误差。由切齿刀具与被加工齿轮之间分齿滚切运动误差引起。

(3)轴向误差：沿被加工齿轮轴线方向(齿向方向)的误差。由切齿刀具沿被加工齿轮轴线移动的误差引起。

3)按照其周期或频率特征分类

(1)长周期误差：在被加工齿轮转过 2π 的范围内，误差出现一次最大值和最小值，如由偏心引起的误差。长周期误差也称低频误差。

(2)短周期误差：在被加工齿轮转过 2π 的范围内，误差曲线上的峰、谷多次出现，如由滚刀的径向跳动引起的误差。短周期误差也称高频误差。

3. 齿轮加工误差的主要来源

1)几何偏心(e_1)

几何偏心是指齿轮齿坯基准孔中心与机床工作台回转中心不重合在齿轮上造成的误差。

几何偏心是齿坯在机床上安装时，齿坯基准孔的轴线与齿轮加工时的回转中心不重合形成的偏心。如图 8-6 所示，由于齿坯基准孔与心轴(它与工作台同轴线)之间有间隙等因素的影响，齿坯基准孔的轴线 $O'O'$ 与工作台回转轴线 OO 不重合而产生偏心 $e_1=\overline{OO'}$ ，它被称为几何偏心或安装偏心。

如图8-6所示，在滚齿加工时，滚刀轴线 O_1O_1 与工作台回转轴线 OO 的距离 A 保持不变，但由于齿坯基准孔的轴线 $O'O'$ 与工作台回转轴线 OO 之间存在偏心 e_1，因此在齿坯转一转的过程中其基准孔轴线 $O'O'$ 到滚刀轴线 O_1O_1 的距离 A' 是变动的，并且 $A'_{max} - A'_{min} = 2e_1$。正因如此，滚刀切出的各个齿槽深度不一，其轮齿就形成如图8-7所示的高瘦、矮肥情况。假设滚齿机分度蜗轮轴线 $O''O''$ 与工作台回转轴线 OO 重合，若不考虑其他因素的影响，则所切各个轮齿齿距在以 OO 为中心的圆周上均匀分布，而在以齿坯基准孔的轴线 $O'O'$ 为中心的圆周上，齿距呈不均匀分布(由小到大再由大到小变化)。这时，基圆中心为 O，而齿轮的基准中心为 O'，从而形成基圆偏心，工作时产生以一转为周期的转角偏差，使传动比不恒定，因此影响齿轮传递运动的准确性。

2)运动偏心(e_{1y})

运动偏心是指机床分度蜗轮的几何偏心复映到被切齿轮上的误差。如图8-8所示，分度蜗轮的分度圆半径为 r，它的分度圆中心 O'' 与滚齿机工作台回转中心 O 不重合，产生了偏心，即 $e_{1y} = \overline{OO''}$。

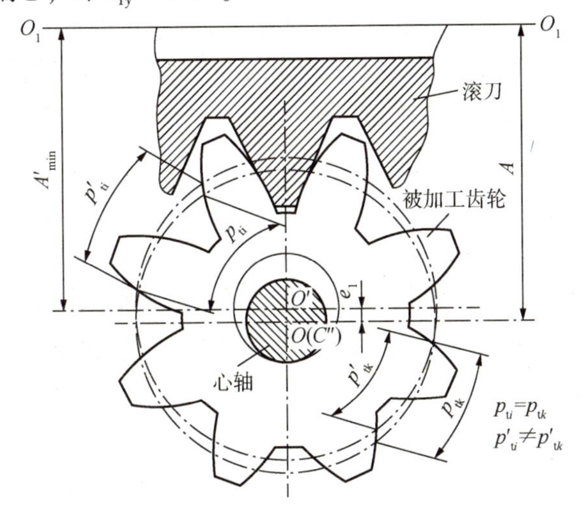

图8-7 几何偏心对齿距分布均匀性的影响

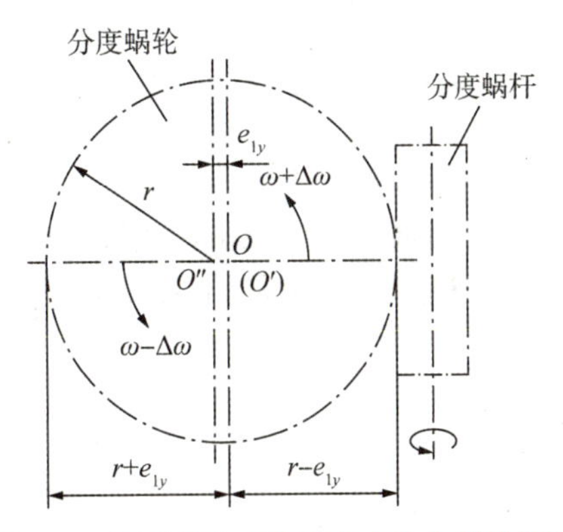

图8-8 运动偏心对齿距分布均匀性的影响

在滚齿时，若假设齿坯的基准中心 O' 与工作台回转中心 O 重合，滚刀匀速旋转，经过分齿传动链，使分度蜗杆匀速旋转，带动分度蜗轮绕工作台回转中心 O 转动，则分度蜗轮的节圆半径在($r - e_{1y}$)~($r + e_{1y}$)范围内变化。同时，若忽略其他因素的影响，则分度蜗轮的角速度在($\omega + \Delta\omega$)~($\omega - \Delta\omega$)范围内变化(这里，ω 为对应于分度蜗轮节圆半径 r 的角速度)，致使被切齿轮沿分度圆切线方向产生额外的切向位移，从而使各个轮齿的齿距在分度圆上分布不均匀，且大小呈正弦规律变化。

总之，几何偏心和运动偏心是同时存在的。两者皆造成以齿轮基准孔中心为圆心的圆周上各个齿距分布不均匀，且以齿轮一转为周期。它们可能叠加，也可能抵消。齿轮传递运动的准确性，应以两者综合造成的各个齿距分布不均而产生的转角误差最大值(如图8-2所示，它的线性值称为齿距累积总偏差)来评定。

3)机床传动链的高频误差

加工直齿轮时，主要受分度链中各传动元件误差的影响，尤其是分度蜗杆的安装偏心距(引起分度蜗杆的径向跳动)和轴向窜动的影响，使蜗轮(齿坯)在转一周范围内转速出现多

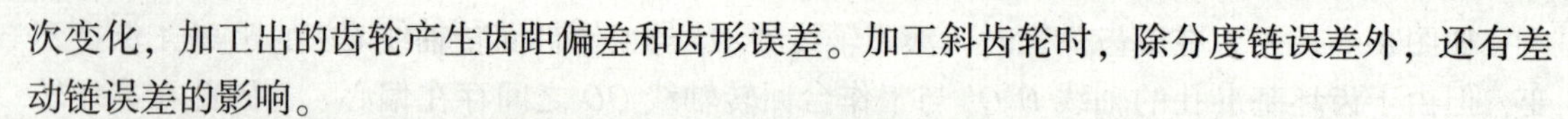

次变化，加工出的齿轮产生齿距偏差和齿形误差。加工斜齿轮时，除分度链误差外，还有差动链误差的影响。

4)滚刀的制造误差和安装误差

滚刀的制造误差主要是指滚刀本身的基节、齿形等的制造误差，它们都会在加工齿轮过程中反映到被加工齿轮的每一个齿上，使加工出来的齿轮产生齿距偏差和齿廓偏差。

滚刀偏心使被加工齿轮产生径向误差。滚刀刀架导轨或齿坯基准孔轴线相对于工作台旋转轴线的倾斜及轴向窜动，使滚刀的进刀方向与齿轮的理论方向不一致，直接造成齿面沿齿长方向(轴向)歪斜，产生齿向误差，它主要影响载荷分布的均匀性。

8.2 渐开线圆柱齿轮精度的评定指标及检测

渐开线圆柱齿轮精度评定指标包括单个齿轮轮齿的精度指标、与齿轮副侧隙有关的偏差指标和齿轮坯精度指标。其中，GB/T 10095.1—2008 对单个齿轮同侧齿面规定了齿距偏差、齿廓偏差、切向综合偏差和螺旋线偏差等四大类共十几项偏差。GB/T 10095.2—2008 则规定了径向综合偏差与径向跳动的定义与允许值。

8.2.1 轮齿同侧齿面偏差

1. 齿距偏差

(1)单个齿距偏差(f_{pt})是指在齿轮端平面上，在接近齿高中部一个与齿轮轴线同心的圆上，实际齿距与理论齿距的代数差。如图 8-9 所示，虚线代表理论齿廓，实线代表实际齿廓。

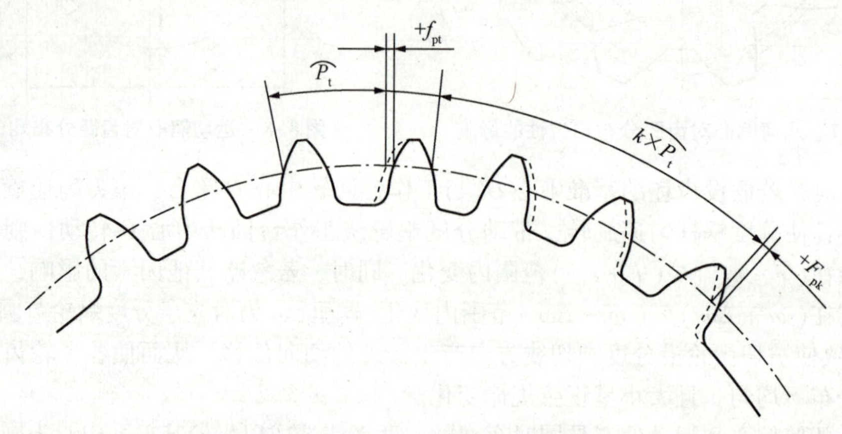

图 8-9　齿距偏差与齿距累积偏差

单个齿距偏差是评定齿轮几何精度的基本项目，它是各种齿距偏差的基本单元，同时也是决定综合误差的主要因素，它直接影响齿轮上齿内的转角误差。

在评定该指标时，取测得值中绝对值最大的数值 f_{ptmax} 作为评定值。这里的“理论齿距”，当采用相对法测量时，是指所有实际齿距的平均值。易知，单个齿距偏差有“+”“-”之分，因此应以单个齿距偏差（ $\pm f_{pt}$ ）来评定齿轮精度。

测量齿轮的齿距偏差时，单个齿距偏差的合格条件是：所有测得的单个齿距偏差都在单个齿距偏差 $\pm f_{pt}$ 的范围内，即 $|f_{ptmax}| \leqslant f_{pt}$。

(2)齿距累积偏差(F_{pk})是指在齿轮端平面上，在接近齿高中部的一个与齿轮基准轴线同心的圆上，任意 k 个齿距的实际弧长与理论弧长的代数差，如图 8-9 所示。理论上它等于这 k 个齿距的单个齿距偏差的代数和。通常，取其中绝对值最大的数值 F_{pkmax} 作为评定值。

按照定义，该偏差主要限制齿距累积偏差在整个圆周上分布的不均匀性，避免在局部圆周齿距累积偏差集中而产生较大的转角误差，影响齿轮工作的准确性以及平稳性，并产生振动与噪声。如果在较少齿距数上的齿距累积偏差过大，则在实际工作中将产生很大的加速度，这在高速齿轮传动中更应重视。因为将产生很大的动载荷，所以有必要规定较少齿距范围的累积公差。

标准附注说明，除另有规定外，F_{pk} 值一般被限定在不大于 1/8 的圆周上评定。因此，k 为 2 ~ z/8 的整数，通常取 $k = z/8$(z 为被测齿轮的齿数)。如果对于特殊的应用(如高速齿轮)，还需检验较小弧段并规定相应的 k 值。

(3)齿距累积总偏差(F_p)是指齿轮同侧齿面任意圆弧段($k = 1$ ~ $= z$)内的最大齿距累积偏差，即任意两个同侧齿面间的实际弧长与理论弧长的代数差中的最大绝对值。它表现为齿距累积偏差曲线的总幅值，如图 8-10 所示。

齿距累积总偏差反映了以齿轮一转为周期的转角误差。同时，它还可以代替切向综合偏差的测量。

测量一个齿轮的 F_p 和 F_{pk} 时，它们的合格条件是：实际齿距累积总偏差不大于齿距累积总偏差 F_p；所有的 F_{pk} 都在齿距累积偏差 $\pm F_{pk}$ 的范围之内，即 $|F_{pkmax}| \leqslant F_{pk}$。

齿距累积偏差的测量方法有绝对法和相对法两种。

①绝对法。测量时，把实际齿距直接与理论齿距比较，以获得齿距偏差的角度值或线性值。参看图 8-11，这种测量方法是利用分度装置(如分度盘、分度头，它们的回转轴线与被测齿轮的基准轴线同轴线)，按照理论齿距角(360°/z)精确分度，将位置固定的测量装置的一个测头与齿面在接近齿高中部的一个圆上接触来进行测量，在切向读取示值。

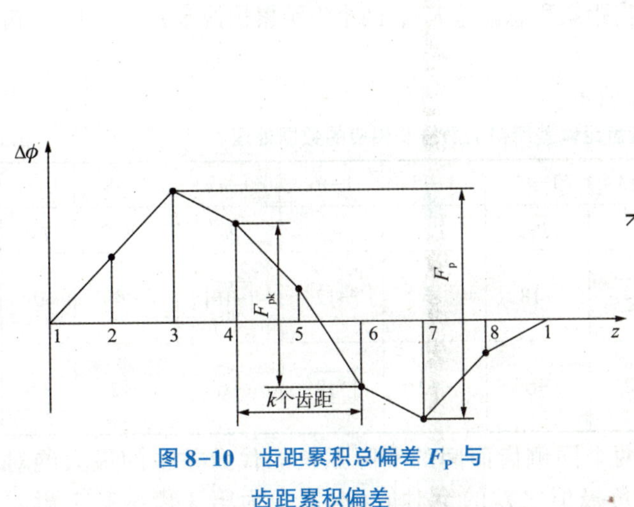

图 8-10　齿距累积总偏差 F_p 与齿距累积偏差

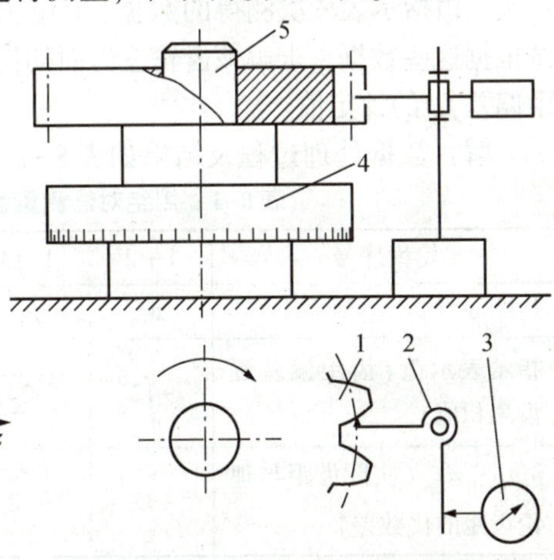

1—被测齿轮；2—测量杠杆；3—指示表；4—分度装置；5—分度装置的心轴。

图 8-11　在分度装置上用绝对法测量齿距累积偏差

测量时，把被测齿轮1安装在分度装置4的心轴5上(它们应该同轴线)，然后把被测齿轮的一个齿面调整到起始角0°的位置，使测量杠杆2的测头与该齿面接触，并调整指示表3的示值零位，同时固定测量装置的位置。随后转过一个理论齿距角，使测量杠杆2的测头与下一个同侧齿面接触，测取用线性表示的实际齿距角对理论齿距角的偏差。这样，依次每转过一个理论齿距角，测取逐齿累积实际齿距角对相应理论齿距角的偏差(轮齿的实际位置对理论位置的偏差)。这些偏差经过数据处理即可求出实测的f_{pt}、F_p和F_{pkmax}的数值。

②相对法。相对法测量一般在双测头式齿距比较仪或万能测齿仪上进行。如8-12所示，在双测头式齿距比较仪上测量齿距累积偏差时，用定位支脚1和4在被测齿轮的齿顶圆上定位，令固定量爪2和活动量爪3的测头分别与相邻的两个同侧齿面在接近齿高中部的一个圆上接触，以被测齿轮上任意一个实际齿距作为基准齿距，用它调整指示表的示值零位。然后，用这个调整好示值零位的量仪依次测出其余齿距对基准齿距的偏差，按圆周封闭原理(同一齿轮所有齿距偏差的代数和为零)进行数据处理，求出实测的f_{pt}、F_p和F_{pkmax}的数值。

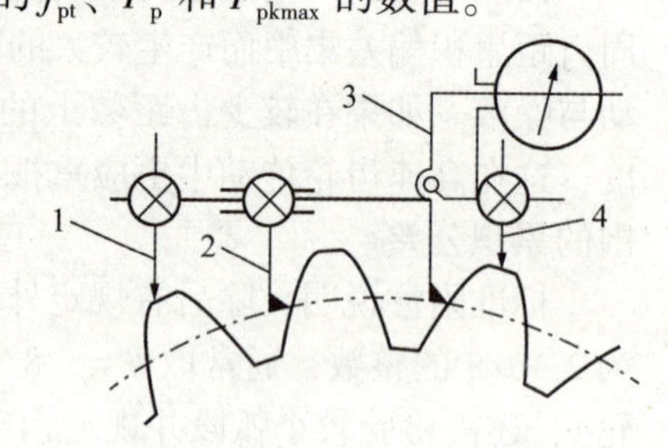

1，4—定位支脚；2—固定量爪；3—活动量爪。

图8-12　在双测头式齿距比较仪上用相对法测量齿距累积偏差

注意，这种齿距比较仪所使用的测量基准不是被测齿轮的基准轴线，因此测量精度会受到被测齿轮齿顶圆柱面对其基准轴线的径向圆跳动的影响。

总之，齿距偏差反映了一个齿距和一转内任意个齿距的最大变化，它直接反映齿轮的转角误差，是几何偏心和运动偏心的综合结果，因而可以较全面地反映齿轮的传递运动准确要求和平稳要求，是综合性的评定项目。如果在较少的齿距上齿距累积偏差过大，则在实际工作中将产生很大的加速度，因此，有必要规定较少齿距范围内的齿距累积公差。

【例8-1】 按图8-11所示的绝对法测量某一齿数$z=8$的从动直齿轮左齿面的齿距偏差。测量时指示表的起始读数为零，分度头每旋转了360°/z(即45°)，就用指示表测量一次，并读数一次，由指示表依次测得的数据(单位为μm)为：+12、+24、+18、+6、−12、−18、−6、0。试根据这些数据，求解该齿轮左齿面的齿距累积总偏差F_p、两个齿距累积偏差F_{p2max}和单个齿距偏差f_{pt}的评定值。

解： 数据处理过程及结果如表8-1所示。

表8-1　用绝对法测量齿距偏差所得的数据及相应的数据处理　　单位：μm

轮齿序号	1→2	1→3	1→4	1→5	1→6	1→7	1→8	1→1
齿距序号 p_i	p_1	p_2	p_3	p_4	p_5	p_6	p_7	p_8
指示表示值(齿距偏差逐齿累积值)	+12	+24	+18	+6	−12	−18	−6	0
$p_i-p_{i-1}=f_{pti}$(实际齿距与理论齿距的代数差)	+12	+12	−6	−12	−18	−6	+12	+6

齿距累积总偏差为被测齿轮任意两个同侧齿面间的实际弧长的代数差中的最大绝对值，它等于指示表所有示值中的正、负极值之差的绝对值(本例中为第3齿至第7齿之间)，即

$$F_p=[(+24)-(-18)]\ \mu m=42\ \mu m$$

两个齿距累积偏差等于连续两个齿距的单个齿距偏差的代数和。其中，它的评定值为 p_4 和 p_5 的单个齿距偏差的代数和，即

$$F_{p2max} = [(-12)+(-18)]\ \mu m = -30\ \mu m$$

单个齿距偏差的评定值为 p_5 的齿距偏差，即

$$f_{ptmax} = -18\ \mu m$$

【例 8-2】 按图 8-12 所示的相对法测量齿数 $z=12$ 的直齿轮右齿面的齿距偏差。测量时以第一个实际齿距 p_1 作为基准齿距，调整量仪指示表的示值零位，然后依次测出其余齿距对基准齿距的偏差。由指示表依次测得的数据(单位为 μm)为：0、+5、+5、+10、-20、-10、-20、-18、-10、-10、+15、+5。根据这些数据，求解该齿轮右齿面的齿距累积总偏差 F_p、三个齿距累积偏差 F_{p3max} 和单个齿距偏差 f_{pt} 的评定值。

解： 数据处理过程及结果如表 8-2 所示。

表 8-2　用相对法测量齿距偏差所得的数据及相应的数据处理　　单位：μm

轮齿序号	1→2	2→3	3→4	4→5	5→6	6→7	7→8	8→9	9→10	10→11	11→12	12→1
齿距序号 p_i	p_1	p_2	p_3	p_4	p_5	p_6	p_7	p_8	p_9	p_{10}	p_{11}	p_{12}
指示表示值(实际齿距对基准齿距的偏差)	0	+5	+5	+10	-20	-10	-20	-18	-10	-10	+15	+5
$p_m = \frac{1}{12}\sum_{i=1}^{1} p_i$ 各示值的平均值	-4											
$p_i - p_m = f_{pti}$(实际齿距与理论齿距 p_m 的代数差)	+4	+9	+9	+14	-16	-6	-16	-14	-6	-6	+19	+9
$p_\Sigma = \sum_{i=1}^{j}(p_i - p_m)$(齿距偏差逐齿累积值，$j=1, 2, \cdots, 12$)	+4	+13	+22	+36	+20	+14	-2	-16	-22	-28	-9	0

齿距累积总偏差为被测量齿轮任意两个同侧齿面间的实际弧长与理论弧长的代数差中的最大绝对值，也就是所有齿距偏差逐齿累积值 p 中的正、负极值之差的绝对值(本例为第 5 齿至第 11 齿之间)，即

$$F_p = [(+36)-(-28)]\ \mu m = 64\ \mu m$$

三个齿距累积偏差等于连续三个齿距的单个齿距偏差的代数和。其中，它的评定值为 p_5、p_6 与 p_7 的单个齿距偏差的代数和，即

$$F_{p3max} = [(-16)+(-6)+(-16)]\ \mu m = -38\ \mu m$$

单个齿距偏差的评定值为 p_{11} 的齿距偏差，即

$$f_{ptmax} = +19\ \mu m$$

2. 齿廓偏差

齿廓偏差是指实际齿廓偏离设计齿廓的量。它在齿轮端平面内且垂直于渐开线齿廓的方向计值。

为了更好地理解齿廓偏差的相关内容，先来了解一下与其相关的一些定义。

(1)有关齿廓偏差的定义。

①齿廓图是指包括齿廓迹线在内的一些齿廓参数的综合图形，如图 8-13 所示。其中，齿廓迹线是由齿轮齿廓检验设备在纸上或其他适当介质上画出来的齿廓偏差曲线，它有实际齿廓迹线(简称实际齿廓)与设计齿廓迹线(简称设计齿廓)之分。在图 8-13 中，实际齿廓迹线用粗实线表示，设计齿廓迹线用点画线来表示。

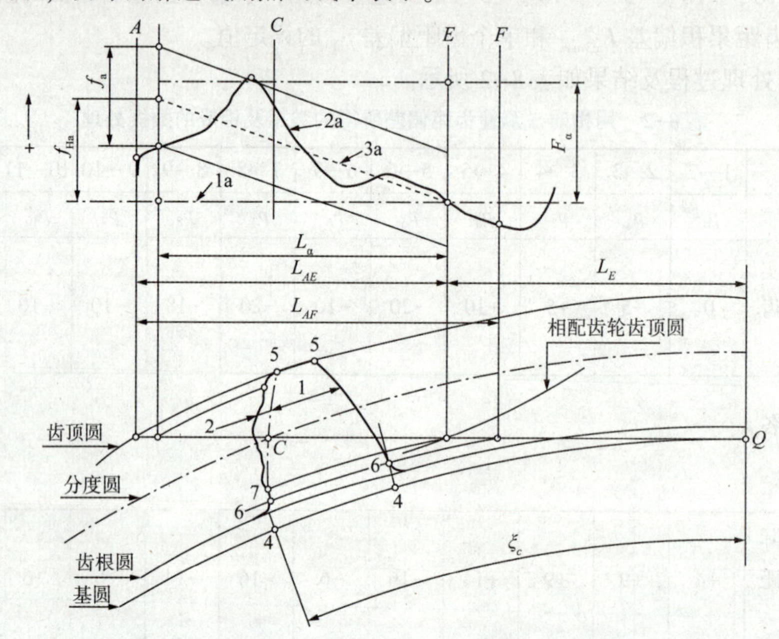

1—设计齿廓；2—实际齿廓；3—平均齿廓；1a—设计齿廓迹线；2a—实际齿廓迹线；3a—平均齿廓迹线；4—渐开线起始点；5—齿顶点；5-6—可用齿廓；5-7—有效齿廓；C-Q—C 点基圆切线长度；ξ_c—点 C 处渐开线展开角；Q—滚动的起点(端面基圆切线的切点)；A—轮齿齿顶或倒角的起点；C—设计齿廓在分度圆上的一点；E—有效齿廓起始点；F—可用齿廓起始点；L_{AF}—可用长度；L_{AE}—有效长度；L_α—齿廓计值范围；L_E—到有效齿廓的起点基圆切线长度；F_α—齿廓总偏差；$f_{f\alpha}$—齿廓形状偏差；$f_{H\alpha}$—齿廓倾斜偏差。

图 8-13　齿轮齿廓图和齿廓偏差示意图

其中，设计齿廓是指符合设计规定的齿廓，一般是指端面齿廓。通常，渐开线圆柱齿轮在齿廓工作部分的设计齿廓应为理论渐开线。未经修形的渐开线齿廓迹线为直线，如偏离了直线，其偏离量即表示与被测的基圆所展成的渐开线齿廓的偏差。在近代齿轮设计中，对于高速传动齿轮，考虑到制造误差和受载后的弹性变形，为了降低噪声和减小动载荷的影响，也可以采用以渐开线为基础的修形齿廓，如凸齿廓、修缘齿廓等。所以，设计齿廓也包括这样的齿廓。

②可用长度(L_{AF})等于两条端面基圆切线之差。其中，一条是从基圆到可用齿廓的外界限点，另一条是从基圆到可用齿廓的内界限点。

依据设计，可用长度外界限点被齿顶、齿顶倒棱或齿顶倒圆的起始点(图中点 A)限定，在朝齿根方向上，可用长度的内界限点被齿根圆角或挖根的起始点(图中点 F)所限定。

③有效长度(L_{AE})是指可用长度对应于有效齿廓的那部分。对于齿顶，其有与可用长度同样的限定(点 A)；对于齿根，有效长度延伸到与之配对齿轮有效啮合的终止点(即有效齿廓的起始点)。如不知道配对齿轮，则点 E 为与基本齿条相啮合的有效齿廓的起始点。

④齿廓的计值范围(L_α)是可用长度的一部分，齿廓偏差定义在 L_α 范围内，评定齿廓偏差应在 L_α 上计值。除非另有规定，其长度等于从点 E 开始延伸的有效长度 L_{AE} 的92%。

⑤被测齿面的平均齿廓迹线是用来确定齿廓形状偏差 $f_{f\alpha}$ 和齿廓倾斜偏差 $f_{H\alpha}$ 的一条辅助迹线，在图8-13中用虚线表示。

设计齿廓迹线的纵坐标减去一条斜直线的相应纵坐标后得到的一条迹线。使得在计值范围内，实际齿廓迹线偏离平均齿廓迹线之偏差的平方和最小，因此，平均齿廓迹线的位置和倾斜度可以用“最小二乘法”确定。

对标准渐开线齿廓，在齿廓的计值范围内，用“最小二乘法”可以获得一条直线，使得实际齿廓迹线对该直线偏差的平方和最小，此直线称为平均齿廓迹线，由于齿廓倾斜偏差的存在，它通常都与设计齿廓迹线成一定角度。

(2)齿廓总偏差(F_α)是指在齿廓计值范围 L_α 内，包容实际齿廓迹线的两条设计齿廓迹线之间的距离，如图8-13所示。

(3)齿廓形状偏差($f_{f\alpha}$)是在齿廓计值范围内，包容实际齿廓迹线的两条与平均齿廓迹线完全相同的曲线间的距离，且两条曲线与平均齿廓迹线的距离为常数，如图8-13所示。

(4)齿廓倾斜偏差($f_{H\alpha}$)是指在计值范围的两端与平均齿廓迹线相交的两条设计齿廓迹线的距离，如图8-13所示。换言之，在平均齿廓迹线有效计值范围内的两个端点上，作两条设计齿廓迹线，它们之间的距离为齿廓倾斜偏差。

齿廓偏差通常用渐开线检查仪来测量。图8-14为单圆盘式渐开线检查仪的测量原理图。被测齿轮1和可换的摩擦基圆盘2安装在同一心轴上，且要求基圆盘直径精确等于被测齿轮的基圆直径。直尺3和基圆盘2以一定的压力相接触，这时转动手轮6使滑板8移动，直尺3便与基圆盘2作纯滚动。杠杆5装在滑板8上，其一端有测量头4，使测量头与被测齿面接触，将它们的接触点刚好调整在基圆盘2与直尺3相接触的平面上，杠杆5的另一端与指示表7接触。当基圆盘2与直尺3作无滑动的纯滚动时，测量头4相对于基圆盘2的运动轨迹便是一条理论渐开线。如果被测齿形与理论渐开线齿形不一致，测量头4相对于直尺3就产生一微小位移，通过杠杆5传动由指示表7读出数值或由记录器9给出齿廓偏差曲线来。测量完成后，在被测齿廓工作部分的范围内的最大示值与最小示值之差即为齿廓总偏差的数值。

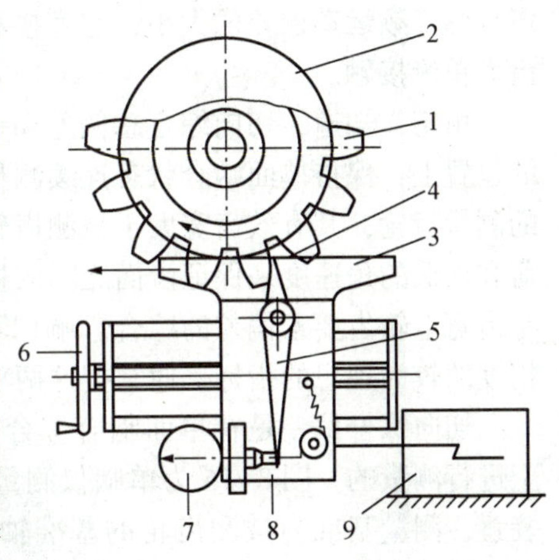

1—被测齿轮；2—可换的摩擦基圆盘；3—直尺；4—测量头；5—杠杆；6—转动手轮；7—指示表；8—滑板；9—记录器。

图8-14　单圆盘式渐开线检查仪的测量原理图

评定齿轮传动平稳性的精度时，应在被测齿轮圆周上测量均匀分布的3个轮齿或更多轮齿左、右齿面的齿廓偏差，取其中的最大值 $F_{\alpha\max}$ 作为评定值。如果 $F_{\alpha\max}$ 不大于齿廓总偏差 F_α，即 $F_{\alpha\max} \leqslant F_\alpha$，则表示齿廓总偏差合格。

3. 切向综合偏差

(1)切向综合总偏差(F_i')是指被测齿轮与测量齿轮单面啮合检验时，被测齿轮一转内，齿轮分度圆上实际圆周位移与理论圆周位移的最大差值(见图 8-15)，以分度圆弧长计。

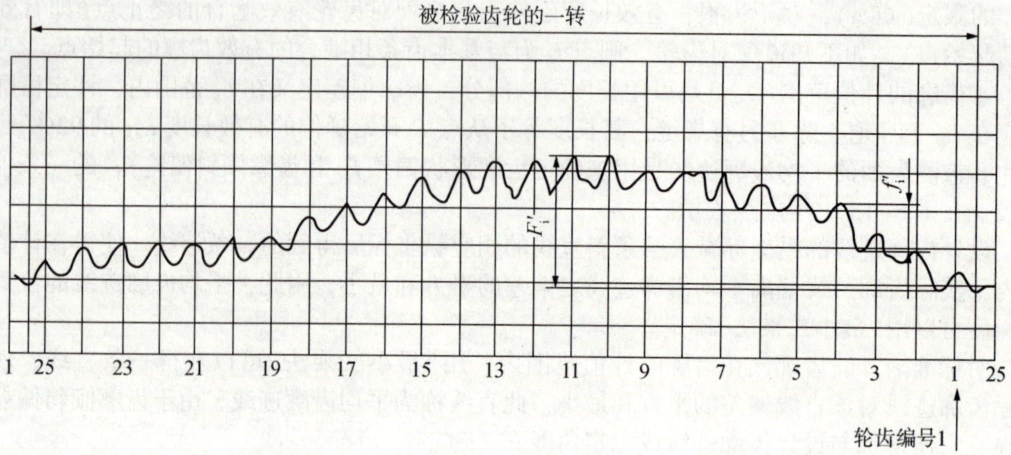

图 8-15　切向综合偏差

(2)一齿切向综合偏差(f_i')是指一个齿距内的切向综合偏差值。当对被测齿轮进行单面啮合检验时，在被测齿轮一个齿距内，齿轮分度圆上实际圆周位移与理论圆周位移的最大差值，如图 8-15 中小波纹的幅度值，以分度圆弧长计。

切向综合偏差是几何偏心、运动偏心以及各种短周期误差的综合反映，其中，切向综合总偏差反映齿轮传动的准确性，而一齿切向综合偏差则反映齿轮工作时引起振动、冲击和噪声等的高频运动误差的大小，它直接和齿轮的工作平稳性相联系。在检测过程中，只有同侧齿面单侧接触。

由定义知道，切向综合总偏差和一齿切向综合偏差是被测齿轮与测量齿轮在公称中心距的位置上，保持单面啮合状态连续测量被测齿轮的一转和一个齿距内的转角误差。由于使用的测量齿轮，其有效齿宽大于被测齿轮齿宽的工作部分，加之在测量过程中施加了很轻的载荷和很低的角速度来保证齿面之间的接触，通过仪器记录的曲线，反映出一对齿轮的轮齿在全齿宽上轮齿要素偏差的综合影响(即齿廓、螺旋线和齿距)。所以它是综合反映齿轮加工精度的较为理想的指标，通常把这两项偏差项目称为单啮误差。

切向综合偏差是在单面啮合综合检查仪(简称单啮仪)上进行测量的。图 8-16 为单啮仪测量原理图，它具有比较装置，测量基准为被测齿轮的基准轴线。被测齿轮 1 与测量齿轮 2 在公称中心距 a 上作单面啮合，它们分别与直径精确等于齿轮分度圆直径的两个摩擦盘(圆盘)同轴安装。测量齿轮 2 和圆盘 4 固定在同一根轴上，并且同步转动。被测齿轮 1 和圆盘 3 可以在同一根轴上作相对转动。当测量齿轮 2 和圆盘 4 匀速回转，分别带动被测齿轮 1 和圆盘 3 回转时，有误差的被测齿轮 1 相对于圆盘 3 的角位移就是被测齿轮实际转角对理论转角的偏差。将转角偏差以分度圆弧长计值，就是被测齿轮分度圆上实际圆周位移对理论圆周的偏差，在被测齿轮一转范围内的位移偏差用记录器记录下来，就得到图 8-15 所示的记录曲线图，从该图上量出 F_i' 和

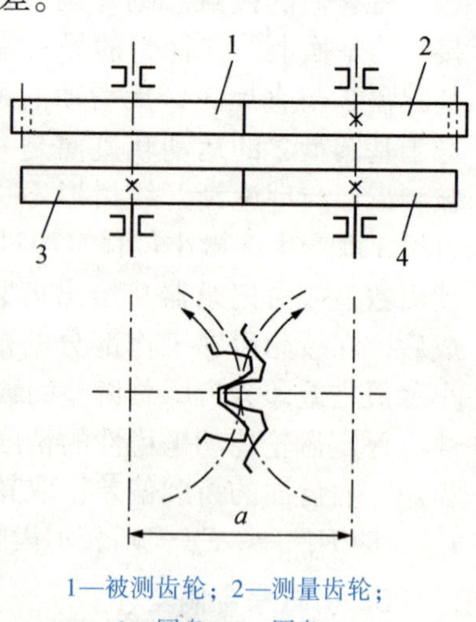

1—被测齿轮；2—测量齿轮；3—圆盘；4—圆盘。

图 8-16　单啮仪测量原理图

f_i'的数值，取量得的F_i'和f_i'中的最大值f_{imax}'作为评定值。

根据GB/Z 18620.1—2008中提出的建议，这里测量齿轮精度应比被测齿轮的精度至少高4级，这样测量齿轮的误差可忽略不计。

当需检测切向综合偏差时，供需双方应就测量元件的选用达成协议。因为从定义来看，应以测量齿轮作为测量元件，但在实际测量中，也可以采用蜗杆或测头来代替测量齿轮，光栅式单啮仪测量原理图如图8-17所示。需要强调的是，这里只能测得齿轮某个截面上的切向综合偏差曲线。如果要想得到全齿宽的切向综合偏差曲线，应使蜗杆或测头沿齿宽方向作连续测量。

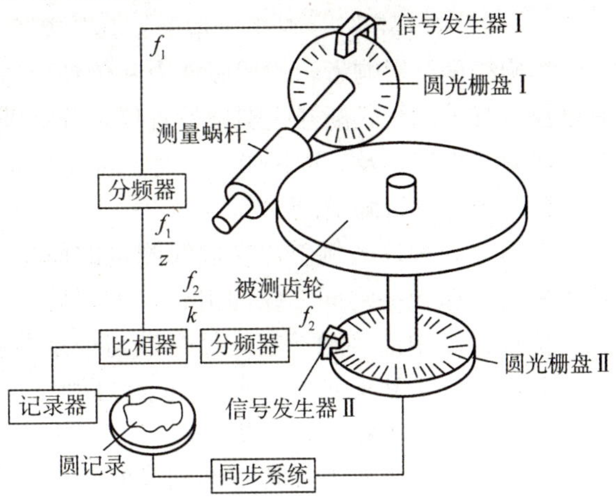

图8-17 光栅式单啮仪测量原理图

由于啮合特点的不同，对于直齿轮，往往可以在截面切向综合偏差曲线上取得F'_i和f'_i，来评定被测齿轮的切向综合总偏差和一齿切向综合偏差。对于斜齿轮，由于截面切向综合偏差曲线与全齿宽切向综合偏差曲线有着较大差异，必须在全齿宽上测得的切向综合偏差曲线取得F_i'和f_i'，评定被测齿轮的切向综合总偏差和一齿切向综合偏差。

4. 螺旋线偏差

螺旋线偏差是指在端面基圆切线方向上测得的实际螺旋线偏离设计螺旋线的量。

(1)螺旋线总偏差(F_β)是指在齿轮齿宽计值范围内，包容实际螺旋线迹线的两条设计螺旋线迹线间的距离，如图8-18(a)所示。

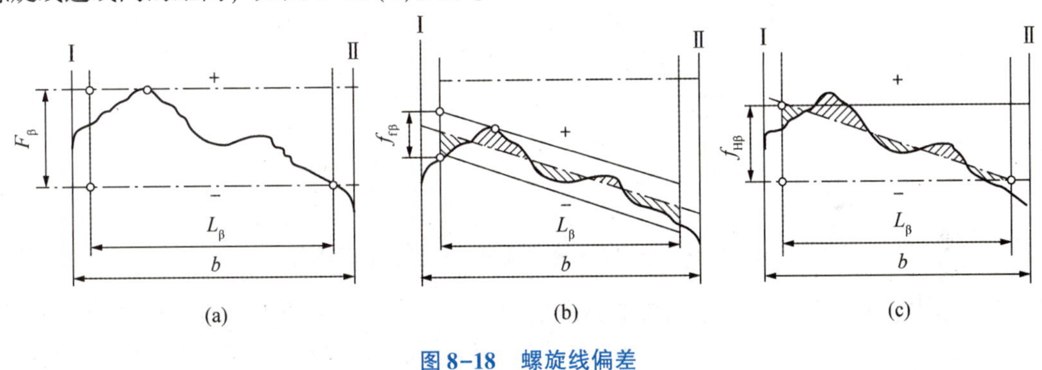

图8-18 螺旋线偏差

(2)螺旋线形状偏差($f_{f\beta}$)是指在齿轮齿宽计值范围内，包容实际螺旋线迹线的两条与平均螺旋线迹线完全相同的曲线间的距离，且两条曲线与平均螺旋线迹线的距离为常数，如图8-18(b)所示。

(3)螺旋线倾斜偏差($f_{H\beta}$)是指在齿宽计值范围内的两端与平均螺旋线迹线相交的设计螺旋线迹线间的距离，如图8-18(c)所示。

应当强调，螺旋线计值范围L_β是指齿宽b在轮齿两端处各减去下面两个数值中较小的一个后的“迹线长度”。这两个数一个等于齿宽b的5%，另一个等于一个模数的长度。

在两端缩减的区域中(计值范围外)，螺旋线总偏差和螺旋线形状偏差按以下规则计值：

(1)使偏差量增加的偏向齿体外的正偏差，必须计入偏差值；

(2)除另有规定外，对于负偏差，其公差值为计值范围规定公差的3倍。

螺旋线偏差影响齿轮的承载能力和传动质量，其测量方法有展成法和坐标法。展成法的测量仪器有单圆盘式渐开线螺旋检查仪、分级圆盘式渐开线螺旋检查仪、杠杆圆盘式通用渐开线螺旋检查仪以及导程仪等，坐标法测量则可以用螺旋线样板检查仪、齿轮测量中心和三坐标测量机等进行测量。

下面以导程仪为例叙述螺旋线测量的原理。在图8-19中，被测齿轮1安装在量仪主轴顶尖与尾座顶尖之间，纵向滑台4上安装着传感器6，它一端的测头7与被测齿轮的齿面在接近齿高中部接触，它的另一端与记录器相连。当纵向滑台4沿平行于齿轮基准轴线移动时，测头7和记录器8上的记录纸随它作轴向位移，同时它的滑柱在横向滑台3上的分度盘5的导槽中移动，使横向滑台3在垂直于齿轮基准轴线的方向移动，相应地使主轴滚轮2带动被测齿轮1绕其基准轴线回转，以实现被测齿面相对于测头作螺旋线运动。分度盘5的导槽的位置可以在一定的角度范围内调整到所需要的螺旋角。实际被测螺旋线对设计螺旋线的偏差使测头7产生微小的位移，它经过传感器6由记录器8得到记录图形。

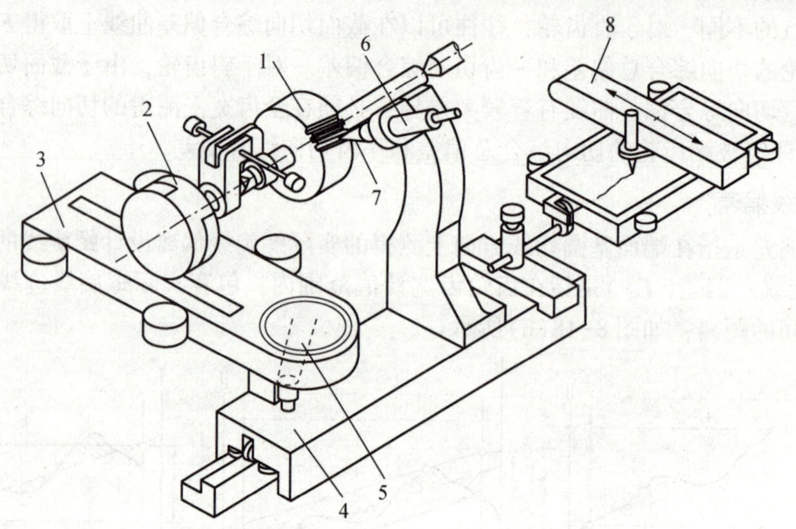

1—被测齿轮；2—主轴滚轮；3—横向滑台；4—纵向滑台；5—分度盘；6—传感器；7—测头；8—记录器。

图8-19　OPTON光学度盘式导程仪的原理图

应当指出，如果测量过程中测头7不产生移动，则记录下来的螺旋线偏差图形(即实际螺旋线迹线)是一条直线。当被测齿面存在螺旋线偏差时，则其记录图形是一条不规则的曲线。那么，按纵坐标方向，最小限度地包容这条不规则粗实线(实际被测螺旋线迹线)的两条设计螺旋线迹线之间的距离代表的数值，即为螺旋线总偏差的数值。

评定齿轮载荷分布均匀性精度时，应在被测齿轮圆周上测量均匀分布的3个或更多轮齿的左、右齿面的螺旋线总偏差，取其中的最大值$F_{\beta\max}$作为评定值。如果$F_{\beta\max}$不大于螺旋线总偏差F_{β}，即$F_{\beta\max} \leqslant F_{\beta}$，则表示合格。

8.2.2 径向综合偏差与径向跳动

1. 径向综合偏差

(1)径向综合总偏差(F''_i)是指在径向(双面)综合检验时，产品齿轮的左右齿面同时与测量齿轮接触，并转过一整圈时出现的中心距最大值和最小值之差，如图 8-20 所示。这里的产品齿轮是指正在被测量或评定的齿轮，习惯上称之为被测齿轮。

(2)一齿径向综合偏差(f''_i)是当产品齿轮啮合一整圈时，对应一个齿距($360°/z$)的径向综合偏差值，即从记录曲线上量得的小波纹的最大幅度值。产品齿轮所有轮齿的f''_i的最大值不应超过规定的允许值，如图 8-20 所示。

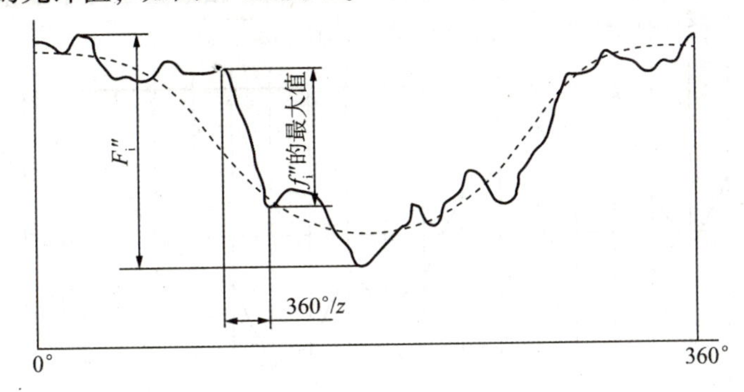

图 8-20 径向综合偏差

径向综合偏差主要反映几何偏心和一些短周期误差，其中，径向综合总偏差反映了齿轮传递运动的准确性，而一齿径向综合偏差反映了齿轮传动的平稳性。

径向综合偏差是各类径向误差的综合反映，它并不反映齿轮上的切向误差，这种测量方法是不全面的。

齿轮径向综合偏差是在齿轮双面啮合综合检查仪(简称双啮仪)上进行测量的。如图 8-21 所示，在弹簧作用下，保证被测齿轮与测量齿轮作无侧隙的双面啮合，此时两个齿轮的中心距称为双啮中心距。测量时，被测齿轮与测量齿轮双啮转动，若被测齿轮存在几何偏心、单个齿距偏差、左右齿面的齿廓偏差或螺旋线偏差，则会使测量齿轮(活动的)相对于被测齿轮(固定的)作径向位移，即双啮中心距发生变动，该变动量由指示表读出。在被测齿轮一转范围内，连续记录双啮中心距的变动量，得到径向综合偏差曲线(见图 8-20)，从该曲线上可以量出被测齿轮的径向综合总偏差(F''_i)及一齿径向综合偏差(f''_i)的数值。

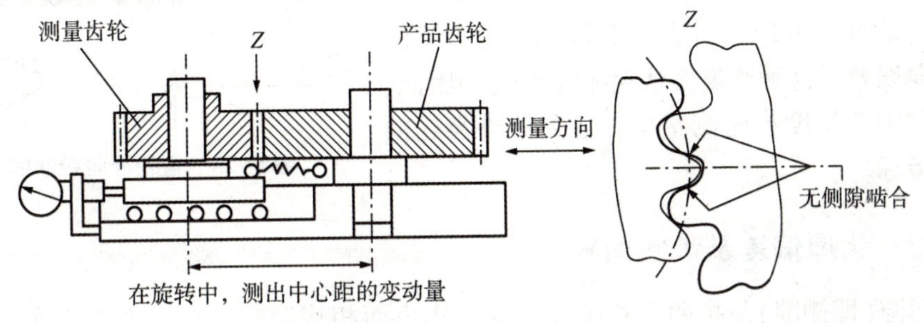

图 8-21 双啮仪测量原理图

在实际测量中，为了保证测量精度，必须十分重视测量齿轮的精度和设计，特别是它与产品齿轮啮合的压力角，因其会影响测量的结果。另外，测量齿轮应该有足够的啮合深度，使其能与产品齿轮的整个有效齿廓相接触，但不应与非有效部分或齿根部相接触，避免产生这种接触的办法是将测量齿轮的齿厚增厚到足以补偿产品齿轮的侧隙允差。

双啮仪因为操作方便、测量效率较高，因此在中等精度齿轮的大批量生产中得到广泛应用。

2. 径向跳动

径向跳动(F_r)在标准的正文中没有给出，只是在 GB/T 10095. 2—2008 的附录 B 中给出其定义：齿轮的径向跳动为测头(球形、圆柱形、砧形)相继置于每个齿槽内时，从它到齿轮轴线的最大和最小径向距离之差，如图 8-22 所示。

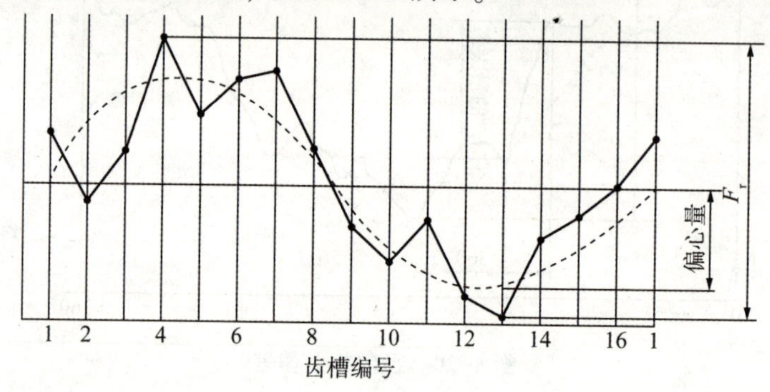

图 8-22　齿轮的径向跳动

径向跳动反映了齿轮传递运动的准确性，是由几何偏心引起的，当几何偏心为 e_1 时，$F_r \approx 2e_1$。

径向跳动可以用齿轮径向跳动测量仪(见图 8-23)来测量。测量时，产品齿轮绕其基准轴线间歇地转动定位，将测头依次地放入每一个齿槽内，对所有的齿槽进行测量，并记录下逐个齿槽相对于基准零位的径向位置偏差。与测头连接的指示表的示值变动如图 8-23 所示，各个示值中的最大与最小值之差即为齿轮径向跳动 F_r 的数值。此法常用于小型齿轮。

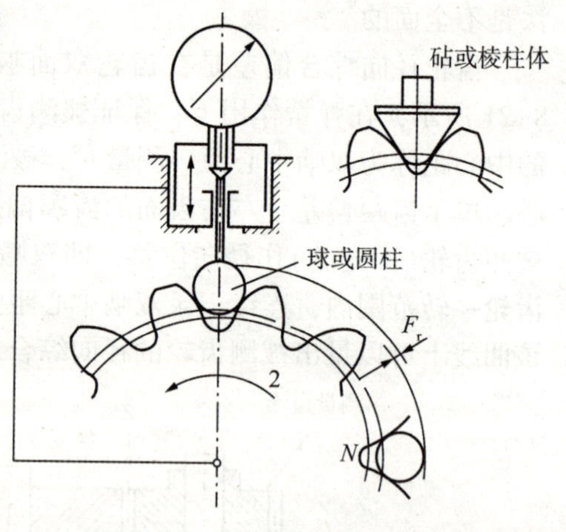

图 8-23　齿轮径向跳动的测量

径向跳动是在齿轮径向进行测量的，它不反映齿轮的切向误差，这种测量方法是不全面的。因此，在高精度和中等精度齿轮测量中，还要检查齿轮的切向误差指标。

8. 2. 3　齿厚偏差及齿侧间隙

齿侧间隙(即侧隙)是指两个相配齿轮的工作齿面相接触时，在两个非工作齿面之间所形成的间隙，它是齿轮传动正常工作的必要条件。齿轮传动侧隙的大小与齿轮齿厚减薄量有着密切的关系，而齿厚减薄量可以用齿厚偏差或公法线长度偏差来限制。

1. 齿厚偏差

(1)齿厚(端面齿厚)是指在圆柱齿轮的端平面上，一个齿的两侧端面齿廓之间的分度圆弧长。

法向齿厚是指在斜齿轮上，其齿线的法向螺旋线介于一个齿的两侧齿面之间的弧长。换言之，即指轮齿法向平面内的齿厚。

(2)齿厚偏差(齿厚实际偏差)是指分度圆柱面上齿厚实际值与公称值之差，如图 8-24 所示。对于斜齿轮，齿厚偏差则指法向实际齿厚与法向公称齿厚之差。

在图 8-24 中，s_{n} 为法向齿厚，s_{ns} 为齿厚的最大极限，s_{ni} 为齿厚的最小极限，$s_{\mathrm{n\ actual}}$ 为实际齿厚，记为 s_{na} 。f_{sn} 则为齿厚偏差，E_{sns} 和 E_{sni} 分别为齿厚允许的上极限偏差和下极限偏差，统称齿厚的极限偏差，即

$$E_{\mathrm{sns}} = s_{\mathrm{ns}} - s_{\mathrm{n}}$$

$$E_{\mathrm{sni}} = s_{\mathrm{ni}} - s_{\mathrm{n}}$$

T_{sn} 为齿厚公差，它是齿厚上下偏差之差，即

$$T_{\mathrm{sn}} = E_{\mathrm{sns}} - E_{\mathrm{sni}}$$

按照齿厚的定义，齿厚以分度圆弧长计值(弧齿厚)，由于在分度圆柱面上的弧长不便于测量，因此，实际测量时，以分度圆上的弦齿高定位，用测量分度圆弦齿厚代之。由图 8-25 可推导出直齿轮分度圆上的公称弦齿厚 s_{nc} 与弦齿高 h_{c} 的计算公式：

$$\left.\begin{aligned} s_{\mathrm{nc}} &= 2r\sin\delta = mz\sin\delta \\ h_{\mathrm{c}} &= r_{\mathrm{a}} - \frac{mz}{2}\cos\delta \end{aligned}\right\} \qquad (8-1)$$

式中，δ 为分度圆弦齿厚之半所对应的中心角，$\delta = \dfrac{\pi}{2z} + \dfrac{2x}{z}\tan\alpha$；$r_{\mathrm{a}}$ 为齿顶圆半径的公称值；m、z、α、x 分别为齿轮的模数、齿数、分度圆压力角和变位系数。

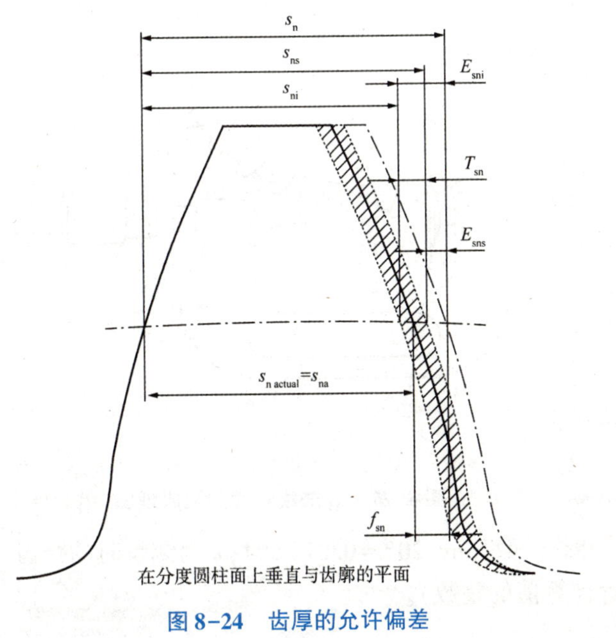

图 8-24　齿厚的允许偏差

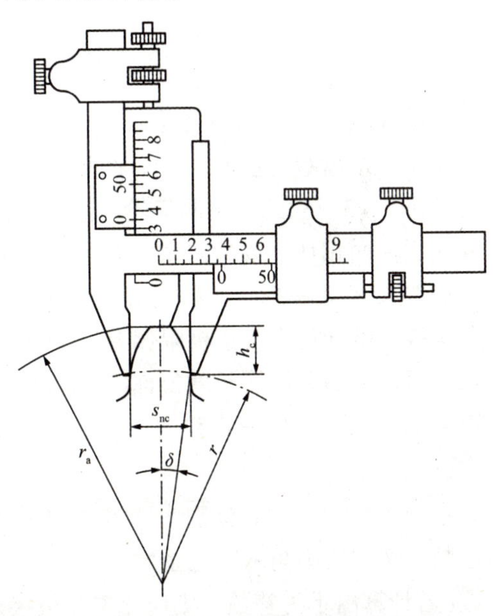

图 8-25　用齿厚游标卡尺测量齿厚

在图纸上一般标注公称弦齿高 h_c 和弦齿厚 s_{nc} 及其上、下极限偏差（E_{sns} 和 E_{sni}），即 $s_{nc}{}^{+E_{sns}}_{+E_{sni}}$。齿厚偏差 f_{sn} 的合格条件是它在齿厚的极限偏差范围内（$E_{sni} \leqslant f_{sn} \leqslant E_{sns}$）。

弦齿厚通常用游标测齿卡尺或光学测齿卡尺以弦齿高为依据来测量。由于测量弦齿厚时，以齿顶圆柱面为测量基准，因此齿顶圆直径的实际偏差和齿顶圆柱面对齿轮基准轴线的径向圆跳动都对齿厚测量精度产生较大的影响。为了消除或减小这方面的影响，应把弦齿高的数值加以修正，即

$$h_{c(修正)} = h_c + (r_{a(实际)} - r_a)$$

式中，$r_{a(实际)}$ 为齿顶圆半径的实测值。

通常，齿轮公法线长度的变化趋势与齿厚的变化一致，因此，有时为了测量方便，也可以通过测量公法线长度代替测量齿厚，以评定齿厚的减薄量。

2. 公法线长度偏差

公法线长度是指齿轮上几个轮齿的两端异向齿廓间所包含的一段基圆圆弧，即该两端异向齿廓间基圆-切线线段的长度。公法线长度偏差是指实际公法线长度 $W_{k\ actual}$ 与公称公法线长度 $W_{k\ the}$（通常用 W_k 表示）之差，如图 8-26 所示。

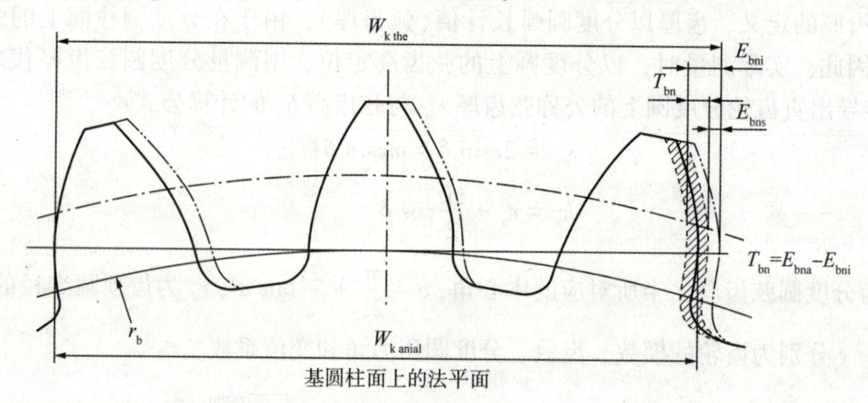

图 8-26 公法线长度和允许偏差

图 8-27 表明，用公法线千分尺测量时，两个跨一定齿数（这里是 k 个）的具有平行量面的量爪 2、3，大约在被测齿轮 1 齿高中部与两异侧面齿面相切，逐齿测量，其最大差值即为公法线长度偏差 E_{bn}。这里，E_{bns} 和 E_{bni} 分别是公法线长度允许上、下极限偏差。

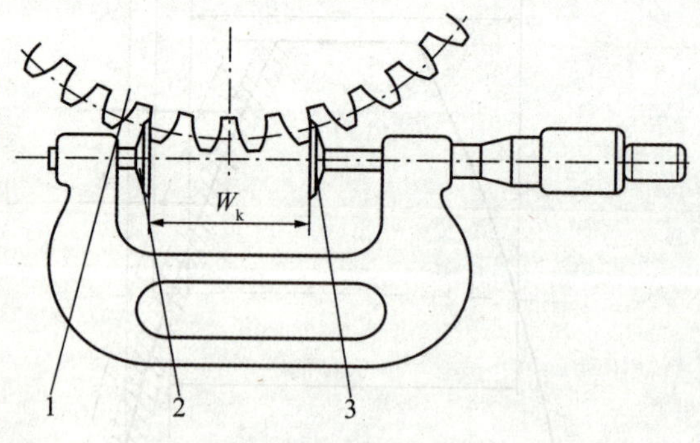

1—被测齿轮；2，3—量爪。

图 8-27 公法线长度测量原理图

直齿轮的公法线长度公称值 W_k 为

$$W_k = m_n \cos\alpha_n[\pi(k-0.5) + z\mathrm{inv}\,\alpha_t + 2x\tan\alpha_n] \tag{8-2}$$

式中，m_n、z、α_n、x 分别为齿轮的法向模数、齿数、法向压力角和变位系数；$\mathrm{inv}\,\alpha_t$ 为渐开线函数，$\mathrm{inv}\ 20° = 0.014\ 904$；$k$ 为测量时的跨齿数（若计算出不为整数，则应化整为最接近计算值的整数）。

应当指出，对于标准直齿轮，$k=\frac{\alpha}{180^\circ}z+0.5$；对于变位齿轮，$k=\frac{\alpha_m}{180^\circ}z+0.5$，其中，$\alpha_m=\arccos\left(\frac{d_b}{d+2xm}\right)$，这里 d_b 和 d 分别为被测齿轮的基圆直径和分度圆直径。

一般地，图样上要标注跨齿数 k 和公称公法线长度 W_k（有时为法向长度 W_{kn}）及公法线长度上、下极限偏差 E_{bns} 和 E_{bni}，即 $W_{k\,+E_{bni}}^{\;+E_{bns}}$ 或者 $W_{kn\,+E_{bni}}^{\;+E_{bns}}$。公法线长度偏差的合格条件是它在其极限偏差范围内，即

对于外齿轮，有 $W_k+E_{bni}\leqslant W_{k\ actual}\leqslant W_k+E_{bns}$；

对于内齿轮，有 $W_k-E_{bni}\leqslant W_{k\ actual}\leqslant W_k-E_{bns}$。

8.3 齿轮坯精度、齿轮轴中心距、轴线平行度和轮齿接触斑点

8.3.1 齿轮坯精度

齿轮坯(简称齿坯)是齿轮轮齿加工的基础，与之相关的尺寸和形状误差对于齿轮副的接触条件和运行状况有着极大的影响。所以，在齿轮图纸上，除了要明确地表示齿轮的基准轴线和标注齿轮公差外，还必须标注齿坯公差。

由于在加工齿坯时保持较小的公差，比加工高精度的轮齿要容易，因此应该尽量在现有设备条件下使齿坯的制造公差保持最小值。这样可以让齿轮轮齿加工时有较大的公差，从而获得更为经济的整体设计。

1. 基准轴线与工作轴线的关系

基准轴线是加工或检验人员对单个零件确定轮齿几何形状的轴线，由基准面中心确定。齿轮依此轴线来确定细节，特别是确定齿距、齿廓和螺旋线的偏差。工作轴线是齿轮在工作时绕其旋转的轴线，它由工作安装面确定。理想情况是基准轴线与工作轴线重合，所以应该以安装面作为基准面。

但在有些情况下，基准轴线与工作轴线不重合，这样工作轴线需要与基准用适当的公差联系起来。

2. 基准轴线的确定

齿轮的基准轴线是齿轮加工、检测和安装的基准，它是通过设计时指定的齿坯相关组成要素提取出来的，确定方法有以下 3 种。

(1) 如图 8-28 所示，用两个“短的”圆柱或圆锥形基准面上设定的两个圆的圆心来确定轴线上的两个点。这里的基准面是指用来确定基准轴线的基准实际要素(下同)。此时，基准轴线实质就是一个组合基准。

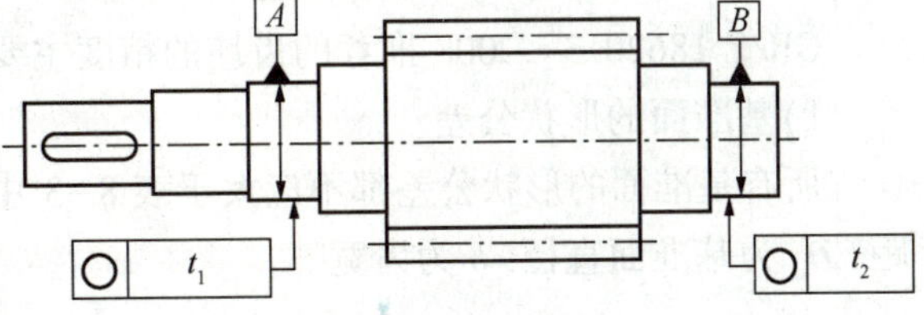

图 8-28 两个“短的”基准面确定基准轴线

(2)如图 8-29 所示，用一个“长的”圆柱或圆锥形的基准面来同时确定轴线的方向和位置。这里，孔的轴线可以用与之相匹配并正确装配的工作心轴来代表。

(3)如图 8-30 所示，轴线的位置用一个“短的”圆柱形基准面上的一个圆的圆心来确定，而其方向则用垂直于此轴线的一个基准端面来确定。

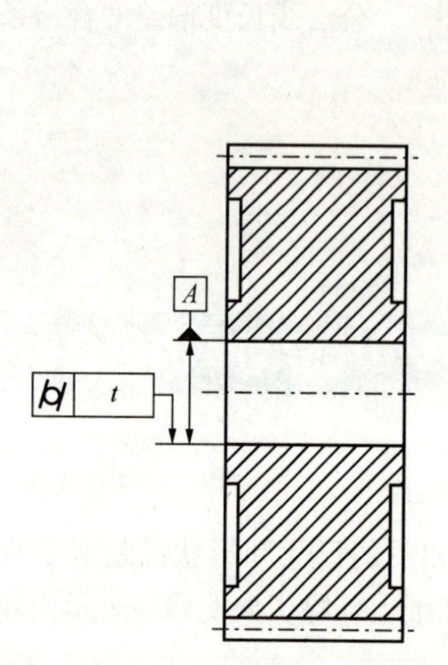

图 8-29　一个“长的”基准面确定基准轴线

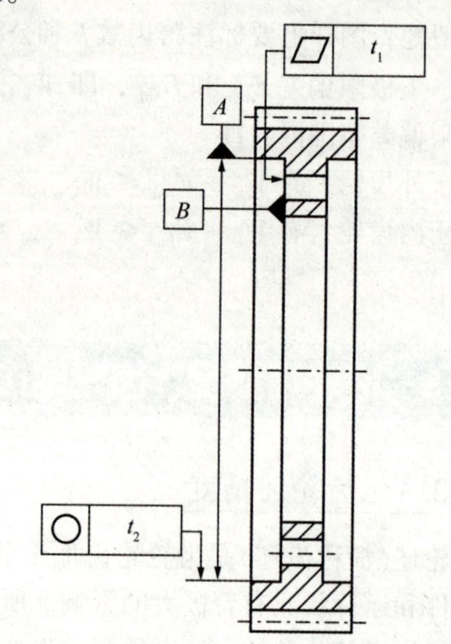

图 8-30　一个圆柱面和一个端面确定基准轴线

如果采用(1)、(3)的方法，其圆柱或圆锥形基准面轴向必须很短，以保证它们不会由自身单独确定另外一条轴线。在方法(3)中，基准端面的直径越大越好。

对待与轴做成一体的小齿轮，最常用也是最合适的方法是将该零件安置于两端的顶尖上。这样，两个中心孔就确定了它的基准轴线，此时，工作轴线(轴承安装面)与基准轴线不重合，安装面的公差及齿轮公差均相对于此轴线来规定，如图 8-31 所示。

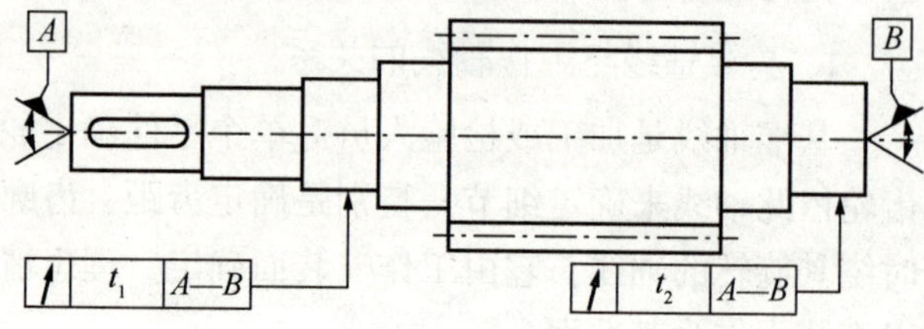

图 8-31　用中心孔确定基准轴线

显然，安装面对于中心孔的跳动公差必须规定很小的公差值。务必注意，中心孔 60°接触角范围内应对准成一条直线。

3. 齿轮坯精度的确定

GB/Z 18620. 3—2008 推荐的齿坯的精度主要有以下几点。

1)基准面的形状公差

所有基准面的形状公差都不应大于表 8-3 中所规定的数值。表中的 L 为较大的轴承跨距，D_d 为基准面直径，b 为齿宽。

表 8-3　基准面的形状公差(摘自 GB/Z 18620.3—2008)

确定轴线的基准面	公差项目		
	圆度	圆柱度	平面度
两个“短的”圆柱或圆锥形基准面	$0.04(L/b)F_\beta$ 或 $0.1F_p$（取两者中较小值）		
一个“长的”圆柱或圆锥形基准面		$0.04(L/b)F_\beta$ 或 $0.1F_p$（取两者中较小值）	
一个短的圆柱面和一个端面	$0.06F_p$		$0.06(D_d/b)F_\beta$

注：齿轮坯的公差应减至能经济地制造的最小值。

2)工作及制造安装面的跳动公差

当加工基准轴线与安装轴线不重合时，工作安装面相对于加工基准轴线的跳动必须在图纸上予以控制，跳动公差一般不应大于表 8-4 中规定的数值。

表 8-4　安装面的跳动公差(摘自 GB/Z 18620.3—2008)

确定轴线的基准面	跳动量(总的指示幅度)	
	径向	轴向(或端面)
仅指圆柱或圆锥形基准面	$0.15(L/b)F_\beta$ 或 $0.3F_p$(取两者中较大值)	
一个圆柱基准面和一个端面基准面	$0.3F_p$	$0.2(D_d/b)F_\beta$

注：齿轮坯的公差应减至能经济地制造的最小值，这里的 D_d 为齿轮端面基准面的直径。

由于齿轮端面常作为齿轮的安装基准，因此齿轮端面相对于安装轴线的跳动应当不超过表 8-4 中的数值。

3)齿顶圆柱面的尺寸和跳动公差

如果把齿顶圆柱面作为齿坯安装时的找正基准或齿厚检验的测量基准，设计者应适当选择齿顶圆直径的尺寸公差以保证最小限度的设计重合度，同时还要保证具有足够的顶隙。其尺寸公差可参照表 8-5 选取。同时，其跳动公差不应大于表 8-4 中适当的数值。

表 8-5　齿轮孔、轴颈和顶圆柱面的尺寸公差

齿轮精度等级①	3	4	5	6	7	8	9	10	11	12
齿轮孔	IT4		IT5	IT6	IT7		IT8			
齿轮轴轴颈	IT4		IT5		IT6		IT7		IT8	
齿顶圆柱面②③	IT 7			IT8			IT9		IT10	

注：①齿轮的 3 项精度等级不同时，齿轮基准孔的尺寸公差按最高的精度等级确定。

②齿顶圆柱面不作为测量齿厚的基准面时，齿顶圆直径公差按 IT11 给定，但不得大于 $0.1\ m_n$。

③齿顶圆柱面不作为基准面时，图样上不必给出齿圆柱面对齿轮基准孔的径向圆跳动公差。

4)轮齿齿面及基准面的表面粗糙度

齿面的表面粗糙度对齿轮的传动精度(噪声和振动)、表面承载能力(如点蚀、胶合和磨损)和弯曲强度等都会产生很大的影响，因此，应规定相应的表面粗糙度。

表 8-6 是标准给定的齿面的表面粗糙度 Ra 的推荐值。除此以外，齿坯其他表面的表面

粗糙度值可参照表 8-7 选取。

表 8-6　齿面的表面粗糙度（Ra）的推荐值（摘自 GB/T 18620.4—2008）

等级	Ra / μm		
	m<6 mm	6 mm≤m≤25 mm	m>25 mm
1		0.04	
2		0.08	
3		0.16	
4		0.32	
5	0.5	0.63	0.8
6	0.8	1	1.25
7	1.25	1.6	25.0
8	2.0	2.5	3.2
9	3.2	4	5.0
10	5.0	6.3	8.0
11	10.0	12.5	16
12	20	25	32

表 8-7　齿坯基准面表面粗糙度（Ra）的推荐值　单位：μm

表面种类	齿轮精度等级①						
	5	6	7		8	9	
齿面加工方法	磨齿	磨或珩齿	剃或珩齿	精滚精插	插或滚齿	滚齿	铣齿
齿轮基准孔	0.32～0.63	1.25	1.25～2.5			5	
齿轮轴基准轴颈	0.32	0.63	1.25			2.5	
基准端面	1.25～2.5	2.5～5				5	
齿顶圆柱面	1.25～2.5	5					

注：①当齿轮各参数精度等级不同时，按最高的精度等级确定公差值。

8.3.2　中心距和轴线的平行度偏差

在齿轮精度设计中，设计者应对齿轮副中心距 a 和轴线的平行度两项偏差选择适当的公差。公差值的选择应按其使用要求能保证相啮合轮齿间的侧隙和齿长方向正确接触。提供在装配时调整轴承位置的设施，可能是达到高精度要求最为有效的措施。然而，在很多情况下，其成本之高昂很难令人接受。

1. 中心距允许偏差

中心距偏差是实际中心距与公称中心距之差。中心距允许偏差是设计者规定的中心距偏差的变化范围。中心距公差是设计者规定的允许偏差。公称中心距是在考虑了最小侧隙及两齿轮齿顶和其相啮合的非渐开线齿廓齿根部分的干涉后确定的。

GB/Z 18620. 3—2008 未提供中心距允许偏差值，设计者可参考表 8-8。

表 8-8 齿轮副的中心距极限偏差 $\pm f_a$ 值

齿轮平稳性精度等级	1 ~ 2	3 ~ 6	5 ~ 6	7 ~ 8	9 ~ 10	11 ~ 12
f_a	$\frac{1}{2}$IT4	$\frac{1}{2}$IT6	$\frac{1}{2}$IT7	$\frac{1}{2}$IT8	$\frac{1}{2}$IT9	$\frac{1}{2}$IT11

GB/Z 18620. 3—2008 指出，在齿轮只是单向承载运转而不经常反转的情况下，最大侧隙的控制不是一个重要的考虑因素。此时，中心距偏差主要取决于重合度的考虑。然而，在控制运动用的齿轮中，其侧隙必须控制；当齿轮上的负载常常反向时，对中心距的公差必须很仔细地考虑下列因素：①轴、箱体孔系和轴承轴线的偏斜；②由于箱体孔系的尺寸偏差和轴承的间隙导致齿轮轴线的不一致与错斜；③ 安装误差；④轴承的径向跳动；⑤温度的影响(随箱体和齿轮零件间的温差，中心距和材料不同而变化)；⑥旋转件的离心伸胀；⑦其他因素，如润滑剂污染的允许程度及非金属齿轮材料的溶胀。

2. 轴线平行度偏差

由于轴线平行度偏差的影响与其向量的方向有关，因此对轴线平面内的偏差（$f_{\Sigma\delta}$）和垂直平面内的偏差（$f_{\Sigma\beta}$）作了不同的规定，如图 8-32 所示。

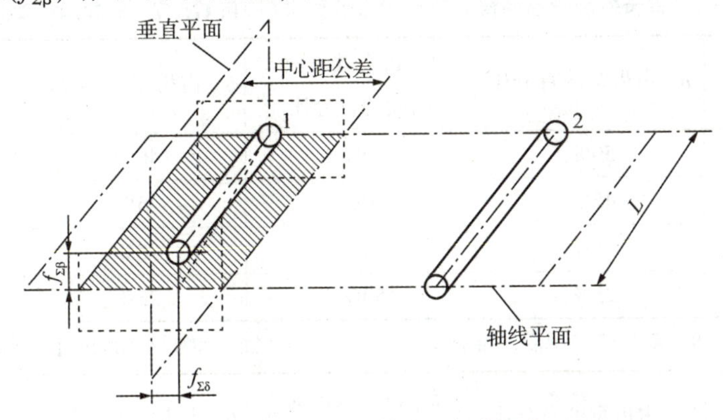

图 8-32 齿轮副轴线平行度误差

轴线平面内的偏差是在两轴线的公共平面上测量的，这公共平面是用两轴承跨距中较长的一个 L 和另一根轴上的轴承来确定的，如果两个轴承的跨距相同，则用小齿轮和大齿轮轴的一个轴承。垂直平面内的偏差是在与轴线公共平面相垂直的“交错轴平面”上测量的。

轴线平面内的轴线偏差影响螺旋线啮合偏差是工作压力角的正弦函数，而垂直平面上的轴线偏差是工作压力角的余弦函数，可见，一定量的垂直平面上的偏差导致的啮合偏差将比同样大小的平面内偏差导致的啮合偏差要大 2 ~ 3 倍。因此，对这两种偏差要素规定不同的最大推荐值。在垂直平面上偏差的推荐最大值为

$$f_{\Sigma\beta} = 0.5\,\frac{L}{b}F_{\beta} \tag{8-3}$$

式中，L 为轴承跨距。

在轴线平面内偏差的推荐最大值为

$$f_{\Sigma\delta} = 2f_{\Sigma\beta} \tag{8-4}$$

8.3.3 轮齿接触斑点

轮齿接触斑点是指装配好的齿轮副(一个产品齿轮与另一个产品齿轮或一个测量齿轮构成齿轮副)在轻微制动下，运转后齿面上分布的接触擦亮痕迹，如图 8-33 所示。

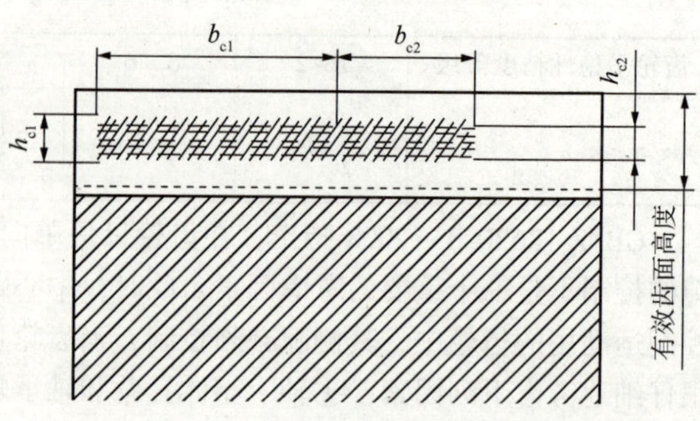

图 8-33 接触斑点分布的示意图

接触斑点按照齿面展开图上的擦亮痕迹在齿长与齿高方向上所占的百分比来评定。接触斑点综合反映了齿轮的加工误差和安装误差，检测齿轮副所产生的接触斑点可以有助于对轮齿间载荷分布进行评估。接触痕迹所占百分比越大，载荷分布越均匀。

在图 8-33 中，b_{c1} 为接触斑点的较大长度，b_{c2} 为接触斑点的较小长度，h_{c1} 为接触斑点的较大高度，h_{c2} 为接触斑点的较小高度。表 8-9 和表 8-10 给出了各级精度的直齿轮和斜齿轮装配后的齿轮副接触斑点的最低要求。应当强调，表中的参数不适合于齿廓和螺旋线修形的齿面。

表 8-9 直齿轮装配后的接触斑点的最低要求(摘自 GB/Z 18620.4—2008)

精度等级按 GB/T 10095	b_{c1} 占齿宽的百分比	h_{c1} 占有效齿面高度的百分比	b_{c2} 占齿宽的百分比	h_{c2} 占有效齿面高度的百分比
4 级及更高	50%	70%	40%	50%
5 和 6	45%	50%	35%	30%
7 和 8	35%	50%	35%	30%
9 至 12	25%	50%	25%	30%

表 8-10 斜齿轮装配后的接触斑点的最低要求(摘自 GB/Z 18620.4—2008)

精度等级按 GB/T 10095	b_{c1} 占齿宽的百分比	h_{c1} 占有效齿面高度的百分比	b_{c2} 占齿宽的百分比	h_{c2} 占有效齿面高度的百分比
4 级及更高	50%	50%	40%	30%
5 和 6	45%	40%	35%	20%
7 和 8	35%	40%	35%	20%
9 至 12	25%	40%	25%	20%

8.4 圆柱齿轮的精度设计

齿轮精度是用制造公差加以区别的齿轮制造精确程度。GB/T 10095—2008《圆柱齿轮精度制》规定了单个渐开线圆柱齿轮的精度，它适用于齿轮基本齿廓符合 GB/T 1356—2001《通用机械和重型机用圆柱齿轮　标准基本齿条齿廓》规定的外齿轮、内齿轮、直齿轮、斜齿轮(人字齿齿轮)。

8.4.1 齿轮精度评定指标

GB/T 10095.1 ~2—2008 及 GB/Z 186200.1 ~4—2008 给出了 3 个方面的齿轮公差项目：轮齿同侧齿面偏差、径向偏差和径向跳动以及齿轮副的精度要求等，统称为齿轮精度评定指标。

为了方便理解和在实际工程中的应用，表 8-11 和表 8-12 从齿轮传动的使用要求和齿轮精度国家标准两个角度对这些齿轮评定指标进行了分类。

表 8-11 齿轮精度评定指标(按 4 项齿轮传动使用要求划分)

序号		齿轮传动的使用要求	主要影响因素及产生的误差	齿轮精度评定指标
单个齿轮	Ⅰ	传动的准确性 (齿轮运动精度)	齿距分布不均匀 (引起长周期误差：切向误差、径向误差、齿距误差、公法线长度变动误差等)	切向综合偏差 F_i' 径向综合偏差 F_i'' 齿廓总偏差 F_α 径向跳动 F_r 齿距累积总偏差 F_p 齿距累积偏差 F_{pk}(侧重局部控制) 公法线长度变动 F_w
	Ⅱ	传动的平稳性 (齿轮平稳性精度)	齿形轮廓的变形 (引起短周期误差：一齿切向误差、一齿径向误差、齿形轮廓误差、齿距误差、基节误差等)	一齿切向综合偏差 f_i' 一齿径向综合偏差 f_i'' 齿廓形状偏差 $f_{f\alpha}$ 齿廓倾斜偏差 $f_{H\alpha}$ 单个齿距偏差 f_{pt} 基圆齿距偏差 f_{pb}
	Ⅲ	载荷分布均匀性 (齿轮接触精度)	接触线不能完全线性接触 (引起沿齿高的齿形轮廓误差、沿齿长的螺旋线误差等)	齿廓总偏差 F_α 齿廓形状偏差 $f_{f\alpha}$ 齿廓倾斜偏差 $f_{H\alpha}$ 螺旋线总偏差 F_β 螺旋线形状偏差 $f_{f\beta}$ 螺旋线倾斜偏差 $f_{H\beta}$
齿轮副		侧隙的合理性	中心距和齿厚综合影响 (引起中心距偏差、齿厚偏差、公法线长度变动偏差等)	(1)单个齿轮： 齿厚偏差 f_{sn} 公法线长度偏差 E_{bn} (2)齿轮副： 轴线平面内的轴线平行度误差 $f_{\Sigma\delta}$ 垂直平面上的轴线平行度误差 $f_{\Sigma\beta}$ 中心距偏差 f_a 接触斑点

表 8-12　齿轮精度评定指标(按齿轮精度国家标准划分)

<table>
<tr><th>归类</th><th colspan="2">序号</th><th>偏差项目</th><th>代号</th><th>定义</th><th>对齿轮传动的影响</th><th>检测器具</th></tr>
<tr><td rowspan="11">轮齿同侧齿面偏差</td><td rowspan="3">齿距偏差</td><td>1</td><td>单个齿距偏差</td><td>f_{pt}</td><td>端面上，在接近齿高中部的一个与齿轮轴线同心的圆上，实际齿距与理论齿距的代数差</td><td rowspan="3">准确性
平稳性</td><td rowspan="3">齿距仪或测齿仪</td></tr>
<tr><td>2</td><td>齿距累积偏差</td><td>F_{pk}</td><td>任意 k 个齿距的实际弧长与理论弧长的代数差(标准规定：评定齿距 $k=z/8$)</td></tr>
<tr><td>3</td><td>齿距累积总偏差</td><td>F_{p}</td><td>齿轮同侧齿面任意弧段内($k=1\sim z$)的最大齿距累积偏差</td></tr>
<tr><td rowspan="3">齿廓偏差</td><td>4</td><td>齿廓总偏差</td><td>F_{α}</td><td>在计值范围内，实际齿廓偏离理论齿廓的量(在端面内且垂直于渐开线齿廓的方向计值)</td><td rowspan="3">准确性
平稳性</td><td rowspan="3">渐开线检查仪</td></tr>
<tr><td>5</td><td>齿廓形状偏差</td><td>$f_{f\alpha}$</td><td>在计值范围内，包容实际齿廓迹线的两条与平均齿廓迹线完全相同的曲线间的距离，且两条曲线与平均齿廓迹线的距离为常数</td></tr>
<tr><td>6</td><td>齿廓倾斜偏差</td><td>$f_{H\alpha}$</td><td>在计值范围内，两端与平均齿廓迹线相交的两条设计齿廓迹线间的距离</td></tr>
<tr><td rowspan="2">切向偏差</td><td>7</td><td>切向综合总偏差</td><td>F_{i}'</td><td>被测齿轮与精确测量齿轮单面啮合时，在被测齿轮一转内，齿轮分度圆上实际圆周位移与理论圆周位移的最大差值</td><td>准确性</td><td rowspan="2">单面啮合仪</td></tr>
<tr><td>8</td><td>一齿切向综合偏差</td><td>f_{i}'</td><td>被测齿轮与精确测量齿轮单面啮合时，在被测齿轮一个齿距角内，实际转角与理论转角之差的最大幅度值(以分度圆弧长计)</td><td>平稳性</td></tr>
<tr><td rowspan="3">螺旋线偏差</td><td>9</td><td>螺旋线总偏差</td><td>F_{β}</td><td>在计值范围内，包容实际螺旋线的两条理论螺旋线之间的距离</td><td rowspan="3">载荷分布均匀性</td><td rowspan="3">渐开线螺旋检查仪</td></tr>
<tr><td>10</td><td>螺旋线形状偏差</td><td>$f_{f\beta}$</td><td>在计值范围内，包容实际螺旋迹线的两条与平均螺旋迹线完全相同的曲线间的距离，且两条曲线与平均螺旋迹线的距离为常数</td></tr>
<tr><td>11</td><td>螺旋线倾斜偏差</td><td>$f_{H\beta}$</td><td>在计值范围内，两端与平均螺旋迹线相交的理论螺旋线间的距离</td></tr>
<tr><td colspan="2" rowspan="2">径向综合偏差</td><td>12</td><td>径向综合总偏差</td><td>F_{i}''</td><td>被测齿轮与精确齿轮双面啮合时，在被测齿轮一转内，双啮中心距的最大变动量</td><td>准确性</td><td rowspan="2">双面啮合仪</td></tr>
<tr><td>13</td><td>一齿径向综合偏差</td><td>f_{i}''</td><td>被测齿轮与精确齿轮双面啮合时，在一个齿距角内双啮中心距的最大变动量</td><td>平稳性</td></tr>
<tr><td colspan="2">径向跳动</td><td>14</td><td>径向跳动</td><td>F_{r}</td><td>测头(球形、圆柱形或砧形)相继置于齿槽内时，到齿轮轴线的最大和最小径向距离之差</td><td>准确性</td><td>齿圈径向跳动检查仪</td></tr>
</table>

续表

归类	序号	偏差项目	代号	定义	对齿轮传动的影响	检测器具
齿轮副侧隙评定指标	15	齿厚偏差	f_{sn}	分度圆柱面上实际齿厚与设计齿厚之差，对于标准齿轮，公称齿厚 $s_n=\pi m_n/2$	传动侧隙	齿厚游标卡尺
	16	公法线长度偏差	E_{bn}	齿轮一转范围内，各部分的公法线平均值之差	传动侧隙	公法线千分尺
	17	中心距偏差	f_a	实际中心距对公称中心距之差	齿轮副侧隙	
	18	轴线平行度偏差	$f_{\Sigma\delta}$	齿轮轴线在轴线平面内的平行度偏差	齿轮副侧隙和载荷分布均匀性	
			$f_{\Sigma\beta}$	齿轮轴线在垂直平面内的平行度偏差		
	19	接触斑点		装配好的齿轮副在轻微制动下运转后，齿面上分布的接触擦亮痕迹	载荷分布均匀性	

8.4.2 轮齿精度等级及其选择

1. 轮齿的精度等级

GB/T 10095.1—2008 和 GB/T 10095.2—2008 对渐开线圆柱齿轮轮齿的精度作了如下规定。

(1)轮齿同侧齿面偏差规定了0、1、2、3、4、…、12共13个精度等级。其中，0级最高，12级最低。5级精度是各级精度中的基础级，也是确定齿轮各项偏差的公差计算式的精度等级。

该规定适用于分度圆直径为5～10 000 mm、模数(法向模数)为0.5～70 mm、齿宽为4～1 000 mm的渐开线圆柱齿轮。

(2)径向综合偏差规定了4、5、6、7、…、12共9个精度等级。其中，4级最高，12级最低。5级精度是各级精度中的基础级。

该规定适用于分度圆直径为5～1 000 mm、模数(法向模数)为0.2～10 mm的渐开线圆柱齿轮。

(3)对于径向跳动，GB/T 10095.2—2008在附录B中推荐了0、1、2、3、4、…、12共13个精度等级。其中，0级最高，12级最低。5级精度是各级精度中的基础级。

该规定适用于分度圆直径为5～10 000 mm、模数(法向模数)为0.5～70 mm的渐开线圆柱齿轮。

2. 各项偏差的计算公式及允许值(公差)

GB/T 10095.1—2008 和 GB/T 10095.2—2008 规定：公差表格中的数值为等比数列，

公比为 $\sqrt{2}$，5 级精度规定的公式为基本计算公式，即 5 级精度未圆整的计算公差值乘以 $\sqrt{2}^{(Q-5)}$，可得任一精度等级的公差值，Q 为待求值的精度等级。表 8-13 是各级精度齿轮轮齿同侧齿面偏差、径向综合偏差和径向跳动允许值(公差)的计算公式。表中的 m_n、d、b 和 k 分别表示齿轮的法向模数、分度圆直径、齿宽(单位均为 mm)和测量 F_{pk} 时的跨齿距数。

表 8-13　齿轮轮齿同侧齿面偏差、径向综合偏差、径向跳动允许值的计算公式

项目代号	允许值计算公式
$\pm f_{pt}$	$[0.3(m_n+0.4d^{0.5})+4]\times 2^{0.5(Q-5)}$
$\pm F_{pk}$	$(f_{pt}+1.6[(k-1)m_n]^{0.5})\times 2^{0.5(Q-5)}$
F_p	$(0.3m_n+1.25d^{0.5}+7)\times 2^{0.5(Q-5)}$
F_α	$(3.2m_n^{0.5}+0.22d^{0.5}+0.7)\times 2^{0.5(Q-5)}$
$f_{f\alpha}$	$(2.5m_n^{0.5}+0.17d^{0.5}+0.5)\times 2^{0.5(Q-5)}$
$\pm f_{H\alpha}$	$(2m_n^{0.5}+0.14d^{0.5}+0.5)\times 2^{0.5(Q-5)}$
F_β	$(0.1d^{0.5}+0.63b^{0.5}+4.2)\times 2^{0.5(Q-5)}$
$f_{f\beta}$，$\pm f_{H\beta}$	$(0.07d^{0.5}+0.45b^{0.5}+3)\times 2^{0.5(Q-5)}$
F_i'	$(F_p+f_i')\times 2^{0.5(Q-5)}$
f_i'	$K(4.3+f_{pt}+F_\alpha)=K(9+0.3m_n+3.2m_n^{0.5}+0.34d^{0.5})\times 2^{0.5(Q-5)}$
f_i''	$[2.96m_n+0.01(d)^{0.5}+0.8]\ 2^{0.5(Q-5)}$
F_i''	$(F_r+f_i'')=[3.2m_n+1.01(d)^{0.5}+6.4]\times 2^{0.5(Q-5)}$
F_r	$(0.8F_p)=[0.24m_n+1.0(d)^{0.5}+5.6]\times 2^{0.5(Q-5)}$

注：本表摘自 GB/T 10095.1—2008、GB/T 10095.2—2008。

国家标准中各公差或偏差数值是用表 8-11 中的公式计算出 5 级公差，然后根据下式计算并按标准中的圆整规则进行圆整得到：

$$T_Q = T_5 2^{0.5(Q-5)} \tag{8-5}$$

式中，T_Q 为 Q 级精度的公差计算值；T_5 为 5 级精度的公差计算值；Q 为表示 Q 级精度的阿拉伯数字。

3. 齿轮参数数值的分段

在用表 8-13 中的公式计算齿轮公差值或偏差值时，按 m_n、d、b 分段界限值的几何平均值代入并加以圆整。

轮齿同侧齿面偏差的公差值或偏差如表 8-14～表 8-21 所示，径向综合偏差的允许值如表 8-22～表 8-23 所示，径向跳动公差值如表 8-24 所示。对于标准中没有提供数值表的项目，如切向综合偏差 F_i'，用表 8-13 中的公式进行计算求取。当齿轮参数不在给定的范围内时，可以在计算公式中代入实际齿轮参数计算，而无须取分段界限的几何平均值。

表 8-14 单个齿距偏差 $\pm f_{pt}$（摘自 GB/T 10095.1—2008） 单位：μm

分度圆直径 d/mm	法向模数 m_n/mm	精度等级												
		0	1	2	3	4	5	6	7	8	9	10	11	12
$20<d\leq50$	$2<m_n\leq3.5$	1.0	1.4	1.9	2.7	3.9	5.5	7.5	11.0	15.0	22.0	31.0	44.0	62.0
	$3.5<m_n\leq6$	1.1	1.5	2.1	3.0	4.3	6.0	8.5	12.0	17.0	24.0	34.0	48.0	68.0
$50<d\leq125$	$2<m_n\leq3.5$	1.0	1.5	2.1	2.9	4.1	6.0	8.5	12.0	17.0	23.0	33.0	47.0	66.0
	$3.5<m_n\leq6$	1.1	1.6	2.3	3.2	4.6	6.5	9.0	13.0	18.0	26.0	36.0	52.0	73.0
$125<d\leq280$	$2<m_n\leq3.5$	1.1	1.6	2.3	3.2	4.6	6.5	9.0	13.0	18.0	26.0	36.0	51.0	73.0
	$3.5<m_n\leq6$	1.2	1.8	2.5	3.5	5.0	7.0	10.0	14.0	20.0	28.0	40.0	56.0	79.0

表 8-15 齿距累积总偏差 F_p（摘自 GB/T 10095.1—2008） 单位：μm

分度圆直径 d/mm	法向模数 m_n/mm	精度等级												
		0	1	2	3	4	5	6	7	8	9	10	11	12
$20<d\leq50$	$2<m_n\leq3.5$	2.6	3.7	5.0	7.5	10.0	15.0	21.0	30.0	42.0	59.0	84.0	119.0	168.0
	$3.5<m_n\leq6$	2.7	3.9	5.5	7.5	11.0	15.0	22.0	31.0	44.0	62.0	87.0	123.0	174.0
$50<d\leq125$	$2<m_n\leq3.5$	3.3	4.7	6.5	9.5	13.0	19.0	27.0	38.0	53.0	76.0	107.0	151.0	214.0
	$3.5<m_n\leq6$	3.4	4.9	7.0	9.5	14.0	19.0	28.0	39.0	55.0	78.0	110.0	156.0	220.0
$125<d\leq280$	$2<m_n\leq3.5$	4.4	6.0	9.0	12.0	18.0	25.0	35.0	50.0	70.0	100.0	141.0	199.0	282.0
	$3.5<m_n\leq6$	4.5	6.5	9.0	13.0	18.0	25.0	36.0	51.0	72.0	102.0	144.0	204.0	288.0

表 8-16 齿廓总偏差 F_α（摘自 GB/T 10095.1—2008） 单位：μm

分度圆直径 d/mm	法向模数 m_n/mm	精度等级												
		0	1	2	3	4	5	6	7	8	9	10	11	12
$20<d\leq50$	$2<m_n\leq3.5$	1.3	1.8	2.5	3.6	5.0	7.0	10.	14.0	20.0	29.0	40.0	57.0	81.0
	$3.5<m_n\leq6$	1.6	2.2	3.1	4.4	6.0	9.0	12.0	18.0	25.0	35.0	50.0	70.0	99.0
$50<d\leq125$	$2<m_n\leq3.5$	1.4	2.0	2.8	3.9	5.5	8.0	11.0	16.0	22.0	31.0	44.0	63.0	89.0
	$3.5<m_n\leq6$	1.7	2.4	3.4	4.8	6.5	9.5	13.0	19.0	27.0	38.0	54.0	76.0	108.0
$125<d\leq280$	$2<m_n\leq3.5$	1.6	2.2	3.2	4.5	6.5	9.0	13.0	18.0	25.0	36.0	50.0	71.0	101.0
	$3.5<m_n\leq6$	1.9	2.6	3.7	5.5	7.5	11.0	15.0	21.0	30.0	42.0	60.0	84.0	119.0

表 8-17 齿廓形状偏差 $f_{f\alpha}$ 的允许值（摘自 GB/T 10095.1—2008） 单位：μm

分度圆直径 d/mm	法向模数 m_n/mm	精度等级												
		0	1	2	3	4	5	6	7	8	9	10	11	12
$20<d\leq50$	$2<m_n\leq3.5$	1.0	1.4	2.0	2.8	3.9	5.5	8.0	11.0	16.0	22.0	31.0	44.0	62.0
	$3.5<m_n\leq6$	1.2	1.7	2.4	3.4	4.8	7.0	9.5	14.0	19.0	27.0	39.0	54.0	77.0

续表

分度圆直径 d/ mm	法向模数 m_n/ mm	精度等级												
		0	1	2	3	4	5	6	7	8	9	10	11	12
$50<d\leqslant125$	$2<m_n\leqslant3.5$	1.1	1.5	2.1	3.0	4.3	6.0	8.5	12.0	17.0	24.0	34.0	49.0	69.0
	$3.5<m_n\leqslant6$	1.3	1.8	2.6	3.7	5.0	7.5	10.0	15.0	21.0	29.0	42.0	59.0	83.0
$125<d\leqslant280$	$2<m_n\leqslant3.5$	1.2	1.7	2.4	3.4	4.9	7.0	9.5	14.0	19.0	28.0	39.0	55.0	78.0
	$3.5<m_n\leqslant6$	1.4	2.0	2.9	4.1	6.0	8.0	12.0	16.0	23.0	33.0	46.0	65.0	93.0

表 8-18 齿廓倾斜偏差 $\pm f_{H\alpha}$ 的允许值(摘自 GB/T 10095.1—2008) 单位：μm

分度圆直径 d/ mm	法向模数 m_n/ mm	精度等级												
		0	1	2	3	4	5	6	7	8	9	10	11	12
$20<d\leqslant50$	$2<m_n\leqslant3.5$	0.8	1.1	1.6	2.3	3.2	4.5	6.5	9.0	13.0	18.0	26.0	36.0	51.0
	$3.5<m_n\leqslant6$	1.0	1.4	2.0	2.8	3.9	5.5	8.0	11.0	16.0	22.0	32.0	45.0	63.0
$50<d\leqslant125$	$2<m_n\leqslant3.5$	0.9	1.2	1.8	2.5	3.5	5.0	7.0	10.0	14.0	20.0	28.0	40.0	57.0
	$3.5<m_n\leqslant6$	1.1	1.5	2.1	3.0	4.3	6.0	8.0	12.0	17.0	24.0	34.0	48.0	68.0
$125<d\leqslant280$	$2<m_n\leqslant3.5$	1.0	1.4	2.0	2.8	4.0	5.5	8.0	11.0	16.0	23.0	32.0	45.0	64.0
	$3.5<m_n\leqslant6$	1.2	1.7	2.4	3.3	4.7	6.5	9.5	13.0	19.0	27.0	38.0	54.0	76.0

表 8-19 螺旋线总偏差 F_β(摘自 GB/T 10095.1—2008) 单位：μm

分度圆直径 d/mm	齿宽 b/mm	精度等级												
		0	1	2	3	4	5	6	7	8	9	10	11	12
$20<d\leqslant50$	$10<b\leqslant20$	1.3	1.8	2.5	3.6	5.0	7.0	10.0	14.0	20.0	29.0	40.0	57.0	81.0
	$20<b\leqslant40$	1.4	2.0	2.9	4.1	5.5	8.0	11.0	16.0	23.0	32.0	46.0	65.0	92.0
	$40<b\leqslant80$	1.7	2.4	3.4	4.8	6.5	9.5	13.0	19.0	27.0	33.0	54.0	76.0	107.0
$50<d\leqslant125$	$10<b\leqslant20$	1.3	1.9	2.6	3.7	5.5	7.5	11.0	15.0	21.0	30.0	42.0	60.0	84.0
	$20<b\leqslant40$	1.5	2.1	3.0	4.2	6.0	8.5	12.0	17.0	24.0	34.0	48.0	68.0	95.0
	$40<b\leqslant80$	1.7	2.5	3.5	4.9	7.0	10.0	14.0	20.0	28.0	39.0	56.0	79.0	111.0
$125<d\leqslant280$	$10<b\leqslant20$	1.4	2.0	2.8	4.0	5.5	8.0	11.0	16.0	22.0	32.0	45.0	63.0	90.0
	$20<b\leqslant40$	1.6	2.2	3.2	4.5	6.5	9.0	13.0	18.0	25.0	36.0	50.0	71.0	101.0
	$40<b\leqslant80$	1.8	2.6	3.6	5.0	7.5	10.0	15.0	21.0	29.0	41.0	58.0	82.0	117.0

表 8-20 螺旋线形状偏差 $f_{f\beta}$ 和倾斜偏差 $\pm f_{H\beta}$ 的允许值(摘自 GB/T 10095.1—2008) 单位：μm

分度圆直径 d/ mm	齿宽 b/ mm	精度等级												
		0	1	2	3	4	5	6	7	8	9	10	11	12
$20<d\leqslant50$	$10<b\leqslant20$	0.9	1.3	1.8	2.5	3.6	5.0	7.0	10.0	14.0	20.0	29.0	41.0	58.0
	$20<b\leqslant40$	1.0	1.4	2.0	2.9	4.1	6.0	8.0	12.0	16.0	23.0	33.0	46.0	65.0
	$40<b\leqslant80$	1.2	1.7	2.4	3.4	4.8	7.0	9.5	14.0	19.0	27.0	38.0	54.0	77.0

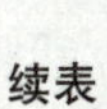

续表

分度圆直径 d/ mm	齿宽 b/ mm	精度等级												
		0	1	2	3	4	5	6	7	8	9	10	11	12
$50<d\leqslant125$	$10<b\leqslant20$	0.9	1.3	1.9	2.7	3.8	5.5	7.5	11.0	15.0	21.0	30.0	43.0	60.0
	$20<b\leqslant40$	1.1	1.5	2.1	3.0	4.3	6.0	8.5	12.0	17.0	24.0	34.0	48.0	68.0
	$40<b\leqslant80$	1.2	1.8	2.5	3.5	5.0	7.0	10.0	14.0	20.0	28.0	40.0	56.0	79.0
$125<d\leqslant280$	$10<b\leqslant20$	1.0	1.4	2.0	2.8	4.0	5.5	8.0	11.0	16.0	23.0	32.0	45.0	64.0
	$20<b\leqslant40$	1.1	1.6	2.2	3.2	4.5	6.5	9.0	13.0	18.0	25.0	36.0	51.0	72.0
	$40<b\leqslant80$	1.3	1.8	2.6	3.7	5.0	7.5	10.0	15.0	21.0	29.0	42.0	59.0	83.0

表 8-21　一齿切向综合偏差 f'_i/K 的比值（摘自 GB/T 10095.1—2008）　单位：μm

分度圆直径 d/ mm	法向模数 m_n/ mm	精度等级												
		0	1	2	3	4	5	6	7	8	9	10	11	12
$20<d\leqslant50$	$2<m_n\leqslant3.5$	3.0	4.2	6.0	8.5	12.0	17.0	24.0	34.0	48.0	68.0	96.0	135.0	191.0
	$3.5<m_n\leqslant6$	3.4	4.8	7.0	9.5	14.0	19.0	27.0	38.0	54.0	77.0	108.0	153.0	217.0
$50<d\leqslant125$	$2<m_n\leqslant3.5$	3.2	4.5	6.5	9.0	13.0	18.0	25.0	36.0	51.0	72.0	102.0	144.0	204.0
	$3.5<m_n\leqslant6$	3.6	5.0	7.0	10.0	14.0	20.0	29.0	40.0	57.0	81.0	115.0	162.0	229.0
$125<d\leqslant280$	$2<m_n\leqslant3.5$	3.5	4.9	7.0	10.0	14.0	20.0	28.0	39.0	56.0	79.0	111.0	157.0	222.0
	$3.5<m_n\leqslant6$	3.9	5.5	7.5	11.0	15.0	22.0	31.0	44.0	62.0	88.0	124.0	175.0	247.0

注：当 $\varepsilon_\gamma<4$ 时，$K=0.2\left(\dfrac{\varepsilon_\gamma+4}{\varepsilon_\gamma}\right)$；当 $\varepsilon_\gamma\geqslant4$ 时，$K=0.4$。

表 8-22　径向综合总偏差 F''_i（摘自 GB/T 10095.2—2008）　单位：μm

分度圆直径 d/mm	法向模数 m_n/mm	精度等级								
		4	5	6	7	8	9	10	11	12
$20<d\leqslant50$	$1.5<m_n\leqslant2.5$	13	18	26	37	52	73	103	146	207
	$2.5<m_n\leqslant4.0$	16	22	31	44	63	89	126	178	251
	$4.0<m_n\leqslant6.0$	20	28	39	56	79	111	157	222	314
$50<d\leqslant125$	$1.5<m_n\leqslant2.5$	15	22	31	43	61	86	122	173	244
	$2.5<m_n\leqslant4.0$	18	25	36	51	72	102	144	204	288
	$4.0<m_n\leqslant6.0$	22	31	44	62	88	124	176	248	351
$125<d\leqslant280$	$1.5<m_n\leqslant2.5$	19	26	37	53	75	106	149	211	299
	$2.5<m_n\leqslant4.0$	21	30	43	61	86	121	172	243	343
	$4.0<m_n\leqslant6.0$	25	36	51	72	102	144	203	287	406

表 8-23　一齿径向综合公差 f''_i（摘自 GB/T 10095.2—2008）　　单位：μm

分度圆直径 d/mm	法向模数 m_n/mm	精度等级								
		4	5	6	7	8	9	10	11	12
$20<d\leqslant 50$	$1.5<m_n\leqslant 2.5$	4.5	6.5	9.5	13	19	26	37	53	75
	$2.5<m_n\leqslant 4.0$	7.0	10	14	20	29	41	58	82	116
	$4.0<m_n\leqslant 6.0$	11	15	22	31	43	61	87	123	174
$50<d\leqslant 125$	$1.5<m_n\leqslant 2.5$	4.5	6.5	9.5	13	19	26	37	53	75
	$2.5<m_n\leqslant 4.0$	7.0	10	14	20	29	41	58	82	116
	$4.0<m_n\leqslant 6.0$	11	15	22	31	44	62	87	123	174
$125<d\leqslant 280$	$1.5<m_n\leqslant 2.5$	4.5	6.5	9.5	13	19	27	38	53	75
	$2.5<m_n\leqslant 4.0$	7.5	10	15	21	29	41	58	82	116
	$4.0<m_n\leqslant 6.0$	11	15	22	31	44	62	87	124	175

表 8-24　径向跳动公差 F_r（摘自 GB/T 10095.2—2008）　　单位：μm

分度圆直径 d/mm	法向模数 m_n/mm	精度等级												
		0	1	2	3	4	5	6	7	8	9	10	11	12
$20<d\leqslant 50$	$2.0<m_n\leqslant 3.5$	2.0	3.0	4.0	6.0	8.5	12	17	24	34	47	67	95	134
	$3.5<m_n\leqslant 6.0$	2.0	3.0	4.5	6.0	8.5	12	17	25	35	49	70	99	139
$50<d\leqslant 125$	$2.0<m_n\leqslant 3.5$	2.5	4.0	5.5	7.5	11	15	21	30	43	61	86	121	171
	$3.5<m_n\leqslant 6.0$	3.0	4.0	5.5	8.0	11	16	22	31	44	62	88	125	176
$125<d\leqslant 280$	$2.0<m_n\leqslant 3.5$	3.5	5.0	7.0	10	14	20	28	40	56	80	113	159	225
	$3.5<m_n\leqslant 6.0$	3.5	5.0	7.0	10	14	20	29	41	58	82	115	163	231

4. 齿轮精度等级的选择

国家标准对渐开线圆柱齿轮规定的精度等级中，0 ~ 2 级目前一般企业尚不能制造，称为有待发展的展望级；通常人们称 3 ~ 5 级为高精度等级，6 ~ 8 级为中精度等级，9 级为较低精度等级，10 ~ 12 级为低精度等级。

在一般情况下，同一齿轮的三方面使用要求选用相同的精度等级。但是，如前所述，不同机器或仪器中的齿轮传动，由于用途和工作条件的不同，对精度要求各有侧重，因此，也可以将不同的精度等级进行组合，以满足齿轮的使用要求。

齿轮精度等级的选择，不仅影响齿轮传动的质量，而且影响制造成本。因此，为了保证齿轮的传动质量，满足齿轮的使用要求，必须正确设计齿轮各参数的公差或偏差。

齿轮精度等级选择的方法主要有计算法和类比法。

(1) 计算法主要是按产品性能对齿轮所提出的具体使用要求，找出适当的计算方法，根据计算结果选定其精度等级。

①对于读数或分度齿轮，按齿轮传动链的运动准确性要求计算允许的最大转角误差，以选定传动准确性的精度等级。

②对于变速齿轮、高速动力齿轮等，常按其具体工作条件，主要是依据工作时的最高转速计算出的圆周速度、传递功率或者经机械动力学计算所得的振动、噪声等指标，确定传动平稳性的精度等级。

③对于低速重载齿轮，则应按其所承受的转矩及使用寿命，经齿面接触强度计算，确定其接触面积的比例以确定轮齿载荷分布均匀性的精度等级。

(2)类比法是根据以往产品设计、性能试验、使用过程中所累积的经验，以及长期使用中已证实其可靠性的各种齿轮精度等级选择的技术资料，经过与所设计的齿轮在用途、工作条件及技术性能上作对比并进行适当修正后，选定满足其各项要求精度等级。

应当指出，齿轮副中两个齿轮的精度可以取相同等级，也允许取不相同等级。如取不相同精度等级，则按其中精度等级较低者确定齿轮副的精度等级。

表 8-25 列出了某些机器中的齿轮所采用的精度等级，表 8-26 列出了某些精度的齿轮的应用范围，以供参考。

表 8-25　某些机器中的齿轮所采用的精度等级

产品或机构	精度等级	产品或机构	精度等级
精密仪器、测量齿轮	2~5	内燃机车	6~7
汽轮机、透平齿轮	3~6	一般(通用)减速器	6~9
航空发动机	3~7	拖拉机、载重汽车	6~9
金属切削机床	3~8	轧钢机	6~10
航空发动机	4~8	农用机械	7~10
轻型汽车、汽车底盘、机车	5~8	起重机械、矿用绞车	8~10

表 8-26　某些精度的齿轮的应用范围

工作条件	圆周速度/($m \cdot s^{-1}$)		应用情况	精度等级
	直齿	斜齿		
机床	>30	>50	高精度和精密的分度链末端的齿轮	4
	>15~30	>30~50	一般精度分度链末端齿轮、高精度和精密的分度链的中间齿轮	5
	>10~15	>15~30	V级机床主传动的齿轮、一般精度分度链的中间齿轮、Ⅲ级和Ⅲ级以上精度机床的进给齿轮、油泵齿轮	6
	>6~10	>8~15	Ⅳ级和Ⅳ级以上精度机床的进给齿轮	7
	<6	<8	一般精度机床的齿轮	8
动力传动		>70	用于很高速度的透平传动齿轮	4

续表

工作条件	圆周速度/(m·s^{-1})		应用情况	精度等级
	直齿	斜齿		
动力传动		>30	用于高速度的透平传动齿轮、重型机械进给机构、高速重载齿轮	5
		<30	高速传动齿轮、有高可靠性要求的工业机器齿轮、重型机械的功率传动齿轮、作业率很高的起重运输机械齿轮	6
	<15	<25	高速和适度功率或大功率和适度速度条件下的齿轮，冶金、矿山、林业、石油、轻工、工程机械和小型工业齿轮箱有可靠性要求的齿轮	7
	<10	<15	中等速度较平稳传动的齿轮，冶金、矿山、林业、石油、轻工、工程机械和小型工业齿轮箱(通用减速器)的齿轮	8
	4	6	一般性工作和噪声要求不高的齿轮、受载低于计算载荷的齿轮、速度大于1 m/s的开式齿轮传动和转盘的齿轮	9
航空船舶和车辆	>35	>70	需要很高的平稳性、低噪声的航空和船用齿轮	4
	>20	>35	需要高的平稳性、低噪声的航空和船用齿轮	5
	20	35	用于高速传动有平稳性、低噪声要求的机车、航空、船舶和轿车的齿轮	6
	15	25	用于有平稳性和噪声要求的航空、船舶和轿车的齿轮	7
	10	15	用于中等速度较平稳传动的载重汽车和拖拉机的齿轮	8
	4	6	用于较低速和噪声要求不高的载重汽车第一挡与倒挡拖拉机和联合收割机的齿轮	9
其他			检验7级精度齿轮的测量齿轮	4
			检验8~9级精度齿轮的测量齿轮、印刷机印刷辊子用的齿轮	5
			读数装置中特别精密传动的齿轮	6
			读数装置的传动及具有非直尺的速度传动齿轮、印刷机传动齿轮	7
			普通印刷机传动齿轮	8

8.4.3 最小法向侧隙和齿厚极限偏差的确定

侧隙是指两个相配齿轮的工作齿面相接触时，在两个相邻非工作齿面之间所形成的间隙。适当的侧隙可以通过改变齿轮副中心距的大小或把齿轮轮齿减薄来获得，当齿轮副中心距不能调整时，就必须在加工齿轮时按规定的齿厚极限偏差将齿轮轮齿减薄。

齿厚上极限偏差可以根据齿轮副所需要的最小侧隙通过计算法或类比法确定，而齿厚下极限偏差则按齿轮精度等级和加工齿轮时的径向进刀公差和几何偏心确定。当齿轮精度等级和齿厚极限偏差确定后，齿轮副的最大侧隙就自然形成，一般不必验算。

1. 最小法向侧隙

GB/Z 18620.2—2008 指出，圆周侧隙（j_{wt}）是指当固定两相啮合齿轮中的一个，另一个齿轮所能转过的节圆弧长的最大值。法向侧隙（j_{bn}）是指在一对装配好的齿轮副中，当两个齿轮工作齿面互相接触时，在两个相邻非工作齿面间的最短距离。法向侧隙与圆周侧隙的关系为

$$j_{bn}=j_{wt}\cos\alpha_{wt}\cos\beta_b \tag{8-6}$$

式中，α_{wt} 为分度圆齿形角；β_b 为斜齿轮基圆螺旋角。

通常，测量 j_{bn} 需在基圆切线方向，也就是沿啮合线方向测量法向侧隙。可用塞尺或压铅丝方法进行测量，如图 8-34 所示。

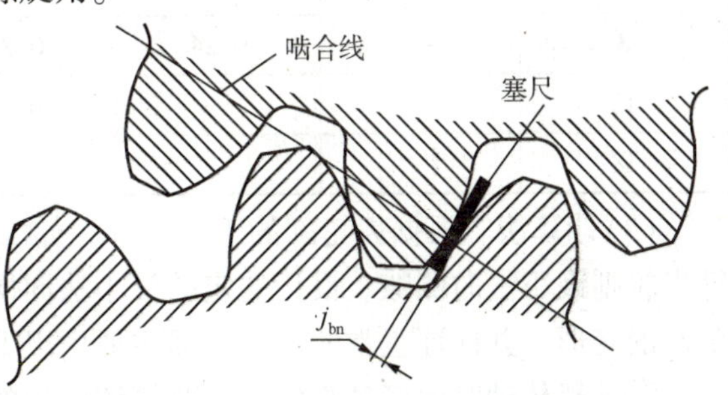

图 8-34 用塞尺测量齿轮副法向侧隙

在齿轮传动中，相互啮合齿轮的齿厚和箱体孔的中心距都会影响侧隙的大小。在一个已定的啮合中，侧隙会随着齿轮传动的速度、温度、负载等变化而变化，因此，在静态测量齿轮副时必须保证足够的侧隙，以保证齿轮副带负载运行于最不利状态仍有足够的侧隙。

在我国的齿轮制造中多采用减小单个齿轮齿厚的方法来实现法向侧隙，有些国家采用的是改变齿轮安装中心距的方法来实现。

最小法向侧隙（$j_{bn,min}$，简称最小侧隙）是当一个齿轮的齿以最大允许实效齿厚与一个具有最大允许实效齿厚的相配齿轮在最紧的允许中心距相啮合时，在静态条件下存在的最小允许侧隙。这里的最大允许实效齿厚是指齿轮的最大允许齿厚加上轮齿各要素偏差及安装所产生的综合影响的量值。

影响最小法向侧隙的主要因素与影响齿轮副中心距的因素大同小异。

最小法向侧隙可以根据传动时所允许的工作温度、润滑方法及齿轮的圆周速度等工作条件确定，通常有以下 3 种确定方法。

(1)经验法。参考同类产品中齿轮副的法向侧隙值来确定。

(2)查表法。表 8-27 列出了 GB/Z 18620.2—2008 对工业传动装置推荐的中、大模数齿轮的最小法向侧隙，它适用于黑色金属齿轮和黑色金属箱体构成的传动装置，且工作时节圆线速度小于 15 m/s，箱体、轴和轴承都采用常用的商业制造公差。

表中的数值也可用下式计算：

$$j_{bn,\ min}=\frac{2}{3}(0.06+0.0005\left|a_i\right|+0.03m_n)(\mu m) \tag{8-7}$$

式中，a_i 为最小中心距(mm)；m_n 为齿轮法向模数。

若忽略齿轮副加和安装误差，那么两个相啮合齿轮的齿厚上极限偏差之和为

$$E_{sns1}+E_{sns2}=-\frac{j_{bn,\ min}}{\cos\alpha_n} \tag{8-8}$$

表 8-27　对于中、大模数齿轮最小侧隙 $j_{bn,\ min}$ 的推荐值(摘自 GB/Z 18620.2—2008)

单位：mm

m_n	最小中心距 a_i					
	50	100	200	400	500	1 600
1.5	0.09	0.11	—	—	—	—
2	0.10	0.12	0.15	—	—	—
3	0.12	0.14	0.17	0.24	—	—
5	—	0.18	0.21	0.28	—	—
8	—	0.24	0.27	0.34	0.47	—
12	—	—	0.35	0.42	0.55	—
18	—	—	—	0.54	0.67	0.94

(3)计算法。根据齿轮副的工作条件，如工作速度、温度、负载、润滑等条件来设计计算齿轮副最小法向侧隙。设计选定的最小法向侧隙 $j_{bn,\ min}$ 应足以补偿齿轮传动时温度升高而引起的变形，并保证正常的润滑，即主要由以下两部分组成。

①补偿传动时温度升高使齿轮和箱体产生的热变形所需的最小法向侧隙 $j_{bn,\ min1}$，其值为

$$j_{bn,\ min1}=a(\alpha_1\Delta t_1-\alpha_2\Delta t_2)\times 2\sin\alpha_n \tag{8-9}$$

式中，a 为齿轮副中心距；α_1、α_2 分别为齿轮和箱体材料的线膨胀系数(℃$^{-1}$)；Δt_1、Δt_2 分别为齿轮和箱体工作温度与标准温度之差，这里的标准温度是 20 ℃。

②保证正常润滑条件所需的法向侧隙 $j_{bn,\ min2}$。

$j_{bn,\ min2}$ 取决于润滑方法和齿轮的圆周速度，可参考表 8-28 选取。

表 8-28　保证正常润滑条件所需的最小法向侧隙 $j_{bn,\ min2}$ (推荐值)

润滑方式	齿轮的圆周速度 v/(m·s^{-1})			
	≤10	>10～25	>25～60	>60
喷油润滑	10 m_n	20 m_n	30 m_n	(30～50) m_n
油池润滑	(5～10) m_n			

最终可得，齿轮副的最小法向侧隙为

$$j_{bn,\ min}=j_{bn,\ min1}+j_{bn,\ min2} \tag{8-10}$$

2. 齿厚极限偏差的确定

1)齿厚上极限偏差的确定

齿厚上极限偏差(E_{sns})受最小侧隙、齿轮和齿轮副的加工、安装误差的影响，两个齿

轮啮合后的齿厚上极限偏差之和为

$$E_{sns1}+E_{sns2}=-\left(2f_a\tan\alpha_n+\frac{j_{bn,\ min}+J_n}{\cos\alpha_n}\right) \tag{8-11}$$

式中，f_a 为中心距偏差，从表8-8中查取；α_n 为法向压力角；J_n 为齿轮和齿轮副的加工、安装误差引起的侧隙减小量。

考虑到基圆齿距偏差和螺旋线总偏差的计值方向与法向侧隙方向一致，而齿轮副的平行度误差的计值方向与之不一致的情况，在计算 J_n 时，应分别乘以 $\sin\alpha_n$ 和 $\cos\alpha_n$（α_n 为法向压力角）后换算到法向侧隙方向，并且大、小齿轮的基圆齿距偏差用其极限偏差 f_{pb1} 和 f_{pb2} 代替，它们的螺旋线总偏差分别用其公差 $F_{\beta1}$ 和 $F_{\beta2}$ 代替，齿轮副轴线平行度偏差分别用相应的公差 $f_{\Sigma\delta}$ 和 $f_{\Sigma\beta}$ 代替。此外，鉴于基圆齿距与分度圆齿距的关系，得 $f_{pb1}=f_{pt1}\cos\alpha_n$，$f_{pb2}=f_{pt2}\cos\alpha_n$；再按独立随机变量合成，最终，$J_n$ 的计算公式为

$$J_n=\sqrt{(f_{pt1}^2+f_{pt2}^2)\cos^2\alpha_n+F_{\beta1}^2+F_{\beta2}^2+(f_{\Sigma\delta}\sin\alpha_n)^2+(f_{\Sigma\beta}\cos\alpha_n)^2} \tag{8-12}$$

考虑同一齿轮副的大、小齿轮的单个齿距偏差的差值和螺旋线总偏差的差值很有限（差值对公差的百分比很小），为了简化计算 J_n，可将大、小齿轮的单个齿距偏差和螺旋线公差分别取成相等，即假设 $f_{pt1}=f_{pt2}=f_{pt}$，$F_{\beta1}=F_{\beta2}=F_\beta$，且以数值相对较大的大齿轮单个齿距偏差 f_{pt} 和螺旋线总偏差 F_β 代入式（8-12）。此外，因 $f_{\Sigma\delta}=(L/b)F_\beta$，$f_{\Sigma\beta}=0.5f_{\Sigma\delta}=0.5(L/b)F_\beta$，并取 $\alpha_n=20°$，则得

$$J_n=\sqrt{1.76f_{pt}^2+[2+0.34(L/b)^2]F_\beta^2} \tag{8-13}$$

再考虑到实际中心距为最小极限尺寸，即实际偏差为下极限偏差（$-f_a$）时，会使法向侧隙减小 $2f_a\sin\alpha_n$，同时将齿厚偏差的计算值换算到法向侧隙方向（乘以 $\cos\alpha_n$），则最小法向侧隙 $j_{bn,\ min}$ 与齿轮副中两个齿轮齿厚上极限偏差（E_{sns1}、E_{sns2}），中心距极限偏差（$-f_a$）及 J_n 的关系为

$$j_{bn,\ min}=(|E_{sns1}|+|E_{sns2}|)\cos\alpha_n-f_a\times2\sin\alpha_n-J_n \tag{8-14}$$

通常，为了方便设计与计算，令 $E_{sns1}=E_{sns2}=E_{sns}$，于是由上式可求得齿厚上极限偏差为

$$|E_{sns}|=\frac{j_{bn,\ min}+J_n}{2\cos\alpha_n}+f_a\tan\alpha_n$$

$$\text{或}\ E_{sns}=-\left(\frac{j_{bn,\ min}+J_n}{2\cos\alpha_n}+|f_a|\tan\alpha_n\right) \tag{8-15}$$

2）法向齿厚公差的选择

齿厚公差 T_{sn} 的大小主要取决于切齿时的径向进刀公差 b_r 和齿轮径向跳动公差 F_r（考虑切齿时几何偏心的影响，它使被切齿轮的各个轮齿的齿厚不同）。径向进刀公差 b_r 和齿轮径向跳动公差 F_r 按独立随机变量合成，并把它们从径向计算到齿厚偏差方向（乘以 $2\tan\alpha_n$），则得

$$T_{sn}=2\tan\alpha_n\sqrt{b_r^2+F_r^2} \tag{8-16}$$

式中，b_r 数值推荐按表8-29选取，F_r 的数值按齿轮传递运动准确性的精度等级、分度圆直径

和法向模数在表 8-24 中选取。

表 8-29　切齿时的径向进刀公差 b_r　　单位：μm

齿轮传递运动准确性的精度等级	4	5	6	7	8	9
b_r	1.26IT7	IT8	1.26IT8	IT9	1.26IT9	IT10

注：标准公差值 IT 按齿轮分度圆直径 d 查标准公差值表。

3) 齿厚下极限偏差的确定

齿厚下极限偏差 E_{sni} 由齿厚 E_{sns} 和齿厚公差 T_{sn} 求得，即

$$E_{sni}=E_{sns}-T_{sn}$$

3. 公法线长度极限偏差的确定

齿厚偏差的变化必然引起公法线长度的变化。测量公法线长度同样可以控制齿侧间隙，所以，在实际工程实践中，对于大模数齿轮通常测量齿厚，对于中、小模数齿轮则测量公法线长度。公法线长度的上、下极限偏差（E_{bns} 和 E_{bni}）与齿厚上、下极限偏差（E_{sns} 和 E_{sni}）有如下关系。

对外齿轮，有

$$\left.\begin{aligned}E_{bns}&=E_{sns}\cos\alpha_n-0.72F_r\sin\alpha_n\\E_{bni}&=E_{sni}\cos\alpha_n+0.72F_r\sin\alpha_n\end{aligned}\right\}\tag{8-17}$$

对内齿轮，有

$$\left.\begin{aligned}E_{bns}&=-E_{sns}\cos\alpha_n-0.72F_r\sin\alpha_n\\E_{bni}&=-E_{sni}\cos\alpha_n+0.72F_r\sin\alpha_n\end{aligned}\right\}\tag{8-18}$$

8.4.4　齿轮检验项目的确定

对于齿轮和齿轮副，现行的国家标准在精度等级中没有规定公差组和检验组。GB/T 10095.1—2008 中规定了切向综合偏差、齿廓和螺旋线的形状与倾斜偏差不是标准的必检项目。若需检验，则应在协议中明确规定。若检验切向综合偏差，还应就测量元件（测量齿轮、蜗杆、测头）的使用和设计达成协议。

在选择检验项目时，应根据齿轮的规格、用途、生产规模、精度等级、齿轮加工方式、计量仪器等因素综合分析，合理选择。不同的加工方式产生不同的齿轮误差，当用范成法加工齿轮时，加工误差主要来源于齿坯的装夹误差，应归属于径向误差；而用仿形法加工齿轮时，则由于分度机构误差将主要产生切向误差，故应根据不同的加工方式采用不同的检验项目。若齿轮精度低，机床精度可足够保证，则机床产生的误差可不检验。若齿轮精度高，则可选用综合性检验项目，反映全面。对于直径小于或等于 400 mm 的齿轮，可放在固定仪器上进行检验；大尺寸齿轮一般将量具放在齿轮上进行单项检验。大批量生产应采用检验效率高的检验项目。选择检验项目时还应考虑工厂仪器、设备条件及习惯检验方法等问题。

GB/T 10095.1—2008、GB/T 10095.2—2008 及 GB/Z 18620—2008 中给出的偏差项目虽然很多，但作为评价齿轮质量的客观标准，齿轮质量的检验项目应该主要是齿距偏差（F_p、$\pm f_{pt}$、F_{pk}）、齿廓总偏差 F_α、螺旋线总偏差 F_β。标准中给出的其他参数，一般不是必检项

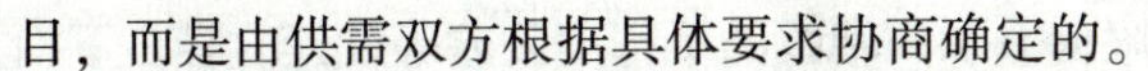

目，而是由供需双方根据具体要求协商确定的。

根据我国多年来的生产实践及目前齿轮生产的质量控制水平，建议供需双方依据齿轮的功能要求、生产批量和检测手段，选取适当的几个检验项目来评定齿轮的精度等级。

另外，在进行齿轮检验时，还应注意以下4点。

(1)若已检验切向综合偏差 F_i' 和 f_i'，则可以考虑不检验单个齿距偏差 f_{pt} 和齿距累积总偏差 F_p。

(2)在检验中，测量全部轮齿要素的偏差既不经济也没有必要，因为其中有些要素对于特定齿轮的功能并没有明显的影响。另外，有些测量项目可以互相代替，如切向综合偏差检验能代替齿距偏差检验，径向综合偏差检验能代替径向跳动检验等。

(3)对于质量控制测量项目的减少须由采购方和供货方协商确定。

(4)对于单个齿轮还需检验齿厚偏差，这是作为侧隙评定指标。需要说明，齿厚偏差在GB/T 10095.1—2008 和 GB/T 10095.2—2008 中均未作规定，GB/Z 18620.2—2008 也未推荐齿厚极限偏差的具体数值，所以，齿厚极限偏差由设计者按齿轮副侧隙计算确定。

需要补充说明的是，在 GB/T 13924—2008 中规定了 GB/T 10095.1—2008 和 GB/T 10095.2—2008 中定义的齿距偏差、齿廓偏差、螺旋线偏差等项目的检验细则，包括相应项目的测量方法、测量仪器以及结果的数据处理方法，在产品齿轮质量的评定中，应该执行其中的相关规定。

8.4.5　齿轮精度等级的标注

在图样上，需叙述齿轮精度要求时，应注明 GB/T 10095.1—2008 或 GB/T 10095.2—2008。具体地，关于齿轮精度等级的标注方法如下。

(1)若齿轮所有的检验项目精度为同一等级，则可以只标注精度等级和标准号。例如，齿轮检验项目同为8级，则可标注为

8　GB/T 10095—2008

(2)若齿轮的各个检验项目的精度不同，则应在各精度等级后标出相应的检验项目。例如，当齿距累积总偏差 F_p、单个齿距偏差 f_{pt} 和齿廓总偏差 F_α 均为8级，而螺旋线总偏差 F_β 为7级时，则应标注为

8(F_p、f_{pt}、F_α)、7(F_β)GB/T 10095—2008

应当指出，若要标注齿厚偏差，则应在齿轮工作图右上角的参数表中给出其公称值和极限偏差。

8.4.6　典型案例及其精度选择

渐开线圆柱齿轮的精度设计一般包括下列内容：

(1)确定齿轮的精度等级；

(2)确定齿轮的应检项目及其公差或偏差；

(3)确定齿轮的侧隙指标及其极限偏差；

(4)确定齿坯公差。

另外，还应包括确定齿轮副中心距的极限偏差和两轴线的平行度公差等设计内容。下面举例加以说明。

【例8-3】某减速器传动轴上的一对直齿圆柱齿轮，模数 $m_n=3$ mm，齿形角 $\alpha_n=20°$，齿数 $z_1=35$，$z_2=70$，齿宽 $b_1=28$ mm，$b_2=24$ mm，传递功率为7.5 kW，主动齿轮 z_1 的最高转速 $n_1=1\ 450$ r/min。齿轮的材料为钢，线膨胀系数 $\alpha_1=11.5\times10^{-6}$ ℃$^{-1}$；箱体的材料为铸铁，线膨胀系数 $\alpha_2=10.5\times10^{-6}$ ℃$^{-1}$；工作时，齿轮 z_1 的温度为 $t_1=45$ ℃，箱体的温度为 $t_2=30$ ℃；箱体上安装小齿轮的两轴承孔距 $L=90$ mm；小齿轮基准孔直径的公称尺寸为40 mm，且为单件小批生产。试确定小齿轮 z_1 的精度等级、齿轮副的侧隙指标、齿坯公差和表面粗糙度，并绘制该齿轮的工作图。

解：(1)确定齿轮的精度等级。

由机械原理可知，齿轮 z_1 的分度圆直径为

$$d_1=m_nz_1=3\times35\text{ mm}=105\text{ mm}$$

则该齿轮的圆周速度为

$$v_1=\frac{\pi d_1n}{1\ 000\times60}=\frac{3.14\times105\times1\ 450}{1\ 000\times60}\text{ m/s}=7.97\text{ m/s}$$

据此查表8-25和表8-26，可以确定小齿轮 z_1 的精度等级为8级，即动力齿轮的平稳性精度要求定为8级。

由于一般减速器对传动准确性要求不很严格，因此对这一使用要求可进行低一级选取，即齿轮运动精度选用9级；而对齿轮的接触精度，即载荷分布有一定要求，选用与平稳性要求同级(即8级)即可。

(2)确定齿轮的应检项目及其公差或偏差。

①确定应检项目。

因本齿轮为中等精度齿轮，尺寸不大且生产批量也不大，故确定其应检项目为：齿距累积总偏差 F_p（影响传动准确性）、单个齿距偏差 f_{pt} 和齿廓总偏差 F_α（影响传动平稳性）以及螺旋线总偏差 F_β（影响载荷分布均匀性）。

②确定应检项目的公差或偏差。

查表8-15可得齿距累积总偏差 $F_p=76$ μm；查表8-14可得单个齿距偏差 $\pm f_{pt}=\pm17$ μm；查表8-16可得齿廓总偏差 $F_\alpha=22$ μm；查表8-19可得螺旋线总偏差 $F_\beta=24$ μm。

(3)确定齿轮的侧隙指标及其极限偏差。

①确定法向齿厚及其极限偏差。

确定齿厚极限偏差时，首先要确定齿轮副所需的最小法向侧隙 $j_{bn,\ min}$。

由于齿轮副的中心距为：$a=\dfrac{m_n(z_1+z_2)}{2}=\dfrac{3\times(35+70)}{2}$ mm $=157.5$ mm，由式(8-9)计算补偿热变形所需的侧隙为

$$\begin{aligned}j_{bn,\ min1}&=a(\alpha_1\Delta t_1-\alpha_2\Delta t_2)\cdot2\sin\alpha_n\\&=157.5\times(11.5\times25-10.5\times10)\times10^{-6}\times2\times\sin\ 20°\text{ mm}\approx0.02\text{ mm}\end{aligned}$$

减速器采用油池润滑，据圆周速度查表8-28查得保证正常润滑所需的侧隙为

$$j_{bn,\ min2} = 10m_n = 10 \times 3\ \mu m = 30\ \mu m = 0.03\ mm$$

因此

$$j_{bn,\ min} = j_{bn,\ min1} + j_{bn,\ min2} = (0.02 + 0.03)\ mm = 0.05\ mm = 50\ \mu m$$

然后，确定补偿齿轮和齿轮箱体的制造误差和安装误差所引起的侧隙减小量 J_n。

为了简化计算 J_n，将大、小齿轮的单个齿距偏差和螺旋线偏差分别可取成相等，查表 8-14 和表 8-19，并以数值相对较大的大齿轮单个齿距偏差 f_{pt} 和螺旋线总偏差 F_β 代入式(8-13)。这里，f_{pt} = 18 μm，F_β =25 μm；因箱体上安装小齿轮的两轴承孔距 L = 90 mm，b 取小齿轮的齿宽 28 mm，于是有

$$J_n = \sqrt{1.76f_{pt}^2 + [2 + 0.34(L/b)^2]F_\beta^2}$$

$$= \sqrt{1.76 \times 18^2 + [2 + 0.34 \times (90/28)^2] \times 25^2}\ \mu m \approx 52.6\ \mu m$$

令大、小齿轮的齿厚上极限偏差相同，按式(8-15)，由表 8-8 查得中心距极限偏差 f_a = 31.5 μm，因此，小齿轮 z_1 的齿厚上极限偏差为

$$E_{sns} = -\left(\frac{j_{bn,\ min} + J_n}{2\cos\alpha_n} + |f_a|\tan\alpha_n\right) = -\left(\frac{50 + 52.6}{2 \times \cos 20°} + 31.5 \times \tan 20°\right)\ \mu m \approx -66\ \mu m$$

查表 8-24 得，齿轮径向跳动公差 F_r = 61 μm；查表 8-29 得，切齿时的径向进刀公差 b_r = IT10 = 140 μm。

于是，由式(8-16)可得齿厚公差为

$$T_{sn} = 2\tan\alpha_n\sqrt{b_r^2 + F_r^2} = 2 \times \tan 20° \times \sqrt{140^2 + 61^2}\ \mu m = 111\ \mu m$$

那么，齿厚下极限偏差为

$$E_{sni} = E_{sns} - T_{sn} = [(-66) - 111]\ \mu m = -177\ \mu m$$

当然，这一步也可以结合式(8-7)、式(8-8)和表 8-27 用查表法进行求解，因篇幅有限，不再赘述。

②确定公法线长度及其极限偏差。

由于测量公法线长度较为方便，且测量精度高，因此本例采用公法线长度作为侧隙指标。若采用齿厚则需计算分度圆上的公称弦齿高 h_c 和公称弦齿厚 s_{nc}，并适当提高齿顶圆精度。

测量公法线长段时，对于标准直齿轮的跨齿数为

$$k = \frac{z_1}{9} + 0.5 = \frac{35}{9} + 0.5 = 3.9 + 0.5 = 4.4 \approx 5$$

由式(8-2)得

$$W_k = m_n\cos\alpha_n[\pi(k - 0.5) + z\mathrm{inv}\ \alpha_t + 2x\tan\alpha_n]$$

$$= 3 \times \cos 20° \times [3.14 \times (5 - 0.5) + 35 \times 0.014\ 904 + 0]\ mm$$

$$= 41.304\ mm$$

按式(8-17)确定公法线长度上、下极限偏差为

$$E_{bns} = E_{sns}\cos\alpha_n - 0.72F_r\sin\alpha_n = [(-66 \times \cos 20°) - 0.72 \times 61 \times \sin 20°]\ \mu m$$

$$= -77.04\ \mu m \approx -77\ \mu m$$

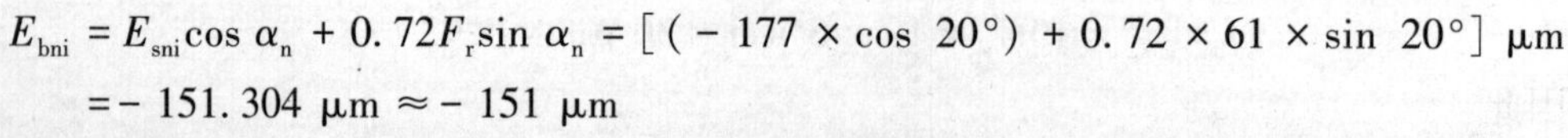

$$E_{bni} = E_{sni}\cos\alpha_n + 0.72F_r\sin\alpha_n = [(-177\times\cos 20°) + 0.72\times 61\times\sin 20°]\ \mu m$$
$$= -151.304\ \mu m \approx -151\ \mu m$$

根据计算结果，在齿轮图样上标注：$41.304^{-0.077}_{-0.151}$ mm 。

(4)确定齿坯精度及齿坯公差。

①根据齿轮结构，选择齿轮孔作为基准，则本例属于第二种确定基准轴线的情形，即用一个“长的”圆柱或圆锥形的基准面来同时确定轴线的方向和位置。

查表 8-3 可知齿轮定位基准孔的圆柱公差取 $0.04\dfrac{L}{b}F_\beta$ 与 $0.1F_p$ 两者中较小值。

由于小齿轮的螺旋线总偏差 $F_\beta = 24\ \mu m$，齿距总偏差 $F_p = 76\ \mu m$，易知

$$0.04\frac{L}{b}F_\beta = \frac{0.04\times 90\times 0.024}{28} = 0.0031 < 0.1F_p = 0.1\times 0.076 = 0.0076$$

故齿轮孔的圆柱度公差为 $f = 0.04\times\dfrac{L}{b_1}\times F_\beta = 0.04\times\dfrac{90}{28}\times 0.024\ mm \approx 0.003\ mm$。

查阅几何位公差的圆柱度公差表可知，0.003 mm 介于 ϕ40 mm 圆柱面的圆柱度公差 5 级和 6 级的公差之间，这里的圆柱度公差值取 6 级，即圆柱度公差为 0.004 mm。

查表 8-5 得，齿轮孔的尺寸公差取 7 级，即为 $\phi 40H7(^{+0.025}_{0})$，并采用包容要求。

②齿轮两端面在加工和安装时作为安装面，应提出其对基准轴线的端面(或轴向)跳动公差。按照由一个圆柱基准面和一个端面基准面确定轴线的情形，参照表 8-4 可得齿轮端面(或轴向)跳动公差为 $t_t = 0.2\dfrac{D_d}{b}F_\beta = 0.2\times\dfrac{53}{28}\times 0.024\ mm = 0.009\ mm$ 。

由几何公差值表可知，相当于轴向圆跳动公差 4 级，精度较高。考虑到经济加工精度，适当放宽，取 $t_t = 0.015$ mm (即 5 级精度)。

③齿顶圆柱面不作为测量齿厚的基准和切齿时的找正基准，由表 8-5 可知，齿顶圆直径公差带确定为 $\phi 111h11(^{\ 0}_{-0.220})$ 。

④参见表 8-6 和表 8-7 可知，齿面和其他表面的表面粗糙度取值如图 8-35 所示。

(5)确定齿轮副中心距的极限偏差和两轴线的平行度公差。

由表 8-8 可得，齿轮副中心距的极限偏差 $\pm f_a = \pm 31.5\ \mu m$，取为 (157.5 ±0.032) mm 。

假设箱体上两对轴承孔的跨距相等，皆为 90 mm，则可以选齿轮副两轴线中任一条轴线作为基准轴线。轴线平面上的平行度公差和垂直平面上的平行度公差分别按式(8-3)和式(8-4)确定，则

$$f_{\Sigma\delta} = \frac{L}{b}F_\beta = \frac{90}{28}\times 0.024\ mm = 0.077\ mm$$

$$f_{\Sigma\beta} = 0.5\frac{L}{b}F_\beta = 0.5f_{\Sigma\delta} \approx 0.039\ mm$$

(6)齿轮各表面粗糙度按照表 8-6 和表 8-7 进行确定，并标注在齿轮工作图上，如图 8-35 所示。

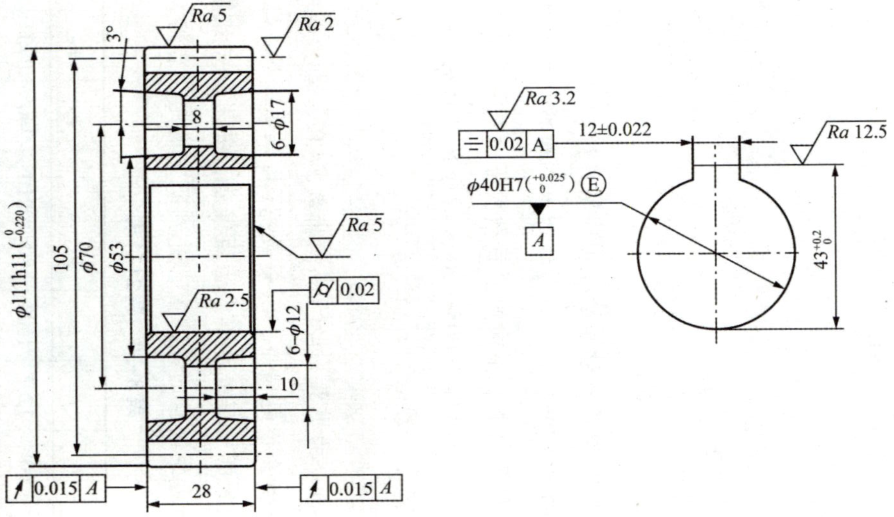

项目名称		符号	数值
模数		m_n	3
齿数		z	35
齿形角		α	20°
螺旋角		β	0°
变位系数		x	0
精度等级		9(F_p)、8(F_α、f_{pt}、F_β) GB/T10095.1—2008	
公差项目		符号	数值
齿距累积总偏差		F_p	0.076
齿轮总偏差		F_α	0.022
单个齿轮极限偏差		$\pm f_{pt}$	±0.017
螺旋线总偏差		F_β	0.024
配对齿轮齿数		z_2	70
中心距及其极限偏差		$a\pm f_a$	157.5±0.032
公法线长度	公称值及极限偏差	W_k	$41.304^{-0.077}_{-0.151}$
	跨测齿数	k	5

技术要求

1.渗碳深度0.6-0.9，淬火后齿面硬度HRC58-63；
2.未注尺寸公差按GB/T 1804—2000-m查表；
3.未注倒角1×45°。

						30CrMnTi			直齿圆柱齿轮
标记	处数	分区	更改文件号	签名	日期				
设计			标准化			阶段标记	重叠	比例	
								1:1	
审核						共 张	第 张		
工艺			批准						

图 8-35 齿轮工作图

本章小结

本章学习的重点是掌握单个齿轮与齿轮副的各项评定指标的目的和作用，掌握齿轮公差在齿轮图样上的规范标注。难点是研究各评定指标之间的关系，如齿厚与公法线的关系，侧隙与齿厚和公法线的关系等。

(1)齿轮传动的使用要求和各使用要求的评定指标。齿轮传动有3个使用要求，不同用途的齿轮对这3个使用要求各有侧重。影响齿轮使用要求的因素很多，对单个齿轮，用两大类偏差(轮齿同侧齿面偏差、径向综合偏差与径向跳动)作为使用要求的评定指标。本章还对这些偏差产生的原因及其属于何种使用要求的评定指标作了介绍。渐开线圆柱齿轮副精度要求包括中心距偏差、轴线平行度偏差、侧隙和齿厚以及轮齿接触斑点。

(2)齿轮的精度的设计步骤为：根据齿轮的大小、材料、转速、功率及使用场合，首先确定齿轮的精度等级，选择侧隙和齿厚偏差；再选定检验项目，查用误差表格，查得各项选定的检验指标的公差值，确定齿轮副精度；然后确定齿坯精度和有关表面的表面粗糙度要求；最后把上述各项要求标注在齿轮工作图上。

习　题

1. 简答题

(1)齿轮传动有哪些使用要求？

(2)单个齿轮评定有哪些评定指标？

(3)齿轮副精度的评定指标有哪些？

(4)为什么要规定齿坯精度？齿坯一般要检验哪些项目？

(5)齿轮侧隙用什么参数评定？对于大模数齿轮与中小模数齿轮有什么不同？

(6)齿轮轮齿的精度等级有多少个？不同的项目精度等级数目是否相同？

(7)8(F_p、f_{pt}、F_α)、7(F_β)GB/T 10095—2008 的含义是什么？

(8)齿轮精度设计的主要内容有哪些？

2. 计算与综合标注题

(1)某7级精度直齿圆柱齿轮的模数 $m=5$ mm，齿数 $z=12$，齿形角 $\alpha=20°$。该齿轮加工后采用绝对法测量其各个左齿面齿距偏差，测量数据(指示表示值)列于表8-30。试处理这些数据，确定该齿轮的齿距累积总偏差和单个齿距偏差，并用公式计算出或查齿轮公差表格获取齿距累积总偏差和单个齿距偏差的允许值，并判断它们是否合格。

表8-30　题2(1)表

齿距序号	p_1	p_2	p_3	p_4	p_5	p_6	p_7	p_8	p_9	p_{10}	p_{11}	p_{12}
理论累积齿距角	30°	60°	90°	120°	150°	180°	210°	240°	270°	300°	330°	360°
指示表示值/μm	+6	+10	+16	+20	+16	+6	−1	−6	−8	−10	−4	0

(2)某通用减速器有一带孔直齿圆柱齿轮，模数 $m_n=3$ mm，齿形角 $\alpha_n=20°$，齿数 $z=32$，齿宽 $b=20$ mm，传递的最大功率为5 kW，最高转速 $n=1\ 280$ r/min。已知齿厚上、下极限偏差通过计算分别确定为−0.160 mm和−0.240 mm，生产条件为小批量生产。齿轮结构以圆柱孔和一个端面为基准，齿轮基准孔直径的公称尺寸为40 mm。试确定其精度等级、齿轮副的侧隙指标、齿坯公差和表面粗糙度，并绘制该齿轮的工作图。

第 9 章 几何量测量技术基础

学习目标

了解测量技术的基础知识和计量器具的选择方法，包括了解长度和角度量值的传递及量块的使用；了解计量器具的分类及其主要技术指标；了解各种测量方法的基本特征和优劣；通过对随机误差分布规律及其特点的重点分析，掌握测量结果的数据处理方法；了解测量的发展趋势。

学习重点

测量的概念及其四要素、量块的等级和选用、测量误差及其数据的处理。

学习导航

在机械制造业中，要实现互换性，除了合理地规定公差外，还需要在加工过程中进行正确的测量或检验，判断加工完成的零件是否符合设计要求，只有测量或检验合格的零件才具有互换性。图 9-1 中的几何量检测仪器，如百分表、数显式四分尺、螺纹塞规和圆度仪等，可用来检验或测量完工后的零件，结合适当判定准则和评定方法，就可以得出零件的合格性结论。请思考该怎样对零件进行测量？这些测量过程要素有哪些？如果进行零件测量，那么常用的测量方法有哪些？其测量结果又如何表达呢？

图 9-1　几何量检测仪器

完工后的零件是否满足公差要求，必须要通过检测加以判断。检测不仅用来评定产品质量，还用于分析产生不合格品的原因，以便及时调整生产，监督工艺过程，预防废品产生。产品质量的提高，除依赖于加工精度的提高外，往往更依赖于检测精度的提高。所以，合理确定公差与正确进行检测，是保证产品质量、实现互换性生产的两个必不可少的条件和手段。

9.1　概　述

机械零件的检测包含检验与测量。检验是确定零件的几何参数是否在规定的极限范围内，并作出合格性判断的过程，不必得出被测量的具体数值；测量是将被测量与作为计量单位的标准量进行比较，以确定被测量的具体数值的过程。

这时，被测量值为 L，E 为所采用的计量单位，被测量的具体数值 q 为

$$q=\frac{L}{E} \tag{9-1}$$

在被测量值 L 一定的情况下，比值 q 的大小完全取决于所采用的计量单位 E，则被测量值 L 为

$$L=qE \tag{9-2}$$

上式表明，任何被测量的量值都由两部分组成：表征几何量的数值和该几何量的计量单位。例如，$L=30$ mm，这里 mm 为长度计量单位，数字 30 为以 mm 为计量单位时该几何量量值的数值。

因此，一个完整的测量过程应包括以下 4 个要素：测量对象、计量单位、测量方法和测量精度。

(1)测量对象。在几何量测量中，测量对象是指长度、角度、形状误差、位置误差、表面微观形貌误差等。

(2)计量单位。国际单位制中，长度的单位是米(m)，机械制造中常用的长度单位为毫米(mm)，精密测量时，多采用微米(μm)，超精密测量时，多采用纳米(nm)。

(3)测量方法。测量方法是指在进行测量时所采用的测量原理、计量器具以及测量条件的总合。

(4)测量精度。测量精度是指测量结果与真值相一致的程度。与测量精度相反的是测量误差。任何测量过程都不可避免地会出现测量误差。测量误差大，测量精度就低；反之，测量误差小，测量精度高。

通常用测量的极限误差或测量的不确定度来表示测量精度。由于在测量过程中不可避免地出现测量误差，因此，测量结果只是在一定范围内近似于真值，测量误差的大小反映测量精度的高低。没有测量精度的测量结果是毫无意义的。

测量是进行互换性生产的重要组成部分和前提之一，也是保证各种极限与配合标准贯彻实施的重要手段。为了进行测量并达到一定的准确度，应采用一定的测量方法和运用适当的测量工具。

9.1.1　长度量值传递系统

在生产和科学实验中测量需要标准量，而标准量所体现的量值需要由基准提供。在我国

的法定计量单位制中，长度的基本单位是米(m)。目前，国际通用的 m 的定义是光在真空中 1/299 792 458 s 内所经路径的长度。

采用光行程作为长度基准，不仅可以保证测量单位稳定、可靠，而且使用方便，并从本质上提高了测量准确度。为了使生产中使用的计量器具(量具、量仪)和工作的量值统一，就需要有一个统一的量值传递系统(见图 9-2)，即将米的定义长度通过各级计量部门一级一级地传递到工作计量器具上，再用其测量工件尺寸，以保证量值的准确一致。

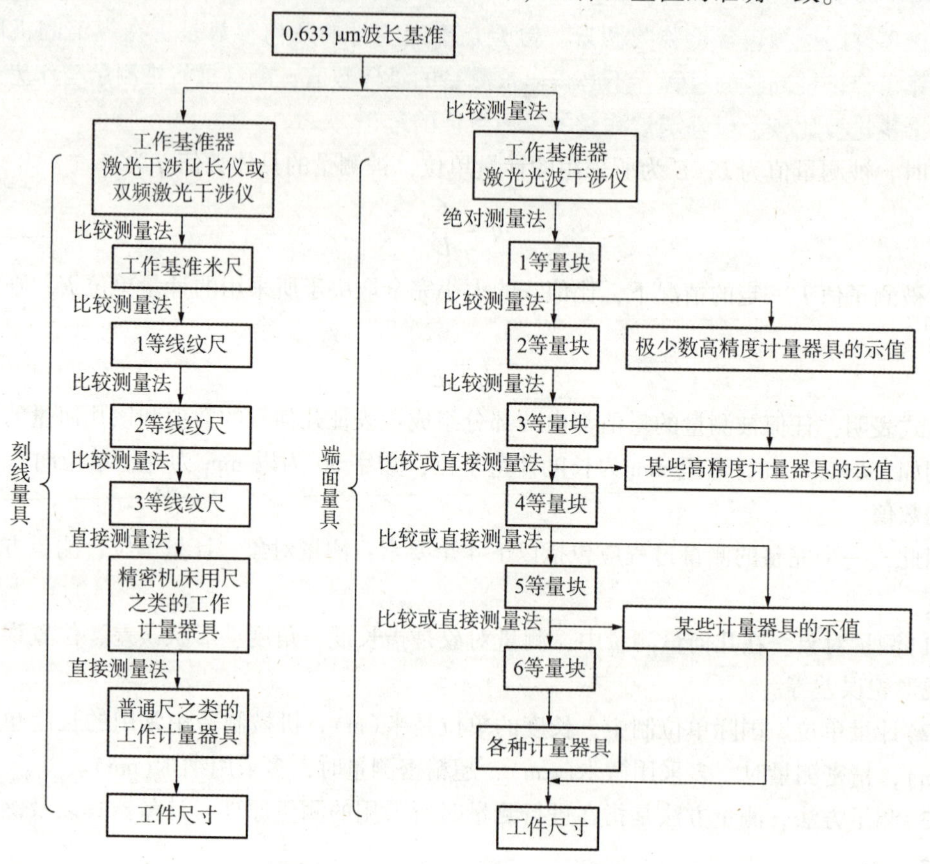

图 9-2 长度量值传递系统

从图 9-2 中可以看到，长度量值从国家基准波长开始，分两个平行的系统向下传递，一个是端面量具(量块)系统，另一个是刻线量具(线纹尺)系统。因此，量块和线纹尺都是量值的传递媒介，其中尤以量块的应用更为广泛。

9.1.2 量块

在机械和仪器制造中，量块的用途很广，除了作为长度基准进行尺寸传递外，还可用于计量器具、机床、夹具的调整和工件的检验等方面。

根据 GB/T 6093—2001《几何量技术规范(GPS)长度标准 量块》的规定，量块是用耐磨材料(特殊的合金钢)制造，横截面为矩形，并具有一对相互平行的测量面的实物量具。量块的测量面可以和另一量块的测量面相研合而组合使用，也可以和具有类似表面质量的辅助体表面相研合而用于长度的测量，如图 9-3 所示。

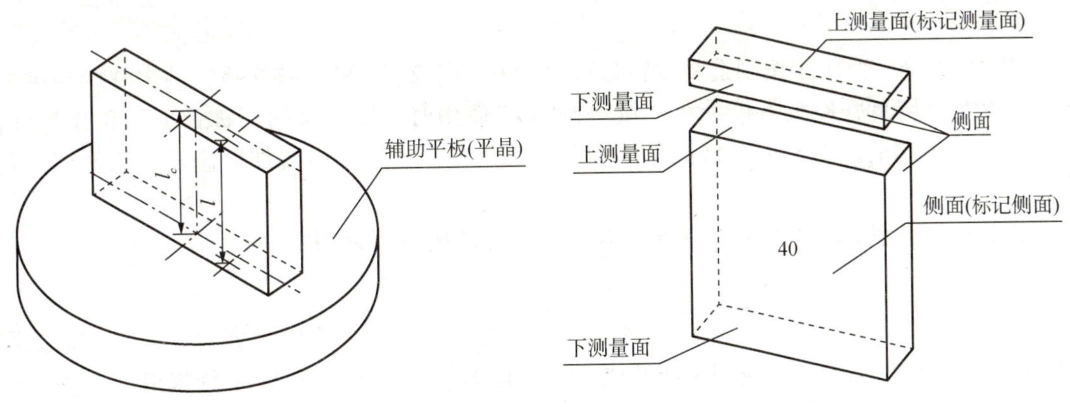

图 9-3　量块

1. 量块的基础知识

1) 量块的长度

量块的长度是指量块一个测量面上的任意点到与其相对的另一测量面相研合的辅助体表面之间的垂直距离，用符号 l 表示。

2) 量块的中心长度

量块的中心长度是指量块一个测量面的中心点到其相对的另一测量面之间的垂直距离，用符号 lc 表示。

3) 量块长度的标称值

量块长度的标称值是指标记在量块上用以表明其与主单位(m)之间关系的量值，也称为量块长度的示值或量块的标称尺寸，用符号 l_n 表示。

4) 任意点的量块长度相对于标称长度的偏差

任意点的量块长度相对于标称长度的偏差是指任意点的量块长度减去量块的标称长度所得到的代数差，用符号 e 表示，$e=l-l_n$。图 9-4 中的 $+t_e$ 和 $-t_e$ 为量块测量面上任意点的量块长度相对于标称长度的极限偏差。

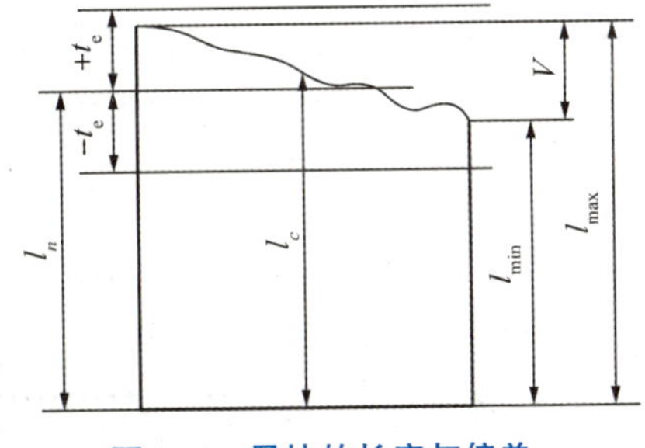

图 9-4　量块的长度与偏差

5) 量块长度变动量

如图 9-4 所示，量块长度变动量是指量块测量面上任意点中的最大长度 l_{max} 与最小长度 l_{min} 之差的绝对值，用符号 V 表示。另外，量块长度变动量的最大允许值用符号 t_V 表示。

2. 量块的精度等级

为了满足不同应用场合的需要，在我国的标准中对量块规定了若干精度等级。

1) 量块的分等

JJG 146—2011《量块》中按照检定精度将量块分为 1、2、3、4、5 共 5 等，其中 1 等的精度最高，其余依次降低。量块按“等”使用时，不再以标称长度作为工作尺寸，而是用量块经检定后所给出的实测中心长度作为工作尺寸，该尺寸排除了量块的制造误差，仅包含检定时较少的测量误差。

2) 量块的分级

GB/T 6093—2001 中按制造精度将量块分为 0、1、2、3 和 K 共 5 级，其中 0 级精度最高，其余依次降低，K 级为校准级。量块按“级”使用时，以量块的标称长度为工作尺寸，该尺寸包含了制造误差，它们将被引入到测量结果中。由于不需要加以修正，故使用比较方便。

量块按“等”使用时主要用于量值传递，除此之外按“级”使用。

3. 量块的选用

利用量块的研合性，在实际测量时，常常将几个量块组合成所需要的工作尺寸。按照 GB/T 6093—2001 的规定，我国生产的成套量块有 91、83、46、38 等 17 种规格，表 9-1 中列出了 83 块一套量块的尺寸组成。

表 9-1　83 块一套量块的尺寸组成(摘自 GB/T 6093—2001)

总块数	级别	尺寸系列/mm	间隔/mm	块数
83	0，1，2	0.5	—	1
		1	—	1
		1.005	—	1
		1.01 ~ 1.49	0.01	49
		1.5 ~ 1.9	0.1	5
		2.0 ~ 9.5	0.5	16
		10 ~ 100	10	10

在使用量块时，为了减少量块的组合误差，应尽量减少量块的组合块数，一般不超过 5 块。选用量块时，应从所需尺寸的最后一位数开始，每选一块至少应减去所需尺寸的一位尾数。例如，从上述量块中选取尺寸为 47.525 mm 的量块组，选取方法为：

47.525 ………………………………… 量块组合尺寸
− 1.005 ………………………………… 第一块量块尺寸
46.52
− 1.02 ………………………………… 第二块量块的尺寸
45.5
− 5.5 ………………………………… 第三块量块的尺寸
40 ………………………………… 第四块量块的尺寸

9.1.3　角度量值传递系统

角度也是机械制造业中重要的几何量之一，我国规定平面角角度的法定计量单位为弧度(rad)及度(°)分(′)秒(″)。任何一个封闭的圆周均为 360°，其形成一个自然基准。

尽管如此，在实际应用中，为了方便特定角度的测量和对测角量具、量仪进行检定，仍然需要建立角度量值基准。通常角度传递系统以多面棱体为媒介，如图 9-5 所示。

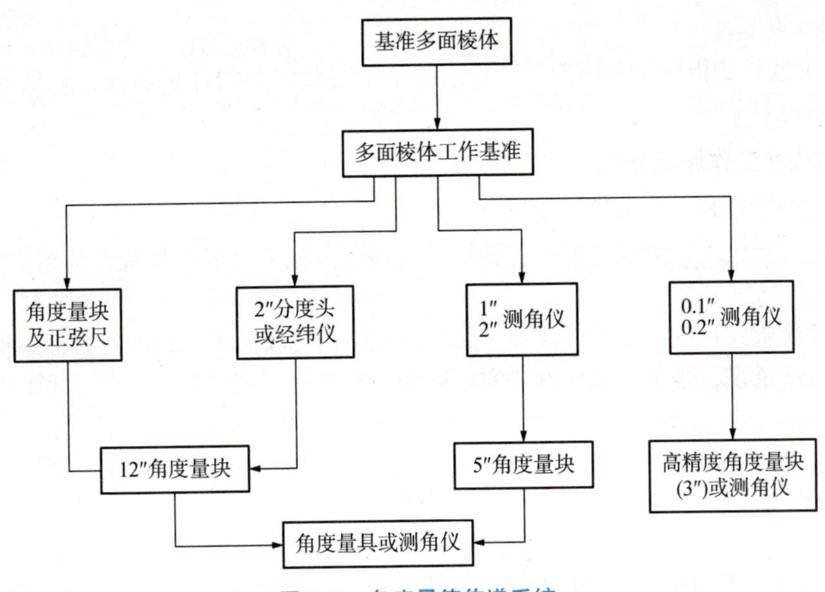

图 9-5 角度量值传递系统

多面棱体是用特殊合金钢或石英玻璃精细加工而成的。常见的有4、6、8、12、24、36、72 等正多面棱体。图 9-6 为正八面棱体，在任意轴切面上，相邻两面法线间的夹角为45°，可作为 $45° \times n$($n=1$, 2, 3, …)角度的测量基准。

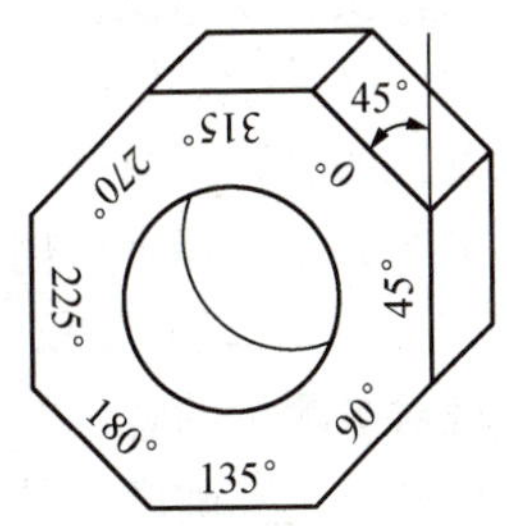

图 9-6 正八面棱体

用多面棱体测量时，可以把它直接安放在被检定量仪上使用，也可以利用它的中间孔，把它安装在心轴上使用。它通常与高精度自准直仪配合使用。

9.2 计量器具及测量方法

9.2.1 计量器具的分类

计量器具是用于测量的量具、测量仪器(简称量仪)和测量装置的总称。计量器具可按用途或按结构和工作原理进行分类。

1. 按用途分类

1)标准计量器具

标准计量器具是指在测量中体现标准量并以固定形式复现量值的计量器具。通常用来校对和调整其他计量器具，或作为标准量与被测几何量进行比较，如线纹尺、量块、多面棱体等。

2)通用计量器具

通用计量器具是指通用性大、能将被测量转换成可直接观测的指示值或等效信息的测量器具。一般通用计量器具可以用来测量一定范围内的任意尺寸的零件，如千分尺、千分表、测长仪等。

3）专用计量器具

专用计量器具是指用于专门测量某种或某个特定几何量的计量器具，如量规、圆度仪、基节仪等。

2. 按结构和工作原理分类

（1）固定刻线量具，如米尺、钢板尺、卷尺等。

（2）游标式量仪，如游标高度尺、游标量角器、游标卡尺等。其特点是结构简单、使用方便，但精度较低。

（3）微动螺旋式量仪，如千分尺等。其特点是结构比较简单，精度比游标式量仪高。

（4）机械式量仪，是指用机械方法实现被测量转换的量仪，其中主要是利用机械装置将微小位移放大的计量仪器，如百分表、千分表、杠杆比较仪、扭簧比较仪等。精度高于微动螺旋式量仪，示值范围较小。这类量仪因结构简单、性能稳定、使用方便，所以在测量实践中被广泛应用。

（5）光学机械式量仪，是指用光学方法实现对被测量的转换和放大的计量仪器，如光学比较仪、投影仪、干涉仪、工具显微镜、自准直仪等。这类量仪精度高，但结构较复杂。

（6）电动式量仪，是指将被测量通过传感器转变为电量，再经变换而获得示值的计量仪器，如电感测微仪、电动轮廓仪等。这类量仪灵敏度高，测量信号易与计算机连接，实现测量的数据处理自动化，但示值范围小。

（7）气动式量仪，是指以压缩空气为介质，通过气动系统的状态（流量或压力）变化来实现对被测量的转换的量仪，如压力式气动量仪、水柱式和浮标式气动量仪等。这种量仪的结构简单，准确度、灵敏度和测量效率都较高，而且抗干扰性强，但线性范围小。

（8）激光式量仪，是指利用激光的各种特性实现几何参数测量的量仪，如激光扫描仪、激光干涉仪、激光准直仪等。这类量仪的精度很高，但结构复杂，且价格较昂贵。

（9）机、光、电综合式量仪，如数显式工具显微镜、三坐标测量机等。这类量仪可以对结构复杂的工件进行二维、三维高精度测量，但结构相对复杂。它是计算机技术、光学技术与机械技术相结合的产物，也是测量仪器的发展趋势。

9.2.2 计量器具的技术性能指标

计量器具的基本技术性能指标是用来说明计量器具的性能和功用的，它是合理选择和使用计量器具、研究和判断测量方法是否正确的重要依据。其中的主要指标有以下各项。

1）刻度间距

刻度间距是指计量器具刻度标尺或度盘上相邻两刻线中心之间的距离或圆弧长度。为了便于读数及估计刻线间距内的小数部分，刻度间距不宜太小，一般取 1 ~ 2.5 mm。

2）分度值

分度值也称刻度值或分格值，它是指计量器具标尺或分度盘上每一刻度间距所代表的量值。一般长度计量器具的分度值有 0.1 mm、0.05 mm、0.02 mm、0.01 mm、0.005 mm、0.002 mm 和 0.001 mm 等。

3）分辨力

分辨力是指计量器具所能显示的最末一位数所代表的数值。由于在一些量仪（如数字式量仪）中，其示值采用非标尺或非分度盘显示，因此就不能使用分度值这个概念，而将其称为分辨力。例如，国产 JC19 型数显式万能工具显微镜的分辨力为 0.5 μm。

4）示值范围

示值范围是指计量器具所能指示（或显示）的最低值到最高值的范围。例如，图 9-7 所示的光学比较仪的示值范围为±0.1 mm。

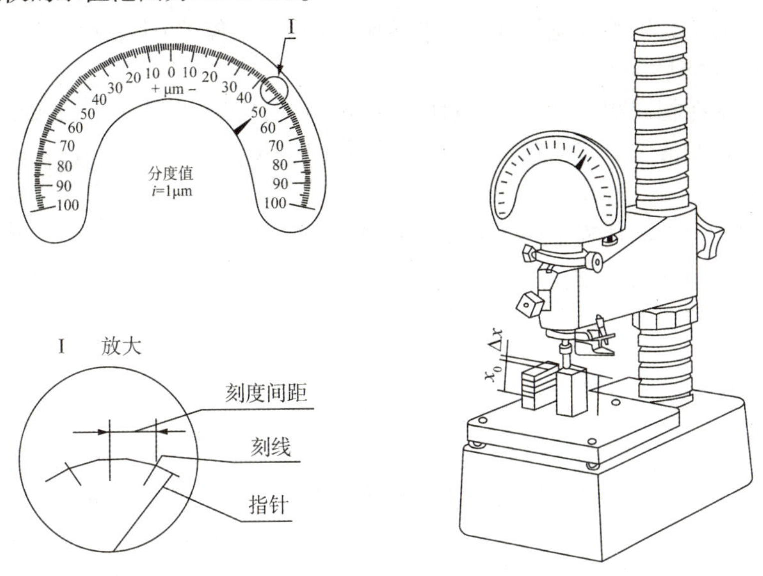

图 9-7　光学比较仪

5）测量范围

测量范围是指计量器具在允许的误差内所能测出的被测几何量量值的下限值到上限值的范围。测量范围的上限值与下限值之差称为量程。

测量范围和示值范围不能混淆。测量范围不仅包括示值范围，而且还包括仪器的悬臂或尾座等的调节范围。例如，光学比较仪的示值范围为±0.1 mm，而由于其悬臂可沿立柱上下调节，故测量范围为 0～180 mm。

6）灵敏度

灵敏度是指计量器具的输出量对输入量的变化率，它表征对被测几何量变化的响应能力。若被测几何量的变化为 Δx，该几何量变化引起的计量器具的响应变化为 ΔL，则灵敏度 S 为

$$S=\frac{\Delta x}{\Delta L} \tag{9-3}$$

当式（9-3）中的分子与分母为同一种物理量时，灵敏度也可以称为放大比或放大倍数。对于具有等分刻度的标尺或分度盘的量仪，放大倍数 K 等于刻度间距 a 与分度值 i 之比，即

$$K=\frac{a}{i} \tag{9-4}$$

一般来说，刻度间距一定时，分度值越小，则计量器具的灵敏度越高。

7）示值误差

示值误差是指计量器具上的示值与被测几何量的真值的代数差。一般来说，示值误差越小，则计量器具的正确度就越高。

8）修正值

修正值是为了消除或减少系统误差，用代数法加到测量结果上的数值。其大小与示值

误差的绝对值相等，而符号相反。例如，某仪器的示值误差为-0.005 mm，则修正值为+0.005 mm。

9)测量重复性(示值变动性或示值不稳定性)

测量重复性是指在相同的测量条件下，对同一被测量进行多次重复测量时，各测量结果之间的一致性。通常，以测量重复性误差的极限值(正、负偏差)来表示。

10)回程误差(滞后误差)

回程误差是指在相同测量条件下，对同一被测量进行正、反两个方向测量时所得到的两个测量值之差的绝对值。引起回程误差的主要原因是量仪传动元件之间存在间隙。

11)不确定度

不确定度是指由于器具测量误差的存在而对被测量值不能肯定的程度。测量不确定度定义为与测量结果相联系的参数，用以表征合理赋予被测量之值的分散性。当用标准偏差表示时，称为标准不确定度。

9.2.3 测量方法的分类

广义的测量方法是指测量时所采用的测量原理、计量器具和测量条件的总和。但是，在实际工作中，往往单纯从获得测量结果的方式来理解测量方法，它可以按不同的特征分类。

1)直接测量和间接测量

直接测量是指被测几何量的量值直接由计量器具读出，而不需将被测量值与其他实测量值进行某种函数关系的换算。例如，用游标卡尺、千分尺测量轴径，就能直接读出轴的直径尺寸。

间接测量是指直接测量与被测量值有一定函数关系的其他量值，然后由此函数关系求得被测量值的测量方法。该方法常常用于直接测量被测量值有困难的场合。例如，为了测量大尺寸圆柱形零件或者非整圆工件的直径 D，可采用“弓高弦长法”进行测量。如图 9-8 所示，通过测量弦长 b 和其相应的弓高 h，按下式即可计算出直径 D：

$$D = 2R = \frac{b^2}{4h} + h$$

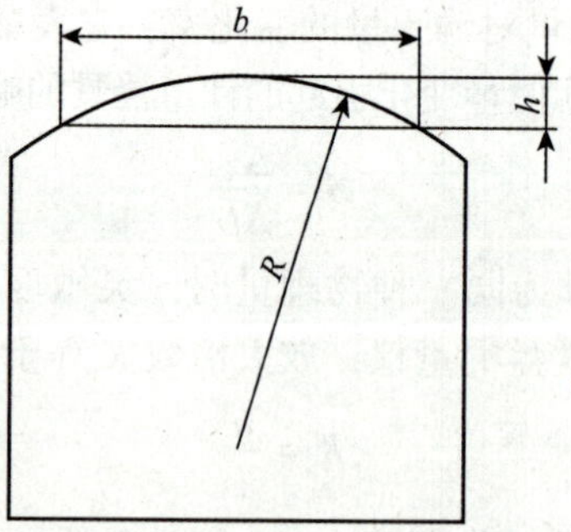

图 9-8　用弓高弦长法测量圆弧直径

直接测量过程简单，其测量精度只与这一测量过程有关，而间接测量的精度不仅取决于几个实测几何量的测量精度，还与所依据的计算公式和计算精度有关。

2)绝对测量和相对测量

直接测量又可分为绝对测量和相对(比较)测量。若从仪器读数装置上读出被测参数的

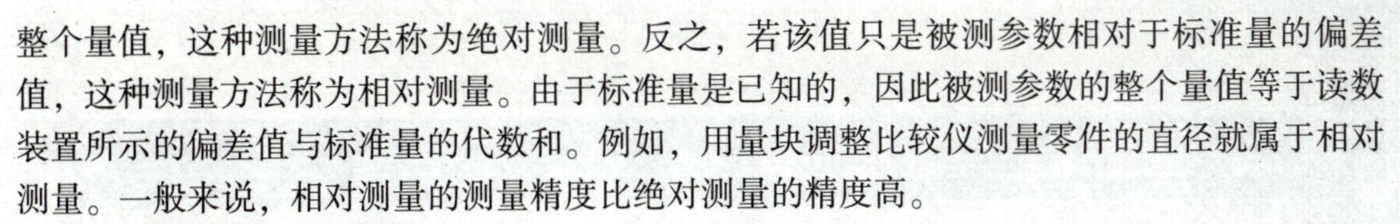

整个量值，这种测量方法称为绝对测量。反之，若该值只是被测参数相对于标准量的偏差值，这种测量方法称为相对测量。由于标准量是已知的，因此被测参数的整个量值等于读数装置所示的偏差值与标准量的代数和。例如，用量块调整比较仪测量零件的直径就属于相对测量。一般来说，相对测量的测量精度比绝对测量的精度高。

3）单项测量和综合测量

单项测量是指对零件的各个参数进行单独测量。例如，用工具显微镜分别测量螺纹的单一中径、螺距和牙型半角等。

综合测量是指同时测量零件几个相关参数的综合效应或综合参数。例如，齿轮的综合测量。

4）接触测量和非接触测量

接触测量是指测量时计量器具的测头与工件被测表面直接接触的测量方法，测量过程中具有测量力。例如，千分尺测量工件的尺寸，百分表测量轴的径向圆跳动等。

非接触测量是指测量时计量器具的测头不与被测表面直接接触的测量方法，从而测量不受测量力的影响。例如，用影像法测量螺纹零件的中径和螺距，用气动量仪测量孔径等。

在接触测量中，由于测量力的存在，测头与被测表面的接触会引起零件表面、测量头和量仪传动系统的弹性变形、测量头的磨损以及零件表面的划伤，产生测量误差，但是对被测表面的油污、切削液及微小振动等不敏感。非接触测量则不受此影响，故适宜于软质表面或薄壁易变形工件的测量。

5）主动测量和被动测量

主动测量是指在加工零件过程中进行的测量。这种测量可以控制零件的加工过程，用来决定是否继续加工或需要调整机床，故能及时防止废品的产生。例如，在数控机床上，在零件的加工过程中所进行的测量，实现了对零件加工全过程的监控。

被动测量是指零件加工后的测量。这种测量只能用于发现并剔除废品。

6）等精度测量和不等精度测量

等精度测量是指在测量过程中，决定测量精度的全部因素或条件都不变的测量。即在测量过程中，测量人员、测量仪器、测量温度、测量次数和测量方法等都相同，因而可以认为每一测量结果的可靠性和准确度都是相同的。

不等精度测量是指在测量过程中，决定测量精度的因素可能完全或局部改变的测量。显然，其测量结果的准确度势必发生变化。

一般情况下都采用等精度测量，不等精度测量只用于重要的科学实验中的测量。

总而言之，在一个具体的测量过程中，几种测量方法可能互相交叉，同时兼备。我们在选择测量方法时，在满足零件的技术要求的前提下，还应该充分考虑零件的结构特点、精度要求、生产批量等。

9.2.4 计量器具的选择

GB/T 3177—2009《产品几何技术规范（GPS）光滑工件尺寸的检验》中规定了计量器具的选用原则：选用计量器具应按照计量器具所引起的测量不确定度的允许值选择。选择时，应使所选用的计量器具的测量不确定度数值等于或小于选定的不确定度的允许值。

9.3 测量误差与数据处理

9.3.1 测量误差

1. 测量误差的基本概念

在进行测量的过程中，由于计量器具和测量条件的限制，测量结果出现或大或小的误差是不可避免的，因此，每一次测量，实际测得值往往只是在一定程度上近似于被测几何量的真值，这种近似程度在数值上则表现为测量误差。

测量误差是指测量结果与被测几何量的真值之差，它可用绝对误差或相对误差来表示。

绝对误差是指被测几何量的量值与其真值之差，即

$$\delta = x - x_0 \tag{9-5}$$

式中，δ 为绝对误差；x 为被测几何量的量值；x_0 为被测几何量的真值。

这里的 δ 反映了测得值偏离真值的程度。由于 x 可能大于或小于 x_0，因而绝对误差可能是正值，也可能是负值。若不计其符号正负，则可用绝对值表示，即

$$|\delta| = |x - x_0|$$

所以，被测几何量的真值可表示为

$$x_0 = x \pm |\delta| \tag{9-6}$$

式(9-6)表明，可用绝对误差来说明测量的精度。绝对误差的绝对值越小，则被测几何量的测得值就越接近于真值，测量精度也越高；反之，测量精度越低。但是，这一结论只适用于评定和比较测量尺寸相同的情况下的测量精度，对于尺寸大小不同的测量尺寸的测量精度，则需要用相对误差来评定它们。

相对误差是指绝对误差的绝对值 $|\delta|$ 与被测几何量真值之比，它是一个无量纲的数值，通常用百分比来表示。但是，由于被测几何量的真值无法得到，因此在实际应用中常以被测几何量的测得值来代替真值进行估算，即

$$\varepsilon = \frac{|\delta|}{x_0} \approx \frac{|\delta|}{x} \times 100\% \tag{9-7}$$

例如，某两个轴径的测得值分别为 $x_1 = 500$ mm 和 $x_2 = 50$ mm，$\delta_1 = \delta_2 = 0.005$ mm，其相对误差分别为 $\varepsilon_1 = (0.005/500) \times 100\% = 0.001\%$ 和 $\varepsilon_2 = (0.005/50) \times 100\% = 0.01\%$，可见前者的测量精度要高于后者。

2. 测量误差的来源

为了尽量减小测量误差，提高测量精度，正确认识测量误差的来源和性质，采取适当的措施减小测量误差的影响，是提高测量精度的根本途径。在实际测量时，引起测量误差的原因很多，归结起来主要有以下几个方面。

1）计量器具误差

计量器具误差是指计量器具本身所具有的误差，包括计量器具的设计原理误差、加工制造误差、装配调整误差、测量时由测力引起的变形误差、对准误差以及使用过程中的各项误差。这些误差的总和主要反映在示值误差和示值不稳定上。

设计计量器具时，为了简化结构，时常采用近似设计，使用这类仪器测量时，必定产生测量误差。

这里应当强调的是另外一项常见的计量器具误差——阿贝误差，即由于违背阿贝原则所产生的测量误差。阿贝原则是指测量装置的标尺应与被测尺寸重合或位于其延长线上，否则将会产生较大的测量误差。如图 9-9 所示，用游标卡尺测量轴的直径时，由于其刻度尺与被测直径不在同一条直线上，两者相距 s 平行布置，因此不符合阿贝原则。当游标卡尺的活动测爪有偏角 φ 时，产生的测量误差 δ 为

$$\delta = x - x' = s\tan\varphi \approx s\varphi$$

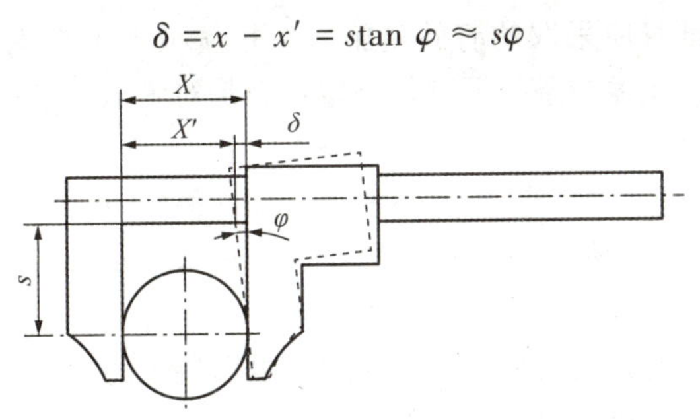

图 9-9 用游标卡尺测量轴径

设 $s=30$ mm，$\varphi = 1' \approx 0.000\ 3$ rad，则 $\delta=30\times0.000\ 3$ mm$=0.009$ mm$=9$ μm。而如果用千分尺测同一零件的话，在同等条件下，它产生的测量误差为 1.35×10^{-3} μm 。

由于千分尺的设计符合阿贝原则，因此其测量误差远比卡尺类计量器具小得多，测量精度也就高。所以，设计计量器具时就尽量少用近似原理和机构，同时要尽量遵守阿贝原则，以减小测量误差。

计量器具零件的制造误差、装配误差以及使用过程中的变形也会产生测量误差。例如，传动元件制造不准确所引起的放大比的误差；传动系统元件接触处间隙引起的误差等。

采用相对测量方法时使用的量块、线纹尺等基准件都包含制造误差和测量极限误差，这些误差将直接影响到测量结果。进行测量时，首先必须选择满足测量精度要求的测量基准件，一般要求其误差为总的测量误差的 1/5 ~ 1/3。

为了克服计量器具的测量误差，可以采用高精度仪器或量块来鉴定，其大小不得超过允许的极限值。若计量器具备有校正值图表或公式，则测量时可以据之修正测量结果，也不失为减小计量器具误差的好方法。

2) 方法误差

方法误差是指测量方法不完善(包括测量方法选择不当、测量基准或测头选择不正确、计算公式不准确以及工件安装定位不准确等)引起的误差。

测量实际工件时，一般应按照基面统一原则(设计、加工、测量基准面应一致)，选择适当的测量基准，否则将会产生较大的测量误差。例如，以齿顶圆定位测量齿厚就不符合基面统一原则，这时，齿顶圆的尺寸误差和形位误差势必会影响到测量结果的准确性。因此，必须在设计时对齿顶圆提出较高的尺寸(直径)和形位公差(齿顶圆的径向圆跳动公差)要求。

为了消除或减小测量方法误差，应对各种测量方案进行误差分析，尽可能在最佳条件下进行测量，并对误差予以修正。

3) 环境误差

环境误差是指测量时环境条件不符合标准的测量条件所引起的误差，它包括温度、湿

度、气压、照明、振动、灰尘等。其中，温度对测量结果的影响最大，其余因素只有在进行精密测量时才予以考虑。例如，在测量长度时，我国规定测量的标准温度为 20 ℃。当工件尺寸较大、温度偏离标准值较多并且工件与计量器具热膨胀系数相差较大时，都会引起较大的测量误差 δ。其计算式为

$$\delta = x[\alpha_1(t_1 - 20) - \alpha_2(t_2 - 20)] \tag{9-8}$$

式中，x 为被测尺寸；α_1、α_2 为被测零件、计量器具的线膨胀系数；t_1、t_2 为被测零件、计量器具的温度。

由此可见，进行测量时应采取的有效措施，一是从根本上排除温度影响，即在标准温度、恒温、恒湿、无尘、无振的条件下进行测量；二是对测量结果进行修正。

4）人为误差

人为误差是指由测量人员主观因素如疲劳、注意力不集中、技术不熟练、思想情绪、分辨能力等引起的测量误差。例如，测量人员使用计量器具不正确、测量瞄准不准确、读数或估读错误等，都会产生测量误差。

总之，造成测量误差的因素很多。有些误差是可以避免的，有些误差是可以通过修正消除的，还有一些误差既不可避免也不能消除。测量时，应采取相应的措施避免、消除或减小各类误差对测量结果的影响，以保证测量精度。

3. 测量误差的分类

综上所述，测量误差的来源是多方面的，就其特点和性质而言，可分为 3 类，即系统误差、随机误差和粗大误差。

1）系统误差

系统误差是指在相同测量条件下重复测量某一被测量时，绝对值和符号均保持不变，或在条件改变时按某一确定的规律变化的测量误差。前者称为定值系统误差，后者称为变值系统误差。例如，仪器零点的一次调整误差和调整量仪所用量块的误差就属于定值系统误差，而在测量过程中的温度均匀变化引起的测量误差就属于变值系统误差。

从理论上讲，系统误差是可以消除的，特别是对多数定值系统误差，我们可以用根源消除法、加修正值法、两次读数法等予以消除。但是，在某些情况下，系统误差由于变化规律比较复杂而难以消除。

2）随机误差

随机误差是指在相同测量条件下重复测量某一被测量时，绝对值和符号均不定，但就误差的总体而言，服从统计规律的测量误差。随机误差主要由测量过程中一些偶然性因素或不确定因素引起，如量仪传动机构的间隙、摩擦、温度的波动及测量力的不恒定等都可以导致随机误差的产生。

从理论上讲，随机误差是不能够被消除的。但我们可利用概率论和数理统计的方法，通过对其一系列测得值（常称为测量列）的处理来减小其对测量结果的影响，并评定它的影响程度。

3）粗大误差

粗大误差，即过失误差，是指超出规定条件下预计，对测量结果产生明显歪曲的测量误差。这种误差是由测量者主观上的疏忽或客观条件的剧变（如外界的突然振动）等原因造成的，常使测得值有显著的差异。含有粗大误差的测得值称为异常值，在处理测量数据时，应

根据粗大误差的判别准则设法将其剔除。

应当指出，系统误差的大小影响测量值的正确度，随机误差的大小影响测量值的精密度，二者共同作用影响测量值的准确度。另外，系统误差和随机误差的划分并不绝对，它们在一定的条件下是可以相互转化的。

4. 测量精度的分类

测量精度是指被测量的测得值与其真值的接近程度。测量误差越大则测量精度越低，反之，测量误差越小则测量精度越高。为了反映系统误差和随机误差对测量结果的不同影响，测量精度可分为以下几种。

1) 正确度

正确度反映测量结果中系统误差的影响程度。系统误差越小，则正确度越高。

2) 精密度

精密度反映测量结果中随机误差的影响程度。它是指在一定测量条件下连续多次重复测量所得的测得值之间相互接近的程度。若随机误差越小，则精密度越高。

3) 准确度

准确度则反映测量结果中系统误差和随机误差的综合影响程度。若系统误差和随机误差都小，则准确度就高。对于具体的测量，精密度高的测量，正确度不一定高；正确度高的测量，精密度也不一定高；精密度和正确度都高的测量，准确度就高。

9.3.2 测量误差的数据处理

任何测量总是不可避免地存在误差，为提高测量精度，必须尽可能消除或减小误差，那么，有必要认真研究各种误差的性质、出现规律、产生原因、消除或减小的主要方法、测量数据处理方法以及测量结果的评定等，以寻求被测量最可信赖的数值和评定这一数值所包含的误差。

1. 测量列中系统误差的处理

系统误差的值往往比较大，当它以一定的规律作用于测量结果时，影响也比较显著。然而，系统误差有其特殊性，它涉及对测量设备和测量对象的全面分析，并与测量者的经验、水平以及测量技术的发展密切相关，因此对系统误差的研究较为复杂和困难。目前，分析处理系统误差的关键，主要在于研究系统误差的发现、减小或消除方法，以便有效地提高测量精度。

1) 系统误差的发现

在测量过程中形成系统误差的因素是复杂的，目前还没有适用于发现各种系统误差的普遍方法，下面仅介绍两种常用的方法。

(1) 实验对比法。实验对比法是指通过改变测量条件进行不等精度测量，以揭示系统误差的方法。这种方法适用于发现定值误差。由于定值系统误差的大小和方向不变，因此它不能从系列测得值的处理中揭示，而只能通过实验对比法去发现。例如，量块标称值使用时，在被测几何量的测量结果中就存在由于量块的尺寸偏差而产生的大小和方向均不变的定值系统误差，重复测量也发现不了这一误差，只有用另一块等级更高的量块进行测量对比时才能发现。

(2) 残余误差观察法。残余误差观察法是指根据测量列的各个残余误差大小和符号变化规律，根据测量先后顺序进行作图(或列表)，从观察图形来判断有无系统误差的方法。这种方法主要适用于发现变值系统误差。若残余误差大体上是正负相同，且无显著变化，则可以断定不存在变值系统误差，如图9-10(a)所示；若残余误差有规律地递增或递减，且趋势始终不变，则可认为存在线性变化的系统误差，如图9-10(b)所示；若残余误差有规律地增减交替，形成循环重复，则认为存在周期变化的系统误差，如图9-10(c)所示。

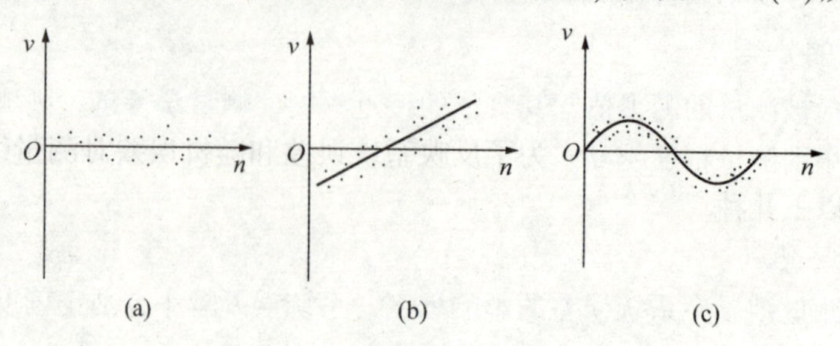

图9-10　残余误差的变化规律

2)系统误差的减小和消除

(1)从误差产生根源上消除。这是消除系统误差最根本的方法。在测量前，应对测量过程中可能产生系统误差的环节仔细分析，将误差从产生根源上加以消除。例如，为了防止调整误差，要正确调整仪器，选择合理的被测件的定位面或支承点；又如，为了防止测量过程中仪器零位的变动，测量开始和结束时都需检查零位等。

(2)用修正值的方法消除。这种方法是事先检定出计量器具的系统误差，将此误差的相反数作为修正值加到测得值上，即可得到不包含计量器具系统误差的测量结果。例如，量块按“等”使用，三坐标测量机的刻度值先修正再使用等。

由于修正值本身也包含有一定的误差，因此用修正值消除系统误差的方法，不可能将全部系统误差修正掉，总要残留少量的系统误差，对这种残留的系统误差则应按随机误差进行处理。

(3)用两次读数法消除。这种方法要求进行两次测量，以使两次测量产生的系统误差大小相等(或相近)、符号相反，这时，取两次测量值的平均值作为测量结果，就能够消除系统误差。例如，在工具显微镜上测量螺纹的螺距，如果工件安装后其轴心线与仪器工作台移动方向不平行，则一侧螺距的测得值会大于其真值，而另一侧螺距的测得值会小于其真值，这时，取两侧螺距测得值的平均值作为测量值，就会从测量结果中消除该项系统误差。

(4)用半周期法消除周期性系统误差。对周期性系统误差，可以每隔半个周期进行一次测量，以相邻两次测量的数据和平均值作为一个测得值，即可有效消除周期性系统误差。

除此以外，还可用代替法、对称法、交换法去消除系统误差。应当指出，系统误差从理论上讲是可以完全消除的，但由于诸多因素的影响，系统误差很难完全消除，一般来说，若能将其减小到使其影响相当于随机误差的程度，则可认为已被消除。

2. 测量列中随机误差的处理

随机误差是测量中多种独立因素的微量变化的综合作用结果，它是不可避免的，也不能用实验的方法加以修正或排除。为了减小随机误差对测量结果的影响，可以用概率和数理统计的方法来估算随机误差的范围和分布规律。

1)随机误差的分布规律及其特性

实践证明，如果进行大量、多次重复测量，多数情况下，随机误差的统计规律服从正态分布。为了便于理解，现举例说明。

例如，对一圆柱销轴的同一部位进行200次等精度的重复测量，得到200个测得值，即一测量列，测量数据统计如表9-2所示。其中，最大值为20.012 mm，最小值为19.990 mm，然后对测得值按大小分为11组，分组间隔0.002 mm。

表9-2 测量数据统计表

组号	尺寸分组区间/ mm	区间中心值/ mm	每组出现的次数 n_i	频率(n_i/N)
1	19.990～19.992	19.991	2	0.01
2	19.992～19.994	19.993	4	0.02
3	19.994～19.996	19.995	10	0.05
4	19.996～19.998	19.997	24	0.12
5	19.998～20.000	19.999	37	0.185
6	20.000～20.002	20.001	45	0.225
7	20.002～20.004	20.003	39	0.195
8	20.004～20.006	20.005	23	0.115
9	20.006～20.008	20.007	12	0.06
10	20.008～20.010	20.009	3	0.015
11	20.010～20.012	20.011	1	0.005
	区间间隔 $\Delta x=0.002$	算术平均值 $\bar{x}=\frac{1}{n}\sum_{i=1}^{n}x_i=20.001$	$N=\sum n_i=200$	$\sum_{i=1}^{n}(n_i/N)=1$

根据表9-2统计的数据，我们可以将其画成图，横坐标表示测得值 x_i，纵坐标表示相对出现的次数 n_i/N，该图称为频率直方图，如图9-11(a)所示。连接直方图各顶线中点，得到一条折线，称为实际分布曲线。为了使图形高矮不受间隔 Δx 取值的影响，可用纵坐标 $n_i/(N\Delta x)$ 代替 n_i/N，$n_i/(N\Delta x)$ 即为概率论中的概率密度。如果将测量次数 N 无限增大（$N\to\infty$），而间隔 Δx 无限缩小（$\Delta x\to 0$），且用误差 δ 代替 x，则实际分布曲线就会变成一条光滑曲线，即随机误差的正态分布曲线，又叫高斯分布曲线，如图9-11(b)所示。

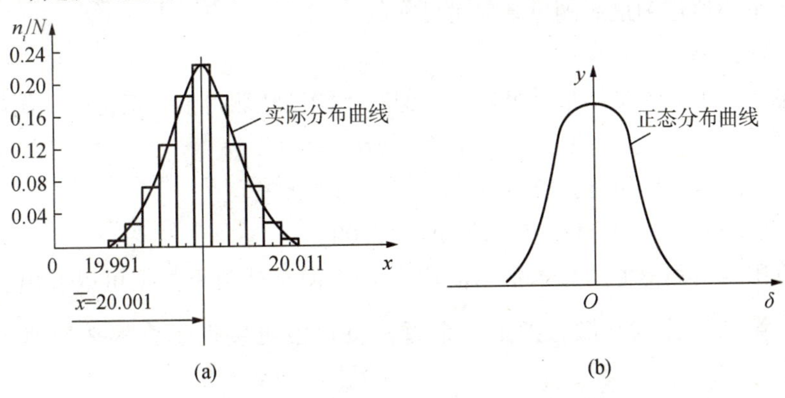

图9-11 频率直方图和正态分布曲线

从这一分布曲线可以看出，此种随机误差具有下列特性：

(1)绝对值相等的正误差与负误差出现的次数相等，这称为误差的对称性；

(2)绝对值小的误差比绝对值大的误差出现的概率大，这称为误差的单峰性，绝对值为零的误差出现的概率最大；

(3)在一定的测量条件下，随机误差的绝对值不会超过一定的界限，这称为误差的有界性；

(4)随着测量次数的增加，随机误差的算术平均值趋向于零，这称为误差的抵偿性。

应当指出，由于多数随机误差都服从正态分布，因而正态分布在误差理论中占有十分重要的地位。

由概率论可知，随机误差正态分布曲线的数学表达式为

$$y = \frac{1}{\sigma\sqrt{2\pi}} e^{-\frac{\delta^2}{2\sigma^2}} \tag{9-9}$$

式中，y 为概率密度；σ 为标准偏差；δ 为随机误差。

2)随机误差的评定指标

假设测得值中只含有随机误差，被测量的真值为 x_0，这一系列测得值为 x_i，则测量列中的随机误差 δ_i 分别为

$$\delta_i = x_i - x_0 \tag{9-10}$$

式中，$i=1，2，3，\cdots，N$。

(1)算术平均值。

对某一量进行一系列等精度测量时，由于随机误差的存在，其测得值均不相同，此时应以算术平均值作为最后的测量结果，即

$$\bar{x} = \frac{x_1 + x_2 + \cdots + x_N}{N} = \frac{\sum_{i=1}^{N} x_i}{N} \tag{9-11}$$

式中，$\bar{x}$ 为算术平均值；x_i 为第 i 个测量值；N 为测量次数。

由随机误差抵偿性易知，随着测量次数 N 的增大，算术平均值会越来越趋近于真值。因此，用算术平均值作为最后测量结果是可靠的。

(2)标准偏差。

用算术平均值表示测量结果是可靠的，但它不能反映测得值的精密度。例如，有两组测得值：

第一组：12.005，11.996，12.003，11.994，12.002；

第二组：11.90，12.10，11.95，12.05，12.00。

可以计算出两组测得值的算术平均值均为12，但是从两组数据可以看出，第一组测得值比较集中，第二组比较分散，则第一组每一测得值更接近于算术平均值 $\bar{x}$，即精密度更高。

①测量列中任一测得值的标准偏差 σ。

根据误差理论，等精度测量列中单次测量(任一测量值)的标准偏差 σ 为

$$\sigma=\sqrt{\frac{\delta_1^2+\delta_2^2+\cdots+\delta_N^2}{N}}=\sqrt{\frac{\sum_{i=1}^{N}\delta_i^2}{N}} \tag{9-12}$$

式中，δ_1、δ_2、…、δ_N 为测量列中各测得值相应的随机误差；N 为测量次数。

由式(9-9)可知，概率密度 y 与随机误差 δ 及标准偏差有关。当 $\delta=0$ 时，y 最大，$y_{max}=1/(\sigma\sqrt{2\pi})$。不同的标准偏差 σ 对应不同形状的正态分布曲线，σ 越小，y_{max} 值越大，曲线越陡，随机误差越集中，即测得值分布越集中，测量的精密度越高；σ 越大，y_{max} 值越小，曲线越平坦，随机误差越分散，即测得值分布越分散，测量的精密度越低。图9-12 为 $\sigma_1<\sigma_2<\sigma_3$ 时 3 种正态分布曲线，因此，标准偏差 σ 表征了随机误差的分散程度，即测得值精密度的高低。

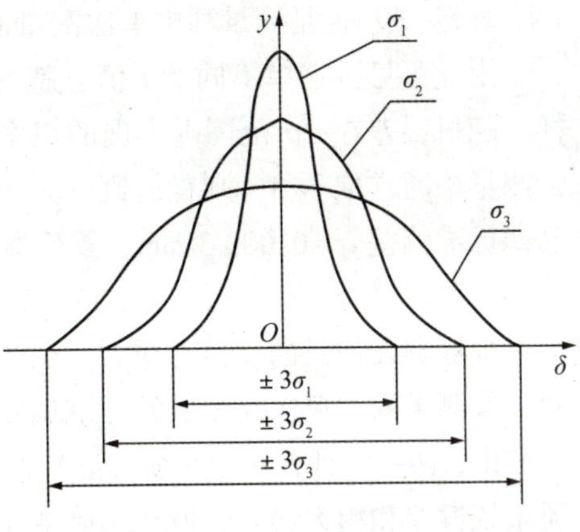

图 9-12　3 种不同 σ 的正态分布曲线

由概率论可知，随机误差正态分布曲线和横坐标轴间所包含的面积等于所有随机误差出现的概率总和，如果随机误差落在区间(−∞，+∞)之间，则其概率为

$$P=\int_{-\infty}^{+\infty}y\mathrm{d}\delta=\int_{-\infty}^{+\infty}\frac{1}{\sigma\sqrt{2\pi}}\mathrm{e}^{-\frac{\delta^2}{2\sigma^2}}\mathrm{d}\delta=1$$

如果随机误差落在（−δ，＋δ）之间时，则其概率为

$$P=\int_{-\delta}^{+\delta}y\mathrm{d}\delta=\int_{-\delta}^{+\delta}\frac{1}{\sigma\sqrt{2\pi}}\mathrm{e}^{-\frac{\delta^2}{2\sigma^2}}\mathrm{d}\delta$$

这里，令 $t=\frac{\delta}{\sigma}$，$\mathrm{d}t=\frac{\mathrm{d}\delta}{\sigma}$，则有

$$P=\frac{1}{\sqrt{2\pi}}\int_{-t}^{+t}\mathrm{e}^{-\frac{t^2}{2}}\mathrm{d}t=\frac{2}{\sqrt{2\pi}}\int_{0}^{+t}\mathrm{e}^{-\frac{t^2}{2}}\mathrm{d}t$$

若 $P=2\phi(t)$，则

$$\phi(t)=\frac{1}{\sqrt{2\pi}}\int_{0}^{+t}\mathrm{e}^{-\frac{t^2}{2}}\mathrm{d}t$$

函数 $\phi(t)$ 称为拉普拉斯函数，也称为正态概率积分。表9-3 给出 t=1、2、3、4 这 4 个特殊值所对应的 $2\phi(t)$ 值和 $[1-2\phi(t)]$ 值。

表 9-3　4 个特殊 t 值对应的概率表

t	$\delta=\pm t\sigma$	不超出 $\lvert\delta\rvert$ 的概率 $P=2\phi(t)$	超出 $\lvert\delta\rvert$ 的概率 $P=1-2\phi(t)$
1	1σ	0.682 6	0.317 4
2	2σ	0.954 4	0.045 6
3	3σ	0.997 3	0.002 7
4	4σ	0.999 36	0.000 64

由表可见，当 $t=3$ 时，在 $\delta=\pm3\sigma$ 范围内的概率为 99.73%，δ 超出该范围的概率仅为 0.27%。因为测量次数一般不会多于几十次，随机误差超出 $\pm3\sigma$ 的情况实际上很难出现，所以可取 $\pm3\sigma$ 作为单次测量的随机误差的极限值，记作

$$\delta_{\lim} = \pm 3\sigma \tag{9-13}$$

显然，$\delta_{\lim}$ 也是测量列中单次测量值的测量极限误差。

由此可见，选择不同的 t 值，就对应有不同的概率，测量极限误差的可信程度也不一样。随机误差在 $\pm t\sigma$ 范围内出现的概率称为置信概率，t 称为置信因子或置信系数。在几何量测量中通常取 $t=3$，则置信概率为 99.73%。例如，某次测量的测得值为 40.002 mm，若已知标准偏差 $\sigma=0.000\,3$ mm，置信概率取 99.73%，则测量结果应为

$$40.002\pm3\times0.000\,3=40.002\pm0.000\,9$$

即被测几何量的真值有 99.73% 的可能性在 40.001 1 ~ 40.002 9 范围内。

②测量列中单次测量值的标准偏差的估计值 σ'。

由式(9-12)计算 σ 值必须具备 3 个条件：真值 x_0 必须已知；测量次数要无限次(即 $N\to\infty$)；无系统误差和粗大误差。但在实际测量中要达到这 3 个条件是不可能的，因为真值 x_0 无法得知，则 $\delta_i = x_i - x_0$ 也就无法得知；测量次数也是有限的。所以，在实际测量中常采用残余误差 ν_i 代替 δ_i 来估算标准偏差。

用算术平均值 $\bar{x}$ 代替真值 x_0 后，计算各个测得值 x_i 与算术平均值 $\bar{x}$ 之差。它被称为残余误差(简称残差)，记为 ν_i，即

$$\nu_i = x_i - \bar{x} \tag{9-14}$$

残差具有如下 2 个特性：

a. 残差的代数和等于零，即 $\sum\limits_{i=1}^{N}\nu_i = 0$，这一特性可用来校核算术平均值及残差计算的准确性；

b. 残差的平方和为最小，即 $\sum\limits_{i=1}^{N}\nu_i^2 = \min$，由此可以说明，用算术平均值作为测量结果是最可靠且最合理的。

用测量列中各个测得值的算术平均值 $\bar{x}$ 代替真值 x_0 计算得到各个测得值的残差 ν_i 后，可按贝塞尔(Bessel)公式计算单次测得值的标准偏差的估计值 σ'，即

$$\sigma' = \sqrt{\frac{\sum\limits_{i=1}^{N}\nu_i^2}{N-1}} \tag{9-15}$$

这时，单次测得值的测量结果 x_e 可表示为

$$x_e = x_i \pm 3\sigma' \tag{9-16}$$

③算术平均值的标准偏差 $\sigma_{\bar{x}}$ 及其估算值 $\sigma'_{\bar{x}}$。

在对同一被测量进行的等精度多组测量中，标准偏差 σ 代表一组测得值中任一测得值的精密度，但对多组测量的结果而言，它是以测得值的算术平均值 $\bar{x}$ 为作为测量结果的。因此，更重要的是要知道算术平均值的精密度，即算术平均值的标准偏差 $\sigma_{\bar{x}}$。

根据误差理论，测量列算术平均值的标准偏差 $\sigma_{\bar{x}}$ 与单次测得值的标准偏差 σ 存在如下关系：

$$\sigma_{\bar{x}} = \frac{\sigma}{\sqrt{N}} \tag{9-17}$$

其估算值 $\sigma'_{\bar{x}}$ 为

$$\sigma'_{\bar{x}} = \frac{\sigma'}{\sqrt{N}} = \sqrt{\frac{\sum_{i=1}^{N} \nu_i^2}{N(N-1)}} \tag{9-18}$$

由式(9-17)可知，多组测量的算术平均值的标准偏差是单次测量的 $1/\sqrt{N}$。这说明测量次数越多，$\sigma_{\bar{x}}$ 就越小，测量精密度就越高，但是由根据式(9-17)画得的图9-13可知，当 σ 一定时，$N>10$ 以后，$\sigma_{\bar{x}}$ 减小已很缓慢，故测量次数不必过多，一般情况下，取 $N=10\sim15$ 为宜。

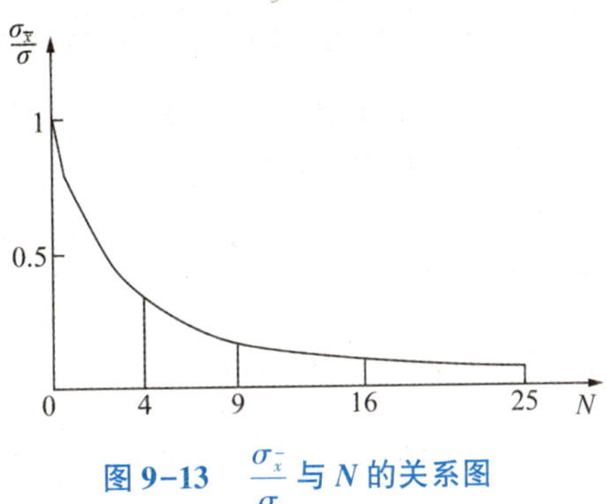

图9-13　$\dfrac{\sigma_{\bar{x}}}{\sigma}$ 与 N 的关系图

测量列的算术平均值的测量极限误差为

$$\delta_{\lim(\bar{x})} = \pm 3\sigma'_{\bar{x}} \tag{9-19}$$

那么，多组(次)测量所得算术平均值的测量结果 x_e 可表示为

$$x_e = \bar{x} \pm 3\sigma'_{\bar{x}} \tag{9-20}$$

3. 测量列中粗大误差的处理

粗大误差的特点是数值比较大，远远超出随机误差或系统误差，从而会使测量结果严重失真，因此应及时发现，并采用一定的方法判断并从测量数据中剔除。粗大误差往往是由测量人员的疏忽或测量环境条件的突然变化引起的，如仪器操作不正确、读错数、记错数、计算错误等。

判断粗大误差的基本原则，应以随机误差的实际分布范围为依据，凡超出该范围的误差，就有理由视为粗大误差。但是，随机误差实际分布范围与误差分布规律、标准偏差估计方法、重复测量次数等有关，因而出现了判断粗大误差的各种准则，如拉依达准则(或称 3σ 准则)、肖维勒准则、格拉布斯准则、t 检验准则以及狄克逊准则等。

例如，拉依达准则认为，当测量列(测量次数少于10次)服从正态分布时，残余误差超出的情况不会发生，如果某个测量值的残差之绝对值超过 3σ，则认为该数据含有粗大误差，应予以剔除。然后，重新进行统计检验，直至所有测量值的残差之绝对值均不超过 3σ 为止。

4. 直接测量列的数据处理步骤及实例

由上述分析可知，对同一被测量进行等精度多次重复测量的测量列中，3种误差可能同时存在或部分存在。为了得到正确的测量结果，应对各类误差分别进行判断和处理，而后按以下步骤进行：

(1)判断定值系统误差，若有则用修正值法消除或减小；

(2)计算测量列的算术平均值 $\bar{x}$；

(3)计算测量列的残差 ν_i；

(4)判断变值系统误差；

(5)计算单次测得值的标准偏差估计值 σ'；

(6)判断有无粗大误差，若有则应予剔除，重复上述计算，直到剔除完为止；

(7)计算测量列算术平均值的标准偏差估计值 $\sigma'_{\bar{x}}$ 和极限误差 $\delta_{\lim(\bar{x})}$；

(8)确定测量结果 x_e。

【例 9-1】 对一轴径 x 进行等精度测量 15 次，测得值列于表 9-4 中，试求其测量结果。

解： 根据题意按下列步骤进行计算。

(1)判断定值系统误差。

假设计量器具已经检定，测量环境得到有效控制，可认为测量列中不存在定值系统误差。

(2)计算测量列的算术平均值 $\bar{x}$，得

$$\bar{x} = \frac{1}{N}\sum_{i=1}^{N} x_i = \frac{1}{15}\sum_{i=1}^{N} x_i = 24.957 \text{ mm}$$

(3)计算测量列的残余误差 ν_i。

由公式 $\nu_i = x_i - \bar{x}$ 进行计算，同时计算 ν_i^2 及 $\sum_{i=1}^{N}\nu_i^2$，并将结果列入表 9-4。

(4)判断变值系统误差。

由表 9-4 可见，按残差观察法，这些残差的符号大体上正负相间，但不是周期变化，因此，可以判断该测量列中不存在变值系统误差。

(5)计算单次测量值的标准偏差估计值 σ'，得

$$\sigma' = \sqrt{\frac{\sum_{i=1}^{N}\nu_i^2}{N-1}} = \sqrt{\frac{\sum_{i=1}^{15}\nu_i^2}{15-1}} = \sqrt{\frac{26}{15-1}}\ \mu\text{m} \approx 1.36\ \mu\text{m}$$

(6)判断有无粗大误差。

依照拉依达准则，测量列中没有出现绝对值大于 $3\sigma'$（$3\times1.36\ \mu\text{m}=4.08\ \mu\text{m}$）的残差，因此可判断测量列中无粗大误差。

(7)计算测量列算术平均值的标准偏差估计值 $\sigma'_{\bar{x}}$ 和极限误差 $\delta_{\lim(\bar{x})}$，得

$$\sigma'_{\bar{x}} = \frac{\sigma'}{\sqrt{N}} = \frac{1.36}{\sqrt{15}}\ \mu\text{m} \approx 0.35\ \mu\text{m}$$

$$\delta_{\lim(\bar{x})} = \pm 3\sigma'_{\bar{x}} = \pm 3 \times 0.35\ \mu\text{m} = \pm 1.05\ \mu\text{m}$$

(8)确定测量结果 x_e，得

$$x_e = \bar{x} \pm \delta_{\lim(\bar{x})} = (24.957 \pm 0.001)\text{ mm}$$

表 9-4 数值处理计算表

测量序号	测量值 x_i /mm	残差 $\nu_i = x_i - \bar{x}$ /μm	残差的平方 ν_i^2 /μm²
1	24.959	2	4
2	24.955	-2	4
3	24.958	1	1
4	24.957	0	0
5	24.958	1	1
6	24.956	-1	1
7	24.957	0	0
8	24.958	1	1
9	24.955	-2	4
10	24.957	0	0
11	24.959	2	4
12	24.955	-2	4
13	24.956	-1	1
14	24.957	0	0
15	24.958	1	1
算术平均值	$\bar{x} = 24.957$	$\sum_{i=1}^{N} \nu_i = 0$	$\sum_{i=1}^{N} \nu_i^2 = 26\ \mu m^2$

5. 间接测量列的数据处理步骤及实例

在有些情况下，由于被测对象的特点，不能进行直接测量，或者直接测量难以保证测量精度，这时就需要采用间接测量。

间接测量是通过直接测量与被测量有一定函数关系的其他量，按照已知的函数关系式计算出被测量。因此，间接测量的量是直接测量所得到的各个测得值的函数，而间接测量误差则是各个直接测得值误差的函数，故称这种误差为函数误差。研究函数误差的内容，实质上就是研究误差的传递问题，而对于这种具有确定关系的误差计算，也有称之为误差合成。

1) 函数误差的基本计算公式

在间接测量中，被测量通常是实测量的多元函数，其表达式为

$$y = f(x_1, x_2, \cdots, x_n) \tag{9-21}$$

式中，y 为被测量；x_i 为各个实测量。

设该函数的增量可用函数的全微分来表示，即

$$dy = \sum_{i=1}^{n} \frac{\partial f}{\partial x_i} dx_i \tag{9-22}$$

式中，dy 为被测量的测量误差；dx_i 为各个实测量的测量误差；$\frac{\partial f}{\partial x_i}$ 为各个实测量的测量误差的传递函数。

式(9-22)即为函数误差的基本计算公式。

2)函数系统误差的计算

若已知各个实测值 x_i 的系统误差 Δx_i，由于这些误差值较小，可用来代替式(9-22)中的微分量 dx_i，则可近似得到函数的系统误差 Δy 为

$$\Delta y = \sum_{i=1}^{n} \frac{\partial f}{\partial x_i}\Delta x_i \tag{9-23}$$

式(9-23)为间接测量中系统误差的计算公式。不难发现，当函数为各个实测量之和时，其函数系统误差亦为各实测量系统误差之和。

3)函数随机误差的计算

随机误差是用表征其取值分散程度的标准偏差 σ 来评定的，对于函数 y 的随机误差 δ_y，也用函数 y 的标准偏差 σ_y 来进行评定。因此，函数随机误差计算，就是研究函数 y 的标准偏差 σ_y 与各直接测得值 x_i 的标准偏差 σ_{x_i} 之间的关系，即

$$\sigma_y = \sqrt{\sum_{i=1}^{n}\left(\frac{\partial f}{\partial x_i}\right)^2 \sigma_{x_i}^2} \tag{9-24}$$

如果各个实测量的随机误差均服从正态分布，则由上式可推导出函数的极限误差的计算公式：

$$\delta_{\lim y} = \pm\sqrt{\sum_{i=1}^{n}\left(\frac{\partial f}{\partial x_i}\right)^2 \delta_{\lim x_i}^2} \tag{9-25}$$

式中，$\delta_{\lim y}$ 为函数的测量极限误差；$\delta_{\lim x_i}$ 为各个实测量的测量极限误差。

4)间接测量列的数据处理步骤

首先，确定被测量与各个实测量的函数关系及其表达式；然后，把各个实测量的测得值代入该表达式，求出被测量的量值 y 之后，按式(9-23)和式(9-25)分别计算被测量的系统误差 Δy 和测量极限误差 $\delta_{\lim y}$；最后，在此基础上确定测量结果为

$$y_e = (y - \Delta y) \pm \delta_{\lim y} \tag{9-26}$$

【例 9-2】 如图 9-8 所示，在万能工具显微镜上用弓高弦长法间接测量圆弧样板的半径 R。测得弓高 $h = 4$ mm，弦长 $b = 40$ mm，它们的系统误差和测量极限误差分别为 $\Delta h = +0.001\,2$ mm，$\delta_{\lim h} = \pm 0.001\,5$ mm；$\Delta b = -0.002$ mm，$\delta_{\lim b} = \pm 0.002$ mm。试确定圆弧半径 R 的测量结果。

解：(1)由弓高弦长法的测量原理可计算出圆弧的半径 R，即

$$R = \frac{b^2}{8h} + \frac{h}{2} = \left(\frac{40^2}{8\times 4} + \frac{4}{2}\right)\ \text{mm} = 52\ \text{mm}$$

(2)由式(9-23)计算圆弧半径 R 的系统误差 ΔR，即

$$\Delta R = \frac{\partial f}{\partial b}\Delta b + \frac{\partial f}{\partial h}\Delta h = \frac{b}{4h}\Delta b - \left(\frac{b^2}{8h^2} - \frac{1}{2}\right)\Delta h$$

$$= \frac{40\times(-0.002)}{4\times 4}\ \text{mm} - \left(\frac{40^2}{8\times 4^2} - \frac{1}{2}\right)\times 0.001\,2\ \text{mm} = -0.019\,4\ \text{mm}$$

(3)按式(9-25)计算圆弧半径 R 的测量极限误差 $\delta_{\lim R}$，即

$$\delta_{\lim R} = \pm\sqrt{\left(\frac{b}{4h}\right)^2 \delta_{\lim b}^2 + \left(\frac{b^2}{8h^2} - \frac{1}{2}\right)^2 \delta_{\lim h}^2}$$

$$= \pm\sqrt{\left(\frac{40}{4\times 4}\right)^2 \times (0.002)^2 - \left(\frac{40^2}{8\times 4^2} - \frac{1}{2}\right)^2 \times 0.001\,5^2}\ \text{mm}$$

$$= \pm 0.0187\ \text{mm}$$

(4)按式(9-26)确定测量结果 R_e，即

$$R_e = (R - \Delta R) \pm \delta_{\lim R} = [52 - (-0.0194)]\ \text{mm} \pm 0.0187\ \text{mm} = (52.0194 \pm 0.0187)\ \text{mm}$$

此时的置信概率为99.73%。

9.4　测量技术的基本原则

为了获得正确可靠的测量结果，在测量过程中要注意应用并遵守有关的测量原则，对测量实践具有指导意义。

1. 测量误差公理

在测量的全过程中，测量误差始终存在，这就是测量误差公理，它是建立所有测量原理、原则的基础。按照测量误差公理，测量误差不可能避免，但可以用精密测量方法减小其影响。

推论1　不可能确切得知被测量的真值。

推论2　可以在一定置信水平下得知被测量的真值所处的置信区间。

2. 最近真值原理

被测的量的真值可以用最近真值表示，并可以通过测量获知。

推论3　通常，如将被测的量的总体均值作为真值，则其样本均值可以用作最近真值。

推论4　通常，测量仪器的精度应该比被测的量的期望测量精度高5～10倍。

3. 量值传递原则

为了保证所有测量器具测得结果的可靠统一，必须建立量值传递系统。

推论5　所有测量器具必须按照国家标准和国际标准，用高精度的标准仪器或样板定期进行校对。

推论6　量值传递系统的原始依据是由国家标准和国际标准规定的量值基准(量值溯源原则)。

4. 最小变形原则

应使被测量物体与测量器具之间的相对变形最小。引起这种变形的主要因素有测量温度与测量力。

推论7　当对物体的尺寸进行精密测量时，必须知道其温度。

推论8　长度的精密测量取决于温度的精密测量和控制。

推论9　为了避免测量力的影响，采用非接触测量或比较式接触测量。

规定1　被测量的真值是指其在标准测量条件下的值。

规定2　标准测量条件是：测量温度±20 ℃，测量力0 N。

被测工件和测量器具都会由于热变形与弹性变形等，而使其尺寸发生变化，在很大程度上影响测量结果的精确度。因此，最小变形原则的含义为：在测量过程中，要求被测工件与测量器具之间的相对变形最小。

5. 基准统一原则

几何要素是指构成零件的几何特征的若干点、线、面。基准就是用来确定其他几何要素

的方向、位置的基础。

由零件功能要求确定的用于零件安装的基准，称为装配基准；在设计时，根据设计要求选定的基准，称为设计基准；在加工时，根据工艺要求选定的基准，称为工艺基准；测量时，根据测量要求选定的基准，称为测量基准。

基准统一原则是指设计、装配、工艺、测量等基准原则上应该一致。遵守基准统一原则，可以避免累积误差的影响。

6. 最短测量链原则

整个测量系统的传动链，按其功能主要可分为测量链、指示链及辅助链。指示链的作用是显示测量结果；辅助链的作用是调节、找正测量部位等；由测量信号从输入量值通道到输出量值通道的各个环节构成了测量链。

测量链中，各组成环节的误差的影响都很大，而测量链的最终测量误差是各组成环节误差之累积值。因此，应尽量减少测量链的组成环节，并减小各环节的误差，此即最短测量链原则。

由于间接测量比直接测量的环节多，测量链长，测量误差大，因此，只有在不可能采用直接测量或直接测量的精度不能保证时，才采用间接测量。例如，在用量块组合尺寸时，应使量块数尽可能减少；在用指示表测量时，在测头—被测工件—工作台之间应不垫或少垫量块，表架的悬伸支臂与立柱应尽量缩短等都是最短测量链原则的实际应用。

7. 阿贝测长原则

1890 年，德国人阿贝针对长度测量提出了一个指导性原则：“将被测物与标准尺沿测量轴线成直线排列”。这就是著名的阿贝测长原则，意即被测尺寸与作为标准的尺寸应在同一条直线上。依此原则，制成了阿贝比长仪等系列精密仪器。

如图 9-9 所示，用游标卡尺测量轴径时，被测量工件的尺寸与作为标准长度量的线纹尺不在同一条直线上，因而不符合阿贝测长原则，则测量误差较大；与之相对比，千分尺测量轴径的结构符合阿贝测长原则，则测量误差较小。

8. 测量误差补偿原则

用测量误差补偿法可以提高测量结果的精确度。测量误差补偿，可以在测量过程中进行，也可以在测量过程完成后进行。

推论 10　在测量过程完成后，用修正值补偿测量误差。

推论 11　在测量过程中，针对测量误差的规律，进行测量误差的补偿。

9. 重复原则

为了保证测量结果的可靠性，防止出现粗大误差，可对同一被测参数重复进行测量，若测量结果相同或变化不大，则一般表明测量结果的可靠性较高，此即重复原则。

若用精度相近的不同方法测量同一参数而能获得相同或相近测量结果，则表明测量结果的可靠性更高。反之，若某一测量结果，在以后的重复测量中不再获得或相差甚远，则这个测量结果的可靠性显然很低。

重复原则是测量实践中判断测量结果可靠性的常用准则。依据重复原则还可判断测量条件是否稳定。

10. 随机原则

在测量过程中，造成测量误差的因素很多，而要确定每一因素对测量结果影响的确切数值往往很困难，甚至不可能。因此，在测量实践中，通常主要对那些影响较大的因素进行分析计算，若属系统误差，则可设法消除其对测量结果的影响。而对其他大多数因素造成的测量误差，包括不予修正的微小系统误差，可按随机误差处理。

对于随机误差，虽然不能确定其数值大小与符号，但可应用概率与数理统计原理，通过对一系列测量结果的处理，减小其对测量结果的影响，并加以评定，此即随机原则。

11. 圆周封闭原则

圆周封闭原则是指圆周分度首尾相接的间隔误差总和为零，即0°和360°总是重合的。在检测封闭圆周中各分量的角度(或弧长)时，根据圆周封闭原则无须用高精度量具就能实现高精度测量，用相对法进行检测。例如，在圆柱齿轮齿距累积偏差的测量过程中，所得一系列齿距相对差的数据处理，就须遵守圆周封闭原则。

圆周封闭原则，还可以检查封闭性连锁测量过程的正确性，发现并消除仪器调整的系统误差。

本章小结

本章的主要内容是关于几何量测量的基础知识，主要包括：

(1)测量的基本概念，长度和角度量值传递系统以及量块的基本知识；

(2)计量器具和测量方法的分类，计量器具的基本性能技术指标；

(3)测量误差的基本概念，测量误差的分类与各种误差的主要来源；

(4)测量误差的数据处理方法，重点阐述了直接测量列和间接测量列的数据处理步骤；

(5)测量过程或数据处理中应遵循的基本原则。

习 题

1. 思考题

补充习题

(1)一个完整的测量过程应包括哪几个要素？

(2)量块的“等”和“级”是根据什么划分的？按“等”和按“级”使用量块，有何不同？

(3)计量器具的基本性能指标有哪些？

(4)什么叫测量误差？其主要来源有哪些？

(5)测量误差按性质可分为几类？各有何特征？用什么方法消除或减少测量误差，提高测量精度？

2. 计算分析题

(1)试从83块一套的量块中，同时组合下列尺寸：25.385 mm，46.38 mm，40.79 mm。

(2)某仪器在示值为20 mm处的示值误差为-0.002 mm。当用它测量工件时，读数正好为20 mm，工件的实际尺寸是多少？

(3)试比较下列两轴颈测量精度的高低。二者的测得值为分别为99.976 mm和60.036 mm，

它们的绝对误差分别为+0.008 mm和−0.006 mm。

(4)已知某仪器的测量极限误差 $\delta_{\lim} = \pm 3\sigma = \pm 0.004$ mm，用该仪器测量工件：

①如果测量1次，测得值为10.365 mm，写出测量结果；

②如果重复测量4次，测得值分别为10.367 mm，10.368 mm，10.367 mm，10.366 mm，写出测量结果；

③要使测量结果的极限误差 $\delta_{\lim \bar{x}}$ 不超过±0.001 mm，应重复测量多少次？

(5)对某一尺寸进行等精度测量100次，测得值最大为50.015 mm，最小为49.985 mm，假设测量误差分布符合正态分布，求测得值落在49.995～50.010 mm范围内的概率是多少？

第10章 尺寸链

学习目标

了解机器结构中相关尺寸、公差的内在联系，初步学会用尺寸链对零件几何参数的精度进行分析与设计；理解尺寸链的概念，学会建立尺寸链，掌握尺寸链的计算方法。

学习重点

尺寸链图的绘制及尺寸链的计算。

学习导航

如图10-1所示，车床尾座顶尖轴线与主轴轴线的高度差A_0是车床的主要指标之一，按机床有关标准规定：允许尾座顶尖轴线略高于主轴轴线，但最大不得超过0.02 mm。影响这项精度的尺寸有尾座顶尖轴线高度A_3、尾座底板高度A_2和主轴轴线高度A_1。这4个尺寸相互连接，形成封闭的尺寸链。请思考尺寸链的特点及计算方法。

GB/T 5847—2004《尺寸链 计算方法》规定了尺寸链的术语和参数、尺寸链的计算方法、尺寸链的分析等内容，设计时可参考。

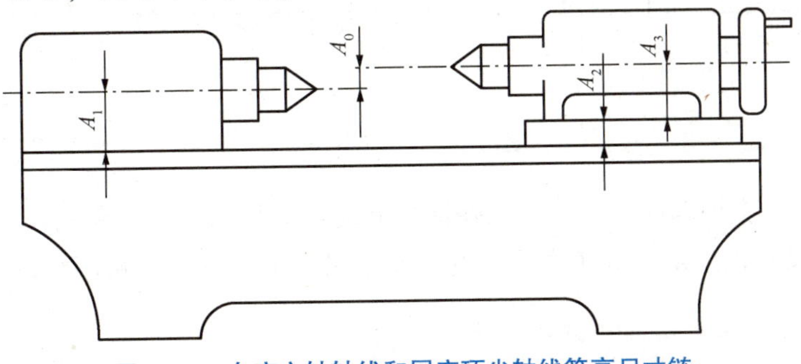

图10-1 车床主轴轴线和尾座顶尖轴线等高尺寸链

10.1 尺寸链的基本概念

设计机器时，需要进行3个方面的分析和计算：运动链分析和计算，强度刚度分析和计算，几何精度分析和计算。通过运动链及强度刚度的分析计算，可以确定零件的尺寸和传动关系；但为了保证机器的顺利装配和使用性能要求，还应进一步确定构成机器零件的尺寸精度。保证机器精度的各尺寸不是孤立的，而是相互关联的统一的有机整体，它们之间的关系可以用尺寸链理论进行分析研究。

尺寸链计算是确定装配方法与保证装配精度的基本计算方法，也是保证零件的制造精度的基本方法，对降低制造成本具有重要的意义。

10.1.1 尺寸链的含义及其特征

在机械设计和工艺文件设计中，为保证机械零件加工、机器装配的质量，经常要对一些相互关联的尺寸、公差和技术要求进行分析和计算，为使计算工作简化，可采用尺寸链原理。

在机器装配或零件加工过程中，由相互连接的尺寸形成封闭的尺寸组，称为尺寸链。

图10-2(a)为需要铣削的阶梯零件，A_0、A_1为零件图上标注的尺寸，零件的其他表面已加工合格，现在需要加工表面2。采用的工艺方法如图10-2(b)所示：以表面3为定位基准，铣削表面2，得尺寸A_2，所以尺寸A_0是通过A_1、A_2间接得到的。此时，A_0与A_1、A_2尺寸就构成一个相互关联的尺寸组合，形成了尺寸链，如图10-2(c)所示。

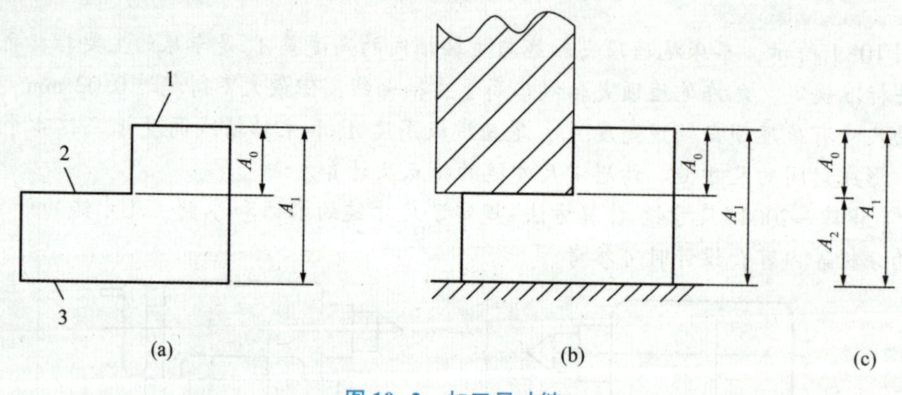

图10-2 加工尺寸链

图10-3(a)为主轴部件，为了保证弹性挡圈能顺利装入，要求保持轴向间隙为A_0。由图看出，A_0与尺寸A_1、A_2、A_3有关，因此这4个尺寸依照一定的顺序组成了尺寸链，如图10-3(b)所示。

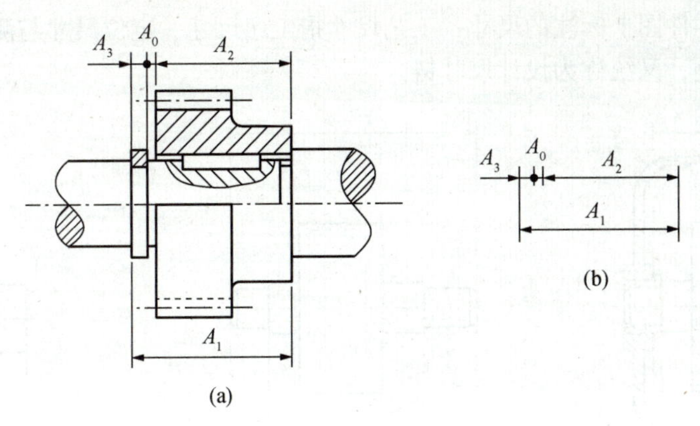

图 10-3 装配尺寸链

由以上分析可知，零件的某一尺寸不仅与自身的其他尺寸相互联系，而且与相配合零件的有关尺寸也存在着直接或间接的联系。

尺寸链有以下两个基本特征：

(1)封闭性，全部尺寸依次连接构成封闭图形，这是尺寸链的外部形式；

(2)相关性，其中某一尺寸随其余所有独立尺寸的变动而变动，这是尺寸链的内在实质。

10.1.2 尺寸链的组成

构成尺寸链的各个尺寸称为环。尺寸链的环分为封闭环和组成环。

(1)封闭环：加工或装配过程中最后自然形成的尺寸，如图 10-2、图 10-3 中尺寸 A_0。

(2)组成环：尺寸链中除封闭环以外的其他环。根据它们对封闭环影响的不同，又分为增环和减环。

增环：与封闭环同向变动的组成环称为增环，即当该组成环尺寸增大(或减小)而其他组成环不变时，封闭环尺寸也随之增大(或减小)，如图 10-2(c)中尺寸 A_1，图 10-3(b)中尺寸 A_1。

减环：与封闭环反向变动的组成环称为减环，即当该组成环尺寸增大(或减小)而其他组成环不变时，封闭环尺寸却随之减小(或增大)，如图 10-2(c)中尺寸 A_2，图 10-3(b)中尺寸 A_2、A_3。

10.1.3 尺寸链的分类

尺寸链可以按下述特征分类。

1)按应用范围分

(1)装配尺寸链——全部组成环为不同零件设计尺寸所形成的尺寸链，如图 10-4(a)所示。

(2)零件尺寸链——全部组成环为同一零件设计尺寸所形成的尺寸链，如图 10-4(b)所示。

(3)工艺尺寸链——全部组成环为同一零件工艺尺寸所形成的尺寸链，如图 10-4(c)所示。

设计尺寸指零件图上标注的尺寸；工艺尺寸指工序尺寸、定位尺寸与测量尺寸。装配尺寸链与零件尺寸链，又统称为设计尺寸链。

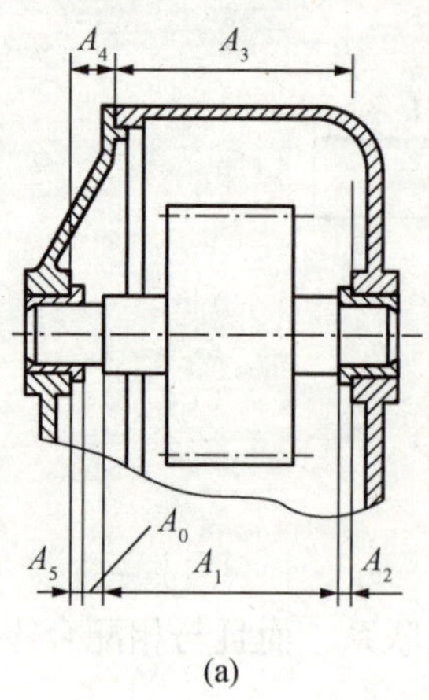

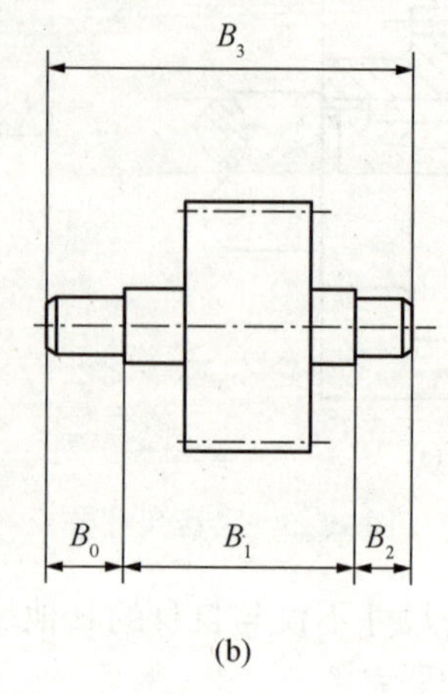

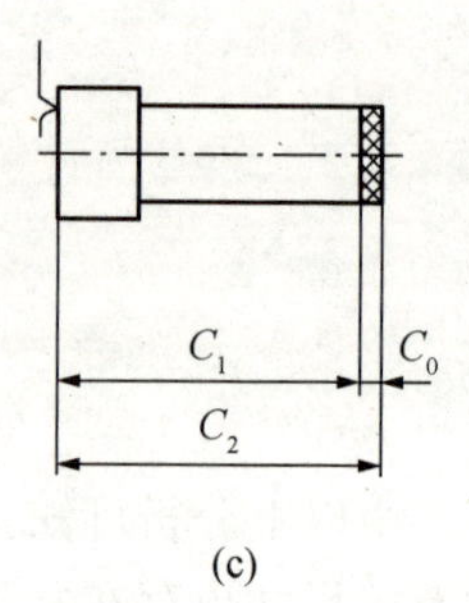

图 10-4　设计尺寸链与工艺尺寸链

2)按各环在空间的位置分

(1)直线尺寸链——全部组成环平行于封闭环的尺寸链。如图 10-2(c)、图 10-3(b)所示。

(2)平面尺寸链——全部组成环位于一个或几个平行平面内，但某些组成环不平行于封闭环的尺寸链。

(3)空间尺寸链——组成环位于几个不平行平面内的尺寸链。

空间尺寸链和平面尺寸链可用投影法分解为直线尺寸链，然后按直线尺寸链分析计算。

3)按尺寸链组合形式分

(1)并联尺寸链——两个尺寸链具有一个或几个公共环，即为并联尺寸链。

(2)串联尺寸链——两个尺寸链之间有一个公共基准面，即为串联尺寸链。

(3)混合尺寸链——由并联尺寸链和串联尺寸链混合组成的尺寸链为混合尺寸链。

4)按几何特征分

(1)长度尺寸链——全部环均为长度尺寸的尺寸链。

(2)角度尺寸链——全部环均为角度尺寸的尺寸链。角度尺寸链常用于分析或计算机械结构中有关零件要素的位置精度，如平行度、垂直度、同轴度等。

除以上几类尺寸链，还有基本尺寸链与派生尺寸链、标量尺寸链与矢量尺寸链之分。

10.2　尺寸链的建立与分析

10.2.1　尺寸链的建立

建立尺寸链时一般需要 3 个步骤：确定封闭环、查找组成环和绘制尺寸链图。在建立尺寸链之后，要明确判断增环、减环。

1. 确定封闭环

建立尺寸链，首先要正确地确定封闭环，一个尺寸链只有一个封闭环。

装配尺寸链的封闭环是在装配之后形成的，往往是机器上有装配精度要求的尺寸、保证机器可靠工作的相对位置尺寸或保证零件相对运动的间隙等。在着手建立尺寸链之前，必须查明机器装配和验收的技术要求中规定的所有几何精度要求项目，这些项目往往就是某些尺寸链的封闭环。

零件尺寸链的封闭环应为公差等级要求最低的环，一般在零件图上不进行标注，以免引起加工中的混乱。

工艺尺寸链的封闭环是在加工中最后自然形成的环，一般为被加工零件达到要求的设计尺寸或工艺过程中需要的余量尺寸。加工顺序不同，封闭环也不同，所以，工艺尺寸链的封闭环必须在加工顺序确定之后才能判断。

2. 查找组成环

组成环是对封闭环有直接影响的那些尺寸，与此无关的尺寸要排除在外。一个尺寸链的环数要尽量少。

查找装配尺寸链的组成环时，先从封闭环的任意一端开始，找相邻零件的尺寸，然后找到与第一个零件相邻的第二个零件的尺寸，这样一环接一环，直至封闭环的另一端为止，从而形成封闭的尺寸组。

图 10-1 所示的车床主轴轴线与尾座顶尖轴线的高度差 A_0 是装配技术要求的封闭环。组成环可从尾座顶尖开始查找：尾座顶尖轴线高度 A_3、尾座底板高度 A_2、主轴轴线高度 A_1，最后回到封闭环 A_0，A_1、A_2 和 A_3 均为组成环。

一个尺寸链最少要有 2 个组成环。组成环中，可能只有增环没有减环，但不可能只有减环没有增环。

若封闭环有较高的加工精度要求，那么建立尺寸链时，还要考虑几何公差对封闭环的影响。

3. 绘制尺寸链图

为了清楚地表达尺寸链的组成，通常不需要画出零件的具体结构，也不必按照严格的比例，只需将链中各尺寸依次画出，形成封闭的图形即可，这样的图形称为尺寸链图，如图 10-2(c)、图 10-3(b)所示。

在建立尺寸链之后，要明确判断增环、减环。对于简单的尺寸链，可根据增、减环的定义直接判断。对于环数较多、比较复杂的尺寸链，可以用“回路法”进行判断增、减环：从尺寸链任意环开始，平行它画任意方向箭头，按箭头方向沿着尺寸链行走，并给经过的其余环画上与行走方向相同的箭头，则与封闭环同向箭头的组成环为减环，反之则为增环。在图 10-5 的尺寸链中 A_0 为封闭环，所以 A_1、A_2、A_5 为增环，A_3、A_4 为减环。

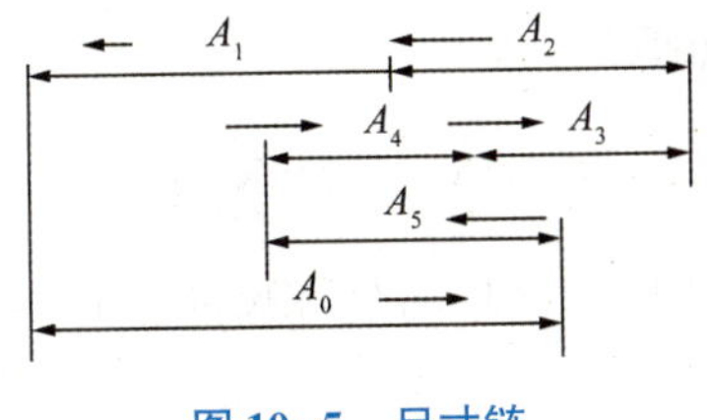

图 10-5　尺寸链

10.2.2 尺寸链的分析与计算方法

分析与计算尺寸链的方法主要有完全互换法、大数互换法及其他方法。

1. 完全互换法(极值法)

完全互换法又称为极值法，用此方法计算尺寸链是以极限尺寸为基础的，不考虑各环实际尺寸的分布情况。即认为所有增环均处于上极限尺寸，而所有减环均处于下极限尺寸；或所有增环均处于下极限尺寸，而所有减环均处于上极限尺寸。因此，按此法计算出来的尺寸用于各组成环的加工、装配时各组成环不需要挑选或补充加工，装配后即能满足封闭环的公差要求，可实现完全互换。

2. 大数互换法(概率法)

大数互换法是从保证大多数零件能互换的情况下进行尺寸链的计算，各组成环的极限尺寸按其实际尺寸出现的概率确定，故也称为概率法。

生产实践和大量统计资料表明，在大量生产且工艺过程稳定的情况下，各组成环的实际尺寸趋近公差带中间的概率大，出现在极限值的概率小，增环与减环以相反极限值形成封闭环的概率就更小了。所以，用完全互换法解尺寸链，虽然能实现完全互换，但往往是不经济的。

采用大数互换法，不是在全部产品中，而是在绝大多数产品中，装配时不需要挑选或修配，就能满足封闭环的公差要求，即保证大数互换。

按大数互换法，在相同封闭环公差条件下，可使组成环的公差扩大，从而获得良好的技术经济效益，也比较科学合理。大数互换法常用在大批量生产的情况。

3. 其他方法

在生产中，装配尺寸链各组成环的公差和极限偏差如果按前述方法进行计算与给出，那么在装配时一般无须进行修配和调整就能顺利进行装配，且能满足封闭环的技术要求。但在某些场合，为了获得更高的装配准确度，同时生产条件又不允许提高组成环的制造准确度，则可采用分组互换法、修配法和调整法来完成这一任务。

10.3 完全互换法(极值法)计算尺寸链

10.3.1 基本计算公式

1. 封闭环的公称尺寸

封闭环的公称尺寸计算公式为

$$A_0 = \sum_{i=1}^{n} A_{iz} - \sum_{i=n+1}^{m} A_{ij} \tag{10-1}$$

式中，A_0 为封闭环的公称尺寸；A_{iz} 为增环的公称尺寸；A_{ij} 为减环的公称尺寸；n 为增环环数，m 为全部组成环的环数。

即封闭环的公称尺寸等于所有增环的公称尺寸之和减去所有减环的公称尺寸之和。

如果不是线性尺寸链，则更一般的表达式应考虑传递系数ξ。对于增环，$\xi=+1$；对于减环，$\xi=-1$。则式(10-1)变为

$$A_0=\sum_{i=1}^{m}\xi_i A_i \tag{10-2}$$

因本章只讨论直线尺寸链问题，故后面式中均不含传递系数ξ。

2. 封闭环的极限尺寸

封闭环的极限尺寸计算公式为

$$A_{0\max}=\sum_{i=1}^{n}A_{iz\max}-\sum_{i=n+1}^{m}A_{ij\min} \tag{10-3}$$

$$A_{0\min}=\sum_{i=1}^{n}A_{iz\min}-\sum_{i=n+1}^{m}A_{ij\max} \tag{10-4}$$

式中，$A_{0\max}$、$A_{0\min}$ 分别为封闭环的上、下极限尺寸；$A_{iz\max}$、$A_{iz\min}$ 分别为各增环的上、下极限尺寸；$A_{ij\max}$、$A_{ij\min}$ 分别为各减环的上、下极限尺寸。

即封闭环的上极限尺寸等于所有增环的上极限尺寸之和减去所有减环的下极限尺寸之和；封闭环的下极限尺寸等于所有增环的下极限尺寸之和减去所有减环的上极限尺寸之和。

3. 封闭环的极限偏差

封闭环的极限偏差计算公式为

$$ES_0=\sum_{i=1}^{n}ES_{iz}-\sum_{i=n+1}^{m}EI_{ij} \tag{10-5}$$

$$EI_0=\sum_{i=1}^{n}EI_{iz}-\sum_{i=n+1}^{m}ES_{ij} \tag{10-6}$$

式中，ES_0、EI_0 分别为封闭环的上、下极限偏差；ES_{iz}、EI_{iz} 分别为各增环的上、下极限偏差；ES_{ij}、EI_{ij} 分别为各减环的上、下极限偏差。

即封闭环的上极限偏差等于所有增环上极限偏差之和减去所有减环下极限偏差之和；封闭环的下极限偏差等于所有增环下极限偏差之和减去所有减环上极限偏差之和。

4. 封闭环的公差

封闭环的公差计算公式为

$$T_0=\sum_{i=1}^{m}T_i \tag{10-7}$$

式中，T_0 为封闭环的公差，T_i 为各组成环的公差。

即封闭环的公差等于所有组成环公差之和。

5. 封闭环的中间偏差

中间偏差是尺寸公差带中点的偏差值，它是上、下极限偏差的平均值。

对于组成环，其中间偏差为

$$\Delta_i=\frac{ES_i+EI_i}{2} \tag{10-8}$$

对于封闭环，其中间偏差为

$$\Delta_0=\frac{ES_0+EI_0}{2}=\sum_{i=1}^{n}\Delta_{iz}-\sum_{i=n+1}^{m}\Delta_{ij} \tag{10-9}$$

式中，Δ_{iz} 为增环的中间偏差；Δ_{ij} 为减环的中间偏差。

10.3.2 完全互换法(极值法)计算尺寸链实例

应用尺寸链原理解决加工和装配工艺问题时经常碰到下述 3 种情况：①已知组成环公差求封闭环公差的正计算问题；②已知封闭环公差求各组成环公差的反计算问题；③已知封闭环公差和部分组成环公差求其他组成环公差的中间计算问题。解决正计算问题比较容易，而解决反计算问题比较难。

1. 正计算

正计算是指已知各组成环的公差与极限偏差，计算封闭环的公差与极限偏差。这类计算主要用来验算设计的正确性，所以又称为校核计算或公差控制计算。

【例 10-1】 如图 10-6 所示的齿轮部件，轴固定，齿轮在轴上转动。已知各零件的尺寸：$A_1 = 30_{-0.1}^{\ 0}$ mm，$A_2 = A_5 = 5_{-0.05}^{\ 0}$ mm，$A_3 = 43_{+0.05}^{+0.15}$，组成环 A_4 是卡簧(标准件)，$A_4 = 3_{-0.05}^{\ 0}$ mm，试校核封闭环能否达到规定的要求(封闭环的公称尺寸 $A_0 = 0$，上极限偏差 $ES_0 = +0.35$ mm，下极限偏差 $EI_0 = +0.1$ mm)。

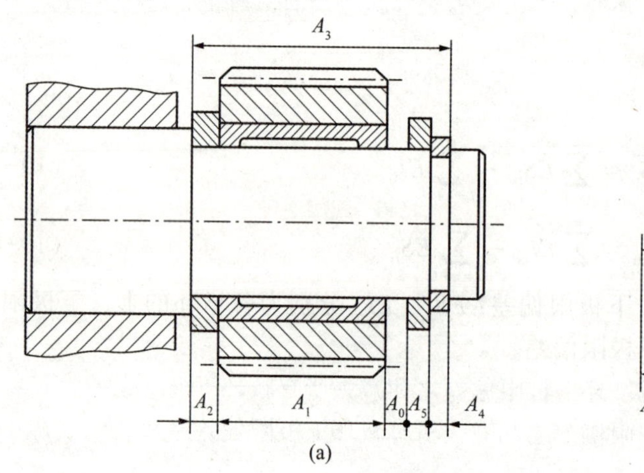

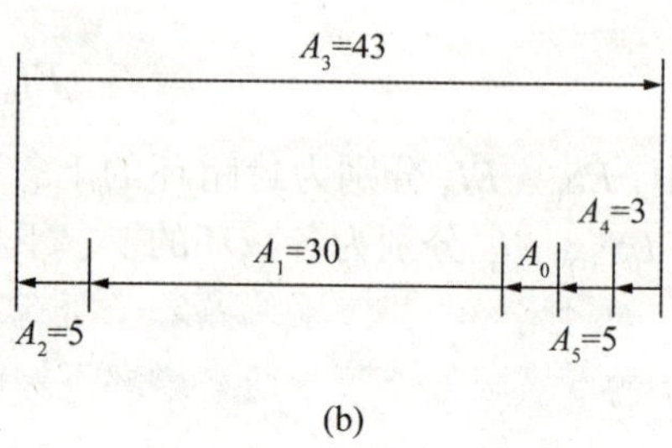

图 10-6 齿轮部件结构图

解：(1)画尺寸链图，如图 10-6(b)所示。

(2)查找组成环，判断封闭环、增环和减环。据分析可知，间隙 A_0 为封闭环，A_3 为增环，A_1、A_2、A_4 和 A_5 为减环。这里因卡簧是标准件，其尺寸及偏差不允许变动。

封闭环的极限偏差及中间偏差为：$ES_0 = +0.35$ mm，$EI_0 = +0.1$ mm，$T_0 = 0.25$ mm，$\Delta_0 = 0.225$ mm。

(3)计算封闭环的公称尺寸。由式(10-1)可得，$A_0 = [43-(30+5+3+5)]\text{mm} = 0$

(4)计算封闭环的公差。由式(10-7)可得，$T_0 = (0.1 + 0.05 + 0.1 + 0.05 + 0.05)$ mm = 0.35 mm。

(5)计算封闭环的极限偏差。由式(10-5)、式(10-6)可得

$$ES_0 = ES_3 - (EI_1 + EI_2 + EI_4 + EI_5) = 0.15\ \text{mm} - (-0.1 - 0.05 - 0.05 - 0.05)\ \text{mm} = +0.40\ \text{mm}$$

$$EI_0 = EI_3 - (ES_1 + ES_2 + ES_4 + ES_5) = +0.05\ \text{mm} - (0 + 0 + 0 + 0)\ \text{mm} = +0.05\ \text{mm}$$

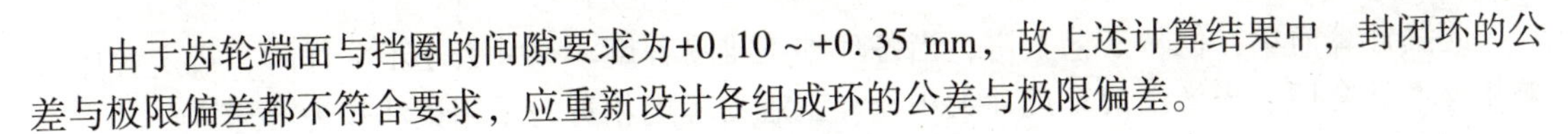

由于齿轮端面与挡圈的间隙要求为+0.10～+0.35 mm，故上述计算结果中，封闭环的公差与极限偏差都不符合要求，应重新设计各组成环的公差与极限偏差。

2. 中间计算

中间计算是指已知封闭环和部分组成环的极限尺寸，求某一组成环的极限尺寸。这类计算常用在基准换算和工序尺寸换算等工艺计算中。中间计算和反计算通常称为设计计算。

【例10-2】 图10-7(a)为齿轮孔的局部图，设计尺寸是：孔径 $\phi 40_{0}^{+0.05}$ mm，键槽深度 $46_{0}^{+0.30}$ mm。孔和键槽的加工顺序是：

(1)镗孔至 $\phi 39.6_{0}^{+0.10}$ mm。

(2)插键槽，工序尺寸为 A。

(3)淬火热处理。

(4)磨内孔至 $\phi 40_{0}^{+0.05}$ mm，同时保证 $\phi 46_{0}^{+0.30}$ mm(假设磨孔和镗孔时的同轴度误差很小，可忽略)。

求：插键槽的工序尺寸 A。

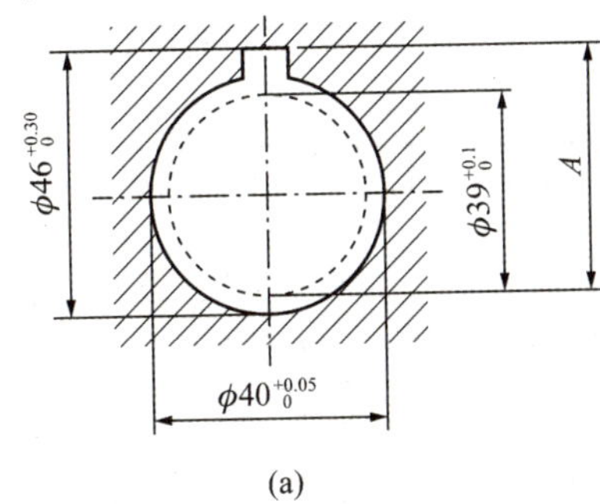

(a)

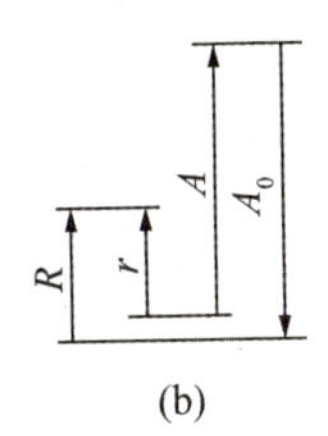

(b)

图10-7 齿轮孔

解：(1)画尺寸链图，如图10-7(b)所示。

(2)判断封闭环、增环和减环。尺寸 A_0=46 mm 为封闭环，尺寸 A 和 $R\left(\dfrac{40_{0}^{+0.05}}{2}=20_{0}^{+0.025}\right)$ 为增环，尺寸 $r\left(\dfrac{39.6_{0}^{+0.1}}{2}=19.8_{0}^{+0.05}\right)$ 为减环。

(3)计算。

基本尺寸：$A=A_0-R+r=(46-20+19.8)\text{ mm}=45.8\text{ mm}$；

上极限偏差：$ES_A=ES_{A0}-ES_R+EI_r=(0.3-0.025+0)\text{ mm}=+0.275\text{ mm}$；

下极限偏差：$EI_A=EI_{A0}-EI_R+ES_r=(0-0+0.05)\text{ mm}=+0.05\text{ mm}$；

因此，工序尺寸为：$45.8_{+0.05}^{+0.275}$，或取入体方向标注为：$45.85_{0}^{+0.225}$。

3. 反计算

反计算是根据封闭环的极限尺寸和组成环的公称尺寸，将封闭环的公差合理地分配到每个组成环上，确定各组成环的公差和上、下极限偏差，最后进行校核计算，即公差分配计算。反计算通常用于机械设计计算。

(1)按等公差原则分配封闭环公差，即各组成环公差相等，其大小为

$$T_i=\frac{T_0}{m} \tag{10-10}$$

此法计算简单，但从工艺上讲，当各环加工难易程度、尺寸大小不一样时，规定各环公差相等不够合理。当各组成环尺寸大小及加工难易程度相近时采用该法较为合适。

(2)按等精度的原则分配封闭环公差，即令各组成环的精度相等。按等精度法来分配各组成环的公差值时，应使各组成环公差之和小于或等于封闭环的公差，并应使各组成环公差 T_i 与公差因子 i_i 之比(即公差等级系数 a)恒为常数，即

$$T_0 \geqslant \sum_{i=1}^{m} T_i \tag{10-11}$$

$$\frac{T_i}{i_i} = a = 常数 \tag{10-12}$$

按照 GB/T 1800.1—2020，对于尺寸在 500 mm 以内，精度等级在 IT5 ~ IT18 范围内，其标准公差因子可以按下式计算：

$$i = 0.45\sqrt[3]{D} + 0.001D(\mu m)$$

式中，D 为被研究表面的公称尺寸。

为应用方便，将公差等级系数 a 的数值和标准公差因子 i 的数值列于表 10-1 和表 10-2 中。

表 10-1　公差等级系数 a 的数值

公差等级	IT6	IT7	IT8	IT9	IT10	IT11	IT12	IT13	IT14	IT15	IT16	IT17	IT18
a	10	16	25	40	64	100	160	250	400	640	1000	1600	2500

表 10-2　标准公差因子 i 的数值

尺寸段 D/ mm	>	1	3	6	10	18	30	50	80	120	180	250	315	400
	≤	3	6	10	18	30	50	80	120	180	250	315	400	500
i /μm		0.54	0.73	0.90	1.08	1.31	1.56	1.86	2.17	2.52	2.90	3.23	3.54	3.89

由于 $T_0 = ai_1 + ai_2 + \cdots + ai_m$，即

$$a = \frac{T_0}{\sum_{k=1}^{m} i_k} \tag{10-13}$$

计算出 a 后，按标准查取与之相近的公差等级系数，进而查表确定各组成环的公差。

各组成环的极限偏差确定方法是先留一个组成环作为调整环，其余各组成环的极限偏差按“入体原则”确定，即包容尺寸要素的下极限偏差为0，被包容尺寸要素的上极限偏差为0，一般长度尺寸的公差带取对称分布。

进行公差设计计算时，必须进行校核，以保证设计的正确性。

【例 10-3】 如图 10-6 所示的部件中，齿轮端面与挡环的间隙要求为+0.10 ~ +0.35 mm。已知各组成环的公称尺寸与例 10-1 相同。试用完全互换法设计各组成环的公差和极限偏差。

解： (1) ~ (3)步骤的内容同例 10-1。

(4)计算各组成环的公差与极限偏差。

①等公差法。

由式(10-10)可得 $T_i = \frac{0.25 - 0.05}{4}$ mm = 0.05 mm。根据各组成环公称尺寸的大小和加工难易，以平均值为基数，将各组成环的公差调整为 $T_1 = T_3 = 0.06$ mm，$T_2 = T_5 = 0.04$ mm，

另外，$T_4 = 0.05$ mm，为标准件挡圈的公差，这里不作修改。

由于 $T_1 + T_2 + T_3 + T_4 + T_5 = (0.06 + 0.04 + 0.06 + 0.05 + 0.04)$ mm $= 0.25$ mm，满足式(10-11)的要求。

根据“入体原则”，各组成环的极限偏差可定为

$$A_1 = 30_{-0.06}^{\ 0} \text{ mm},\ A_2 = 5_{-0.04}^{\ 0} \text{ mm},\ A_5 = 5_{-0.04}^{\ 0} \text{ mm},\ A_4 = 3_{-0.05}^{\ 0} \text{ mm（标准件）}$$

这里，A_3 待定，由式(10-5)、式(10-6)得

$$ES_3 = ES_0 + (EI_1 + EI_2 + EI_4 + EI_5)$$
$$= +0.35 \text{ mm} + (-0.06 - 0.04 - 0.05 - 0.04) \text{ mm} = +0.16 \text{ mm}$$
$$EI_3 = EI_0 + (ES_1 + ES_2 + ES_4 + ES_5) = +0.10 \text{ mm} + (0 + 0 + 0 + 0) \text{ mm}$$
$$= +0.10 \text{ mm}$$

故 $A_3 = 43_{+0.10}^{+0.16}$ mm。

②等精度法。

由表10-2可查得，各组成环的公差因子(或公差单位)i 的值分别为 $i_1 = 1.31$ μm，$i_2 = 0.73$ μm，$i_3 = 1.56$ μm，$i_5 = 0.73$ μm。由式(10-13)得

$$a = \frac{(0.25 - 0.05) \times 1\,000}{1.31 + 0.73 + 1.56 + 0.73} \approx 46$$

查表10-1可知，公差等级介于IT9(40i)和IT10(64i)之间，按IT9查表10-1可知各组成环的公差分别为 $T_1 = 0.052$ mm，$T_3 = 0.062$ mm，$T_2 = T_5 = 0.03$ mm。标准件卡簧的公差为 $T_4 = 0.05$ mm。

由于 $T_1 + T_2 + T_3 + T_4 + T_5 = (0.052 + 0.03 + 0.062 + 0.05 + 0.03 = 0.224)$ mm < 0.25 mm，故满足式(10-11)的要求。

根据“入体原则”，A_1、A_2、A_5 的极限偏差可定为 $A_1 = 30_{-0.052}^{\ 0}$ mm，$A_2 = 5_{-0.030}^{\ 0}$ mm，$A_5 = 5_{-0.030}^{\ 0}$ mm，$A_4 = 3_{-0.05}^{\ 0}$ mm（标准件）。各组成环的中间偏差为 $\Delta_1 = -0.026$ mm，$\Delta_2 = -0.015$ mm，$\Delta_4 = -0.025$ mm，$\Delta_5 = -0.015$ mm。由式(10-9)得

$$\Delta_3 = \Delta_0 + (\Delta_1 + \Delta_2 + \Delta_4 + \Delta_5)$$
$$= 0.225 \text{ mm} + (-0.026 - 0.015 - 0.025 - 0.015) \text{ mm} = +0.144 \text{ mm}$$

则

$$ES_3 = \Delta_3 + \frac{T_3}{2} = 0.144 \text{ mm} + \frac{0.062}{2} \text{ mm} = +0.175 \text{ mm}$$

$$EI_3 = \Delta_3 - \frac{T_3}{2} = 0.144 \text{ mm} - \frac{0.062}{2} \text{ mm} = +0.113 \text{ mm}$$

故 $A_3 = 43_{+0.113}^{+0.175}$ mm。

10.4 大数互换法(概率法)计算尺寸链

10.4.1 组成环和封闭环的概率分布

1. 组成环的概率分布

加工零件时，由于受机床、刀具、环境及操作者等因素的影响，加工后得到的实际尺寸

不可能完全一样，但呈一定的概率分布。尺寸链中每一组成环均为随机变量，其一般分布形式如图 10-8 所示。

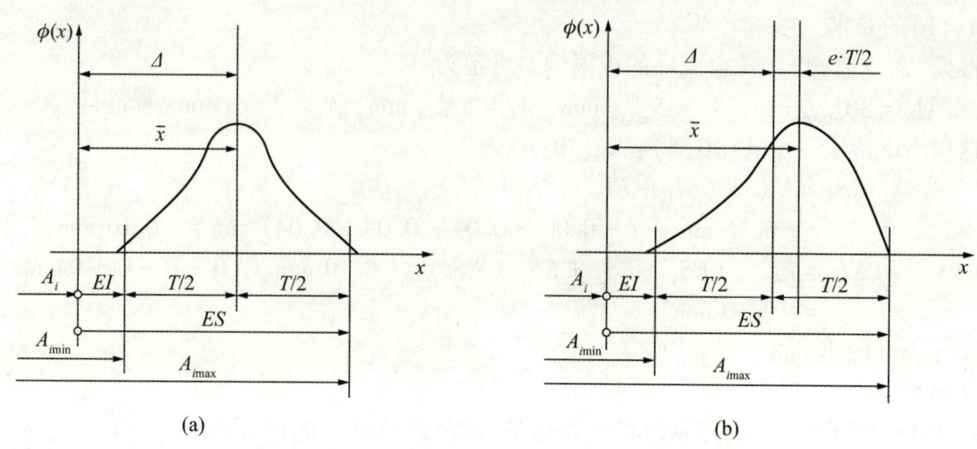

图 10-8　实际尺寸的对称分布与不对称分布

(a)对称分布；(b)不对称分布

图 10-8 中，A_i 为第 i 个组成环的公称尺寸；A_{imax} 为第 i 个组成环的上极限尺寸；A_{imin} 为第 i 个组成环的下极限尺寸；ES 为上极限偏差，$ES = \Delta + \frac{T}{2}$；$EI$ 为下极限偏差，$E_I = \Delta - \frac{T}{2}$；$\Delta$ 为中间偏差，$\Delta = \frac{ES + EI}{2}$；$T$ 为公差；$\bar{x}$ 为平均偏差，为实际偏差的算术平均值；e 为分布不对称系数，$e = \frac{x - \Delta}{\frac{T}{2}}$；$\phi(x)$ 为概率分布密度函数。

在机械加工中，零件实际尺寸的典型分布形式如表 10-3 所示。k 为相对分布系数，$k_i = \frac{6\sigma_i}{T_i}$。

表 10-3　典型分布曲线的 e 和 k 值

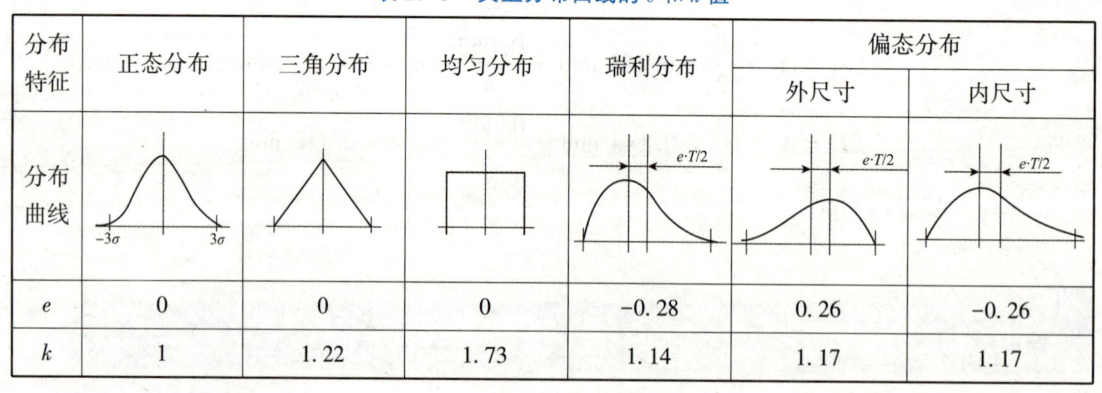

分布特征	正态分布	三角分布	均匀分布	瑞利分布	偏态分布	
					外尺寸	内尺寸
分布曲线	−3σ　3σ			e·T/2	e·T/2	e·T/2
e	0	0	0	−0. 28	0. 26	−0. 26
k	1	1. 22	1. 73	1. 14	1. 17	1. 17

2. 封闭环的概率分布

尺寸链中组成环均可视为随机变量，封闭环为若干个随机变量之和，也是随机变量。若组成环为独立的随机变量，则封闭环与它们的关系为

$$A_0 = \xi_1 A_1 + \xi_2 A_2 + \cdots + \xi_m A_m$$

封闭环概率分布取决于组成环的概率分布。若所有组成环对称于公差带中点分布，则封闭环的概率分布形式如图 10-9(a)所示；若组成环为不对称分布，且 $m \geqslant 5$，则封闭环的分布形式如图 10-9(b)所示。

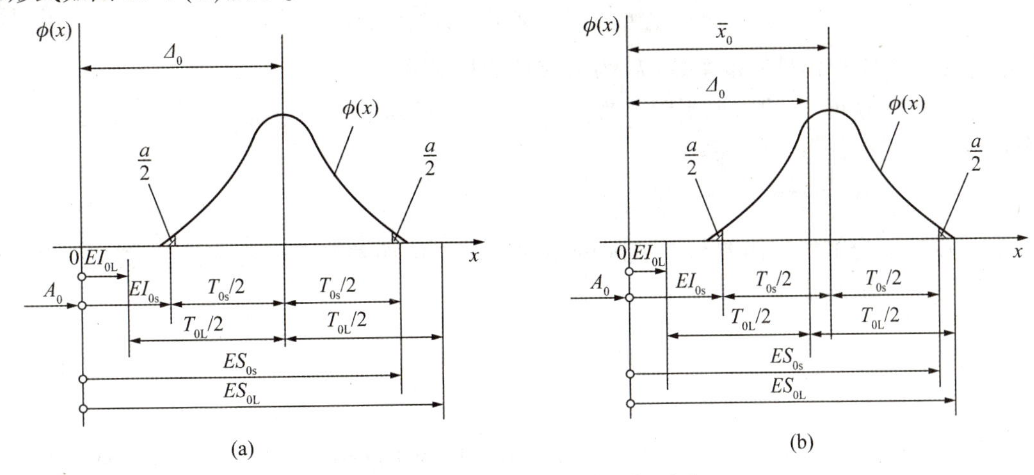

图 10-9 封闭环分布的一般形式

图中，T_{0L} 为封闭环的极值公差，它等于全部组成环公差之和；T_{0s} 为封闭环的统计公差，它取决于各组成环的概率分布及置信水平$(1-\alpha)$；ES_{0L} 为封闭环的极值上极限偏差；EI_{0L} 为封闭环的极值下极限偏差；ES_{0s} 为封闭环统计上极限偏差；EI_{0s} 为封闭环统计下极限偏差；Δ_0 为封闭环的中间偏差，$\Delta = \dfrac{ES_{0L} + EI_{0L}}{2}$；$\bar{x}_0$ 为封闭环的平均偏差；$\phi(x)$ 为封闭环的概率分布密度函数。

10.4.2 基本计算公式

1. 封闭环的公称尺寸

因各组成环的公称尺寸为设计时给定的固定值，不是随机变量，在用大数互换法(概率法)计算尺寸链封闭环公称尺寸时，用式(10-1)计算，即

$$A_0 = \sum_{i=1}^{n} A_{iz} - \sum_{i=n+1}^{m} A_{ij}$$

2. 封闭环的公差

由概率论可知，若干个独立随机变量之和的标准偏差等于各独立随机变量的标准偏差之和。封闭环的标准偏差 σ_0 与组成环的标准偏差 σ_i 关系为

$$\sigma_0 = \sqrt{\sum_{i=1}^{m} \sigma_i^2} \tag{10-14}$$

如果组成环的实际尺寸都按正态分布，且分布范围与公差带宽度一致，分布中心与公差带中心重合，则封闭环的尺寸也按正态分布，因 $T_0 = 6\sigma_0$，$T_i = 6\sigma_i$。于是，各环公差与标准偏差的关系如下

$$T_0 = \sqrt{\sum_{i=1}^{m} T_i^2} \tag{10-15}$$

即封闭环的公差等于所有组成环公差的平方和开方。

当各组成环为不同于正态分布的其他分布时，应当引入一个相对分布系数 k_0 和 k_i，即

$$T_0 = \frac{1}{k_0}\sqrt{\sum_{i=1}^{m}(k_i T_i)^2} \tag{10-16}$$

式中，k_0 为封闭环的相对分布系数；k_i 为组成环的相对分布系数。

不同形式的分布，k 的值也不同，其值如表 10-3 所示。一般情况下，若 $m \geqslant 5$，封闭环分布可近似为正态分布，取 $k_0 = 1$。

3. 封闭环的中间偏差

中间偏差 Δ 为上极限偏差与下极限偏差的算术平均偏差。当组成环的偏差为对称分布时，封闭环的中间偏差 Δ_0 为

$$\Delta_0 = \sum_{i=1}^{m-1} \Delta_i \tag{10-17}$$

式中，Δ_i 为各组成环的中间偏差。

当组成环的偏差为不对称分布时，此时各组成环的中间偏差 Δ_i 相对于各环的平均偏差 $\bar{x}_i$ 将产生一个偏差量 $e_i \cdot \frac{T_i}{2}$，此时 $\bar{x}_0$ 为

$$\bar{x}_0 = \sum_{i=1}^{m-1} \xi_i \bar{x}_i = \sum_{i=1}^{m-1} \xi_i (\Delta_i + e_i \cdot \frac{T_i}{2}) \tag{10-18}$$

而几个不对称分布的组成环，所形成的尺寸链已近似对称分布了，故

$$\Delta_0 = \bar{x}_0 = \sum_{i=1}^{m-1} \xi_i \bar{x}_i = \sum_{i=1}^{m-1} \xi_i (\Delta_i + e_i \cdot \frac{T_i}{2}) \tag{10-19}$$

若所有组成环的分布都为对称于公差带中点的分布，则有 $e_i = 0$，故

$$\bar{x}_{0i} = \sum_{i=1}^{m-1} \xi_i \Delta_i = \Delta_0 \tag{10-20}$$

对于直线尺寸链，增环 $\xi_i = +1$，减环 $\xi_i = -1$，故

$$\bar{x}_{0i} = \Delta_0 = \sum_{i=1}^{n} \Delta_{iz} - \sum_{i=n+1}^{m} \Delta_{ij} \tag{10-21}$$

即封闭环的中间偏差等于所有增环的中间偏差之和减去所有减环中间偏差之和。

4. 封闭环的极限偏差

用大数互换法计算的封闭环极限偏差为

$$ES_0 = \bar{x}_0 + \frac{T_0}{2} \tag{10-22}$$

$$EI_0 = \bar{x}_0 - \frac{T_0}{2} \tag{10-23}$$

若所有组成环的分布均为对称于公差带中心的分布，则有

$$ES_0 = \Delta_0 + \frac{T_0}{2} \tag{10-24}$$

$$EI_0 = \Delta_0 - \frac{T_0}{2} \tag{10-25}$$

5. 封闭环的极限尺寸

用大数互换法计算的封闭环的极限尺寸为

$$A_{0\max} = A_0 + ES_0 \tag{10-26}$$

$$A_{0\min} = A_0 + EI_0 \tag{10-27}$$

10.4.3　大数互换法(概率法)计算尺寸链实例

大数互换法(概率法)计算尺寸链的正反计算在目的、方法和步骤等方面与完全互换法(极值法)的正反计算定义基本相同。

1. 正计算

【例10-4】已知条件与例10-1相同。试用大数互换法校核封闭环能否达到规定的要求(封闭环的上极限偏差 $ES_0=+0.35$ mm，下极限偏差 $EI_0=+0.1$ mm)。假设各组成环均为正态分布。

解：已知 $A_1=30_{-0.1}^{\ 0}$ mm，$A_2=A_5=5_{-0.05}^{\ 0}$ mm，$A_3=43_{+0.05}^{+0.15}$ mm，$A_4=3_{-0.05}^{\ 0}$ mm。

(1)计算封闭环的公称尺寸，$A_0=[43-(30+5+3+5)]$ mm$=0$。

(2)计算封闭环的公差，由式(10-15)得

$$T_0=\sqrt{0.1^2+0.05^2+0.1^2+0.05^2+0.05^2}\ \text{mm}\approx 0.17\ \text{mm}<0.25\ \text{mm}$$

(3)计算封闭环的极限偏差，由式(10-8)易得各组成环的中间偏差依次为 $\Delta_1=-0.05$ mm，$\Delta_2=-0.025$ mm，$\Delta_3=+0.10$ mm，$\Delta_4=-0.025$ mm，$\Delta_5=-0.025$ mm。由式(10-21)得

$$\Delta_0=+0.10\ \text{mm}-(-0.050-0.025-0.025-0.025)\ \text{mm}=+0.225\ \text{mm}$$

再由式(10-24)和(10-25)得

$$ES_0=\Delta_0+\frac{T_0}{2}=+0.225\ \text{mm}+\frac{0.17}{2}\ \text{mm}=+0.31\ \text{mm}$$

$$EI_0=\Delta_0-\frac{T_0}{2}=+0.225\ \text{mm}-\frac{0.17}{2}\ \text{mm}=+0.14\ \text{mm}$$

故封闭环的公差与极限偏差均符合要求。

本例与例10-1对照可见，同样的组成环公差设计，按完全互换法校核不满足封闭环的要求，而按大数互换法校核可满足封闭环的要求。

应当注意，采用大数互换法校核时，各组成环假定均按正态分布，这一条件应在生产中进行严格控制，使各组成环的实际尺寸分布符合正态分布。否则，不满足封闭环要求的危险概率就会增大。

2. 反计算

反计算即设计计算。按大数互换法确定各组成环的公差有两种方法。

1)等公差法

若设计给定的封闭环公差为 T_0，假定各组成环的公差值相同，且 $m\geqslant 5$，对于直线尺寸链，$|\xi_i|=1$，则由式(10-16)可得

$$T_{i\text{av}}=\frac{T_0}{\sqrt{\sum_{i=1}^{m}k_i^2}} \tag{10-28}$$

若各组成环的分布形式相同，则可取 $k_i=k$，有

$$T_{\text{iav}}=\frac{T_0}{k\sqrt{m}} \tag{10-29}$$

若各组成环均按正态分布，则 $k=1$，有

$$T_{\text{iav}}=\frac{T_0}{\sqrt{m}} \tag{10-30}$$

将此式与完全互换法中的式(10-10)相比，可以知道，若封闭环公差 T_0 不变，则各组成环平均公差扩大为完全互换法的 $\sqrt{m}$ 倍，因而可使加工更加容易，而且环数越多越有利。若各组成环公差不变，则用大数互换法求得的封闭环公差是用完全互换法求得的 $\frac{1}{\sqrt{m}}$ 倍，从而提高了封闭环的精度。

按上式计算出各组成环的公差，然后考虑尺寸大小、加工难易程度，进行适当调整，最后应满足

$$\sqrt{\sum_{i=1}^{m}k_i^2T_i^2}\leqslant T_0 \tag{10-31}$$

2)等精度法

假定各组成环具有相同的公差等级，对于直线尺寸链，由式(10-16)得

$$T_0=\sqrt{\sum_{j=1}^{m}k_j^2a^2i_j^2} \tag{10-32}$$

式中，i_j 为各组成环的公差因子，即

$$i_j=0.45\sqrt[3]{D_j}+0.001D_j \tag{10-33}$$

由此可得各公差等级系数 a 为

$$a=\frac{T_0}{\sqrt{\sum_{j=1}^{m}k_j^2i_j^2}} \tag{10-34}$$

若各组成环的分布形式相同，则可取 $k_j=k$，有

$$a=\frac{T_0}{k\sqrt{\sum_{j=1}^{m}i_j^2}} \tag{10-35}$$

若各组成环呈正态分布，则 $k=1$，有

$$a=\frac{T_0}{\sqrt{\sum_{j=1}^{m}i_j^2}} \tag{10-36}$$

求出公差等级系数 a 后，可查对应的公差等级和标准公差值，最后按式(10-31)进行验算。

各组成环的公差确定以后，同样可按“入体原则”确定各组成环的极限偏差。

【例 10-5】零部件及已知条件同例 10-1，试按大数互换法确定各组成环的公差和极限偏差。

解：生产调查表明，各组成环的概率分布可按正态分布考虑。

(1)按等公差法计算。

因卡簧是标准件，故其尺寸及偏差不允许变动，只参与计算。

由式(10-30)得

$$T_{iav} = \frac{T_0}{\sqrt{m}} = \frac{0.25 - 0.05}{\sqrt{4}}\ \mathrm{mm} = 0.1\ \mathrm{mm}$$

除了 A_4 的公差不变外，将其他组成环公差可调整为：$T_1 = T_3 = 0.14$ mm，$T_2 = T_5 = 0.10$ mm，$T_4 = 0.05$ mm。

取 $k=1$，按式(10-31)进行验算，得

$$\sqrt{\sum_{i=1}^{5} T_i^2} = \sqrt{0.14^2 + 0.10^2 + 0.14^2 + 0.05^2 + 0.10^2}\ \mathrm{mm} \approx 0.248\ \mathrm{mm} < 0.25\ \mathrm{mm}$$

可满足封闭环的公差要求。

按“入体原则”，取各减环的极限偏差，得

$$A_1 = 30_{-0.14}^{\ 0}\ \mathrm{mm},\ A_2 = 5_{-0.10}^{\ 0}\ \mathrm{mm},\ A_4 = 3_{-0.05}^{\ 0}\ \mathrm{mm},\ A_5 = 5_{-0.10}^{\ 0}\ \mathrm{mm}$$

其各自的中间偏差分别为

$$\Delta_1 = -0.07\ \mathrm{mm},\ \Delta_2 = -0.05\ \mathrm{mm},\ \Delta_4 = -0.025\ \mathrm{mm},\ \Delta_5 = -0.05\ \mathrm{mm}$$

由式(10-21)得增环 A_3 的中间偏差为

$$\Delta_3 = \Delta_0 + \Delta_1 + \Delta_2 + \Delta_4 + \Delta_5 = (+0.225-0.07-0.05-0.025-0.05)\ \mathrm{mm} = +0.03\ \mathrm{mm}$$

所以

$$ES_3 = \Delta_3 + \frac{T_3}{2} = 0.03\ \mathrm{mm} + \frac{0.14}{2}\ \mathrm{mm} = +0.10\ \mathrm{mm}$$

$$EI_3 = \Delta_3 - \frac{T_3}{2} = 0.03\ \mathrm{mm} - \frac{0.14}{2}\ \mathrm{mm} = -0.04\ \mathrm{mm}$$

于是，$A_3 = 43_{-0.04}^{+0.10}$ mm 。

(2)按等精度法计算。

由式(10-36)得

$$a = \frac{(0.25 - 0.05) \times 1\,000}{\sqrt{1.31^2 + 0.73^2 + 1.56^2 + 0.73^2}} \approx 88$$

由表10-1可知，公差等级介于IT11(100i)和IT10(64i)之间，按IT11查表1-1可知，$T_1 = 0.130$ mm，$T_2 = T_5 = 0.075$ mm，$T_3 = 0.160$ mm ，$T_4 = 0.05$ mm 。

由式(10-31)得

$$\sqrt{\sum_{i=1}^{5} T_i^2} = \sqrt{0.13^2 + 0.075^2 + 0.16^2 + 0.05^2 + 0.075^2}\ \mathrm{mm} \approx 0.237\ \mathrm{mm} < 0.25\ \mathrm{mm}$$

满足要求。

按“入体原则”，取

$$A_1 = 30_{-0.130}^{\ 0}\ \mathrm{mm},\ A_2 = 5_{-0.075}^{\ 0}\ \mathrm{mm},\ A_4 = 3_{-0.05}^{\ 0}\ \mathrm{mm},\ A_5 = 5_{-0.075}^{\ 0}\ \mathrm{mm}$$

其各自的中间偏差分别为

$$\Delta_1 = -0.065\ \mathrm{mm},\ \Delta_2 = -0.037\,5\ \mathrm{mm},\ \Delta_4 = -0.025\ \mathrm{mm},\ \Delta_5 = -0.037\,5\ \mathrm{mm}$$

由式(10-21)得增环 A_3 的中间偏差为

$$\Delta_3 = \Delta_0 + \Delta_1 + \Delta_2 + \Delta_4 + \Delta_5 = (+0.225-0.065-0.037\,5-0.025-0.037\,5)\ \mathrm{mm} = +0.06\ \mathrm{mm}$$

所以

$$ES_3 = \Delta_3 + \frac{T_3}{2} = 0.06\ \text{mm} + \frac{0.16}{2}\ \text{mm} = +0.14\ \text{mm}$$

$$EI_3 = \Delta_3 - \frac{T_3}{2} = 0.06\ \text{mm} - \frac{0.16}{2}\ \text{mm} = -0.02\ \text{mm}$$

于是，$A_3 = 43^{+0.14}_{-0.02}$ mm。

由本例可见，各组成环的公差比例 10-3 所确定的组成环公差大得多，显然对生产有利，可以大大降低成本。本例中的封闭环的概率分布为正态分布时，$e_0 = 0$，$k_0 = 1$，相应的置信概率 P 为 99.73%。当置信概率不同时，k_0 可取不同的值，其取值越大，组成环的公差越大，出现不合格品的危险率也越大。P 与 k_0 之间的关系如表 10-4 所示。

表 10-4　置信概率 P 和相对分布系数 k_0 的数值关系

P/(%)	99.73	99.5	99	98	95	90
k_0	1	1.06	1.16	1.29	1.52	1.82

本章小结

本章的主要内容是关于尺寸链的基础知识，主要包括以下几点。

1. 尺寸链的基本概念、特点

相互联系的尺寸按一定顺序连接成的一个封闭的尺寸组，称为尺寸链。尺寸链具有封闭性和相关性的特点。尺寸链由各个环组成，环可分为封闭环和组成环，组成环又可分为增环和减环。一个尺寸链中只能有一个封闭环，至少要有两个组成环。

2. 封闭环的确定

建立尺寸链要首先确定封闭环。装配尺寸链中的封闭环一般是装配后形成的一环，零件尺寸链的封闭环通常为公差要求最低的尺寸，工艺尺寸链的封闭环是在加工中最后自然形成的尺寸。

3. 尺寸链图的画法及增环、减环的判断

确定尺寸链的封闭环后，从封闭环的任一端开始，找出相邻的且对封闭环有影响的零件尺寸，这样依次找出相互连接的各个零件尺寸，直到最后一个零件尺寸与封闭环的另一端相连为止。查找组成环时，应遵循最短尺寸链原则。用一根带箭头的短线将各尺寸依次画出，形成封闭的尺寸链图。

用回路法判断增环、减环：从封闭环一端开始，凡箭头方向与封闭环箭头方向相同者为减环，与封闭环箭头方向相反者为增环。

4. 尺寸链的分析与计算

分析与计算尺寸链是为了正确、合理地确定尺寸链中各环的尺寸公差和上、下极限偏差，主要有正计算、反计算和中间计算，正计算也称为校核计算，反计算和中间计算通常称为设计计算。

习 题

1. 简答题

(1)什么叫尺寸链？它有何特点？

(2)如何确定尺寸链的封闭环？能不能说尺寸链中未知的环就是封闭环？

(3)解尺寸链主要为解决哪几类问题？

(4)尺寸链的基本特征是什么？

(5)建立尺寸链时一般需要几个步骤？具体步骤是什么？

2. 计算题

(1)有一孔、轴配合，装配前孔和轴均需镀铬，镀层厚度均为(10±2)μm，镀后应满足ϕ30H8/f7 的配合，问孔和轴在镀前尺寸应是多少？(用完全互换法)

(2)轴套零件如图10-10 所示，其内外圆及端面A、B、C均已加工。现以面A定位，钻ϕ8 孔，求工序尺寸及其上、下极限偏差。

(3)图10-11 所示尺寸链各组成环的尺寸偏差的分布均服从正态分布，并且分布中心与公差带中心重合，试用概率法确定这些组成环尺寸的极限偏差，以保证齿轮端面与垫圈的间隙在0.04 ~0.15 mm 范围内。

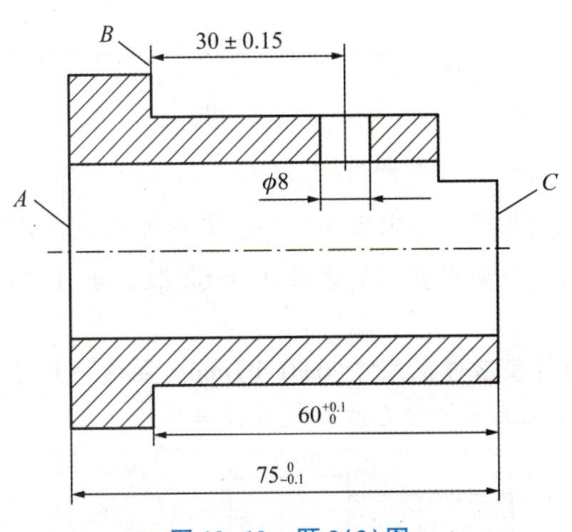

图 10-10 题 2(2)图

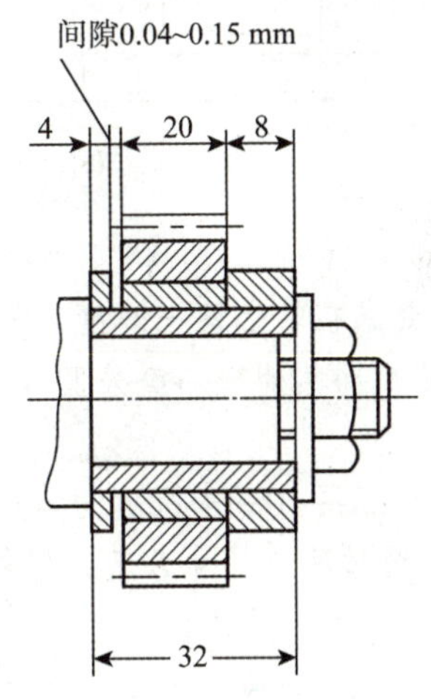

图 10-11 题 2(3)图

(4)图10-12(a)为被加工阶梯轴的轴向尺寸简图。

因为端面M的表面粗糙度值很小，故需磨削面M，并要求同时保证两个设计尺寸$30^{+0.10}_{0}$和100±0. 15。

加工过程如下。

①以面M为基准，精车面N、面Q，至尺寸$A_1 = 30.25^{0}_{-0.05}$及A_2，如图10-12(b)所示。

②以面N为基准，磨削面M，至尺寸$A_3 = 30^{+0.10}_{0}$。尺寸$A_0 = 100 \pm 0.15$是间接得到的，如图10-12(c)所示。求工序尺寸A_2。

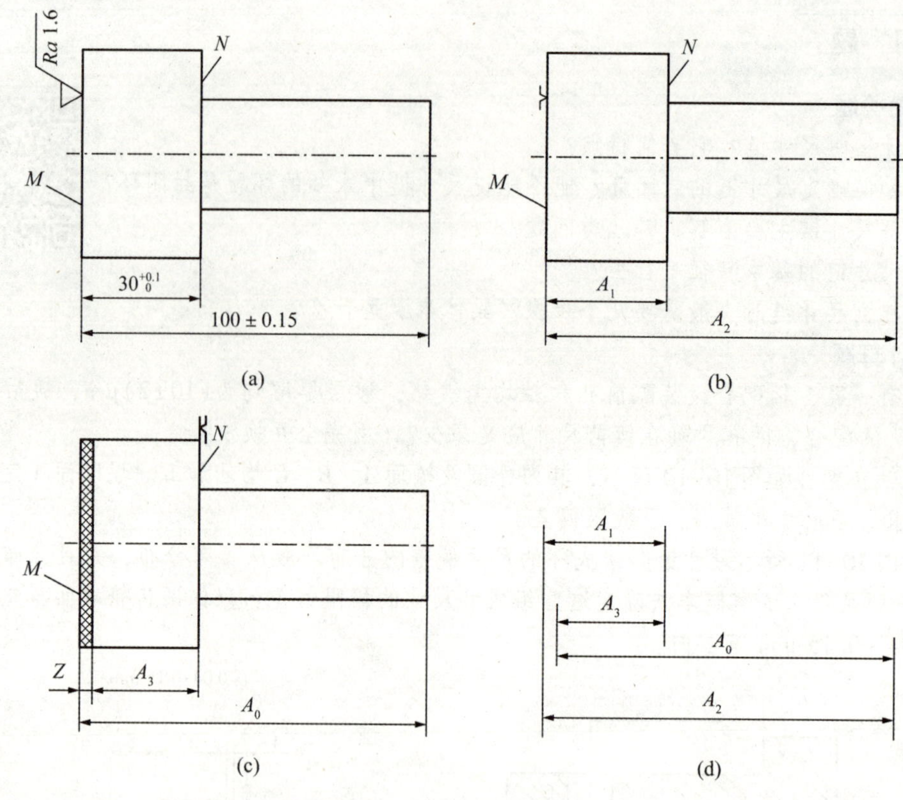

图 10-12　题 2(4) 图

(5) 要求在轴上铣一键槽，如图 10-13 所示。加工顺序如下，车削外圆 $A_1=\phi 70.5^{\ 0}_{-0.1}$→铣键槽深 A_2→热处理→磨外圆 $A_3=\phi 70^{\ 0}_{-0.06}$，要求磨削后保证 $A_4=62^{\ 0}_{-0.3}$，求 A_2 的尺寸和极限偏差。

(6) 加工图 10-14 所示的零件时，图样要求保证尺寸(6±0.1) mm，因这一尺寸不便直接测量，故通过度量尺寸 L 来间接保证。试求工序尺寸 L 及其极限偏差。

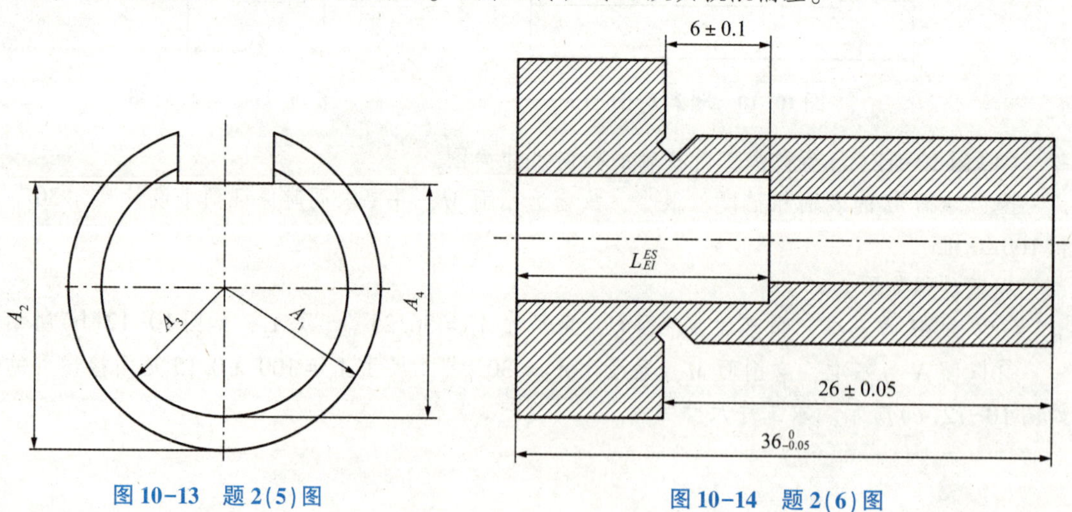

图 10-13　题 2(5) 图　　图 10-14　题 2(6) 图

第11章 光滑极限量规与功能量规的设计

学习目标

了解光滑极限量规的作用、种类；掌握工作量规公差带的分布特点；理解泰勒原则的含义，了解符合泰勒原则的量规应具有的要求、当量规偏离泰勒原则时应采取的措施；掌握工作量规的设计方法。

学习重点

掌握工作量规公差带的分布特点，工作量规的设计原则(泰勒原则)和设计方法。

学习导航

检验光滑工件尺寸时，可以使用通用计量器具，也可以使用光滑极限量规。当孔、轴的尺寸公差与几何公差的关系采用独立原则时，它们的实际尺寸和几何误差分别用通用计量器具来测量(如游标卡尺)。对于采用包容要求Ⓔ的孔轴，它们的实际尺寸和几何误差应该使用光滑极限量规检验。当最大(最小)实体要求应用于被测要素或基准要素时，它们的实际尺寸和几何误差的综合结果则应该使用功能量规检验。

通用计量器具能测出工件实际尺寸的具体数值，能够了解产品的质量情况，有利于对生产过程进行分析。使用光滑极限量规检验的特点是使用方便，检验效率高，只能判断工件是否合格，不能测出工件尺寸的具体数值。光滑极限量规被广泛应用于大批量生产中，如检验单一尺寸的高度、深度、长度量规，检验角度的角度量规，检验锥度的锥度量规，检验孔、轴的光滑极限量规，检验几何误差的功能量规，检验螺纹的螺纹量规，此外还有花键量规、弹簧量规等。

本章内容主要涉及的标准是：GB/T 1957—2006《光滑极限量规 技术条件》、GB/T 10920—2008《螺纹量规和光滑极限量规 型式与尺寸》、GB/T 40742.3—2021《产品几何技术规范(GPS)几何精度的检测与验证 第3部分：功能量规与夹具 应用最大实体要求和最小实体要求时的检测与验证》、GB/T 40742.4—2021《产品几何技术规范(GPS)几何精度的检测

与验证 第4部分：尺寸和几何误差评定、最小区域的判别模式》和 GB/T 8069—1998《功能量规》。

本章是教材中唯一介绍专用量具设计的一章，通过本章学习，对掌握其他专用量具，特别是其他量规的设计和使用方法都是很有益的。

11.1 通用计量器具的验收极限

通用计量器具通常用于测量尺寸，对遵循包容要求的尺寸要素，工件的检验还应测量工件的形状误差(如圆度、直线度等)，并把这些形状误差的测量结果与尺寸的测量结果综合起来，以判定表面各部位是否超出最大实体边界。

按照验收原则规定，所用验收方法只接收位于规定尺寸极限之内的工件。但是，在实际生产中，由于受到温度、压陷效应等的影响，或存在计量器具和标准器的系统误差未修正的情况，因此，任何验收方法都可能发生一定的误判和误收。测量误差引起的误判概率、工件形状误差引起的误收率均可以按 GB/T 3177—2009 进行计算。为了保证验收质量，标准规定了工件尺寸验收极限。

1. 验收极限

验收极限是判断工件尺寸合格与否的尺寸界限，验收极限方式包括非内缩验收极限、双边内缩验收极限和单边内缩验收极限 3 种。

(1)非内缩验收极限。验收极限等于规定的最大实体尺寸(MMS)和最小实体尺寸(LMS)。

(2)双边内缩验收极限。验收极限是从规定的最大实体尺寸和最小实体尺寸分别向工件公差带内移动一个安全裕度(A)来确定的，如图 11-1 所示。A 值一般按工件尺寸公差 T 的 1/10 确定。

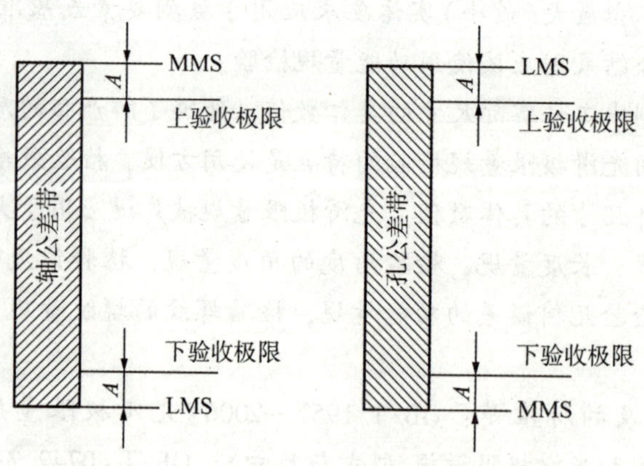

图 11-1 验收极限

①轴尺寸的验收极限：

上验收极限=最大实体尺寸(MMS)-安全裕度(A)

下验收极限=最小实体尺寸(LMS)+安全裕度(A)

②孔尺寸的验收极限：

上验收极限=最小实体尺寸(LMS)-安全裕度(A)

下验收极限=最大实体尺寸(MMS)+安全裕度(A)

(3)单边内缩验收极限。验收极限是从规定的最大实体尺寸(或最小实体尺寸)向工件公差带内单边移动一个安全裕度(A)来确定的。

按上述内缩方案验收工件，可使误收率大大减少，这是保证产品质量的一种较为保守的安全措施。但是，这样会使误废率有所增加，不过从统计规律来看，误废量与总产量相比少得可忽略。

2. 尺寸验收极限方式的选择

验收极限方式的选择要结合尺寸功能要求及其重要程度、尺寸公差等级、测量不确定度和过程能力等因素综合考虑。选择方式如下。

(1)对非配合和一般公差的尺寸，其验收极限选择非内缩验收极限。

(2)对遵循包容要求的尺寸、公差等级高的尺寸，其验收极限选择双边内缩验收极限。

(3)当工艺能力指数 $C_p \geqslant 1$ 时，其验收极限可以选择非内缩验收极限；但对遵循包容要求的尺寸，其最大实体尺寸一边的验收极限仍选择单边内缩验收极限。

(4)对偏态分布的尺寸，其验收极限可以仅对尺寸偏向的一边选择单边内缩验收极限。

11.2 光滑极限量规

光滑极限量规是具有孔或轴的上极限尺寸和下极限尺寸为公称尺寸的标准测量面，能反映控制被检孔或轴边界条件的无刻线测量器具。用光滑极限量规检验工件时，只能判断工件是否在规定的极限尺寸范围内，而不能测出工件实际尺寸和几何误差的数值。光滑极限量规结构简单，使用方便、可靠，检验效率高，在大批量生产中得到广泛应用。

零件图样上被测要素的尺寸公差和几何公差按独立原则标注时，一般使用通用计量器具分别测量。当单一要素的孔和轴采用包容要求标注时，则应使用光滑极限量规(简称为量规)来检验，把尺寸误差和形状误差都控制在尺寸公差范围内。检验孔的量规称为塞规，检验轴的量规称为环规或卡规。量规包含通规和止规，如图 11-2 所示，应成对使用。通规用来模拟最大实体边界，检验孔或轴的实际轮廓是否超越该理想边界。止规用来检验孔或轴的实际尺寸是否超越最小实体边界。

用量规检验工件时，只要通规通过，止规不通过，就说明工件是合格的。

量规按用途可分为以下 3 类，量规的代号、用途及使用规则如表 11-1 所示。

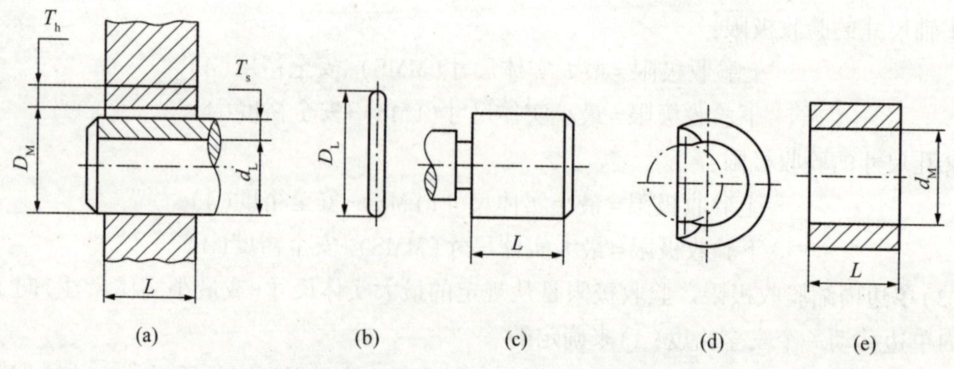

图 11-2 被测工件及光滑极限量规(简称为量规)

(a)被测工件；(b)塞规止规；(c)塞规通规；(d)卡规止规；(e)卡规通规

表 11-1 量规代号、用途及使用规则

分类	名称	代号	用途	使用规则
工作量规	通端工作环规	T	检验轴的实际尺寸是否超过其最大实体尺寸	应通过轴的全长
	止端工作环规	Z	检验轴的实际尺寸是否超过其最小实体尺寸	沿着和环绕工件上不少于 4 个位置进行检验
	通端工作塞规	T	检验孔的实际尺寸是否超过其最大实体尺寸	整个长度都应进入孔内，而且应在孔的全长上进行检验
	止端工作塞规	Z	检验孔的实际尺寸是否超过其最小实体尺寸	不能通过孔内，如有可能，应在孔的两端进行检验
校对量规	"校通-通"塞规	TT	检验轴用工作通规的实际尺寸是否超出其最小极限尺寸	整个长度都应进入新制的通端工作环规孔内，而且应在孔的全长上进行检验
	"校止-通"塞规	ZT	检验轴用工作止规的实际尺寸是否超出其最小极限尺寸	整个长度都应进入制造通端工作环规孔内，而且应在孔的全长上进行检验
	"校通-损"塞规	TS	检验使用中的轴用工作通规的实际尺寸是否超出磨损极限尺寸	不应进入完全磨损的校对工作环规孔内，如有可能，应孔的两端进行检验

1)工作量规

工作量规是指在工件制造过程中操作者检验工件时所使用的量规。通规用代号 T 表示，止规用代号 Z 表示。

2)验收量规

验收量规是指在验收工件时检验人员或用户代表所使用的量规。验收量规一般不需要另行制造。验收量规的通规是从磨损较多、但未超过磨损极限的工作量规通规中挑选出来的；验收量规的止规应接近工件最小实体尺寸。这样，由操作者用工作量规自检合格的工件，检验人员用验收量规验收时也一定合格。

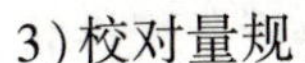

3)校对量规

校对量规是指用以检验工作量规的量规。孔用工作量规使用通用计量器具测量很方便，不需要校对量规，只有轴用工作量规才使用校对量规。

校对量规可分为以下3类。

(1)校通-通(TT)：检验轴用工作量规中的通规的校对量规。校对时应通过，否则通规不合格。

(2)校止-通(ZT)：检验轴用工作量规中的止规的校对量规。校对时应通过，否则止规不合格。

(3)校通-损(TS)：检验轴用工作量规中的通规是否达到磨损极限的校对量规。校对时不通过，否则说明该通规已达到或超过磨损极限，不应再使用。

11.3 光滑极限量规设计原则和公差带

1. 光滑极限量规设计原则

1)极限尺寸判断原则(泰勒原则)

泰勒原则是指遵守包容要求的单一尺寸要素(孔或轴)的实际尺寸和形状误差综合形成的体外作用尺寸不允许超越最大实体尺寸，在孔或轴的任何位置上的实际尺寸不允许超越最小实体尺寸。

泰勒原则指孔的体外作用尺寸 D_{fe} 应大于或等于孔的下极限尺寸 D_{min}，并在任何位置上孔的实际尺寸 D_a 应小于或等于孔的上极限尺寸 D_{max}；轴的体外作用尺寸 d_{fe} 应小于或等于轴的上极限尺寸 d_{max}，并在任何位置上轴的实际尺寸 d_a 应大于或等于轴的下极限尺寸 d_{min}。总之，泰勒原则是指工件的作用尺寸不超过最大实体尺寸，并且工件任何位置的实际尺寸应不超过其最小实体尺寸。即

对于孔：$D_{fe} \geqslant D_{min}$ 且 $D_a \leqslant D_{max}$；

对于轴：$d_{fe} \leqslant d_{max}$ 且 $d_a \geqslant d_{min}$。

因 $D_{fe} = D_a - f$，$d_{fe} = d_a + f$ (f 为孔或轴的轴线的形状误差)，则泰勒原则可表示为

对于孔：$D_{min} \leqslant D_{fe} \leqslant D_a \leqslant D_{max}$；

对于轴：$d_{min} \leqslant d_a \leqslant d_{fe} \leqslant d_{max}$。

此即为工件的尺寸既合格又可装配(或称为合格又合用)的一个判断条件。

2)光滑极限量规设计原则

光滑极限量规(简称量规)的设计应符合极限尺寸判断原则(即泰勒原则)。

(1)量规尺寸要求。通规的公称尺寸理论上应等于工件的最大实体尺寸(D_M 或 d_M)；止规的基本尺寸应等于工件的最小实体尺寸(D_L 或 d_L)。

(2)量规形状要求。通规用来控制工件的作用尺寸，它的测量面应是与孔或轴形状相对应的完整表面，且测量长度等于配合长度。止规用来控制工件的实际尺寸，它的测量面应是点状的，止规表面与被测件是点接触。

用符合泰勒原则的量规检验工件，若通规能通过，而止规不能通过，就表示工件合格，否则不合格。如图11-3所示，孔的实际轮廓已超出尺寸公差带，应认定为废品。用全形通规检验时，不能通过；用两点状止规检验，沿 x 方向不能通过，但沿 y 方向却能通过。于

是，该孔被判断为废品。若用两点状通规检验，则可能沿 y 方向通过；用全形止规检验，则不能通过。这样，因量规形状不正确，有可能把该孔误判为合格品。

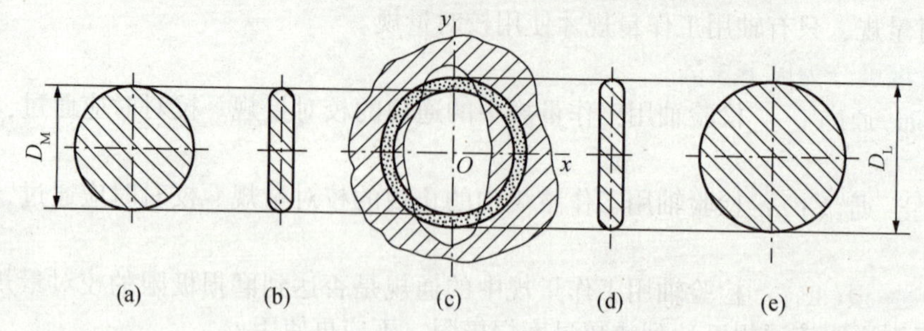

图 11-3　量规形状对检验结果的影响

(a)全形通规；(b)两点状通规；(c)工件；(d)两点状止规；(e)全形止规

在量规的实际应用中，由于制造和使用方面的原因，要求其形状完全符合泰勒原则是有困难的。因此，标准中规定，允许在被检验工件的形状误差不影响配合性质的条件下，使用偏离泰勒原则的量规。例如，量规厂供应的标准通规的长度，常不等于工件的配合长度。对大尺寸的孔和轴通常用非全形的塞规(或杆规)和卡规检验，以替代笨重的全形通规。曲轴的直径无法用全形环规检验，只能用卡规检验。对于止规，由于测量时点接触容易磨损，故不得不采用小平面、圆柱面或球面代替。检验小孔用的止规，为制造方便和增加刚度，常采用全形塞规。检验薄壁工件时，为防止两点状止规引起工件变形，也采用全形止规。

为了尽量避免在使用偏离泰勒原则的量规检验时造成的误判，操作时一定要注意。例如，使用非全形的通端塞规时，应在被检验孔的全长沿圆周的几个位置上检验；使用卡规时，应在被检验轴的配合长度内的几个部位并围绕被检验轴圆周的几个位置上检验。

2. 光滑极限量规公差带

量规是专用量具，其制造精度要求比被检验工件更高。但不可能将量规工作尺寸正好加工到某一规定值。故对量规工作尺寸也要规定制造公差。

通规在使用过程中会逐渐磨损，为保证通规具有一定的使用寿命，需要留出适当的磨损储量，规定磨损极限。至于止规，由于它不通过工件，因此不需要留磨损储量。校对量规也不留磨损储量。

1)工作量规的公差带

GB/T 1957—2006 规定，量规的公差带不得超越工件的公差带。工作量规的尺寸公差 T_1 与被检验工件的公差等级和公称尺寸有关(见表 11-2)，其公差带分布如图 11-4 所示。通规尺寸公差带的中心到工件最大实体尺寸之间的距离 Z_1(位置要素)体现了平均使用寿命。通规的磨损极限尺寸就是零件的最大实体尺寸。

表 11-2　工作量规的尺寸公差 T_1 和通规位置要素值 Z_1 值(摘自 GB/T 1957—2006)

工件公称尺寸/mm	IT6			IT7			IT8			IT9			IT10			IT11		
	工件的差值/μm	T_1	Z_1	工件的差值/μm	T_1	Z_1	工件的差值/μm	T_1	Z_1	工件的差值/μm	T_1	Z_1	工件的差值/μm	T_1	Z_1	工件的差值/μm	T_1	Z_1
≤3	6	1.0	1.0	10	1.2	1.6	14	1.6	2.0	25	2.0	3	40	2.4	4	60	3	6
>3~6	8	1.2	1.4	12	1.4	2	18	2	2.6	30	2.4	4	48	3	5	75	4	8

续表

工件公称尺寸/mm	IT6			IT7			IT8			IT9			IT10			IT11		
	工件的差值/μm	T_1	Z_1	工件的差值/μm	T_1	Z_1	工件的差值/μm	T_1	Z_1	工件的差值/μm	T_1	Z_1	工件的差值/μm	T_1	Z_1	工件的差值/μm	T_1	Z_1
>6～10	9	1.4	1.6	15	1.8	2.4	22	2.4	3.2	36	2.8	5	58	3.6	6	90	5	9
>10～18	11	1.6	2	18	2	2.8	27	2.8	4	43	3.4	6	70	4	8	110	6	11
>18～30	13	2	2.4	21	2.4	3.4	33	3.4	5	52	4	7	84	5	9	130	7	13
>30～50	16	2.4	2.8	25	3	4	39	4	6	62	5	8	100	6	11	160	8	16
>50～80	19	2.8	3.4	30	3.6	4.6	46	4.6	7	74	6	9	120	7	13	190	9	19
>80～120	22	3.2	3.8	35	4.2	5.4	54	5.4	8	87	7	10	140	8	15	220	10	22

量规公差带采用图 11-4 所示布置方式，其特点是：量规的公差带全部位于被检验工件公差带内，能有效地保证产品的质量与互换性，但有时会把一些合格的工件检验成不合格品，实质上缩小了工件生产公差范围。

2）校对量规的公差带

如前所述，只有轴用量规才有校对量规。校对量规的公差带如图 11-4(b)所示。

(1)“校通-通”量规(TT)：其作用是防止轴用通规尺寸过小，其公差带从通规的下极限偏差起，向轴用通规公差带内分布。

(2)“校止-通”量规(ZT)：其作用是防止轴用止规尺寸过小，其公差带从止规的下极限偏差起，向轴用止规公差带内分布。

(3)“校通-损”量规(TS)：其作用是防止轴用通规在使用过程中超过磨损极限，其公差带从通规的磨损极限起，向被检验工件公差带内分布。

校对量规的尺寸公差 T_p 为工作量规尺寸公差 T_1 的一半，校对量规的形状误差应控制在其尺寸公差带内。

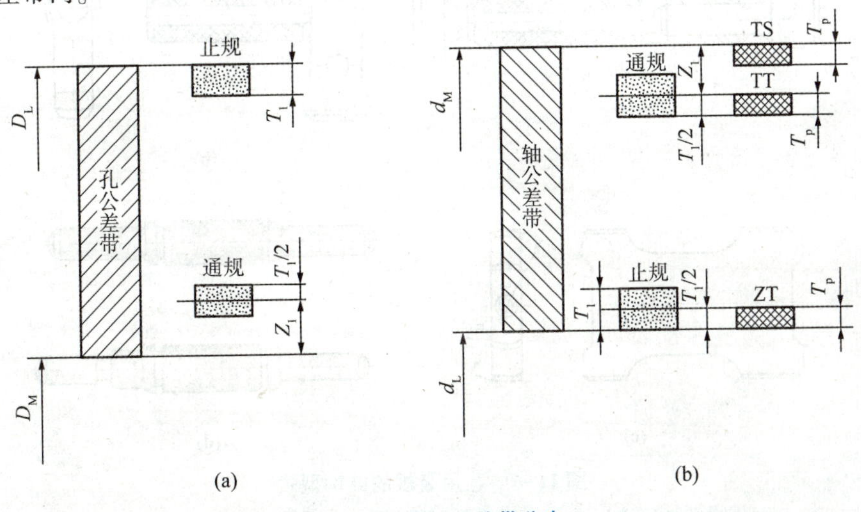

图 11-4 量规公差带分布

(a)孔用量规公差带分布；(b)轴用量规公差带分布

11.4 光滑极限量规工作量规的设计

工作量规的设计步骤一般如下：

(1)根据被检工件的尺寸大小和结构特点等因素选择量规的结构型式；

(2)根据被检工件的公称尺寸和公差等级查出量规的位置要素 Z_1 和尺寸公差 T_1，画量规公差带图，计算量规工作尺寸的上、下极限偏差；

(3)查出量规的结构尺寸，画量规的工作图，标注尺寸及技术要求。

1. 量规的结构型式

光滑极限量规的结构型式很多，图 11-5 和图 11-6 分别给出了几种常见的轴用和孔用量规的结构型式，表 11-3 列出了量规型式适用的尺寸范围，供设计时选用，其具体尺寸参见 GB/T 10920—2008《螺纹量规和光滑极限量规　型式与尺寸》。

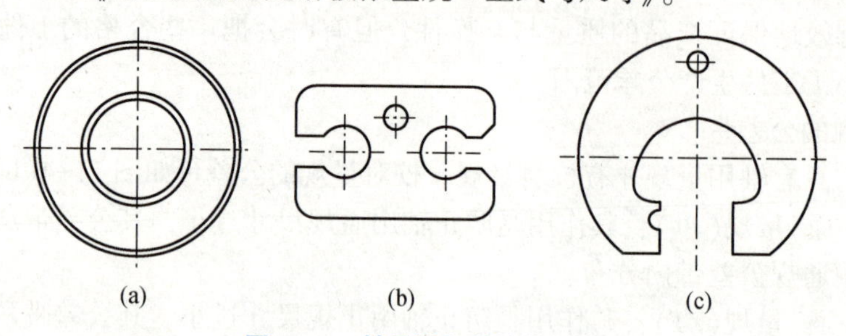

图 11-5　轴用量规的结构型式

(a)圆柱环规；(b)双头卡规；(c)单头双极限圆形片状卡规

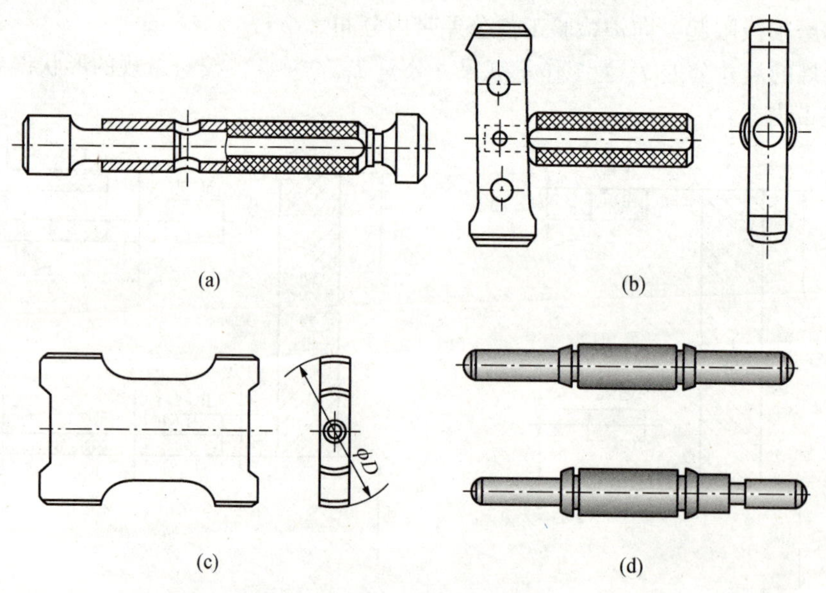

图 11-6　孔用量规的结构型式

(a)锥柄圆柱双头塞规；(b)单头非全形塞规；(c)片形塞规；(d)球端杆规

表 11-3 量规型式适用的尺寸范围(摘自 GB/T 1957—2006)

用途	推荐顺序	量规的工作尺寸/mm			
		≤18	>18～100	>100～315	>315～500
孔用通规	1	全形塞规		非全形塞规	球端杆规
	2	—	全形塞规或片形塞规	片形塞规	—
孔用止规	1	全形塞规	全形塞规或片形塞规		球端杆规
	2	—	非全形塞规		—
轴用通规	1	环规		卡规	
	2	卡规		—	
轴用止规	1	卡规			
	2	环规	—		

2. 量规的技术要求

1)量规材料

量规测量面的材料，可用渗碳钢、碳素工具钢、合金工具钢及其他耐磨材料(如硬质合金)等。钢制量规测量面硬度不应小于60HRC。

2)几何公差

量规的几何公差应控制在尺寸公差带内，其几何公差一般为量规尺寸公差的50%。考虑到制造和测量的困难，当量规的尺寸公差小于0.002 mm时，其几何公差仍取0.001 mm。

3)表面粗糙度

量规测量面的表面粗糙度参数 *Ra* 的上限值按表 11-4 选取。校对量规测量面的表面粗糙度参数比工作量规更小。

表 11-4 量规测量面的表面粗糙度参数 *Ra* 的上限值(摘自 GB/T 1957—2006)

工作量规	工作量规的公称尺寸/mm		
	≤120	>120、≤315	>315、≤500
	工作量规测量面的表面粗糙度 *Ra* 值/mm		
IT6 级孔用量规	0. 05	0. 10	0. 20
IT6～IT9 级轴用量规 IT7～IT9 级孔用量规	0. 10	0. 20	0. 40
IT10～IT12 级孔、轴用量规	0. 20	0. 40	0. 80
IT13～IT16 级孔、轴用量规	0. 40	0. 80	0. 80

3. 量规设计举例

【例 11-1】 设计检验 $\phi 30\text{H}8(^{+0.033}_{0})$Ⓔ和 $\phi 30\text{f}7(^{-0.020}_{-0.041})$Ⓔ的工作量规。

解：(1)选择量规的型式分别为锥柄圆柱双头塞规和单头双极限圆形片状卡规。

(2)由表 11-2 查出孔用和轴用工作量规的尺寸公差 T_1 和位置要素 Z_1。

塞规：$T_1=3.4\ \mu\text{m}$，$Z_1=5\ \mu\text{m}$；

卡规：$T_1=2.4\ \mu m$，$Z_1=3.4\ \mu m$。

画出工作量规的公差带图，如图 11-7 所示。

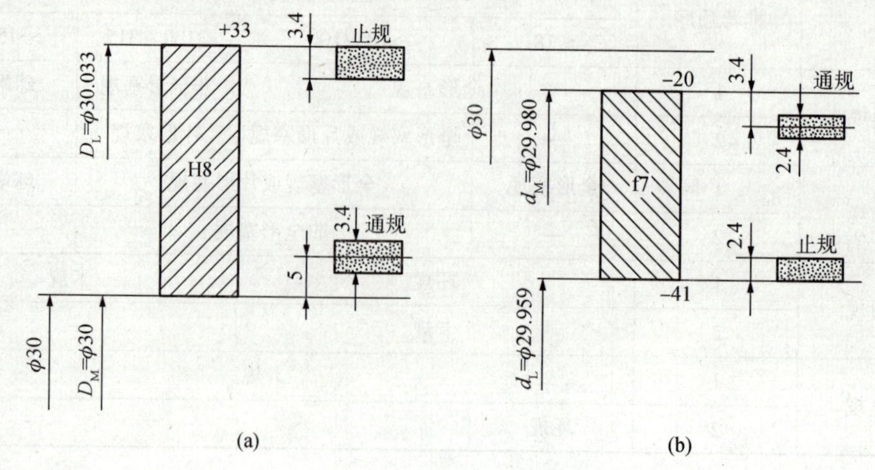

图 11-7　工作量规的公差带图

(3)计算量规的极限偏差。

①塞规通端。

$$上极限偏差=EI+Z_1+T_1/2=\left(0+0.005+\frac{0.0034}{2}\right)mm=+0.0067\ mm$$

$$下极限偏差=EI+Z_1-T_1/2=\left(0+0.005-\frac{0.0034}{2}\right)mm=+0.0033\ mm$$

所以，塞规通端尺寸为 $\phi30^{+0.0067}_{+0.0033}$mm。也可按工艺尺寸标注为 $\phi30.0067^{\ 0}_{-0.0034}$ mm，其磨损极限尺寸为 $\phi30$ mm。

②塞规止端。

上极限偏差 $=ES=+0.033$ mm

下极限偏差 $=ES-T_1=0.033\ mm-0.0034\ mm=+0.0296\ mm$

所以，塞规止端的尺寸为 $\phi30^{+0.033}_{+0.0296}$ mm，也可按工艺尺寸标注为 $\phi30.033^{\ 0}_{-0.0034}$mm。

③卡规通端。

$$上极限偏差=es-Z_1+T_1/2=\left(-0.020-0.0034+\frac{0.0024}{2}\right)mm=-0.0222\ mm$$

$$下极限偏差=es-Z_1-T_1/2=\left(-0.020-0.0034-\frac{0.0024}{2}\right)mm=-0.0246\ mm$$

所以，卡规通端尺寸为 $30^{-0.0222}_{-0.0246}$ mm，也可按工艺尺寸标注为 $29.9754^{+0.0024}_{\ 0}$ mm，其磨损极限尺寸为 29.980 mm。

④卡规止端。

上极限偏差 $=ei+T_1=-0.041\ mm+0.0024\ mm=-0.0386\ mm$

下极限偏差 $=ei=-0.041$ mm

所以，卡规止端的尺寸为 $30^{-0.0386}_{-0.0410}$ mm，也可按工艺尺寸标注为 $29.959^{+0.0024}_{\ 0}$mm。

检验 $\phi30$H8 Ⓔ和 $\phi30$f7 Ⓔ的工作量规简图如图 11-8 和图 11-9 所示。

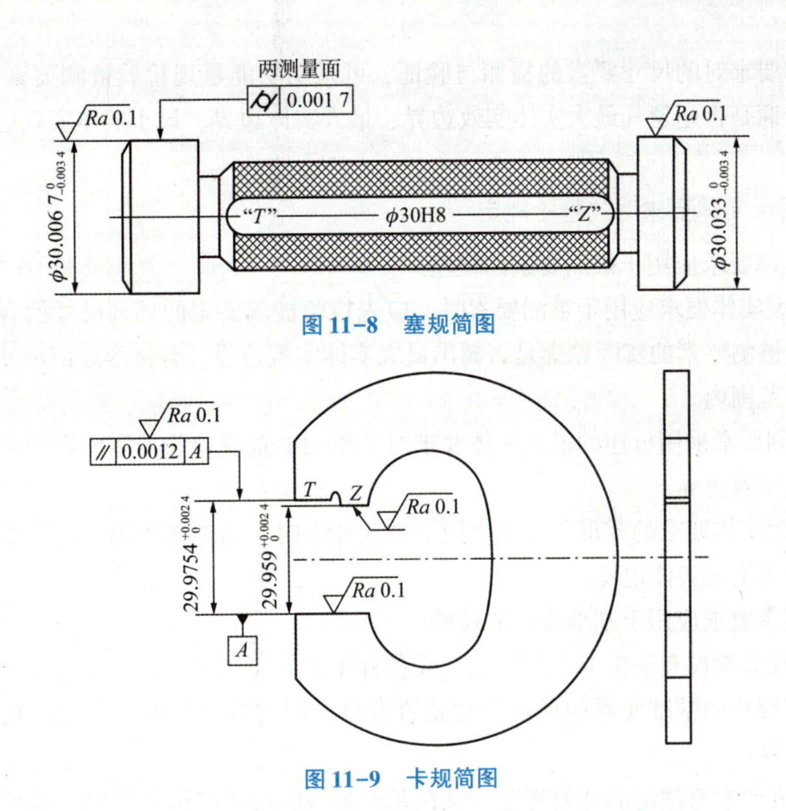

图 11-8　塞规简图

图 11-9　卡规简图

11.5　功能量规的设计

功能量规是指当最大实体要求或最小实体要求应用被测要素和(或)基准要素时，用来确定它们的实际轮廓是否超出边界(最大实体实效边界、最小实体实效边界或最大实体边界)的全形通规。它适用于大批生产的综合检验中，在生产实践中应用较为广泛。

功能量规按空间存在状态可分为实体功能量规和虚拟功能量规两种。

(1) 实体功能量规是一种物理实物功能量规。实体功能量规主要用于检验最大实体要求应用于被测要素和(或)基准要素时的场合。

(2) 虚拟功能量规是一种数字化的功能量规。虚拟功能量规是根据被测工件的功能要求和结构形状特征设计的数字化量规，其实质是一种数字化处理测量数据的方法，可用检验最大实体要求或最小实体要求应用于被测要素和(或)基准要素时的场合。

11.5.1　应用最大实体要求和最小实体要求的检测与验证

针对最大实体要求和最小实体要求应用于被测要素或基准要素的实际情形，GB/T 40742.3—2021《产品几何技术规范(GPS)几何精度的检测与验证 第3部分：功能量规与夹具 应用最大实体要求和最小实体要求时的检测与验证》作了如下规定。

最大实体要求和最小实体要求可用于属于尺寸要素的被测要素和基准要素，规定了尺寸要素的尺寸及其导出要素几何特征(形状、方向或位置)之间的综合要求。应用最大实体要求或最小实体要求时的尺寸要素的检测与验证，可采用功能量规检验被测要素和(或)基准要素的实际轮廓是否超越其最大实体实效边界、最大实体边界、最小实体实效边界或最小实体边界。

1. 应用最大实体要求时的检验规定

1)最大实体要求应用于被测要素的检验

(1)当最大实体要求应用于被测要素时，应先检验被测要素的局部尺寸的合格性，再用功能量规检验被测要素的实际轮廓是否超出最大实体实效边界。合格的局部尺寸应位于其允许的极限尺寸范围内。

(2)当被测要素采用可逆的最大实体要求时，用功能量规检验被测要素的实际轮廓是否超出最大实体实效边界。

(3)当最大实体要求的零形位公差应用于被测要素时，功能量规用于检验被测要素的实际轮廓是否超出最大实体边界。

2)最大实体要求应用于基准要素的检验

(1)当基准要素没有注出的几何规范，或者有注出的几何规范，但几何公差值后面没有符号Ⓜ时，需要检验基准要素的局部尺寸是否合格，同时检验基准要素实际轮廓是否超越其最大实体边界。

(2)当基准要素有注出的几何规范，且在几何公差值后面有符号Ⓜ时，需要检验基准要素的局部尺寸是否合格，同时检验基准要素实际轮廓是否超越其最大实体实效边界。

特别强调，当最小实体要求应用于被测要素时，无法采用实体功能量规对其实际(或提取)轮廓进行检验，这时，只能用虚拟功能量规对测量结果进行数据处理来判断其合格性。

2. 应用最小实体要求时的检验规定

1)最小实体要求应用于被测要素的检验

(1)当最小实体要求应用于被测要素时，应先检验被测要素的局部尺寸的合格性，再检验被测要素的实际轮廓是否超出最小实体实效边界。当最小实体要求应用于被测要素时，无法采用实体功能量规检验其实际轮廓。

(2)当被测要素采用可逆的最小实体要求时，用虚拟功能量规检验被测要素的实际轮廓是否超出最小实体实效边界。

(3)当最小实体要求的零形位公差应用于被测要素时，虚拟功能量规用于检验被测要素的实际轮廓是否超出最小实体边界。

2)最小实体要求应用于基准要素的检验

(1)当基准要素没有注出的几何规范，或者有注出的几何规范，但几何公差值后面没有符号Ⓛ时，需要检验基准要素的局部尺寸是否合格，同时检验基准要素实际轮廓是否超越其最小实体边界。

(2)当基准要素有注出的几何规范，且在几何公差值后面有符号Ⓛ时，需要检验基准要素的局部尺寸是否合格，同时检验基准要素实际轮廓是否超越其最小实体实效边界。

11.5.2　实体功能量规的设计

实体功能量规(以下简称功能量规)是根据被测要素和基准要素应遵守的边界设计的、模拟装配的通过性量规。能被量规通过的要素，其实际轮廓一定不超出相应的边界。

1. 实体功能量规的应用

最大实体要求只适用于被测要素为导出要素，不能应用于被测要素为组成要素的场合。故在生产实践中常见的应用“最大实体要求”的被测导出要素的几何公差项目有平行度、垂直度、倾斜度、同轴度、对称度和位置度等。图 11-10 为功能量规用于垂直度采用最大实体要求的检验实例。

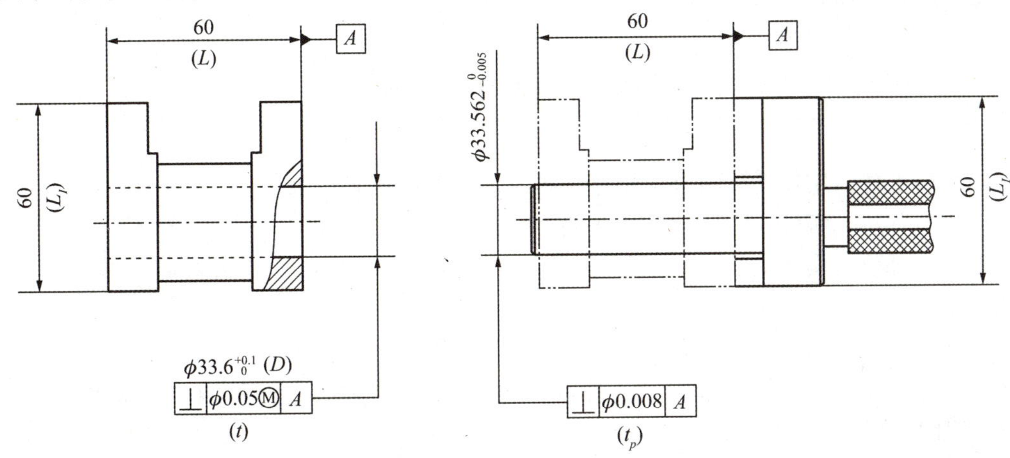

图 11-10　功能量规用于垂直度采用最大实体要求的检验实例

2. 实体功能量规的设计原理

实体功能量规的设计原理如下。

(1) 当最大实体要求应用于被测要素和(或)基准要素时，用实体功能量规模拟体现最大实体实效边界或最大实体边界，以检验被测要素和(或)基准要素是否超越最大实体实效边界或最大实体边界。

(2) 当最大实体要求应用于被测要素，且被测要素标注有几何公差时，实体功能量规用于检验被测要素的实际(提取)轮廓是否超出最大实体实效边界。

(3) 当最大实体要求的零几何公差应用于被测要素时，实体功能量规用于检验被测要素的实际(提取)轮廓是否超出最大实体边界。此时，可用实体功能量规代替光滑极限量规。

3. 实体功能量规的组成部分及各部位的代号

实体功能量规由量规的工作部分和非工作部分组成。

1) 实体功能量规的工作部分

实体功能量规的工作部分包括：检验部位、定位部位和导向部位，如图 11-11 所示。

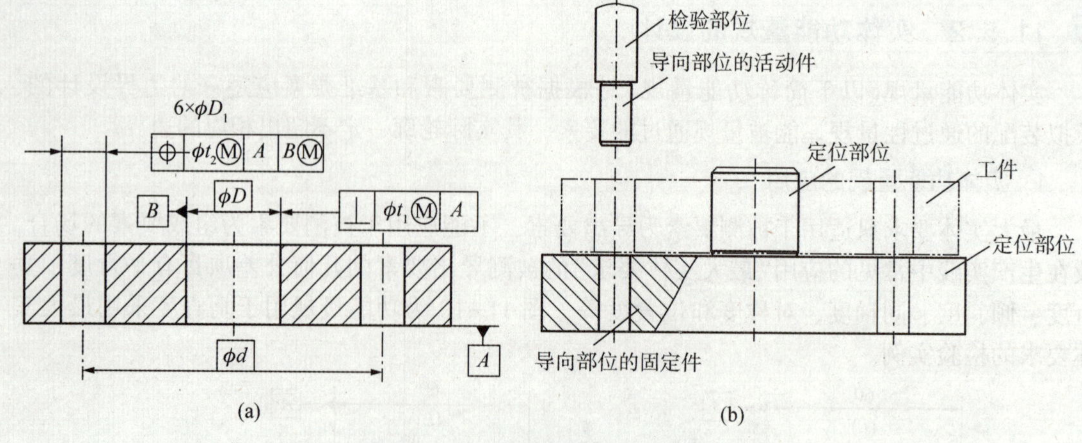

图 11-11　实体功能量规的工作部分

(a)被检工件的图样标注；(b)实体功能量规示例

(1)检验部位：实体功能量规上用于模拟被测要素的边界的部位。

(2)定位部位：实体功能量规上用于模拟基准要素的边界或基准、基准体系的部位。

(3)导向部位：实体功能量规上便于检验部位和(或)定位部位进入被测要素和(或)基准要素的部位。

2)实体功能量规的非工作部分

检验时，手抓持的柄部及其他非工作部件或零件就是实体功能量规的非工作部分。

3)实体功能量规的代号

实体功能量规各组成部分的尺寸与公差代号如表 11-5 所示。

表 11-5　实体功能量规的尺寸与公差代号

序号	代号	含义
1	T_D、T_d	被测要素或基准内、外要素的尺寸公差
2	t	被测要素或基准要素的几何公差
3	T_t	被测要素或基准要素的边界综合公差
4	T_I、T_L、T_G	实体功能量规检验部位、定位部位、导向部位的尺寸公差
5	W_I、W_L、W_G	实体功能量规检验部位、定位部位、导向部位的允许磨损量
6	S_{min}	插入型实体功能量规导向部位的最小间隙
7	t_I、t_L	实体功能量规检验部位、定位部位的方向或位置公差
8	t_G	插入型或活动型实体功能量规导向部位固定件的方向或定位公差
9	t'_G	插入型或活动型实体功能量规导向部位的台阶形插入件的同轴度或对称度公差
10	E_I	实体功能量规检验部位的基本偏差
11	T_I、T_L、T_G d_I、d_L、d_G	实体功能量规检验部位、定位部位、导向部位内、外要素的尺寸

续表

序号	代号	含义
12	T_{IB}、T_{LB}、T_{GB} d_{IB}、d_{LB}、d_{GB}	实体功能量规检验部位、定位部位、导向部位内、外要素的公称尺寸
13	T_{IW}、T_{LW}、T_{GW} d_{IW}、d_{LW}、d_{GW}	实体功能量规检验部位、定位部位、导向部位内、外要素的磨损极限尺寸

4. 实体功能量规的检验方式

实体功能量规可采用依次检验和共同检验两种方式。

(1)依次检验：用不同的实体功能量规先后检验基准要素的几何误差和(或)尺寸及被测要素的方向或位置误差的检验方式。

(2)共同检验：用同一实体功能量规同时检验被测要素的方向或位置误差及其基准要素的形状误差和(或)尺寸的检验方式。

通常，依次检验主要用于工序检验，共同检验主要用于最终检验。

当被测要素不采用可逆的最大实体要求时，应先检验尺寸的合格性，再用实体功能量规检验确定被测要素的实际轮廓是否超出边界。

检验工件时，操作者应使用新制的或磨损较少的实体功能量规，检验者应使用与操作者使用的型式相同、磨损较多的实体功能量规；用户代表应使用与操作者使用的型式相同但接近磨损极限的功能量规。

当使用实体功能量规检验工件出现异议时，应使用接近最大实体实效边界(MMVB)的实体功能量规进行仲裁。也就是说，只要工件被操作者、检验者或用户代表三者手中的任一实体功能量规检验合格，即认为工件合格。

11.5.3 实体功能量规设计

1. 实体功能量规的结构类型

功能量规的结构有4种型式：整体型、组合型、插入型和活动型，如图11-12所示。

具有台阶型式或不同尺寸插入件的插入型实体功能量规称为台阶式插入型功能量规；具有光滑插入件的插入型实体功能量规，称为无台阶式插入型功能量规。

2. 实体功能量规检验部位的设计

(1)采用实体功能量规检验时，实体功能量规的检验部位为一个全形通规，检验部位的尺寸、形状、方向和位置应与被测要素的边界(最大实体实效边界或最大实体边界)的尺寸、形状、方向和位置相同。当最大实体要求应用于被测要素时，用实体功能量规的检验部位检验被测要素的实际轮廓是否超出最大实体实效边界。

(2)检验部位的公称尺寸的确定。因检验部位模拟体现的是最大实体实效边界或最大实体边界，所以，检验部位的公称尺寸(D_{IB}、d_{IB})为被检工件的被测要素的最大实体实效尺寸(d_{MV}、D_{MV})或最大实体尺寸(d_M、D_M)。检验部位的长度应不小于被检工件的被测要素的长度。

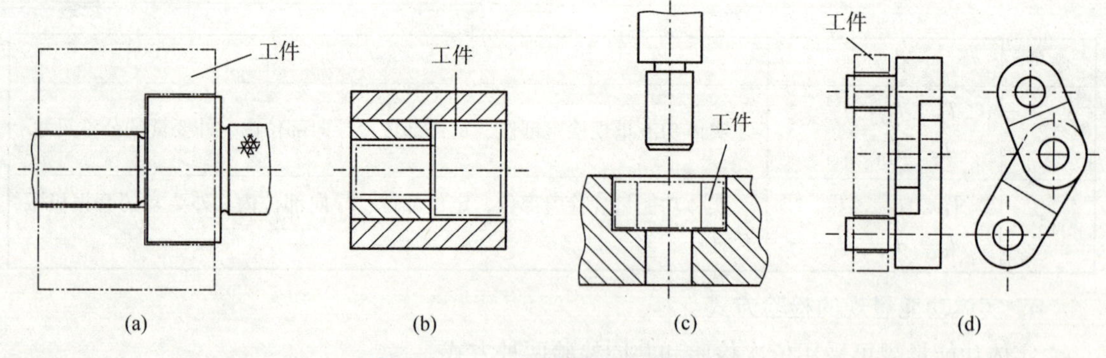

图 11-12　实体功能量规的结构型式

(a)整体型同轴度量规；(b)组合型同轴度量规；(c)插入型同轴度量规；(d)活动型平行度量规

(3)检验部位制造公差(T_I)及其公差带的设置。

在实体功能量规的设计中，被测要素的综合公差 T_t 是设计的重要依据。它的大小等于被测要素(或基准要素)的几何公差 t 与其尺寸公差 T_d (外尺寸要素)或 T_D (内尺寸要素)之和。当最大实体要求的零几何公差应用于被测要素时，综合公差 T_t 等于被测要素的尺寸公差。

与光滑极限量规相同，GB/T 8069—1998 也规定了实体功能量规检验部位的制造公差 T_I 和允许量规磨损的余量 W_I 。检验部位的尺寸公差带设置采用 T_I 和 W_I 内缩于被检要素的综合公差 T_t 之内，以防止“误收”。实体功能量规各工作部位(含检验部位)的尺寸公差、几何公差、允许磨损量和最小间隙的数值如表 11-6 所示。

表 11-6　实体功能量规各工作部位的尺寸公差、几何公差、允许磨损量和最小间隙量

(摘自 GB/T 8069—1998)

单位：μm

综合公差 T_t	检验部位		定位部位		导向部位			t_I, t_L, t_G	t'_G
	T_I	W_I	T_L	W_L	T_G	W_G	S_{min}		
≤16	1.5							2	
>16 ~ 25	2							3	
>25 ~ 40	1.5							4	
>40 ~ 63	3							5	
>63 ~ 100	4				2.5		3	6	2
>100 ~ 160	5				3			8	2.5
>160 ~ 250	6				4		4	10	3
>250 ~ 400	8				5			12	4

注：综合公差 T_t 等于被测要素或基准要素的尺寸公差(T_D、T_d)及其几何公差 tⓂ之和，即 $T_t = T_D(T_d) + t$Ⓜ。

标准还规定了检验部位公差带的位置，由检验部位的基本偏差 F_I 确定。当检验部位为外表面时，F_I 为上偏差 es；当检验部位为内表面时，F_I 为下偏差 E_I。F_I 的数值见表 11-7。被测内、外要素及其实体功能量规检验部位的尺寸公差带位置如图 11-13 所示。

表 11-7　实体功能量规检验部位的基本偏差数值（摘自 GB/T 8069—1998）　单位：μm

序号	0	1		2		3		4	
基准类型	无基准	无基准（成组被测要素）		一个导出要素		一个平表面和一个导出要素		两个平表面和一个导出要素	
						三个平表面		两个导出要素	
		一个平表面		两个平表面		一个成组导出要素		一个平表面和一个成组导出要素	
综合公差 T_t	整体型或组合型	整体型或组合型	插入型或活动型	整体型或组合型	插入型或活动型	整体型或组合型	插入型或活动型	整体型或组合型	插入型或活动型
≤16	3	4	—	5	—	5	—	6	—
>16～25	4	5	—	6	—	7	—	8	—
>25～40	5	6	—	8	—	9	—	10	—
>40～63	6	8	—	10	—	11	—	12	—
>63～100	8	10	16	12	18	14	20	16	20
>100～160	10	12	20	16	22	18	25	20	25
>160～250	12	16	25	20	28	22	32	25	32
>250～400	16	20	32	25	36	28	40	32	40

实体功能量规工作部位尺寸的计算公式见表 11-8。

表 11-8　功能量规各工作部位尺寸的计算公式

工作部位		工作部位为外尺寸要素	工作部位为内尺寸要素
检验部位（或共同检验时的定位部位）		$d_{IB}=D_{MV}$（或 D_M） $d_I=(d_{IB}+F_I)_{-T_I}^{0}$ $d_{IW}=(d_{IB}+F_I)-(T_I+W_I)$	$D_{IB}=d_{MV}$（或 d_M） $D_I=(D_{IB}-F_I)_{0}^{+T_I}$ $D_{IW}=(D_{IB}-F_I)+(T_I+W_I)$
定位部位（依次检验）		$d_{LB}=D_M$（或 D_{MV}） $d_L=(d_{LB})_{-T_L}^{0}$ $d_{LW}=d_{LB}-(T_L+W_L)$	$D_{LB}=d_M$（或 d_{MV}） $D_L=(D_{LB})_{0}^{+T_L}$ $D_{LW}=D_{LB}+(T_L+W_L)$
导向部位	台阶式	$d_{GB}=D_{GB}$ $d_G=(d_{GB}-S_{min})_{-T_G}^{0}$ $d_{GW}=(d_{GB}-S_{min})-(T_G+W_G)$	D_{GB} 由设计者给定 $D_G=(D_{GB})_{0}^{+T_G}$ $D_{GW}=D_{GB}+(T_G+W_G)$
	无台阶式	$d_{GB}=D_{LM}$（或 D_{IM}） $d_G=(d_{GB}-S_{min})_{-T_G}^{0}$ $d_{GW}=(d_{GB}-S_{min})-(T_G+W_G)$	$D_{GB}=d_{LM}$（或 d_{IM}） $D_G=(D_{GB}+S_{min})_{0}^{+T_G}$ $D_{GW}=(D_{GB}+S_{min})+(T_G+W_G)$

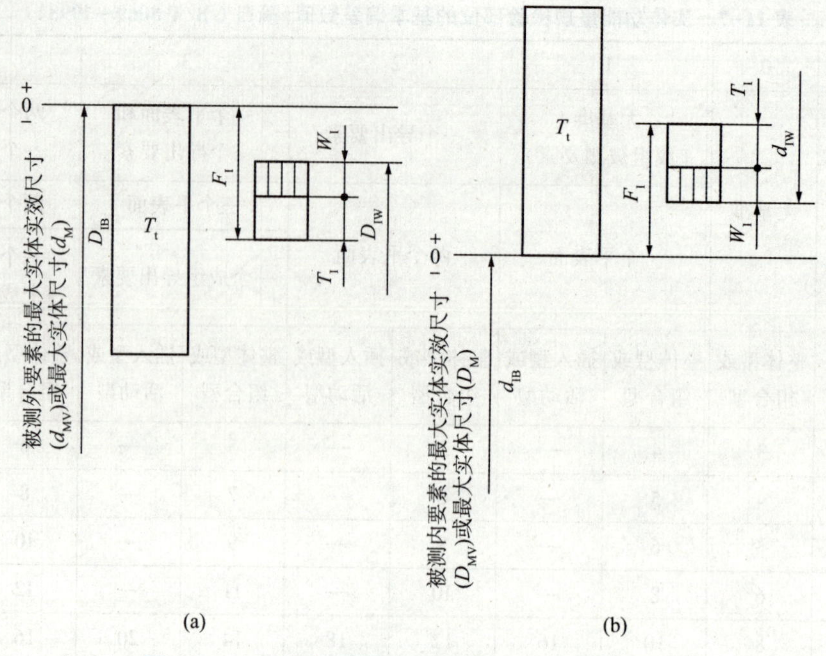

图 11-13　实体功能量规检验部位的尺寸公差带位置

(a)检验部位为内要素(被测为外要素)；(b)检验部位为外要素(被测为内要素)

3. 实体功能量规定位部位的设计

被测零件上的基准要素有两类：一类是组成要素，另一类是导出要素。

(1)若基准要素为组成要素，实体功能量规上的相应定位部位也是组成要素，定位部位本身不存在尺寸大小的问题，故不需要考虑定位部位的公称尺寸，则定位部位的尺寸、形状、方向和位置应与实际基准要素的理想要素相同。

(2)若基准要素为导出要素，且最大实体要求应用于基准要素，则定位部位的尺寸、形状、方向和位置应与基准要素的边界(最大实体边界或最大实体实效边界)的尺寸、形状、方向和位置相同。

(3)若基准要素为导出要素，且最大实体要求不应用于基准要素，则定位部位的尺寸、形状、方向和位置应由基准要素的实际轮廓确定，并保证定位部位相对于实际基准要素不能浮动。

定位部位的尺寸公差带位置，当依次检验时，基准内、外要素及其实体功能量规定位部位的尺寸公差带位置如图 11-14 所示(即基本偏差为零)。当采用共同检验方式检验时，基准要素视同为被测要素。

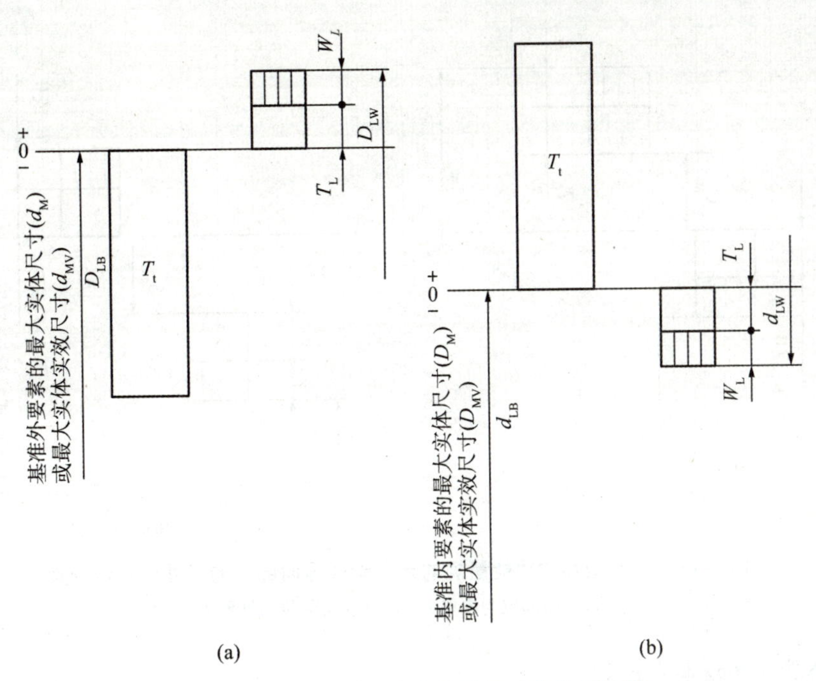

图 11-14 依次检验定位部位尺寸公差带位置

(a)定位部位为内要素；(b)定位部位为外要素

4. 实体功能量规导向部位的设计

导向部位的形状、方向和位置应与检验部位或定位部位的形状、方向和位置相同。

由检验部位或定位部位兼作导向部位时(无台阶式)，导向部位的尺寸由检验部位或定位部位确定。台阶式导向部位的尺寸由设计者确定，但应标准化。

插入型实体功能量规的台阶式导向部位的尺寸公差带位置如图 11-15 所示。

插入型实体功能量规的无台阶式导向部位的尺寸公差带位置如图 11-16 所示。

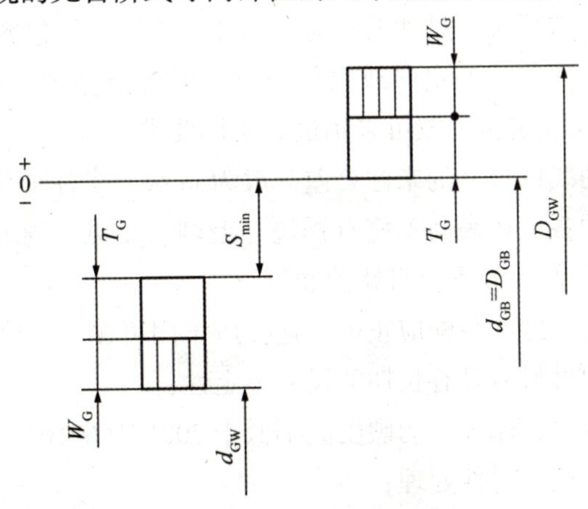

图 11-15 插入型实体功能量规的台阶式导向部位的尺寸公差带位置

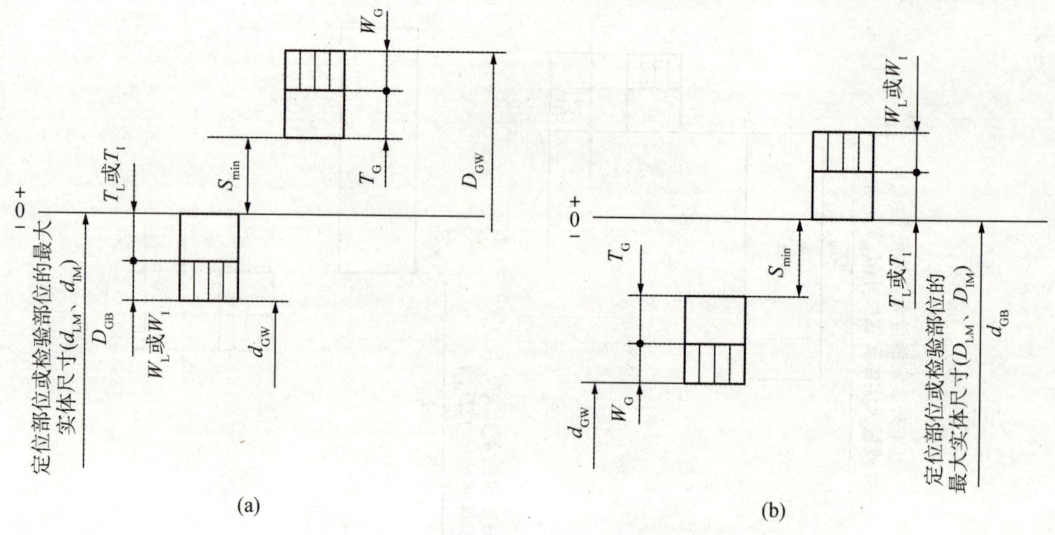

图 11-16　插入型实体功能量规的无台阶式导向部位的尺寸公差带位置

(a)导向部位为内要素；(b)导向部位为外要素

5. 实体功能量规基准的建立

当最大实体要求应用于工件的基准要素时，应根据基准要素的边界(最大实体边界或最大实体实效边界)确定的定位部位建立实体功能量规的基准。

当最大实体要求不用于工件的基准要素时，应根据实际基准要素确定的定位部位建立基准。

6. 实体功能量规的技术要求

除了上述实体功能量规各组成部位的尺寸公差外，还要注重公差原则、未注几何公差等技术要求的应用。具体如下：

(1)实体功能量规工作部位为尺寸要素时，尺寸公差应采用包容要求；

(2)实体功能量规工作部位的定向或定位公差一般应遵循独立原则，如有必要和可能，校对量规工作部位的定向或定位公差可采用最大实体要求；

(3)实体功能量规的线性尺寸的未注公差一般为 m 级，未注形位公差一般为 H 级；

(4)实体功能量规的各工作表面不应有锈迹、毛刺、黑斑、划痕、裂纹等明显影响外观和使用质量的缺陷，非工作表面不应有锈蚀和裂纹；

(5)实体功能量规各零件的装配应正确，连接应牢固可靠，在使用过程中不松动；

(6)实体功能量规的材料应具有长期的尺寸稳定性；

(7)钢制实体功能量规工作表面的硬度应不低于 700HV(60HRC)；

(8)实体功能量规应经稳定性处理；

(9)实体功能量规工作表面的表面粗糙度值应不大于 0. 2 μm，非工作表面的值应不大于 3. 2 μm(用不去除材料获得的表面除外)。

11.5.4　虚拟功能量规

1. 虚拟功能量规的应用

虚拟功能量规的实质是结合工件的功能特征和结构形状特征，依据极限尺寸判断原则给出相应的数字化合格性判定规则。以轴为例，虚拟功能量规要求被测要素的作用尺寸小于或等于其最大实体尺寸(MMS)，任意两点的局部实际尺寸大于或等于其最小实体尺寸(LMS)。对于虚拟功能量规，如有最大实体要求，要求被测要素的作用尺寸小于或等于其最大实体实效尺寸(MMVS)，任意两点的局部实际尺寸大于其最小实体尺寸(LMS)且小于最大实体尺寸(MMS)。

应用上述虚拟功能量规时，被测要素的作用尺寸为其直接全局尺寸，获得直接全局尺寸的拟合操作准则主要有：最小二乘拟合、最大内切拟合、最小外接拟合和最小区域拟合。其各自相应的数学模型不在这里赘述，详见 GB/T 40742.4—2021 附录 B。

2. 虚拟功能量规的检验与验证

1)最大实体要求应用于被测要素的检验

(1)采用虚拟功能量规检验外尺寸被测要素时，被测要素合格的判定规则为：

①被测要素的体外作用尺寸等于或小于最大实体实效尺寸；

②被测要素任一位置的局部尺寸等于或小于最大实体尺寸且等于或大于最小实体尺寸。

(2)采用虚拟功能量规检验内尺寸被测要素时，被测要素合格的判定规则为：

①被测要素的体内作用尺寸等于或大于最大实体实效尺寸；

②被测要素任一位置的局部尺寸应等于或大于最大实体尺寸且等于或小于最小实体尺寸。

2)最小实体要求应用于被测要素的检验

(1)采用虚拟功能量规检验外尺寸被测要素时，被测要素合格的判定规则为：

①被测要素的体外作用尺寸等于或大于最小实体实效尺寸；

②被测要素任一位置的局部尺寸等于或小于最大实体尺寸且等于或大于最小实体尺寸。

(2)采用虚拟功能量规检验内尺寸被测要素时，被测要素合格的判定规则为：

①被测要素的体内作用尺寸等于或小于最小实体实效尺寸；

②被测要素任一位置的局部尺寸应等于或大于最大实体尺寸且等于或小于最小实体尺寸。

11.5.5　实体功能量规设计举例

实体功能量规的设计计算通常按下列步骤确定。

(1)按被测零件的结构及被测要素和基准要素的技术要求确定量规的结构：选择固定式量规或活动式量规，确定相应的检验部位、定位部位和导向部位。

(2)选择检验方式：共同检验或依次检验。

(3)计算量规工作部位的极限尺寸，并确定它们的几何公差和应遵守的公差原则，再确定表面粗糙度轮廓幅度的参数值。

【例 11-2】 设计如图 11-17(a)所示孔的位置度功能量规。

解： 设计采用台阶式插入型实体功能量规，量规检验部位的圆柱外表面模拟被测孔的最大实体实效边界。当工作孔能够通过量规时，表示其实际轮廓未超出最大实体实效边界，即孔的体外作用尺寸不超出(这里是小于)最大实体实效尺寸。

根据轴的边界综合公差，即其尺寸公差和位置度公差之和(0.1+0.1=0.2)，由表 11-8 查得以下数据。

检验部位的尺寸公差和允许磨损量：$T_I = W_I = 0.006$ mm；

导向部位的尺寸公差和允许磨损量：$T_G = W_G = 0.004$ mm；

插入型功能量规导向部位的最小间隙：$S_{min} = 0.004$ mm；

功能量规检验部位的方向或位置公差：$t_I = 0.010$ mm；

插入型功能量规导向部位的台阶式插入件的同轴度或对称度公差：$t'_G = 0.003$ mm；

检验部位的基本偏差：$F_I = 0.028$ mm。

(1)计算检验部位相关尺寸。

检验部位的公称尺寸：$d_{IB} = D_{MV}$(或 D_M) = 19.9 mm；

检验部位的极限尺寸：$d_I = (d_{IB} + F_I)_{-T_I}^{\ 0} = (19.9 + 0.028)_{-0.006}^{\ 0}$ mm = $19.928_{-0.006}^{\ 0}$ mm；

检验部位的磨损极限尺寸：$d_{IW} = (d_{IB} + F_I) - (T_I + W_I) = (19.9 + 0.028)$ mm − (0.006 + 0.006) mm = 19.916 mm。

(2)计算导向部位相关尺寸。

导向部位的公称尺寸：$d_{GB} = D_{GB} = 18$ mm；

导向部位的极限尺寸：$D_G = (D_{GB})_{\ 0}^{+T_G} = 18_{\ 0}^{+0.004}$ mm；

导向部位的磨损极限尺寸：$D_{GW} = D_{GB} + (T_G + W_G) =$ 18 mm + (0.004 + 0.004) mm = 18.008 mm；

导向部位的尺寸：$d_G = (d_{GB} - S_{min})_{-T_G}^{\ 0} = (18 - 0.004)_{-0.004}^{\ 0}$ mm = $17.996_{-0.004}^{\ 0}$ mm；

导向部位的磨损极限尺寸：$d_{GW} = (d_{GB} - S_{min}) - (T_G + W_G) = (18 - 0.004)$ mm − (0.004 + 0.004) mm = 17.988 mm。

量规的导向部位的公差带如图 11-17(b)所示，检验部位的公差带如图 11-17(c)所示，量规的结构简图如图 11-17(d)所示。

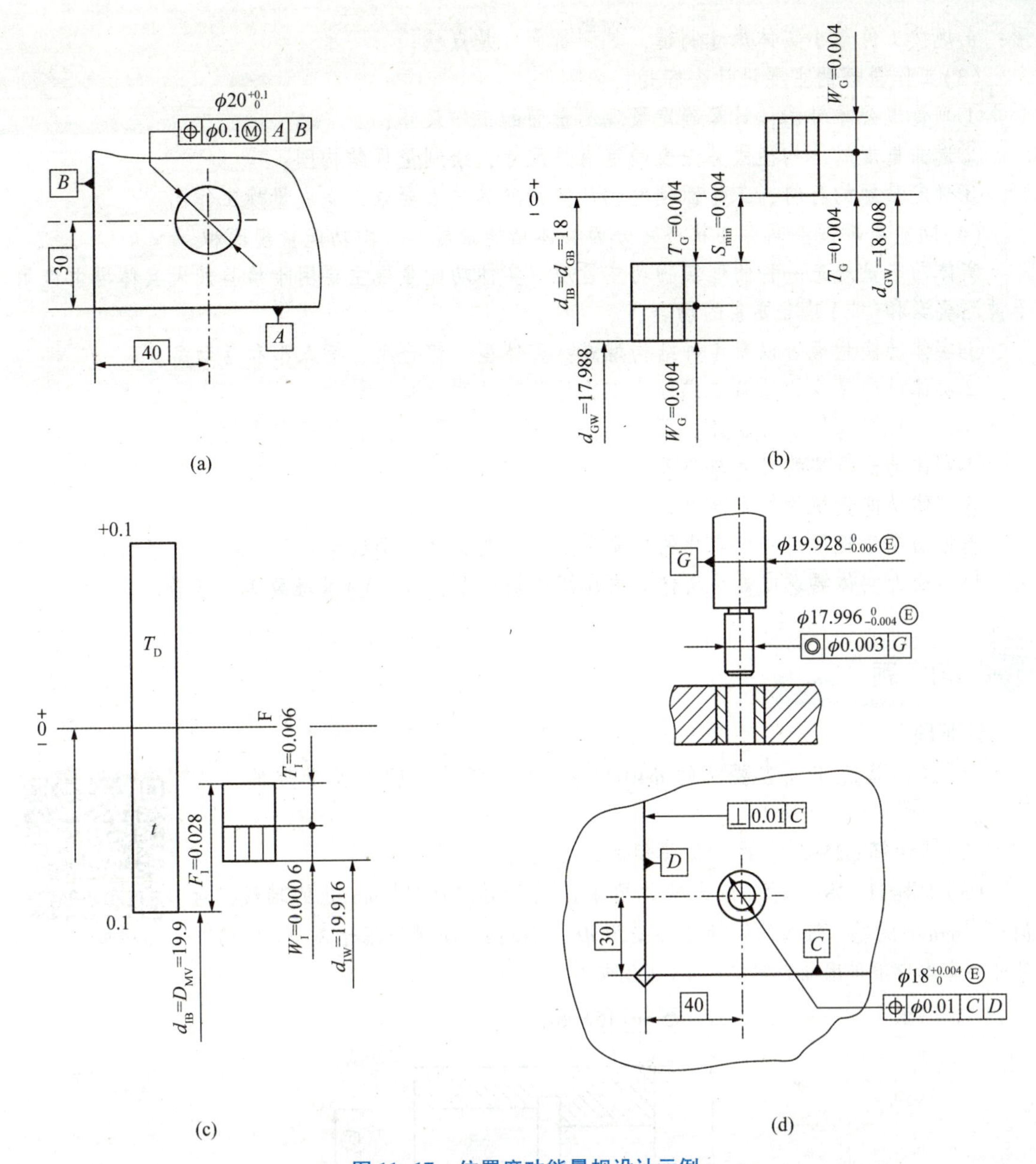

图 11-17 位置度功能量规设计示例

(a)图样标注；(b)导向部位公差带图；(c)检验部位公差带图；(d)量规的结构简图

本章小结

本章介绍了光滑极限量规的型式、公差和使用等。

(1)工作量规用于检验遵守包容要求的工件。检验工件时，通规和止规应成对使用：如果通规通过并且止规止住，则被检验工件合格；否则不合格。

(2)设计工作量规时应遵守泰勒原则。符合泰勒原则的工作量规，通规控制工件的体外作用尺寸，而止规控制工件的局部实际尺寸。通规按工件最大实体尺寸制造，其测量面为全形；止规按工件最小实体尺寸制造，其测量面应是点状。

(3)工作量规的主要设计内容是：

①画量规公差带图，计算确定量规测量面的工作尺寸；

②选择量规的结构型式并查表确定有关尺寸，绘制量规结构图；

③确定量规的材料、工作面硬度、几何精度等技术要求，完成量规工作图。

(4)功能量规按空间存在状态可分为实体功能量规和虚拟功能量规两种。

实体功能量规是一种物理实物功能量规。实体功能量规主要用于检验最大实体要求应用于被测要素和(或)基准要素的场合。

①实体功能量规可以有4种结构型式：整体型、组合型、插入型和活动型。

②实体功能量规的检验方式分为依次检验和共同检验。

③实体量规的检验与验证：最大实体要求用于被测要素和基准要素的检验。

④实体功能量规的尺寸与公差。

⑤实体功能量规的技术要求。

虚拟功能量规是一种数字化的功能量规，其实质是一种数字化处理测量数据的方法，可用于检验最大实体要求或最小实体要求应用于被测要素和(或)基准要素的场合。

习　题

计算题

(1)试计算遵守包容要求的 ϕ40H7/n6 配合的孔、轴工作量规的工作尺寸。

(2)试计算 ϕ25K7 Ⓔ 的工作量规的工作尺寸。

(3)如图11-18所示，最大实体要求应用于 $\phi12.04_{0}^{+0.07}$mm 孔的轴线，对 $\phi15_{0}^{+0.07}$mm 孔的基准轴线的同轴度公差为 ϕ0.04mm，同时应用于基准(A Ⓔ)，基准要素本身不采用最大实体要求(采用包容要求)。

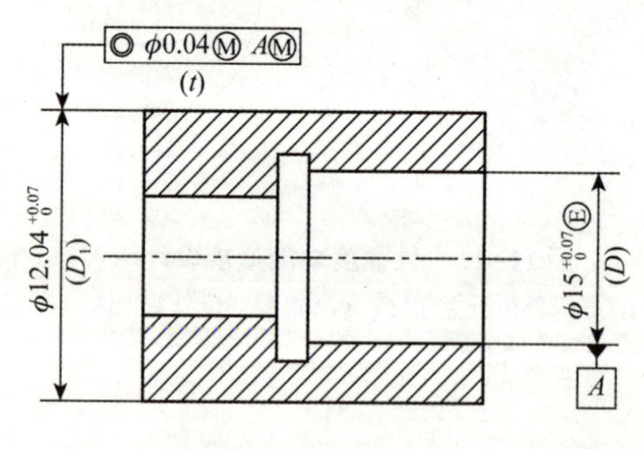

图11-18　题(3)图

参考文献

[1]李柱，徐振高，蒋向前．互换性与测量技术[M]．北京：高等教育出版社，2004．

[2]李春田．标准化概论[M]．6版．北京：中国人民大学出版社，2014．

[3]王伯平．互换性与测量技术基础[M]．5版．北京：机械工业出版社，2019．

[4]李蓓智．互换性与技术测量[M]．武汉：华中科技大学出版社，2011．

[5]张琳娜，赵凤霞，郑鹏，等．图解GPS几何公差规范及应用[M]．北京：机械工业出版社，2017．

[6]王樑，赵卫兵．互换性与测量技术[M]．上海：同济大学出版社，2017．

[7]周兆元．互换性与测量技术基础[M]．4版．北京：机械工业出版社，2019．

[8]薛岩．互换性与测量技术基础[M]．3版．北京：化学工业出版社，2021．

[9]杨练根．互换性与技术测量[M]．北京：中国水利水电出版社，2021．

[10]廖念钊，古莹菴，莫雨松，等．互换性与技术测量[M]．6版．北京：中国质检出版社，2012．

[11]王长春，任秀华，李建春，等．互换性与测量技术基础(3D版)[M]．北京：机械工业出版社，2018．

[12]魏斯亮．互换性与技术测量[M]．3版．北京：北京理工大学出版社，2014．

[13]张卫，方峻．互换性与技术测量[M]．北京：机械工业出版社，2020．

[14]管建峰，钟相强．互换性与技术测量[M]．北京：北京理工大学出版社，2017．

[15]马惠萍．互换性与测量技术基础案例教程[M]．2版．北京：机械工业出版社，2019．

[16]金嘉琦，张幼军．几何精度设计与检测[M]．2版．北京：机械工业出版社，2018．

[17]王益祥，陈安明，王雅．互换性与测量技术[M]．北京：清华大学出版社，2012．

[18]王恒迪．机械精度设计与检测技术[M]．北京：化学工业出版社，2020．

[19]赵丽娟，冷岳峰．机械几何量精度设计与检测[M]．北京：清华大学出版社，2011．

[20]甘永立．几何量公差与检测[M]．9版．上海：上海科学技术出版社，2010．

[21]高延新，张晓琳，李慧鹏．齿轮精度与检测技术手册[M]．北京：机械工业出版社，2015．

[22]张琳娜，赵凤霞，郑鹏．机械精度设计与检测标准应用手册[M]．北京：化学工业出版社，2015．

[23]王宇平．互换性与精度检测[M]．北京：化学工业出版社，2012．

[24]吕明，庞思勤．机械制造技术基础[M]．3版．武汉：武汉理工大学出版社，2015．

[25]袁长良，丁志华，武文堂．表面粗糙度及其测量[M]．北京：机械工业出版社，1989.
[26]何贡，顾励生，陈桂贤．机械精度设计图例及解说[M]．北京：中国计量出版社，2005.
[27]何贡，顾励生，陈桂贤．公差与配合选用图册[M]．北京：机械工业出版社，1994.
[28]刘琨明，杨发展．互换性与测量技术[M]．北京：电子工业出版社，2019.
[29]李翔英，蒋平，陈于萍．互换性与测量技术基础学习指导及习题集[M]．2版．北京：机械工业出版社，2013.
[30]费业泰．误差理论与数据处理[M]．5版．北京：机械工业出版社，2004.
[31]王春艳，张宁．公差与误差理论[M]．北京：清华大学出版社，2015.
[32]尤绍权．新编表面粗糙度应用示例图册[M]．北京：中国标准出版社，1994.
[33]李明．几何坐标测量技术及应用[M]．北京：中国质检出版社，2012.
[34]刘巽尔．机械制造检测技术手册[M]．北京：冶金工业出版社，机械工业出版社，2000.
[35]傅成昌，傅晓燕．公差与配合问答[M]．5版．北京：机械工业出版社，2017.
[36]梁子午．检验工实用技术手册[M]．南京：江苏科学技术出版社，2004.
[37]傅成昌，傅晓燕．几何公差应用技术问答[M]．2版．北京：机械工业出版社，2017.
[38]傅成昌，傅晓燕．形位公差应用技术问答[M]．北京：机械工业出版社，2009.
[39]刘巽尔．产品几何技术规范(GPS)系列标准应用问答丛书几何误差检测问答[M]．北京：中国质检出版社，中国标准出版社，2012.
[40]刘巽尔．量规设计手册[M]．北京：机械工业出版社，1990.
[41]刘巽尔．表面结构精度问答[M]．北京：中国质检出版社，中国标准出版社，2013.
[42]刘巽尔．几何公差设计问答[M]．北京：中国标准出版社，2011。
[43]刘巽尔．公差原则与相关要求问答[M]．北京：中国质检出版社，中国标准出版社，2012.
[44]雒运强．实用机械加工测量技巧450例[M]．北京：化学工业出版社，2008.
[45]周湛学．图解机械零件加工精度测量及实例[M]．2版．北京：化学工业出版社，2014.
[46]甘永立．几何量公差与检测[M]．9版．上海：上海科学技术出版社，2010.
[47]甘永立．几何量公差与检测实验指导书[M]．7版．上海：上海科学技术出版社，2005.
[48]薛岩，刘永田．互换性与测量技术知识问答[M]．北京：化学工业出版社，2012年.
[49]方昆凡．公差与配合实用手册[M]．2版．北京：机械工业出版社，2012.
[50]任嘉卉．公差与配合手册[M]．3版．北京：机械工业出版社，2013.
[51]韩进宏．互换性与技术测量[M]．2版．北京：机械工业出版社，2017.